De schilderkunst der Lage Landen

DEEL 3

De negentiende en de twintigste eeuw

JOHN SILLEVIS
IRENE SMETS
JEROEN STUMPEL

De schilderkunst der Lage Landen

DEEL 3

De negentiende en de twintigste eeuw

AMSTERDAM UNIVERSITY PRESS

Deze publicatie is tot stand gekomen
met steun van het VSBfonds

Tekstredactie Christien Oele
Eindredactie Jo Tollebeek
Redactie Errit Petersma
Ontwerp Kok Korpershoek
Vertaling voorwoord Textual - Kurt Braches
Samenstelling Italiaanse editie Bert W. Meijer

Afbeeldingen omslag
LINKSBOVEN – Vincent van Gogh, *Zelfportret met vilthoed*, 1887-88. Van Gogh Museum, Amsterdam
LINKSONDER – Theo van Doesburg, *Contra-Composition of Dissonances XVI*, 1925. Haags Gemeentemuseum, Den Haag
RECHTSBOVEN – Jozef Israëls, *Langs moeders graf*, 1856. Stedelijk Museum, Amsterdam
RECHTSONDER – René Magritte, *Le fils de l'homme*, 1964. Privécollectie/The Bridgeman Art Library

De schilderkunst der Lage Landen, deel 3
ISBN 978 90 5356 834 7
De schilderkunst der Lage Landen, cassette
ISBN 978 90 5356 681 7

NUR 640/654

Inhoud

8 Voorwoord

DEEL I

De schilderkunst in de negentiende eeuw

13 Ter inleiding: Nederland en België

HOOFDSTUK 1

14 Kunst als staatszaak

HOOFDSTUK 2

39 Traditie en vernieuwing

39 Nederland
51 België

HOOFDSTUK 3

59 De les van de natuur

59 Nederland
63 België

HOOFDSTUK 4

73 Realisme in Nederland en België

HOOFDSTUK 5

89 De Haagse School, Van Gogh en Les Vingt

89 De Haagse School
104 Vincent van Gogh
109 Les Vingt

HOOFDSTUK 6

113 Fin de siècle in België en Nederland

117 Luminisme en neo-impressionisme
125 De geheimtaal van het symbolisme

DEEL II

De schilderkunst in de twintigste eeuw

HOOFDSTUK 7

135 De opkomst van de avant-garde en de revolutie van de expressieve taal in Nederland

HOOFDSTUK 8

153 Nieuwe visies in België, de Eerste Wereldoorlog als katalysator

HOOFDSTUK 9

167 De experimenten van Mondriaan in Nederland, de 'zuivere beelding' in België

167 Nederland
177 België

HOOFDSTUK 10

181 Uiteenlopende evoluties in het interbellum

HOOFDSTUK 11
193 Het nieuwe realisme

HOOFDSTUK 12
211 René Magritte, boegbeeld van het Belgische surrealisme

HOOFDSTUK 13
219 De avant-garde na de Tweede Wereldoorlog en Cobra

HOOFDSTUK 14
233 Naar abstract expressionisme en de nieuwe figuratie

HOOFDSTUK 15
243 Open wegen voor de schilderkunst

261 Literatuurlijst

265 Register

274 Historische kaarten

280 Tijdslijn 11de-21ste eeuw

Voorwoord

Bij iedereen met belangstelling voor de geschiedenis van de kunst verdient een overzichtswerk een plek in de boekenkast. Vooral voor de beginnende kunstliefhebber, of die nu studeert aan de universiteit of iemand is die iets wil weten over een nieuw genre of een nieuwe periode, is zo'n werk een handig oriëntatiemiddel. Hoeveel eerstejaarsstudenten waren niet overweldigd door de vele kunstenaarsnamen, de enorme hoeveelheden titels van kunstwerken en de talrijke stijlperioden en 'ismen' die ze over zich uitgestort kregen? Hier hebben naslagwerken zoals het beroemde *History of Art* van Horst Janson en het voortreffelijk leesbare *The Story of Art* van Ernst Gombrich generaties verwarde studenten geholpen om hun weg te vinden van grotschildering naar abstractie.

Kunstgeschiedenis kwam in de achttiende eeuw als wetenschapsdiscipline tot ontwikkeling door, jawel, de publicatie van het eerste systematische overzicht van een bepaalde periode en de daarmee samenhangende artistieke stijl. Tot die tijd volgden auteurs die schreven over kunst meestal een biografische aanpak. Dat wil zeggen: zij benaderden de artistieke ontwikkelingen in hun land vanuit levensbeschrijvingen van individuele kunstenaars. De eerste die zo te werk ging was Giorgio Vasari (1511-1574) met zijn encyclopedische *Le vite de' piu eccellenti Pittori, Scultori e Architettori* uit 1550. Het boek bestaat niet alleen uit individuele biografieën die, samen gelezen, inzicht geven in de ontwikkelingen binnen de Italiaanse kunst – met als hoogtepunt het werk van Michelangelo – maar omvat ook een verhandeling over verschillende technieken, bedoeld voor studenten en praktiserend kunstenaars. Het boek was een voorbeeld voor vele auteurs die in later tijden over kunst schreven. In het noorden publiceerde Karel van Mander (1548-1606) in 1604 zijn *Schilderboeck*, dat biografieën bevat van belangrijke Nederlandse en Duitse schilders en theoretische verhandelingen met regels en tips voor jonge, ambitieuze kunstenaars.

De biografische benadering – die in de moderne tijd werd voortgezet in lexica zoals Bénézits *Dictionnaire* en Saurs *Allgemeines Künstlerlexikon* – overheerste tot 1764, het jaar waarin de Duitse archeoloog en schrijver Johann Joachim Winckelmann de twee banden van zijn *Geschichte der Kunst des Altertums* publiceerde. Hij liet als eerste de biografische benadering los en koos een methodische analysevorm voor zijn beschrijving van de stijlontwikkelingen binnen de kunst van het oude Griekenland. Met deze nieuwe insteek bleek hij een wegbereider te zijn voor veel van de kunsthistorische literatuur zoals wij die tegenwoordig kennen.

Het is overbodig te zeggen dat overzichtswerken die ernaar streven duizenden jaren van artistieke productie samen te vatten in één boekwerk zich noodgedwongen moeten beperken tot een ruwe schets. Er zijn echter ook voorbeelden van uitgebreidere, gedetailleerdere werken zoals het monumentale Duitse werk *Propyläen Kunstgeschichte*, dat bestaat uit 22 banden en zeer wetenschappelijk van opzet is, of de eveneens zeer veelomvattende serie Engelstalige werken van de *Pelican History of Art*, waaraan nog steeds nieuwe en bijgewerkte uitgaven worden toegevoegd. Veel van deze boeken van *Pelican* zijn zelfstandige naslagwerken geworden. Voor studenten die zich bezighouden met Nederlandse kunst zijn bijvoorbeeld *Painting and Sculpture in Germany and the Netherlands 1500-1600* van Gert von der Osten en Horst Vey, *Dutch Art and Architecture 1600-1800* van Jacob Rosenberg, Seymour Slive en E.H. ter Kuile, het recentere werk *Dutch Painting 1600-1800* van Seymour Slive en *Flemish Art and Architecture 1585-1700* van Hans Vlieghe onmisbare handboeken geworden.

Natuurlijk zijn er ontelbare losse publicaties van vergelijkbare opzet die een overzicht bieden van de kunst uit een bepaalde periode of in een bepaald gebied. De kunst van de Noordelijke Nederlanden in de zeventiende eeuw is vermoedelijk een van de kunsthistorische onderwerpen waarover het meest geschreven is en waarvan dus ook de meeste overzichtswerken te vinden zijn. Het bovengenoemde werk van Slive en *The Golden Age: Dutch Painters of the Seventeenth Century* van Bob Haak zijn nog steeds de meest gelezen en geschiktste inleidingen tot dit onderwerp. Behalve deze twee standaardwerken zijn er ontelbare boeken en tentoonstellingscatalogi die op hun beurt algemene informatie geven over (aspecten van) de kunst van de Gouden Eeuw in Nederland. Voor de kunst van de

Zuidelijke Nederlanden ligt de situatie echter anders. De vroege Nederlandse schilderkunst van de vijftiende en zestiende eeuw is goed gedocumenteerd door middel van overzichtswerken en gedetailleerdere onderzoeken. Het zeer gedetailleerde werk *Die Altniederländische Malerei* van Max J. Friedländer, tussen 1924 en 1933 verschenen in veertien banden, en het door Erwin Panofsky geschreven *Early Netherlandish Painting*, verschenen in 1953, zijn nog steeds twee ontzagwekkende voorbeelden op dit gebied. Aan de andere kant bestaat er over de Vlaamse kunst van de zeventiende eeuw veel minder overzichtsliteratuur en het reeds genoemde werk van Hans Vlieghe uit de *Pelican*-serie is dan ook een welkome aanvulling op dit beperkte spectrum.

Aan het eind van de zeventiende eeuw verloor de Nederlandse schilderkunst abrupt aan belang, toen de realistische traditie van de Gouden Eeuw plaats moest maken voor het idealistischere en decoratievere wereldbeeld van het academisch classicisme. Dat deze periode in de Nederlandse kunst over het algemeen negatief wordt beoordeeld, blijkt uit de schaarse literatuur die er over het onderwerp te vinden is. Het is bijvoorbeeld interessant om te zien dat zelfs vandaag de dag in de Nederlandstalige versie van de online-encyclopedie *Wikipedia* onder de term 'Nederlandse schilderkunst' direct van de Gouden Eeuw wordt overgesprongen naar de negentiende eeuw en dat ook in het eerdergenoemde, gezaghebbende boek van Slive slechts terloops aandacht wordt besteed aan de achttiende eeuw. Kortgeleden is het Rijksmuseum echter begonnen deze lacune aan te vullen met de uitgave van het boek *Nederlandse Kunst 1700-1800* in de serie over de geschiedenis van de Nederlandse kunst tussen 1400 en 1900. Voor de negentiende eeuw is de situatie duidelijk compleet anders. Er zijn zowel over de gehele periode als over specifieke aspecten, zoals de kunst van de Haagse School, veel boeken verschenen. Toch is het opvallend dat het werk *De Hollandsche schilderkunst in de negentiende eeuw* van G.H. Marius uit 1903 nog steeds wordt beschouwd als de algemene inleiding tot de schilderkunst van deze periode. Daarentegen moet iedereen die geïnteresseerd is in de Nederlandse kunst van de twintigste eeuw een compleet beeld zien te krijgen door informatie bij elkaar te rapen met behulp van studies naar bepaalde bewegingen, zoals De Stijl, en individuele kunstenaars. Een compleet overzichtswerk ontbreekt.

Gezien de enorme hoeveelheid literatuur over kunst in de Nederlanden, waaronder ook de belangrijke naslagwerken over bepaalde perioden, is het opmerkelijk dat er geen publicatie bestaat die de hele geschiedenis omvat. *De Nederlandse Schilderkunst van Van Eyck tot Van Gogh* van Gherardus Knuttel uit 1938 loopt weliswaar van 1400 tot 1900, maar concentreert zich vanaf 1600 op de Nederlandse Republiek, waarbij de Vlaamse schilderkunst volledig achterwege wordt gelaten. *Kunstgeschiedenis der Nederlanden*, vanaf 1936 onder redactie van H.E. van Gelder, is een serie boeken over afzonderlijke perioden, geschreven door verschillende auteurs en kent daardoor weinig samenhang.

Daarom zijn de drie banden over *De schilderkunst der Lage Landen*, uitgegeven door de Amsterdam University Press, het eerste echt complete Nederlandstalige overzicht van de schilderkunst van de Noordelijke *en* Zuidelijke Nederlanden. Het is een herziene en uitgebreide uitgave van de eerdere Italiaanse uitgave van 1997. *De schilderkunst der Lage Landen* strekt zich uit van de eerste Nederlandse kunstzinnige uiting die bewaard is gebleven, het werk *Majestas Domini* in de Pieterskerk in Utrecht uit het midden van de elfde eeuw, tot het werk van Rob Scholten en zijn tussen 1991 en 1995 gemaakte muurschilderingen in de Japanse replica van Huis ten Bosch in Nagasaki. Als we kijken naar de enorme hoeveelheid kennis en literatuur die er gedurende de jaren is vergaard over de Nederlandse kunst, is het voor een individu vrijwel onmogelijk om al deze informatie te verwerken tot een compleet overzicht. Het project is dan ook verdeeld over een groep van experts voor iedere periode, die *De schilderkunst der Lage Landen* door hun gecombineerde kennis en wetenschappelijke benadering tot een onmisbaar overzichtswerk maken, dat eenieder die zich bezighoudt met de Nederlandse kunst in zijn of haar boekenkast zou moeten hebben.

Axel Rüger
Directeur Van Gogh Museum,
Amsterdam

DEEL I

De schilderkunst in de negentiende eeuw

JOHN SILLEVIS

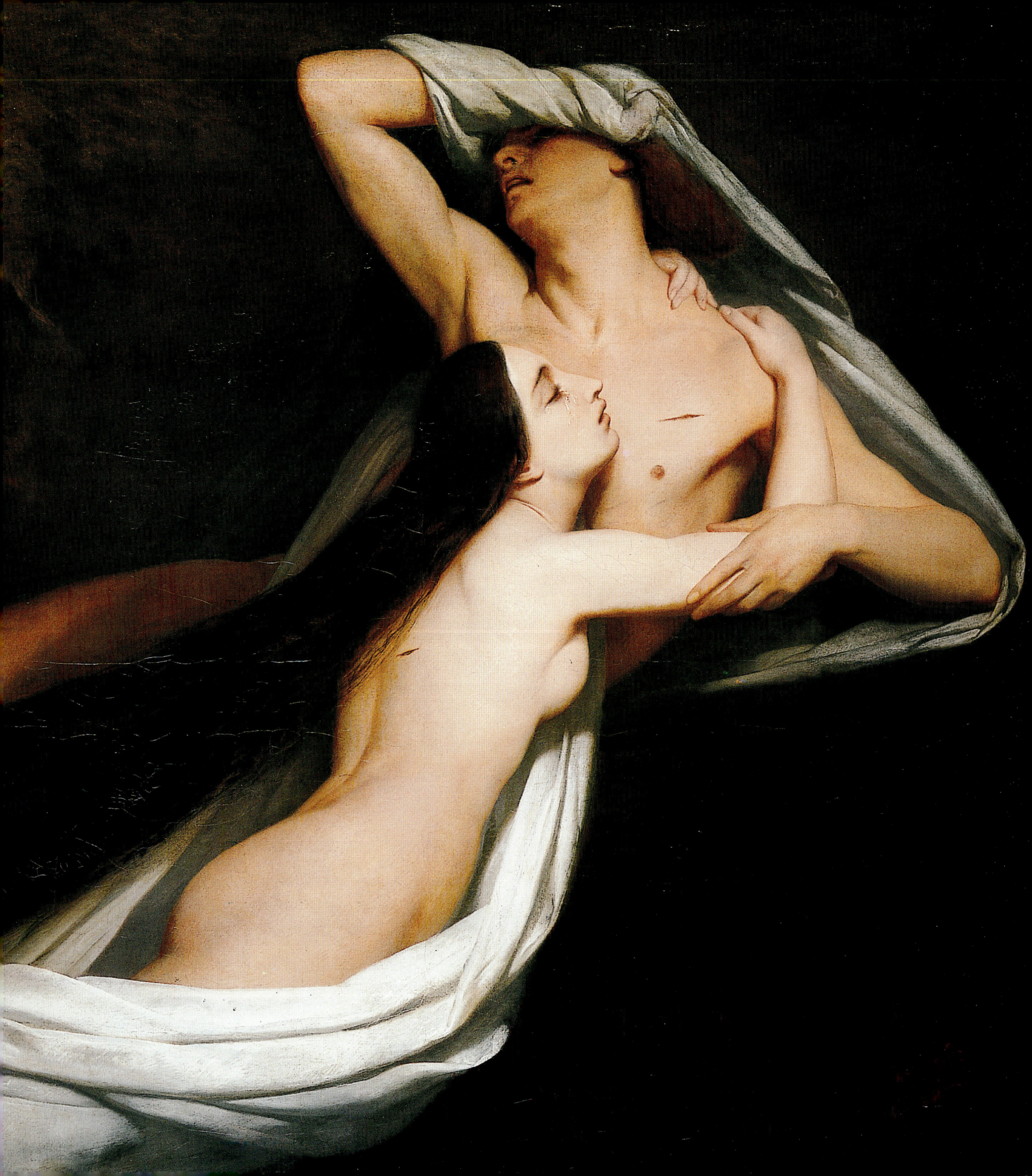

Ter inleiding: Nederland en België

De geschiedenis van de kunst van Nederland en België in de negentiende eeuw is een verhaal over complexe culturele betrekkingen die steeds van karakter veranderen. Aanvankelijk was er sprake van een zekere afzijdigheid, vervolgens weer van aantrekking en toenadering; nu eens was er een moment van afscheiding en uit elkaar groeien, dan weer een periode van parallelle ontwikkelingen en een gevoel van verwantschap. Juist in de negentiende eeuw zijn deze ontwikkelingen niet los te zien van de politieke situatie en de invloed van nationalistische ideeën omtrent de beeldende kunst.

Behalve in de grote, nationale verbanden was er ook in kleinere kring, zoals binnen kunstenaarsgroeperingen en stromingen, sprake van bewegingen die op het eerste gezicht tegenstrijdig zijn, waarin gevoelens van herkenning en van bevreemding waarneembaar zijn, gevoelens van vertrouwdheid en verbondenheid, en gevoelens van verbazing en verrassing.

Naast deze bewegingen, die elkaar afwisselden met de regelmaat van eb en vloed, was er de ondernemingsgeest van de individuele kunstenaar die zich niets aantrok van de heersende stromingen, maar zelf zijn weg zocht, hetzij om zijn opleiding te vervolmaken, hetzij om juist die bepaalde omgeving te vinden waarin zijn inspiratie zich het beste kon ontplooien. Dit alles levert een netwerk van verbindingen op dat soms zeer gemakkelijk te volgen is, en dan weer een welhaast onontwarbare kluwen van draden van velerlei herkomst te zien geeft.

Het Congres van Wenen had in 1815 besloten tot een samenvoeging van Nederland en België tot een Verenigd Koninkrijk. In de loop van de jaren groeiden de tegenstellingen tussen Zuid en Noord, op financieel-economisch terrein, maar ook op het gebied van politiek en religie. Koning Willem I was niet geliefd in het Zuiden. In 1830 brak de Belgische Opstand uit, die leidde tot de onafhankelijkheid van België, uitgesproken door het Nationaal Congres. Koning Willem I deed tien jaar later verbitterd afstand van de troon. Inmiddels was in België Leopold van Saksen-Coburg tot koning gekozen. Nederland kreeg zijn koloniën terug van Engeland. In de negentiende eeuw ontwikkelde Nederland zich als land met grote belangen in het toenmalige Nederlands-Indië. Ook België werd een koloniale mogendheid, met Centraal-Afrika als concentratiepunt. De industrialisatie voltrok zich in België sneller dan in Nederland.
Tot ver in de negentiende eeuw bood Nederland aan de bezoeker het beeld van een agrarische samenleving, terwijl ook de steden sinds de Gouden Eeuw nauwelijks leken veranderd. Het kon niet anders dan dat deze ontwikkelingen zich weerspiegelden in de beeldende kunst van beide landen. Elk land kreeg zijn eigen profiel. De verwantschap was onmiskenbaar, maar de verschillen waren dat evenzeer.

AFB. 1 [pagina 12] – Ary Scheffer, *Paolo en Francesca* (detail van AFB. 29), 1835. Olieverf op doek, 166 x 234 cm. Londen, The Wallace Collection.

HOOFDSTUK 1

Kunst als staatszaak

De laatste jaren van de achttiende eeuw waren in de Nederlanden een woelige tijd geweest. Deze politieke onrust was gevolgd op een tijd van neergang van een samenleving door het verlies – zoals men meende – van nationale deugden, die juist in de zeventiende eeuw tot zulke zichtbare en glorieuze resultaten hadden geleid. Men sprak van een jansaliegeest, een sfeer van traagheid, gemakzucht en zelfgenoegzaamheid, alsof het levenstempo werd bepaald door onverstoorbare renteniers in plaats van door energieke ondernemers.

Kunstenaars waren plaatselijk georganiseerd in broederschappen (dikwijls 'Confrérie' genaamd), een laatste, vrijwel uitgeholde vorm van gilden, met veel plichten en een aantal protectionistische rechten. Maar al te vaak waren deze confrérieën, die in beginsel tot doel hadden de belangen van hun leden te behartigen en te verdedigen en het artistieke niveau te beschermen, uitgegroeid tot gezelligheidsverenigingen, waarvan de bestuursleden iedere gelegenheid aangrepen om voor zichzelf en hun medeleden feestelijke maaltijden te laten aanrichten. Toen de geest van revolutie ook eenmaal de Noordelijke Nederlanden had bereikt en aan talrijke overgeleverde instellingen radicaal een eind werd gemaakt, was het duidelijk dat ook de vermolmde kunstinstellingen hun laatste dagen beleefden.

In 1795 trokken de Franse soldaten van het *Armée du Nord* onder leiding van generaal Pichegru de Noordelijke Nederlanden binnen. De Bataafse Republiek werd gesticht en stadhouder prins Willem V van Oranje vluchtte als balling naar Engeland. De Patriotten die de komst van het Franse leger toejuichten, vormden revolutionaire comités; een nieuwe grondwet werd voorbereid in overeenstemming met de Verklaring der Rechten van Mens en Burger. Deze grondwet bood een algemeen kiesrecht, maar de kiezers moesten een eed van afkeer afleggen tegen stadhouderschap, federalisme, aristocratie en regeringsloosheid. Privileges van de adel werden opgeheven en ook de gilden hielden op te bestaan.

Dit betekende dat ook het kunstenaarsleven op basis van de nieuwe denkbeelden moest worden gereorganiseerd. Vanouds was een van de pijlers van het gildensysteem het toezicht op het vakmanschap van de leden. Nu, op het ogenblik van de 'fluwelen revolutie' – de omwentelingen in de Nederlanden waren vrijwel zonder bloedvergieten verlopen – was het moment aangebroken om het oude systeem van lokale tekenscholen te doorbreken en de opleiding tot het artistieke vakmanschap centraal te regelen. Alleen de overheid zou een dergelijke hervorming kunnen bewerkstelligen. Het opnieuw tot bloei brengen van kunsten en wetenschappen zou een taak worden van de staat, ten dienste en tot verheffing van de gehele samenleving.

Al voor de komst van de Fransen in de Nederlanden waren er aanzetten geweest tot hervorming van het onderwijssysteem voor beeldende kunstenaars; in 1779 deden de gemeentelijke autoriteiten van Den Haag een beroep op stadhouder Willem V om de Academie – die al bestond sinds 1682 – te mogen omvormen tot een artistiek opleidingsinstituut, met als argument dat de bevordering van de tekenkunst zou bijdragen 'tot de bloei van fabrieken en industrie en tot de algemene welvaart van de burgerij'. Vanaf 1780 functioneerde de Haagse Academie als een tekenschool; de lessen waren kosteloos met een beloningssysteem bestaande uit prijzen voor de beste leerlingen. In Haarlem schreef het Teylers Genootschap in 1778 prijsvragen uit voor auteurs van theoretische verhandelingen over kunst; de leden van het Genootschap konden regelmatig deelnemen aan kunstbeschouwingen.

In Frankrijk waren in 1793 door de Conventie alle academies van de oude stempel afgeschaft. In 1795 werd het Institut National opgericht, met de bundeling van het wetenschappelijk onderzoek en de vervolmaking van kunsten en wetenschappen als opdracht. Het Institut werd ingedeeld in drie klassen: 1. *Sciences physiques et mathématiques*, 2. *Sciences morales et politiques*, 3. *Littérature et beaux-arts*. Onder Napoleon veranderde de samenstelling; hij voerde vier klassen in: de *Classe des sciences physiques et mathématiques*, de *Classe de la langue et de la littérature française*, de *Classe d'histoire et de la littérature ancienne* en de *Classe des beaux-arts*. Deze ontwikkeling was voor de Nederlanden van groot belang, omdat het Franse Institut als model zou dienen bij de voortzetting van de hervorming van het kunstonderwijs en voor de ingrijpende staatsbemoeienis op het terrein van de beeldende kunst. Het zou duren tot 4 mei 1808 eer het Koninklijk Instituut van Wetenschappen,

Letterkunde en Schoone Kunsten werd opgericht, dat wil zeggen tijdens het bewind van Lodewijk Napoleon als koning van Holland (1806-1810). Al direct na zijn komst had Lodewijk Napoleon een commissie ingesteld die advies moest uitbrengen over de stand van zaken op het terrein van de beeldende kunst. De commissie moest rapporteren dat er weinig positiefs te melden viel: 'De Beeldhouwkunst, zowel als de Graveerkunst en de Bouwkunde zijn hier bijna geheel vergeten.'

In reactie hierop stelde Napoleon een directeur generaal der Schoone Kunsten aan, die belast was met de oprichting van een Academie voor Schoone Kunsten, waar de schilder-, graveer-, beeldhouw- en bouwkunst onderwezen zouden worden. Tot zijn taak behoorde het toekennen van prijzen aan talentvolle leerlingen, die hun opleiding zouden mogen voltooien in Parijs en Rome. Als studiemateriaal moest een collectie gipsen beelden worden samengesteld. Eventueel zouden docenten uit het buitenland moeten worden aangetrokken, om de vaderlandse kunst uit het diepe dal te voeren. De commissie schreef: 'Wij zeggen het met smerte: de kunsten op eene grootsche wijze en zulke als onze voorvaderen die uitoefenden, zijn tot zulk een laagte in Uw Koninkrijk gevallen, dat zonder vreemde kunstenaaren te noodigen om zich hier te willen nederzetten en om leden van Uwe Academie te worden zo wanhopen wij dat Holland zijn ouden roem wederkrijgen, en dat het opnieuw zich zal kunnen beroemen een eigen School te hebben en andere vreemde natiën naar zijn voortbrengselen zal doen verlangen, zodat zij worden een voorwerp van uitvoer en bij gevolg van koophandel en tegelijkertijd een vorm van eer.' Na de oprichting van het Koninklijk Instituut werd de Vierde Afdeling – exact naar Frans model – verantwoordelijk voor het bestuur van de nieuwe kunstacademie.

Niet alleen door verbetering van het kunstonderwijs, maar ook door de confrontatie met het werk van de oude meesters meende men het peil van de eigentijdse kunst te kunnen verhogen. De belangrijkste kunstverzamelingen hadden echter het land verlaten; de verzameling van de bankier Hope was tijdig naar Engeland overgebracht en de beste stukken van de collectie van stadhouder Willem V waren door de Franse troepen naar Parijs meegevoerd, waar ze te midden van andere oorlogsbuit werden opgenomen in het Musée Napoléon, ondergebracht in het Louvre.

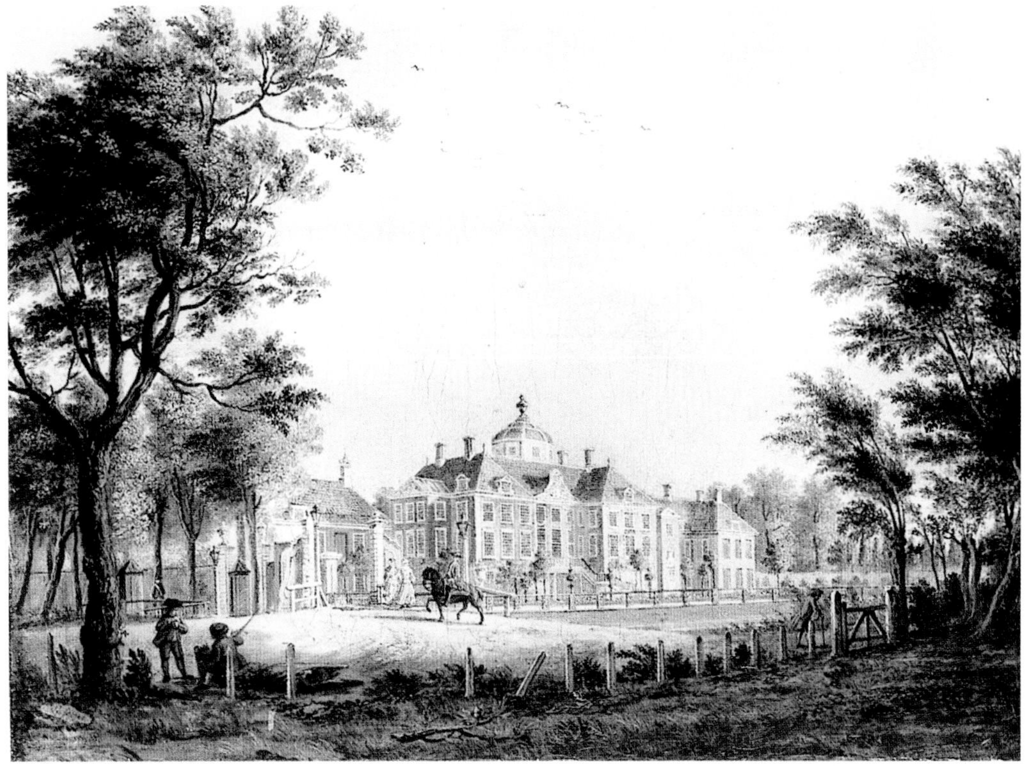

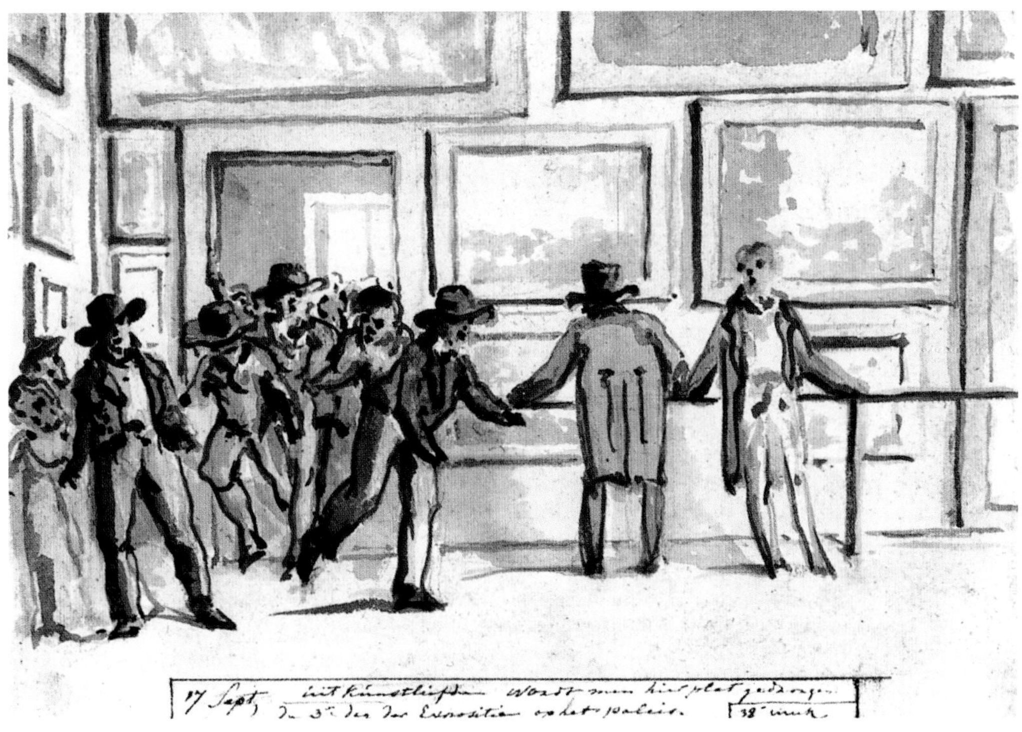

AFB. 2 [boven] – Paulus Constantijn La Fargue, *Huis ten Bosch*, ca. 1770. Aquarel, 20,9 x 33,6 cm. Den Haag, Gemeentearchief.

AFB. 3 [onder] – Christiaan Andriessen, *De derde dag der Expositie op het Paleis, 17 september 1808*. Aquarel, 12,6 x 17,9 cm. Amsterdam, Rijksmuseum, Rijksprentenkabinet.

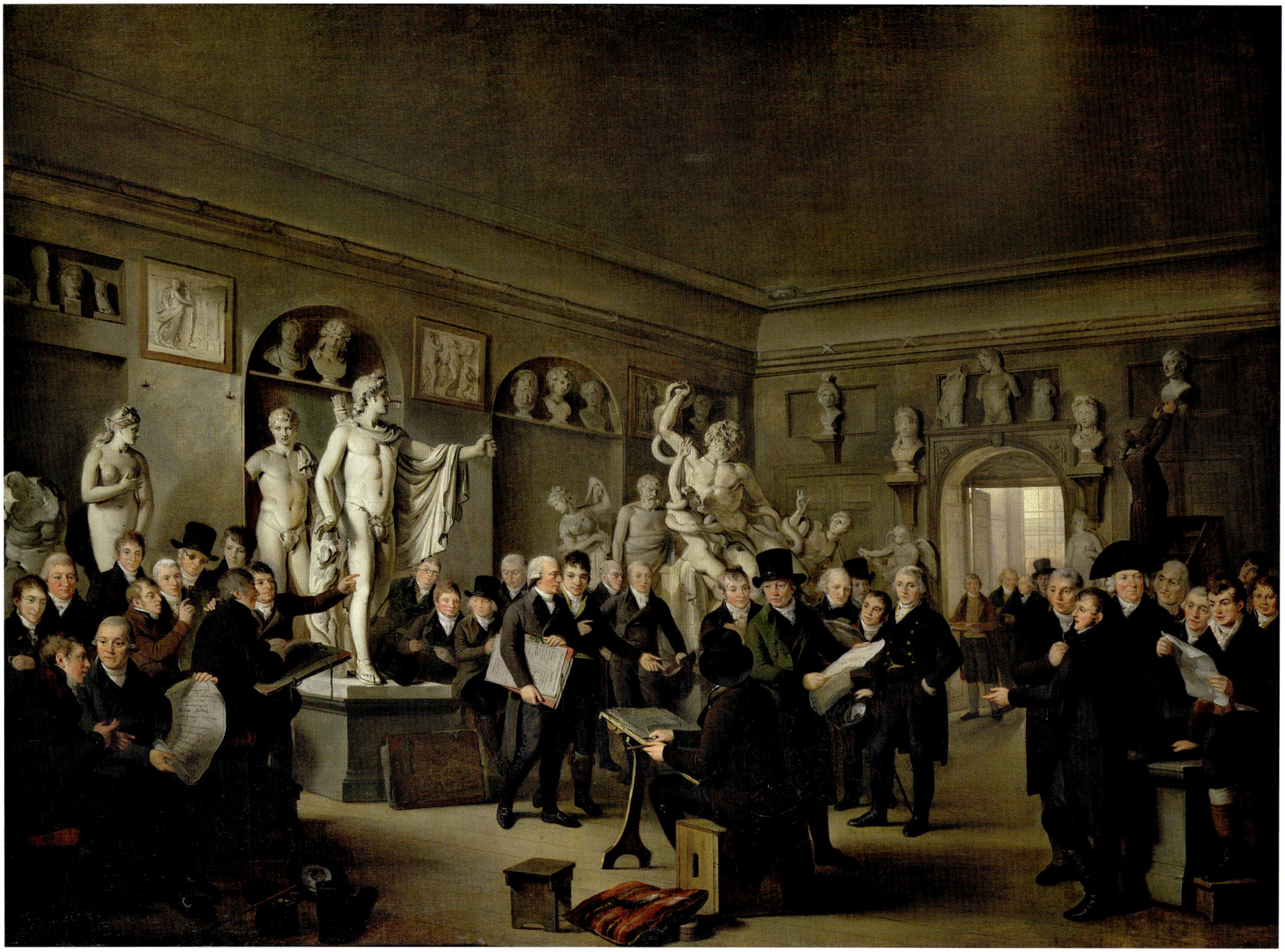

AFB. 4 [boven] – Adriaan de Lelie, *De beeldhouwzaal van het genootschap Felix Meritis te Amsterdam*, 1806/09. Olieverf op doek, 100 x 133 cm. Amsterdam, Historisch Museum.

AFB. 5 [pagina 17] – Pieter Barbiers, *Tentoonstellingsbezoek*, 1808. Pen- en penseeltekening, 26,3 x 21 cm. Haarlem, Teylers Museum.

De overgebleven stukken werden samengebracht in het voormalige paleis Huis ten Bosch (AFB. 2) aan de rand van Den Haag, op initiatief van Isaak Jan Alexander Gogel, Agent van Financiën, belast met het beheer van de door Willem V achtergelaten goederen. Deze kunstwerken werden nu toegankelijk gemaakt voor het publiek; het Huis ten Bosch werd omgedoopt tot Nationale Konst Galerij en opengesteld voor bezoekers vanaf 31 mei 1800. Het was het eerste kunstmuseum in Nederland dat door de overheid werd geleid en bekostigd. De *Nieuwe Algemeene Konst- en Letterbode* meldde in 1801 dat 'men hier de voornaamste, aan den Lande behorende kunststukken welken weleer overal, in allerleie gebouwen voor het kunstlievende oog gedeeltelijk verborgen, gedeeltelijk aan een volstrekt bederf blootgesteld waren, bij elkaar, in de beste orde en met den bevalligsten smaak gerangschikt vindt.'

Het doel van de openstelling was meerledig. Het publiek moest geconfronteerd worden met afbeeldingen van het grote, vaderlandse verleden. Het Nederlandse volk moest een voorbeeld nemen aan de grote mannen uit de zestiende en zeventiende eeuw, die door hun vele deugden het vaderland roem hadden bezorgd. Door deze confrontatie zou

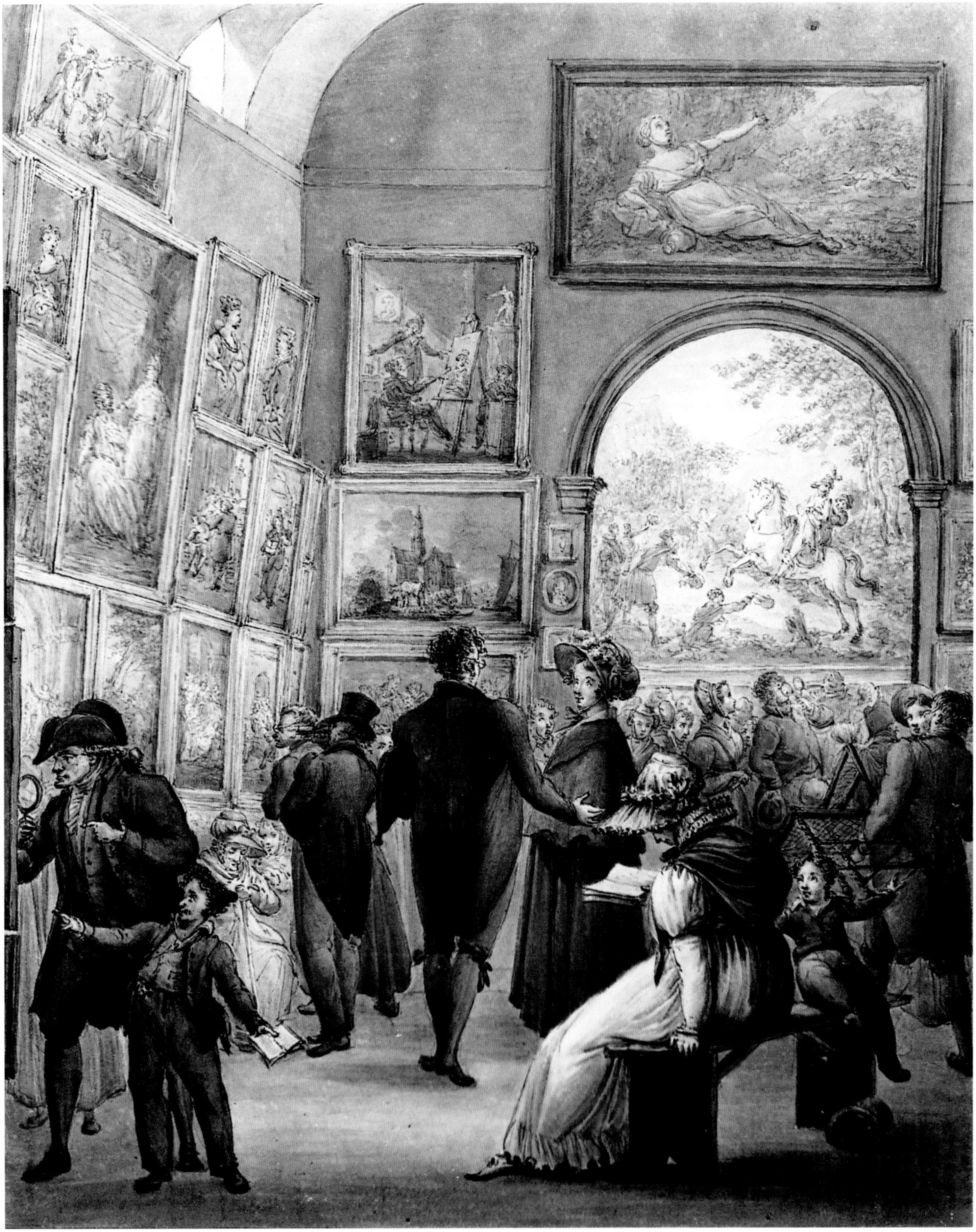

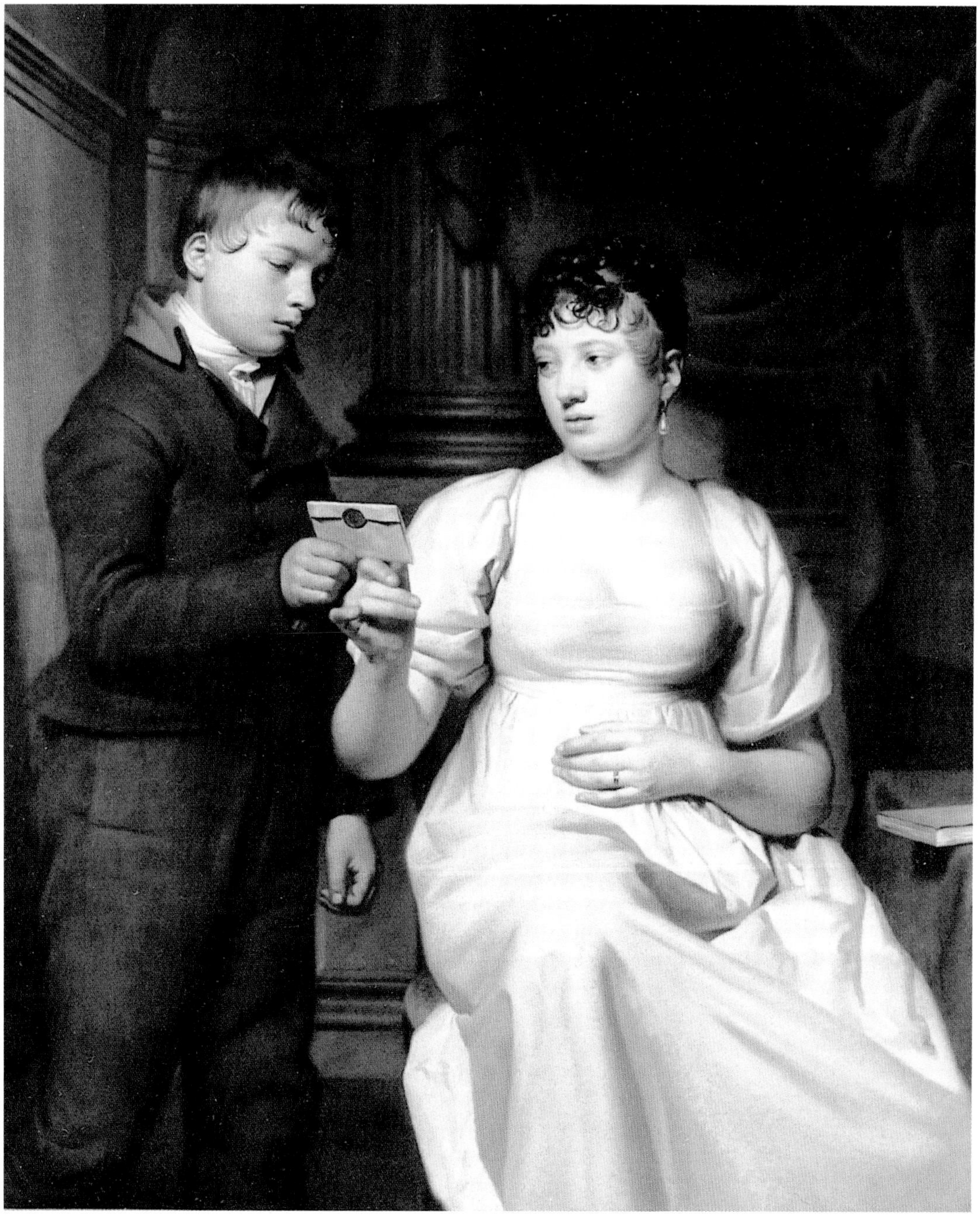

AFB. 6 [boven] – Willem Bartel van der Kooi, *De minnebrief*, 1808. Olieverf op doek, 131 x 102 cm. Leeuwarden, Fries Museum.

AFB. 7 [pagina 19] – Daniël Dupré, *Gezicht op het Colosseum, Rome*, ca. 1808. Pen- en penseeltekening, 62,5 x 49,5 cm. Rotterdam, Museum Boijmans Van Beuningen.

het zedelijk peil weer worden verhoogd. Tevens zou door het zien van de kunstwerken van oude meesters de goede smaak van de burgerij worden bevorderd. Tenslotte zouden eigentijdse kunstenaars veel kunnen leren van de vaardigheden van de oude meesters. Door naar hun voorbeeld te werken zouden ook hun eigen, moderne schilderijen winnen aan kunstwaarde. De toegang was echter niet gratis; gewone bezoekers betaalden zes stuivers, maar kunstenaars die kopieën wilden komen maken, betaalden het dubbele. De opbrengst van de entreegelden werd besteed aan nieuwe aanwinsten. Pas vanaf 1807 werden ook eigentijdse schilderijen aangekocht.

De Nationale Konst Galerij in Huis ten Bosch werd in 1805 verplaatst naar de voormalige schilderijengalerij van stadhouder Willem V aan het Haagse Buitenhof. Met de komst van Lodewijk Napoleon werd de naam veranderd in Koninklijk Museum, en in 1808 werd de collectie overgebracht naar het Koninklijk Paleis op de Dam in Amsterdam, het voormalige stadhuis. Bij het overbrengen van het Koninklijk Museum naar Amsterdam werd nogmaals de nadruk gelegd op de drie componenten van het museum: een kunstcollectie van oude meesters, schilderijen die verwezen naar de nationale geschiedenis, en een collectie eigentijdse kunst (of zoals het toen werd geformuleerd: van 'nog levende inlandsche schilders').

In 1808 was voor het eerst in het koninklijk Paleis op de Dam een aantal werken van eigentijdse kunstenaars te zien op de Tentoonstelling van Levende Meesters, de Nederlandse variant van de Parijse Salon. Kunstenaars werden met hoge prijzen gelokt om deel te nemen aan de Tentoonstelling van Levende Meesters; voor het beste historiestuk was 3000 gulden beschikbaar, voor het beste genrestuk 2000. De jury werd gevormd door de leden van de Vierde Klasse van het Koninklijk Instituut. Naast de beloningen voor de beste kunstenaars was er ook nog geld beschikbaar voor aankoop, ter verrijking van de collectie van het Koninklijk Museum. Het publiek stroomde toe; in de expositieruimten was behalve de Tentoonstelling van Levende Meesters ook de vroegere stadhouderlijke collectie te zien, aangevuld met nieuwe aankopen van oude meesters. De tekenaar Christiaan Andriessen maakte een schets van de toeloop van bezoekers, en schreef daaronder: '17 Sept. 1808 Uit kunstliefde wordt men hier platgedrongen' (AFB. 3).

In twee zalen waren meer dan honderd schilderijen tentoongesteld (AFB. 4). Er waren onder andere schilderijen van Jan Willem Pieneman, Jan Kobell, Pieter Gerardus van Os, Johan Bernhard Scheffer en Willem Bartel van der Kooi te zien. Zoals blijkt uit de tekening van Andriessen, hingen de schilderijen van de

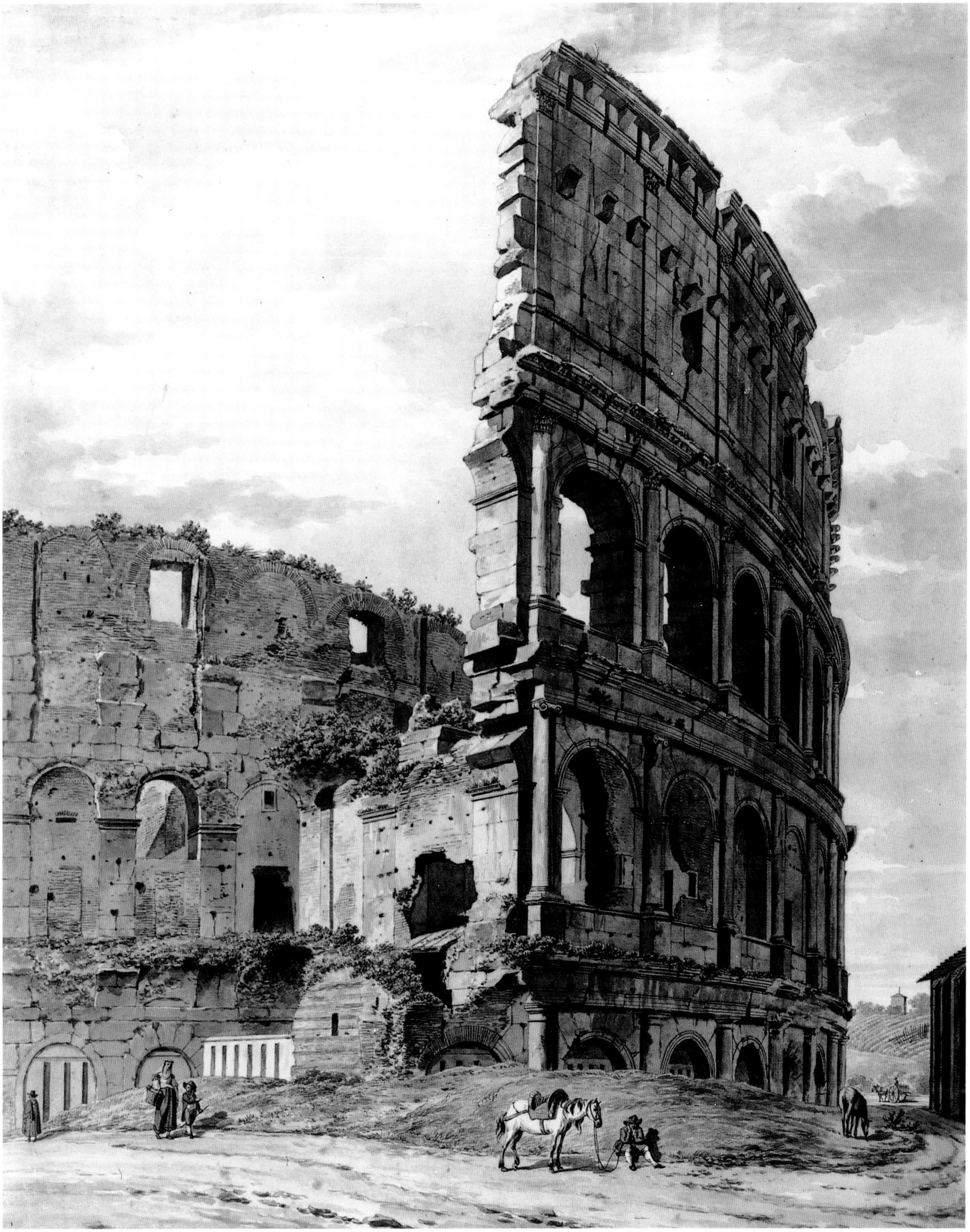

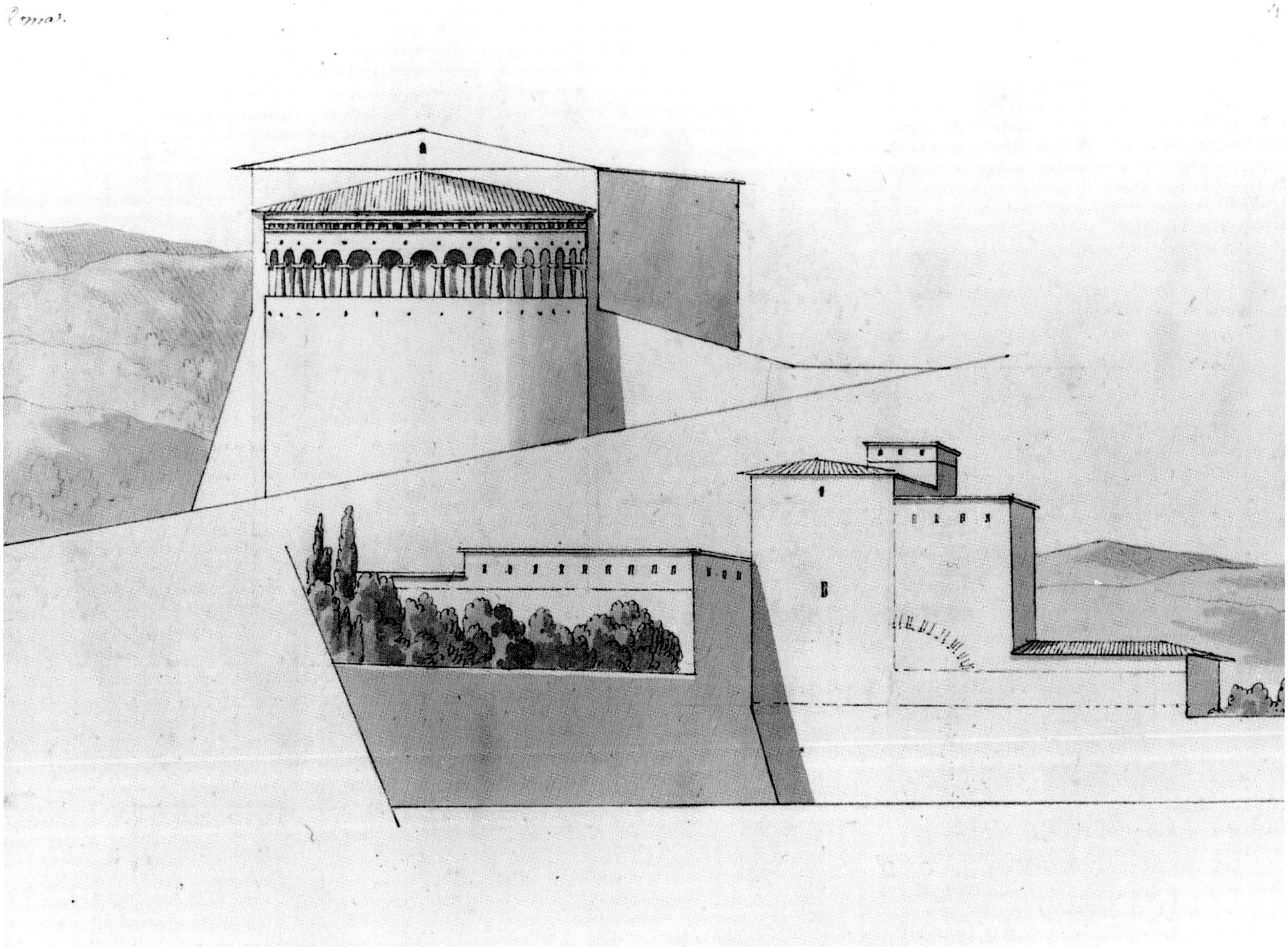

AFB. 8 – David Humbert de Superville, *S.S. Francesco e Paolo, Roma*. Potlood- en penseeltekening. Leiden, Prentenkabinet der Rijksuniversiteit.

plint tot aan het plafond, op dezelfde wijze waarop in Parijs in de achttiende eeuw de Salons werden ingericht (AFB. 5). Op het gebied van de historieschilderkunst sloegen de inzenders een armzalig figuur: het historiestuk van Johan Bernhard Scheffer, de vader van Ary Scheffer, getiteld *De zelfopoffering van Jacob Simonsz. de Rijk* werd alleen bekroond, omdat het 'het minst gebrekkig' was van de drie inzendingen. Het schilderij *Eene dame, van een bedienden een brief ontvangende* (*De minnebrief*) van Van der Kooi (AFB. 6) werd door Lodewijk Napoleon afgewezen voor zijn Koninklijk Museum; de jury beloonde het schilderij wel met een prijs. De Tentoonstelling van Levende Meesters zou later als instelling worden overgenomen door koning Willem I; vanaf 1814 werden deze tentoonstellingen afwisselend in Amsterdam en Den Haag, en later bij toerbeurt ook in andere steden gehouden.

Een ander middel dat de overheid trachtte toe te passen om de opleiding van kunstenaars te verbeteren was de instelling van de Prix de Rome. Ook dit was een navolging van het Franse beloningssysteem zoals dit sinds de zeventiende eeuw gevolgd werd aan de Académie des Beaux Arts: voor de beste leerlingen was aan het eind van de opleiding een studiebeurs beschikbaar voor een verblijf van enige jaren in Rome, in de Villa Medici, waar ook verzorging en atelierruimte voorhanden waren. Al vóór het instellen van de Prix de Rome door Lodewijk Napoleon waren Nederlandse kunstenaars naar Rome getrokken, soms op eigen kosten, soms met toelage van een kunstliefhebber, of met gelden van genootschappen. Dat laatste gold bijvoorbeeld voor Daniël Dupré, die op kosten van de Oeconomische Tak van de Hollandsche Maatschappij der Wetenschappen te Haarlem in Rome verbleef 'om zich daar eenen geruimen tijd ter zijner verdere oefening der volmaking in de kunst door te brengen' (AFB. 7). Hendrik Voogd en David Humbert de Superville verbleven ook al langere tijd in Rome vóór de instelling van de Prix de Rome; in het geval van Humbert de Superville trad een vroegere Nederlandse ambassadeur in Parijs als mecenas op (AFB. 8).

Lodewijk Napoleon maakte zoveel haast met de instelling van de eerste Prix de Rome, die volgens de in Frankrijk geldende regels pas aan het einde van een academieopleiding kon worden toegekend, dat de eerste uitreiking al plaatsvond voordat zijn nieuwe Koninklijke Academie een feit was. De kandidaten hadden dan ook niet de nodige opleiding genoten en werden daarom eerst twee jaar naar Parijs gestuurd, voor ze in Rome verder mochten studeren, zeer tot ongenoegen van hun leermeesters in Parijs, die erover klaagden dat ze deze bekroonde *élèves* nog de meest elementaire zaken moesten bijbrengen. De eerste *élèves* waren Joannes Echarius Carolus Alberti (AFB. 9), Tiarko Cramer, Woutherus Mol en Van der Wal in de categorie historieschilderkunst, en Pieter Rudolph Kleyn (AFB. 10 en 11), Josephus Augustus Knip (AFB. 12 en 13), Antonie Sminck Pitloo en Abram Teerlink in de categorie landschap.

De splitsing van de schilderkunst in historie en landschap was een nieuw element in de toekenning van de Prix de Rome voor Nederlandse kunstenaars; in Frankrijk bestond een dergelijk onderscheid nog niet. Waarschijnlijk was deze splitsing ingegeven door het praktische feit dat er op het gebied van de historieschilderkunst in de Nederlanden niet al te veel te belonen viel, zoals ook bij de eerste Tentoonstelling van Levende Meesters bleek. Daarnaast speelde echter dat in Frankrijk al enige tijd discussie over de instelling van een aparte Prix de Rome voor het landschap gaande was. Al in 1791 had Quatremère de Quincy voorgesteld om academieleerlingen les te geven in landschapskunst en een eigen Prix de Rome voor het landschap uit te loven. Pas in 1816 werd een *Concours du Prix de Rome en paysage historique* ingesteld; de eerste prijswinnaar in 1817 was de twintigjarige Achille Michallon,

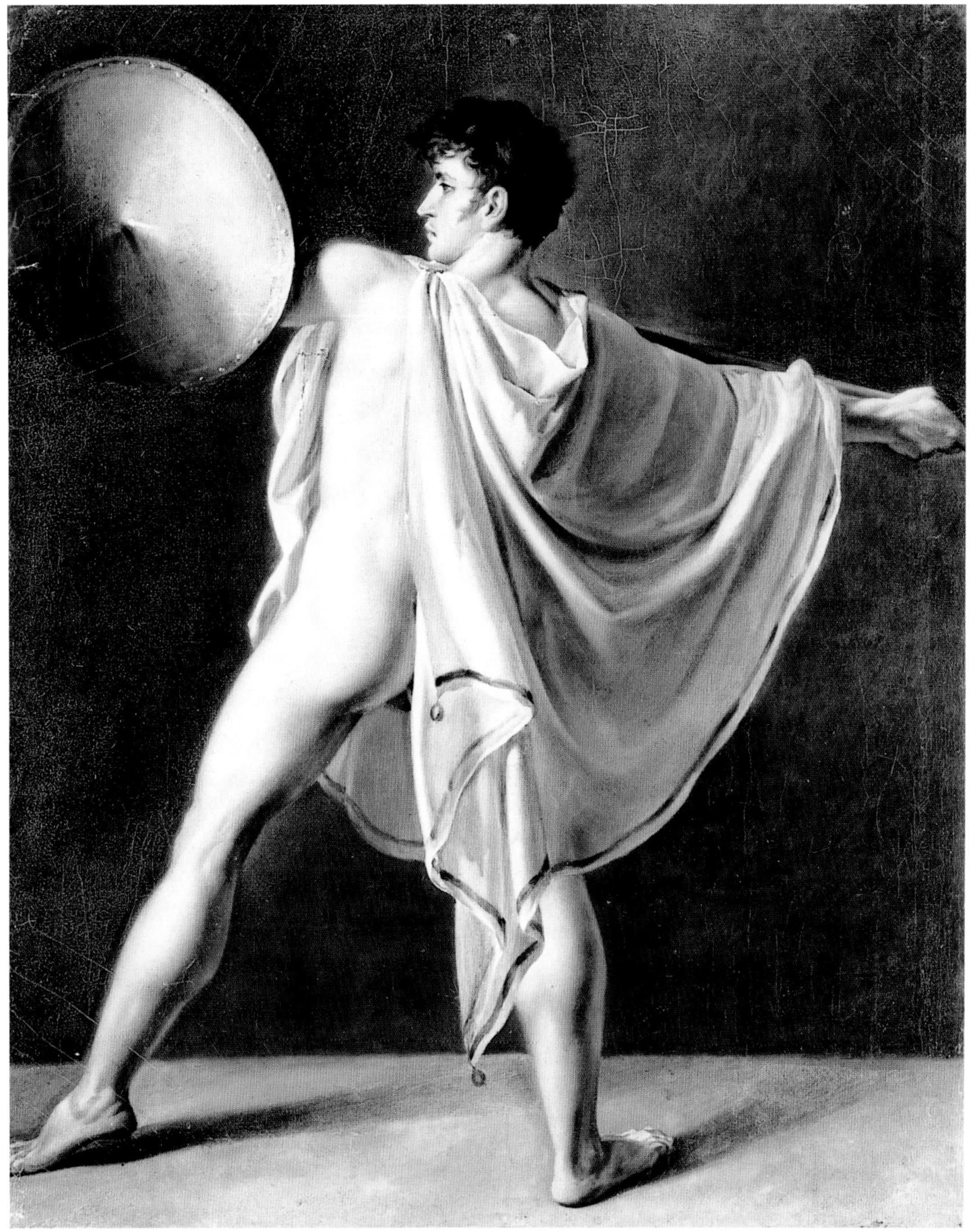

AFB. 9 – Joannes Echarius Carolus Alberti, *Krijgsman met lans en schild*, 1808. Olieverf op doek, 91,5 x 72,5 cm. Amsterdam, Rijksmuseum.

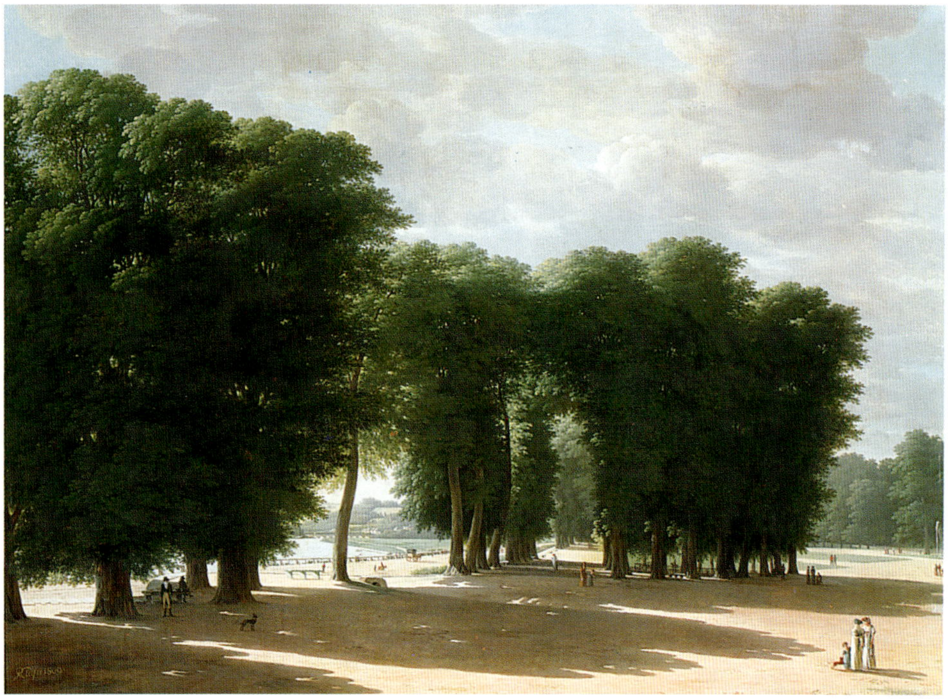

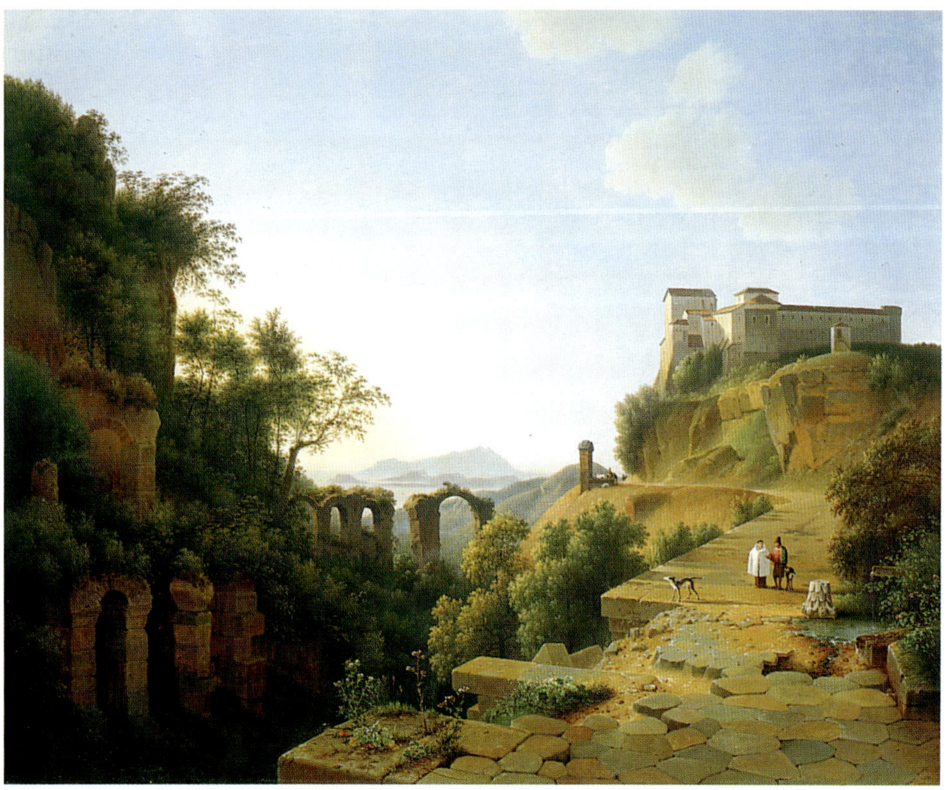

AFB. 10 [boven] – Pieter Rudolph Kleyn, *De ingang van het Park van St. Cloud bij Parijs*, 1809. Olieverf op paneel, 100 x 130 cm. Amsterdam, Rijksmuseum.

AFB. 11 [pagina 23] – Pieter Rudolph Kleyn, *De ingang van het Park van St. Cloud bij Parijs*, 1809. (detail van AFB. 10). Olieverf op paneel, 100 x 130 cm. Amsterdam, Rijksmuseum.

AFB. 12 [onder] – Josephus Augustus Knip, *De Golf van Napels met op de achtergrond het eiland Ischia*, 1818. Olieverf op paneel, 90 x 109 cm. Amsterdam, Rijksmuseum.

een leerling van Pierre-Henri Valenciennes en Jean-Victor Bertin.

Valenciennes was sinds 1812 docent aan de Parijse Ecole des Beaux Arts en een medestander van Quatremère de Quincy. Vooral het leerboek van Valenciennes, *Elémens de perspective pratique à l'usage des artistes, suivis de Réflextions et conseils à un élève sur la peinture, et particulièrement sur le genre du Paysage* (1800), had een enorme betekenis voor de totstandkoming van een nieuwe houding binnen het academieonderwijs ten opzichte van het landschap. Valenciennes wees erop dat de historieschilderkunst weliswaar het hoogste genre was – dit om zijn mededocenten niet te zeer te verontrusten – maar dat kunstenaars als Claude Lorrain, Joseph Vernet en de Hollandse zeventiende-eeuwse meesters Philips Wouwerman, Adam Frans van der Meulen, Paulus Potter en Karel Dujardin hun roem uitsluitend te danken hadden aan hun landschappen. Valenciennes onderscheidde drie soorten landschap: het *paysage historique* (voorzien van nobele helden en fraaie ruïnes), het *paysage pastoral* (een ideale uitbeelding van het landleven) en het *paysage portrait*.

Het laatste was een getrouwe weergave van het landschap zoals dat door de kunstenaar gezien werd, zonder verdere opsmuk; Valenciennes meende dat de oude Hollandse meesters het meest uitblonken in het *paysage portrait*, en noemde als voorbeelden Karel Dujardin, Jan van der Heyden, Paulus Potter en Adriaen van de Velde. Hij schreef: 'Wat een verschil tussen een schilderij dat alleen maar een koe voorstelt en wat schapen die grazen in een weide, en een stuk dat de begrafenis van Phocion uitbeeldt; tussen een schilderij van de oevers van de Maas en een landschap met herders in Arcadië, tussen een regenachtig stuk van Ruisdael en *De zondvloed van Poussin*!'

In 1817 verscheen *Essai sur le paysage* van C.J.F. Lecarpentier, waarin hij Valenciennes prees om zijn inzet voor het landschap, dat hijzelf als het meest aantrekkelijke genre in de schilderkunst beschouwde: 'Na zijn terugkeer uit Italië, waar hij zijn smaak had ontwikkeld door zijn studie van monumenten en fraaie plekken, heeft hij talrijke leerlingen opgekweekt die zich naar zijn voorbeeld op het landschap gestort hebben, en hun studies

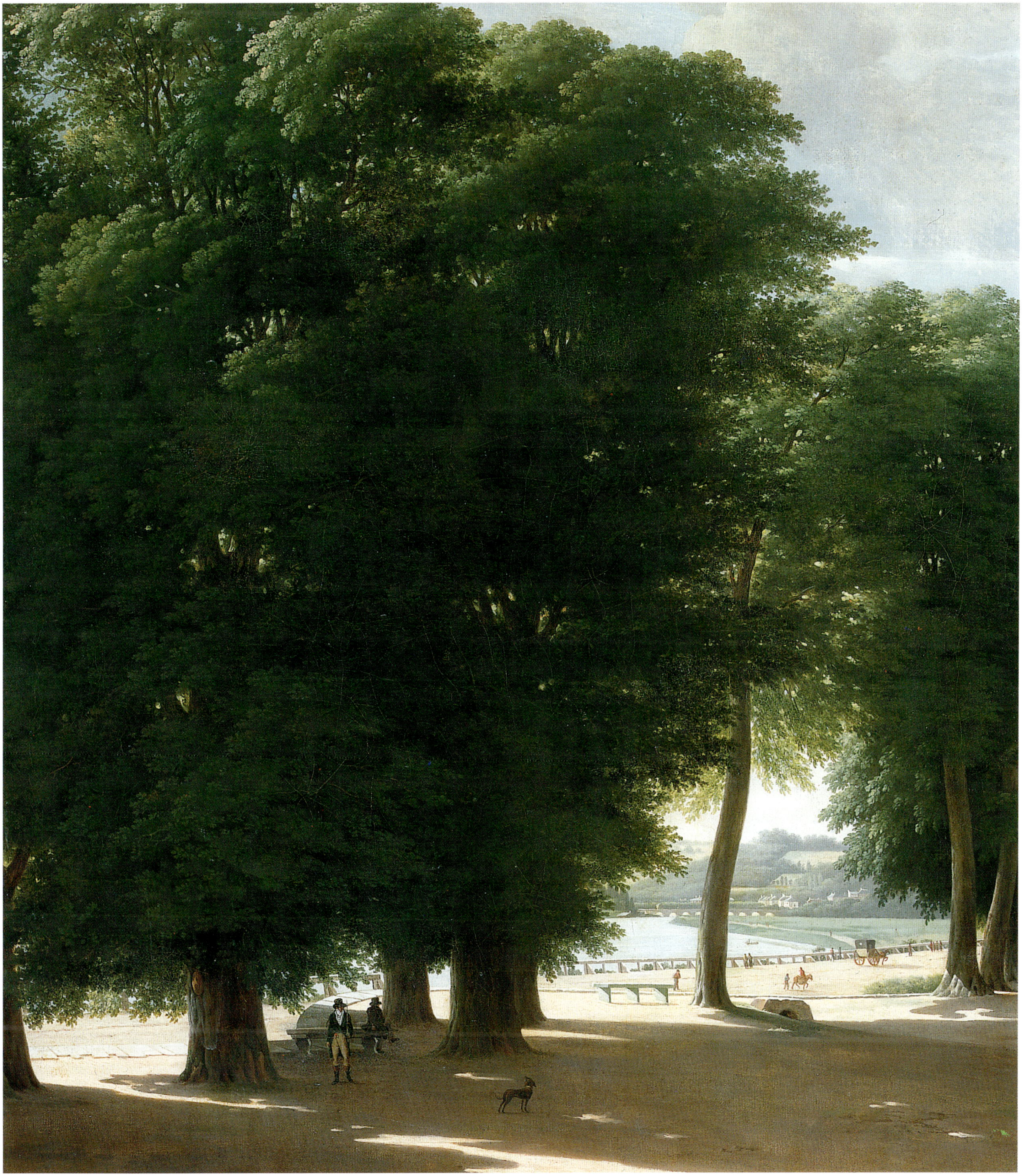

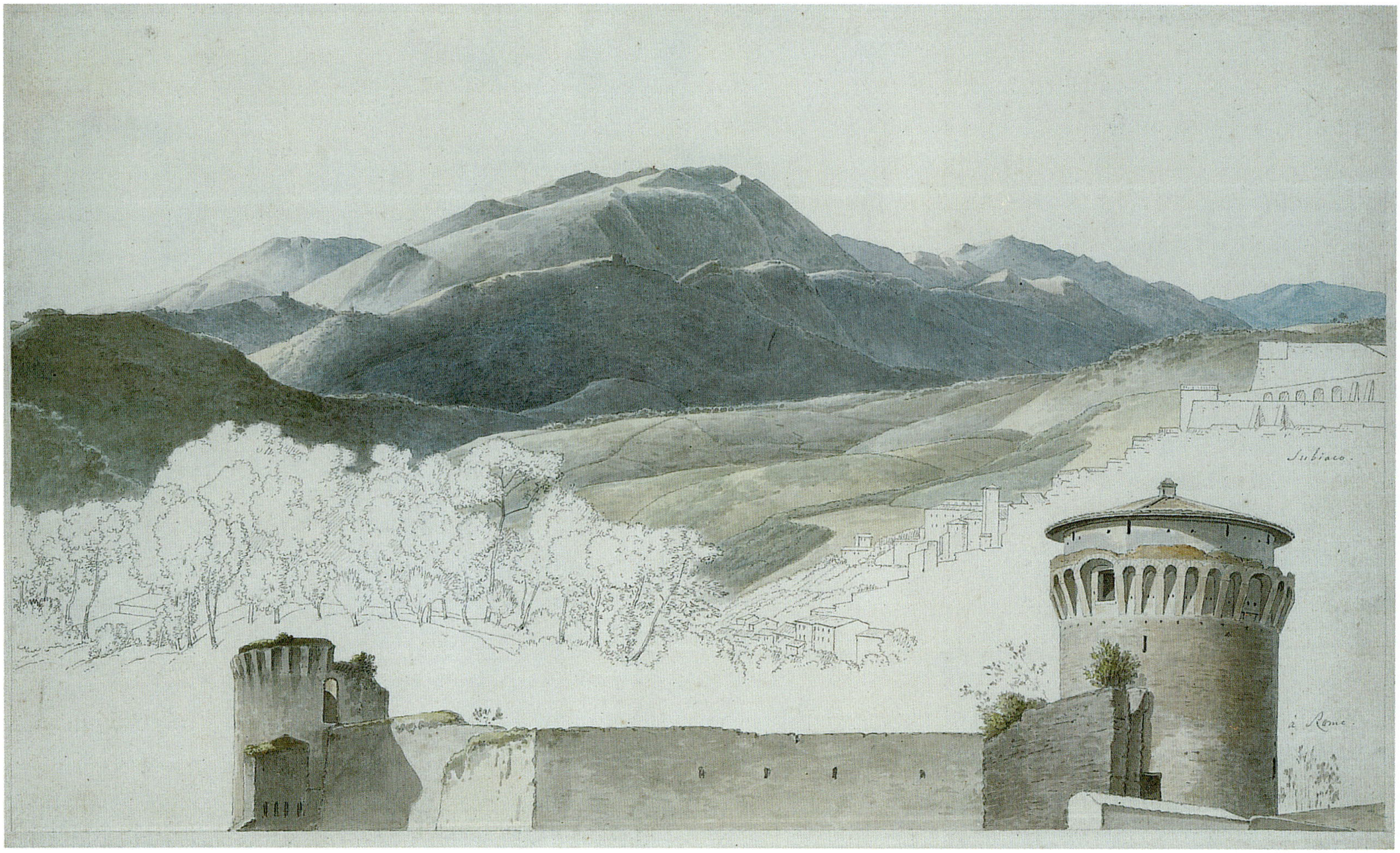

AFB. 13 [boven] – Josephus Augustus Knip, *Landschap bij Subiaco, en gebouwen te Rome*, ca. 1810. Pentekening met waterverf, 28,8 x 47,3 cm. Amsterdam, Rijksmuseum, Rijksprentenkabinet.

AFB. 14 [pagina 25] – François Célèstin, *De klas van Joseph François, de Brusselse Akademie*, 1821. Olieverf op paneel, 71 x 63 cm. Brussel, Stadsmuseum.

hebben voortgezet in dit land, vervuld van grote herinneringen: hun schilderijen bepalen nu het aanzien van de Franse School in het landschapsgenre, dat zij tot een hoge rang hebben weten op te voeren.'

Een jaar later, in 1818, verscheen van Jean-Baptiste Deperthes, een leerling van Valenciennes, *Théorie de paysage*, waarin gesteld werd dat er geen verschil in waardering moest zijn voor een schilderij met een historisch landschap en een *paysage champêtre*. Deperthes bepleitte een zelfstandige positie voor de landschapskunstenaar, ongeacht of die zich met het historische, het pastorale of het *paysage portrait*-genre bezighield. In deze context gaat het wat te ver om te veronderstellen dat deze mentaliteitsverandering in het Franse academiesysteem zou zijn teweeggebracht door toedoen van de Hollandse *élèves* in Rome, die daar onder toezicht van de directeur van de Villa Medici, Guillaume Guillon Lethière, landschappen mochten schilderen, alleen omdat dit genre als hun nationale specialiteit gezien werd.

Lodewijk Napoleon, die vervuld was van goede bedoelingen voor zijn koninkrijk Holland, was eenvoudigweg de tijd niet vergund om zijn plannen tot verheffing van de kunsten te realiseren. Het Nationale Museum dat hem voor ogen stond, zou pas in zijn definitieve vorm tot stand komen in 1885 als het Rijksmuseum in Amsterdam; de Koninklijke Academie zou tijdens de regeringsperiode van koning Willem I worden opgericht. Wat echter als legaat van Lodewijk Napoleon bleef, waren de Tentoonstellingen van Levende Meesters en de Prix de Rome.

Achteraf bezien was het effect van een verblijf in Italië op het Nederlandse kunstleven echter beperkt. Pitloo vestigde zich in Napels, waar hij zich ontwikkelde tot een centrale figuur in de Scuola di Posillipo; hij overleed in

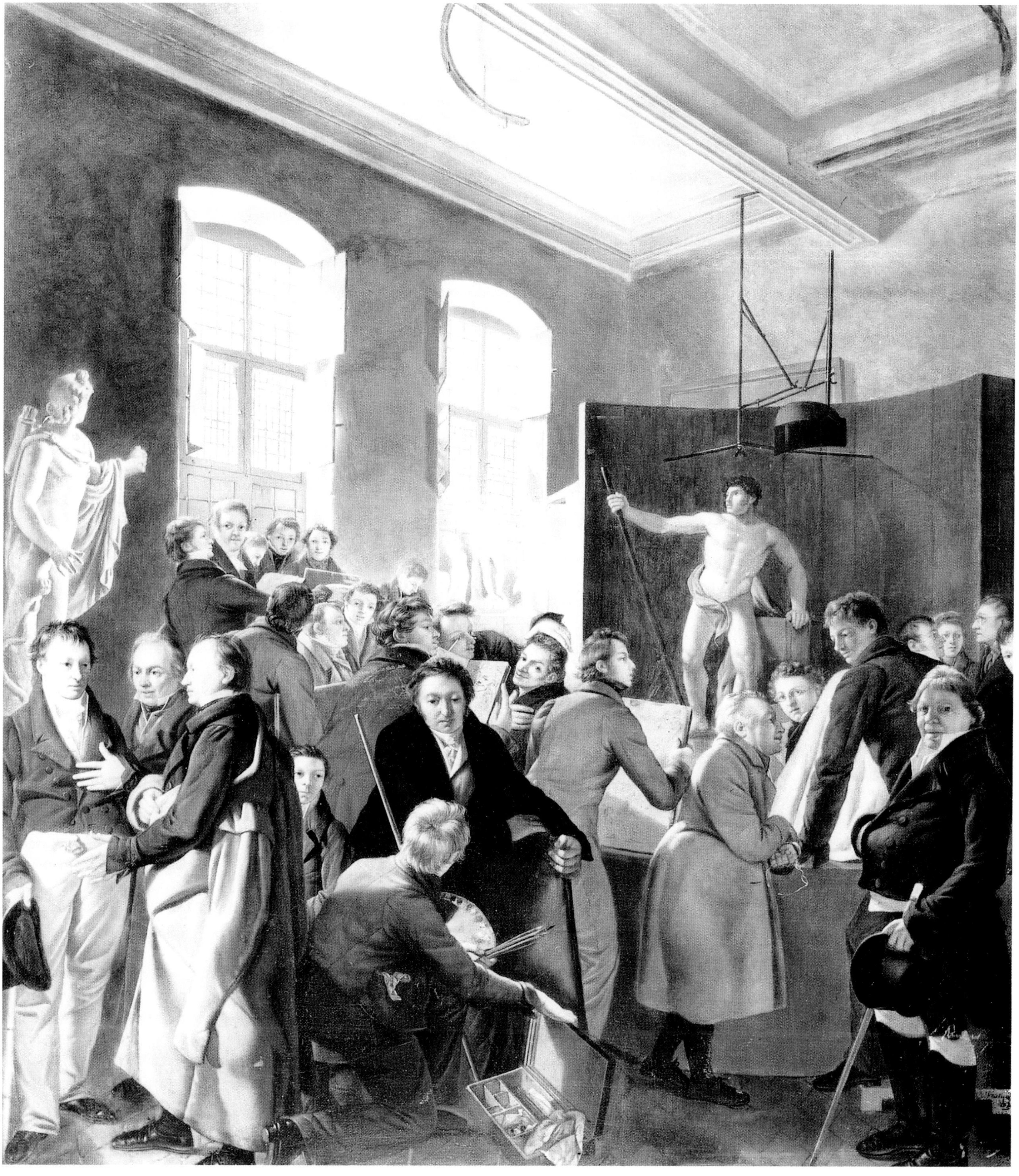

AFB. 15 [pagina 27] – Edouard Agneesens, *Slapende jongeling*, 1859. Olieverf op doek, 82,5 x 60 cm. Brussel, Koninklijke Musea voor Schone Kunsten.

Napels in 1837. Teerlink bleef in Rome wonen. Knip keerde wel naar Nederland terug, maar spoedde zich naar Parijs zodra de verplichte termijn voor het verblijf in zijn vaderland verstreken was. Kleyn overleed in 1816 aan de verwondingen die hij had opgelopen in de Slag bij Quatre Bras. De studietijd in Italië was echter nuttig voor internationale contacten, met name tussen jonge kunstenaars uit de Noordelijke en Zuidelijke Nederlanden.

De Dordtse kunstenaar Teerlink was na een korte opleidingstijd in Parijs in 1808 in Rome aangekomen als een van de *élèves pensionnaires*. Zijn overheidstoelagen duurden voort tot 1811; in 1814 deed hij aan de inmiddels ingehuldigde koning Willem I het verzoek om een voortzetting van zijn studiebeurs – een verzoek dat door de beeldhouwer Canova en door de directeur van het Franse Instituut in Rome Guillon Lethière werd ondersteund; niettemin werd het verzoek afgewezen, omdat men in Nederland van mening was dat Teerlink de leeftijd om zich nog als student uit te geven, ver had overschreden. Tot 1836 deelde Teerlink zijn Romeinse woning en atelier in het Palazzo dei pupazzi met de Gentse schilder Jan Baptist Lodewijk Maes.

Het atelier aan de Via Capo le Case stroomde vol met leerlingen. Maes had zich al geliefd gemaakt bij het Nederlandse hof door de fraaiste allegorie op het huwelijk van de Prins van Oranje te schilderen. Tussen 1810 en 1820 werd zijn werk met talrijke medailles onderscheiden. In 1820 kreeg hij van de stad Gent een bedrag uitgekeerd om zijn opleiding in het buitenland te vervolmaken. Een jaar later dong hij mee naar de Prix de Rome van de stad Antwerpen. Sinds 1817 mocht de Academie van Antwerpen zich Koninklijke Academie van Beeldende Kunsten noemen. Koning Willem I, die zich na de samenvoeging van de Noordelijke en de Zuidelijke Nederlanden tot het Koninkrijk der Nederlanden moest bekommeren om een evenwichtig kunstbeleid, begunstigde de Academie van Antwerpen met een bedrag voor een Prix de Rome om het jaar; in het andere jaar werd de prijs uitgereikt aan de Academie van Amsterdam. Het is opmerkelijk dat Willem I in deze situatie koos voor de Antwerpse Academie, en niet voor die van Brussel (AFB. 14 en 15). De eerste Prix de Rome die door de Nederlandse regering werd uitgereikt, ging naar Ferdinand de Braekeleer op basis van zijn inzending *Tobias zijnen vader van de blindheid genezende*.

Maes huwde in Rome de dochter van de Italiaanse graveur Bartolomeo Canini en noemde zich vanaf dat moment Maes Canini, dit ter onderscheiding van zijn broer die evenals hij Jan Baptist heette. Maes was bevriend met Frans Vervloet, die zijn omzwervingen door Italië en zijn ontmoetingen met Nederlandse en Belgische kunstenaars aldaar vastlegde in een *Dagboek*, dat in manuscript bewaard wordt in de bibliotheek van Museo Correr in Venetië. Een Nederlandse vriend van Maes in Rome was Hendrik Voogd, die op zijn beurt weer bevriend was met Humbert de Superville.

Rome bleek een netwerk van vriendschappen op te leveren voor kunstenaars uit de vroegere Noordelijke en Zuidelijke Nederlanden. Humbert de Superville trok veel op met Jean-Baptiste Wicar; Cornelis Kruseman onderhield vriendschappelijke contacten met Filip van Bree, Maes-Canini, Lodewijk Royer en Frans Vervloet. Men trof elkaar in het Caffè Greco en op ontvangsten bij de Nederlandse ambassadeur en de gastvrije Romeinse aristocratie. Kruseman sprak in zijn herinneringen aan zijn verblijf in Italië vooral over het internationale gezelschap ten huize van de familie Torlonia op de Piazza Venezia. In februari 1822 beschreef hij een van de feesten als volgt: 'De menigte van zalen en galerijen, met marmeren beelden, mozaïeken en schilderijen versierd, en de kostbaarheid der meubelen zijn een vorstelijk verblijf waardig. Het aantal van genodigden bedraagt somtijds wel vijfhonderd mensen, waarbij vooral de schoonheid der Italiaanse vrouwen zich in haren vollen luister vertoont. Onder andere Nederlandse schilders vond ik hier den heer Van Bree, met wien het mij aangenaam was nader kennis te maken. Een jong mensch, pensionnaire van de Academie van Antwerpen, was hier op het ogenblik de eenige Nederlander, welke het historiële vak beoefende. De Duitse kunstenaars vormen het grootste lichaam, en zijn aan hun costuum, en bijzondere keus van schilderen, spoedig te kennen. Op hen volgen de Franschen; de overigen zijn meest Russen, Italianen, Polen

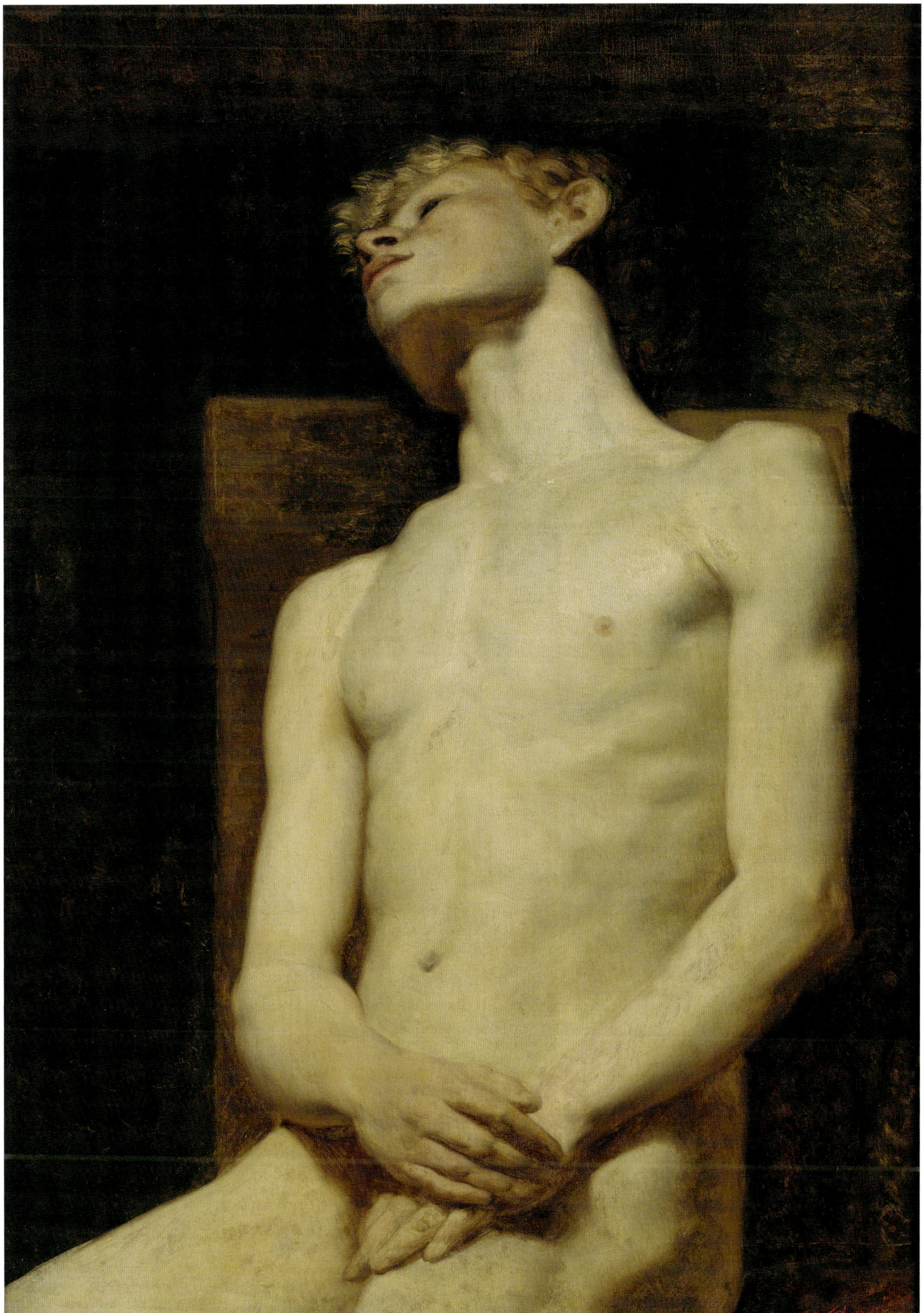

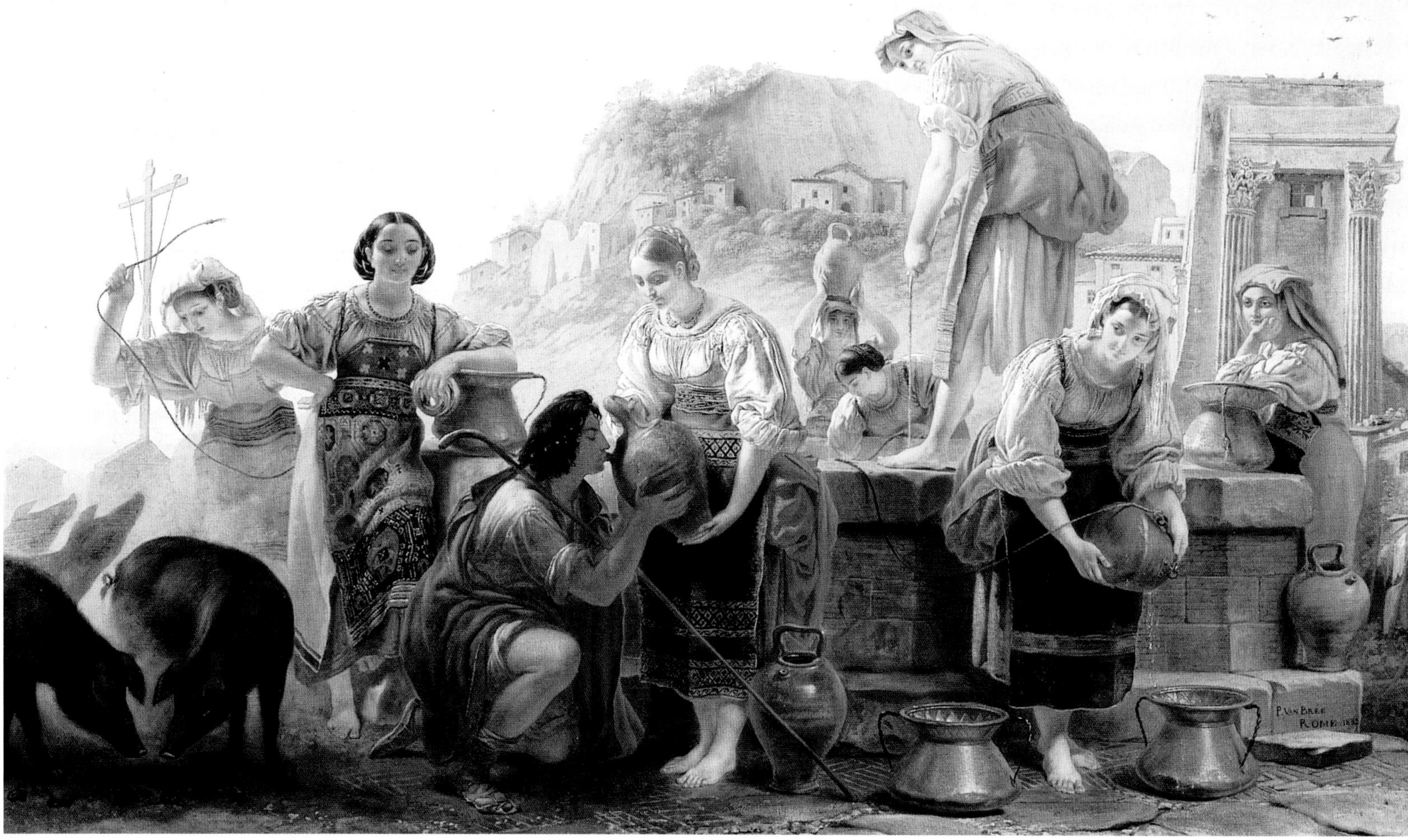

AFB. 16 – Filip van Bree, *De jeugd van Sixtus Quintus*, 1832. Olieverf op doek, 165 x 204 cm. Brussel, Koninklijke Musea voor Schone Kunsten.

en Nederlanders, terwijl men hier verder genoegzaam van alle Europeesche natiën, schilders, beeldhouwers of architekten aantreft.'

In november van datzelfde jaar schreef Kruseman: 'In Rome ben ik thans gezeten burger. Ik bewoon een paar kamers, werk onafgebroken, en leef voor het overige zeer eenzaam en stil. Ik heb hier weinig omgang, behalve het aangenaam verkeer van twee Brabantse schilders, de heeren Vervloet en Maes. Binnenkort zullen ook de heeren Royer en Noel het getal der Nederlandsche kunstenaars in Rome komen vermeerderen; welk getal tot heden toe te klein is om eene school genaamd te kunnen worden, zoals bij de kunstenaars van vele andere natiën plaats heeft.'

Met zijn vrienden bezocht Kruseman Tivoli, Subiaco en Olevano, en in 1824, voor zijn terugkeer naar Nederland, maakte hij nog een reis naar Napels, onder anderen in gezelschap van de beeldhouwer Royer. Op 6 november 1824 nam hij afscheid van zijn vrienden: 'Mijne Nederlandsche kunstbroeders en vrienden gaven mij een afscheidsmaal in Papa Julia, eene herberg buiten Porta del Popolo [...]. Allen betuigden de hartelijkste belangstelling in mijn volgend geluk en de heeren Royer en Teerlink lieten hunne dichtader vloeijen. De herinnering der menigvuldige genoegens, in aller vriendschappelijke omgang genoten, maakte het mij moeilijk van hen afscheid te nemen.' De herinneringen van Kruseman leveren helaas weinig gegevens op over de uitwisseling van artistieke opvattingen tussen hem en zijn vrienden, maar één ding is duidelijk: de herkomst uit de Noordelijke of de Zuidelijke provincies speelde geen enkele rol; men beschouwde elkaar als landgenoten die gemeenschappelijk één schilderschool zouden kunnen opleveren.

In het vaderland vierde het nationalisme hoogtij. De academies streefden ernaar tot een nieuwe definitie van 'nationale kunst' te komen, en het Nederlandse van de Hollandse School onder woorden te brengen. In Jos van den Brandens *Geschiedenis der Academie van Antwerpen*, uitgegeven in 1867 ter gelegenheid van het honderdjarig bestaan (in 1864), staat een citaat afgedrukt van een rede van Jan Frans Willems, uitgesproken in het Museum van Antwerpen, dat in die jaren in het Academiegebouw was ondergebracht: 'Het karakter van den Nederlandsche schilder is derhalve gelegen in de betrachting van waarheid en natuurlijkheid, en afgeleid uit de rondborstigheid en den ongeveinsden aerd der Nederlandsche natie.' Invloeden van buitenaf werden niet meer gewaardeerd. De inzending van Maes-Canini voor de Salon van Gent in 1829, *Het vertrek van de jonge Tobias*, werd negatief beoordeeld vanwege de 'aan Italië ontleende kleur', en het verlies van het mooie coloriet van de Vlaamse School.

Kunstenaars als Teerlink, Maes Canini en Pitloo konden het zich veroorloven zich te distantiëren van de opinies in het vaderland. Ze hadden een eigen positie veroverd in het Italiaanse kunstleven en ze dachten er niet aan naar Nederland terug te keren. Teerlink bleef tot op hoge leeftijd een gezien kunstenaar in Rome en Maes-Canini stortte zich op de gezochte genrevoorstellingen van het landleven in de omgeving van Rome in een stijl die deed denken aan Bartolomeo Pinelli. Filip van Bree schilderde grote taferelen als *De jeugd van Sixtus Quintus*, een geïdealiseerde weergave van het leven in de Romeinse *campagna*, waar de jonge varkenshoeder Felice Peretti, die later paus Sixtus Quintus zou worden, zijn dorst leste te midden van sierlijk geklede boerinnen (AFB. 16). Het geheel is overgoten met een gouden gloed, die de kunstbroeders in het verre Noorden met afgunst en verlangen moet hebben vervuld. Pitloo had aanvankelijk een particuliere academie voor landschapsschilders opgericht in Napels; in 1824 werd hij benoemd tot professor aan de Koninklijke Academie van Napels. In die positie werd hij een leidende figuur in de Scuola di Posillipo, een van de eerste bewegingen in Italië in de negentiende eeuw waarin het landschap een centrale positie zou krijgen. Kruseman keerde in 1825 in Nederland terug, maar verbleef opnieuw in Italië van 1841 tot 1847.

Koning Willem I zette in grote lijnen de cultuurpolitiek van Lodewijk Napoleon voort en maakte die ook van toepassing op de Zuidelijke provincies. Reeds op 31 januari 1814 zegde de koning toe beschermheer te willen zijn van de Haagse Academie. In 1817 werden in Amsterdam en in Antwerpen een Koninklijke Academie van Beeldende Kunsten opgericht. De Antwerpse Academie telde in 1828 al zeshonderd leerlingen en werd in 1830 uitgebreid met een expositiezaal waar de Koninklijke Maatschappij ter aanmoediging der Schone Kunsten elke drie jaar een tentoonstelling kon organiseren. In 1848 was het aantal leerlingen gestegen tot 1365. In het reglement van 1841 werd het lesprogramma als volgt vastgesteld: 'Historie schildering, landschappen en zeegezichten, dieren en bloemen, levende modellen van verschillig geslacht, teekenen en boetseeren naar de natuur, het beitelen in hout, marmer, en het graveeren op hout- en koperplaten.'

In 1827 werd Mathias Ignatius van Bree, een broer van de al genoemde Filip van Bree, directeur van de Antwerpse Academie. Mathias had steeds gestreefd naar een positie als historieschilder. Hij behaalde net niet de Prix de Rome en legde zich toe op het uitbeelden van eigentijdse geschiedenis, ter meerdere glorie van de nieuwe machthebbers. In 1803 kreeg hij de opdracht *De intrede van Bonaparte, Eerste Consul, in Antwerpen* te schilderen. In 1813 stortte hij zich op het glorierijk verleden van Holland en toonde Amsterdam een schets van de *Zelfopoffering van Burgemeester van der Werff*

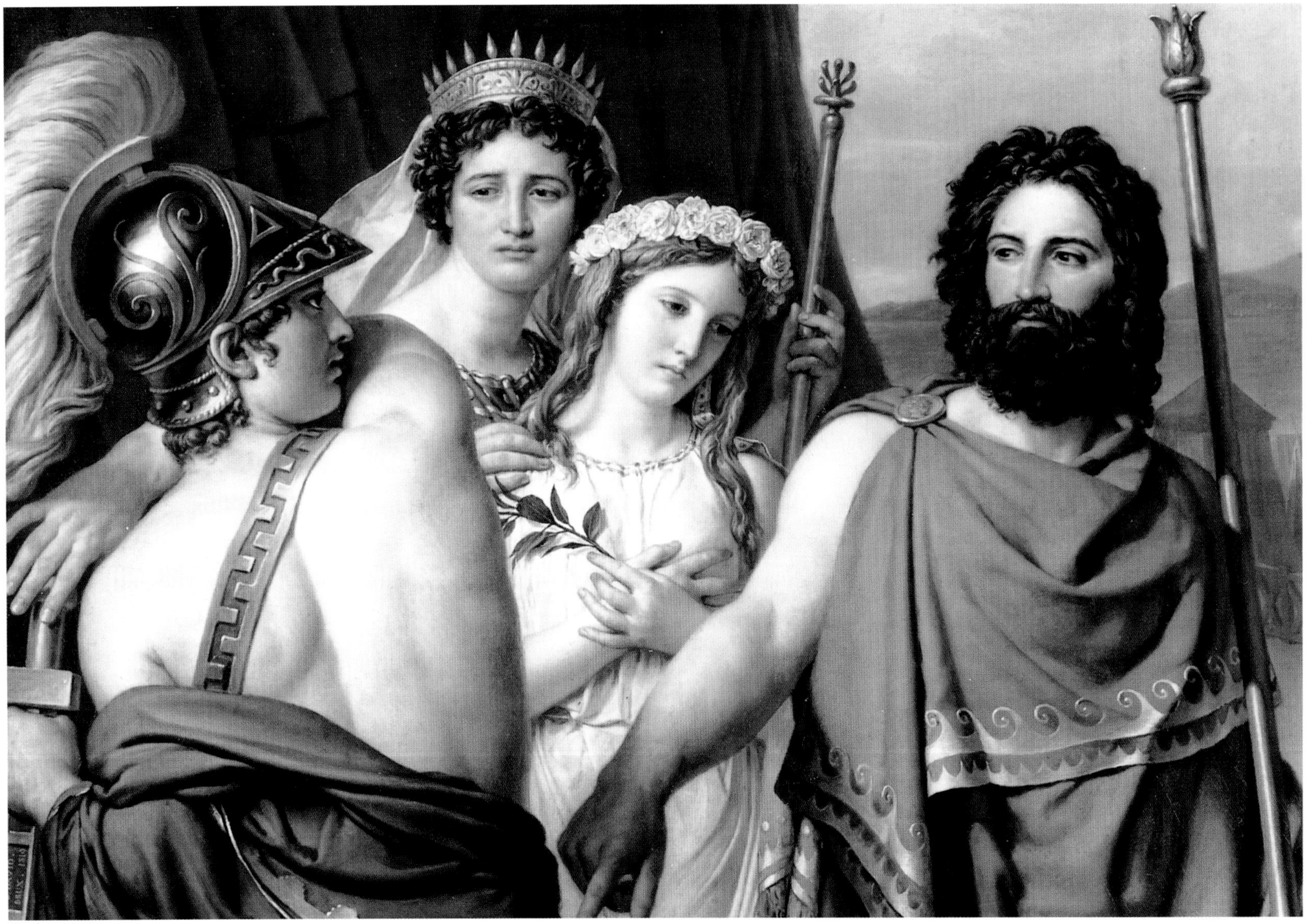

AFB. 17 – Jacques Louis David, *De woede van Achilles*, 1819. Olieverf op doek, 105,3 x 145 cm. Fort Worth, Kimbell Art Museum.

te Leiden. Hij haastte zich ook de heldendaden van de Prins van Oranje bij de Slag van Quatre Bras te vereeuwigen; zo werden zijn napoleontische sympathieën snel vergeten. Naast zijn uitbeeldingen van de grote daden uit de vaderlandse geschiedenis stortte Van Bree zich ook op de verheerlijking van Rubens, met schilderijen als *Rubens schildert Maria de Medici* (1817). In 1825 volgde *Rubens met zijn leerlingen* en in 1827 *De dood van Rubens*, nu in het Koninklijk Museum voor Schone Kunsten in Brussel. Dit waren de historiestukken waarop men in de Noordelijke provincies tevergeefs wachtte. Alle pogingen om Nederlandse schilders tot 'het grote genre' over te halen waren inderdaad op niets uitgelopen: óf ze begonnen er niet aan, óf hun welgemeende inspanningen leidden slechts tot een mislukking. Het theatrale pathos dat hoorde bij neoclassicistische voorstellingen van Romeinse en Griekse helden, liet zich moeilijk vertalen in een vaderlands gevoel bij de uitbeelding van de heldendaden uit het nationale verleden.

Het neoclassicisme had in Brussel nog een late naklank door het verblijf van Jacques Louis David aldaar, van 1816 tot zijn dood in 1825 (AFB. 17). Hij was tot 'eeuwige' verbanning veroordeeld op basis van een wet die was uitgevaardigd door de regering van Lodewijk XVIII en die allen die Napoleon trouw waren gebleven, tot 'onverzoenlijke vijanden van Frankrijk' verklaarde. Weliswaar werd David

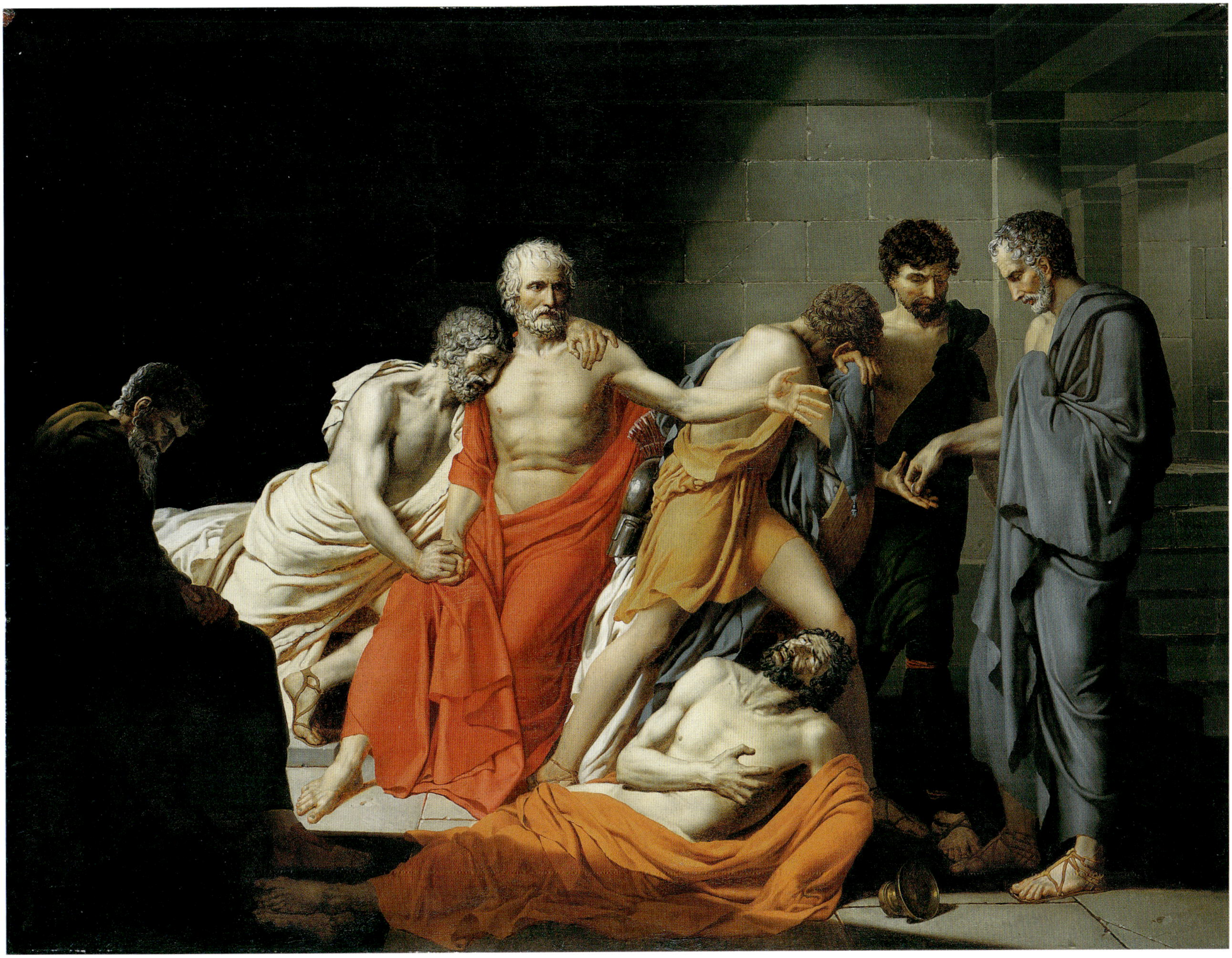

vrijwel onmiddellijk door de koning van Pruisen uitgenodigd om hofschilder in Berlijn te worden, maar de kunstenaar bedankte voor de eer en bleef in Brussel. Hij was al spoedig omringd door vroegere leerlingen, zoals Joseph-Denis Odevaere (AFB. 18), Joseph Paelinck en François-Joseph Navez. Bij hen voegde zich de jonge Michel Stapleaux.

David legde zich toe op het maken van portretten, zoals dat van Henri-Amédée de Turenne (Ny Carlsberg Glyptothek, Kopenhagen) en van generaal Gérard (Metropolitan Museum, New York). Ook portretteerde hij leden van de familie Bonaparte tijdens hun verblijf in Brussel. Zijn portretstijl evolueerde naar een steeds minder geïdealiseerde weergave van zijn modellen. Tot verbijstering van zijn bewonderaars paste hij dit nieuwe realisme ook toe op zijn mythologische scènes. Zijn voorstelling van *Amor en Psyche* uit 1817 was hiervan een voorbeeld. Men schreef: 'Deze Amor is geen god: het is zelfs niet eens een schone jongeling; het is het model, een gewoon model, heel precies geschilderd, met een slaafse

AFB. 18 [boven] – Joseph-Denis Odevaere, *De dood van Phocion*, 1804. Olieverf op doek, 145 x 113 cm. École Nationale supérieure des Beaux Arts, Parijs.

AFB. 19 [pagina 32] – François-Joseph Navez, *Hagar en haar zoon*, 1820. Olieverf op doek, 221 x 171 cm. Brussel, Koninklijke Musea voor Schone Kunsten.

AFB. 20 [pagina 33] – François-Joseph Navez, *Portret van de familie de Hemptinne*, 1816. Olieverf op doek, 221 x 171 cm. Brussel, Koninklijke Musea voor Schone Kunsten.

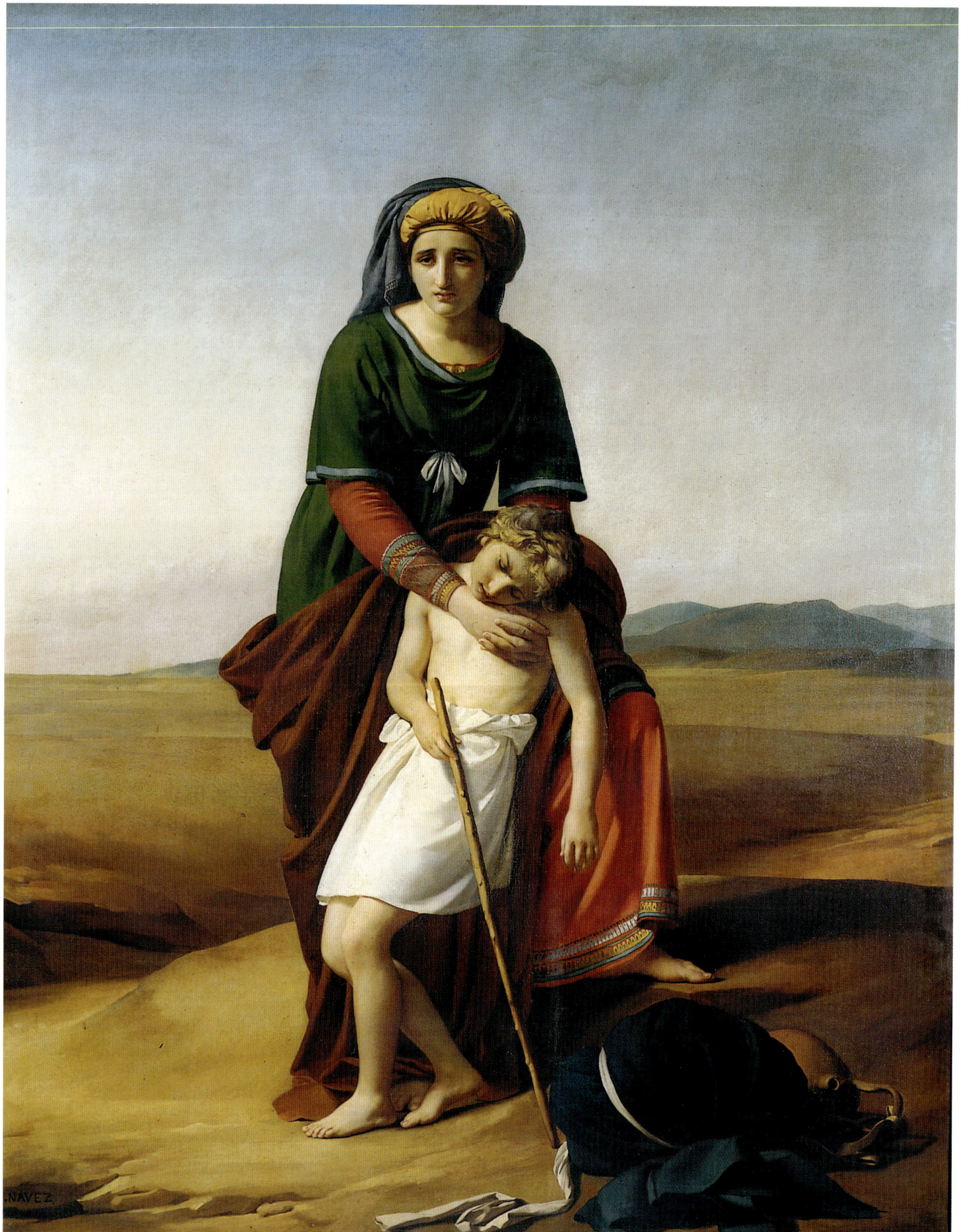
NAVEZ

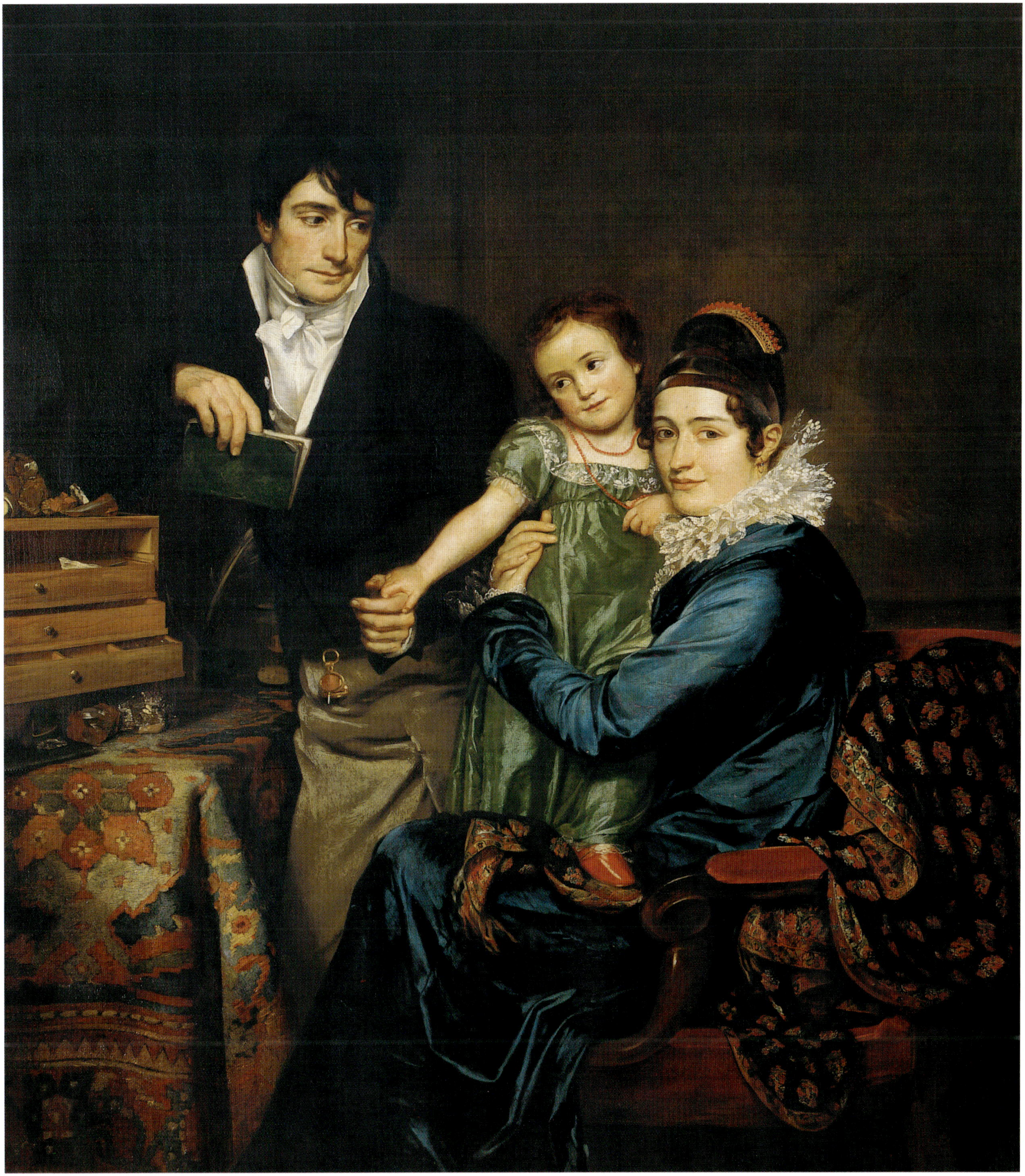

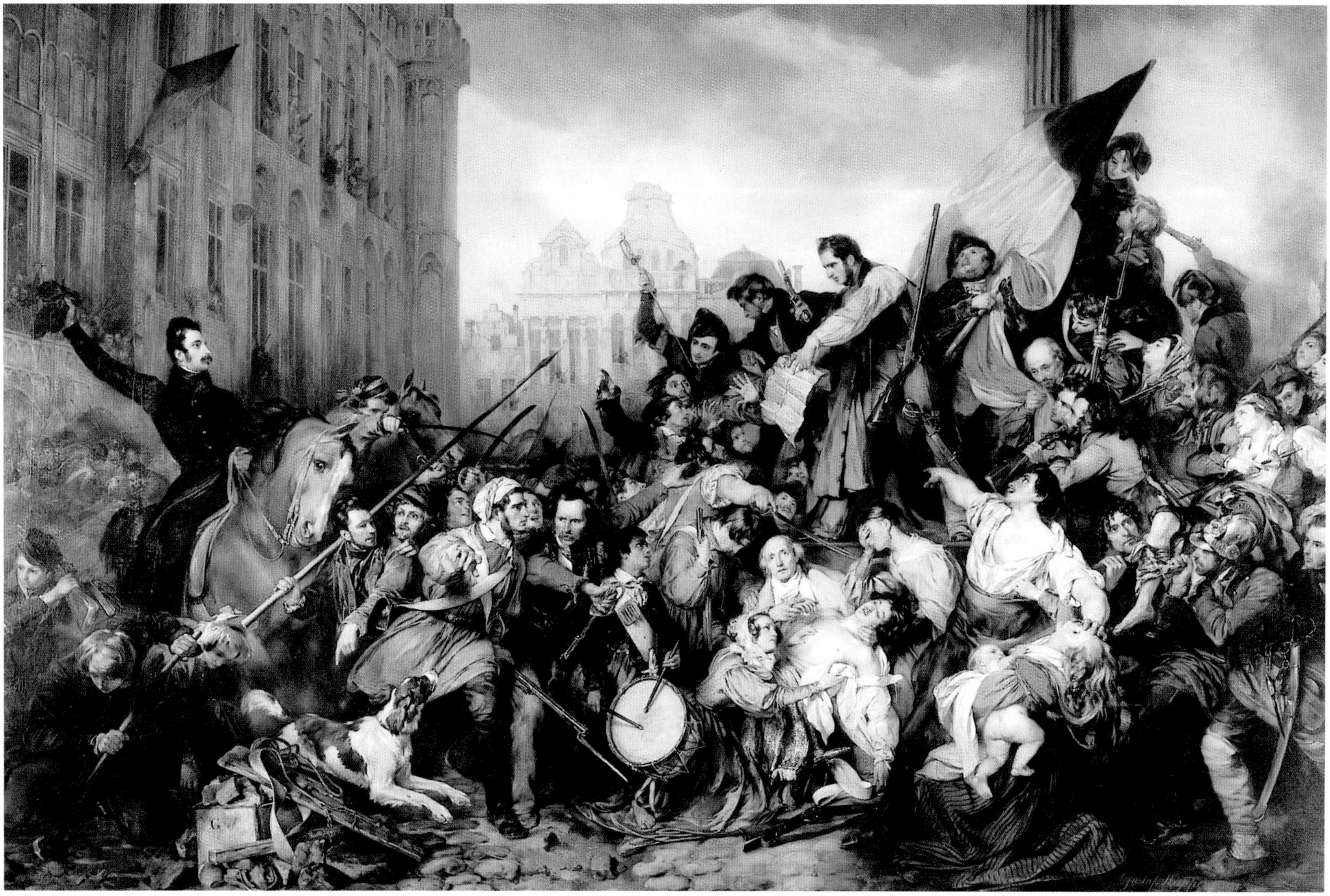

AFB. 21 [boven] – Gustaaf Wappers, *Een episode uit de Septemberdagen 1830*, 1835. Olieverf op doek, 444 x 660 cm. Brussel, Koninklijke Musea voor Schone Kunsten.

AFB. 22 [pagina 35] – Gustaaf Wappers, *Een episode uit de Septemberdagen 1830* (detail van AFB. 21), 1835. Olieverf op doek, 444 x 660 cm. Brussel, Koninklijke Musea voor Schone Kunsten.

navolging, bij wie de uitdrukking van gelukzaligheid slechts in een cynische grimas blijft steken. Een dergelijke nalatigheid is niet te vatten bij een schilder van wie de stijl doorgaans zo zuiver is.' Odevaere moest zijn leermeester zelfs te hulp schieten om diens reputatie te verdedigen. Maar ook in de portretten werd Davids hand minder gelukkig. Het dubbelportret van Zenaïde en Charlotte Bonaparte toont ons de twee prinsessen in een onhandige omhelzing, ingeklemd op een empirecanapé, plomp en zonder gratie. Zijn laatste grote werkstuk, *Mars ontwapend door Venus en de drie Gratiën* bracht zelfs zijn meest fervente bewonderaars ertoe te verklaren dat zijn beste werken vóór zijn vertrek naar Brussel waren ontstaan. De schilder Dupavillon, een medewerker van David, beschuldigde de meester ervan dat het oorspronkelijke idee van hem was overgenomen; Stapleaux moest David assisteren om het doek te voltooien. De figuren van Mars en Venus kunnen nog bogen op een virtuoze weergave, al werkt de overvloed aan details in de schaarse kledingstukken storend, maar de drie gratiën zijn het tegendeel van gracieus – ze weten met hun houding en met hun attributen geen raad en kijken met een bête glimlach de beschouwer tegemoet.

Navez was in 1813 leerling geworden van David; al een jaar later prees David zijn snelle vorderingen. Gesteund door de aanbevelingen van David kon Navez in 1817 naar Rome vertrekken, waar hij zich enigszins aansloot bij de Nazareners – een groep christelijke Duitse schilders. In Rome maakte hij ook kennis met Ingres. Gaandeweg maakte hij zich los

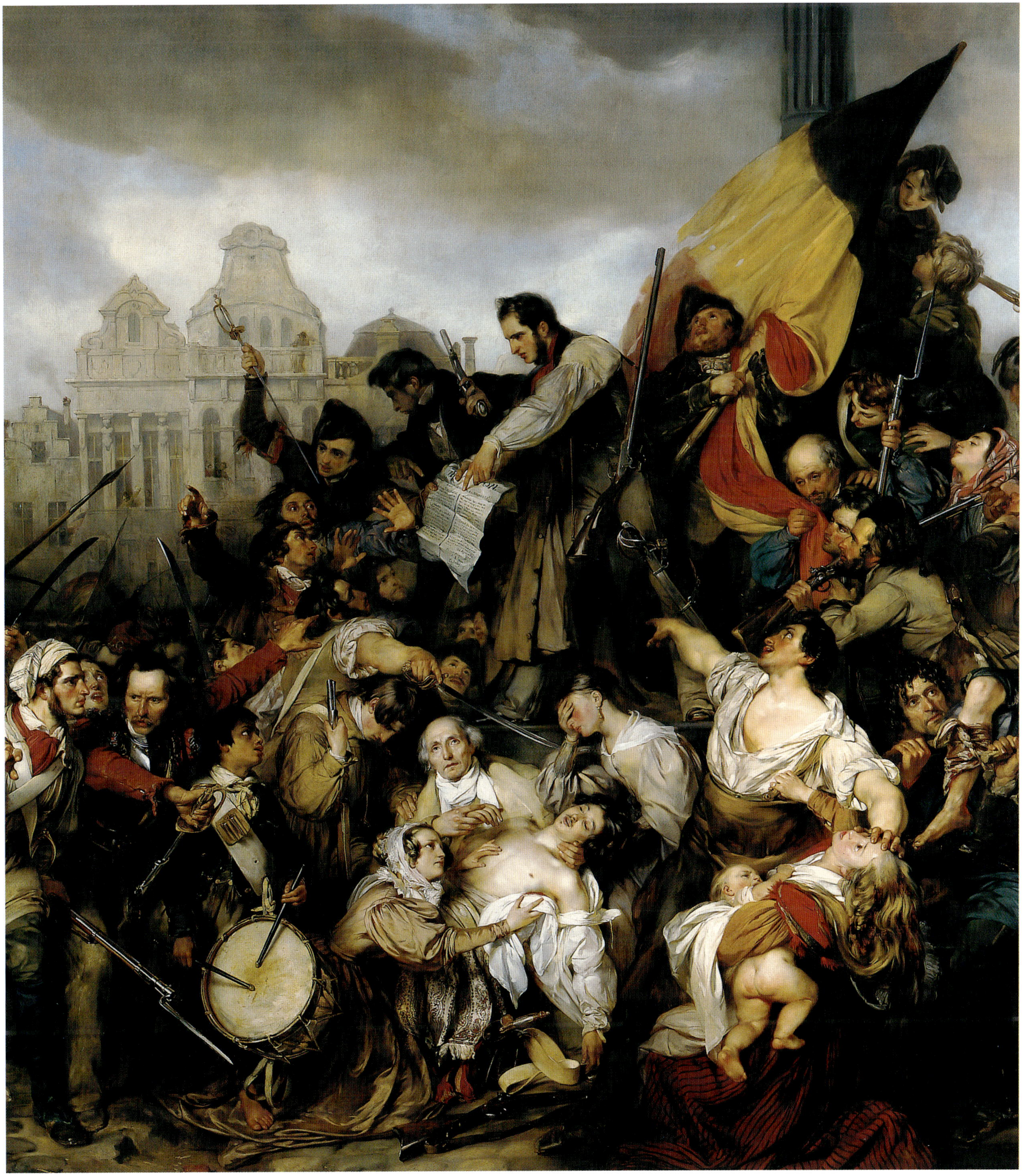

van de dominerende invloed van David. In 1822 keerde hij naar Brussel terug (AFB. 19 en 20). Uit zijn correspondentie bleek een inmiddels vrij grote afstandelijkheid ten opzichte van David. Navez zal evenals vele anderen hebben ingezien dat de laatste werken van David niet meer de grote kwaliteit hadden waarop de internationale roem van de meester gefundeerd was. In 1830 werd Navez benoemd tot directeur van de Brusselse Academie voor Schone Kunsten. In 1835 stelde hij een belangrijke hervorming voor: het invoeren van onderricht in het *schilderen* naar de natuur. Tot op dat moment was de Brusselse Academie een tekenacademie geweest; het schilderen met olieverf leerde men in het atelier van de leermeester. Het duurde echter tot 1849 vooraleer de cursus schilderen in het lesprogramma van de Brusselse Academie was opgenomen. In 1859 nam Navez ontslag als directeur.

Terwijl in Antwerpen de oriëntatie op Rubens steeds nadrukkelijker werd, viel in de portretten en mythologische voorstellingen van Navez, Odevaere, Joseph Paelinck en Sophie Frémiet een kleurrijke en lichtelijk flamboyante vorm van neoclassicisme in zijn nadagen te onderscheiden.

Toch hechtte Mathias van Bree in Antwerpen ook nog zeer aan de beproefde onderwijsmethoden en de lessen die uit de kunst van de Oudheid getrokken konden worden: 'Tekent honderd malen de vormen van een meesterstuk der Oudheid, en slechts de honderdste maal zult gij er de ware schoonheid van beginnen te begrijpen.' Op zijn reis naar Italië schreef Van Bree naar huis: 'Ik zal enige meesterstukken van Raphael tekenen; want, om te leren schilderen, moet de Vlaming zijn land niet verlaten.' Later, in 1833, adviseerde hij zijn leerling Antoine Wiertz vooral in Florence kopieën naar Michelangelo te maken.

Naarmate de tijd verstreek, werden de tegenstellingen tussen de Academie van Antwerpen en die van Brussel sterker. Gustaaf Wappers volgde Van Bree op als directeur in Antwerpen, terwijl de doorgewinterde neoclassicist Navez zoals gezegd in Brussel de scepter zwaaide. Wappers was in de jaren tussen 1826 en 1829 in Parijs in aanraking gekomen met het nieuwste werk van Paul Delaroche en Horace Vernet; onder hun invloed schilderde hij zijn eigen versie van *De zelfopoffering van de Leidse burgemeester Pieter van der Werff*, vijftien jaar nadat Van Bree hem met dit thema voor was gegaan. Het werd op de Salon van Brussel van 1830 opgehangen tegenover het neoclassicistische werk *Athalie* van Navez, die onmiddellijk werd beschuldigd van buitenlandse sympathieën. Wappers werd de verpersoonlijking van het Belgische nationalisme met zijn grote doek *Een episode uit de Septemberdagen van 1830*, nu in het Koninklijk Museum voor Schone Kunsten in Brussel (AFB. 21 en 22). In zijn oorspronkelijke schetsontwerp voor dit beroemde schilderij, dat zij het niet kwalitatief dan toch emotioneel als het tegenstuk van Delacroix' *La Liberté guidant le peuple* moest dienen, zette Wappers de contrasten van licht en donker van de mensenmassa op de barricaden sterk aan. In het grote, definitieve stuk uit 1835 waren deze contrasten verdwenen of in ieder geval aanzienlijk gereduceerd, waardoor het monumentale werk dat hét beeld van de vrijheidsstrijd van het Belgische volk tegen de Nederlanders had moeten worden, een overtuigend effect mist. In 1839 werd Wappers de nieuwe directeur van de Academie van Antwerpen. Onder zijn directoraat zou deze instelling tot internationale roem geraken. Een van de belangrijke bijdragen daartoe was de invoering van de zogenaamde meesterklassen, of zoals men toen zei: 'Werkzalen voor de verdienstelijkste leerlingen die daar onder het toezicht van den Directeur-leraar hunne studiën nog eenigen tijd mochten voortzetten.'

Onderwijs en kunstopvattingen leken in het eerste kwart van de negentiende eeuw in de Noordelijke en de Zuidelijke Nederlanden tot op zekere hoogte parallel te lopen. Het zou echter niet lang duren voordat de educatieve waarde van het klassieke schoonheidsideaal van verschillende zijden zou worden aangevochten. Juist omdat de overheid zich inzette voor de vorming van een sluitend onderwijssysteem op het gebied van de beeldende kunsten, betekende verzet tegen de inrichting van het onderwijssysteem ook verzet tegen de overheid.

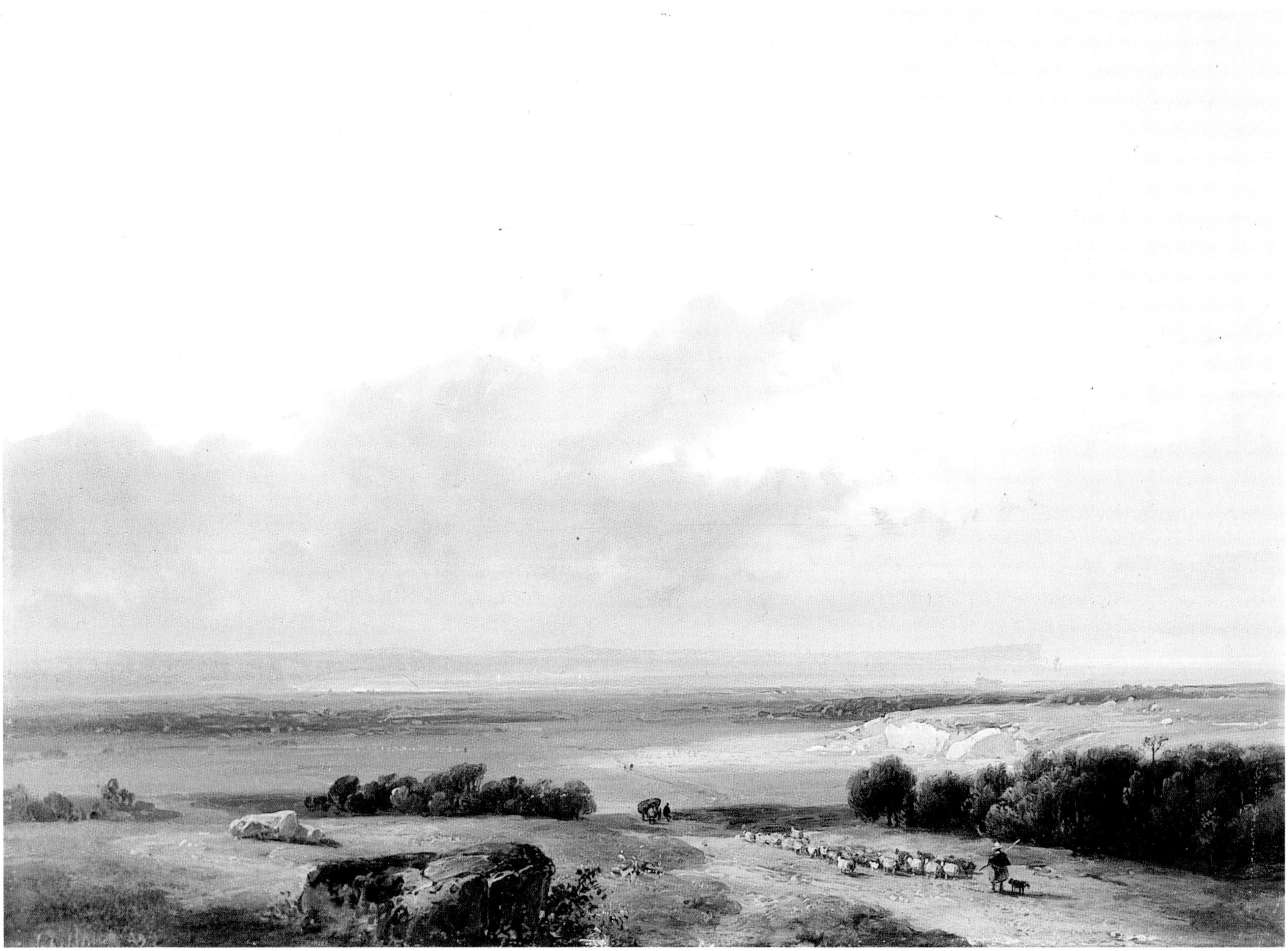

AFB. 23 – Andreas Schelfhout, *Landschap in Normandië*, 1839. Olieverf op paneel, 27 x 36,5 cm. Oss, Jan Cunen Centrum.

HOOFDSTUK 2

Traditie en vernieuwing

Nederland

Men heeft zich wel afgevraagd of de term 'Romantiek' van toepassing kon zijn op de Nederlandse kunst in het tweede kwart van de negentiende eeuw. Als men denkt aan schilders als Joseph Mallord William Turner, Caspar David Friedrich, Eugène Delacroix of Théodore Géricault, zouden er dan in de Nederlandse kunst figuren te vinden zijn die een vergelijking met hun werk kunnen doorstaan? Het zou een vergeefse speurtocht worden naar de overtuigende heroïek van de grote momenten uit de wereldgeschiedenis, de immense ruimte van de grootse gebergten, de exotische fantasieën over verre volken en landen, of de weergave van huiveringwekkende emoties. Weliswaar kennen we schipbreuken van Wijnand Nuyen en Louis Meyer, woeste zeeën van Johannes Christiaan Schotel, het vaderlandse gevoel in de historiestukken van Jan Willem Pieneman en Cornelis Kruseman, en de heldere wintergezichten van Andreas Schelfhout, maar kunnen deze werken worden ondergebracht in de categorie van de Europese Romantiek?

Bij nadere beschouwing moeten we concluderen dat de Nederlandse kunstenaars uit de eerste helft van de negentiende eeuw slechts bij uitzondering aansluiting zochten bij de grote romantische beweging die zich voltrok in Duitsland, Engeland en Frankrijk. Als er al sprake was van navolging, dan was het resultaat zelden indrukwekkend.

De pogingen om tot een nationale historieschilderkunst te komen bleven veelal steken in goede bedoelingen en een gebrek aan vaardigheden. Er was in Nederland zelfs sprake van een uitgesproken afkeer van de Romantiek. De romantische literatuur die tot veel schilderijen inspireerde, gold in Nederland als buitensporig en overspannen, vol ongebreidelde hartstocht en een dolgedraaide verbeeldingskracht. De afkeer richtte zich vooral tegen Frankrijk en tegen de Parijse kunstwereld. Men sprak van de 'Parijse romantiek, eene verlorene dochter der poëzij'.

Schilders die het waagden te dicht in de buurt van de verderfelijke Franse Romantiek te komen, konden rekenen op felle reprimandes van de kunstkritiek. *De Algemene Konst- en Letterbode* schreef in 1833 in reactie op Nuyens bijdrage aan de Tentoonstelling van Levende Meesters in Den Haag: 'Wij zagen tevens, dat in dit vak [de afdeling landschappen] dat zoo geheel op eene getrouwe studie van de natuur moet rusten, sommige kunstenaars meer en meer van dien gulden weg, dien onze oude meesters met zoveel roem bewandeld hebben, beginnen af te wijken, tot nadeel van hunne voortbrengselen en van de kunst in het algemeen. Dat was voornamelijk te zien in de schilderijen van een jong en zeer belovend kunstenaar [Nuyen], die hoe langer hoe meer tot den verkeerden Romantischen smaak begint te hellen, en door de modegeest des tijds meegesleept, liever een gemakkelijk effect zonder waarheid en natuurlijkheid, dan eene krachtige en levendige uitdrukking der voorwerpen schijnt te bedoelen.'

De recensent waarschuwde de kunstenaar niet deze 'verkeerde weg' te blijven volgen. Ook een romantisch tafereel van de schilder Ary Lamme was al eerder bestempeld als een 'waarschuwing voor allen', een voorbeeld van 'wat de zogenaamde Romantische schilderwijze wordt, als zij tot een zoo wild uiterste gedreven wordt. Hier is noch tekening noch uitdrukking, noch waar koloriet te ontmoeten, alles is een woest en bont mengelmoes van kleuren en figuren.' De schrijver raadde de kunstenaar aan nog maar eens naar model te gaan tekenen en naar goede schilderijen te kijken, en dan niet uitsluitend naar Rembrandt, die blijkbaar in die jaren als een misleidend voorbeeld voor romantici gold. De landschappen van Anthonie van Wijngaerdt gaven aanleiding tot het advies 'om liever de natuur, dan de manier van Nuyen te volgen, eene wijze van voorstelling, die bij dezen schilder oorspronkelijk is, doch hem weldra in gemanierdheid zou doen vervallen, die het graf is voor echte kunst'.

Het zou echter onjuist zijn te beweren dat de Romantiek geheel buiten het bereik van Nederland was gebleven. Dichters als Hendrik Tollens en Nicolaas Beets hadden in hun jonge jaren aansluiting gezocht bij de romantische beperkingen van het stoffelijke. Dat het streven naar de ideale schoonheid en het verlangen naar 'waarheid' op gespannen voet met elkaar konden staan, was een ondervinding die zich al spoedig in de negentiende-eeuwse kunst van Nederland en België zou aftekenen. Men koos voor een weergave van de natuur vanuit een eigen, emotionele schoonheidservaring, die aan een ideaalbeeld was onderworpen; in dit opzicht kan men zeker spreken van een romantische instelling. Zo kan men dus toch spreken van een vorm van Romantiek in Nederland, maar dan wel in een zeer discrete vorm, zonder het grote gebaar, en wel met een intense sensibiliteit voor de natuur en met een sterk gevoel voor de nationale traditie op het gebied van de landschapsschilderkunst. De romantische bijdrage hieraan was het historische element, of het verhalende, het elegische of het emotionele. In het Europese kader is de Nederlandse Romantiek het meest bescheiden, haast onderhuids en ongewild, in het slechtste geval sentimenteel en kleinschalig, in het beste geval zelfbewust en vol verborgen rijkdommen. In dit beeld passen schilders als Schelfhout, Nuyen, Weissenbruch, B.C. Koekkoek en de jonge Bosboom.

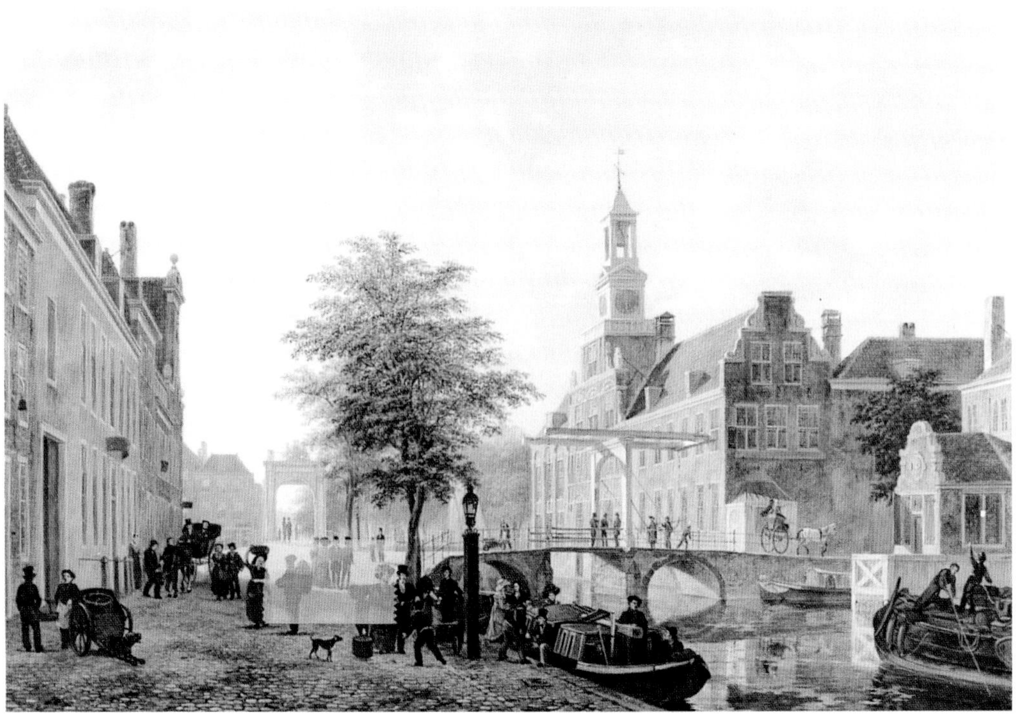

AFB. 24 – Bart van Hove, *Gezicht op het Oude Vrouwen- en Kindertehuis 'Aan het Zieken', Den Haag*, 1830. Olieverf op doek, 49,5 x 70 cm. Den Haag, Gemeentemuseum.

beweging, zelfs bij de 'zwarte Romantiek' uit Duitsland en Engeland. De schrijfster Truitje Toussaint, de echtgenote van de schilder Johannes Bosboom, werd een nationale beroemdheid met haar historische romans in de stijl van Sir Walter Scott.

De Hollandse schilders uit de eerste helft van de negentiende eeuw, zoals Schelfhout, Charles Leickert of Cornelis Springer, voelden zich meer thuis bij de 'copieerlust des dagelijkschen levens', bij de braafheid van het Hollandse biedermeiertijdperk, dan bij de grote gebaren van de Romantiek. Wilde een Nederlands kunstenaar in eigen land succes hebben, dan moest hij de werkelijkheid niet al te veel uit het oog verliezen. De term 'realisme' was in de romantische periode nog niet in omloop, maar de 'waarheid' van een kunstwerk werd in de beoordeling van de critici als een hoog goed gezien. Van de landschappen van Schelfhout werd wel gezegd: '[...] hoe onbeschrijfelijk waar van kleur en effect.' Ook de stadsgezichten van Bart van Hove werden geprezen, omdat ze 'zo vol van waarheid' waren.

De taak van de kunstenaar werd gezien als die van een vertolker van de goddelijke schoonheid van de natuur, een bemiddelaar tussen de perfectie van de schepping en de

De 'nestores' van de Nederlandse romantici waren de al eerdergenoemde Van Hove (AFB. 24) en Schelfhout. Van Hove was als docent verbonden aan de Haagse Tekenacademie; hij was ook de ontwerper van decors voor theatervoorstellingen in de Haagse Koninklijke Schouwburg. Veel roem oogstte hij met zijn decor voor de *Schipbreuk der Medusa*, een romantisch thema bij uitstek. Een van zijn bekendste leerlingen was Bosboom, die zijn leermeester in talent spoedig evenaarde. De *Kunstkronijk* van 1844 merkte op dat een kerkinterieur van Van Hove in het niet verdween naast een schilderij met hetzelfde onderwerp van Bosboom; men schreef: 'De leerling heeft de meester geëclipseerd.'

Schelfhout had, evenals zijn neef Van Hove, een groot aantal leerlingen, van wie Nuyen en Jongkind tot de beroemdsten behoren. Schelfhout zelf was al in zijn eigen tijd een internationaal gevierd kunstenaar. Hij was vooral beroemd om zijn winterse landschappen. Geen schilder was in staat zo overtuigend de ijslaag van een bevroren vaart te schilderen, met de krassen van de schaatsers, de wakken en al het ijsvertier dat bij deze winterse taferelen behoorde. Het waren schilderijen waar de trotse bezitter lang van kon genieten. Elk detail was een schilderij op zich: de verweerde muur van een Oudhollands huis aan het water, een boerenkar met een oud paard dampend in de vrieskou, de silhouetten van molens en een Hollandse stad aan de rivier, schaatsers die zich te goed doen aan koek-en-zopie, een slee op het ijs. Dit alles omgeven door fijn besneeuwde takken van dode bomen en overkoepeld door een fraaie wolkenlucht.

In tegenstelling tot zijn roemruchte leerling Nuyen liet Schelfhout zich niet van zijn succesformule afbrengen. Hij bleef zijn zorgvuldig gecomponeerde Hollandse landschappen schilderen, zonder dat iemand hem ooit beschuldigde van Franse of andere invloeden. Toch stond hij niet afwijzend tegenover Nuyen, van wie hij duidelijk het grote talent onderkende. Net als Nuyen – die inmiddels zijn schoonzoon was geworden – reisde hij naar Normandië, waar hij het Franse kustlandschap schilderde (AFB. 23).

Nuyen zocht echter wél aansluiting bij de nieuwe Franse landschapsopvattingen, met name die van Eugène Isabey. In 1833 bezocht hij Frankrijk, en niet alleen Parijs, maar waarschijnlijk ook Bretagne en Normandië. Hij schilderde *Een Romaanse kerk in Bretagne*, maar hij maakte ook kopieën naar Isabeys beroemde lithoserie uit 1833, *Six marines dessinées sur pierre*. Nuyen vond zijn inspiratie niet alleen in Frankrijk, maar ook langs de Rijn en in het Zevengebergte, maar zijn belangrijkste schilderijen zijn *Schip op Normandische kust*, zijn grote *Schipbreuk op een rotsachtige kust* en *De wal bij Duinkerken* (AFB. 26 en 27).

Er ging een schok door Nederland toen Nuyen overleed in 1839, op zesentwintigjarige leeftijd. Plotseling bleek het niet meer nodig om zijn romantische inslag te attaqueren. Het tijdschrift *De beeldende Kunsten* schreef in zijn necrologie: 'Bragt in later tijd de geest der *romantiek*, de aanschouwing der Fransche school, eene verandering van denkbeelden bij hem te weeg, zoo zal niemand hem kunnen ten laste leggen dat hij zich daardoor liet verblinden; hij bezat gevoel om het *schoone* in het vreemde op te merken. [...] Nuyen bezat een gevoel voor *waarheid*, dat zelfs in zijn *fantastische* voorstellingen niet verloren is gegaan.'

Weinig van Nuyens tijdgenoten in Nederland hielden op een intensieve wijze de artistieke ontwikkelingen in het buitenland bij. Nuyens internationale contacten wekten verbazing, afkeuring en jaloezie. Daarnaast was hij echter voor velen van zijn generatie een voorbeeld, een man van wie een sterke artistieke inspiratie uitging. Dat realiseerde men zich pas goed toen hij stierf. De bombastische toon van de gedenkschriften doet vermoeden dat men onbewust opgelucht was bij de vroegtijdige dood van deze kunstbroeder, wiens verontrustend genie men nu onbeschroomd kon prijzen.

Nuyen had ook contact onderhouden met Nicaise de Keyser. Koning Willem II bezat zelfs een schilderij waaraan Nuyen en De Keyser samen gewerkt hadden – een kleinere versie van de al eerdergenoemde grote *Schipbreuk*. In de veilingcatalogus van de kunstcollectie van Willem II uit 1850 werd het schilderij als volgt omschreven: 'Een jonge man staat, terwijl hij een jong knap meisje in zijn armen sluit, met zijn rug tegen een rots;

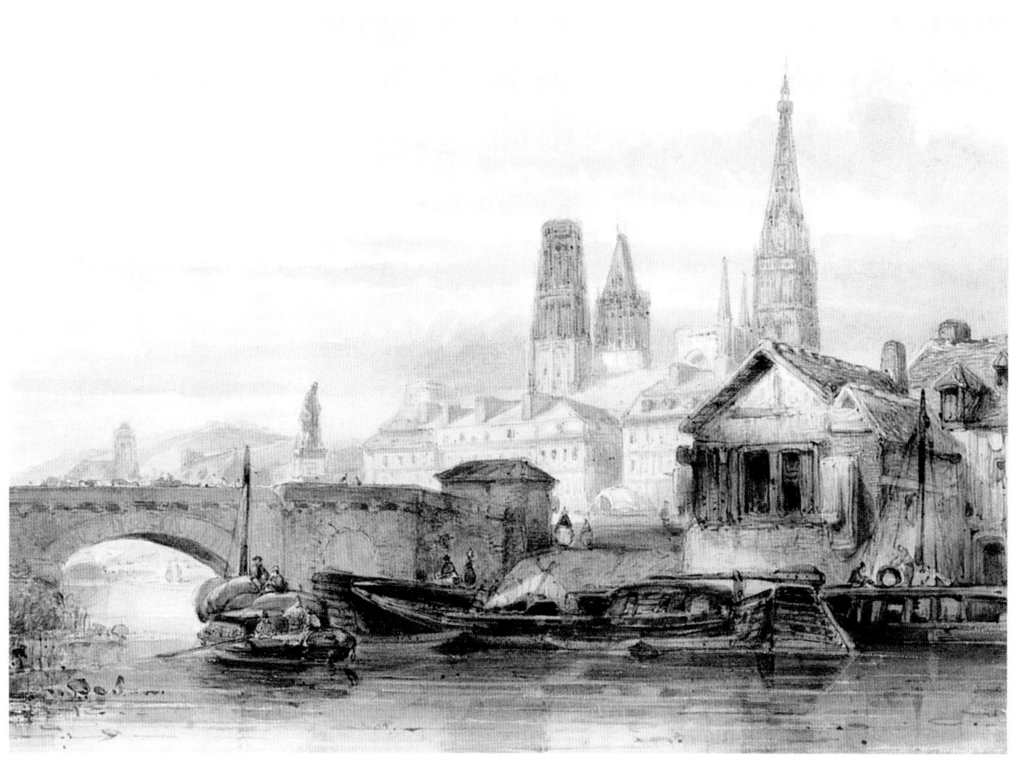

AFB. 25 – Johannes Bosboom, *Gezicht op Rouen*, ca. 1839. Aquarel, 29 x 36,5 cm. Den Haag, Gemeentemuseum.

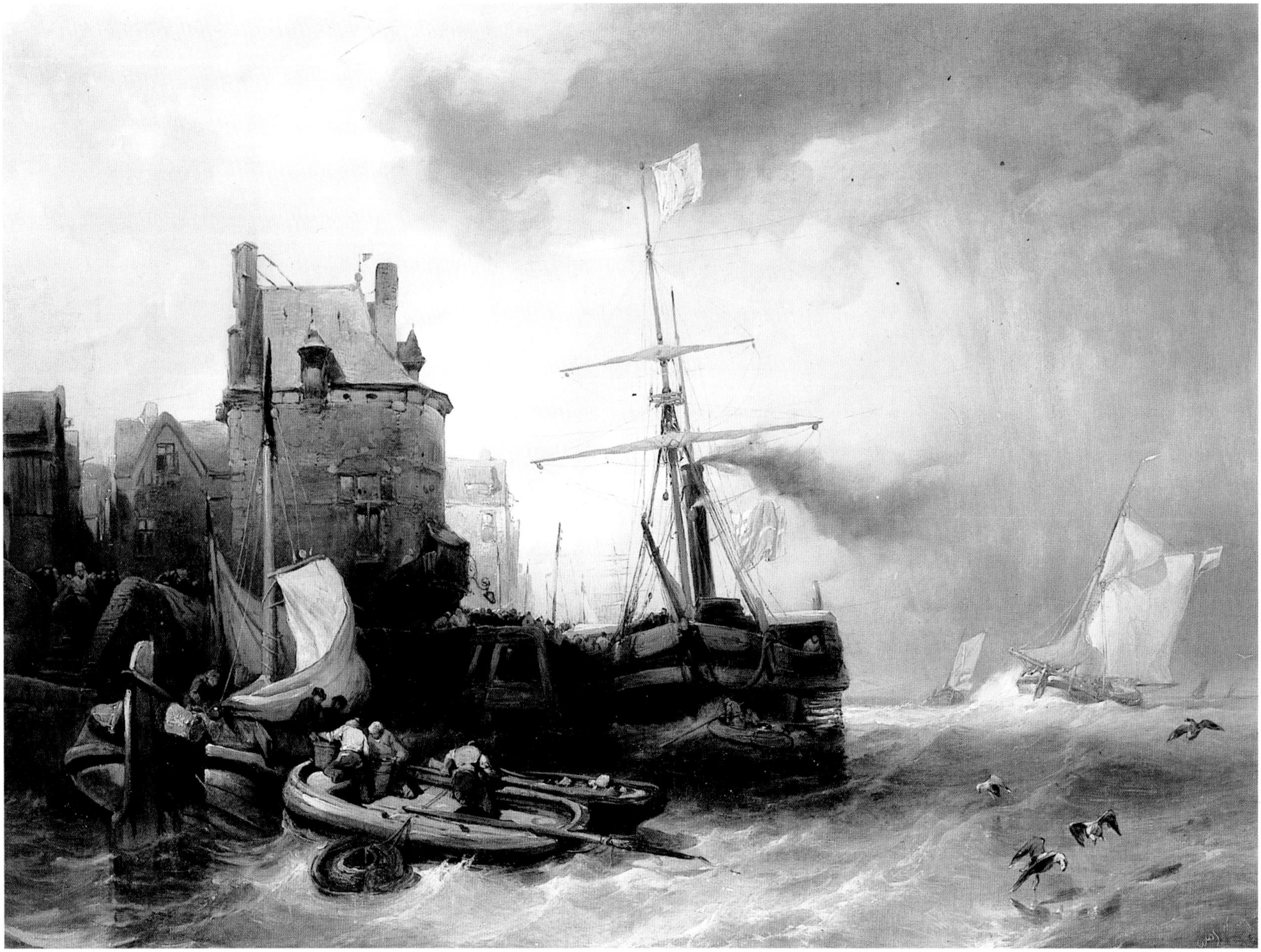

AFB. 26 – Wijnand Nuyen, *De wal bij Duinkerken*, ca. 1836. Olieverf op doek, 66 x 86 cm. Den Haag, Gemeentemuseum.

AFB. 27 [pagina 43] – Wijnand Nuyen, *De wal bij Duinkerken* (detail van AFB. 25). Olieverf op doek, 66 x 86 cm. Den Haag, Gemeentemuseum.

de wassende zee jaagt hun veel angst aan; de jonge vrouw schijnt haar ziel aan God aan te bevelen. Dit schilderij is goed gemaakt, met een schitterend kleurgebruik, in ieder opzicht de beide beroemde kunstenaars waardig.'

Het grote talent van Nuyen was onmiskenbaar, maar zijn zwakheden eveneens. De samenwerking met De Keyser is in dit opzicht indicatief: in zijn figuren was Nuyen niet sterk. Zijn prachtige, atmosferische landschappen, geschilderd met *bravado*, worden vaak ontsierd door de onbeholpenheid van de figuren. Deze zwakheid kan alleen maar terug te voeren zijn op het tekortschieten van het kunstonderwijs, zoals Nuyen en zijn generatiegenoten dit hadden ondergaan aan de Haagse Tekenacademie. Mogelijk werd er buitensporig veel aandacht besteed aan het kopiëren naar antieke gipsmodellen en was er weinig aandacht voor het werken naar levend model, naakt of gekleed. Nuyen en zijn vrienden moeten zich hiervan bewust zijn geweest; Nuyens samenwerking met De Keyser is er het bewijs van.

Ook andere kunstenaars toonden de behoefte om hun studie naar de menselijke figuur na het Academieonderricht voort te zetten. Een van de vooropgezette doelstellingen

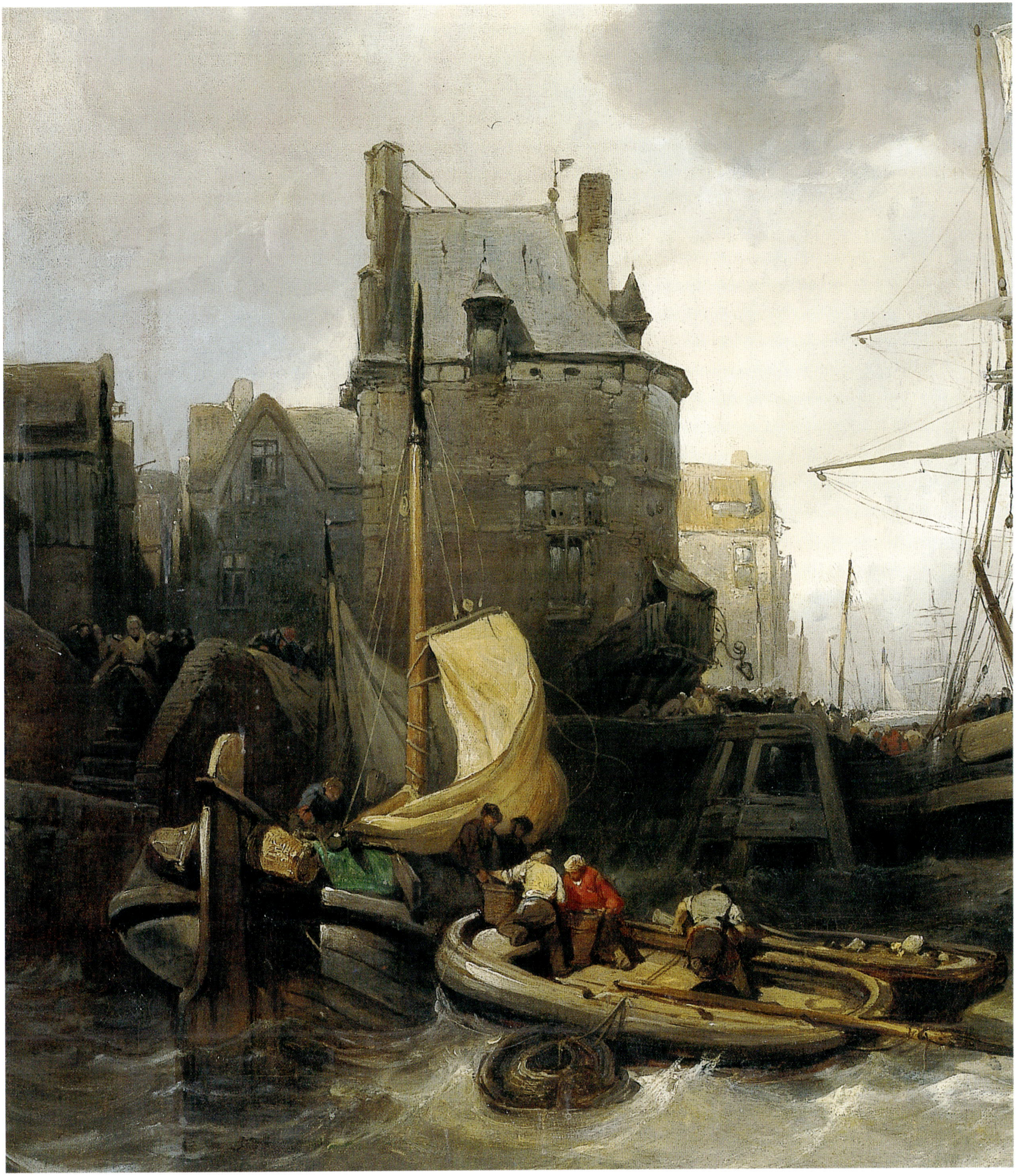

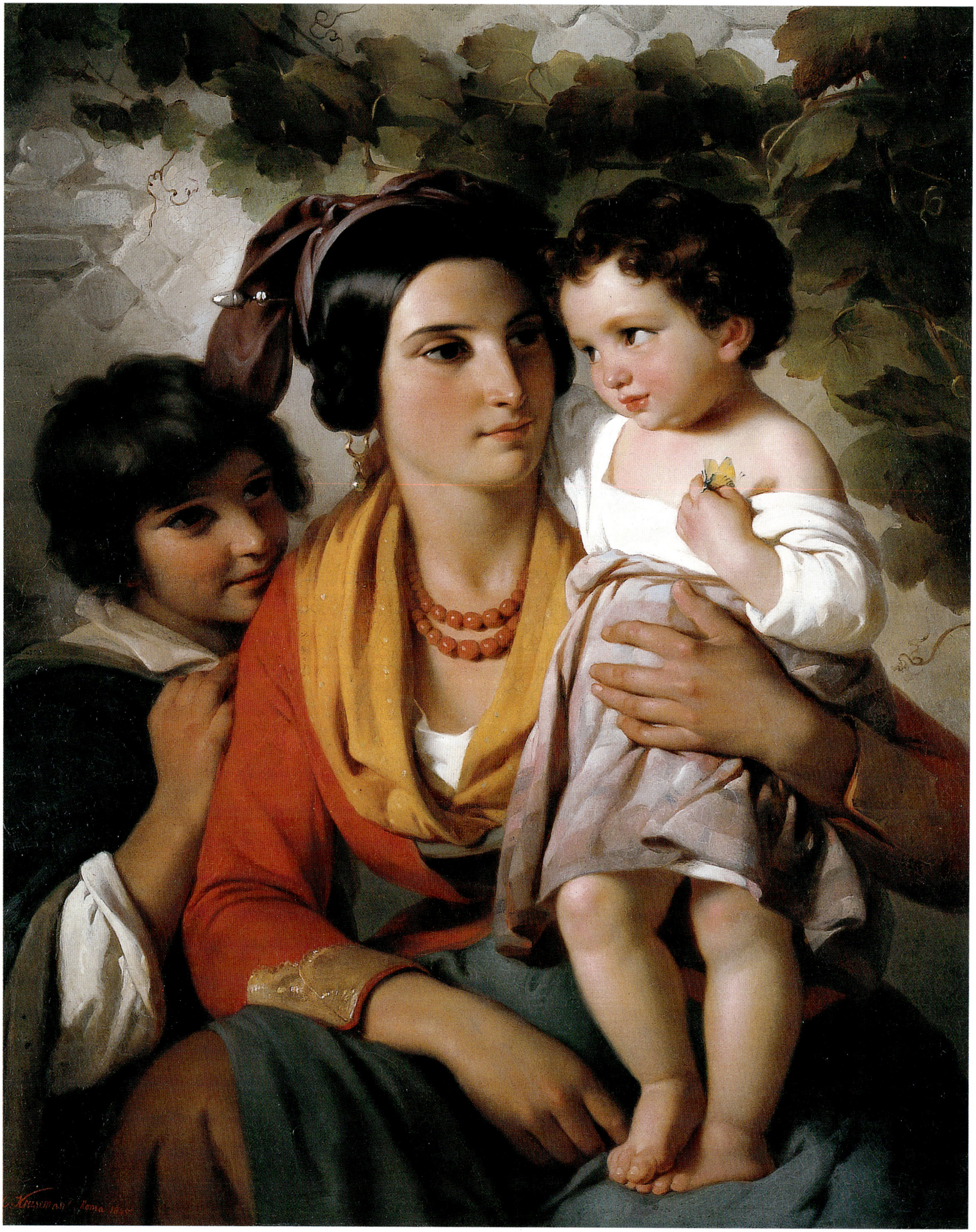

van de nieuwe kunstenaarsverenigingen die in Amsterdam en in Den Haag ontstonden, was juist de ontwikkeling en verbetering van de kunst. In 1839 kwamen de vijf directeuren van de Amsterdamse Academie, te weten Jan Willem Pieneman, André Taurel, Jan Adam Kruseman, Martinus Tetar van Elven en Louis Royer, tot de oprichting van de Maatschappij Arti et Amicitiae, een kunstenaarsgenootschap dat zich ten doel stelde de belangen van de beeldende kunstenaars te behartigen. De bloei van de kunst die aan het begin van de negentiende eeuw door de overheid was nagestreefd, was niet tot stand gekomen. De afscheiding van België en de daaropvolgende economische crisis hadden geleid tot een liberale politiek, waarin nauwelijks ruimte was voor overheidssteun of -bemoeienis.

In 1847 volgden Willem Roelofs, Jan en Johannes Hendrik Weissenbruch, de gebroeders Jan Frederik en Willem Anthonie van Deventer, Lambertus Hardenberg, Jacob Jan van der Maaten en Hendrik Michaël het Amsterdamse voorbeeld. Ze richtten in Den Haag het schilderkundig genootschap Pulchri Studio op, met het oogmerk te studeren naar gekleed model en het organiseren van kunstbeschouwingen. Dit waren bijeenkomsten waar kunstenaarsleden aan kunstminnende leden van het genootschap hun werk toonden. De eerste voorzitter werd Van Hove, de eerste penningmeester Bosboom. Voor Bosboom was Nuyen steeds het lichtend voorbeeld geweest. De musicus Johannes Verhulst schreef na Nuyens dood aan Bosboom: 'De dood van den onvergetelijken Nuyen heeft mij diep geroerd. Jan, nu ligt de hoop voor de jonge schilderschool op U. Gewis zijt gij na Nuyen de eenige welke haar vervullen kan.' In navolging van Nuyen had Bosboom samen met Cornelis Kruseman in 1839 een reis naar Normandië gemaakt. Bosboom deed hier zijn blijvende voorkeur voor de gotische bouwkunst op. Hij schilderde de kathedraal van Rouen, gezien vanaf de Quai de Paris (AFB. 25). Later legde hij zich toe op gotische kerkinterieurs. Regelmatig bracht hij bezoeken aan België; in 1855 werd hij door de Société belge des aquarellistes uitgenodigd om erelid te worden. Maar ondanks de aansporing van Verhulst groeide Bosboom niet uit tot een *chef-d'école*. Bosbooms reisgenoot Kruseman verbleef van 1822 tot 1824 in Rome, en ook na zijn bezoek aan Frankrijk was hij opnieuw in Italië te vinden tussen 1841 en 1847; hierdoor kreeg hij de bijnaam de 'Italiaanse Kruseman'. Rome was voor hem 'een tempel der wijsheid', en de Italianen bleken zeer geschikte schildersmodellen: 'Onder de geringste volksklasse heeft men de ruimste verscheidenheid van schoone modellen', zo schreef hij, 'gloeiende kleur, schone vorm en levendige uitdrukking, bij schilderachtige, losse klederdrachten; mannen met krachtvolle koppen en baarden, of lange grijze haren; vrouwen met grote zwarte oogen, en de regelmatigste gelaatstrekken. Nooit zag ik schooner vrouwen dan hier.' Niet alleen de schoonheid van de vrouwen uit de Romeinse *campagna* inspireerde hem tot zijn schilderijen; hij zocht zijn voorbeelden evenzeer in het werk van Rafaël en Guido Reni, zoals blijkt uit *De gevangen vlinder, Albano*, waarin het aan Rafaël ontleende schoonheidsideaal gecombineerd wordt met de eigen schoonheid van het model uit Albano (AFB. 28).

Niet altijd behaalde Kruseman grote successen; in 1830 bood hij de Prins van Oranje – de latere koning Willem II – aan een schilderij te maken van zijn optreden tijdens de Tiendaagse Veldtocht. Toen het omvangrijke schilderij eenmaal voltooid was, bleek de prins niet meer geïnteresseerd. Toen de prins de troon had bestegen, gaf hij Kruseman de opdracht tot een monumentaal werk, *De Prediking van Johannes in de woestijn*, waar Kruseman in Rome aan kon werken. Kruseman hoopte dat de paus naar zijn atelier zou komen om daar zijn meesterwerk te bewonderen, maar deze gunst werd hem niet verleend. Het schilderij was geen lang leven beschoren; door onoordeelkundige samenstelling van een onderlaag hechtte de verf niet op het doek en gleed zij langzaam naar beneden. In korte tijd was het doek ontoonbaar.

De vergankelijkheid van de roem is ook Ary Scheffer zeker niet ontgaan. Hoewel hij uit Hollandse ouders was geboren en zijn eerste lessen aan de Tekenacademie van Amsterdam ontving, bracht hij het grootste deel van zijn loopbaan als schilder door in Parijs. Aanvankelijk oogstte hij grote successen, met werken als *De vrouwen van Souli* uit 1827, zijn visie op

AFB. 28 [pagina 44] – Cornelis Kruseman, *De gevangen vlinder*, 1845. Olieverf op doek, 98 x 79 cm. Den Haag, Gemeentemuseum.

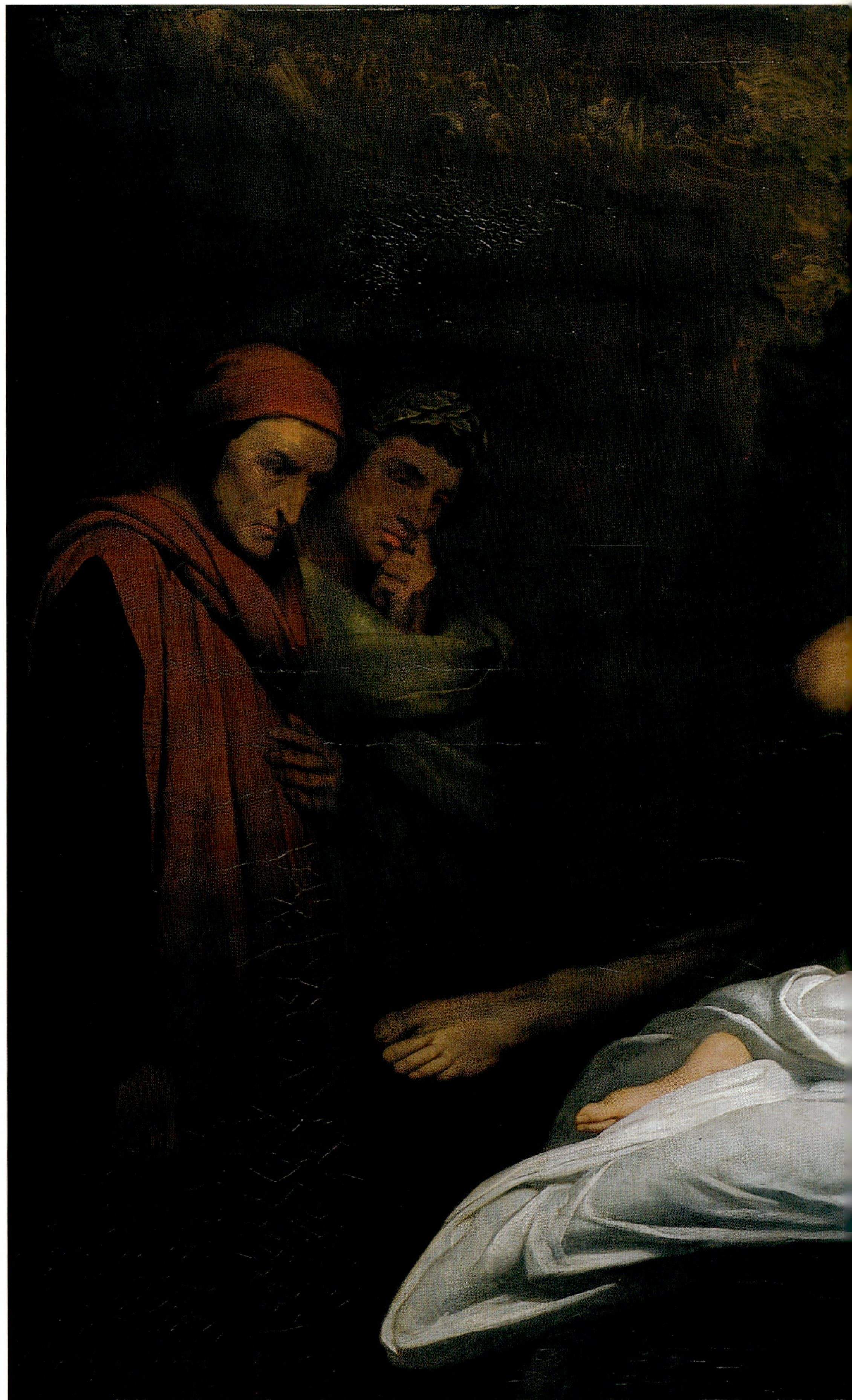

AFB. 29 – Ary Scheffer, Paolo en Francesca, 1835. Olieverf op doek, 166 x 234 cm. Londen, The Wallace Collection.

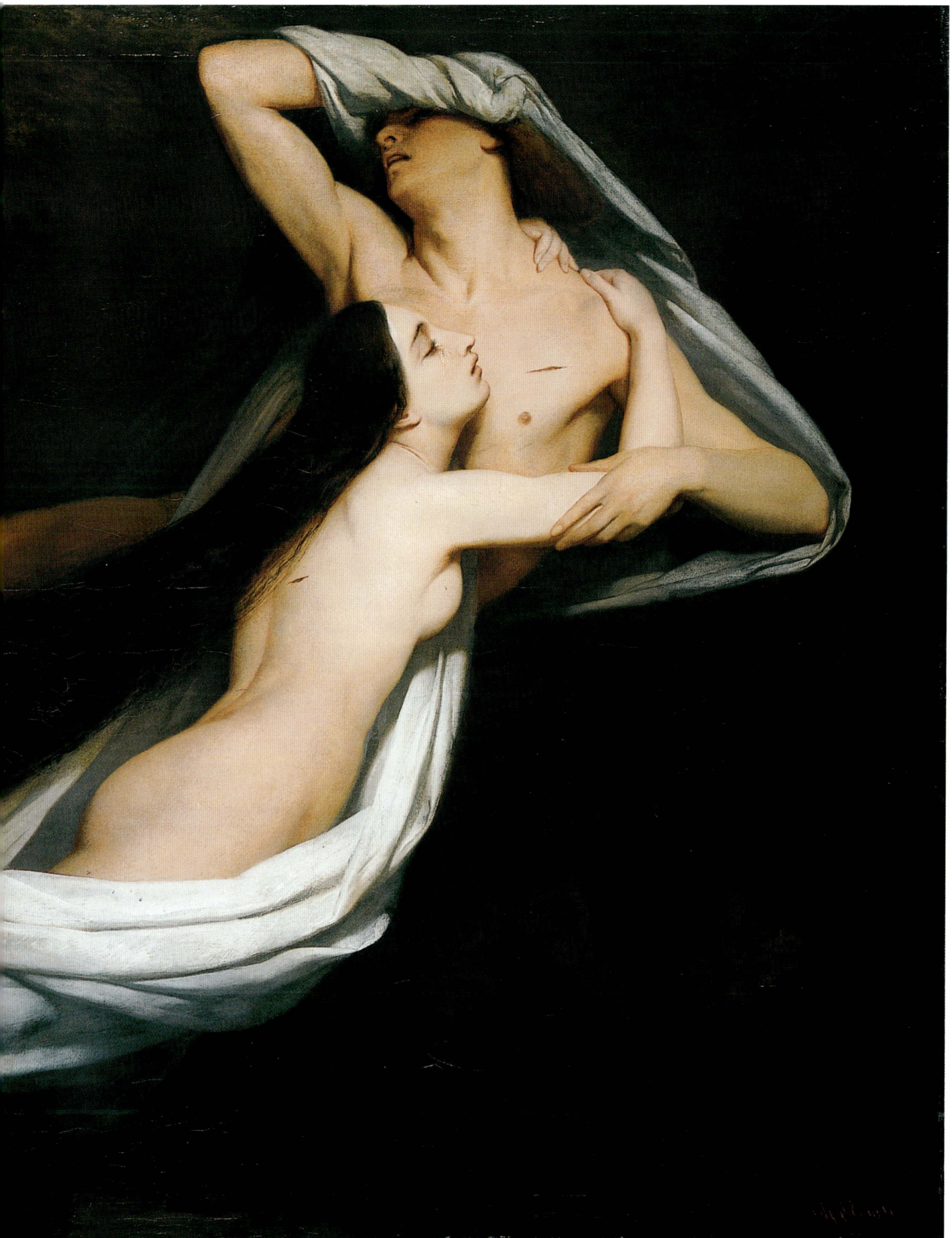

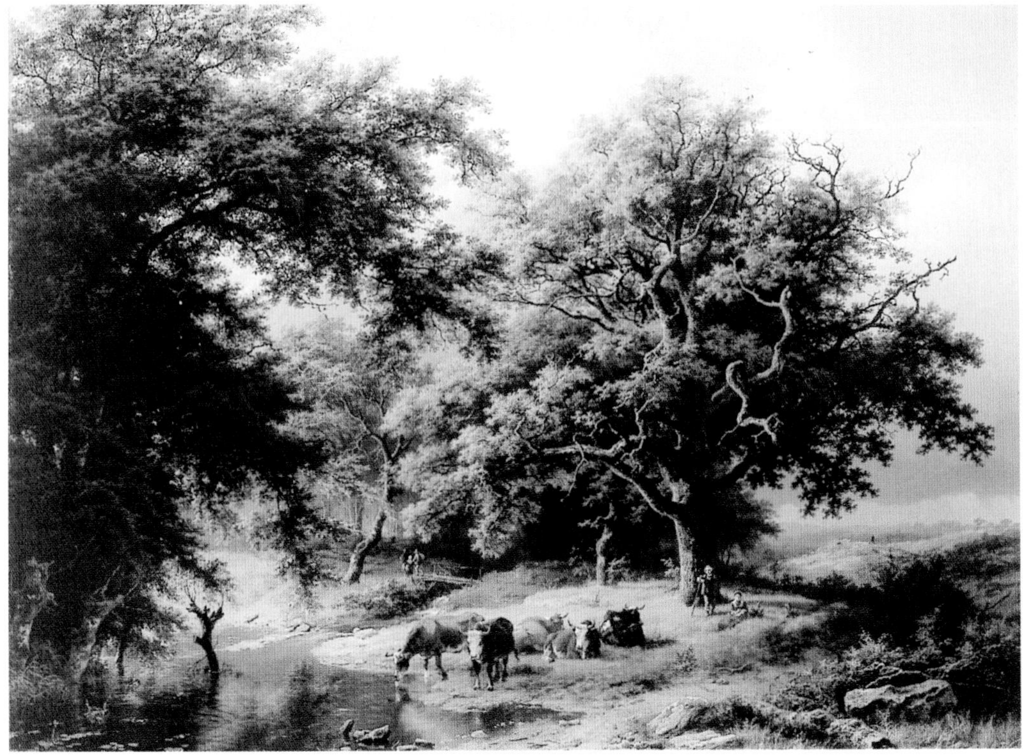

AFB. 30 [boven] – Barend Cornelis Koekkoek, *Oude eik aan bosrand*, 1849. Olieverf op paneel, 79 x 105 cm. Den Haag, Gemeentemuseum.

AFB. 31 [pagina 49] – Barend Cornelis Koekkoek, *Oude eik aan bosrand* (detail van AFB. 30), 1849. Olieverf op paneel, 79 x 105 cm. Den Haag, Gemeentemuseum.

de Griekse vrijheidsstrijd. Vanaf 1822 was hij tekenleraar van de hertog van Orléans en toen deze in 1830 de Franse troon besteeg, verwierf Scheffer een centrale positie in het Parijse kunstleven. Hij portretteerde de Franse en Belgische koninklijke familie, componisten als Chopin en Liszt en de schilders Géricault en Horace Vernet.

Het meest bekend raakte hij door zijn uitbeeldingen van Dantes *Paolo e Francesca da Rimini* (AFB. 1 en 29) uit de *Comedia Divina* en *Gretchen bij de bron*, geïnspireerd op Goethes *Faust*. Scheffers artistieke positie werd wel aangeduid als die van het *juste milieu*, tussen de rigide opvattingen van het neoclassicisme en het uitbundige coloriet van de jonge romantici in. Hoewel hij zelf niet tot de avant-garde behoorde, had Scheffer veel sympathie voor kunstenaars die omwille van hun progressieve ideeën niet in de Parijse kunstwereld werden geaccepteerd. Hij steunde schilders als Théodore Rousseau, wiens werk zo vaak geweigerd was op de Parijse Salon dat hij de twijfelachtige bijnaam droeg van *le grand refusé*. Scheffer hing Rousseaus werk in zijn atelier ten teken van zijn waardering voor deze schilder. Baudelaire was in zijn kunstkritieken genadeloos over Scheffer; hij bracht hem onder in de categorie van de *singes du sentiment*. Voor het grote gebaar van de romantische schilderkunst waren de Noordelijke Nederlanden geen goede voedingsbodem, zoveel te meer voor de voortzetting van de traditie van de landschapsschilderkunst. Tot de coryfeeën behoorde Barend Cornelis Koekkoek (AFB. 30 en 31). Na een opleiding aan de Academie van Amsterdam begon de jonge Koekkoek reizen te maken naar de Veluwe, de Rijn en de Harz. In 1841 vestigde hij zich zelfs in de Duitse stad Kleef. Een reis door het Ahrdal was voor hem aanleiding om zijn ervaringen in 1841 te boek te stellen onder de titel: *Herinneringen en mededelingen van een landschapschilder*. Koekkoek had een uitgesproken voorliefde voor het rivierlandschap, met name dat van de Rijnstreek. Zijn landschapsopvattingen waren zeer geïnspireerd op de voorbeelden van Hollandse oude meesters als Meindert Hobbema en Jacob Ruysdael, ook al hechtte Koekkoek eraan te verklaren dat 'den stempel der natuur, de waarheid' nooit in een tafereel mag ontbreken. Evenals Schelfhout maakte Koekkoek ook schetsen in de vrije natuur, maar het definitieve kunstwerk ontstond toch in het atelier, samengesteld aan de hand van een aantal schetsen en voorstudies.

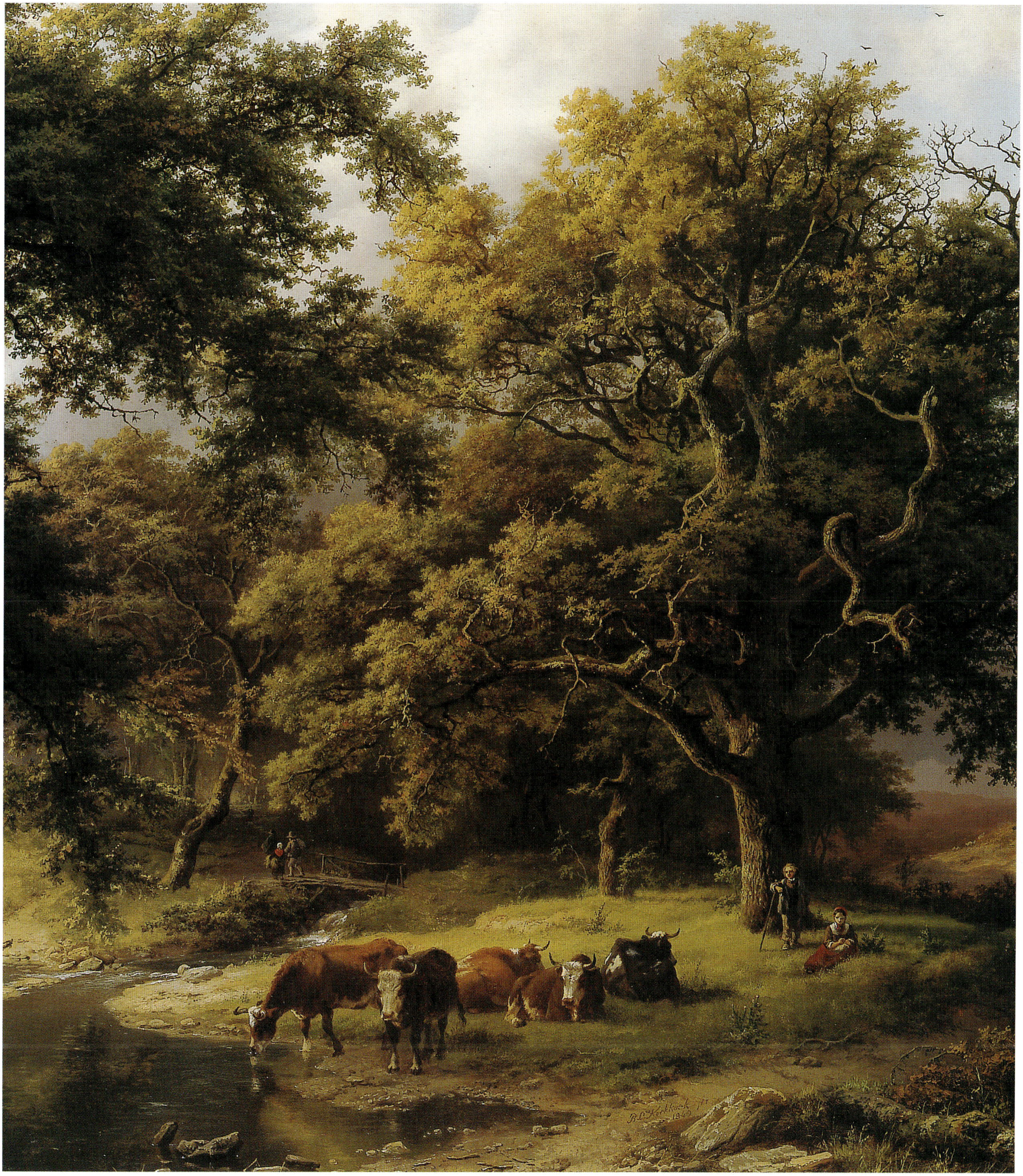

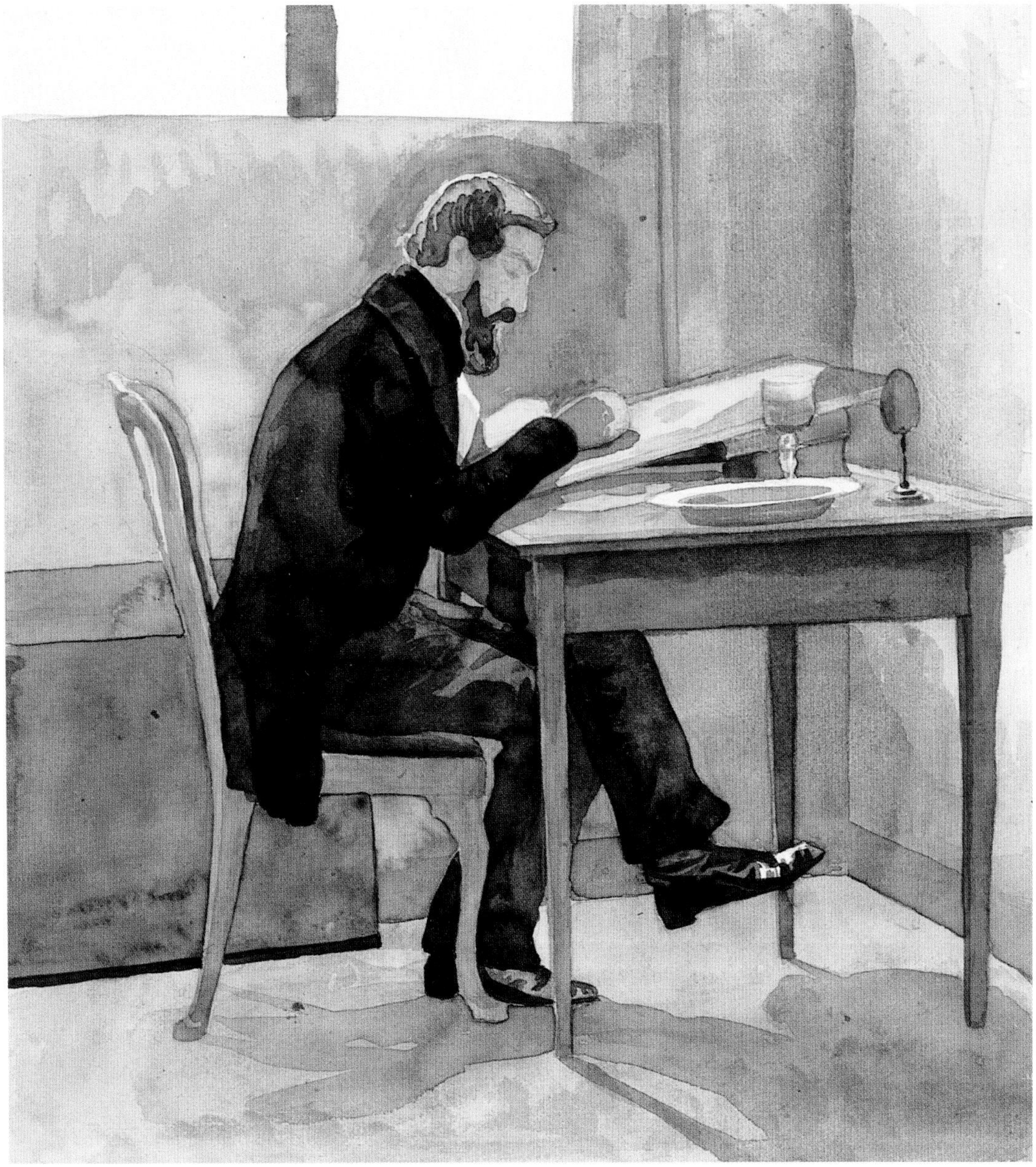

Johannes Tavenraat was iets impulsiever dan Koekkoek; ook bracht hij enige tijd door in Kleef. Evenals in het geval van Nuyen gold zijn werk als te romantisch. De *Kunstkronijk* verweet hem nog in 1844 dat het tijd werd dat hij de sfeer van 'hoogdravende poëzij' moest laten varen, en zich bezig moest houden met de 'eenvoudige waarheid'. Zijn fantastische landschappen waren de droom van een romantische jager – verlaten vlakten, door stormen vergroeide bomen, nobele herten en wakkere honden, geschilderd in een vrije, bevlogen stijl die verwant leek met John Constable.

De schoonheid van het eigen land werd het best bezongen door schilders als Jan Weissenbruch (AFB. 32), Charles Leickert (een Belg van origine) en Cornelis Springer. Steden en stadjes, dorpen en weiden, vaarten en rivieren, vriendelijk en vredig van atmosfeer, met als enige dreiging een regenbui in de verte – dat waren de onderwerpen waarmee deze kunstenaars zich van een constante klandizie van kunstverzamelaars verzekerden. Weissenbruch was een meester in het spel van licht en schaduw, Leickert van een weloverwogen kleurencompositie en Springer blonk uit in zijn stadsgezichten, die veelal verlevendigd werden door een gevoel voor de sfeer van de plaats, de klederdracht en het verhalende element.

AFB. 32 – Jan Weissenbruch, *De schilder in zijn atelier* (zelfportret), ca. 1840. Aquarel, 27,5 x 24,8 cm. Den Haag, Gemeentemuseum.

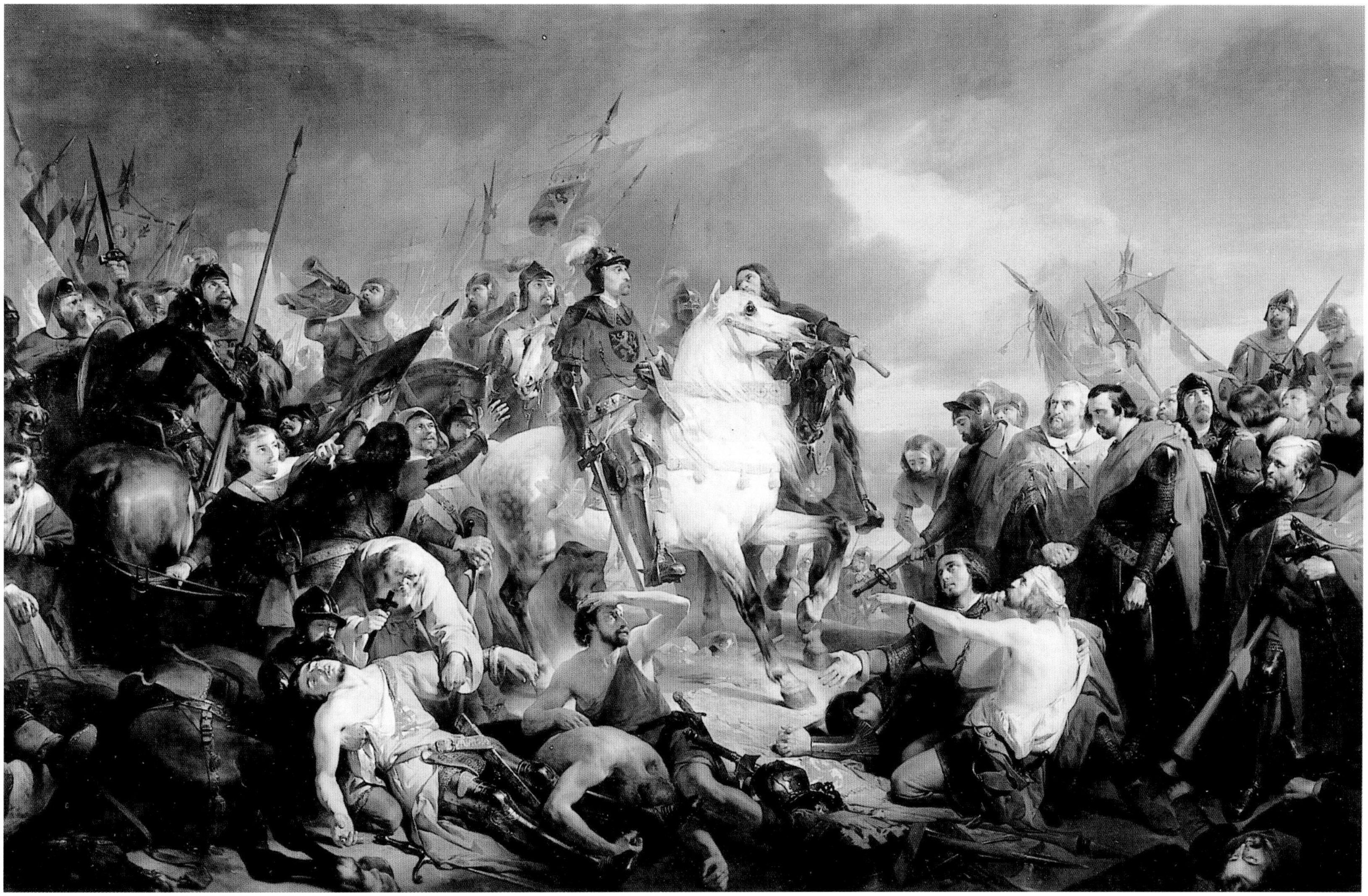

België

In Brussel werd de artistieke atmosfeer nog lang bepaald door de geest van David en Navez, maar in Antwerpen kreeg de Europese Romantiek vrij baan. Gustaaf Wappers was in Parijs bij Delacroix in de leer geweest; hij was vertrouwd met de artistieke opvattingen van Théophile Gautier. Hij wilde niets liever dan het uitbeelden van nationale heldenmoed en burgerzin. Hij maakte, zoals gezegd, grote indruk met zijn schilderij *De zelfopoffering van de Leidse Burgemeester Pieter van der Werff*, een uitbeelding van het verhaal van het Spaanse beleg van Leiden tijdens de Tachtigjarige Oorlog, waarbij hongersnood in de stad uitbrak. De uitgehongerde burgerij smeekte de burgemeester de stad over te geven, maar Van der Werff riep de menigte toe dat hij liever zijn arm zou opofferen, om als voedsel te dienen, dan de gehate Spanjaarden de stad binnen te laten.

Toen de revolte in Brussel uitbrak tegen koning Willem I, na de opvoering van *La Muette de Portici* in de Muntschouwburg in Brussel op 25 augustus 1830, leek Wappers de aangewezen man om de opstand in beeld te brengen. De nieuwe Belgische regering gaf hem de opdracht tot de *Een episode uit de Septemberdagen van 1830* (AFB. 21 en 22). Gretig identificeerde men Wappers met het grote voorbeeld van Rubens, vooral in het

AFB. 33 – Nicaise de Keyser, *De Slag bij Woeringen*, 1837. Olieverf op doek, 525 x 783 cm. Brussel, Koninklijke Musea voor Schone Kunsten.

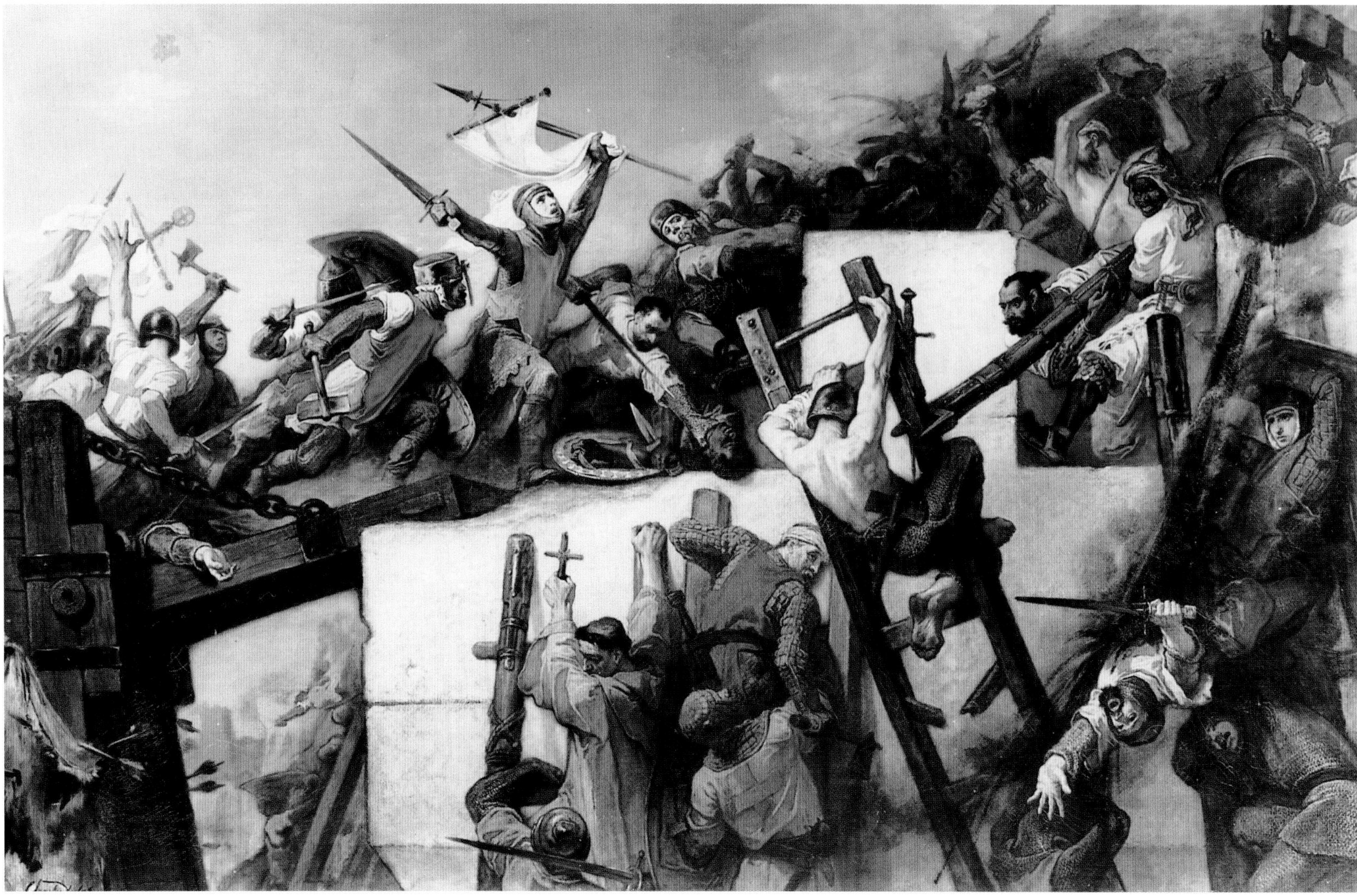

AFB. 34 – Charles Verlat, *Godfried van Bouillon bij de bestorming van Jeruzalem*, 1854. Olieverf op doek, 195 x 295 cm. Brussel, Koninklijke Musea voor Schone Kunsten.

parelmoerachtige kleurgebruik. Wappers werd benoemd tot directeur van de Antwerpse Tekenacademie; hij vervulde deze functie tot 1853, toen hij moest plaatsmaken voor De Keyser, die zijn naam had gevestigd met zijn *Slag der Gulden Sporen* uit 1835. Beide directeuren zorgden voor een internationale reputatie van de Antwerpse Academie. De Keyser was evenals Wappers een romantisch kunstenaar, maar hij was in zijn weergave meer geïnspireerd door Ingres dan door Delacroix (AFB. 33). Het vasthouden aan een neoclassicistisch schoonheidsideaal zou op den duur tot verstarring leiden. Charles Verlat, hun beider leerling, zette de Antwerpse traditie voort met zijn romantische historiestukken, die soms beantwoordden aan de smaak voor het oriëntalisme (AFB. 34). Hij was enige tijd leerling van Scheffer in Parijs. Later zou Verlat, als voorvechter van het realisme van Gustave Courbet, pleiten voor een hervorming van het Antwerpse kunstonderwijs.

Een andere Belgische leerling van Scheffer was Louis Gallait (AFB. 36). Deze had zijn artistieke vorming gekregen in zijn geboorteplaats Doornik en daarna in Antwerpen bij Mathias van Bree. Kunstenaars als Gallait en Verlat zorgden ervoor, mede door hun belangrijke posities in de Koninklijke Academie van België en andere instanties, dat de Romantiek in België een stroming van lange adem werd. Men beweerde wel dat Gallaits grote fresco *De Pest in Doornik* uit 1880 een van de laatste romantische schilderijen was. In 1841 reeds werd Gallait uitgenodigd erelid te worden van de recent opgerichte kunstenaarsvereniging Arti et Amicitiae in Amsterdam.

In 1849 voltooide Gallait – die in België uiteindelijk dezelfde positie innam als Scheffer in Parijs, namelijk die van het *juste milieu* – een schilderij dat het midden hield tussen een genrestuk en een allegorie. De titel luidde *Art et Liberté* (AFB. 35). Het schilderij toonde een armelijk geklede man met een viool te midden van een bouwval. Uit zijn franke oogopslag spreekt echter zijn levenslust, zijn inspiratie en zijn vrijheid als artiest. Op de Brusselse Salon van 1851 zond Gallait dit schilderij in samen met zijn huiveringwekkende voorstelling: *De laatste eer bewezen aan de graven van Egmont en Hoorne*, misschien wel zijn beroemdste historiestuk. De beide edelen liggen hier uitgestrekt op een praalbed – onthoofd. Ze werden terechtgesteld op de Grote Markt van Brussel in 1568 tijdens de Spaanse overheersing gedurende de Tachtigjarige Oorlog. De criticus Joly beschouwde in zijn verslag van de Salon de *Onthoofde graven* als het tweede stuk van de tentoonstelling, maar *Art et Liberté* als de belangrijkste inzending.

De meest extreme vorm van Romantiek bereikte de schilder Antoine Wiertz. Als geen van zijn tijdgenoten was hij, sinds zijn opleiding aan de Academie van Antwerpen, geobsedeerd door de gedachte Rubens te evenaren of zelfs te overtreffen. Het jonge koninkrijk België bleek tot op zekere hoogte bereid uit nationalistische overwegingen deze merkwaardige ambitie te ondersteunen. In 1832 behaalde hij de Prix de Rome, zeven jaar later keerde hij terug naar België met het gigantische schilderij *Patrocles*, dat met lof werd ontvangen in Antwerpen, nadat ook in Rome al neoclassicistische kunstenaars als Camuccini en Bertel Thorvaldsen het doek hadden geprezen.

De prille roem steeg Wiertz echter naar het hoofd; hij eiste dat het schilderij zou worden geëxposeerd in een tent, te plaatsen vóór het Louvre in Parijs. Toen dit geweigerd werd, was Wiertz buiten zichzelf van woede. Dit werd alleen maar erger toen de Parijse kunstkritiek naar aanleiding van plaatsing op de Salon van 1839 het schilderij belachelijk maakte. Wiertz was zo gekwetst dat hij besloot zijn grote meesterwerken alleen maar *pour la gloire* te schilderen en verder te leven van portretopdrachten.

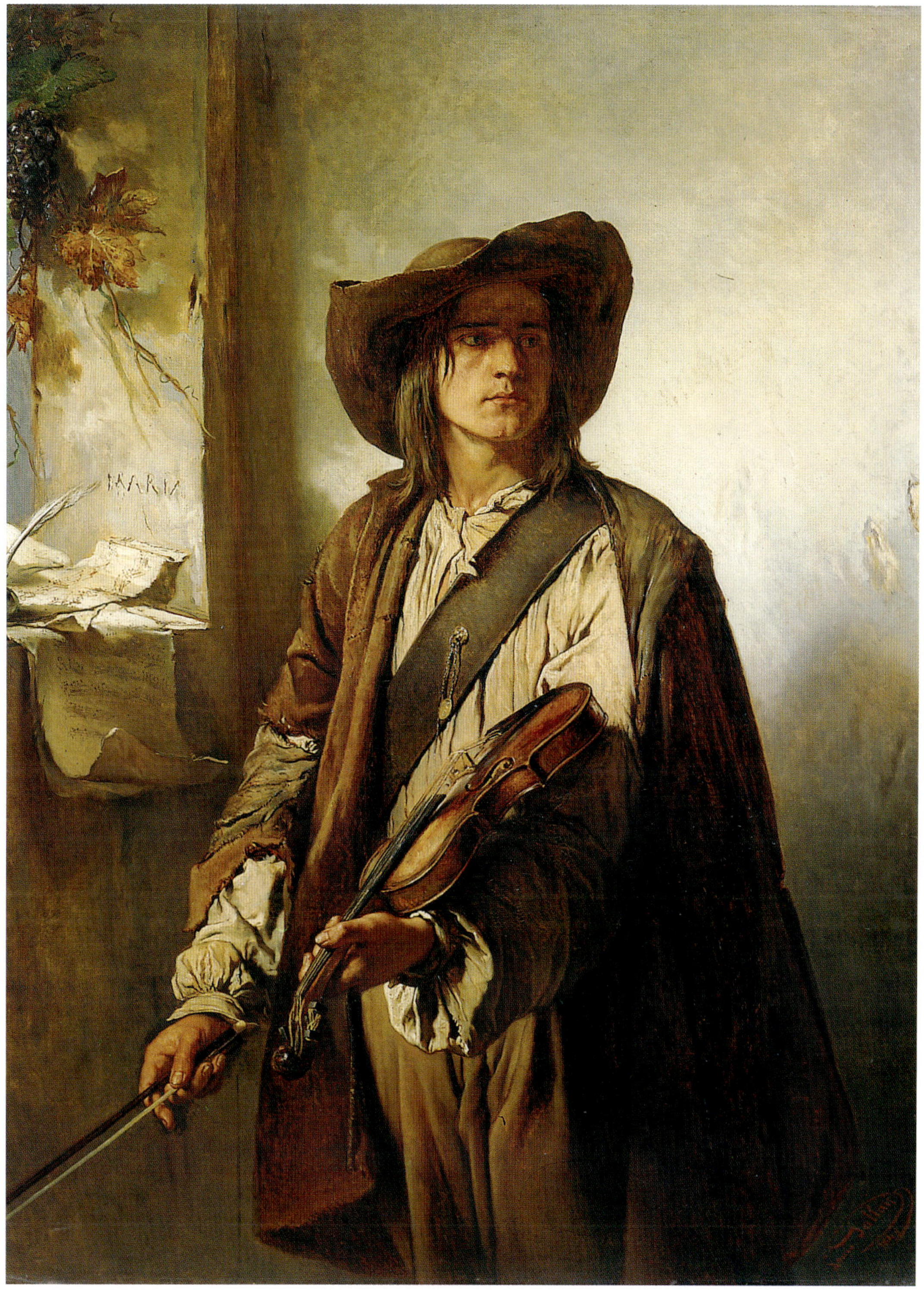

AFB. 35 [boven] – Louis Gallait, *Art et Liberté (Kunst en Vrijheid)*, 1849. Olieverf op doek, 150 x 110 cm. Brussel, Koninklijke Musea voor Schone Kunsten.

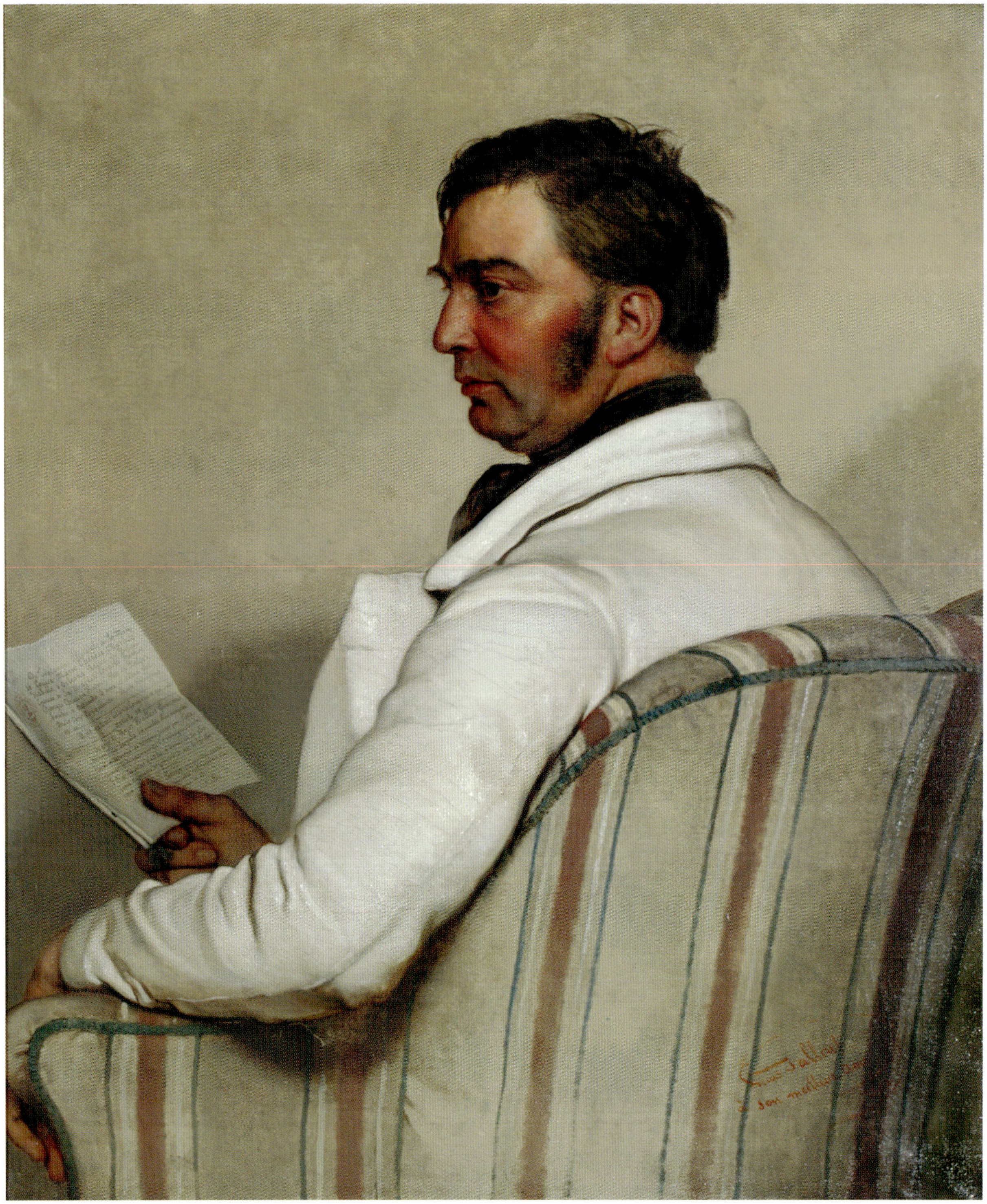

AFB. 36 [boven] – Louis Gallait, *Portret van kolonel Hallart*, 1854. Olieverf op doek, 100 x 82 cm. Doornik, Museum van Schone Kunsten.

AFB. 37 [pagina 55] – Antoine Wiertz, *Carnaval in Rome*, 1835. Olieverf op doek, 36 x 29 cm. Brussel, Koninklijke Musea voor Schone Kunsten.

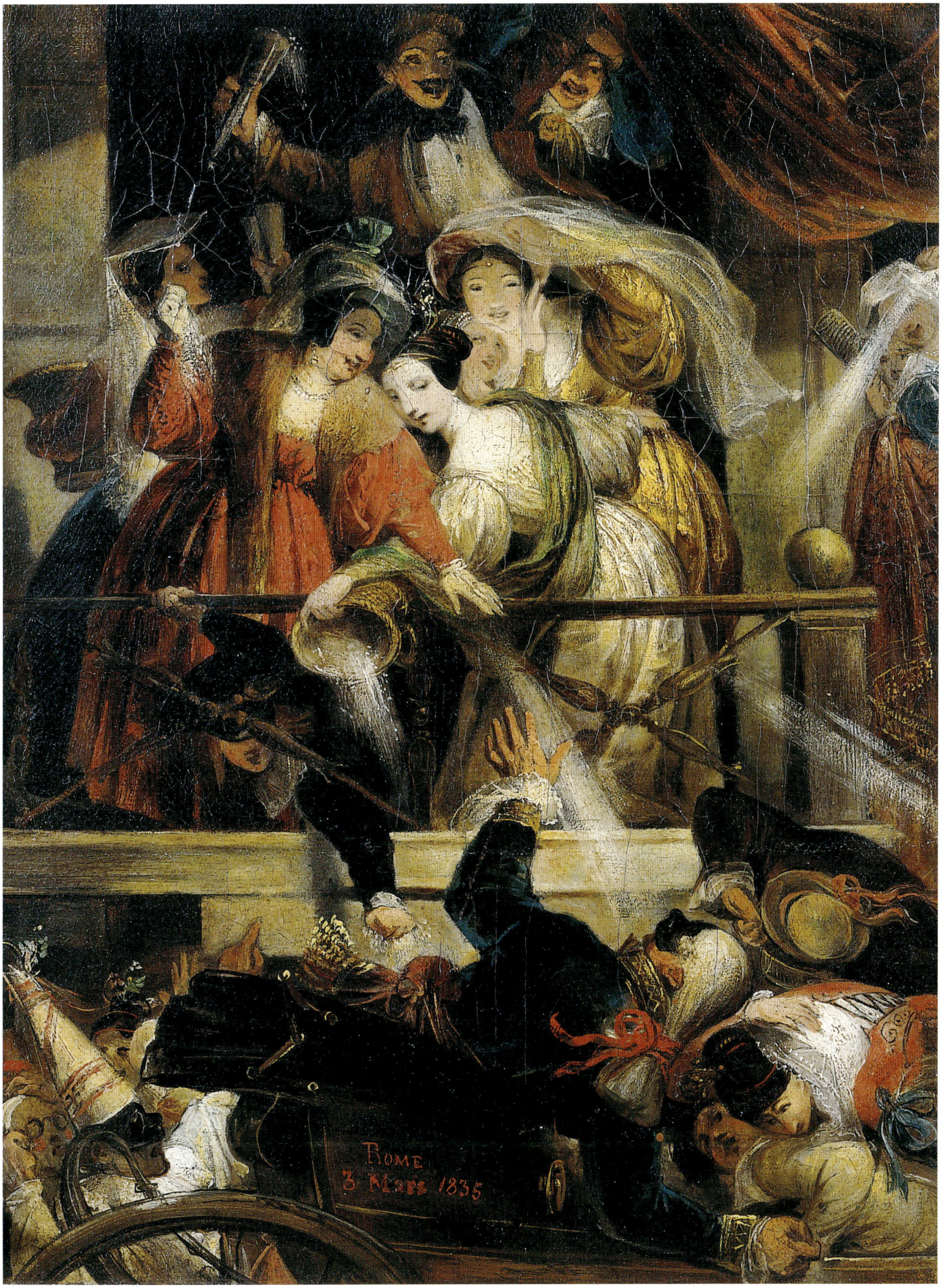
ROME
3 Mars 1835

In 1850 stelde Wiertz aan de minister van Binnenlandse Zaken voor om zijn gehele oeuvre aan de Belgische staat te schenken, mits men in ruil daarvoor een atelier zou bouwen waarin zijn buitensporig grote doeken zouden worden getoond. Deze ruimte zou dan na zijn dood het Wiertz Museum worden. De Belgische regering heeft dit voorstel aanvaard; het Wiertz Museum bestaat nog steeds en is een van de meest verbijsterende collecties van Brussel, door conservator André Moerman destijds bestempeld als een *'Mausolé ante mortem d'une gloire nationale'*. Het meest tragische van de figuur Wiertz was wellicht dat zijn artistieke talent lag in het landschap, zoals hij dat zonder enige opsmuk schilderde in de omgeving van Rome, en in genrevoorstellingen als het *Carnaval in Rome* uit 1835 (AFB. 37).

De Belgische regering voerde in die periode een actief cultuurbeleid; behalve opdrachten voor historiestukken verstrekte de overheid ook opdrachten tot monumentale kunstwerken in openbare gebouwen, en beeldhouwwerken op pleinen in de grote steden.

Zowel onder de Franse overheersing als tijdens de samenvoeging van de Noordelijke en Zuidelijke Nederlanden tot één koninkrijk onder Willem I bleef er sprake van een artistieke tweedeling. Na de afscheiding in 1830 flakkerden de nationale gevoelens op, compleet met de behoefte aan heldenverering van nationale kunstenaars. Individueel bestond er wél toenadering tussen Nederlandse en Belgische kunstenaars. De betekenis van het atelier van Scheffer in het centrum van het Parijse kunstleven en als punt van samenkomst van velerlei artistieke stromingen en opvattingen moet niet onderschat worden. Niettemin bleven de tegenstellingen in deze periode het meest in het oog springend: de megalomane godenschemer van Wiertz tegenover de rimpelloze intimiteit van Weissenbruch, het historische drama van Gallait tegenover de witgepleisterde kerkinterieurs van Bosboom, het vaderlandse gevoel van Wappers tegenover de Ruysdael-traditie in de landschappen van Koekkoek.

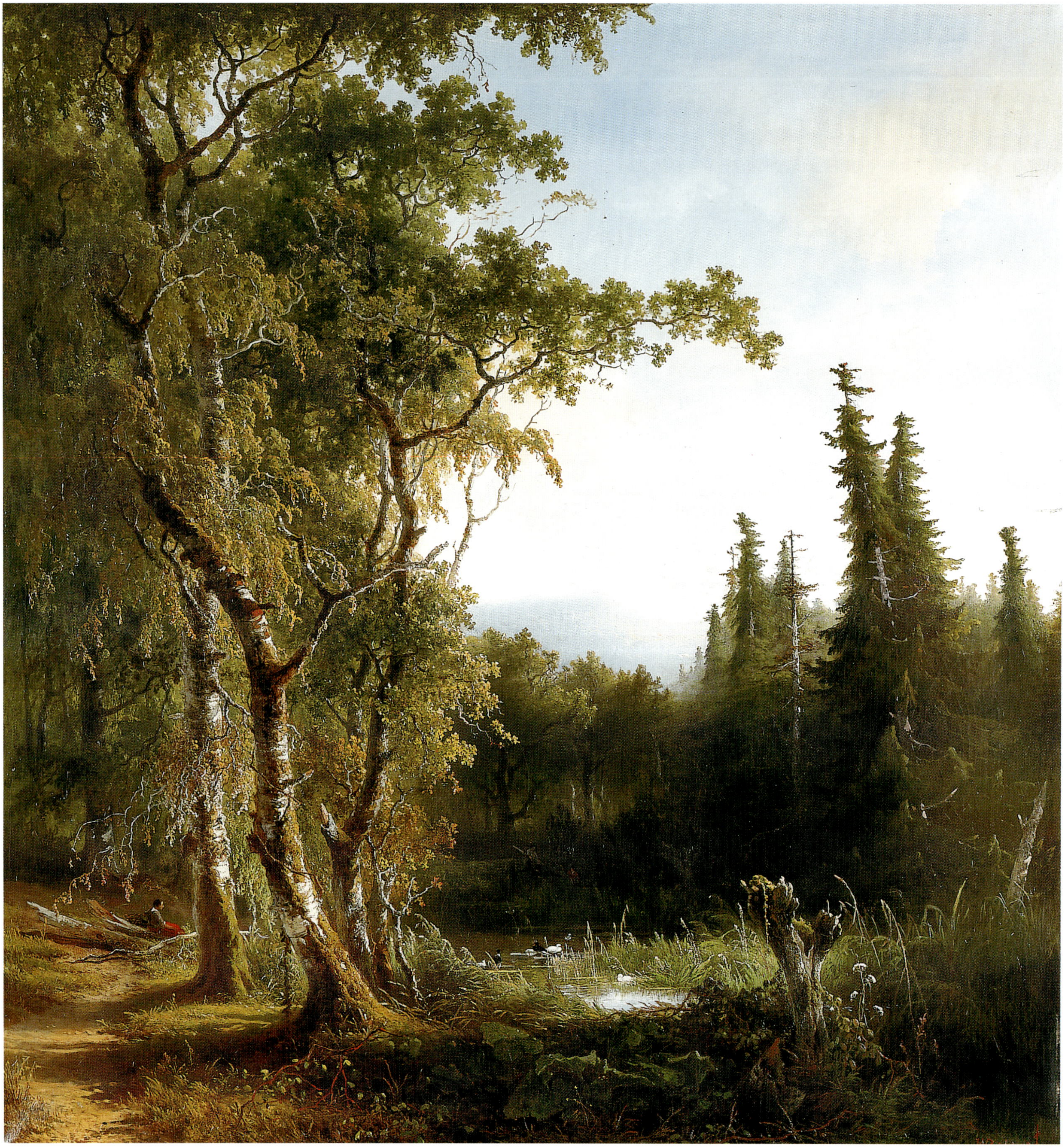

HOOFDSTUK 3

De les van de natuur

Nederland

In 1860 bezochten twee Nederlandse schilders de Exposition Nationale des Beaux Arts in Brussel. Het waren Johannes Warnardus Bilders en zijn zoon Gerard. Johannes, beter bekend als de 'oude' Bilders, zond al sinds 1848 schilderijen in voor de Brusselse tentoonstelling, doorgaans van landschappen die waren geschilderd in de provincie Gelderland, met name in de omgeving van Wolfheze en Oosterbeek (AFB. 38). Ook ditmaal had de 'oude' Bilders een werk geëxposeerd, getiteld *Bruyère, vue prise près de Wolfheze en Gueldre*. Voor Gerard Bilders had het bezoek aan de Brusselse tentoonstelling echter een geheel andere betekenis; het was voor hem de kennismaking met de schilders van de School van Barbizon. Deze groep schilders werkte tussen circa 1830 en 1870 in het Franse dorp Barbizon bij de bossen van Fontainebleau. Hun intieme taferelen en stemmige landschappen ontstonden veelal in de open lucht. Bilders zag voor het eerst werk van Camille Corot, Narcise Diaz de la Peña, Jules Dupré, Jean-François Millet, Théodore Rousseau en Constant Troyon. Naar eigen zeggen zag hij schilderijen: 'waar ik niet van droomde en al datgene in vond wat mijn hart begeert. [...] Eenheid, rust, ernst, en vooral eene onverklaarbare intimiteit met de natuur troffen mij in die schilderijen. Er waren zeker ook eenige goede Hollandsche stukken, doch over het algemeen missen zij het lekkere en mollige, datgene wat, om zoo te zeggen, op breede orgeltoonen gelijkt, wanneer men ze naast de groote Parijzenaars ziet. En toch uit Holland, uit het dampige, vetgekleurde Holland, is oorspronkelijk die welige opvatting voortgekomen! Het waren courageuse schilderijen, er was een hart en eene ziel in.'

De jonge Bilders zag onmiddellijk de relatie tussen de School van Barbizon en de Hollandse zeventiende-eeuwse landschapstraditie, zoals blijkt uit bovenstaand citaat. Het leek echter alsof het aanschouwen van de werken van Corot en zijn vrienden hem de weg wees om zijn eigen koers te gaan volgen: 'Ik zoek naar een toon, die wij gekleurd-grijs noemen: dat is alle kleuren, hoe sterk ook, zoodanig tot één geheel gebracht, dat ze den indruk geven van een geurig, warm grijs. Doch ik voor mij vind nog maar altijd grijs van keukenmeid-japonnen, wit en zwart, peper en zout, of op zijn hoogst een slap melkchocoladekleurtje. Om het sentiment van het grijze, zelfs in het krachtigste groen, te houden is verbazend moeilijk, en die het uitvindt is een gelukkig sterveling.' Bilders verlangde niets liever dan om zelf naar Frankrijk te gaan om kennis te nemen van de nieuwste ontwikkelingen. Zijn mecenas, de literator Johannes Kneppelhout, was bevreesd dat Gerard in Parijs op het slechte pad zou geraken.

Hij stelde hem wel in staat om lessen te volgen van de Geneefse kunstenaar Charles Humbert, die vertrouwd was met de Nederlandse landschapstraditie. De jonge Bilders was echter geen lange carrière beschoren; hij leed aan tuberculose en overleed in 1865 op zevenentwintigjarige leeftijd, zonder ooit een bezoek aan Barbizon te hebben gebracht. Wel wist hij tijdens zijn verblijf in Oosterbeek, dat langzamerhand uitgroeide tot een Hollandse kunstenaarskolonie, zijn generatiegenoten enthousiast te maken voor de vernieuwing in de landschapsschilderkunst (AFB. 39).

Andere Nederlandse schilders reisden wél naar Barbizon, om zich persoonlijk op de hoogte te stellen van de nieuwe ontwikkelingen. Jozef Israëls, die van 1845 tot 1847 in Parijs studeerde in het atelier van François Picot, hoorde mogelijk al in die tijd – met name in de kring van Scheffer – spreken over de schilders die in het Woud van Fontainebleau werkten. Bij zijn tweede bezoek aan Parijs in 1853 bracht Israëls een week in Barbizon door. Het ging Israëls echter meer om een uitbeelding van het boerenleven in de trant van Millet dan om het landschap rondom Barbizon. Hij schetste er boerenhoeven en interieurs, en nam zelfs boerenkleding mee om er thuis in zijn atelier naar te kunnen werken.

AFB. 38 [pagina 58] – Johannes Warnardus Bilders, *Bosgezicht met vijver*, 1854. Olieverf op doek, 116 x 106 cm. Den Haag, Gemeentemuseum.

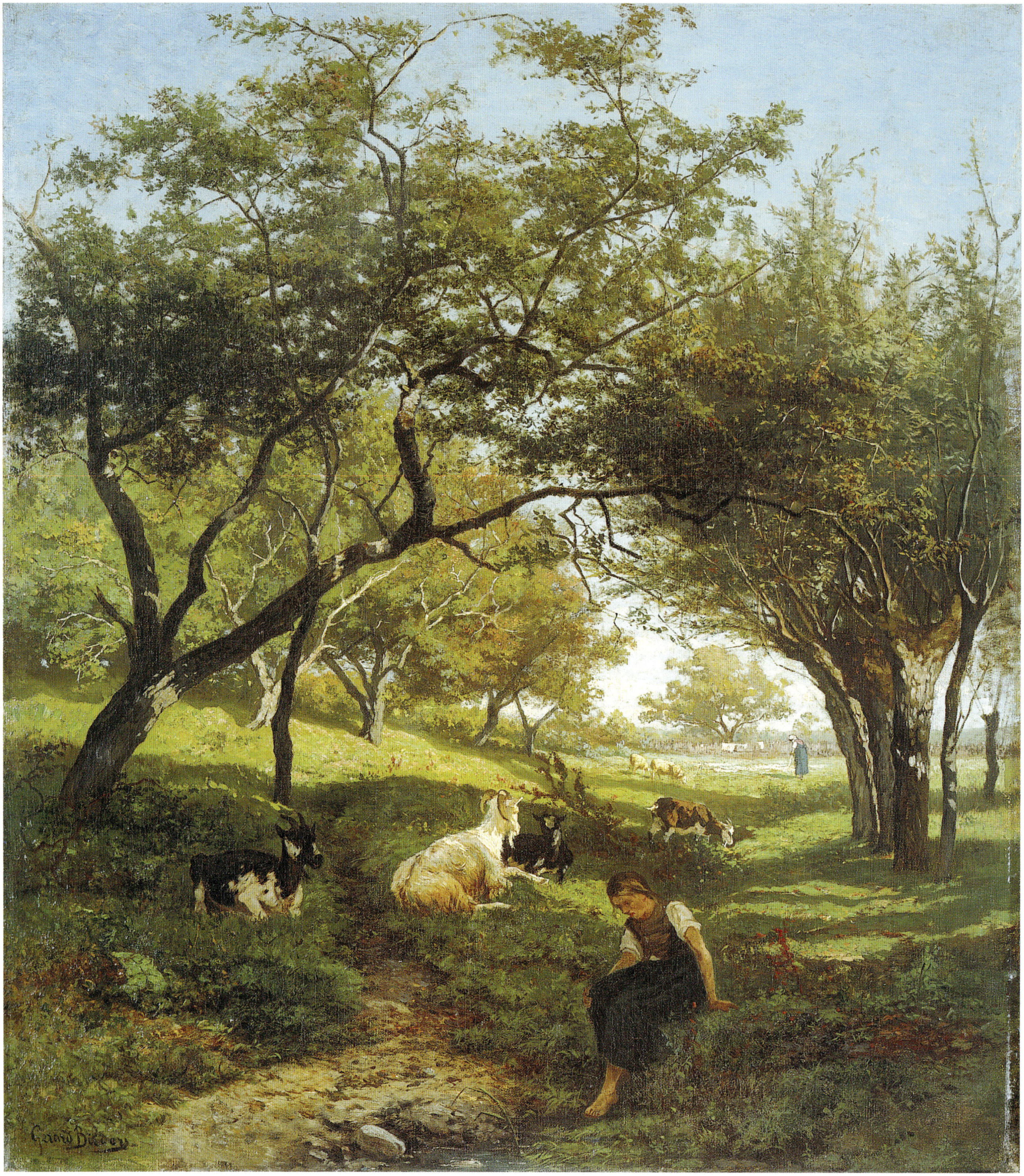

Ook Willem Roelofs, die sinds 1847 in Brussel woonde, behoorde tot de Nederlandse bezoekers aan Barbizon van het eerste uur (AFB. 40). Al in 1851 maakte hij er zijn eerste schetsen; in tegenstelling tot Israëls was hij wél in het landschap geïnteresseerd (hij tekende ook de tuin van de legendarische Herberg van Ganne aan de Grande rue van Barbizon). Jacob Maris werkte tevens in de omgeving van Barbizon (AFB. 42). Hem trok speciaal het grillige rotslandschap bij de Gorges d'Apremont.

'Barbizon' bleef een magische klank houden voor Nederlandse schilders. Vincent van Gogh schreef zijn broer Theo in 1883: 'Denk om Barbizon, die historie is subliem. [...] Het land vormde hen, zij wisten alleen: in de stad deugt het niet, ik moet naar buiten; zij dachten, stel ik me voor, ik moet werken leeren, iets heel anders, ja tegenovergestelds worden van wat ik nu ben. Zij zeiden: nu deug ik niet, ik ga mij vernieuwen in de natuur.' Johannes Hendrik Weissenbruch, een kunstenaar die niet van reizen hield, wilde voor zijn dood toch eenmaal Barbizon gezien hebben. In 1900 bracht Victor Bauffe hem naar Barbizon, waar hij onder andere de Grande rue schilderde, ter hoogte van het huis van Millet.

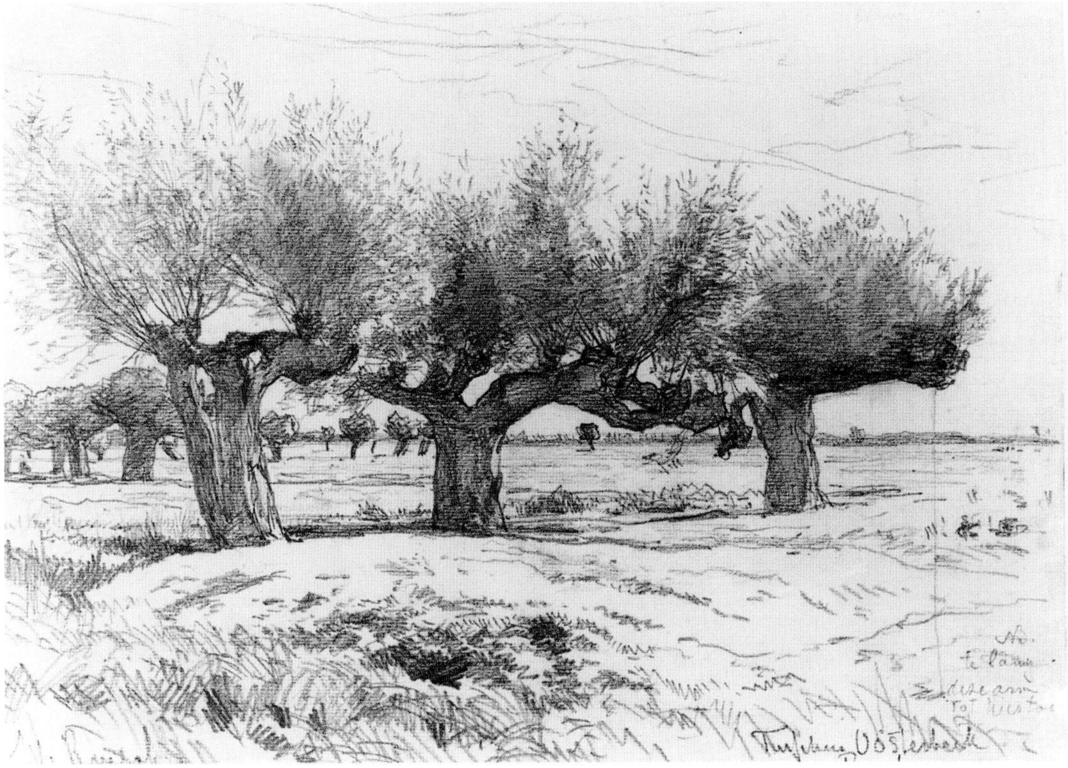

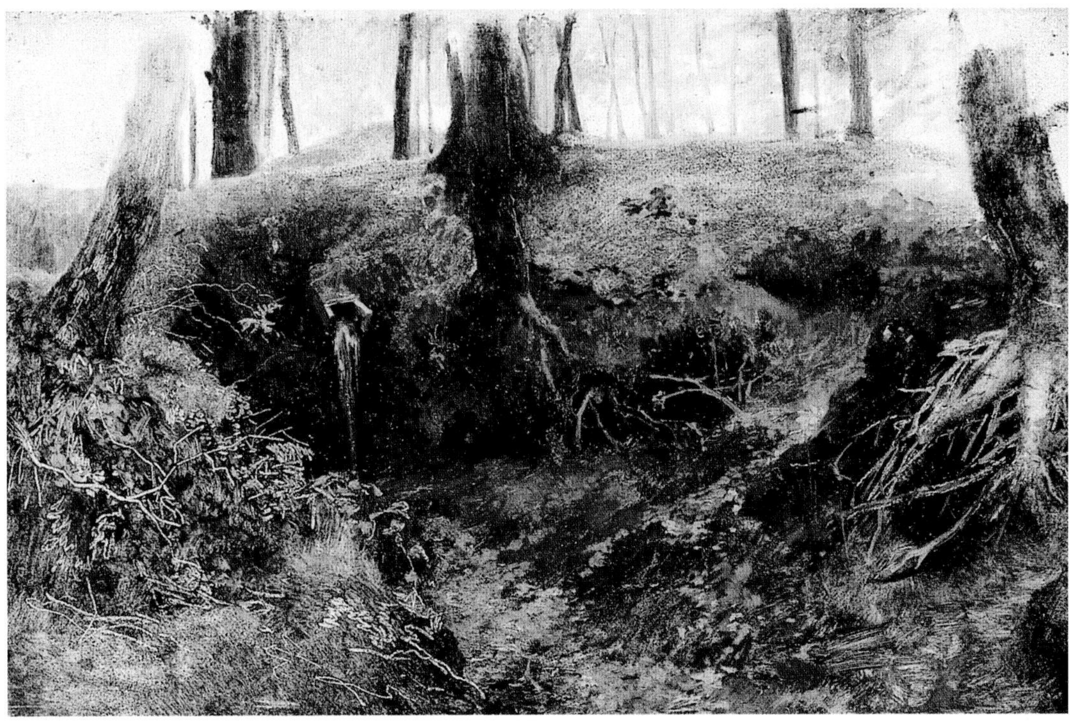

AFB. 40 [boven] – Willem Roelofs, *Landweg met knotwilgen, tussen Oosterbeek en Renkum*, ca. 1880. Potloodtekening, 23,3 x 30 cm. Den Haag, Gemeentemuseum.

AFB. 41 [onder] – Matthijs Maris, *De Oorsprong, Oosterbeek*, ca. 1860. Olieverf op doek, 31,5 x 46 cm. Den Haag, Gemeentemuseum.

AFB. 39 [pagina 60] – Gerard Bilders, *De geitenhoedster*, 1864. Olieverf op doek, 61,5 x 53 cm. Amsterdam, Rijksmuseum.

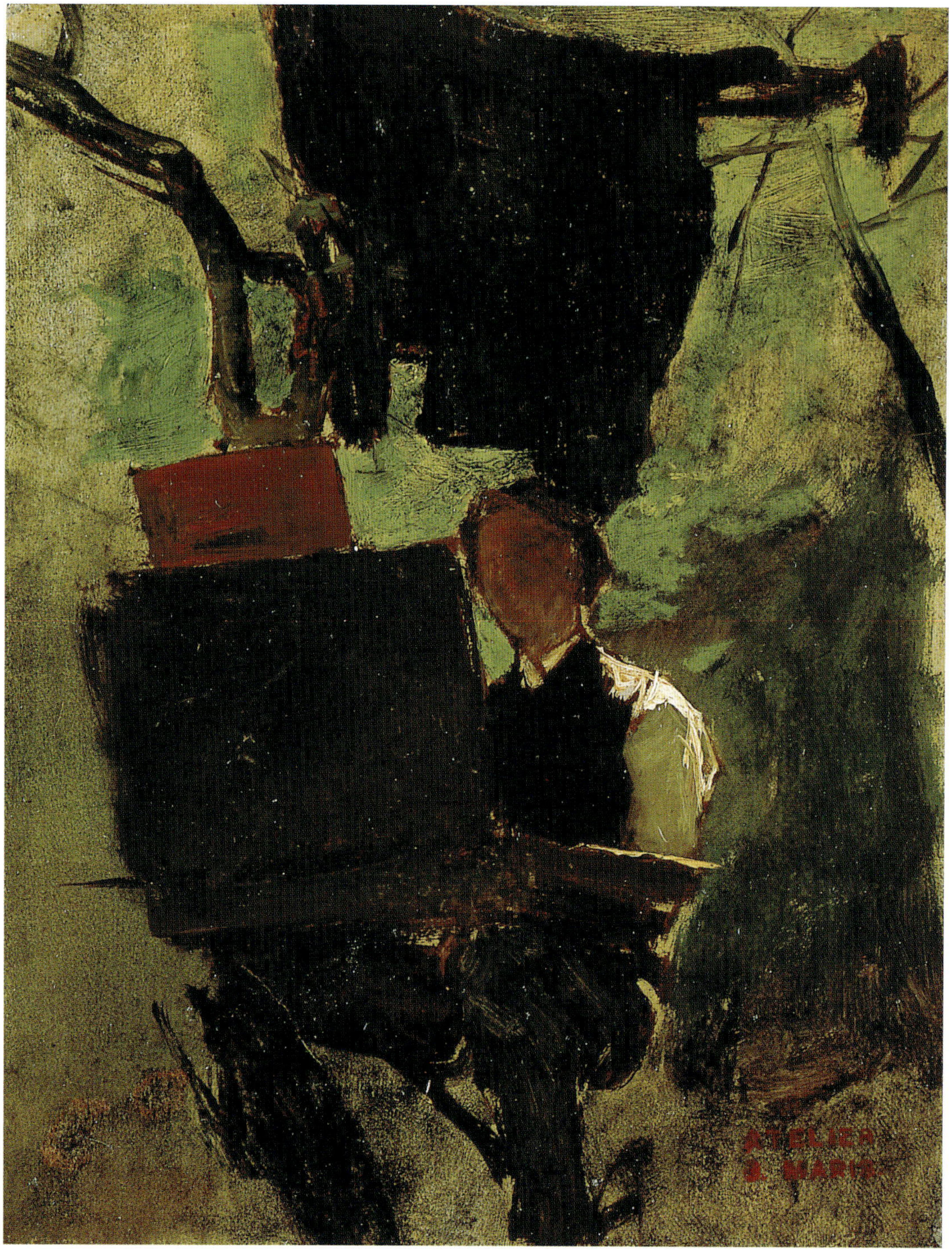

AFB. 42 – Jacob Maris, *Schilder aan het werk*, ca. 1860. Olieverf op papier, op paneel, 25 x 19,5 cm. Den Haag, Gemeentemuseum.

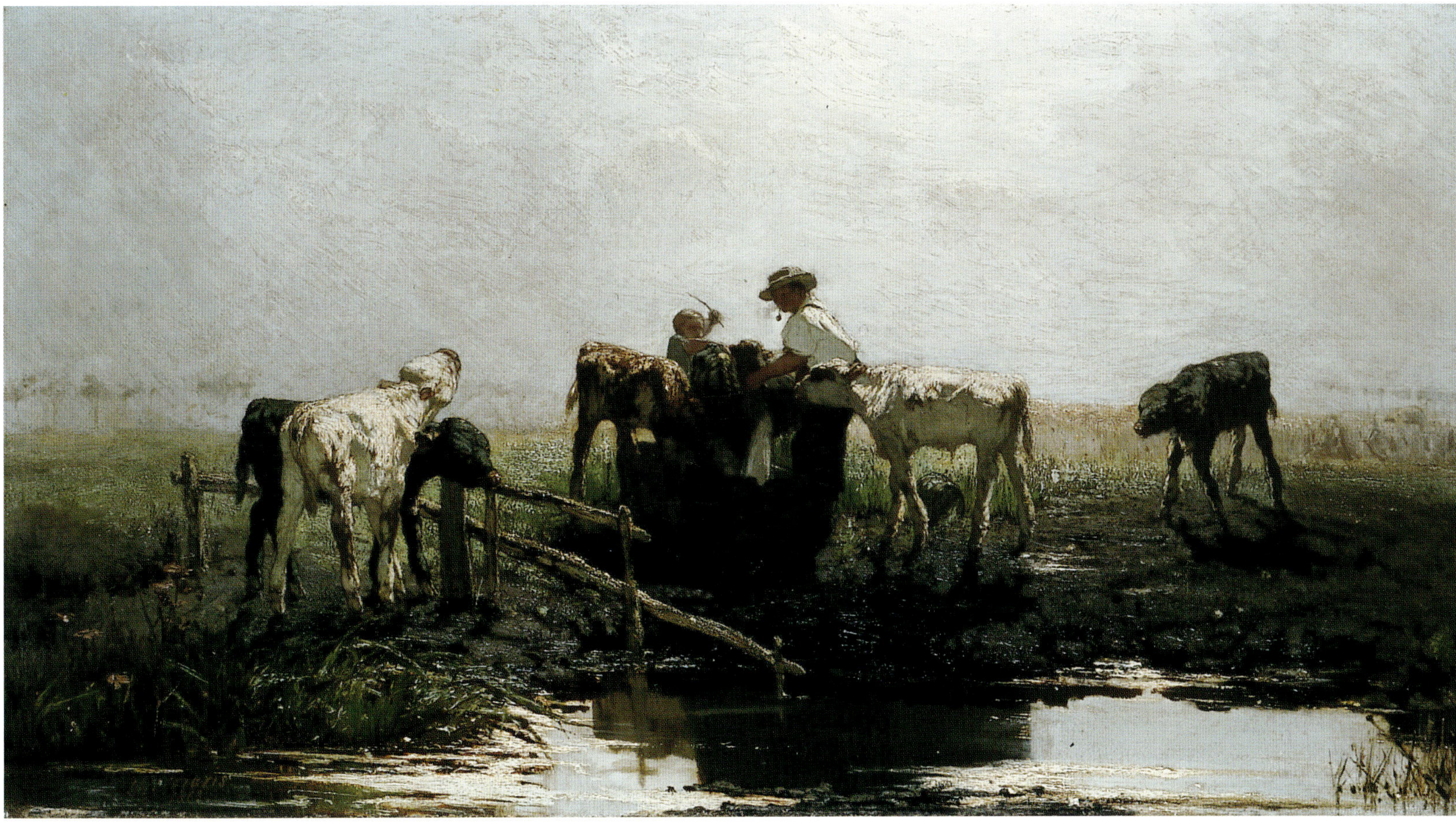

België

In België zag men al spoedig de betekenis van de *plein-air*-schilders in Frankrijk; de spontane werkwijze, de rechtstreekse inspiratie van de natuur, het waarnemen én schilderen in de vrije natuur – het betekende een definitief afscheid van de precieze schildertrant die alleen maar in een atelier kon ontstaan. Naar aanleiding van de Brusselse Salon van 1845 schreef een anoniem criticus: 'Hier in België primeert de detailweergave; men is op de eerste plaats realist. Of men nu driehonderd meter of honderd passen van een boom verwijderd is, men schildert hem steeds identiek; niet één blaadje ontbreekt, niet één scheurtje in de schors. In Frankrijk begrijpt men de natuur als een poëtisch geheel, en om dat op het doek zichtbaar te maken begint men bij de massa's, en niet op de manier van een meetkundig, door penseeltrekjes op een rij te zetten alsof het om een wetenschappelijk probleem gaat.'

Al vanaf 1842 kon het Belgische publiek kennismaken met landschappen, geschilderd in de omgeving van het Woud van Fontainebleau, en vanaf 1851 namen schilders als Courbet, Diaz en Troyon regelmatig deel aan de Brusselse Salon. Niettemin stelde de Belgische kunstkritiek zich gereserveerd op ten opzichte van de *école du gris*, zoals het tonale kleurgebruik van de School van Barbizon werd aangeduid. Het 'gekleurd-grijze' coloriet, zoals Gerard Bilders het noemde, vond ook in Nederland niet overal genade. In 1860 schreef Bilders: 'Mijne schilderij te Rotterdam, zeiden sommigen, toonde te grijs.' Ook de jonge Anton Mauve en de gebroeders Matthijs en Willem Maris (AFB. 41 en 43), die in Oosterbeek natuurstudies schilderden volgens de nieuwe principes van de School van Barbizon, kregen te horen dat ze hun 'graauwen bril' maar eens af moeten zetten.

AFB. 43 – Willem Maris, *Kalveren aan een poel, Oosterbeek*, 1863. Olieverf op paneel, 36 x 52,5 cm. Den Haag, Gemeentemuseum.

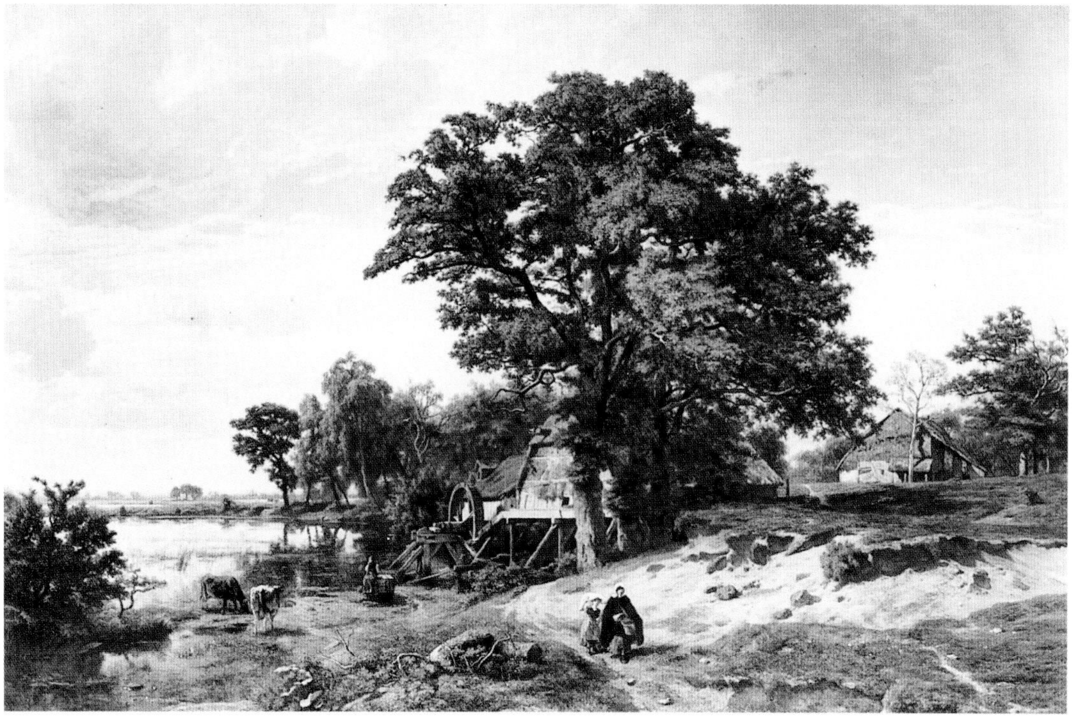

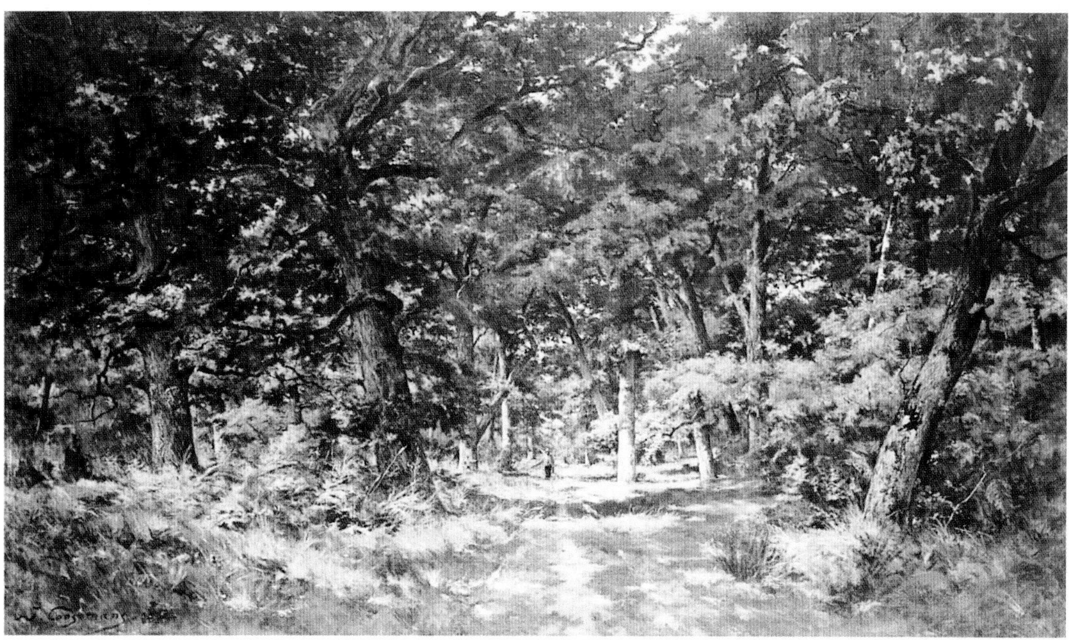

AFB. 44 [boven] – Théodore Fourmois, *Gezicht in de Kempen*, 1860. Olieverf op doek, 126,5 x 177 cm. Brussel, Koninklijke Musea voor Schone Kunsten.

AFB. 45 [onder] – Joseph Théodore Coosemans, *De kunstenaarsweg te Barbizon*, 1878. Olieverf op doek, 120 x 200 cm. Brussel, Koninklijke Musea voor Schone Kunsten.

De kritiek beweerde: 'Vroeger zag Mauve de natuur warm, krachtig van kleur, nu schijnt alles voor zijn oog met rouwomfloers bedekt.' Ook in België sprak men van *peintres crépusculaires*.

De overgang van het vrolijke, bonte, romantische landschap naar een realistischer werkwijze is het best af te lezen in de schilderkunst van Théodore Fourmois (AFB. 44). Hij reisde naar de Dauphiné, maar of hij ook Barbizon bezocht is niet bekend. François Lamorinière verbleef in 1853 in Barbizon (AFB. 46). Hij koos voor een stijl van schilderen met een welhaast monochroom effect, dat het best te vergelijken valt met sommige werken van Théodore Rousseau. Met Rousseau had hij ook een (vroege) belangstelling voor de fotografie gemeen. De *école du gris* werd in België vooral vertegenwoordigd door landschapskunstenaars als Adrien-Joseph Hermans, Théodore Baron, Edouard Hubert en Alphonse Asselbergs (AFB. 47).

Camille van Camp berichtte in 1859: 'Ik bevind mij thans in Barbizon. Van zeven uur 's morgens tot de avond doorkruis ik het bos; het bos is prachtig en ik vind er alles wat ik maar wensen kan om de uitvoering van mijn schilderij te vergemakkelijken. 's Avonds keer ik terug naar de herberg waar Hermans [de schilder Adrien-Joseph Hermans] en ikzelf gelogeerd zijn. Er staat een zeer goed diner klaar en verscheidene kunstenaars eten aan dezelfde tafel, zodat de avonden zeer aangenaam verlopen' (AFB. 48). Van Camp beschreef hiermee treffend de sfeer in de herberg van Ganne aan de Grande rue in Barbizon. Hij genoot van de fraaie combinaties van bomen en rotsen in het Woud van Fontainebleau, maar merkte wel op dat hij niet meer de enige bezoeker was: 'Er bevindt zich momenteel een massa volk in Barbizon, en overal in het bos hoort men vrolijke kreten.' Het Barbizon van de Ecole de 1830, zoals de oorspronkelijke schildersgroep wel werd aangeduid, was geen geheime ontmoetingsplaats meer voor een aantal ingewijden, maar een geliefde plek voor Parijzenaars die in het weekeinde iets avontuurlijks wilden doen.

De reeks Belgische kunstenaars die voor kortere of langere tijd in Barbizon verbleven, is omvangrijk en dankzij brieven en geschriften

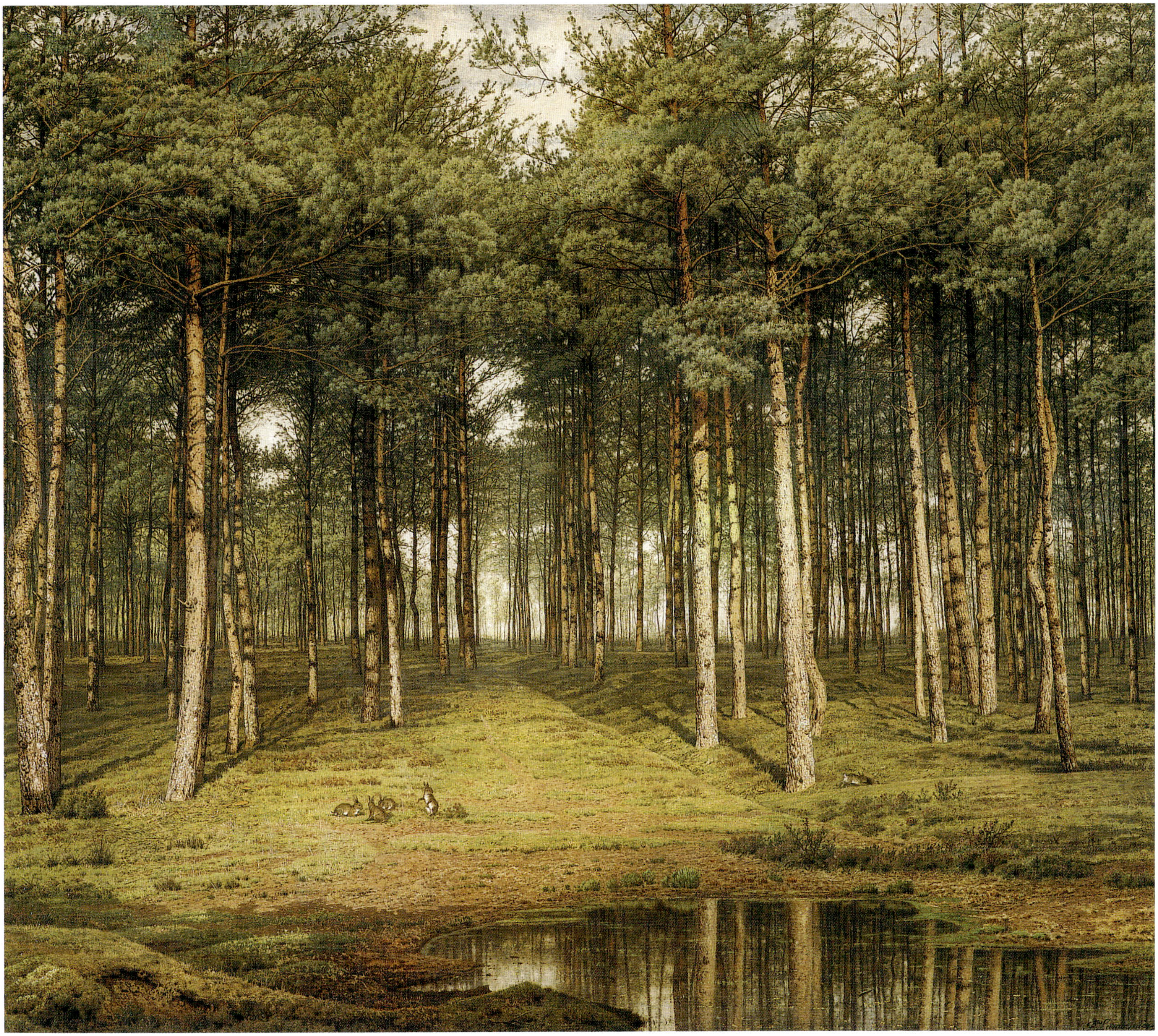

AFB. 46 – François Lamorinière, *Het sparrenbos*, 1883. Olieverf op doek, 114 x 126 cm. Antwerpen, Koninklijk Museum voor Schone Kunsten.

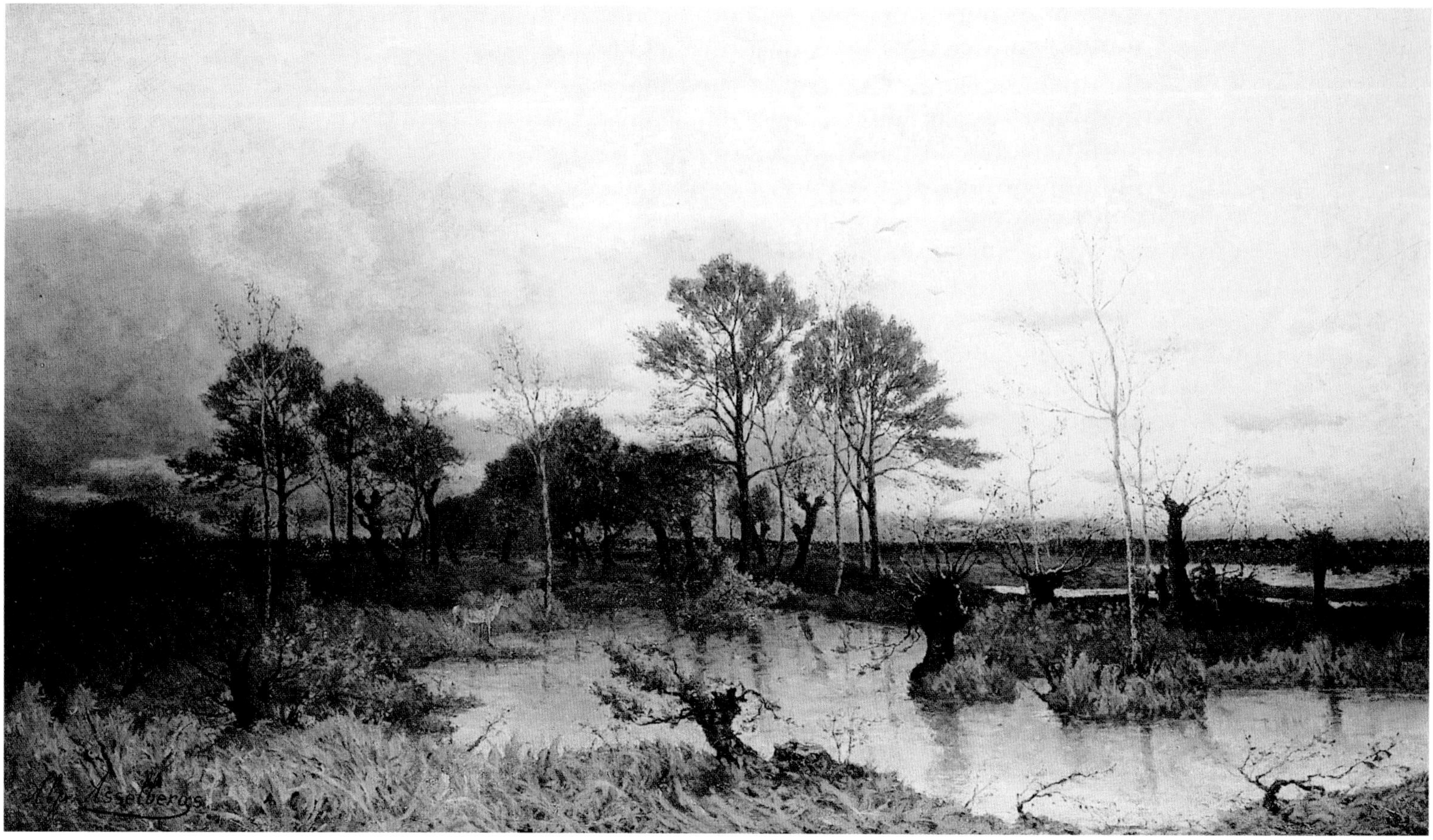

AFB. 47 – Alphonse Asselbergs, *Veen in de Kempen*, 1860. Olieverf op doek, 119 x 198 cm. Antwerpen, Koninklijk Museum voor Schone Kunsten.

is ook meer bekend over persoonlijke contacten met de Franse schilders uit de School van Barbizon. Joseph Coosemans verbleef zelfs bij Millet in Barbizon (AFB. 45). Alfred de Knyff was een leerling van Rousseau. Victor de Papeleu was een van de organisatoren van het huwelijksfeest van de zoon van de herbergier Père Ganne. Zelfs de mondaine Alfred Stevens, van wie men zei dat hij nooit van zijn leven een boom in het echt had gezien, was een regelmatige gast in de herberg van Ganne.

Ook in België zelf begonnen zich kunstenaarskolonies te formeren, waarbij de studie naar de natuur hoog in het vaandel stond. Het belangrijkste voorbeeld was de School van Tervuren. De centrale figuur in dit gezelschap was Hippolyte Boulenger. Bij zijn deelname aan de Brusselse Salon van 1866 liet hij zich in de catalogus nadrukkelijk vermelden als *élève de l'école de Tervuren*. Hoewel het niet zeker is of Boulenger zelf ooit in Barbizon was, is de invloed van het werk van Jules Dupré en Diaz in zijn enigszins somber kleurgebruik onmiskenbaar (AFB. 49 en 50). Tervuren was vooral een begrip voor kunstenaars uit Brussel, maar ook in de omgeving van Antwerpen en Gent ontstonden kunstenaarskolonies, zoals Kalmthout en Dendermonde. De School van Kalmthout werd vooral geassocieerd met kunstenaars als Florent Crabeels, Jacques Rousseels, Isidore Meyers en Théodore Verstraete; de School van Dendermonde was in zekere zin een voortzetting van de School van Kalmthout, met Rousseels en Meyers als centrale figuren. De doorwerking van de School van Barbizon bleef zichtbaar in het werk van latere landschapsschilders als Franz Courtens, Isidore Verheyden en Guillaume Vogels.

In het Noorden was Oosterbeek uitgegroeid tot het 'Nederlandse Barbizon', zoals het wel genoemd werd. Gerard Bilders trok op met leeftijdgenoten als Mauve en de gebroeders Maris. Ook Willem Roelofs en Gabriël kwamen naar Oosterbeek, evenals Israëls, bij zijn terugkeer uit Düsseldorf. De vriendschappen die hier gesloten werden, zouden later een van de samenbindende elementen van de Haagse School worden.

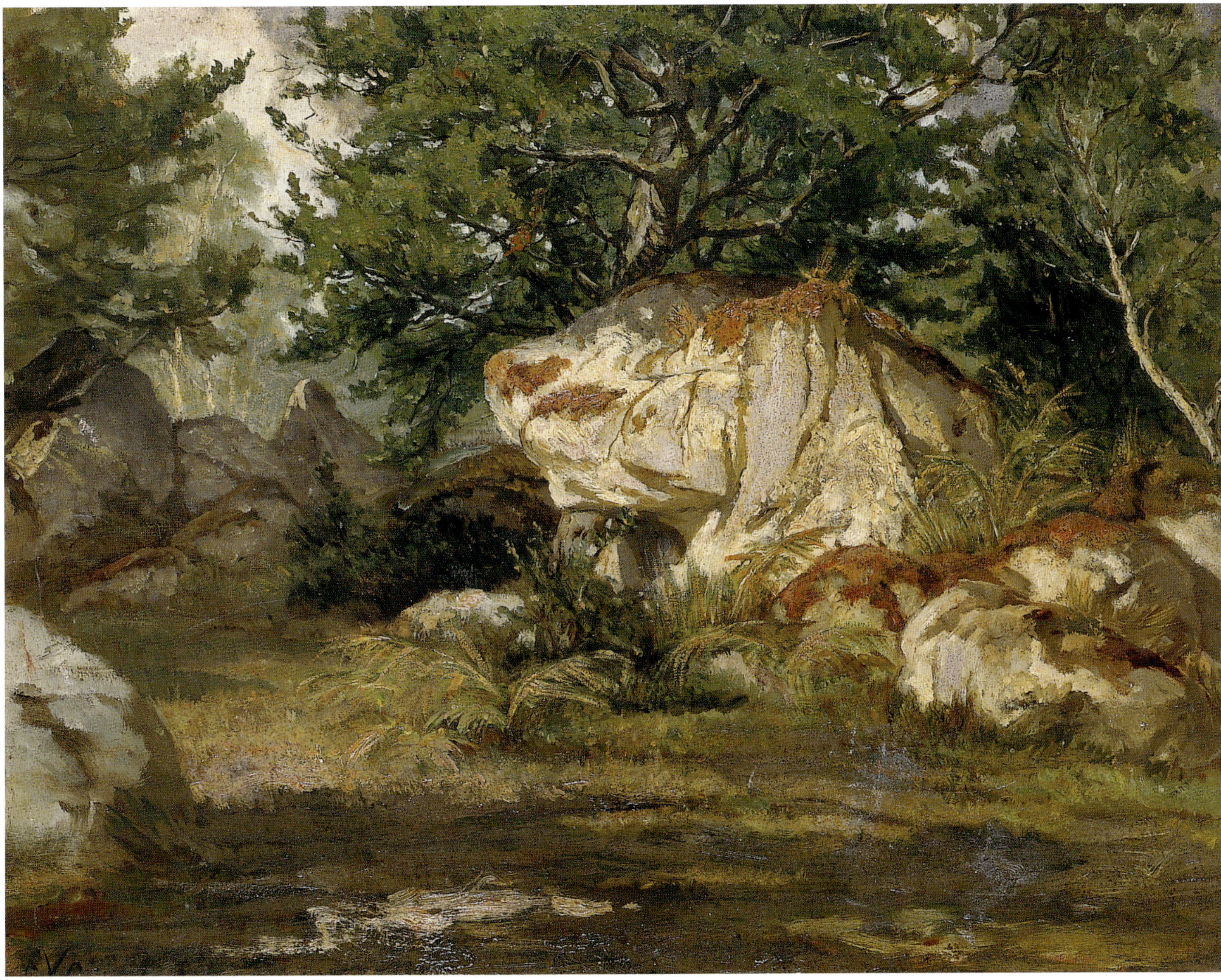

AFB. 48 – Camille van Camp, *Woud van Fontainebleau, de rots van Cabat*, 1859. Olieverf op doek, 37,5 x 45,4 cm. Brussel, Koninklijke Musea voor Schone Kunsten.

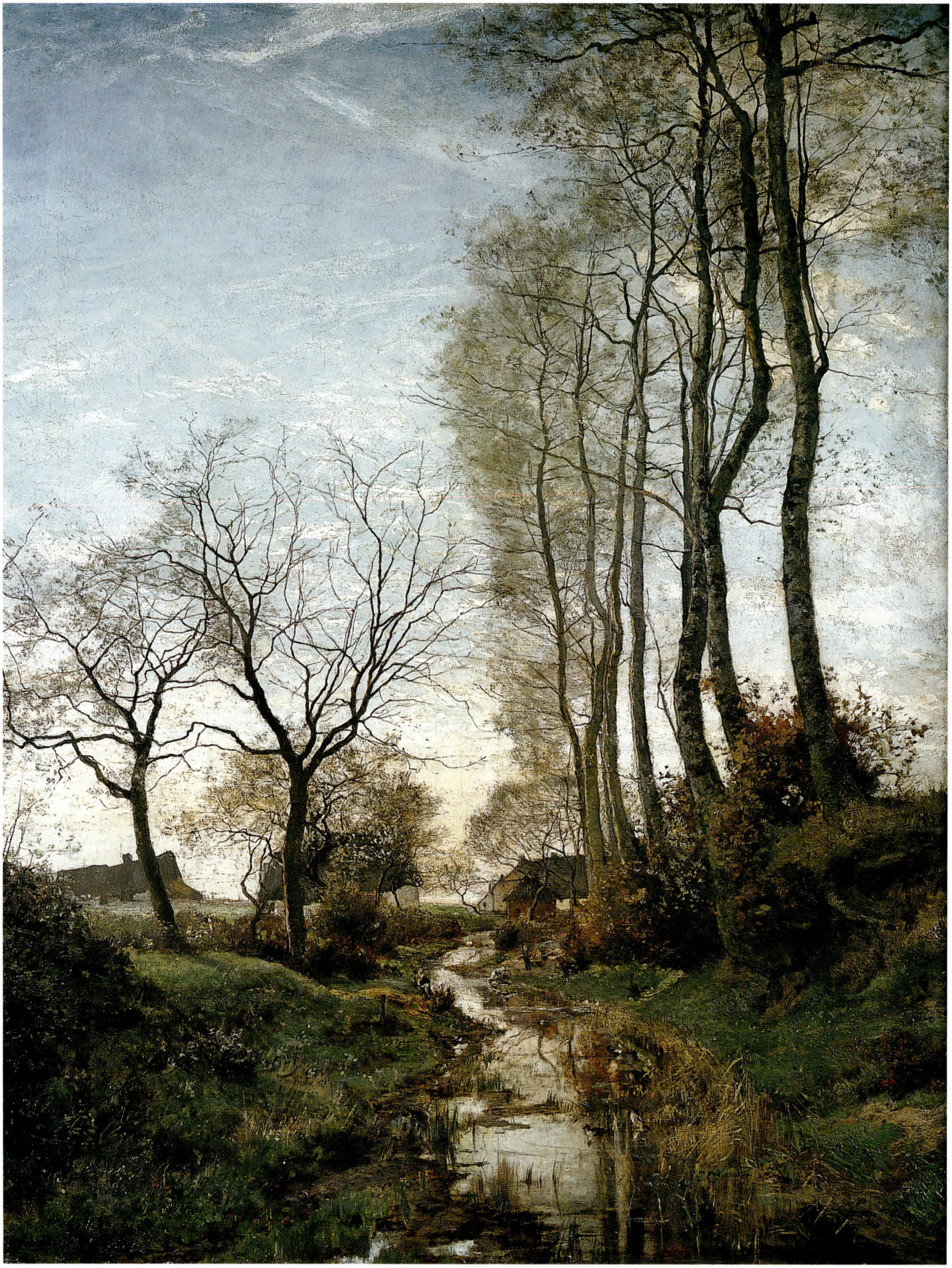

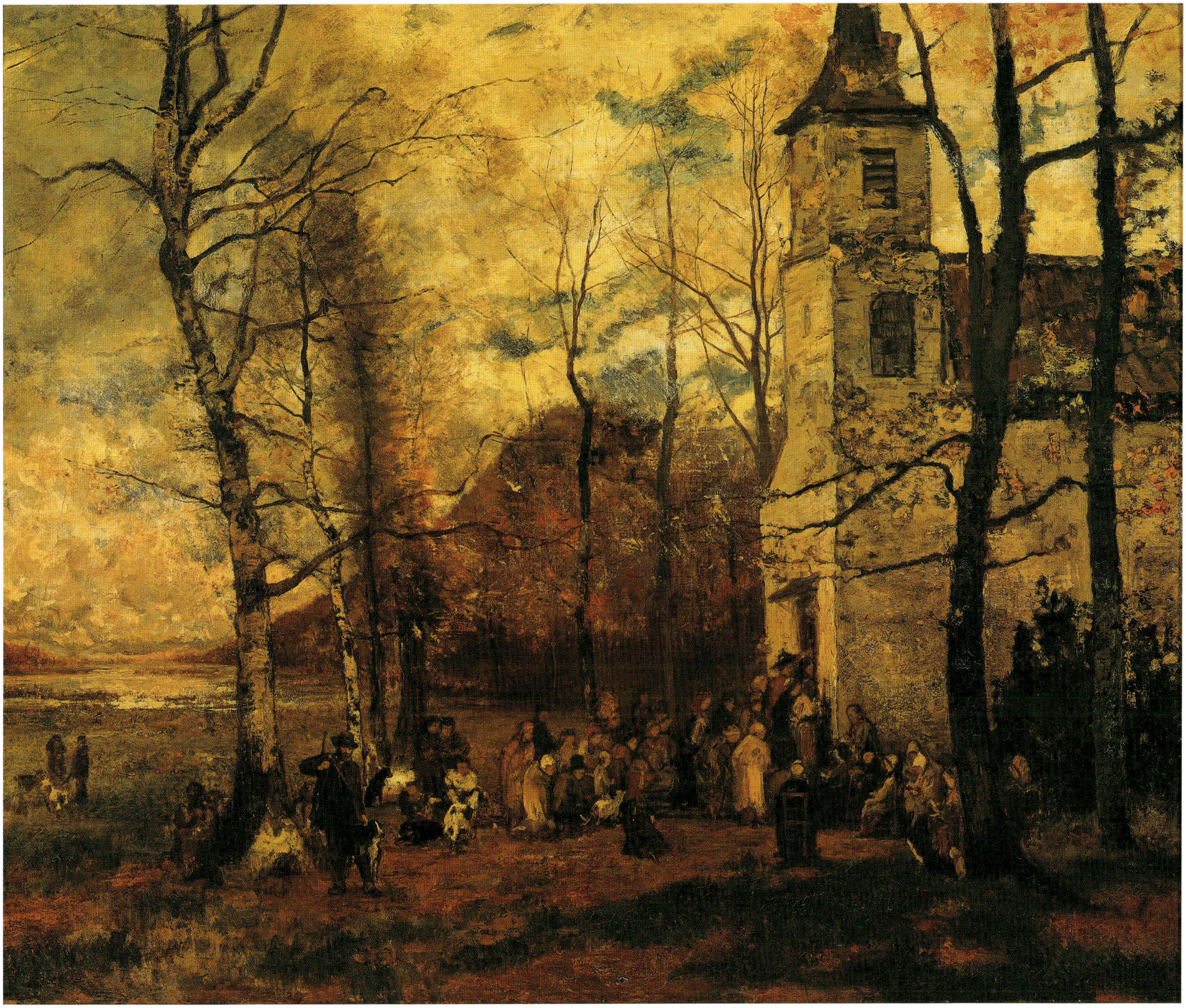

AFB. 49 [pagina 68] – Hippolyte Boulenger, *De Josephat-wetering te Schaerbeek*, 1868. Olieverf op paneel, 110 x 85 cm. Antwerpen, Koninklijk Museum voor Schone Kunsten.

AFB. 50 [boven] – Hippolyte Boulenger, *De Sint Hubertusmis*, 1871. Olieverf op doek, 114 x 134 cm. Brussel, Koninklijke Musea voor Schone Kunsten.

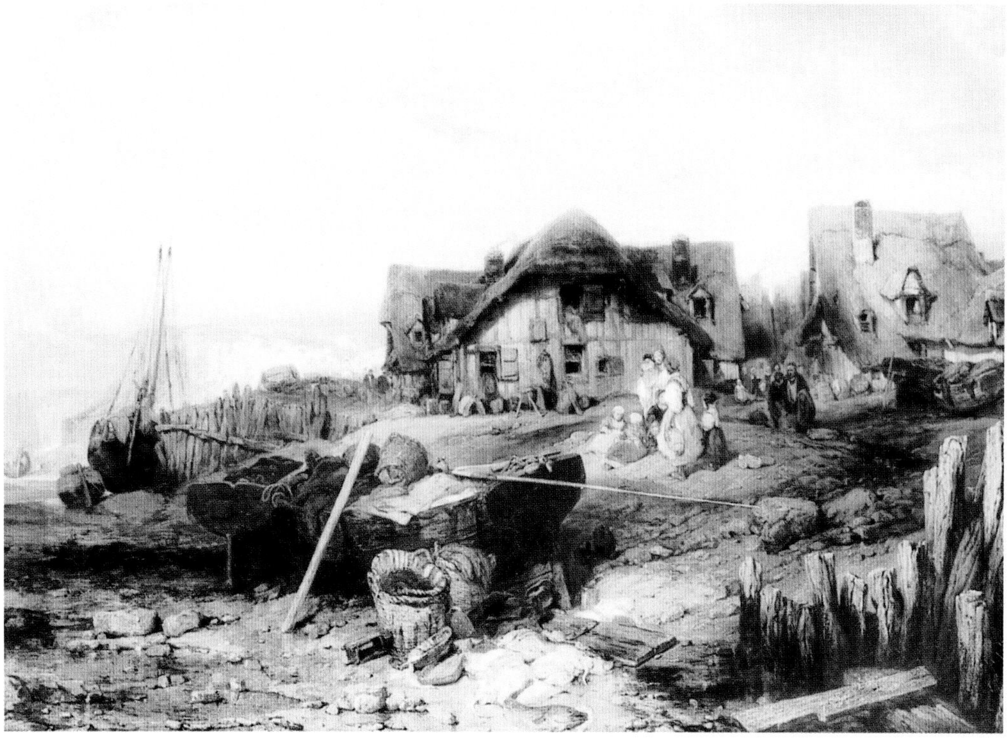

Een kunstenaar die een geheel eigen rol speelde in de vernieuwing van de landschapsschilderkunst was de Nederlandse schilder Johan Barthold Jongkind. Hij bracht een groot deel van zijn loopbaan door in Frankrijk, maar hij sloot zich niet aan bij de werkwijze van de School van Barbizon, ook al was hij bevriend met Théodore Rousseau, Diaz en Troyon.
In zijn jonge jaren was hij leerling geweest van Schelfhout in Den Haag; Schelfhout had ervoor gezorgd dat Jongkind een stipendium kreeg van de Prins van Oranje voor een studieverblijf in Frankrijk. In Parijs had Jongkind zich aangesloten bij de groep romantische landschapsschilders rondom Isabey (AFB. 51). Met Isabey verkende hij de middeleeuwse steden en dorpen langs de kust van Normandië en Bretagne. Het stipendium werd echter na enige tijd beëindigd en Jongkind besloot zijn carrière in Nederland voort te zetten. Zijn Parijse vrienden haalden hem echter na enige jaren over om terug te keren naar Frankrijk.

Jongkind ontplooide een eigen stijl van werken in de jaren zestig, toen hij met name tekende en schilderde in de omgeving van Honfleur en Le Havre. Hij raakte bevriend met Boudin en met de jonge Claude Monet. Men sprak zelfs wel van de School van Saint Siméon, naar de Ferme Saint Siméon, een herberg even buiten Honfleur, waar schrijvers en schilders elkaar troffen. De snelle notities die Jongkind in zijn schetsboeken vastlegde, leken zich ook te vertalen in zijn olieverfschilderijen. Zijn haven- en kustgezichten wekten de indruk alsof de schilder de effecten van licht en lucht in een hoog tempo had vastgelegd, als om de natuur te 'betrappen' (AFB. 52). Vanzelfsprekend bracht deze nieuwe methode van schilderen veel conservatieve critici en met name ook de jury van de Parijse Salon ertoe Jongkinds werk te veroordelen. Trots maakte Jongkind dan ook deel uit van de Salon des refusés in 1863.

Monet en de impressionisten beschouwden Jongkind als een voorloper; vooral Monet bleef Jongkind dankbaar voor de goede aanwijzingen die hij aan het begin van zijn loopbaan van hem had ontvangen. Baudelaire bewonderde de moderniteit van zijn etsen en Zola prees Jongkind om zijn originaliteit. Hoewel Jongkind zich in Frankrijk aansloot bij de avant-garde, bleven zijn contacten in Nederland hoofdzakelijk beperkt tot Schelfhout, zijn oude leermeester, en Charles Rochussen, een oude studievriend. Pas vele jaren na zijn dood zag men in Nederland in welke grote betekenis Jongkind had voor de ontwikkeling van het landschap in de Europese kunst van de negentiende eeuw.

AFB. 51 - Eugène Isabey, *Plage à marée basse*, 1832.
Olieverf op doek, 124 x 168 cm. Parijs, Musée du Louvre.

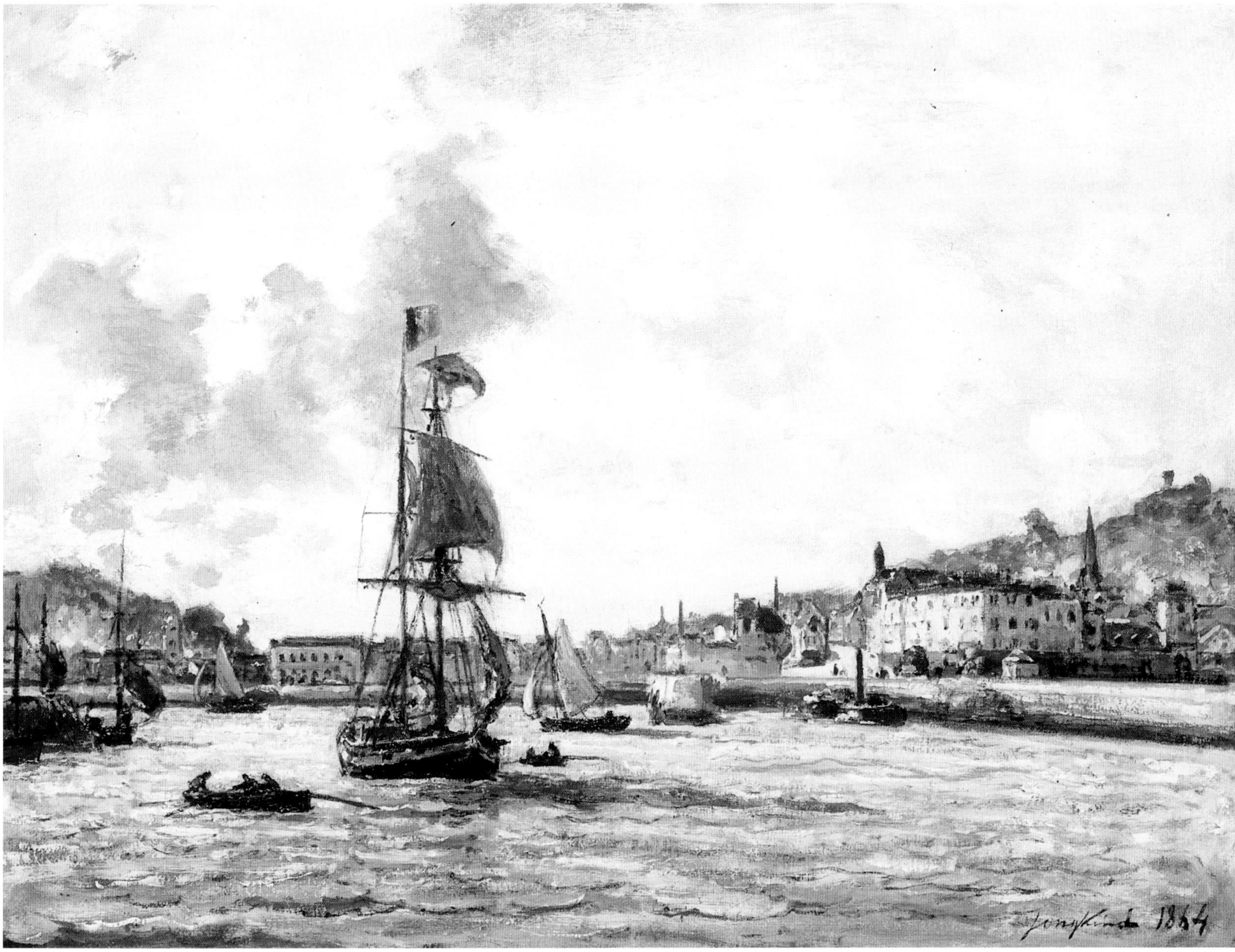

AFB. 52 – Johan Barthold Jongkind, *Haveningang van Honfieur*, 1864. Olieverf op doek, 42,2 x 56,2 cm. Chicago, Art Institute of Chicago.

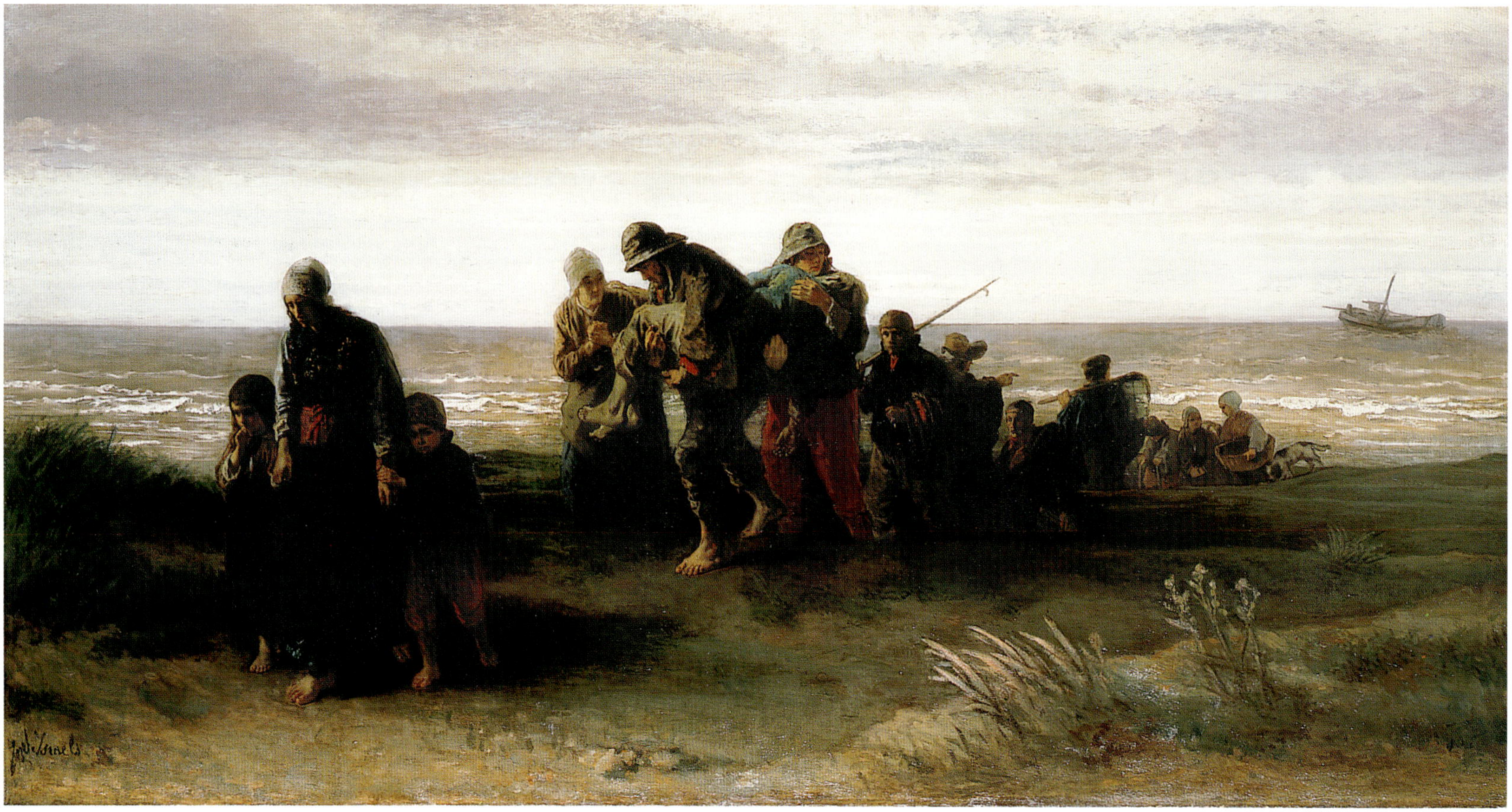

AFB. 53 – Jozef Israëls, *De verdronken visser*, ca 1861.
Olieverf op doek, 129 x 244 cm. Londen, The National Gallery.

HOOFDSTUK 4

Realisme in Nederland en België

De kunstcriticus van *The Times* schreef op 27 augustus 1862 naar aanleiding van Jozef Israëls' inzending *Fishermen carrying a drowned man* (AFB. 53) op de International Exhibition in Londen in datzelfde jaar: 'Het is nergens mee te vergelijken, zowel in de werkwijze, die meer Frans dan Nederlands aandoet, als in verbeeldingskracht [...]. Het schilderij stelt een somber strand voor, waar een groep vissers het lichaam van een verdronken kameraad dragen uit de zee, met nog steeds een woeste branding onder een hemel die nog zwaar is van flarden grijze onweerswolken tegen een bleek waterig blauw. Voor het lijk uit loopt de weduwe in een blinde, sprakeloze smart zonder tranen, terwijl ze haar twee verweesde kinderen de weg wijst, getroffen door angst bij het zien van het stilzwijgende leed van hun moeder. Het is niet mogelijk meer sentiment in een schilderij te leggen dan de schilder hier heeft gedaan. Het is allemaal in de juiste toonaard gehouden. Er spreekt een gevoel van smart en sympathie uit in de richting van de beschouwer; niemand kan er onbewogen naar kijken.'

Uit deze beschrijving van *The drowned fisherman*, zoals het schilderij ook wel bekend is, blijkt hoe emotioneel en romantisch dergelijke voorstellingen werden ervaren, ook al maakten ze deel uit van het realisme. Het schilderij, dat gold als '*the most touching picture of the whole exhibition*' betekende het begin van Israëls' internationale carrière.

De eerste stap op het pad van het realisme had Israëls al gezet in 1856 met zijn monumentale schilderij *Langs moeders graf* (AFB. 54). Het grote formaat, dat toen meestal gereserveerd was voor historiestukken, was nu toegepast op een realistische genrevoorstelling van een visser, die zijn beide kinderen door de duinen voert, langs het graf van hun moeder. Dat vissersvrouwen doorgaans niet zomaar in de duinen begraven werden, maakte het schilderij voor de negentiende-eeuwse beschouwer niet minder 'realistisch'.

Het realisme beoogde vooral het leven van de arbeiders, boeren en vissers in beeld te brengen, dit in tegenstelling tot de voorkeur van historieschilders voor verheven en heroïsche figuren uit de bijbel, de mythologie of de vaderlandse geschiedenis. Het vissersgenre was overigens geen uitvinding van Israëls zelf. Hij was er waarschijnlijk mee in aanraking gekomen tijdens zijn studieverblijf in Düsseldorf, eind 1850 tot begin 1851, via het werk van Rudolf Jordan, die reeds in 1844 de schilderachtige motieven van Zandvoort en Katwijk had ontdekt. De compositie van Jordans *Unverhofftes wiedersehen* uit 1840 en Israëls' *Langs moeders graf* is zeer verwant. De thematiek van Jordan, die een van de centrale figuren van de Düsseldorfer Schule was, is eveneens zeer overeenkomstig met die van Israëls, met titels als *Tod des Lotsen*, *Das Begräbnis des alten Seemans* en *Alle Boote kehrten zurück, nur eines fehlte*. In de keuze van zijn titels was ook Israëls zich bewust van het belang van het sentiment van de beschouwer en de kunstverzamelaar; zijn werken droegen benamingen als *Smart*, *Levensavond*, *Als men oud wordt*, *Kinderen der zee* en *De dag voor het scheiden*.

Israëls wist in zijn schilderijen een unieke synthese te vinden tussen het realisme van Courbet, zoals dat te zien was in diens *Steenkloppers* en *Begrafenis te Ornans*, de boerenscènes van Jean-François Millet uit Barbizon (AFB. 55) en het victoriaanse realisme van schilders en illustratoren als Richard Redgrave en G.F. Watts. Israëls was een man met een brede oriëntatie, zowel artistiek als literair, en hij wist voortreffelijk in te spelen op de smaak en de voorkeur van zijn tijdgenoten (AFB. 56 en 57).

In de negentiende eeuw had de term 'realisme' met betrekking tot de schilderkunst aanvankelijk een negatieve bijsmaak. De weergave van de alledaagse werkelijkheid werd gezien als een artistieke tekortkoming. De schilder Courbet en de schrijver Champfleury gaven de term 'realisme' een nieuwe, positieve betekenis. Courbet veroorzaakte rondom zijn geruchtmakende *Pavillon du Réalisme* tijdens de Wereldtentoonstelling in Parijs in 1855 zoveel publiciteit dat hij door velen als de profeet van het realisme werd gezien. In Nederland zou het nog vele jaren duren eer het begrip 'realisme' een positieve klank kreeg.

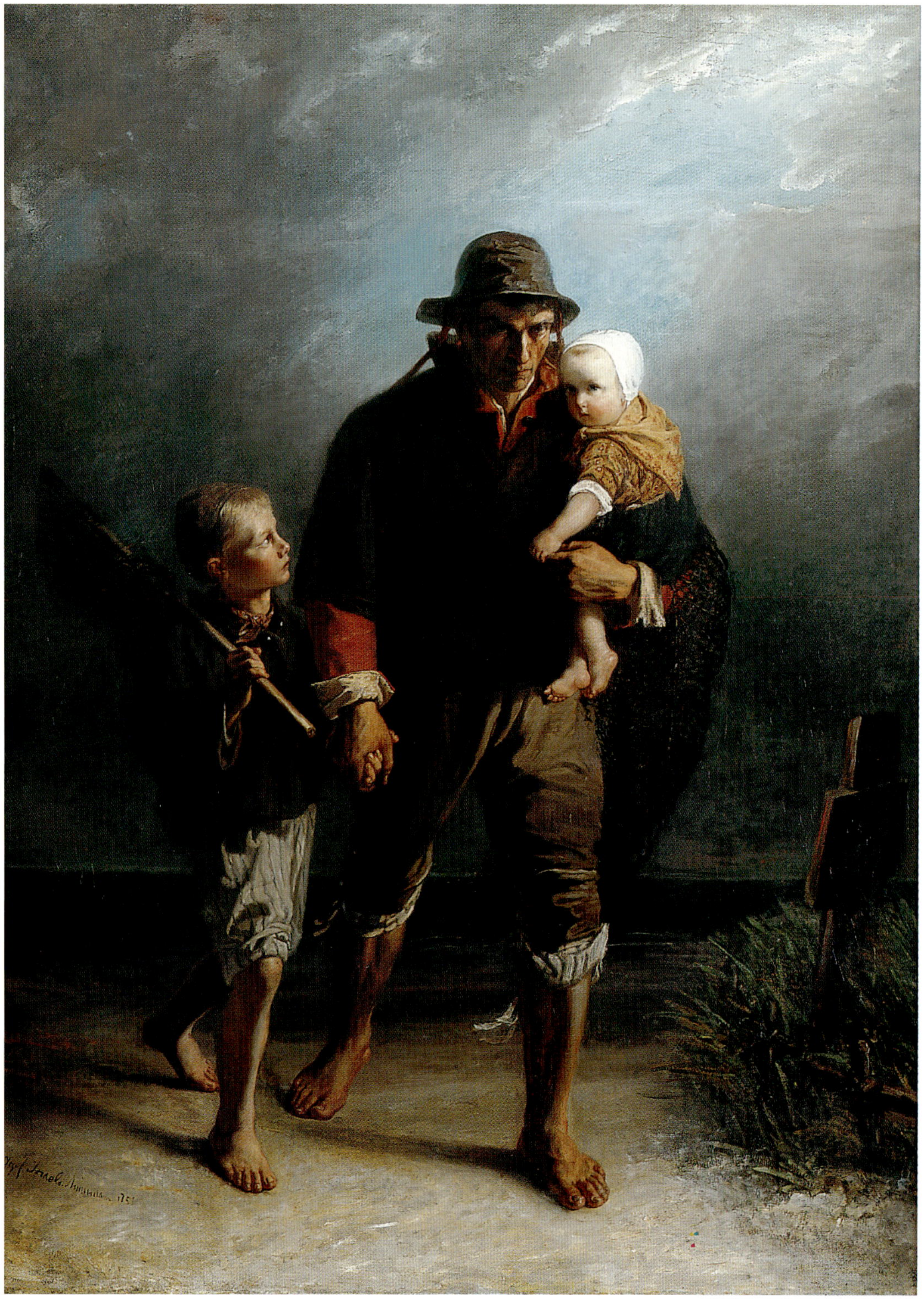

AFB. 54 – Jozef Israëls, *Langs moeders graf*, 1856. Olieverf op doek, 244 x 178 cm. Amsterdam, Stedelijk Museum.

Veel gezaghebbende kunstcritici waren van mening dat realisme gelijkstond aan 'gebrek aan ideaal'. Nu is de term zo ingeburgerd dat het nauwelijks meer voorstelbaar is dat er ooit een tijd was dat hij niet bestond.

In België was het realisme in de Franse schilderkunst aanleiding tot felle discussies. Sommigen beschuldigden Millet van de uiterste vulgariteit, anderen bestempelden hem tot 'een robuust schilderstemperament'. Een conservatief criticus meende reeds in 1863: 'Het Realisme sterft, het Realisme is dood.' Zo eenvoudig lagen de zaken echter niet. Het realisme kreeg in België vaste grond onder de voeten bij de oprichting van de Société Libre des Beaux-Arts in Brussel in 1868. Het initiatief kwam onder anderen van Louis Dubois, die gold als een voorvechter van het werk en de opvattingen van Courbet. Bij de oprichting van de Société Libre werd Courbet aangezocht als erelid, samen met Corot, Millet, Honoré Daumier en Charles Daubigny. Dubois verdedigde het realisme ook in het tijdschrift *L'Art libre*, dat in 1871 werd gelanceerd. Tot de groep van avant-gardekunstenaars van de Société Libre behoorden Constantin Meunier, Félicien Rops, Edouard Huberti (AFB. 58), Charles Degroux (AFB. 60), Camille van Camp, Louis Artan (AFB. 59) en Alfred Verwée. Ook de Nederlander Willem Roelofs, die zoals gezegd sedert 1848 in Brussel woonde, sloot zich aan bij de Société Libre des Beaux-Arts.

Naast het nieuwe realistische genre bestond ook een genreschilderkunst waarin de Romantiek nog een duidelijke boventoon voerde (AFB. 63). We zagen al dat de Romantiek in België een lange adem had. Nadat de hoogtijdagen van de historieschilderkunst waren vervlogen, zette de Romantiek zich in wat minder uitbundige vorm voort in het genre. Een meester op dit terrein was Henri Leys, die wel werd aangeduid als een 'realistische romanticus'. In tegenstelling tot het pathetische gebaar van Antoine Wiertz schilderde Leys introverte historische scènes, die vaker een stemming weergaven dan een duidelijk afleesbare anekdote of een grote gebeurtenis uit de geschiedenis. Leys had vooral veel studie gemaakt van oude Duitse meesters als Holbein, Dürer en Cranach,

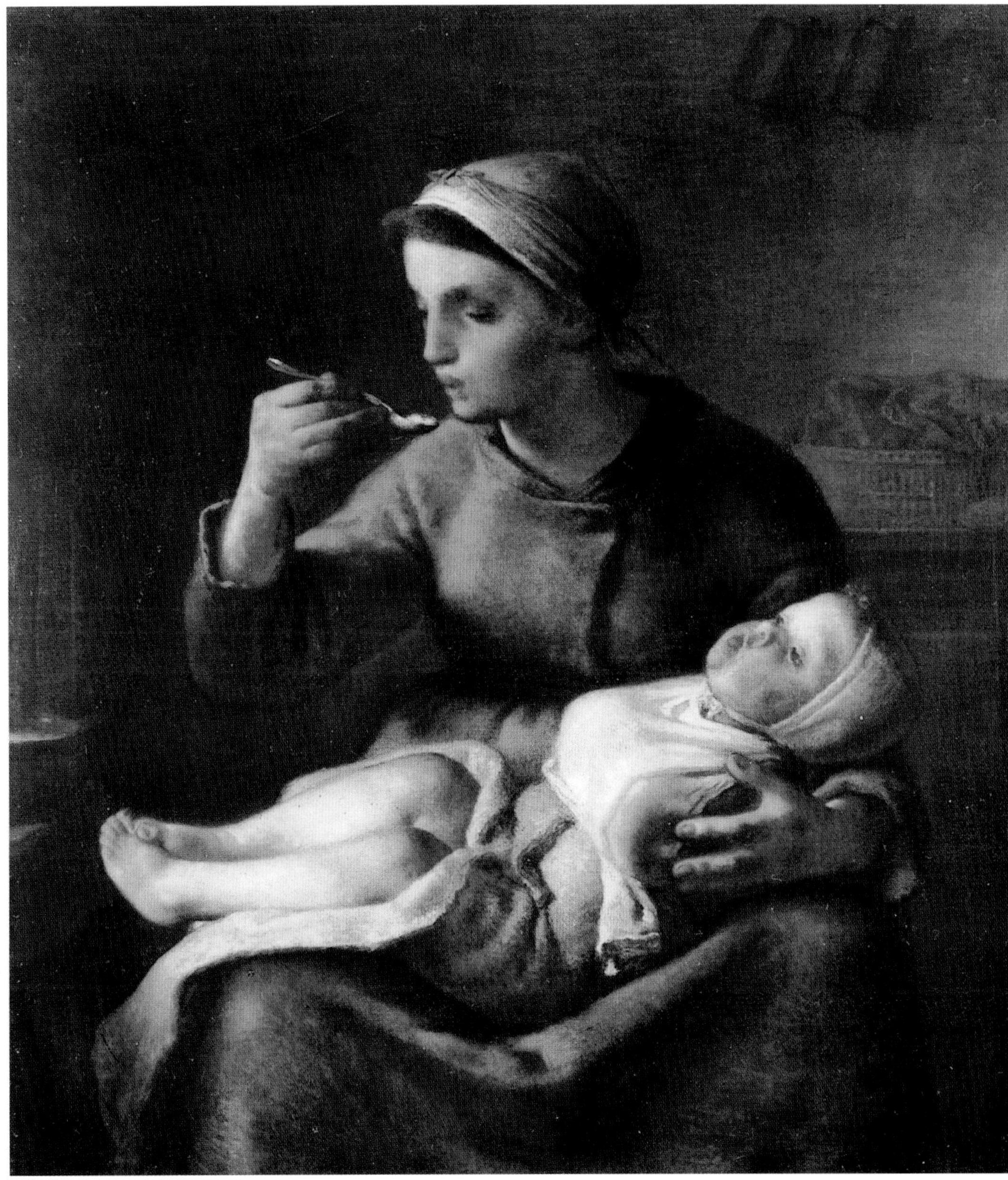

AFB. 55 [boven] – Jean-François Millet, *La bouillie*, 1860. Olieverf op doek, 114 x 99 cm. Marseille, Musée des Beaux-Arts.

AFB. 56 [pagina 76] – Jozef Israëls, *The Cottage Madonna*, 1867. Olieverf op doek, 134,6 x 99,7 cm. Detroit, The Detroit Institute of Arts.

AFB. 57 [pagina 77] – Jozef Israëls, *The Cottage Madonna* (detail van AFB. 56), 1867. Olieverf op doek, 134,6 x 99,7 cm. Detroit, The Detroit Institute of Arts.

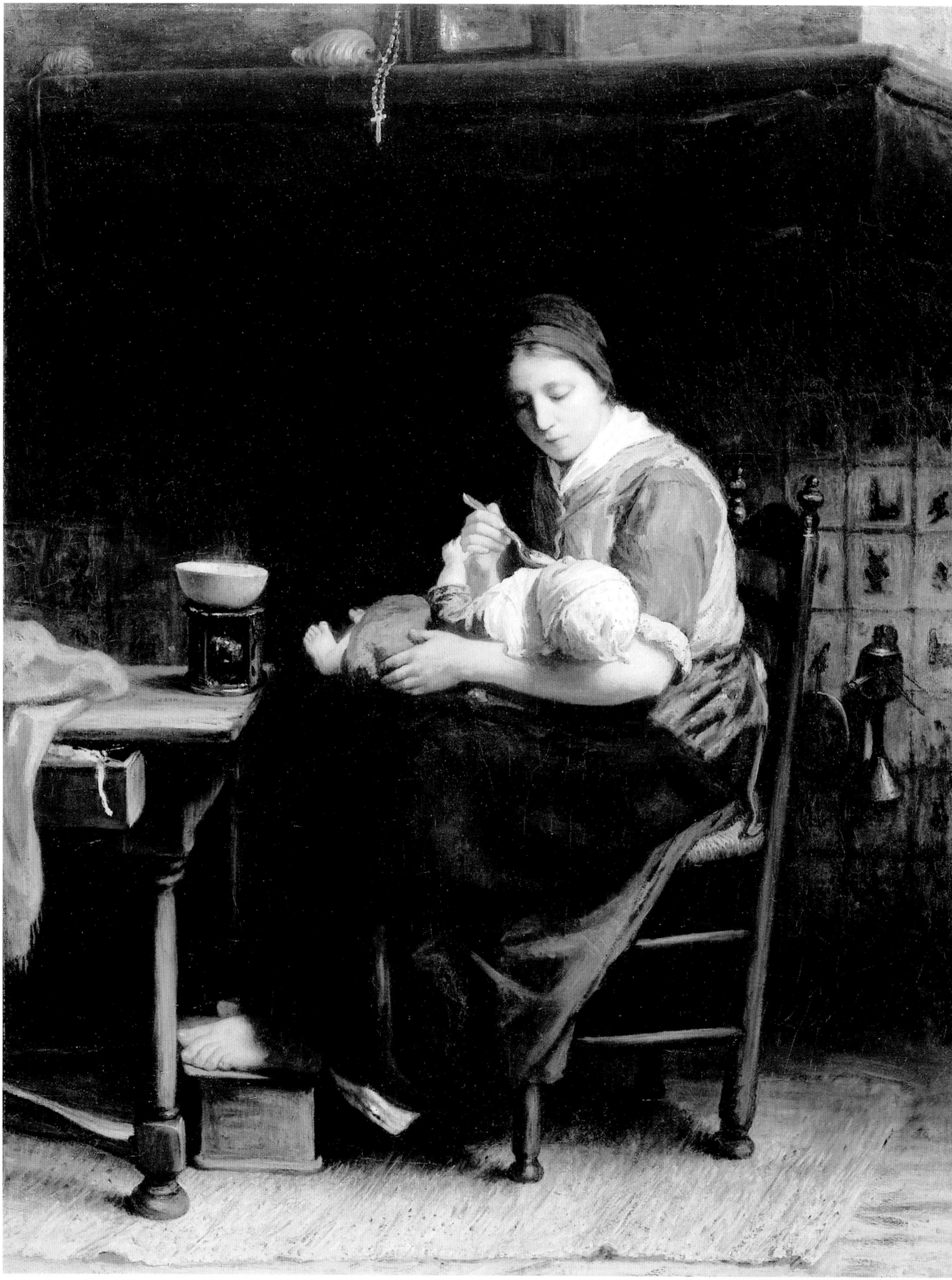

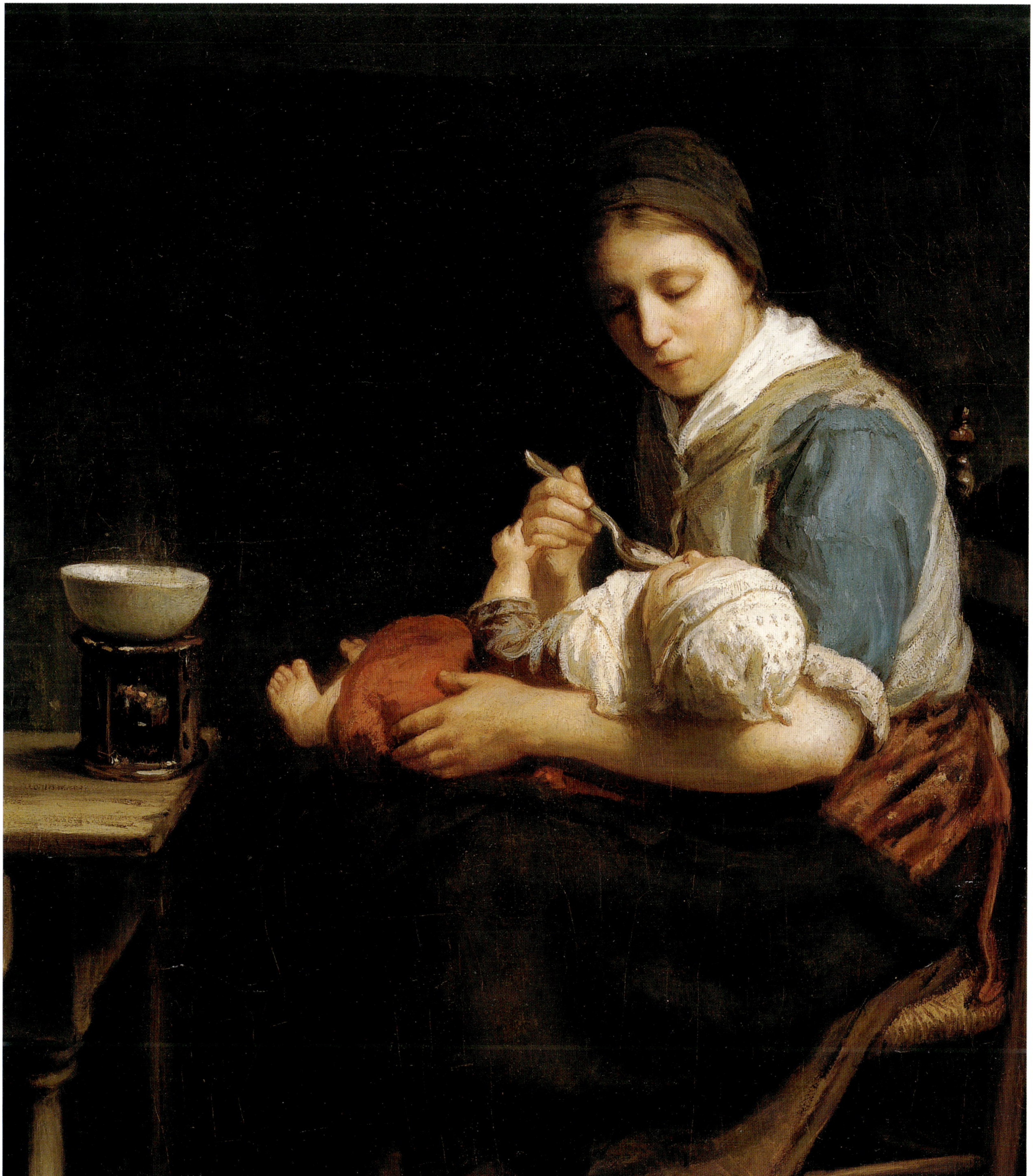

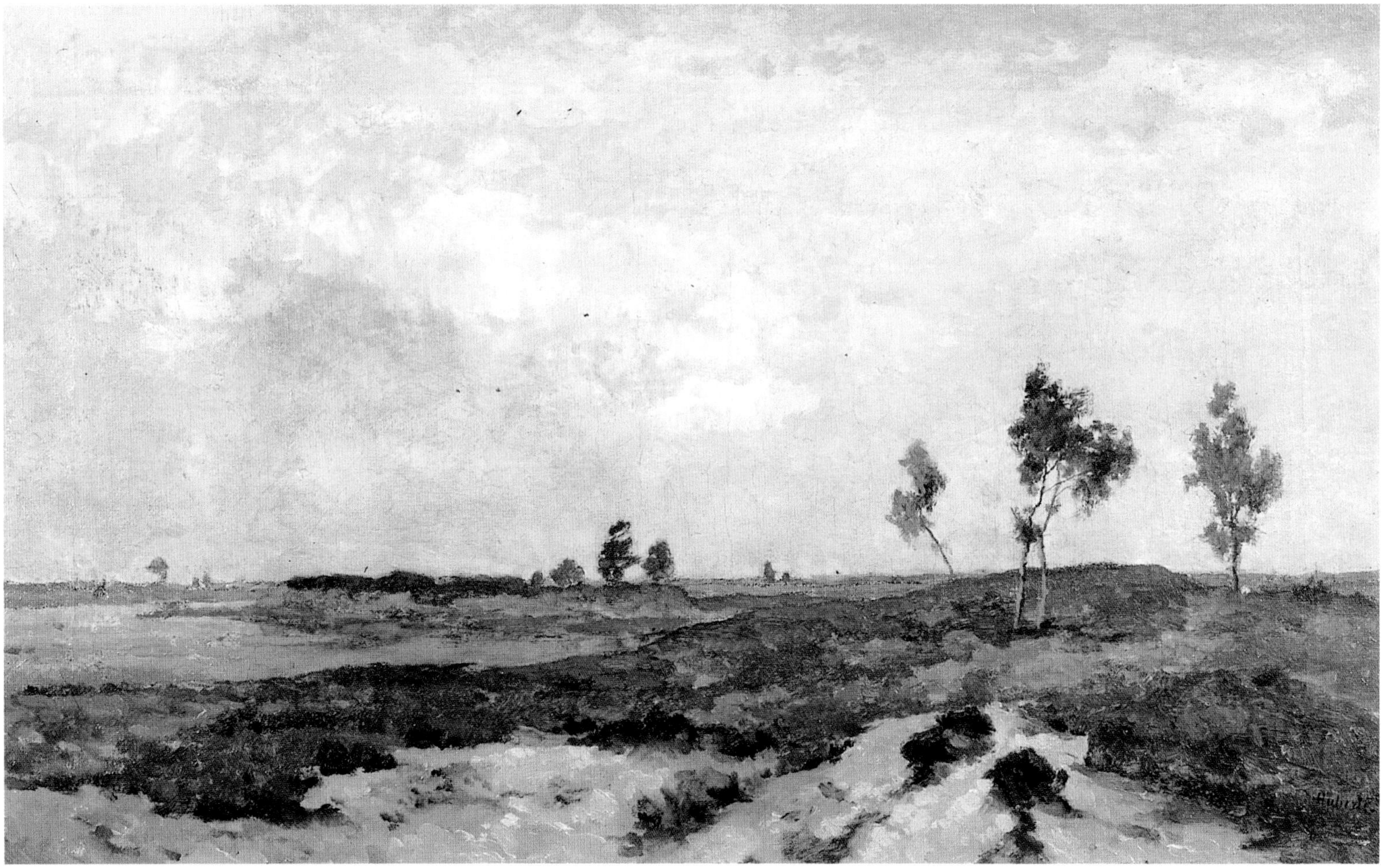

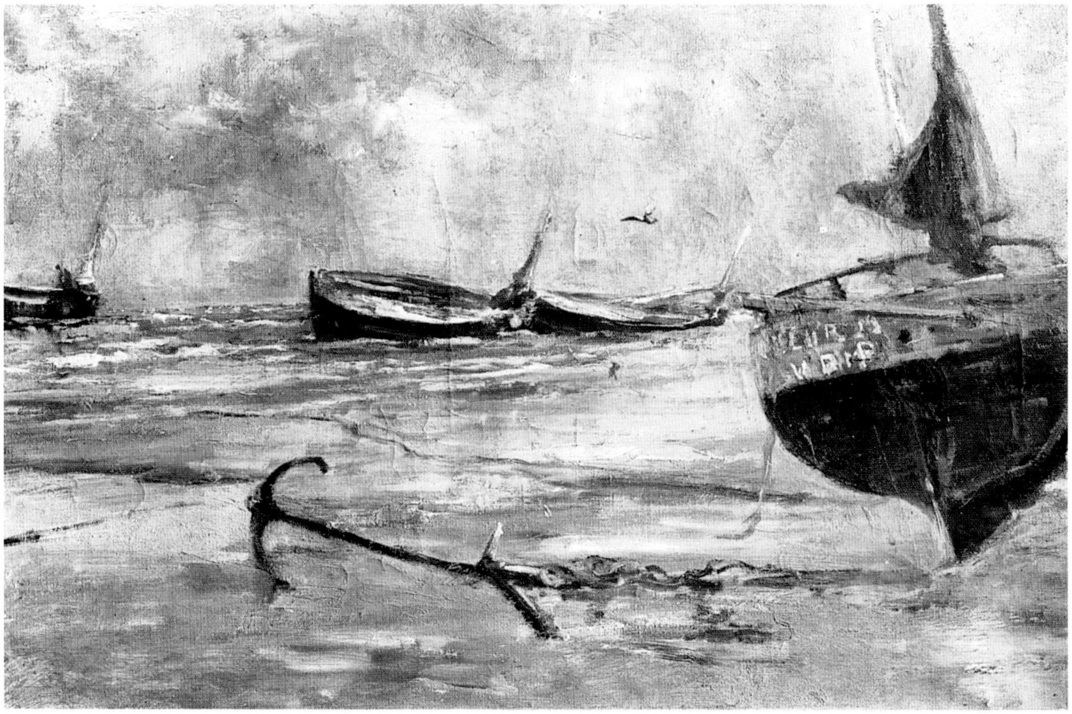

AFB. 58 [boven] – Edouard Huberti, *Landschap in de Kempen*. Olieverf op doek, 35 x 56 cm. Brussel, Koninklijke Musea voor Schone Kunsten.

AFB. 59 [onder] – Louis Artan, *Na de visvangst*. Olieverf op paneel, 50 x 74 cm. Antwerpen, Koninklijk Museum voor Schone Kunsten.

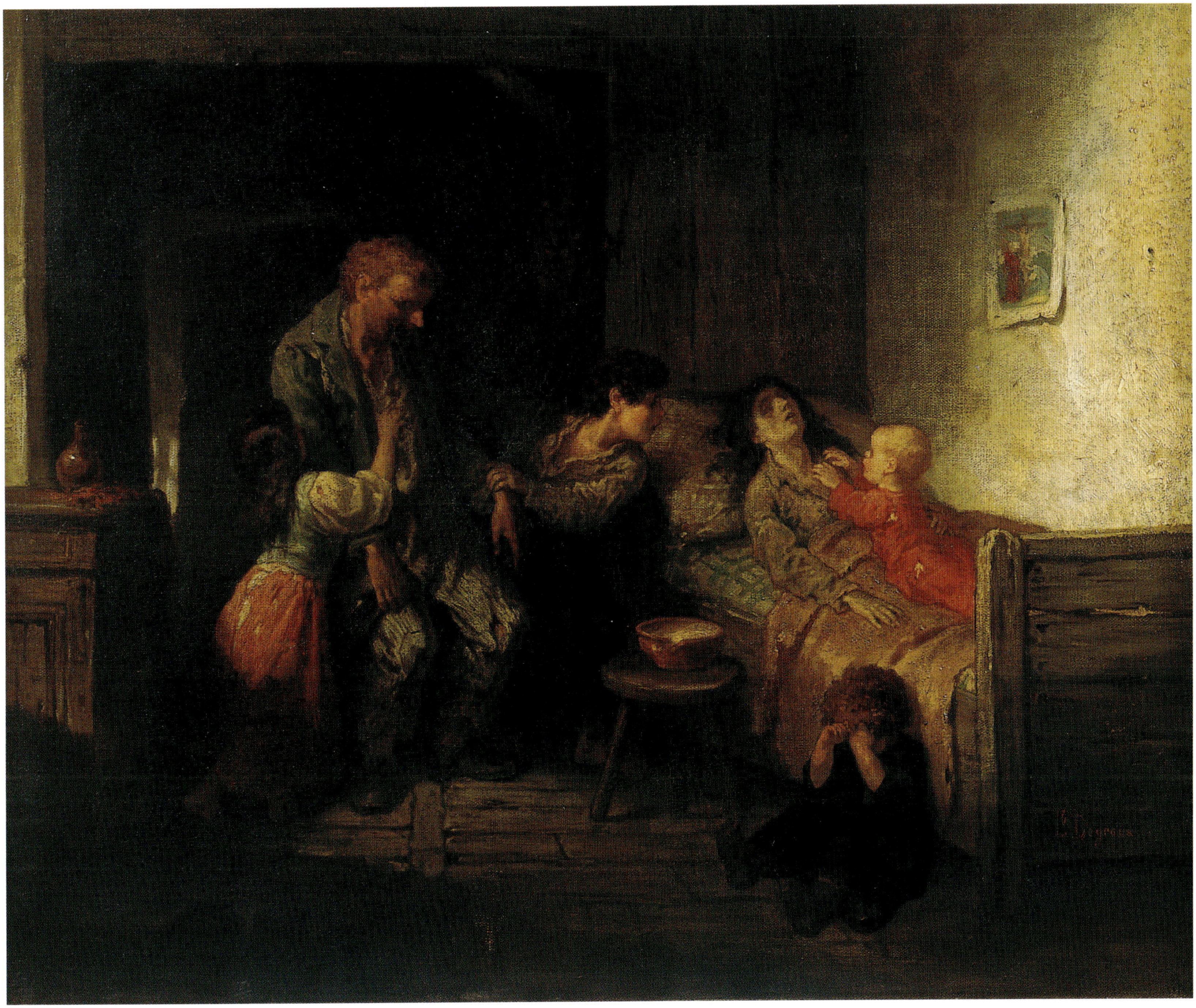

AFB. 60 – Charles Degroux, *De dronkaard*, 1853, Olieverf op doek, 68 x 80 cm. Brussel, Koninklijke Musea voor Schone Kunsten.

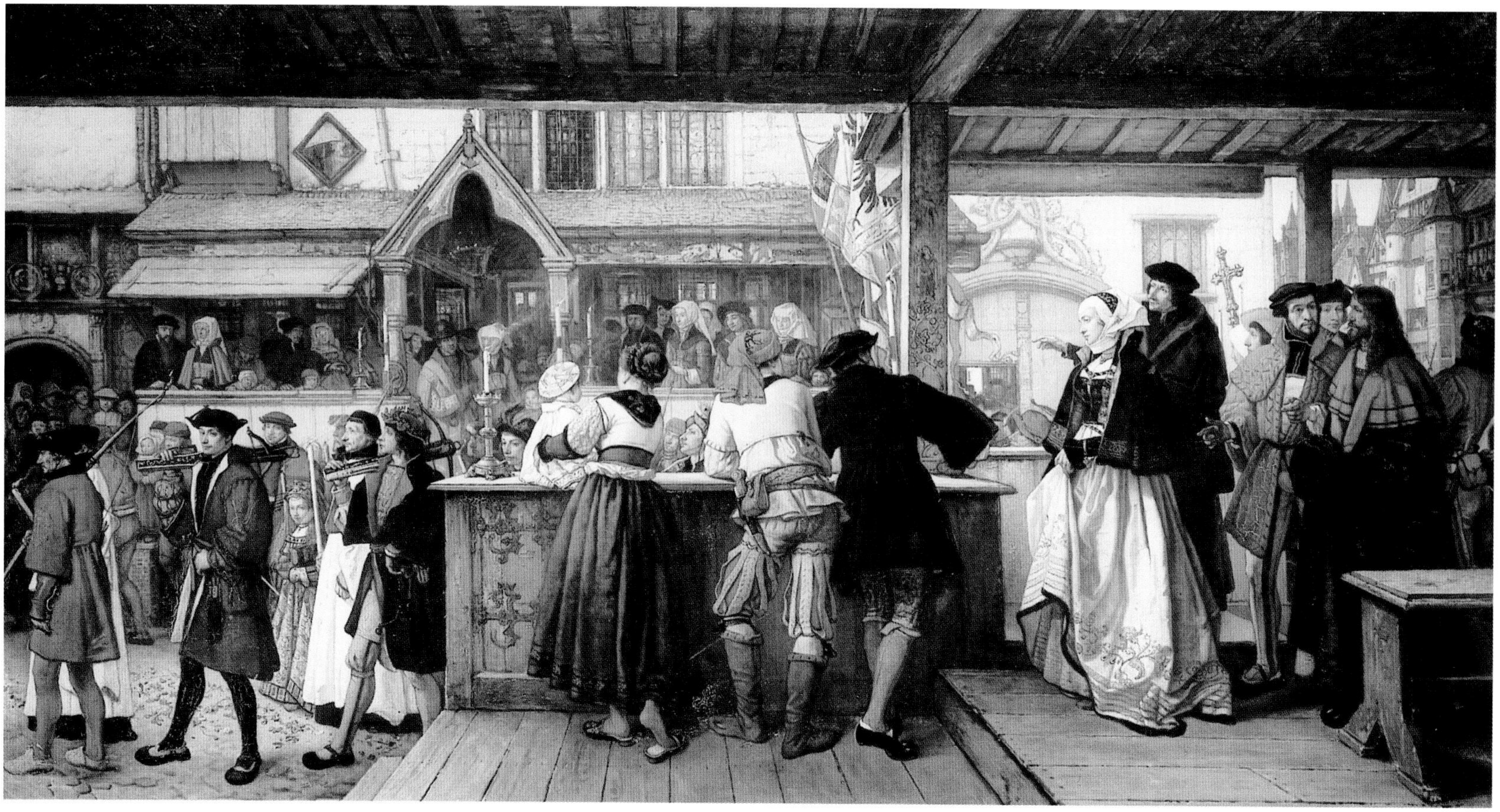

AFB. 61 [boven] – Henri Leys, *Bezoek van Dürer aan Antwerpen*, 1855. Olieverf op paneel, 90 x 160 cm. Antwerpen, Koninklijk Museum voor Schone Kunsten.

AFB. 62 [pagina 81] – Henri Leys, *Bezoek van Dürer aan Antwerpen* (detail van AFB. 64), 1855. Olieverf op paneel, 90 x 160 cm. Antwerpen, Koninklijk Museum voor Schone Kunsten.

en van de Vlaamse Primitieven (AFB. 61 en 62). Zijn ruimtelijke weergave was hierop geïnspireerd, waardoor de voorstelling dikwijls iets decoratiefs (als van een wandschildering of een wandtapijt) krijgt. Fraai is de materiaaluitdrukking bij Leys; met grote virtuositeit schildert hij zijden stoffen of goudleerbehang. De historische kostuums zijn met zorg weergegeven, de portretten van historische figuren verantwoord en herkenbaar, zoals van Filips de Goede, Maria van Bourgondië en Filips de Schone (AFB. 64).

Henri de Braekeleer, een neef van Leys, zette deze lijn voort, in een stijl waarin stofuitdrukking en vakbeheersing soms zozeer de aandacht opeisen dat de beoogde sfeertekening erdoor wordt belemmerd. Het spel met licht en schaduw is echter subliem; vaak bereikt De Braekeleer in zijn interieurstukken een gouden glans waarvan hij alleen het geheim kende. Voorwerpen zijn soms belangrijker dan de figuren, die zich dikwijls afwenden van de beschouwer. De Braekeleer was bij uitstek een schilder met een oog voor 'het zwijgende leven der dingen' (AFB. 65, 66 en 67).

Leys en De Braekeleer bepaalden het genre in Antwerpen, terwijl Adolphe Madou in Brussel in dit opzicht de boventoon voerde. Na een lange carrière als illustrator en lithograaf maakte Madou in 1851 furore met zijn *Fête au château* op de Salon van Brussel. Zijn humoristische of moraliserende genrestukken hadden veel succes bij verzamelaars. Soms schilderde hij zijn figuren in achttiende-eeuwse kostuums, in een stijl die veel overeenkomst vertoonde met de gevierde Franse genreschilder Ernest Meissonier, en soms schilderde hij interieurscènes in Oudhollandse stijl, in een parafrase op Jan Steen of Pieter de Hooch. Madou had een voorkeur voor de uitbeelding van vrolijke gezelschappen in boerenherbergen of bij een uitbundige maaltijd (AFB. 68). Bijzonder geliefd waren de portretten en genrestukken van Florent Willems, zoals *De opschik van de bruid* (AFB. 69). Hij werd door zijn bewonderaars wel 'de moderne Terborch' genoemd, vanwege zijn virtuoze schildertechniek.

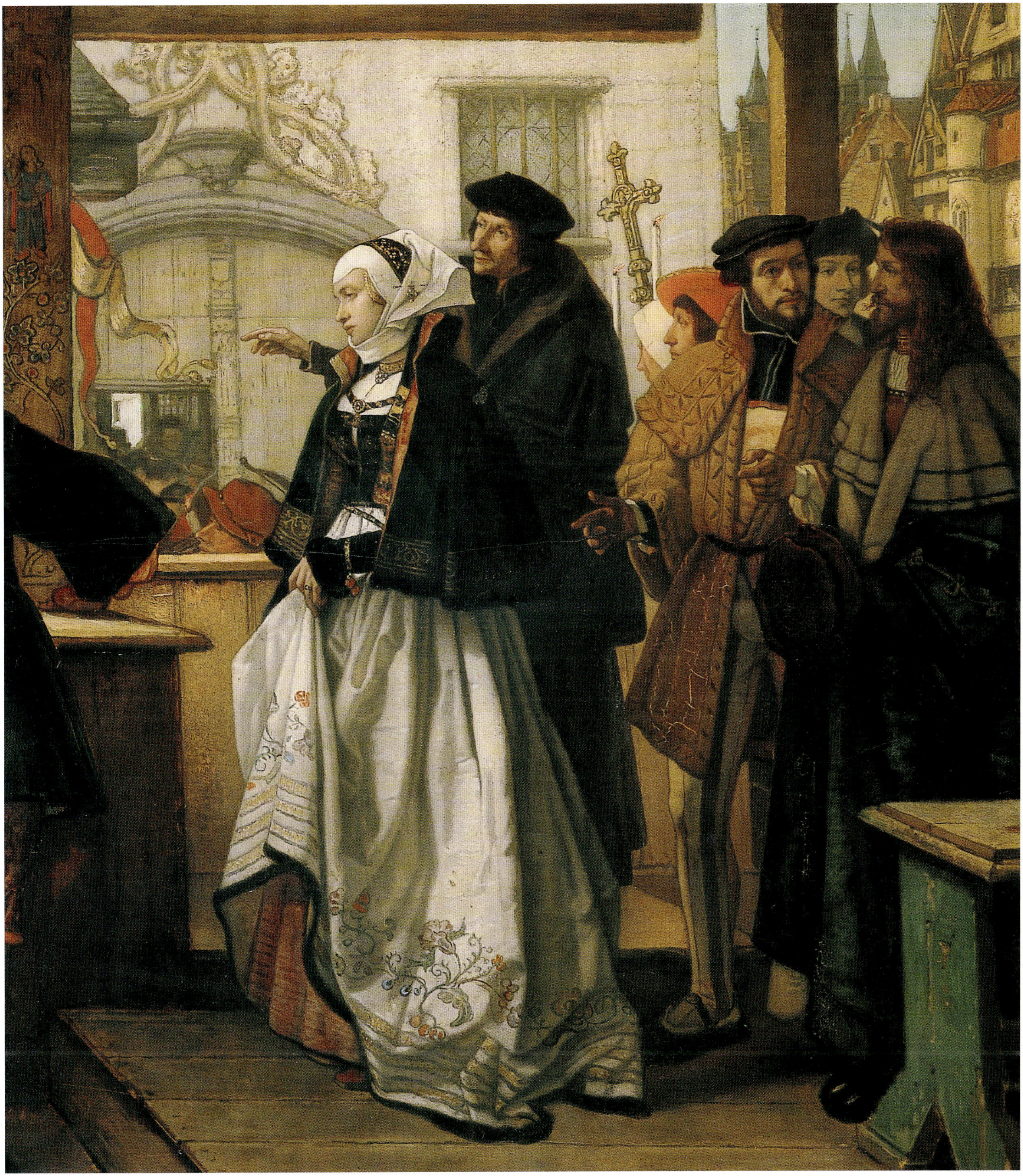

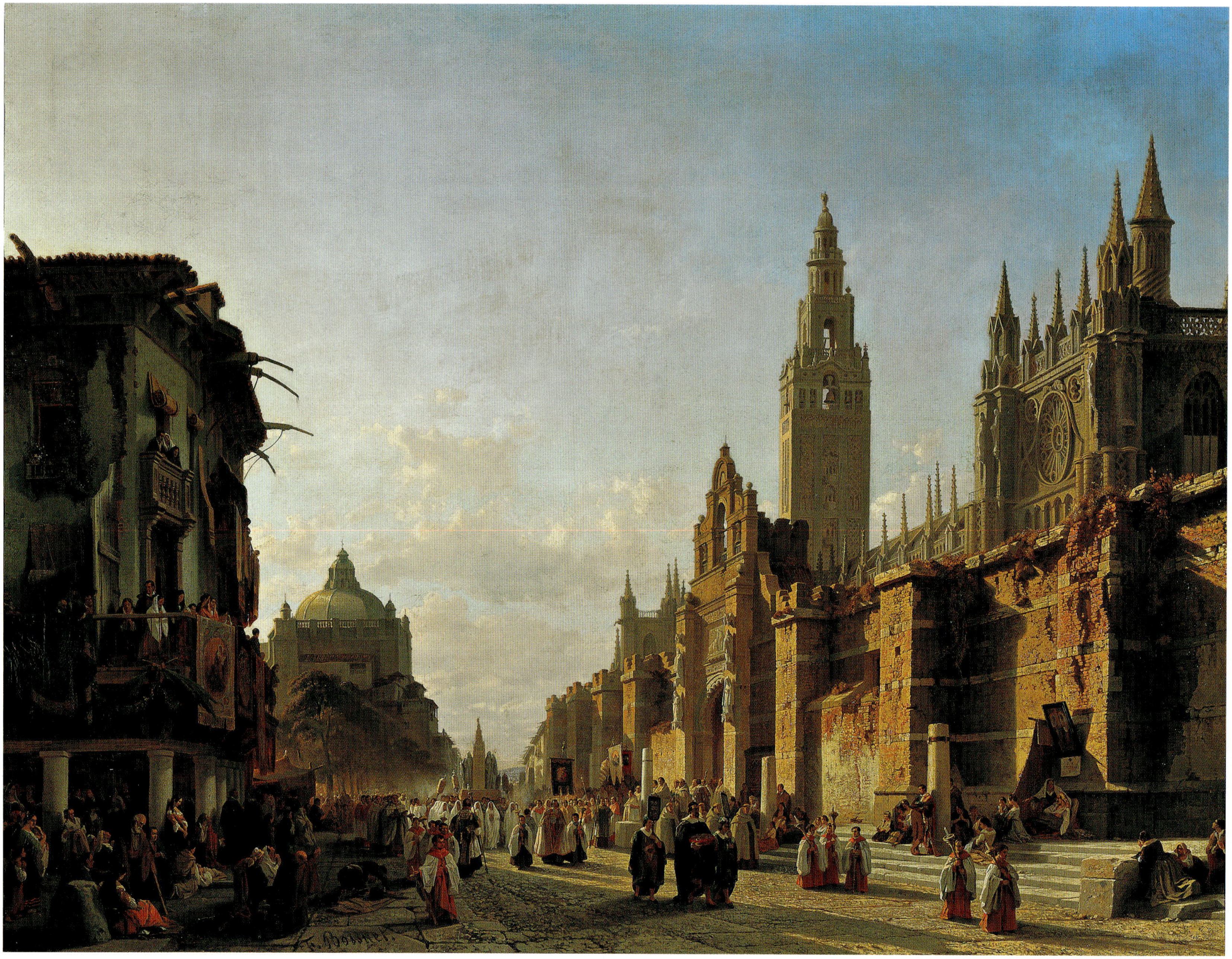

AFB. 63 [boven] – François Bossuet, *Processie van de twee beschermheiligen, Kathedraal van Sevilla*, 1843. Olieverf op doek, 118,5 x 152 cm. Brussel, Koninklijke Musea voor Schone Kunsten.

AFB. 64 [pagina 83 links] – Henri Leys, *Filips de Schone*, 1864. Olieverf op paneel, 107 x 35,5 cm. Brussel, Koninklijke Musea voor Schone Kunsten.

AFB. 65 [pagina 83 rechtsboven] – Henri de Braekeleer, *Stilleven*. Olieverf op paneel, 26,5 x 36,5 cm. Brussel, Koninklijke Musea voor Schone Kunsten.

AFB. 66 [pagina 83 rechtsonder] – Henri de Braekeleer, *Lezende vrouw*, ca. 1886. Olieverf op doek, 34,5 x 26,5 cm. Antwerpen, Koninklijk Museum voor Schone Kunsten.

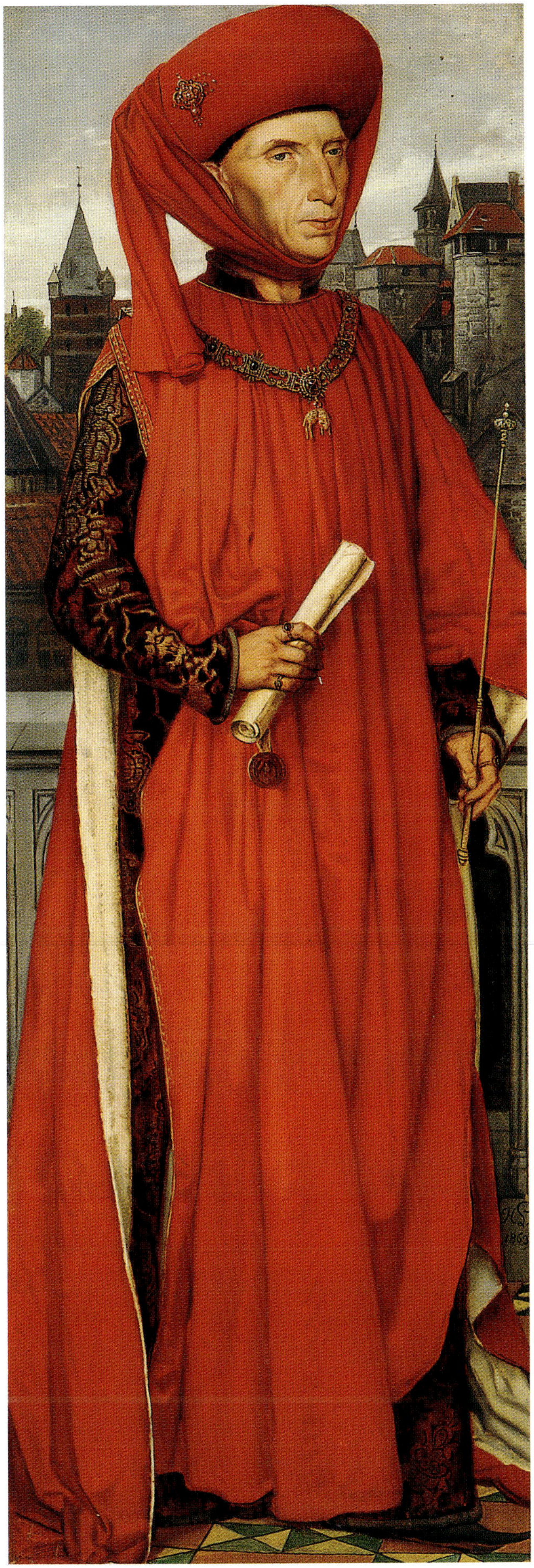

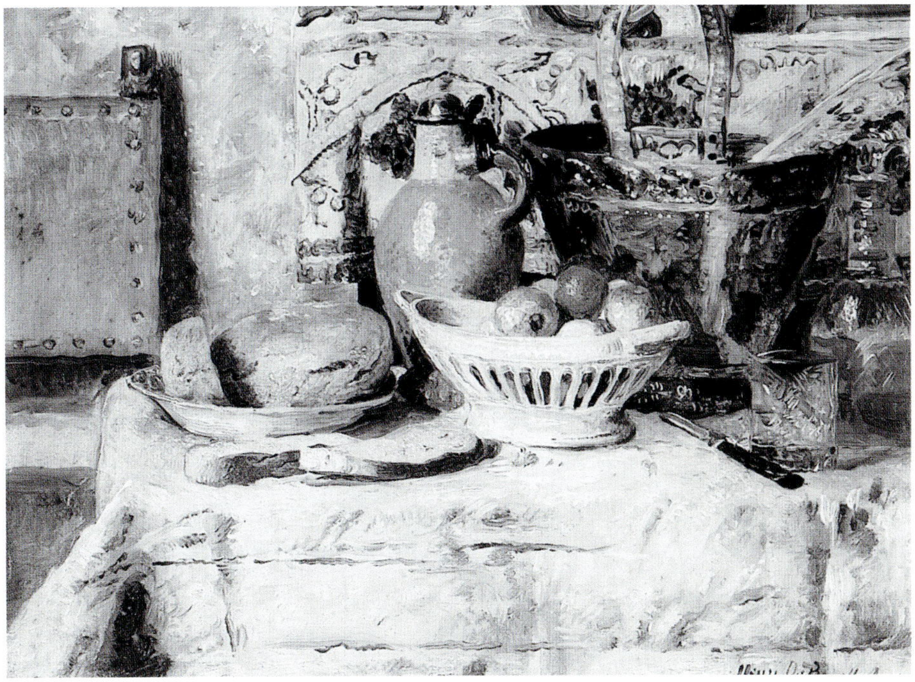

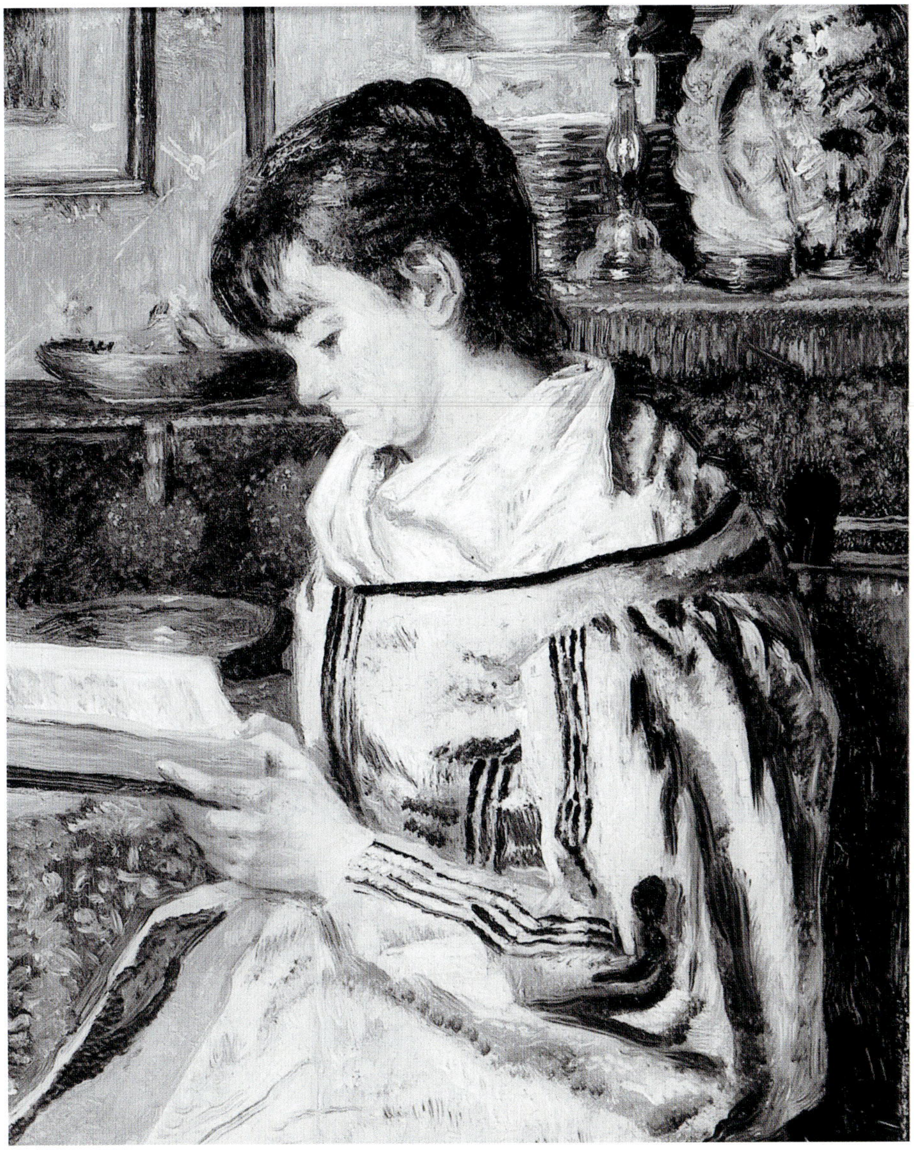

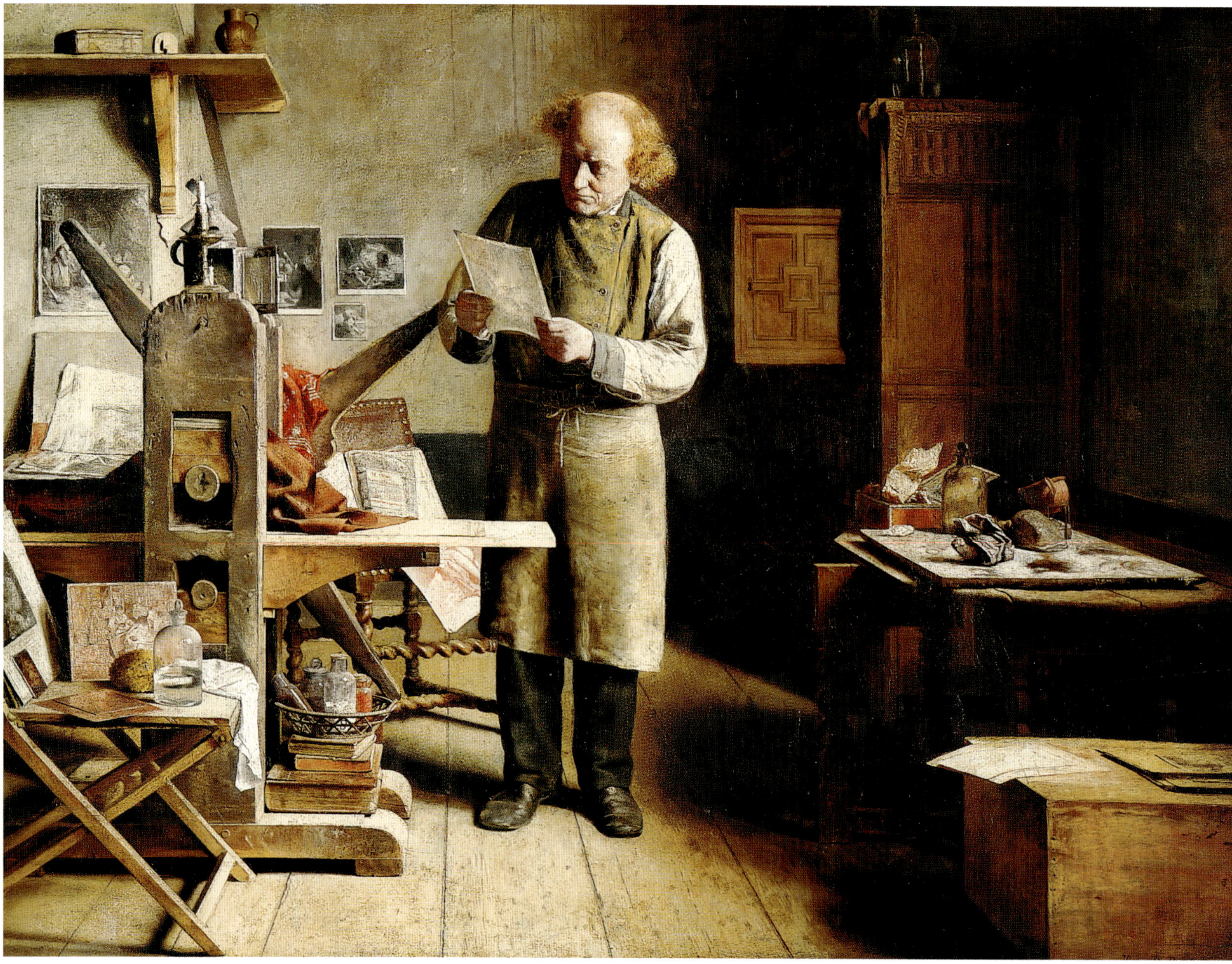

AFB. 67 – Henri de Braekeleer, *De plaatdrukker*, 1875. Olieverf op doek, 78 x 68 cm. Antwerpen, Koninklijk Museum voor Schone Kunsten.

De beroemdste genreschilder van België was echter Alfred Stevens. Evenals Willems bracht Stevens het grootste deel van zijn loopbaan door in Parijs. Hij wist een geheel eigen, nieuwe vorm van genrestukken te creëren, niet historiserend, maar eigentijds, met in de hoofdrol de mondaine Parisienne. Stevens 'betrapte' zijn modellen in boudoirs, bij het lezen van een heimelijke liefdesbrief, bij het toilet of in intieme conversatie met vriendinnen. Hij leefde zich uit in de weergave van de kleding en de overdadige interieurs van het Seconde Empire. Zijn schilderijen lijken soms de perfecte illustraties bij novellen en romans van de gebroeders De Goncourt en Guy de Maupassant.

Stevens was zijn loopbaan begonnen met werken die als 'sociaal realisme' zouden kunnen worden aangeduid, zoals *Ce qu'on appelle le vagabondage*, waarmee hij de aandacht op zich wist te vestigen op de Wereldtentoonstelling in Parijs in 1855 (AFB. 70). In dit schilderij ziet men een jonge, arme moeder met een kind op de arm en één aan haar rokken, die in de sneeuw afgevoerd wordt door drie soldaten, terwijl een rijke dame

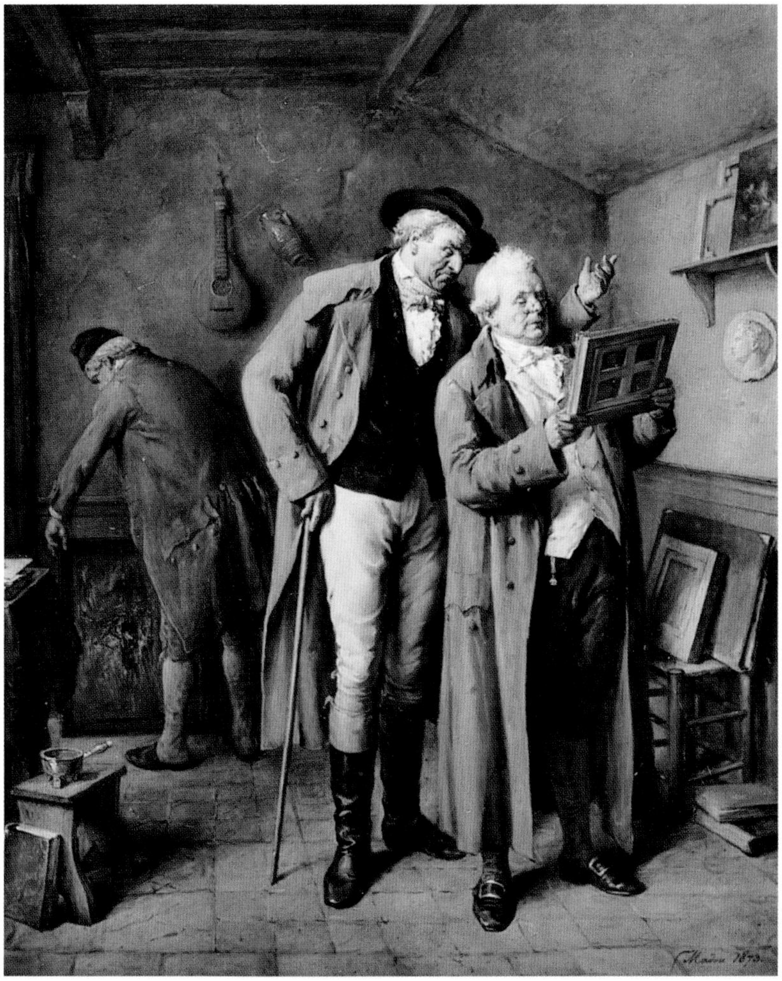

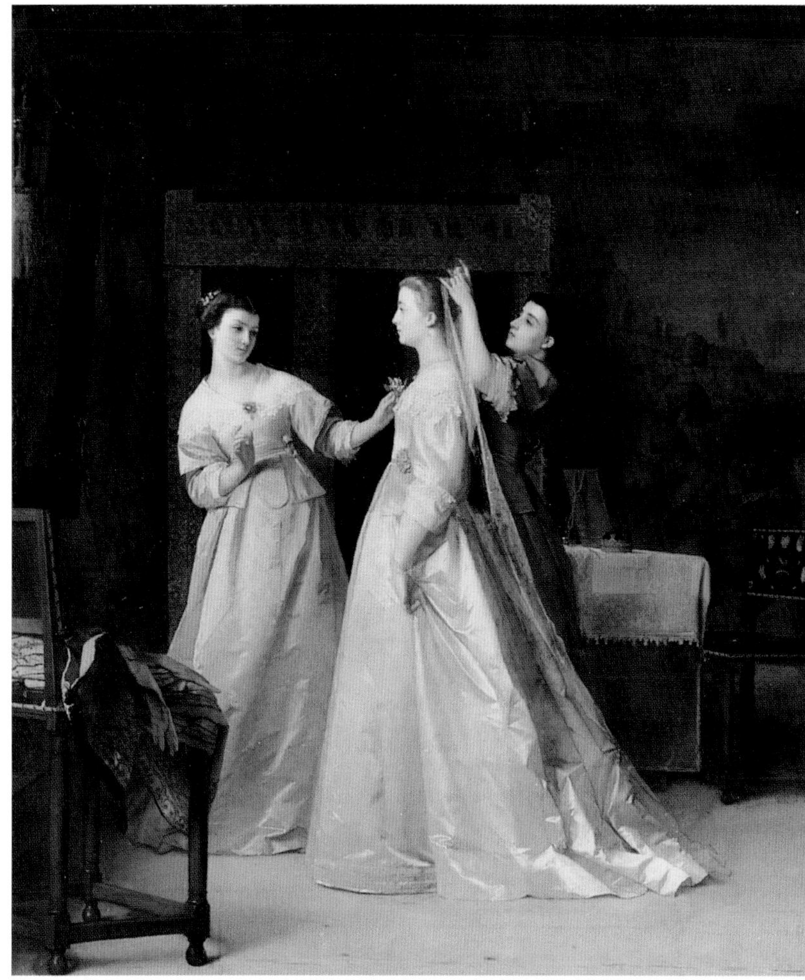

haar toch nog iets wil toestoppen. Het werkelijkheidsgehalte van het schilderij moet zeer hoog zijn geweest. Napoleon III bezocht de expositie met de Graaf van Nieuwerkerke, zijn *Surintendant des Beaux-Arts*. De keizer vatte het schilderij van Stevens op als een negatief commentaar op het Franse leger, alsof soldaten niets beters te doen hadden dan arme thuisloze vrouwen opbrengen. Toen Nieuwerkerke antwoordde dat dit wel de dagelijkse gang van zaken was in het Parijse straatbeeld, liet Napoleon III onmiddellijk maatregelen treffen om hieraan een eind te maken.

In diezelfde periode schilderde Stevens ook *De kunstenaar in zijn atelier*, waarin de invloed van Courbet duidelijk zichtbaar is. Stevens verkeerde in de artistieke kringen van Charles Baudelaire, Edouard Manet en Henri Fantin-Latour. De gevierde actrice Sarah Bernhardt was een leerlinge van Stevens en poseerde herhaaldelijk voor hem. Stevens behoorde tot de vroege verzamelaars van Japanse en oosterse voorwerpen. Later zou deze passie voor oosterse kunstvoorwerpen overgenomen worden door schilders als Manet en Vincent van Gogh; de zogenaamde *japonaiseries* zouden een rage worden in Parijs. Het werk van Stevens was zeer geliefd bij welgestelde verzamelaars in de Verenigde Staten; nog steeds bevinden zich een aantal van zijn belangrijkste genrestukken, zoals *Souvenirs et regrets* en een portret van Sarah Bernhardt, in Amerikaanse verzamelingen. Men heeft Stevens wel verweten dat zijn werk oppervlakkig en mondain was – het verwijt is niet onterecht, maar hij bleek in staat een zeer specifiek aspect van het Parijse mondaine leven vast te leggen met een bewonderenswaardige vakbeheersing en een feilloze sfeeraanduiding (AFB. 71).

AFB. 68 [links] – Adolphe Madou, *De liefhebbers*, 1873. Olieverf op paneel, 65 x 22 cm. Antwerpen, Koninklijk Museum voor Schone Kunsten.

AFB. 69 [rechts] – Florent Willems, *De opschik van de bruid*, 1864. Olieverf op paneel, 99,5 x 79 cm. Brussel, Koninklijke Musea voor Schone Kunsten.

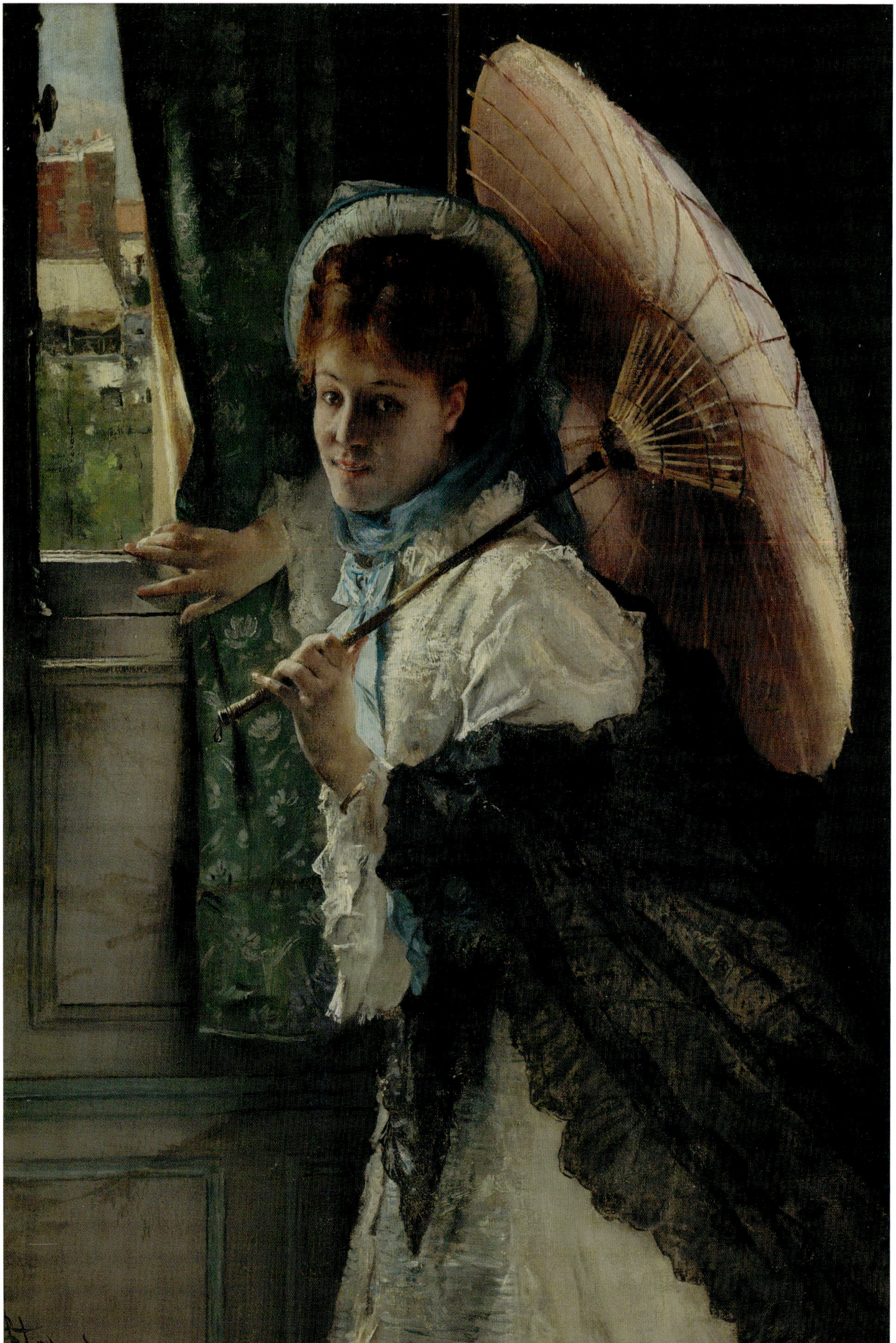

Ook in Nederland kende het genrestuk een bloeiperiode in het midden van de negentiende eeuw; familiegroepen en keukeninterieurs in zeventiende-eeuwse stijl geschilderd door Johannes Stroebel en Carel Jozeph Grips, marktscènes bij avond door Petrus van Schendel, dames in knusse woonkamers vol *bibelots* van Alexander Hugo Bakker Korff in de sfeer van de *Camera obscura* van Hildebrand, of figuren, in empirestijl gekleed, door Frederik Hendrik Kaemmerer. David Bles blonk uit in achttiende-eeuwse genretaferelen die soms overeenkomst vertoonden met Madou, maar men kan niet zeggen dat deze werken tot de hoogtepunten van de negentiende-eeuwse schilderkunst gerekend moeten worden. Bij zoveel middelmatigheid was er reden tot bezorgdheid over het artistieke niveau van de Hollandse schilderkunst. Het nieuwe verschijnsel van de Wereldtentoonstelling en de internationale kunsttentoonstellingen die overal plaatsvonden, bood een unieke gelegenheid om vergelijkingen te maken tussen de diverse nationale inzendingen. Het publiek, maar vooral de kunstkritiek, raakte meer dan verzadigd van het historiserende genre. Het wachten was op een nieuwe generatie.

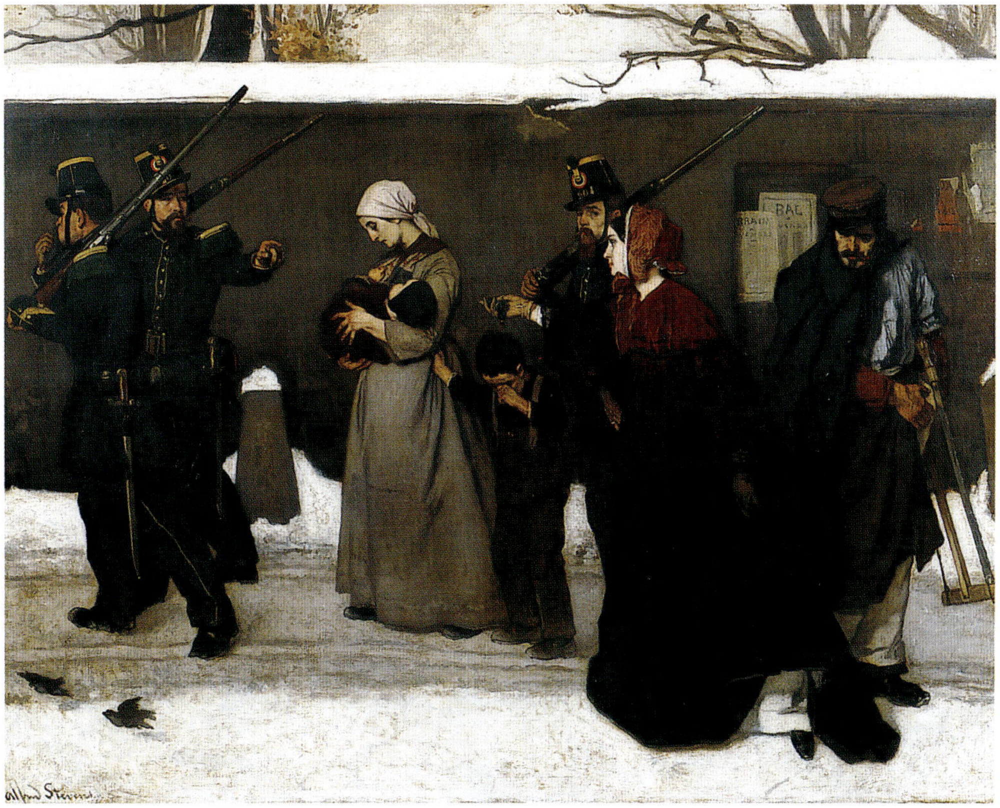

AFB. 70 [boven] – Alfred Stevens, *Ce qu'on apelle le vagabondage*, 1854. Olieverf op doek, 130 x 165 cm. Compiègne, Musée National du Château de Compiègne.

AFB. 71 [pagina 86] – Alfred Stevens, *Klaar om uit te gaan*, ca. 1870. Olieverf op doek, 46 x 33 cm. Brussel, Koninklijke Musea voor Schone Kunsten.

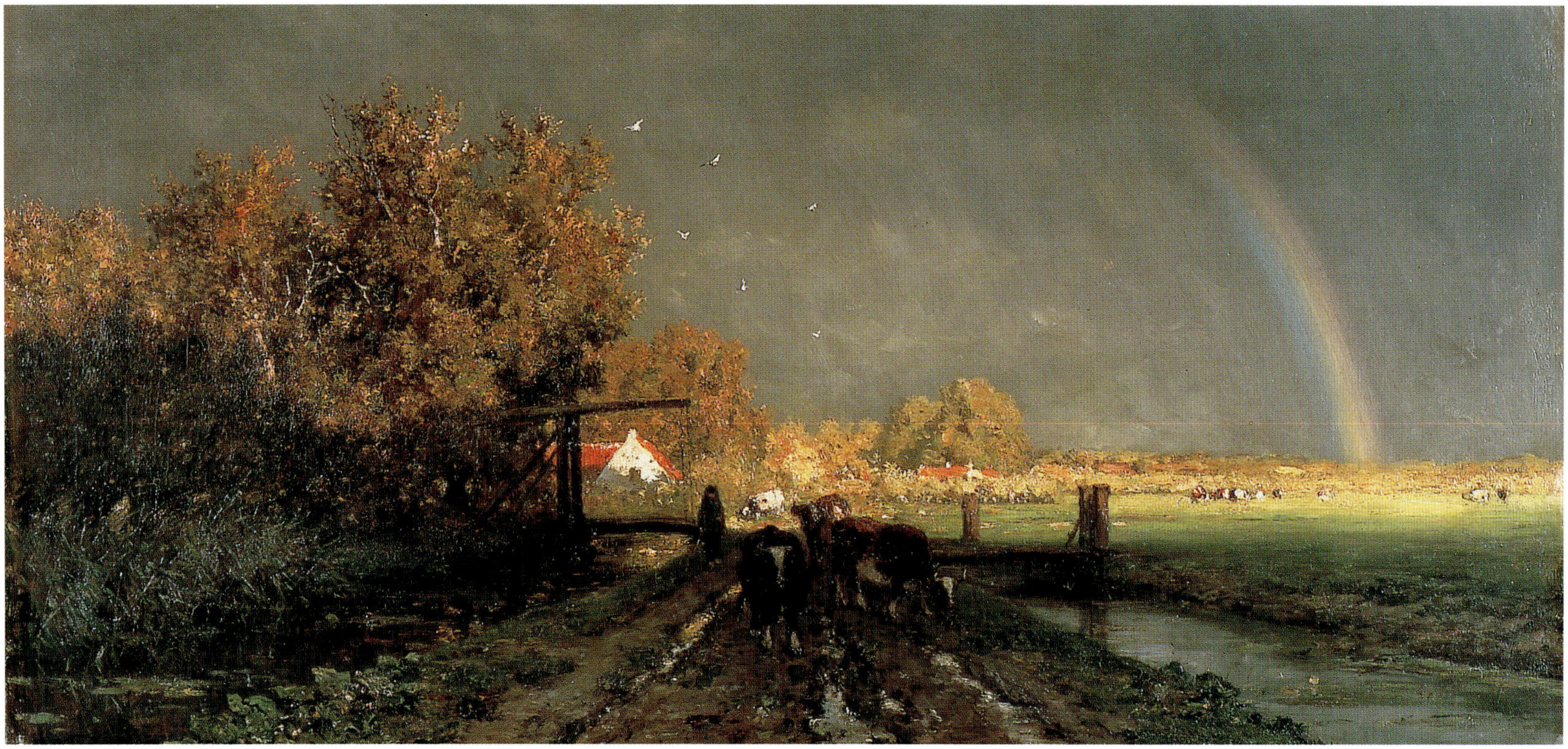

AFB. 72 – Willem Roelofs, *Landschap met regenboog*, 1875.
Olieverf op doek, 57,5 x 110,5 cm. Den Haag, Gemeentemuseum.

HOOFDSTUK 5

De Haagse School, Van Gogh en Les Vingt

De Haagse School

'Wij bevinden ons tussen twee scholen', schreef de Franse kunstcriticus Thoré-Bürger in 1859 over de Tentoonstelling van Levende Meesters in Den Haag. De Nederlandse inzending op de Internationale Tentoonstelling in Wenen in 1873 bracht de criticus René Ménard ertoe te schrijven: 'De landschapsschilderkunst staat aan de vooravond van een verandering. De Hollandse schilders zijn langzamerhand zonder veel ophef teruggekeerd naar hun bron; ze zijn nu bezig in hun duinen en langs hun vaarten om precies te observeren en te vertellen wat ze hebben waargenomen, met een opmerkelijk gevoel voor de *genius loci* en een innemende onbevangenheid. [...] Bij die kleine groep schilders die aangroeit aan de Hollandse kust, vinden wij iets van oprechtheid die ons aan het denken zou moeten zetten.'

Ook op de Parijse Salon van 1873 was opgevallen dat er iets nieuws op komst was in de Nederlandse schilderkunst. Paul Leroi meldde dat Jacob Maris en Hendrik Willem Mesdag (AFB. 73) begonnen waren een zeer persoonlijke schilderstijl aan de dag te leggen: 'Zij hebben resoluut gebroken, net als Israëls tevoren, met de fletse en krachteloze Hollandse School van 1830 die zulke langdurige en desastreuze gevolgen heeft nagelaten in het vrije en kloeke vaderland van Rembrandt en Frans Hals, van de Ruysdaels en van Hobbema, van Jan Steen en van de Ostades; flink trachten ze zich, net als een aantal van hun landgenoten, aan te sluiten bij die onsterfelijke groep meesters van de zeventiende eeuw, de meest onafhankelijke groep van alle kunstenaars en de meest schilderkundige schilders die ooit bestaan hebben.'

De Nederlandse kunst leek ontwaakt uit de winterslaap van laatromantische eentonigheid. Leroi meende dat driekwart van de inzendingen op de Salon van Antwerpen zelfs niet eens op de Parijse Salon des refusés zou worden toegelaten, terwijl kunstenaars als Jozef Israëls en Mesdag alle aandacht verdienden. De Hollandse inzending op de Parijse Wereldtentoonstelling van 1878 leidde tot het volgende commentaar van de vooraanstaande criticus Duranty. 'Den Haag en Brussel zijn twee steden waar de Nederlandse schilders gevormd worden, en dit is zonder enige twijfel de verdienste van Israëls. Dertig jaar geleden waren er geen schilders in Nederland. Nu is het opnieuw een schilderland, waar men misschien iets minder handig is dan in België, maar waar bepaalde figuren door moeiteloos enkele kleuren op een doek aan te brengen diepe gevoelens, sterke indrukken, en levendige en verfijnde waarnemingen registreren. (...) Niet de hele Nederlandse kunst heeft dit punt bereikt, natuurlijk, en men hoeft niet slechts in Holland geboren te zijn om al deze schildersdeugden te bezitten, maar ik spreek hier van een twaalftal, of een vijftien kunstenaars.' Duranty was vooral onder de indruk van *Seule au monde,* hij beschreef het met de gevleugelde woorden: 'Ce tableau est peint d'ombre et de douleur.'

De hierboven aangeduide groep kunstenaars kreeg haar definitieve benaming van de Nederlandse auteur Jacob van Santen Kolff. In 1875 hield hij de beweging ten doop als De Haagse School, in een artikelenreeks over de Tentoonstelling van Levende Meesters in het gebouw van de Tekenacademie in Den Haag. De reeks verscheen onder de titel 'Een blik in de Hollandsche schilderschool onzer dagen' in het tijdschrift *De Banier*. Van Santen Kolff constateerde: 'Bedoelde school heeft haar zetel en hoofdkwartier, haar aanvoerders en generalen staf in Den Haag, ook echter hier en daar in andere steden haar geloovigen en ijverige discipelen (o.a. Jozef Neuhuys te Amsterdam). Zonderlinge speling van het lot, dat van dezelfde stad, die zich op muzikaal gebied door een streng conservatisme

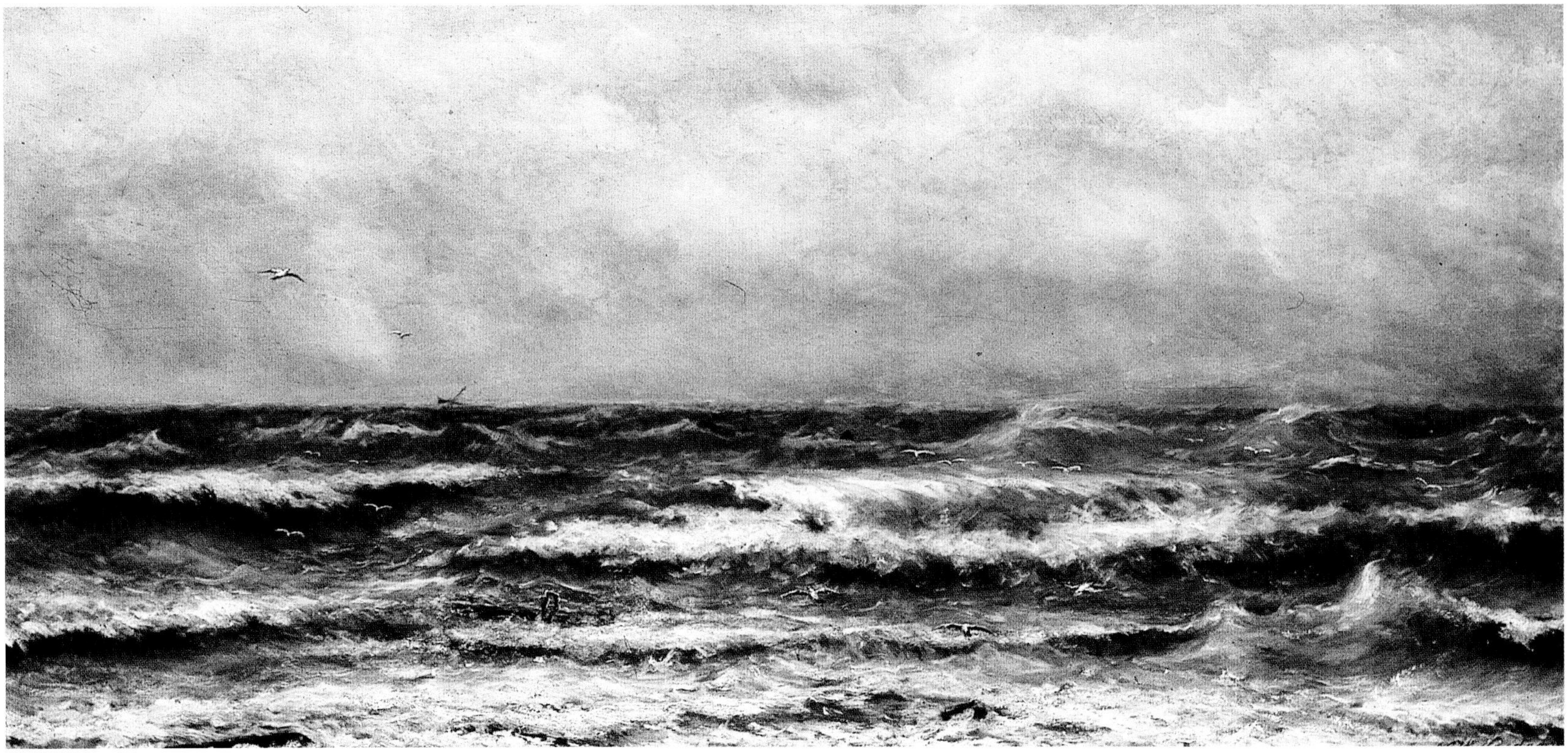

onderscheidt (...) de nieuwe, ultraradicale beweging in de schilderkunst uitgaat, zoodat wij in dezen zin gerust van een "Haagsche School" zouden kunnen spreken, evenals men praat van een "Düsseldorfer", "Weimarer", "Münchener School", van de "école de Tervueren" enz.

Deze nieuwe wijze van zien en weergeven is een ware beeldenstorm op het gebied der schilderkunst. Wat moet er b.v. van de fijne, geacheveerde penseelvoering en de mooie kleurtjes van een Gudin en een Meyer, of van de Oost-Indische-inkt-golven van een Schotel worden, als wij de breede "touche", de indrukwekkende waarheid en macht van toon van een Mesdag schoon hebben leren vinden? [...] Nog een eigenaardige karaktertrek dezer richting valt ons in het oog. Bij voorkeur zoekt zij *stemming* weer te geven; aan toon geeft zij voorkeur boven kleur. Vandaar haar bijna uitsluitend bevoorrechten van effecten met zoogenaamd "vuilen dag". [...] Stiefmoederlijk behandelt zij sterksprekende lichteffecten, of liever: zij versmaadt die liefst geheel. De poëzie van het *grijs* heeft zij daarentegen op een dusverre ongekende wijze ontsluierd. In die grauwe stemming vindt zij het ideaal haarer gezochte toonschakeringen, en bewonderend moeten wij erkennen, dat zij die met een fijn gevoel weet weer te geven, waarvan men vroeger geen denkbeeld had. Mauve, Sadée, Israëls, Artz... wat al beschermers van het grijs-schilderen! Met hen is de regering van het grijs aangebroken. [...] Hier hebben wij realisme van de ware, allergezondste soort voor ons. Dien kant moeten, naar mijn innige overtuiging, onze landschap- en zeeschilders allen vroeg of laat uit, willen wij, naar den geest van onzen tijd, blijvends scheppen.'

Van Santen Kolff rekende tot de Haagse School Hendrik Willem Mesdag, Jacob Maris, Louis Apol, Jozef Neuhuys, Jan Vrolijk, Théophile de Bock, Fredericus van Rossum du Chattel, Martinus Boks en François Pieter ter Meulen, terwijl hij elders in zijn artikel ook Anton Mauve, Jozef Israëls, Philip Sadée en Constant Artz noemt. Merkwaardig is het feit dat hij Matthijs en Willem Maris niet noemt, evenmin als Roelofs en Gabriël, Bosboom en Weissenbruch, die wij thans tot de Haagse School rekenen. Interessant zijn de karakteristieken die Van Santen Kolff aan de groep toeschreef: hij beschouwde de

AFB. 73 – Hendrik Willem Mesdag, *Les brisants de la mer du Nord*, 1870. Olieverf op doek, 90 x 180 cm. Amsterdam, Van Gogh Museum.

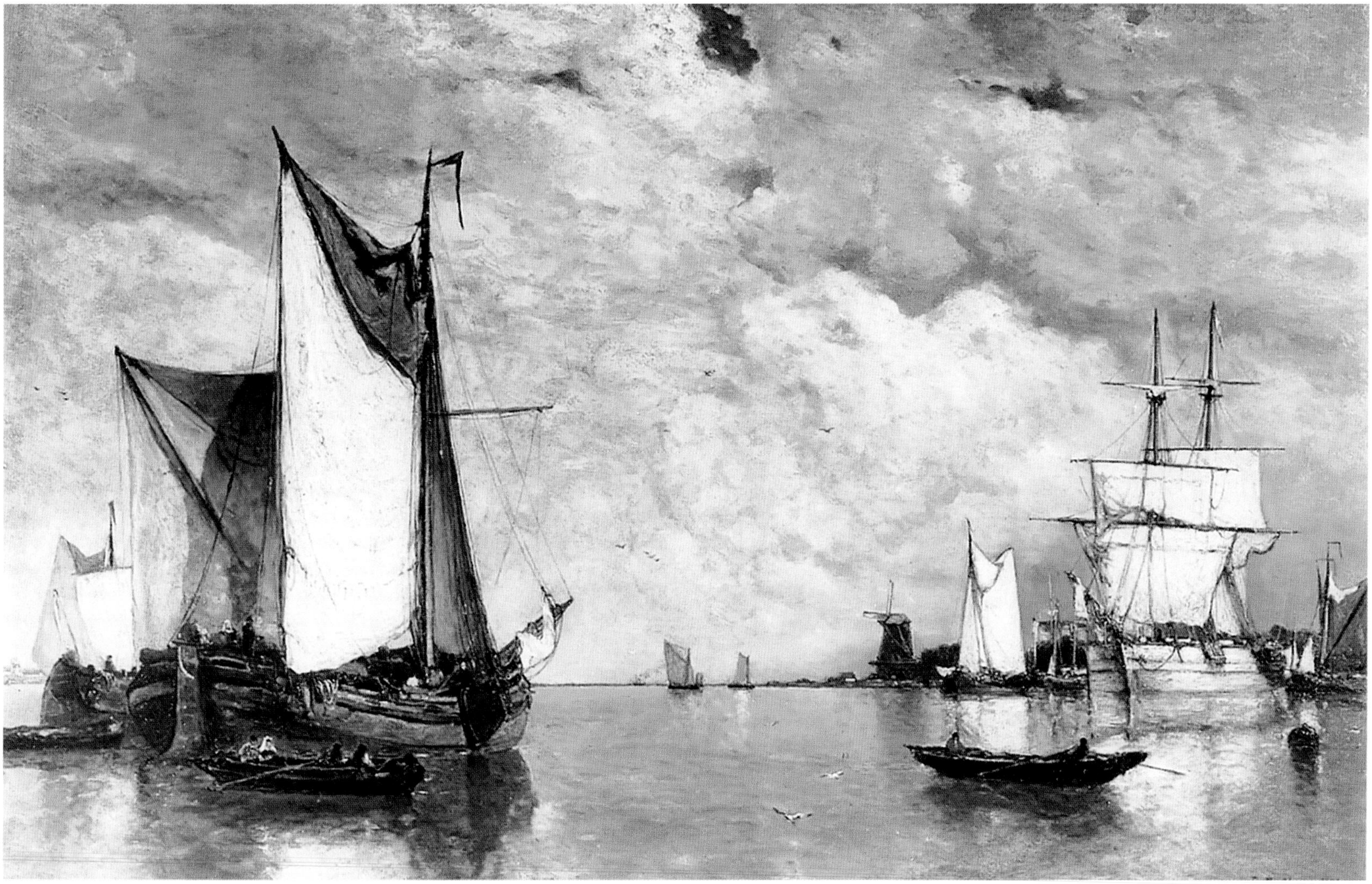

Haagse School als 'Ultraradicaal', 'realistisch', in die zin van 'op de werkelijkheid geïnspireerd, alleen de waarheid huldigend', zoals hij de term omschrijft, en als een school waarin stemming en toon de hoofdrol spelen. De kleurrijke romantiek van de zeestukken van Théodore Gudin en Schotel beoordeelde hij negatief ten opzichte van de moderniteit van Mesdags marines, en hij nam de verdediging van de 'poëzie van het grijs' zelfs op zich. Mauve was hier echter niet van gediend; van hem is de uitspraak bekend: 'Als mijne schilderijen grijs zijn, dan zijn ze niet goed; sprak men van zilveren school, dan ware mijn streven beter aangewezen.' Grijs of zilver, het was nog steeds hetzelfde verlangen dat de jonge Gerard Bilders na het zien van de Brusselse tentoonstelling van 1860 had geformuleerd.

De meeste schilders van de Haagse School waren omstreeks 1870 in Den Haag komen wonen. Mesdag kwam uit Brussel, waar hij les had ontvangen van Roelofs; Jacob Maris kwam uit Parijs, waar hij benarde uren had doorgemaakt tijdens beschietingen gedurende de Frans-Duitse Oorlog; Israëls kwam uit Amsterdam naar Den Haag; Mauve huwde een Haags meisje, een nichtje van Vincent van Gogh. Bosboom, Willem Maris en Weissenbruch waren geboren en getogen Hagenaars. Roelofs en Gabriël bleven aanvankelijk in Brussel wonen, maar waren wel lid van Pulchri Studio, het Haagse schilderkundig genootschap. Roelofs was ooit zelfs een van de oprichters geweest in 1847. Jaarlijks kwam Roelofs voor enige maanden, liefst 's zomers, naar Nederland om er het polderlandschap te schilderen.

AFB. 74 – Paul-Jean Clays, *Kalmte voor onweer bij Dordrecht*, 1876. Olieverf op paneel, 85 x 129 cm. Antwerpen, Koninklijk Museum voor Schone Kunsten.

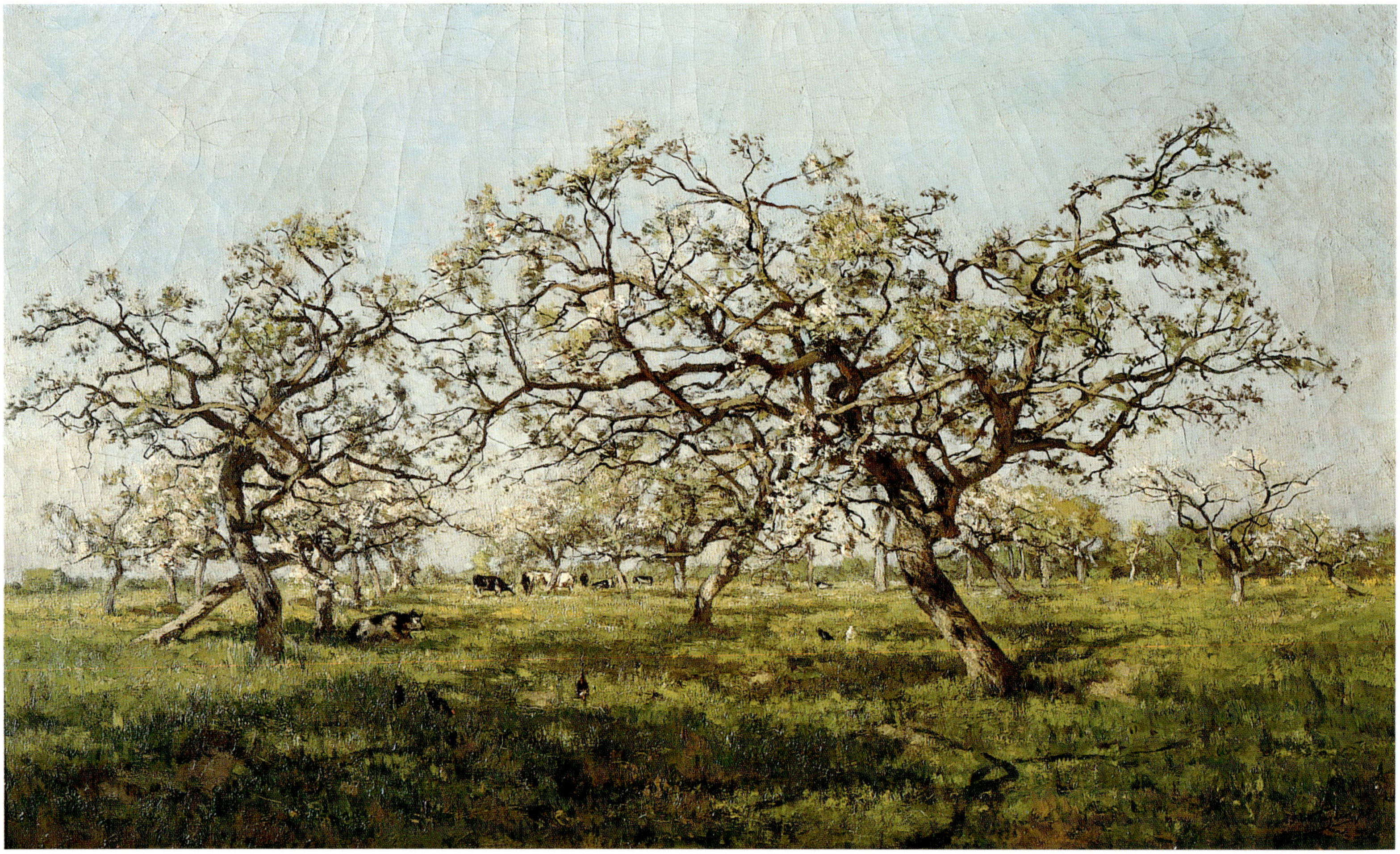

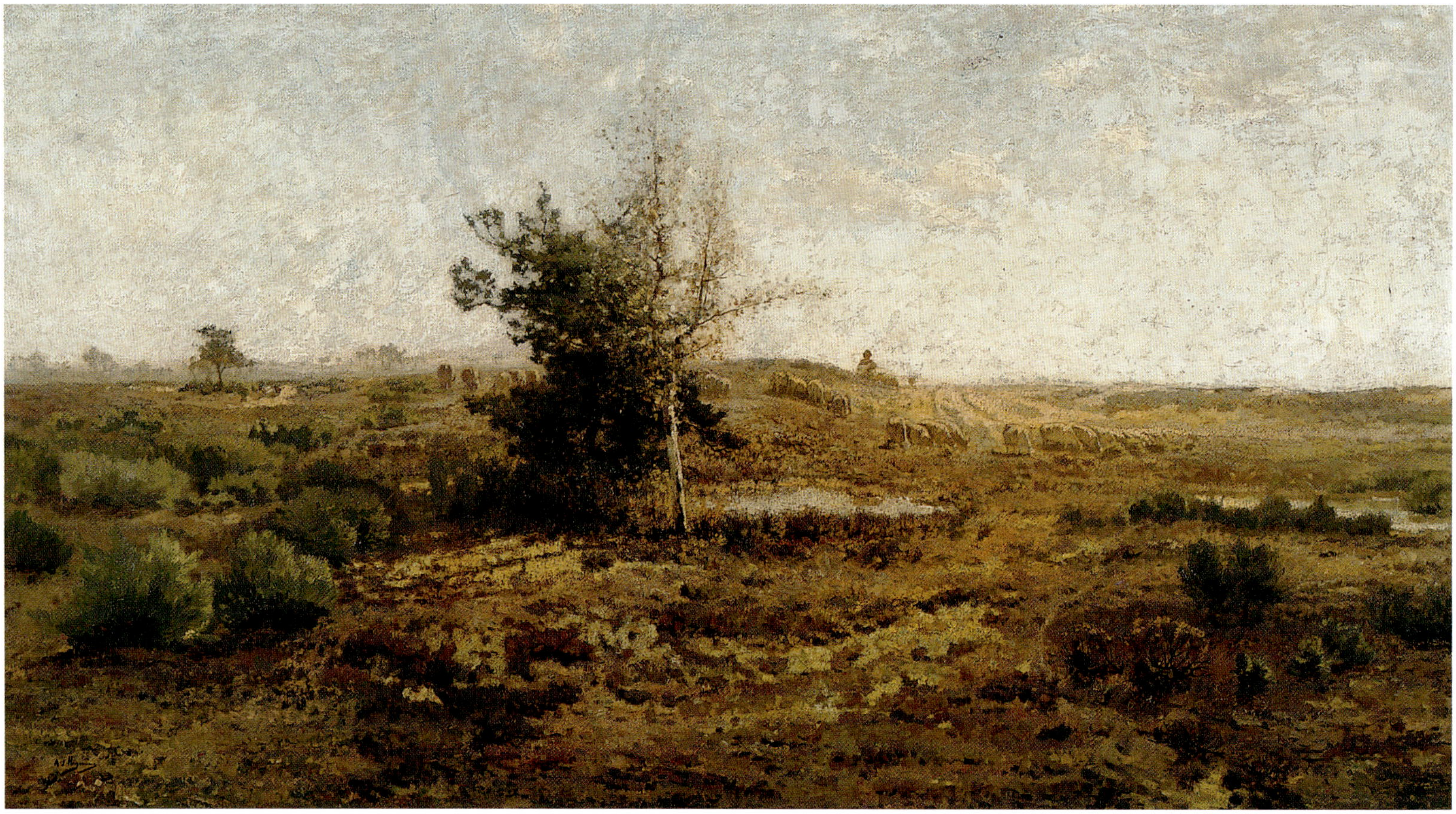

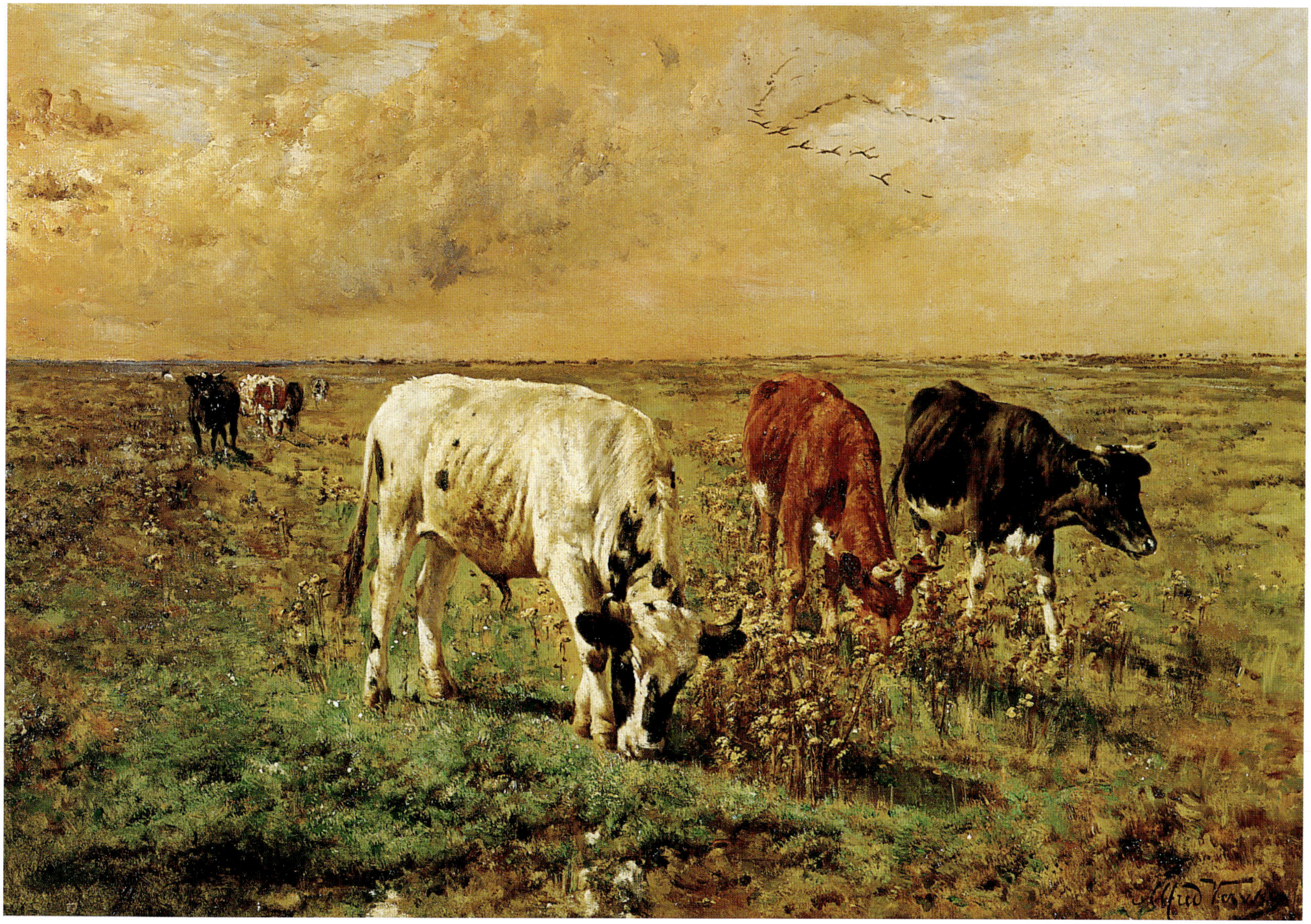

AFB. 75 [boven] – Alfred Verwée, *Koeien in de Vlaamse weide*, 1880. Olieverf op paneel, 83 x 116 cm. Antwerpen, Koninklijk Museum voor Schone Kunsten.

AFB. 76 [pagina 92 boven] – Isidore Verheyden, *Boomgaard in de lente*, 1878. Olieverf op doek, 76 x 122 cm. Brussel, Koninklijke Musea voor Schone Kunsten.

AFB. 78 [pagina 92 onder] – Adrien-Joseph Heymans, *Hoekje op de heide*, ca. 1879. Olieverf op doek, 82,5 x 148,5 cm. Brussel, Koninklijke Musea voor Schone Kunsten.

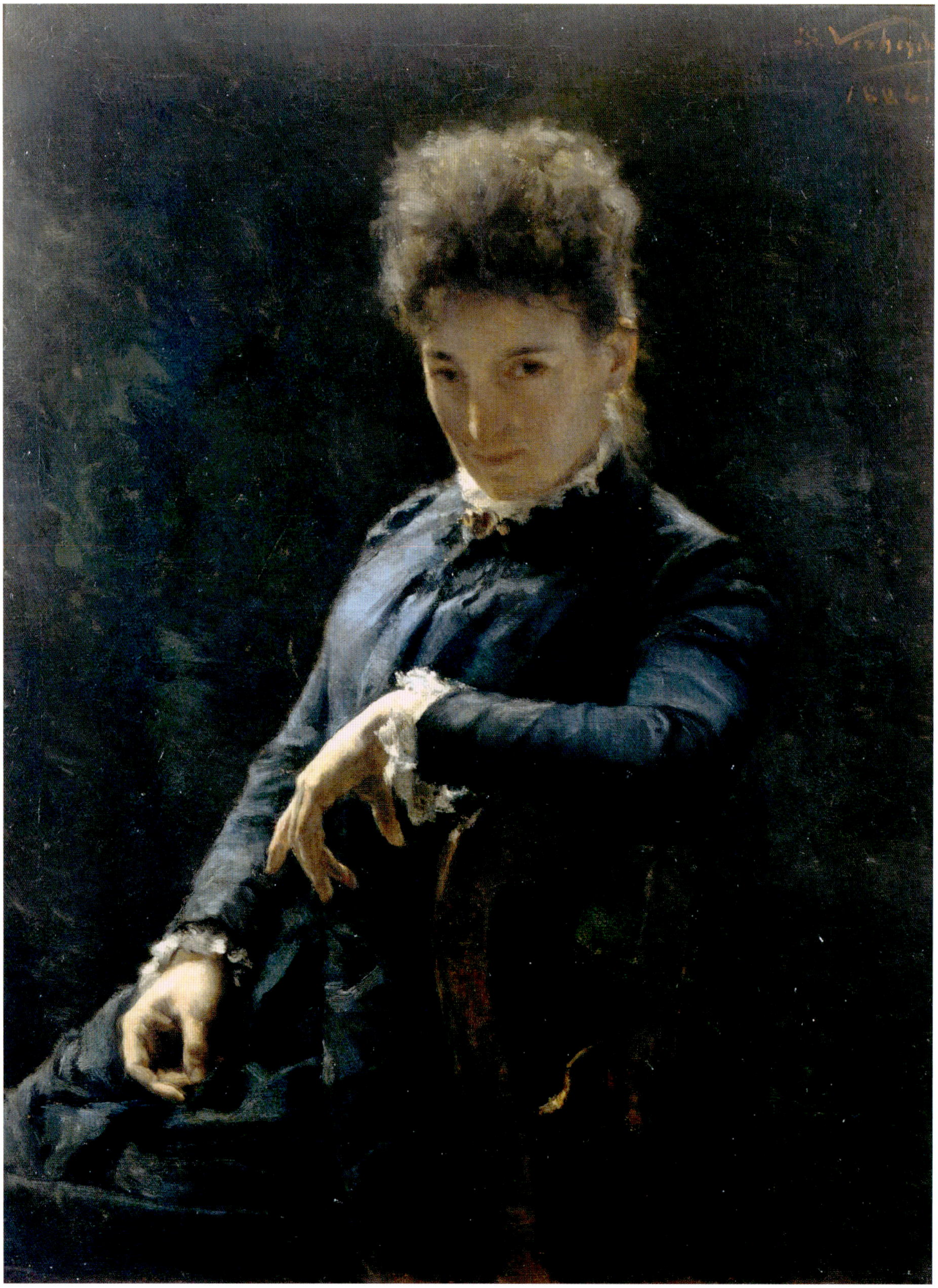

AFB. 77 – Isidore Verheyden, *Portret van Anna Boch*, 1884.
Olieverf op doek, 95 x 71 cm. Brussel Koninklijke Musea voor
Schone Kunsten.

Geleidelijk aan werd Pulchri synoniem met de Haagse School; veel schilders namen zitting in het bestuur. Bosboom was al voorzitter geweest in 1852-1853, Israëls van 1875 tot 1878 en Mesdag was een legendarische voorzitter van 1889 tot 1907. Tijdens deze periode beleefde Pulchri een tijd van grote bloei; het succes van de Haagse School, ook internationaal, is onlosmakelijk verbonden met deze gunstige uitvalsbasis. Ook Jacob en Willem Maris, Mauve, Roelofs en Weissenbruch waren bestuurslid van Pulchri en droegen als zodanig bij aan de gloriedagen van de Haagse School. Men organiseerde tekenlessen naar gekleed model, kunstbeschouwingen, 'gezellige bijeenkomsten' met *tableaux vivants* en later ook tentoonstellingen, en er was ook een fonds waar weduwen en wezen van kunstenaarsleden een beroep op konden doen.

In de periode van de Haagse School waren de contacten met België intensief. Vanzelfsprekend speelde het feit dat Roelofs, Gabriël en Mesdag voor kortere of langere tijd in Brussel woonden, hierbij een belangrijke rol. De invloed van Belgische kunstenaars op de Haagse School was aanzienlijk; de latere landschappen van Roelofs tonen een frappante overeenkomst met die van Hippolyte Boulenger – met name de verwantschap tussen Boulengers *Landschap met regenboog* en Roelofs gelijknamige werk in het Haags Gemeentemuseum wijst op een parallelle belangstelling voor het dramatische moment in de natuur (AFB. 72). De landschapsopvattingen van Gabriël zijn onmiskenbaar verwant met die van Alfred De Knyff en Edouard Huberti (AFB. 58), terwijl de loopbaan van Mesdag als zeeschilder niet los te denken is van de voorbeelden van Louis Artan en Paul-Jean Clays (AFB. 74) en van de raadgevingen van zijn vriend Alfred Verwée (AFB. 75). Een beweging naar het Noorden was zeldzamer (AFB. 76, 77 en 78). Toch kwam Franz Courtens vanuit België naar Haarlem om er zich te vestigen. Hij nam met succes deel aan exposities in Amsterdam met landschappen die soms sterk aan Mauve doen denken (AFB. 79 en 80).

De banden werden ook geïnstitutionaliseerd. Roelofs was lid van de Brusselse Cercle artistique et littéraire, evenals de gebroeders Oyens, Henriette Ronner-Knip en Mesdag. Gabriël en Roelofs waren zelfs bestuurslid van deze belangrijke kunstenaarsvereniging, evenals van de Société d'Artistes Belges; op voordracht van Verwée en Artan werd Mesdag ook lid van de progressieve Société Libre des Beaux-Arts, die in 1868 werd opgericht. Roelofs was een van de oprichters van de Société Belge des Aquarellistes in 1856. Het voorbeeld van een genootschap waarin de rol van de aquarel als zelfstandig kunstwerk centraal werd gesteld, vond pas twintig jaar later navolging binnen de kringen van Pulchri Studio: in 1876 richtten Mesdag, Jacob Maris en Mauve de Hollandsche Teeken-Maatschappij op. Al deze organisaties boden voor de kunstenaarsleden mogelijkheden tot uitwisseling.

In 1863 exposeerde Matthijs Maris zijn aquarel *Doopgang in Lausanne* in Brussel, waarna hij als honorair lid van de Hollandsche Teeken-Maatschappij werd aangezocht. Weissenbruch stelde voor het eerst zijn aquarellen in Brussel tentoon in 1866. In 1870 trof men onder de deelnemers aan een tentoonstelling van de Société Belge des Aquarellistes in Brussel Bosboom, Roelofs, Gabriël, Mauve, Jongkind, Blommers en Laurens Alma Tadema. De Hollandsche Teeken-Maatschappij op haar beurt nodigde de Belgische kunstenaars Paul-Jean Clays, Charles Hermans, Edouard Huberti en Madou uit om honorair lid te worden.

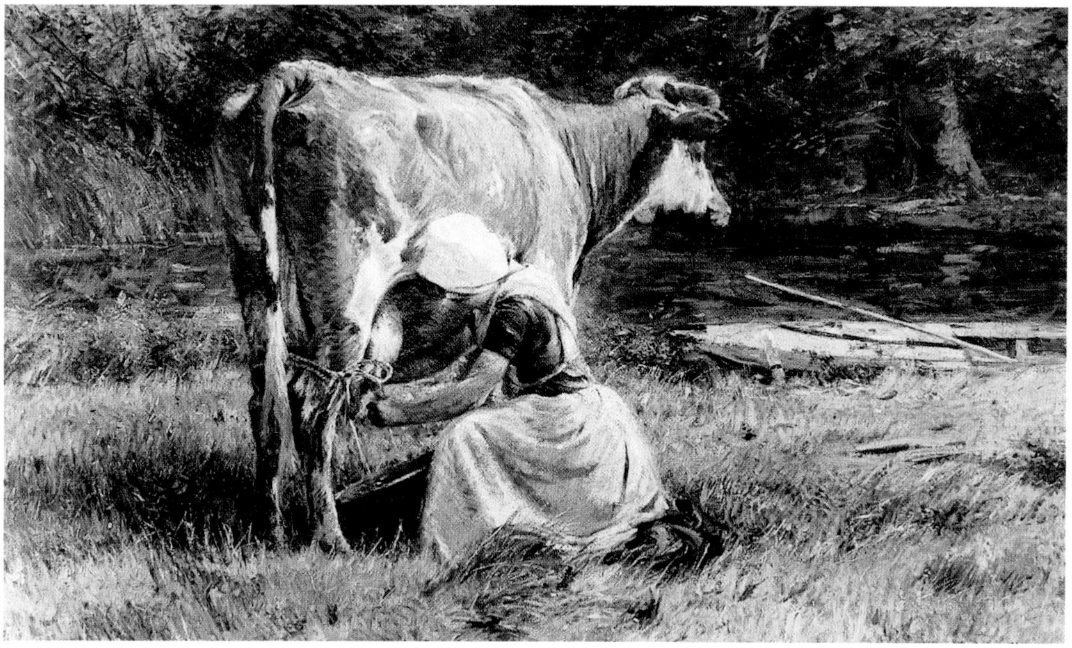

AFB. 79 – Franz Courtens, *Bij het melken, Zeeland*, 1896. Olieverf op doek, 116 x 190 cm. Brussel, Koninklijke Musea voor Schone Kunsten.

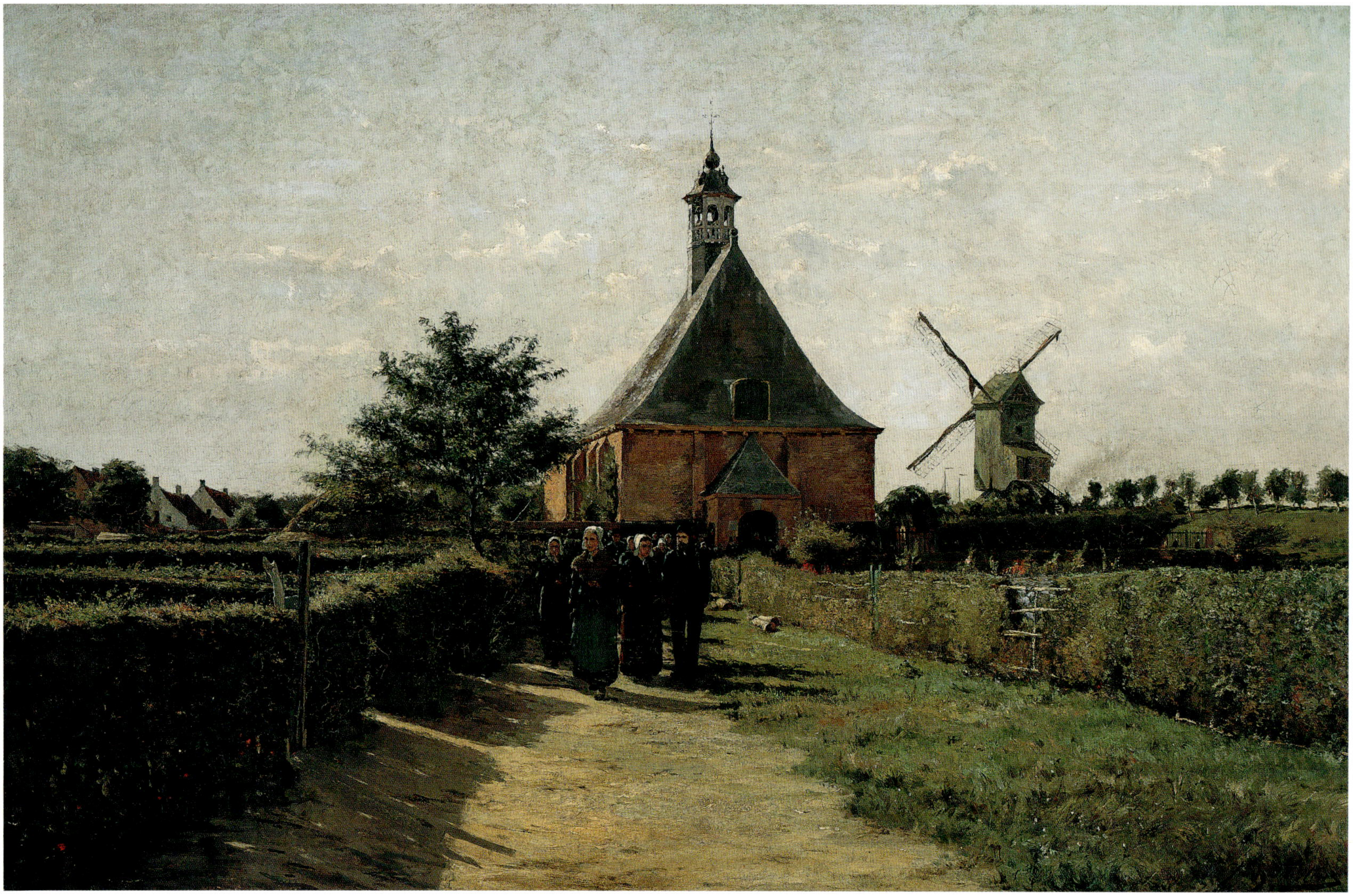

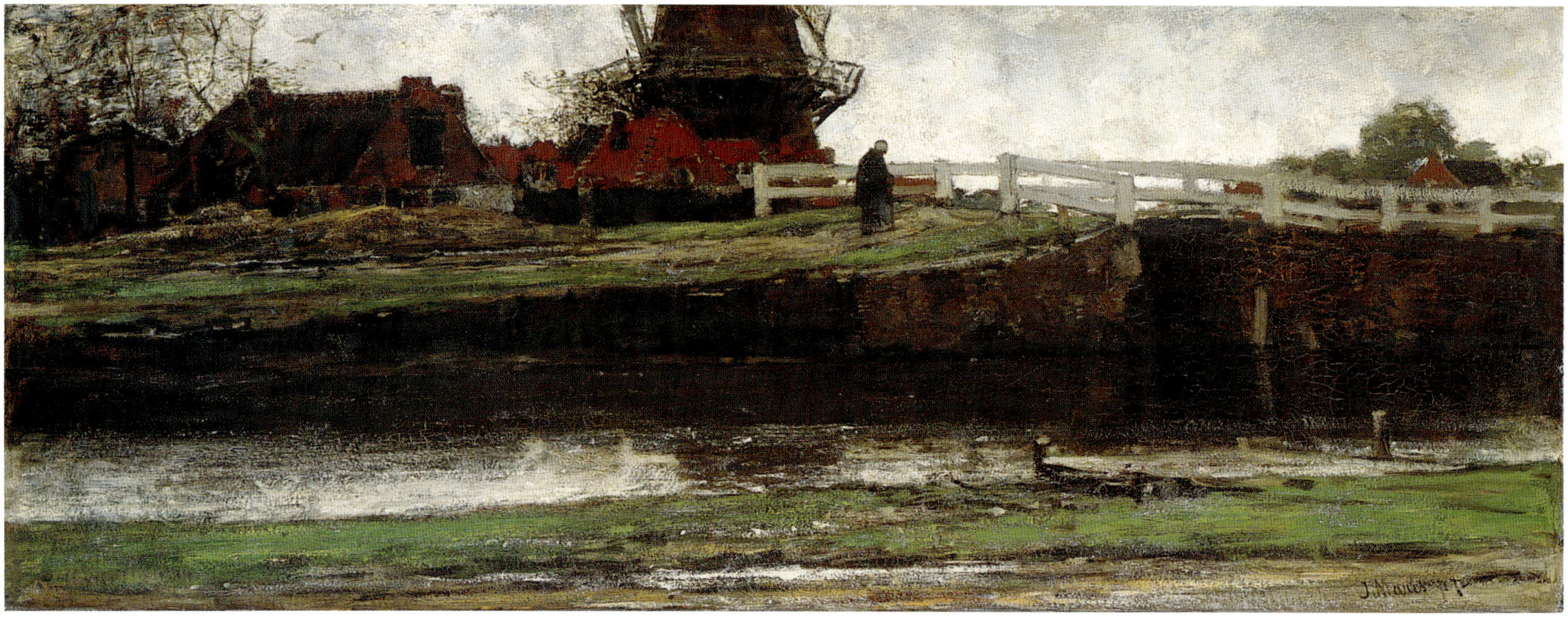

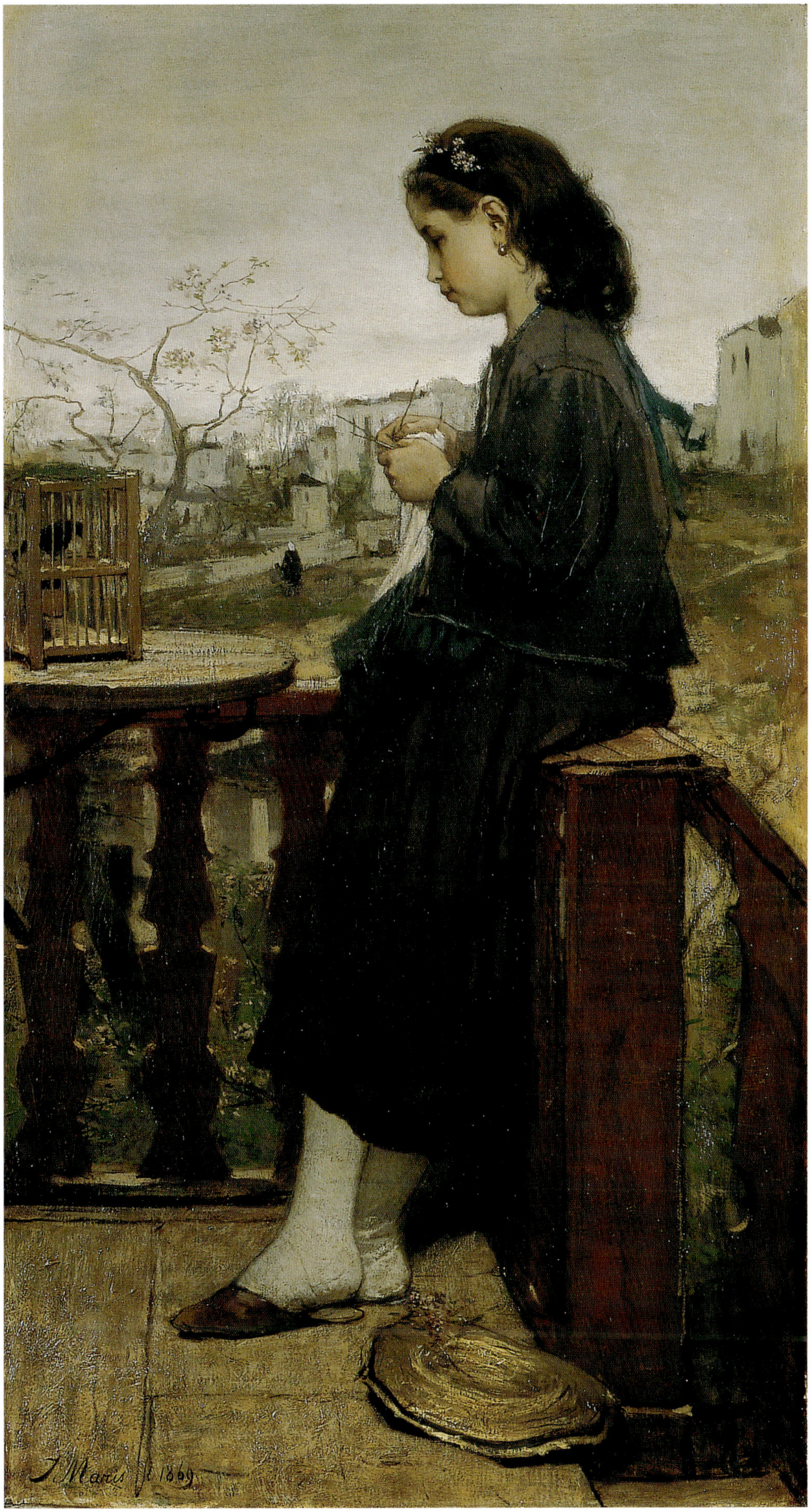

AFB. 80 [pagina 96 boven] – Franz Courtens, *Terugkeer van de plicht*, 1883. Olieverf op doek, 196 x 286 cm. Brussel, Koninklijke Musea voor Schone Kunsten.

AFB. 81 [links] – Jacob Maris, *Breistertje op balcon, Montmartre*, 1869. Olieverf op doek, 75 x 40 cm. Den Haag, Gemeentemuseum.

AFB. 82 [pagina 96 onder] – Jacob Maris, *De afgeknotte molen*, 1872. Olieverf op doek, 45 x 112,5 cm. Amsterdam, Rijksmuseum.

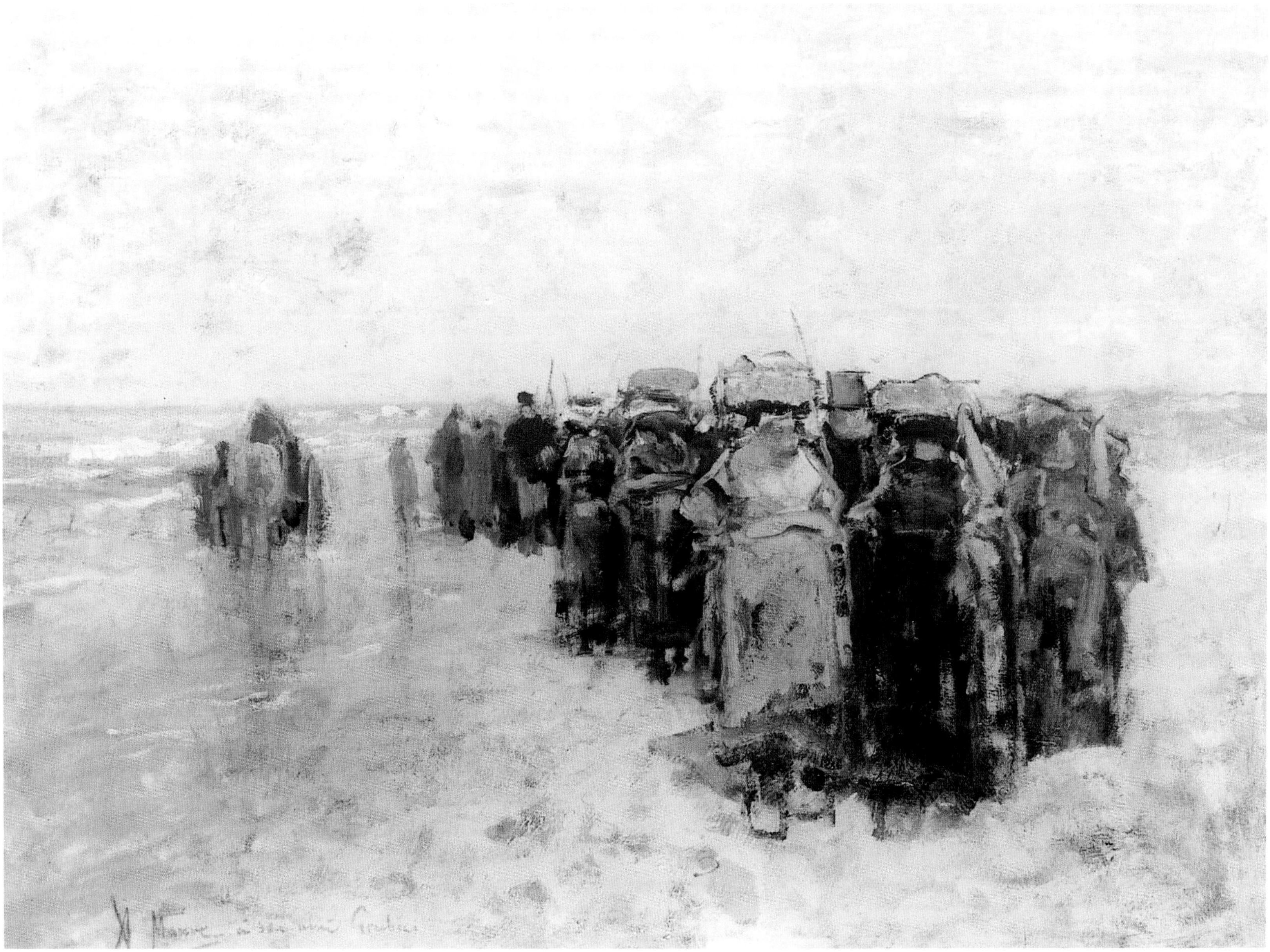

AFB. 83 – Anton Mauve, *Visverkoping*, 1884/85.
Olieverf op doek, 51 x 64 cm. Den Haag, Museum H.W. Mesdag.

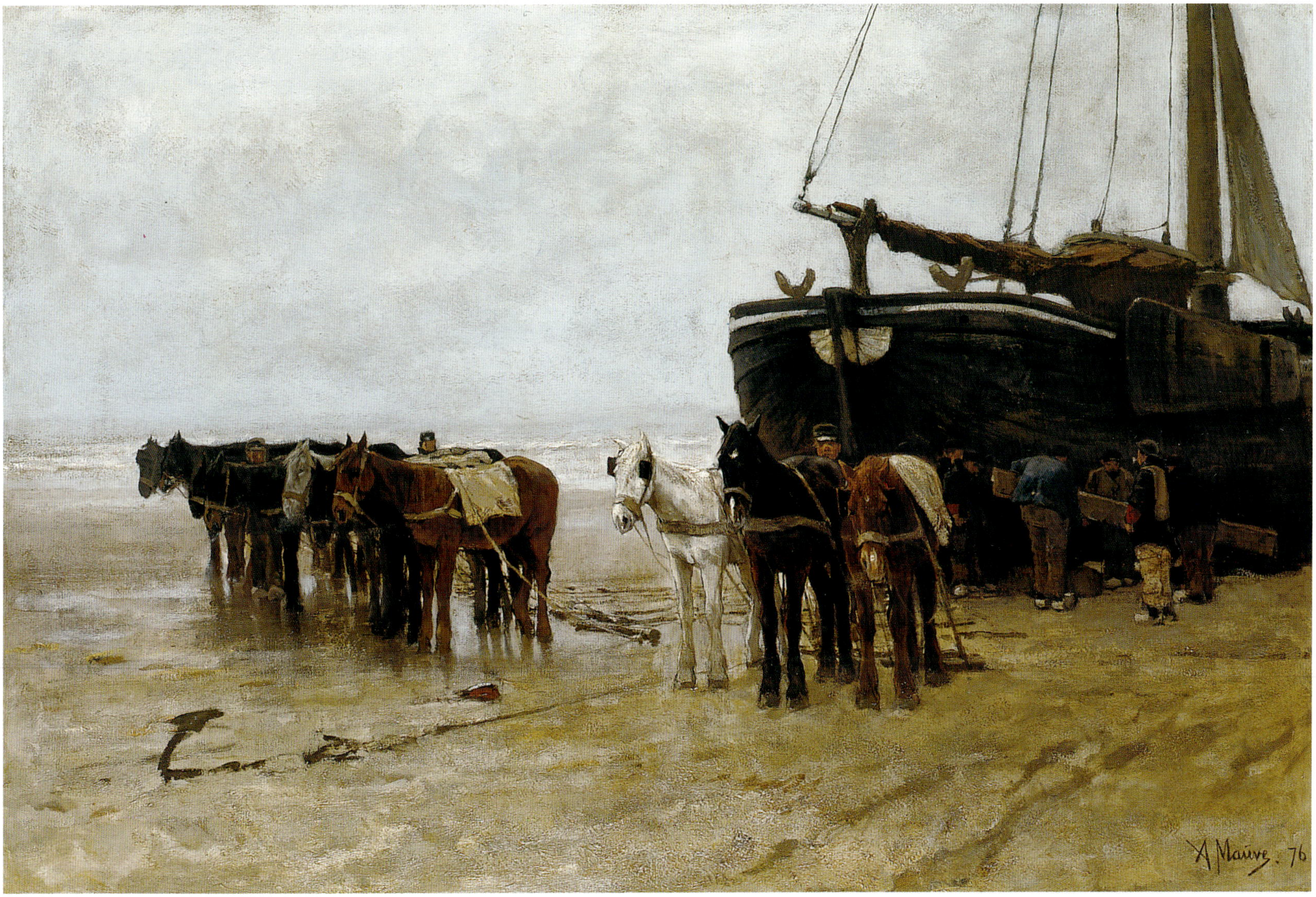

AFB. 84 – Anton Mauve, *Boomschuit op het strand te Scheveningen*, 1876. Olieverf op doek, 78,5 x 113 cm. Dordrecht, Dordrechts Museum.

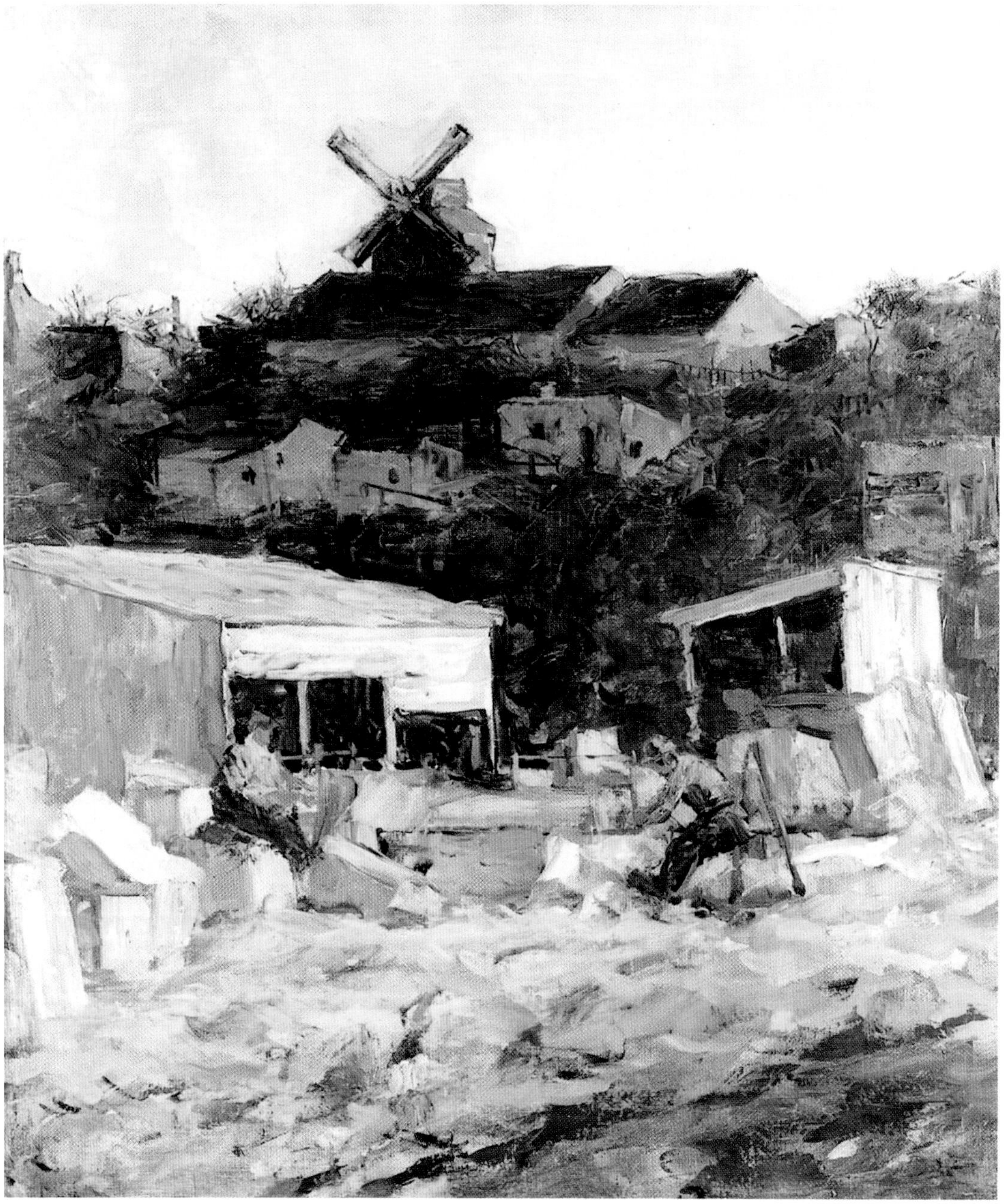

AFB. 85 – Matthijs Maris, *Steengroeve bij Montmartre*, 1871. Olieverf op doek, 55 x 40 cm. Den Haag, Gemeentemuseum.

De schilders van de Haagse School ontwikkelden ieder voor zich hun eigen specialisme. Israëls was de schilder van het realistische genrestuk; ook Blommers, Artz en Sadée richtten zich op het vissersthema en het boereninterieur. Bosboom vond blijvende inspiratie in het Oudhollandse kerkinterieur, ook al zijn er van hem ook fraaie stadsgezichten en landschapsaquarellen bekend. Jacob Maris schilderde genrestukjes met meisjes in Italiaanse klederdracht, vooral in zijn Parijse jaren (AFB. 81), maar aan het eind van de jaren zestig begon hij landschappen te schilderen – eerst aan de Seine, later, na zijn terugkeer in Nederland, aan Hollandse rivieren (AFB. 82). Matthijs Maris was de minst realistisch ingestelde kunstenaar binnen de kring van de Haagse School (AFB. 85). In zijn jonge jaren had hij de romantische boekillustraties van Ludwig Richter, Alfred Rethel en Moritz von Schwindt bestudeerd. In latere jaren schilderde hij soms historiserende interieur- en genrestukken, die hij zelf minachtend aanduidde als 'potboilers', gemaakt voor een snel succes in de kunsthandel. Tijdens zijn laatste jaren in Engeland maakte hij verdroomde voorstellingen van bruiden en vage kinderportretten, die hij onvoltooid liet. Willem Maris, de jongste van de drie broers, concentreerde zich op zomerse landschappen met koeien en eenden langs de waterkant. Mesdag was de zeeschilder bij uitstek van de Haagse School; hij beschikte permanent over een hotelkamer aan het Scheveningse strand, van waaruit hij de zee en de boomschuiten bij de kust bij alle weersomstandigheden kon schetsen en bestuderen. Mauve was een veelzijdig kunstenaar, die zowel het landschap als het figuurstuk zeer goed beheerste (AFB. 83 en 84). Ook was hij een uitmuntend aquarellist. De internationale vraag naar zijn schilderijen met schaapskudden was aan het eind van zijn loopbaan zo groot geworden dat hij de bestellingen nauwelijks aankon. Roelofs en Gabriël werden, zoals gezegd, beiden vooral aangetrokken tot het Hollandse polderlandschap. Een van de meest getalenteerde schilders van de Haagse School was wellicht Weissenbruch; zijn werk vertoonde nog de zichtbare invloed van de romantische landschappen van Andreas Schelfhout, maar gaandeweg ontwikkelde

Weissenbruch een eigen visie. Hij werkte bij voorkeur in de onmiddellijke omgeving van Den Haag, ofwel in de richting van de duinen en het strand, ofwel in de richting van de polders en de vaarten (AFB. 86 en 87). Samen met Mauve en Jacob Maris behoort hij tot de beste aquarellisten van de Haagse School.

Niet alleen de activiteiten van Pulchri Studio leidden tot de bloei van de Haagse School, maar ook de rol van de kunsthandel droeg daartoe bij (AFB. 88, 89 en 90). Een van de vooraanstaande Haagse kunsthandelaren was Vincent van Gogh, een oom van de gelijknamige schilder. Al vroeg was hij een samenwerkingsverband aangegaan met de Parijse kunsthandel Goupil; daarnaast zette hij een internationale handel in kunstreproducties op – een noviteit voor die dagen. Van Gogh concentreerde zich op Hollandse en Franse negentiende-eeuwse schilders. De samenwerking met Goupil had tot gevolg dat ook in de filialen van deze firma in Londen, Parijs en Brussel werken van de Haagse School verhandeld konden worden. Vrijwel alle schilders van de Haagse School deden zaken met de firma Goupil.

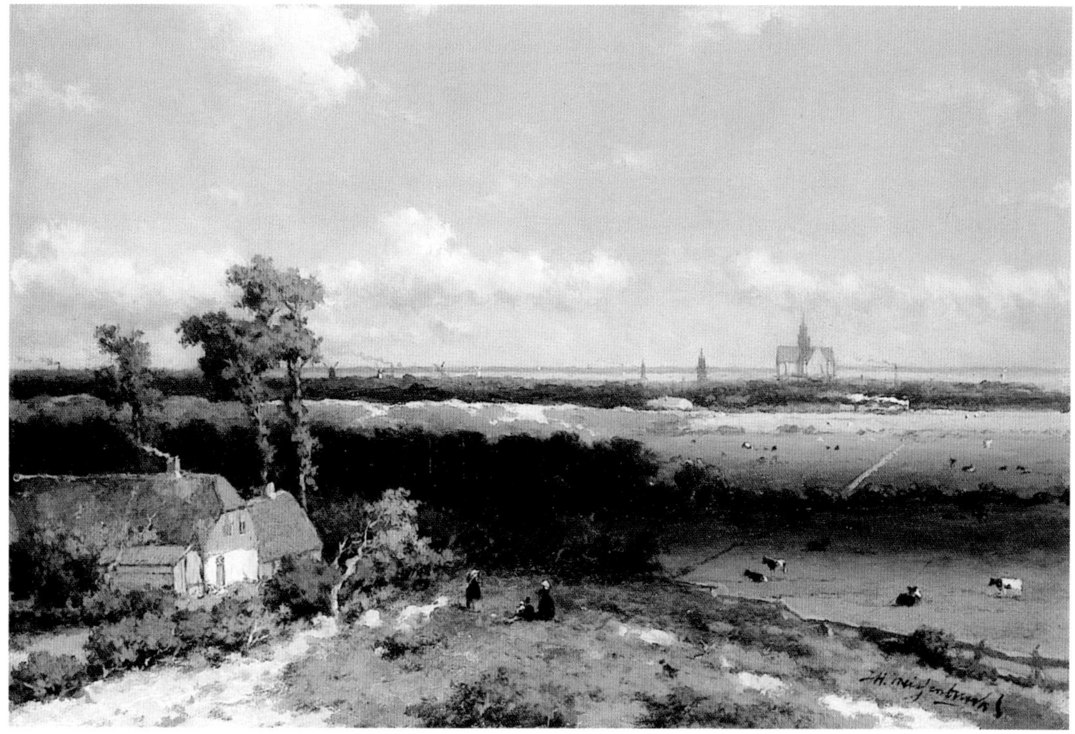

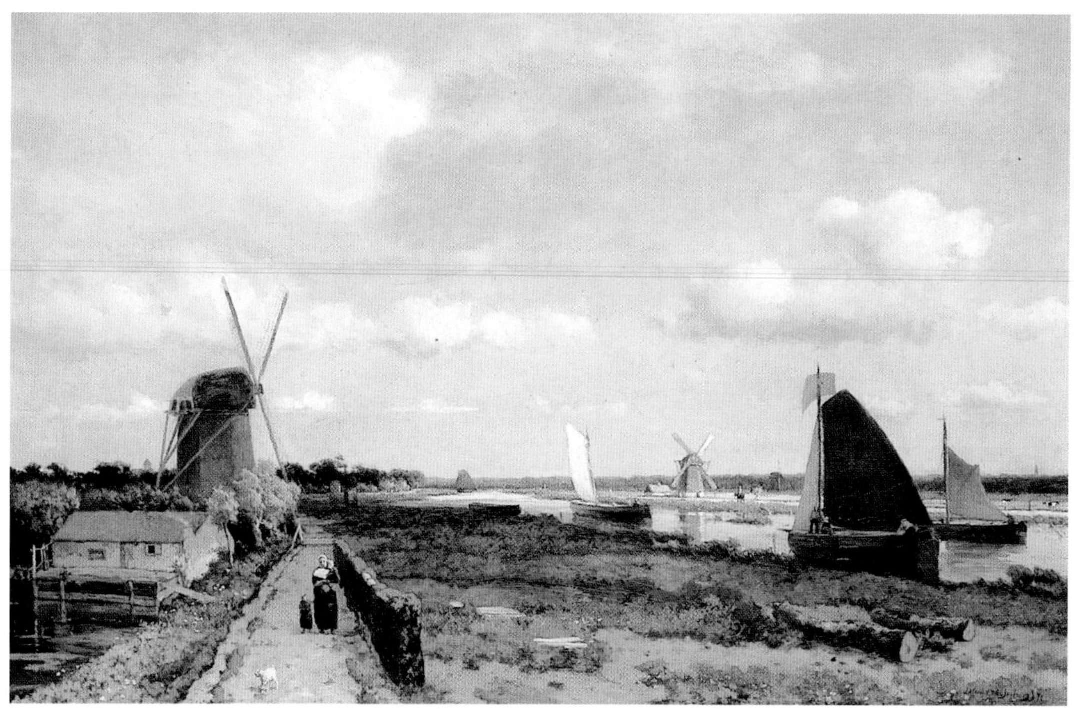

AFB. 86 [boven] – Johannes Hendrik Weissenbruch, *Gezicht op Haarlem*, ca. 1855. Olieverf op doek, 72 x 102 cm. Den Haag, Gemeentemuseum.

AFB. 87 [onder] – Johannes Hendrik Weissenbruch, *Gezicht op Trekvliet bij Den Haag*, 1870. Olieverf op doek, 65 x 100 cm. Den Haag, Gemeentemuseum.

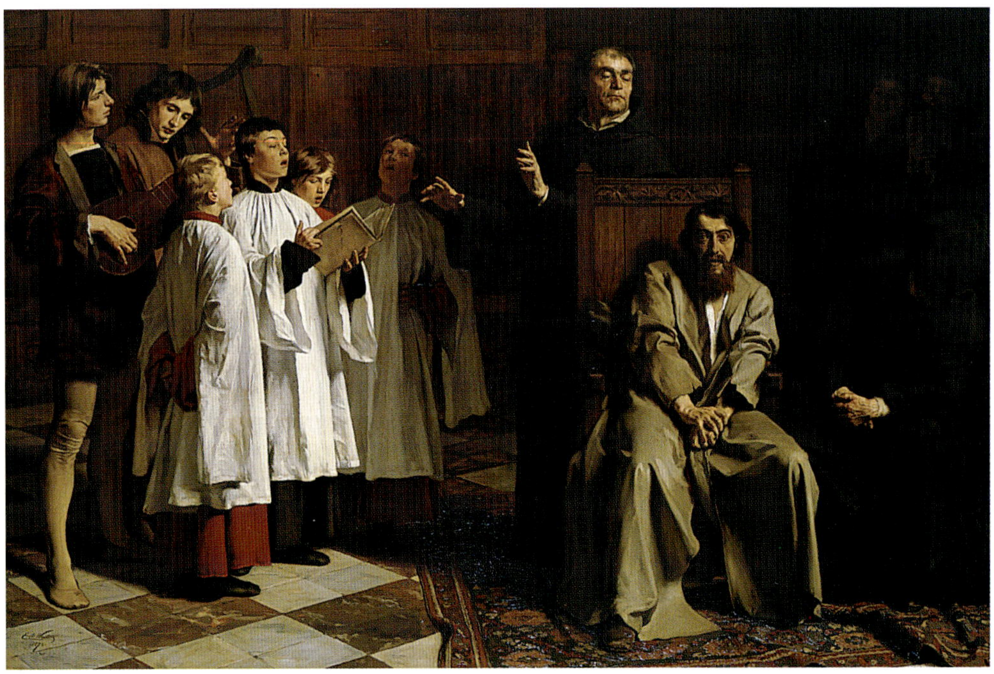

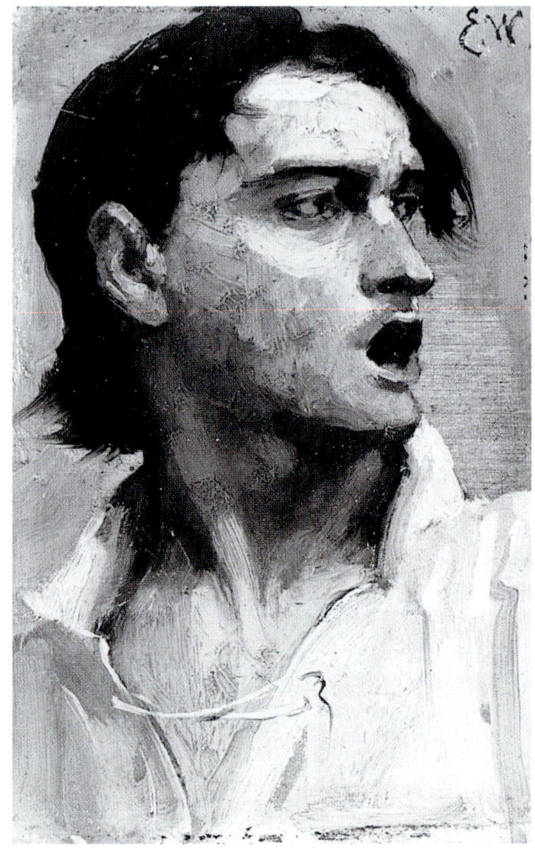

AFB. 88 [links] – Emile Wauters, *De schilder Hugo van der Goes in het Rode Klooster*, 1872. Olieverf op doek, 186 x 275 cm. Brussel, Koninklijke Musea voor Schone Kunsten.

AFB. 89 [rechts] – Emile Wauters, *Mannenhoofd (studie)*. Olieverf op doek, 14 x 9 cm. Brussel, Koninklijke Musea voor Schone Kunsten.

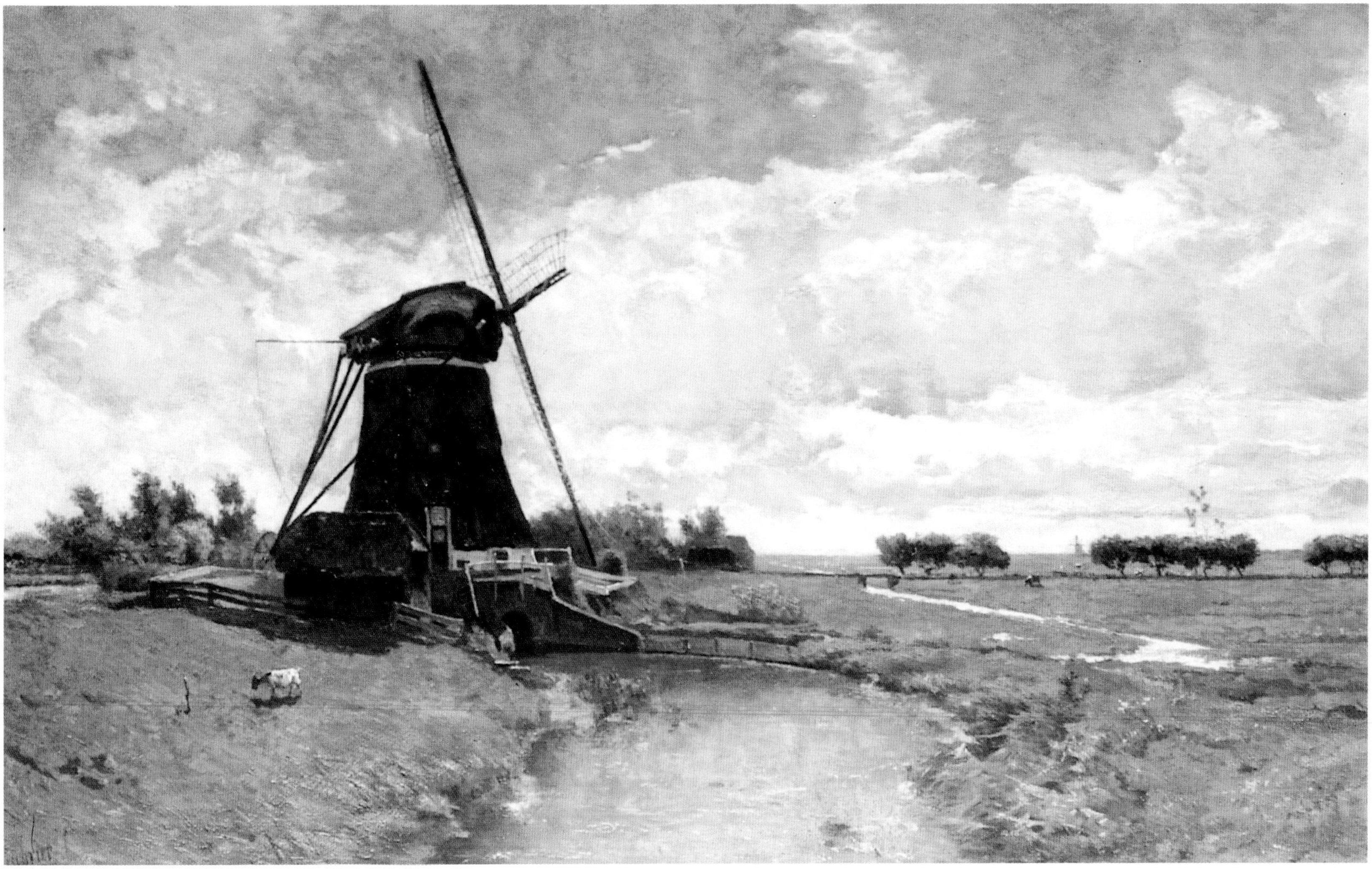

AFB. 90 – Paul Gabriël, *Watermolen bij Leidschendam.* Dordrecht, Dordrechts Museum.

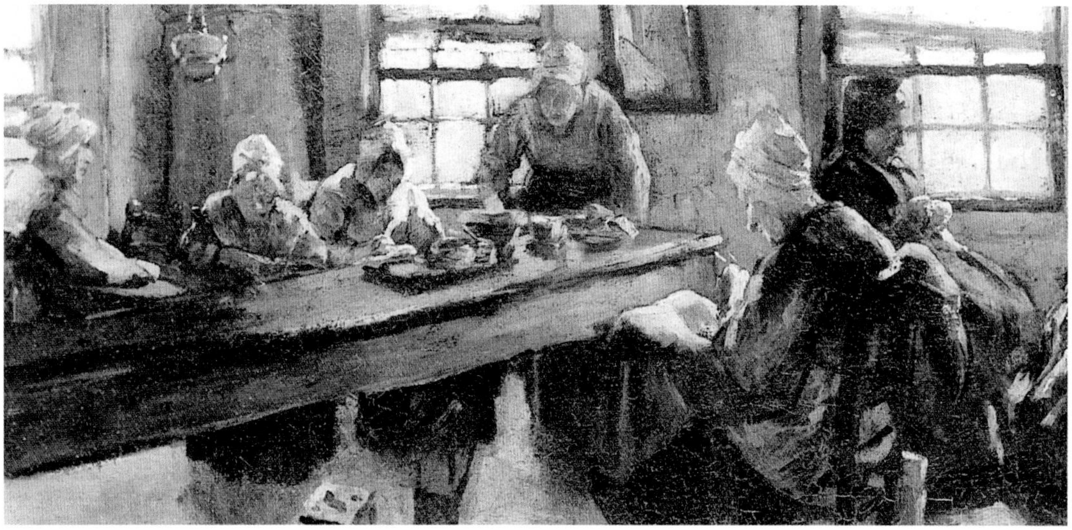

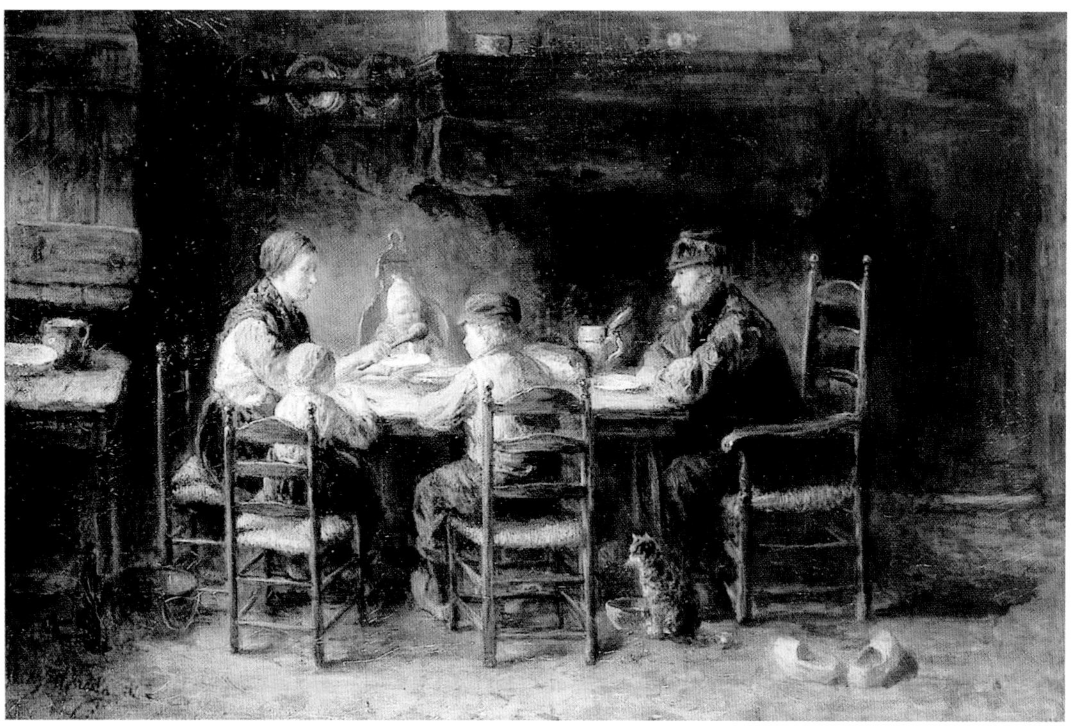

AFB. 91 [boven] – Anthon van Rappard, *Oude vrouwentehuis in Westterschelling*, 1884. Olieverf op doek, 24 x 24,5 cm. Den Haag, Gemeentemuseum.

AFB. 92 [onder] – Jozef Israëls, *Arbeidersgezin aan tafel*, 1882. Olieverf op doek, 71 x 105 cm. Amsterdam, Van Gogh Museum.

Vincent van Gogh

Op zestienjarige leeftijd trad de jonge Vincent van Gogh in dienst bij de firma Goupil, bij de Haagse vestiging op De Plaats, die door zijn oom was opgezet; zijn broer Theo werkte later als medewerker in de Parijse branche van Goupil. In tegenstelling tot zijn broer bleek Vincent geen talent te hebben voor de kunsthandel, al waren de jaren waarin hij voor Goupil werkte wél een goede leertijd om kennis te maken met de nieuwe opvattingen over beeldende kunst. In 1876 werd Vincent van Gogh na een conflict bij Goupil ontslagen. Na een mislukte poging om in het voetspoor van zijn vader te treden en predikant of evangelist te worden – aanvankelijk in Engeland, later in de Borinage in België – besloot hij in 1880 dat hij schilder wilde worden. Vincent wilde het liefst een leerling worden van Mauve, die met zijn nicht Ariëtte Carbentus was getrouwd. Zo kwam hij opnieuw in Den Haag, waar hij de contacten met de schilders van de Haagse School kon voortzetten. Vooral Weissenbruch moedigde hem zeer aan. Van Gogh koesterde grote bewondering voor het werk van Israëls, die hij op één lijn plaatste met Millet. Zijn leven lang bleef hij Mauve dankbaar voor zijn aanwijzingen om vooral naar de natuur te werken.

Met de firma Goupil bleef Van Gogh echter op gespannen voet, vooral door de inmenging in zijn persoonlijk leven door de zaakwaarnemer van zijn oom, Tersteeg, die de relatie tussen Van Gogh en zijn model, de prostituee Sien Hoornik, sterk veroordeelde. Ook Mauve vond dat Van Gogh met Sien moest breken. Aanvankelijk koesterde Vincent de hoop dat hij op introductie van Mauve lid zou kunnen worden van de Hollandsche Teeken-Maatschappij, en met Blommers had hij een kunstbeschouwing in Pulchri Studio voorbereid aan de hand van zijn collectie prenten van Engelse tijdschriftillustratoren, zoals Hall, Herkomer en Luke Fildes. Dit voorstel werd echter door het Pulchri-bestuur van de hand gewezen. Met Breitner tekende Van Gogh in de wachtkamers van het Staatsspoor in Den Haag, bij de gaarkeukens, en bij de duinafgravingen bij Scheveningen.

Sien poseerde voor hem als aardappelschilster en als een bekommerde moeder.

Belangrijk voor Van Gogh in zijn Haagse periode waren de vriendschappelijke contacten met Herman van der Weele, Théophile de Bock en Anthon van Rappard (AFB. 91). Van Gogh nam zich voor om te leren lithograferen, zodat hij in zijn levensonderhoud zou kunnen voorzien als illustrator. Zoals gezegd bewonderde hij de houtgravures in tijdschriften als *The Graphic* en *L'Illustration*, en graag wilde hij zelf series maken als *Heads of the people*, zoals hij die in de Engelse bladen had gezien. Oom Vincent gaf hem in zijn Haagse tijd opdracht om een twaalftal tekeningen met stadsgezichten te maken voor de kunsthandel, maar deze werden als onverkoopbaar beoordeeld.

Nadat de situatie in Den Haag voor Van Gogh onhoudbaar was geworden, keerde hij na een kort verblijf in Drenthe terug naar zijn ouders. In Brabant had Van Gogh de gelegenheid de indrukken van de Haagse School te verwerken en begon hij een serie 'koppen' van boeren te schilderen, die tenslotte tot zijn eerste belangrijke schilderij leidde, *De aardappeleters* uit 1885 (AFB. 93 en 94). De compositie van de boerenfamilie rondom de tafel en voor de haard is terug te voeren tot een tekening van Israëls' *Arbeidersgezin aan tafel* (AFB. 92), die gereproduceerd was in een map met fotografische reproducties die onder de titel *Les grands peintres français et étrangers* door de firma Goupil was uitgegeven.

In 1885 vertrok Van Gogh vervolgens naar Antwerpen. Aan Theo schreef hij in zijn eerste brief uit Antwerpen dat hij de 'eetzaal' van Leys had gezien. In januari van het volgende jaar schreef hij zich in bij de Antwerpse Academie, maar hij liet zich na zijn zelfstudie in Brabant niet zo gemakkelijk meer gezeggen door zijn leermeesters. Een maand later arriveerde hij onverwachts bij zijn broer Theo, die inmiddels in Parijs woonde en daar bij de firma Goupil werkzaam was.

In Parijs volgde hij instructies op het atelier van Cormon, waar hij bevriend raakte met Toulouse-Lautrec en Emile Bernard. Theo bewoog zich in de avant-gardekringen van het Parijse kunstleven. Zo kwam Vincent in contact met Signac, Seurat, Pissarro en Gauguin. Onder invloed van de

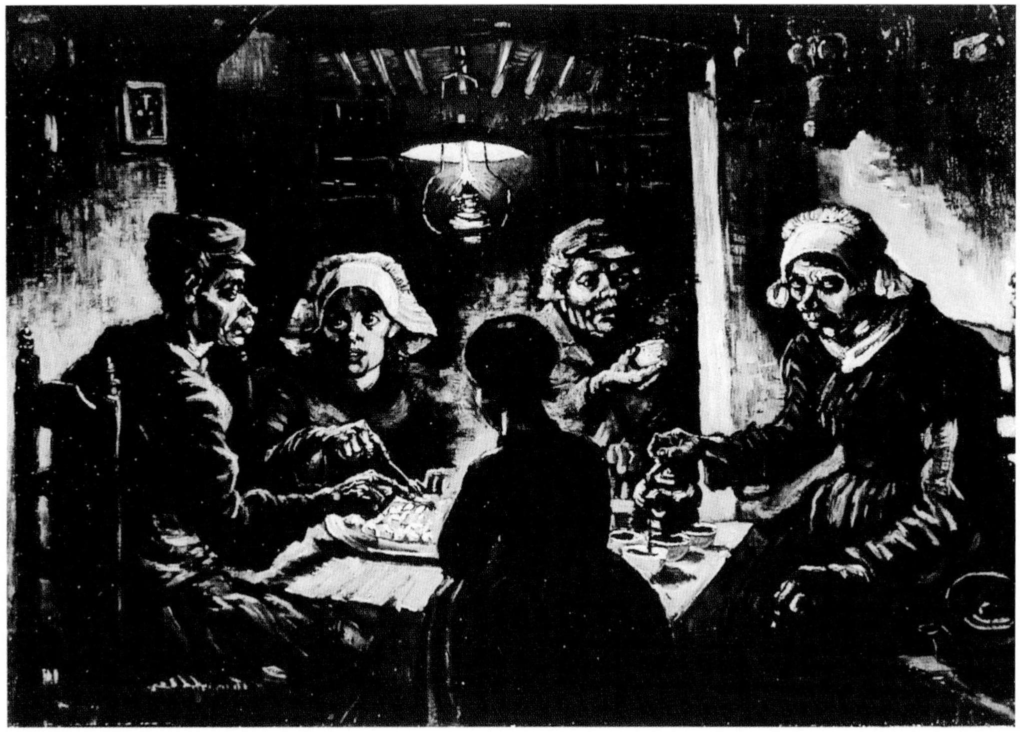

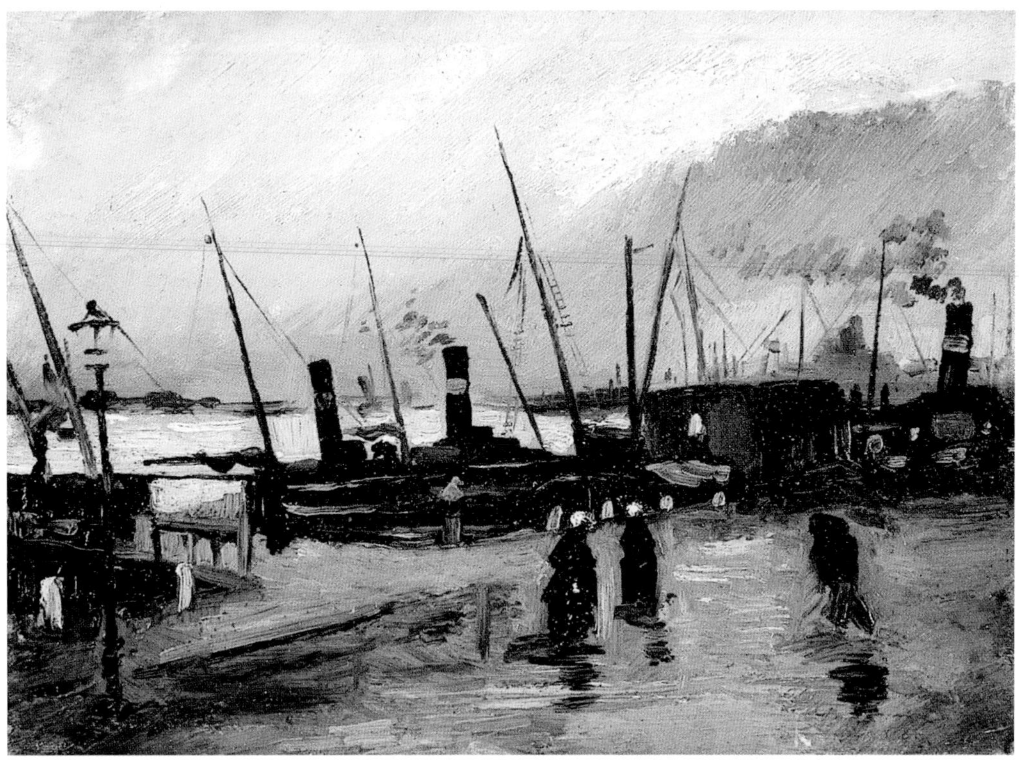

AFB. 93 [boven] – Vincent van Gogh, *De aardappeleters*, 1885. Olieverf op doek, 81,5 x 114,5 cm. Amsterdam, Van Gogh Museum.

AFB. 95 [onder] – Vincent van Gogh, *Havenkade, Antwerpen*, 1885. Olieverf op paneel, 20,5 x 27 cm. Amsterdam, Van Gogh Museum.

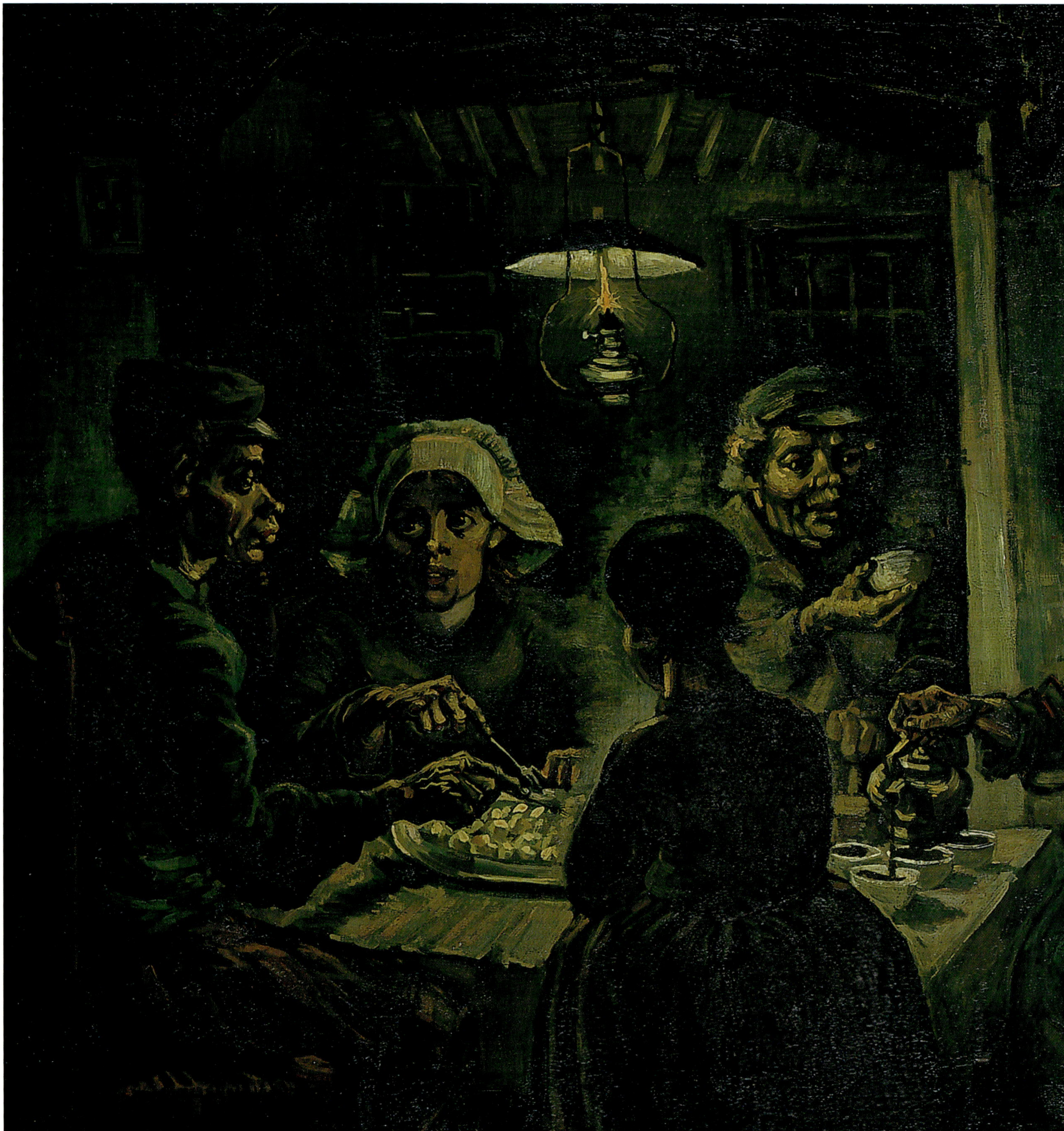

neo-impressionisten die zich in 1886 in Parijs voor het eerst manifesteerden, veranderde ook Van Goghs kleurgebruik (AFB. 95 en 96). Na de sombere tonen ontleend aan de Haagse School drongen nu de kleurrijke effecten van het neo-impressionisme en het divisionisme door in de Parijse stadsgezichten en stillevens. In het portret van de verfhandelaar Père Tanguy leefde Van Gogh zijn voorliefde voor Japanse prenten uit.

Na een verblijf van twee jaar in Parijs reisde Van Gogh naar Arles, waar hij zijn intrek nam in het 'Gele huis'. Hier koesterde hij de hoop samen met Gauguin een kunstenaarskolonie te stichten. Gauguin was echter niet van dezelfde idealen vervuld; de dramatische afloop van Van Goghs verblijf in Arles is bekend. In de onmiddellijke omgeving van Arles, in Fontvieille, werkte in die tijd de Belgische schilder Eugène Boch, evenals Van Gogh oud-leerling van het atelier Cormon in Parijs. Van Gogh sloot vriendschap met Boch en besloot zijn portret te schilderen ter decoratie van het 'Gele huis'. Aan Theo schreef hij: 'Ik zou het portret willen schilderen van een bevriende kunstenaar, die grote dromen droomt, die werkt zoals de nachtegaal zingt, omdat dit zijn aard is. Deze man moet blond zijn. Ik wil in het schilderij mijn waardering en genegenheid voor hem laten blijken. Ik zal hem dus schilderen zoals hij is, zo getrouw als ik maar kan. Maar daarmee is het schilderij nog niet klaar. Voor de voltooiing zal ik een willekeurig colorist zijn. Ik overdrijf het blond van zijn haar, ik zal gaan tot oranje tonen, chroom, bleek citroengeel. Achter het hoofd schilder ik in plaats van de banale muur van het schamele appartement een eenvoudige achtergrond van het rijkste blauw, het meest intense dat ik maar kan samenstellen, en door die simpele combinatie, het verlichte blonde hoofd tegen dat rijke blauw op de achtergrond, wordt een mysterieus effekt bereikt zoals een ster flonkert tegen een diep azuur.'

Voor Van Gogh was Boch 'de dichter', zoals de vrouw van de postbode Roulin 'de berceuse' was. De twee kunstenaars ruilden ook schilderijen: Boch gaf Van Gogh zijn *Usine de Crachet en Percy in Frameries*, een industrieel landschap in de Borinage; Van Gogh schonk Boch *Cabane dans les Alpilles*.

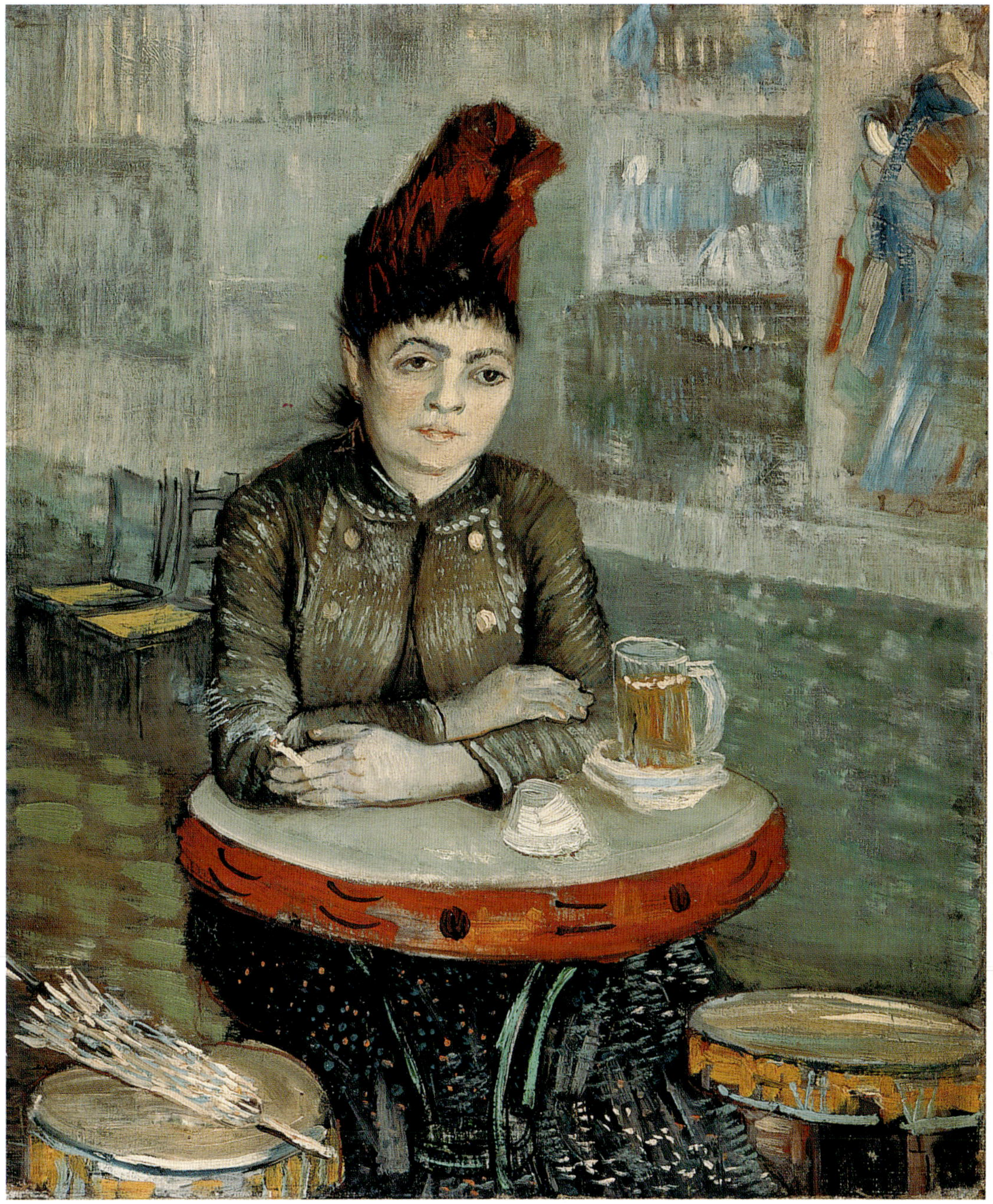

AFB. 94 [pagina 106] – Vincent van Gogh, *De aardappeleters* (detail van AFB. 93), 1885. Olieverf op doek, 81,5 x 114,5 cm. Amsterdam,Van Gogh Museum.

AFB. 96 [boven] – Vincent van Gogh, *Vrouw aan tafel in café du Tambourin, Parijs*, 1887. Olieverf op doek, 35,5 x 46,4 cm. Amsterdam, Van Gogh Museum.

Het portret van Eugène Boch werd door de schilder gelegateerd aan het Louvre.

In 1890 werd Van Gogh uitgenodigd om deel te nemen aan de internationale tentoonstelling van de Groupe des Vingt in Brussel, waarvan Anna Boch, de zuster van Eugène, lid was. Van Gogh zond zes werken in, waaronder *La vigne rouge, Montmajour*. Anna Boch kocht dit schilderij, als een van de weinige werken van Van Gogh die tijdens zijn leven verhandeld werden. Tot de overige *artistes invités* behoorden Eugène Boch, Cézanne, Pissarro, Redon, Renoir, Signac, Sisley en Toulouse-Lautrec. De inzending van Van Gogh veroorzaakte een schandaal. Henri Degroux, een van de leden van Les Vingt, weigerde zijn werk in dezelfde expositieruimte tentoon te stellen als de 'miserabele pot met zonnebloemen' van Van Gogh. Ook Sisley en Dubois-Pillet konden in de ogen van Degroux geen genade vinden Tijdens het openingsdiner liepen de emoties hoog op; Degroux werd van zijn lidmaatschap ontheven.

Op de jaarlijkse tentoonstelling van Les Vingt in 1891 werd Van Gogh geëerd met een postume inzending van vijftien werken, waaronder het beroemde *Boeket met irissen*. Ook in Den Haag werd Van Gogh onmiddellijk na zijn overlijden herdacht; door middel van een tentoonstelling werd er stilgestaan bij zijn uitzonderlijke betekenis. Deze tentoonstelling vond echter niet plaats binnen de muren van Pulchri Studio, maar onder auspiciën van de nieuw opgerichte Haagsche Kunstkring, op instigatie van Jan Toorop en Théophile de Bock, de eerste voorzitter van de kring. De tentoonstelling vond plaats in de zomer van 1892, een jaar na de oprichting van de Haagsche Kunstkring, en twee jaar na de dood van de kunstenaar. Er waren vijfenveertig schilderijen en vierenveertig tekeningen te zien, voornamelijk landschappen uit de omgeving van Arles, Saint-Rémy en Auvers-sur-Oise, afkomstig uit de verzameling van Jo van Gogh-Bonger, de weduwe van Theo. Jozef Israëls was bij de opening aanwezig.

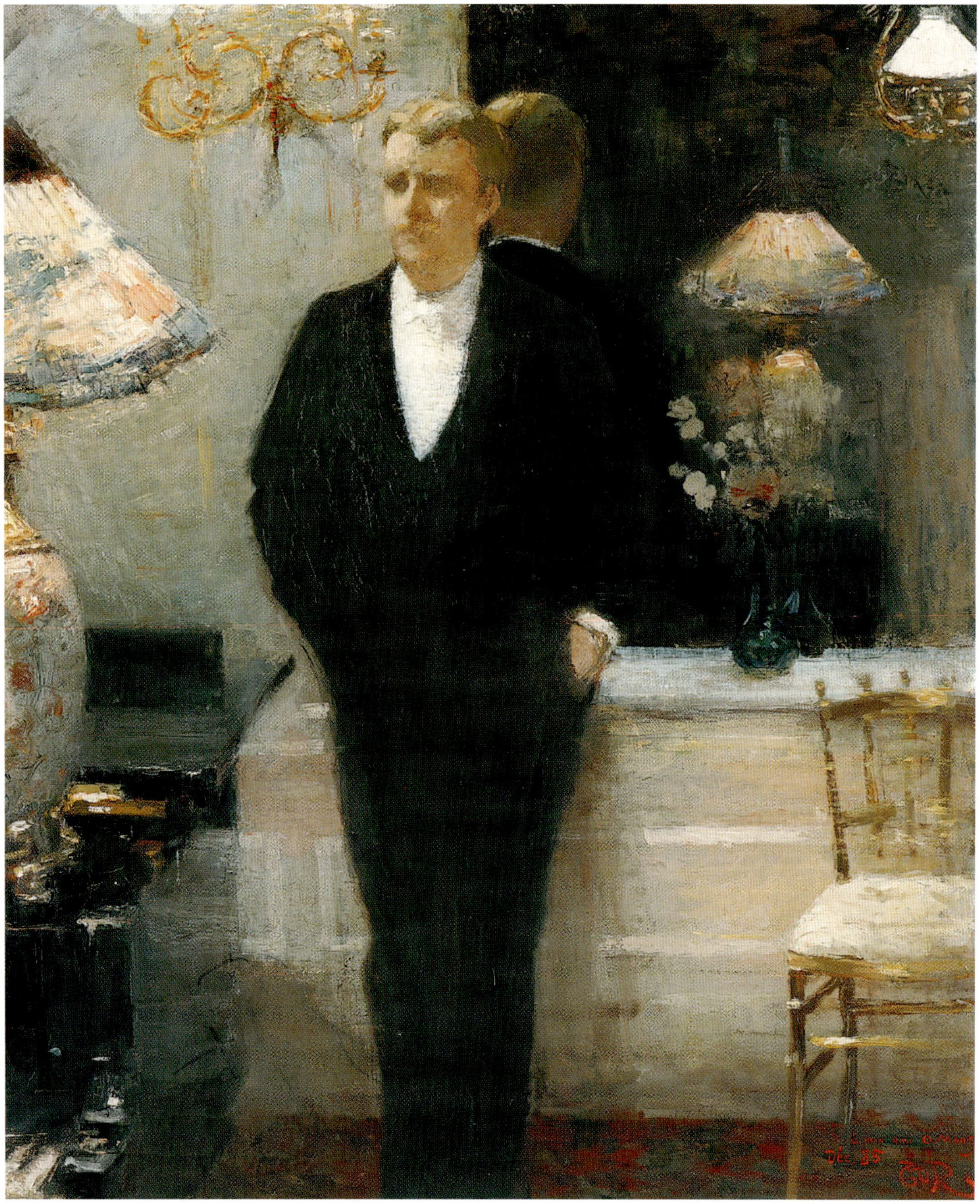

AFB. 98 – Théo van Rysselberghe, *Portret van Octave Maus*, 1885. Olieverf op doek, 90,5 x 75,5 cm. Brussel, Koninklijke Musea voor Schone Kunsten.

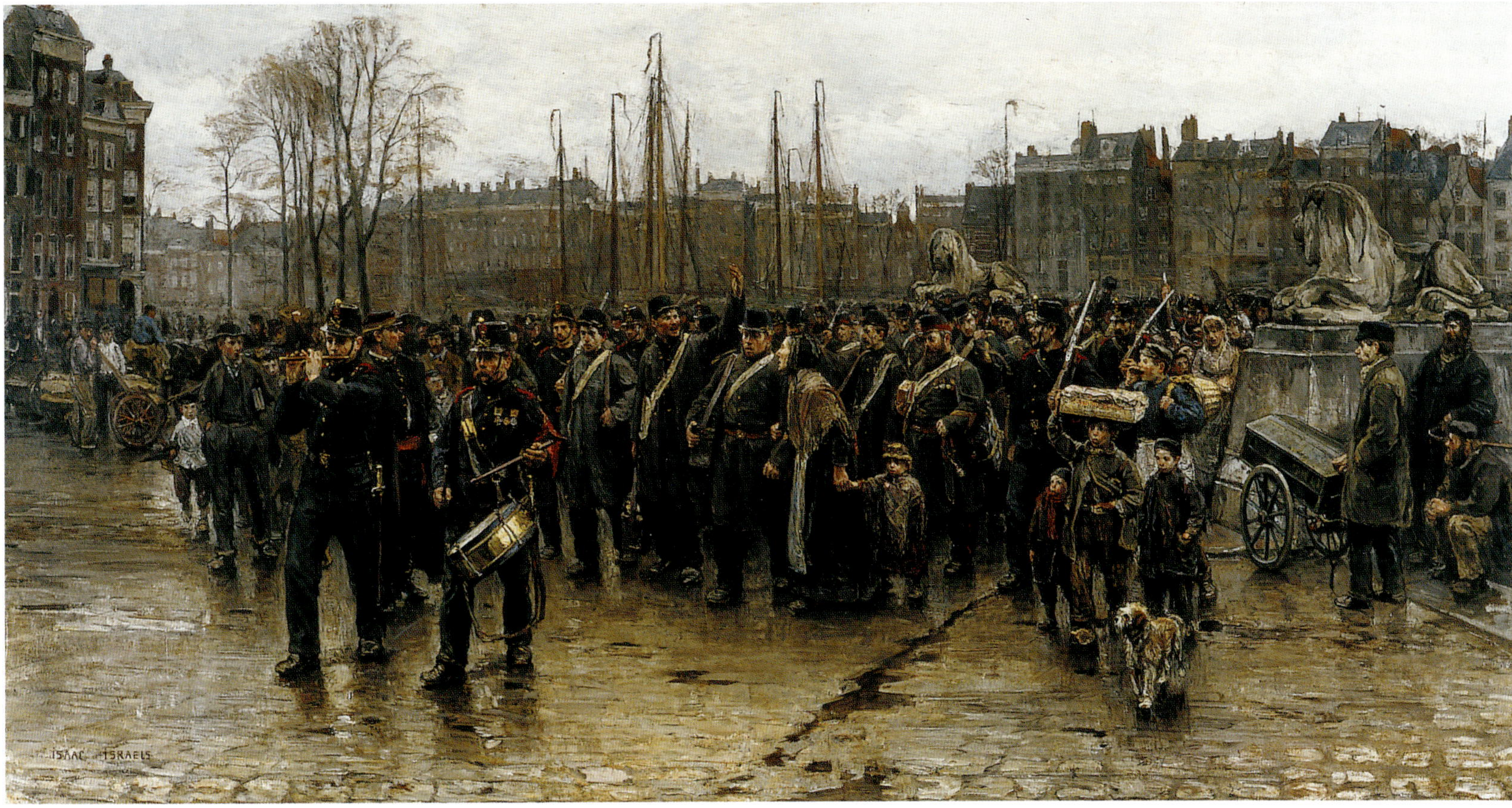

Les Vingt

De avant-garde Belgische kunstenaarsgroepering Les Vingt was gesticht in januari 1884, met Octave Maus, een neef van Eugène Boch, als eerste secretaris. Andere prominente leden waren Théo van Rysselberghe (AFB. 98), Fernand Khnopff, Guillaume Vogels, James Ensor, Willy Finch en Dario de Regoyos. De groep werd publicitair ondersteund door Edmond Picard in diens tijdschrift *L'Art Moderne*. In het eerste jaar van Les Vingt werden Jozef Israëls, Jacob Maris en Anton Mauve uitgenodigd deel te nemen als *artistes invités*. In 1885 veranderde de samenstelling enigszins. Jan Toorop was inmiddels uitverkoren tot een van de *Vingtistes*; als enige *invité* uit de Haagse School was Mesdag overgebleven. In 1886 waren Isaac Israëls, de zoon van Jozef, en Breitner aan de beurt: de sprong naar de jongste generatie werd snel gemaakt. Inmiddels waren ook de Franse impressionisten al vertegenwoordigd, zoals Monet en Renoir. De laatste bijdrage van de Haagse School aan Les Vingt vond plaats in 1887, toen Willem en Matthijs Maris mochten inzenden, samen met Marius van der Maarel en Philippe Zilcken. De Haagse School was op het internationale tentoonstellingsniveau nog lang niet uitgeschakeld, maar voor Les Vingt, die alleen maar het nieuwste van het nieuwste wilden tonen, was hun bijdrage na 1887 niet meer onmisbaar.

De schilders van de Haagse School begonnen langzamerhand hun dominante positie te verliezen, al zou het tot de Eerste Wereldoorlog duren voordat de laatste grote figuren overleden waren. Niet alleen Van Gogh, maar ook zijn leeftijdgenoten zoals Breitner en Isaac Israëls namen nieuwe thema's ter hand: stations, loterijen, gaarkeukens – niet bepaald de thema's die tot de idylle van de Haagse School behoorden. In 1882 schilderde Isaac Israëls *Het transport van de kolonialen*,

AFB. 97 – Isaac Israëls, *Het transport van de kolonialen*, 1882. Olieverf op doek, 160 x 300 cm. Otterlo, Museum Kröller-Müller.

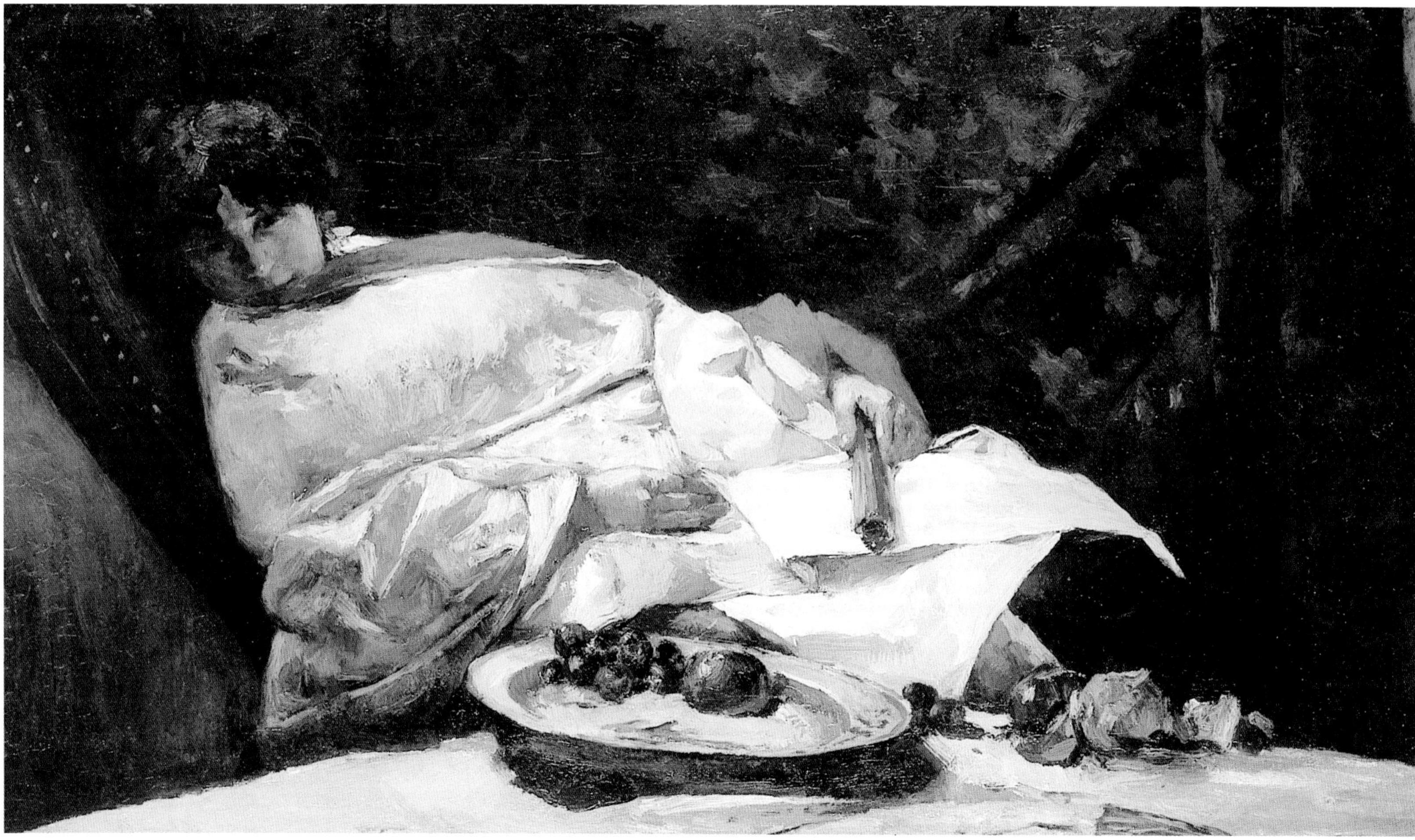

waarbij soldaten inschepen om de vaderlandse belangen te verdedigen in het voormalige Nederlands-Indië, zonder enig sentiment (AFB. 97). Jozef Israëls merkte tegen een Schotse vriend op, in een vlaag van zelfspot, waarin hij zowel zijn accent als zijn eigen werk op de hak nam: 'My son paints the Varriors going to the Var, I paint the Veeping Vidows.'

De Haagsche Kunstkring bracht de nieuwe kunst naar Den Haag (AFB. 99 en 100). Het ging daarbij niet alleen om schilderkunst, maar ook om literatuur, muziek, dans en architectuur; een speciale belangstelling ging uit naar de toegepaste kunsten. Door toedoen van Toorop exposeerden Les Vingt in Den Haag. Na de opleving van de belangstelling voor de aquarel in de bloeiperiode van de Haagse School was het nu de beurt aan de grafische technieken. De etskunst, zowel als reproductietechniek alsook als zelfstandige kunstuiting, bloeide op. Schilders als Breitner en Witsen legden een speciale belangstelling voor de fotografie aan de dag en pasten composities toe in hun schilderijen die hieruit voortkwamen. Het leek alsof allerlei kunstvormen naar elkaar toe groeiden. Bij sommige kunstenaars leidde dat tot een nieuw ideaal, dat van het totale kunstwerk, waarin alle onderdelen op elkaar afgestemd zouden zijn.

AFB. 99 – Willem de Zwart, *Liggend meisje in kimono*, ca. 1889. Olieverf op doek, 44 x 75 cm. Den Haag, Gemeentemuseum.

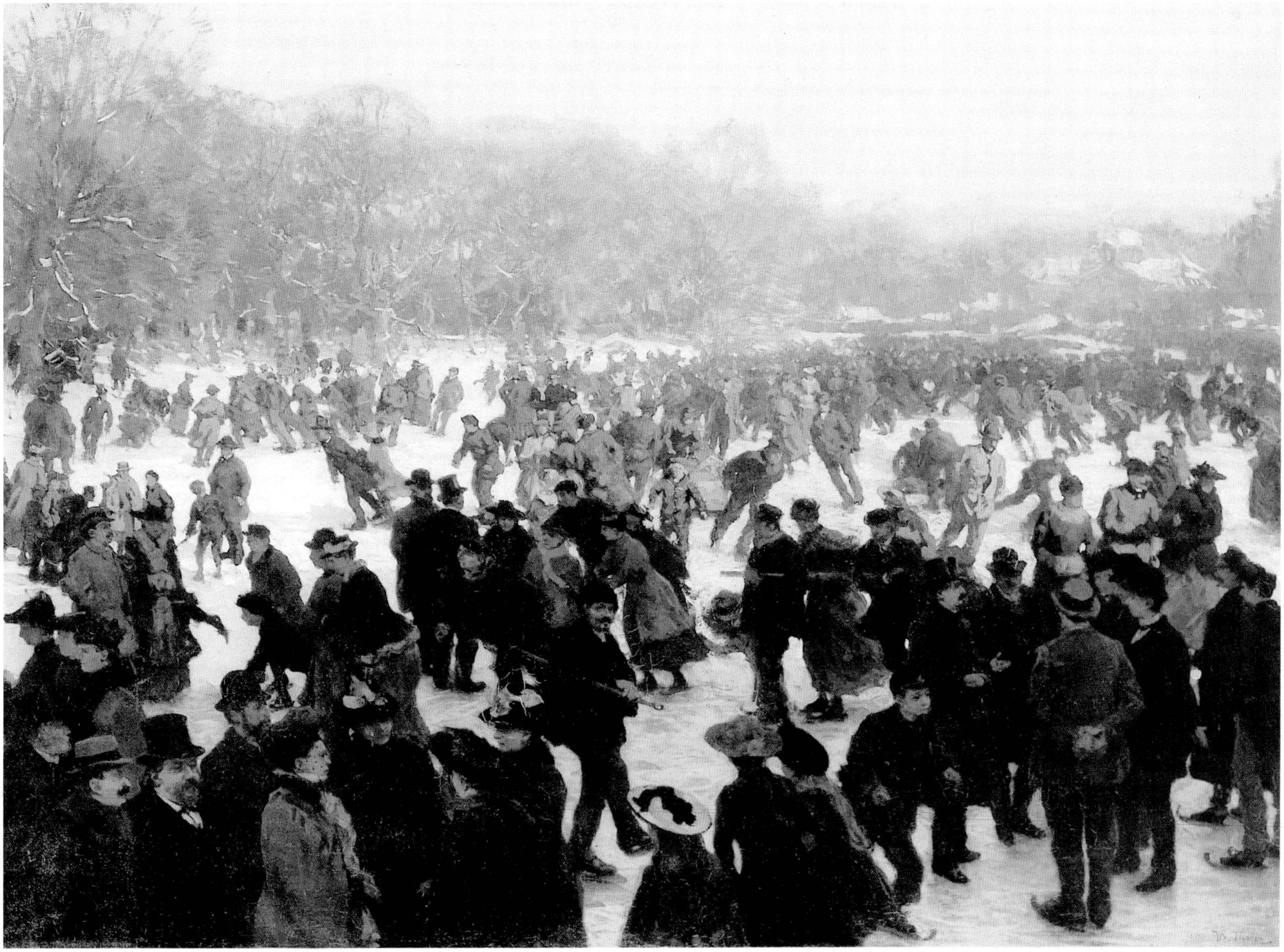

AFB. 100 – Willem Bastiaan Tholen, *Schaatsenrijden in het Haagse Bos*, 1891. Olieverf op paneel, 98 x 132,5 cm. Den Haag, Gemeentemuseum.

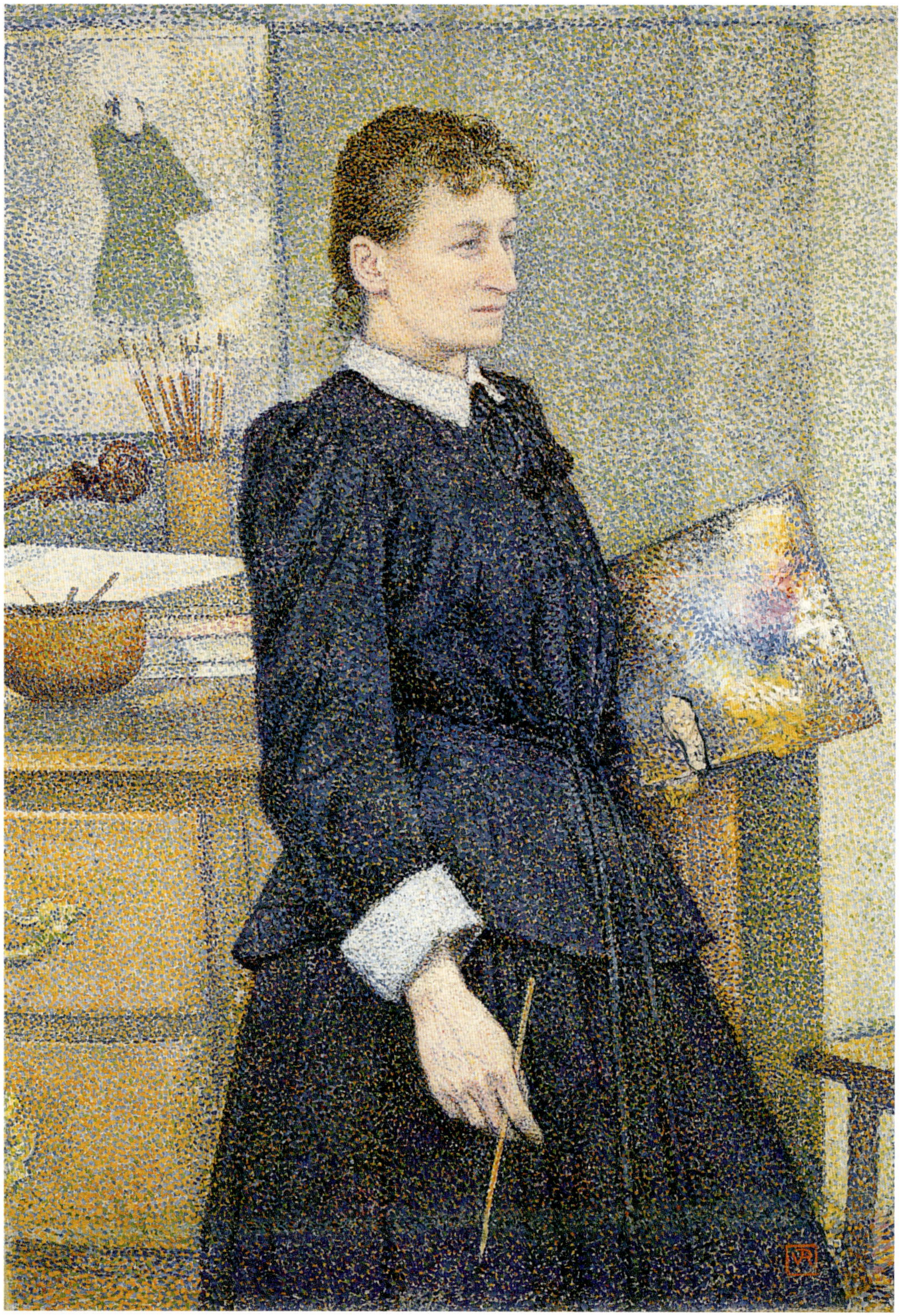

AFB. 101 – Théo van Rysselberghe, *Portrait de Anna Boch*, 1889. Olieverf op doek, 95,2 x 64,8 cm. Springfield, Massachusetts, Museum of Fine Arts, Robert J. Freedman Memorial Collection.

HOOFDSTUK 6

Fin de siècle in België en Nederland

De laatste decennia van de negentiende eeuw moeten voor een kunstenaar aan het begin van zijn loopbaan een fascinerende maar ook verwarrende periode geweest zijn. Artistieke bewegingen volgden elkaar in hoog tempo op, kunstenaarsgroeperingen ontstonden en werden weer ontbonden, tijdschriften werden opgericht en manifesten werden geformuleerd. Kunst had, meer dan ooit, een hoge nieuwswaarde gekregen.

In België manifesteerden vooruitstrevende kunstenaars zich door tentoonstellingen en door tijdschriftartikelen in sympathiserende bladen. Les Vingt deden vanaf 1884 van zich spreken in het Belgische kunstleven door jaarlijkse tentoonstellingen en lezingen. Door de keuze van exposanten zou Les Vingt uitgroeien tot een waar platform voor de meest vooruitstrevende Europese kunststromingen in België. De Société Libre des Beaux-Arts gebruikte *L'Art libre* als spreekbuis; dit tijdschrift werd opgevolgd door *L'Art universel*. Félicien Rops richtte in 1875 La Chrysalide op, dat door iedereen werd beschouwd als een voortzetting van de Société Libre des Beaux-Arts. De tijdschriften *La jeune Belgique* en *L'Art Moderne* verschenen in 1881 voor het eerst. *La jeune Belgique* was vooral een literair tijdschrift met een elitair karakter, *L'Art Moderne, revue critique des arts et de la littérature* richtte zich daarentegen op de sociale rol van de kunst. *L'Art Moderne* zou met figuren als Picard en Maus vooral het klankbord van Les Vingt worden. Antwerpen volgde de stormachtige gebeurtenissen op artistiek gebied in Brussel met de kunstenaarsvereniging 'Als Ik Kan', een groep die zich afzette tegen de Antwerpse 'Cercle artistique'. Na de opheffing van Les Vingt in 1893 zette Maus zijn activiteiten voort in *La Libre Esthétique*, met een eerste Salon in 1894. De reactie op het Franse impressionisme werd vooral verwoord in het tijdschrift *L'Art idéaliste*, dat zich liet inspireren door het gedachtegoed van de *Ordre du Temple de la Rose + Croix* van Sâr Péladan. In Vlaanderen richtten August Vermeylen en Cyriel Buysse in samenwerking met Henry van de Velde in 1893 het tijdschrift *Van Nu en Straks* op; in het eerste jaar van verschijnen werd al een themanummer aan Van Gogh gewijd.

Zoals gezegd, de voormannen van Les Vingt volgden de ontwikkelingen in de moderne kunst op de voet, met name die in Parijs. Emile Verhaeren wees Théo van Rysselberghe op de aanwezigheid van pointillistische doeken van Seurat op de laatste tentoonstelling van de impressionisten in Parijs in 1886; al in 1887 waren de eerste werken van Seurat te zien in Brussel. De toonaangevende Franse criticus Félix Fénéon schreef zelfs een artikel in *L'Art Moderne*, waarin hij voor het eerst de term 'Neo-impressionisme' lanceerde. Van Rysselberghe schilderde zelf zijn eerste pointillistische portretten in 1889, zoals dat van Anna Boch (AFB. 101). Het portret toont haar als schilderes, met alle benodigde attributen, zoals een groot palet en een penseel in de hand. Tegen de wand staat een kast, waarop een stapel schetsboeken en bekers met penselen. Aan de wand hangt een Japanse prent – een geliefd verzamelobject van kunstenaars in die jaren. Op de kast ligt ook een viool, mogelijk een toespeling op Anna Bochs grote liefde voor muziek, die onder meer bleek uit haar wekelijkse muzikale soirees, die door kunstenaars druk werden bezocht. Tegen de eeuwwisseling deed Van Rysselberghe afstand van de moeizame stippeltechniek en werd zijn penseelstreek breder en vrijer.

Jan Toorop was het enige Nederlandse lid van Les Vingt. Daarvoor had hij zich al aangesloten bij L'Essor. In Brussel had hij lessen gevolgd bij Jean-François Portaels, net als Van Rysselberghe. In deze periode schilderde hij in de trant van de vroege interieurstukken van James Ensor, met zware lagen verf, aangebracht met een paletmes (AFB. 102 en 103). In 1889 bereidde hij een presentatie van Les Vingt in Amsterdam voor, samen met Guillaume Vogels. In datzelfde jaar schilderde hij zijn eerste pointillistische schilderijen, zoals *Landschap met rivier*, dat zich thans in het Dordrechts Museum bevindt. In datzelfde jaar ontstond *De Nes*, een scène uit het

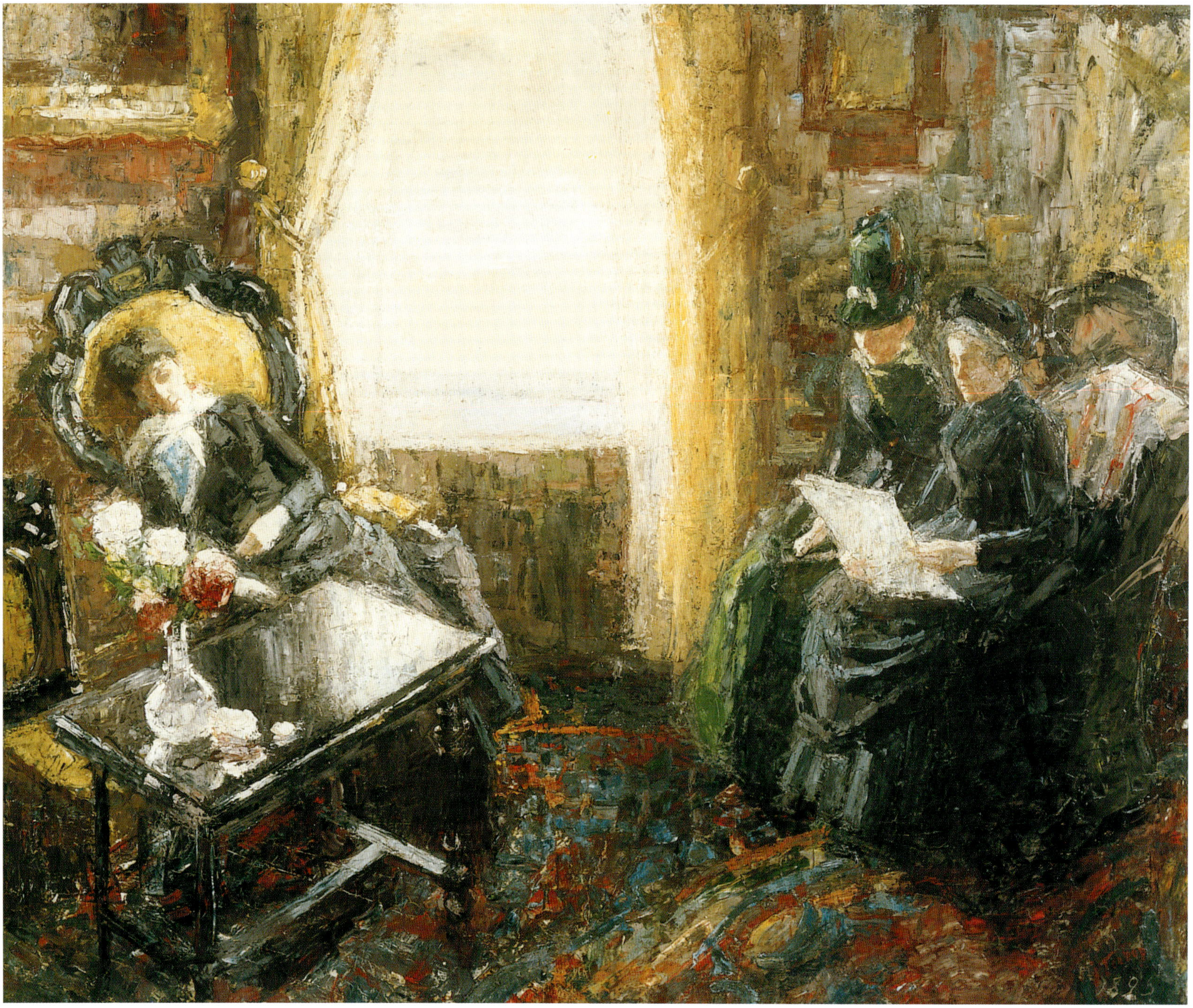

AFB. 102 – Jan Toorop, *De Brusselse familie*, 1886. Olieverf op doek, 90 x 106 cm. Otterlo, Collectie Kröller-Müller Museum.

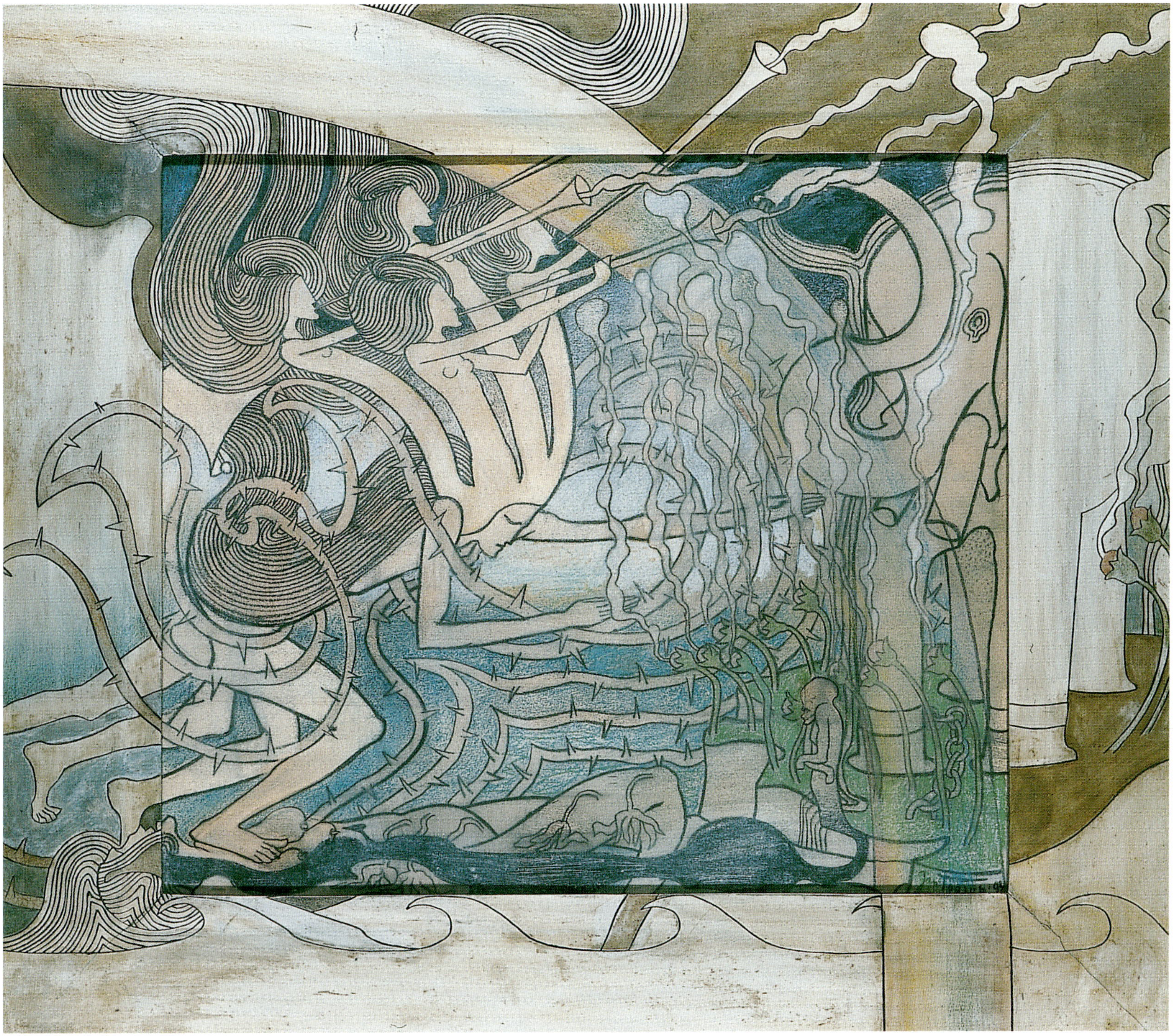

AFB. 103 – Jan Toorop, *Lijnenspel. Opkomst, met tegenwerking der moderne kunst,* 1893. Pasteltekening, 42 x 47,3 cm. Den Haag, Gemeentemuseum.

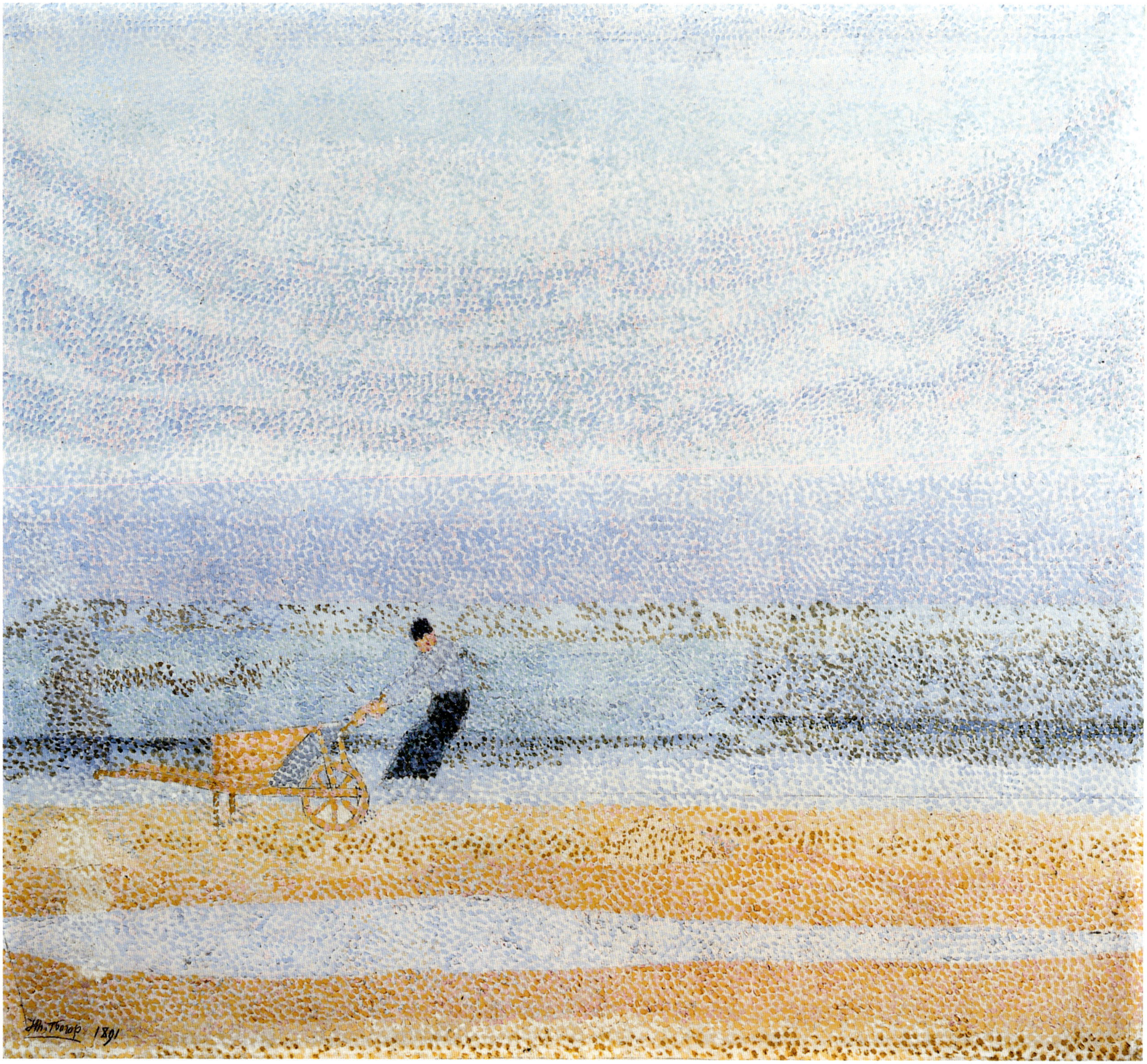

AFB. 104 – Jan Toorop, *Schelpenvisser op het strand*, 1891.
Olieverf op doek, 61,5 x 66 cm. Collectie Kröller-Müller Museum.

Amsterdamse nachtleven, dat met zijn verhulde sociale commentaar aansloot bij zijn vroege sociale realisme. *Schelpenvisser op het strand* dateert uit 1891 (AFB. 104). Hij was zeer geïnteresseerd in het luministische effect van het pointillisme, maar het natuurwetenschappelijke element gefundeerd op de kleurentheorieën van Ogden Rood, op basis waarvan Seurat zijn pointillisme had ontwikkeld, speelde bij Toorop nauwelijks een rol.

Na zijn korte pointillistische fase ging Toorop over tot het maken van symbolistische werken in een lineaire stijl. Hij sloot zich aan bij de beweging van de Rose + Croix van Sâr Péladan en exposeerde in 1892 bij hem in Parijs. Zijn symbolistische werken, zoals *De jonge Generatie*, *De drie bruiden* en *Fatalisme* oogstten veel succes, vooral in het buitenland. Het symbolisme nam afstand van de weergave van de alledaagse werkelijkheid, maar koos voor de weergave van de 'zielenroerselen' van de kunstenaar, die door middel van symbolen werden uitgebeeld. Soms waren die symbolen gemakkelijk verklaarbaar maar dikwijls hulde de kunstenaar zich ook in onverklaarde mysteries.

In 1898 exposeerde Toorop in München, Dresden en Kopenhagen, in 1902 kreeg hij zelfs een eigen ruimte toegewezen in het tentoonstellingsgebouw van de Weense Secession. Door zijn vele internationale contacten was Toorop in staat veel artistieke verbindingen te leggen; hij was een van de meest inspirerende figuren van de Haagsche Kunstkring, juist ook door zijn interdisciplinaire belangstelling voor literatuur, muziek en toegepaste kunst. In Nederland was hij beroemd om zijn boekomslagen voor de romans van Louis Couperus en om zijn afficheontwerpen voor de Delftse Slaoliefabriek. Dankzij een affiche die in Toorops lineaire stijl was uitgevoerd, werd de art nouveau in Nederland wel aangeduid als de 'slaolie-stijl'. Na 1908 wijdde de kunstenaar zijn talenten aan de uitbeelding van religieuze voorstellingen; in 1905 had hij zich bekeerd tot het katholicisme.

Het symbolisme was echter niet de enige stroming die het beeld van de kunst rond de eeuwwisseling bepaalde. De weergave van de werkelijkheid, zoals die was ingezet door het neo-impressionisme van Seurat en Signac, vond een nieuwe ontwikkeling in het luminisme – een vorm van natuurobservatie waarbij het licht de hoofdrol kreeg toebedeeld.

Het neo-impressionisme onderscheidde zich vooral van de overige kunststromingen in het Belgische en Nederlandse fin de siècle door een schildertechniek die was gebaseerd op natuurkundige kleurtheorieën en op de nieuwe schilderijen van Seurat en Signac. Wat betreft de onderwerpen was er vanzelfsprekend een voorkeur voor het zomerse landschap en het kleurrijke portret; het uitgangspunt bleef een weergave van de werkelijkheid. In diezelfde periode is er echter ook sprake van een voortzetting van het socialer ingestelde realisme dat terug te voeren was tot de grote bewondering voor het werk van Courbet en voor de geschriften van Baudelaire. Diens adagium '*Il faut être de son temps*' was in Belgische kunstkringen tot een principe-uitspraak geworden. De '*modernité*' was een vereiste voor een kunstenaar van betekenis; men zag het als de taak van een beeldend kunstenaar om de werkelijkheid, ook de alledaagse wereld met al zijn lelijkheden en onrecht, af te beelden en niet uitsluitend te streven naar onbereikbare schoonheidsidealen of naar de aangename en zonnige kant van het leven. Charles Degroux, de vader van de *Vingtiste* Henry Degroux, had hiervoor al samen met Charles Hermans in de jaren zestig en zeventig van de negentiende eeuw de toon gezet. De schilder Henri Evenepoel zette deze lijn in een eigen vorm voort en toonde zich een waar *peintre de la vie moderne*. Aan zijn vader schreef hij: 'Het is goed dat ik bij [Gustave] Moreau geleerd heb te houden van wat ik maak.' Tevens benadrukt hij dat alleen waar je met je hart van houdt, prijzenswaardig is, en dat elke penseelstreek ingegeven moet worden door je gevoel: 'Weg met degenen die schilderen met hun handen, met degenen wier werk het oog bevredigt, maar waarbij de oogzenuw niet in overeenstemming is met hun hart.' Deze uitspraak wijst op een zekere behoefte van de kunstenaar om afstand te nemen van het neo-impressionisme en van de technische bravoure van de pointillisten, die zich soms te zeer in schilderkundige problemen verloren en nauwelijks emoties over het voetlicht konden brengen.

Emile Claus ontwikkelde in België, evenals Thorn Prikker in Nederland, een eigen vorm van luminisme. Claus koos hierbij voor onderwerpen die een voortzetting waren van het realisme: hij greep terug naar thema's die waren ontleend aan het dagelijkse leven op het boerenland, terwijl Thorn Prikker naast zijn indrukwekkende landschapstekeningen (AFB. 105) koos voor symbolistische voorstellingen (AFB. 106). In 1899 voltooide Claus zijn grootste werk, *Koeien bij het oversteken van de Leie*, een doek van twee bij drie meter waaraan hij acht jaar had gewerkt (AFB. 107). Het werk werd in 1901 door de Belgische staat aangekocht en bevindt zich nu in het Museum van Schone Kunsten in Gent. Ondanks de indruk van een spontane weergave van een snel voorbijgaand moment van licht en schaduw gaat het hier om een met grote inspanning vervaardigd atelierstuk. Camille Lemonnier, een invloedrijk auteur over kunst, spoorde Claus als volgt aan: 'Schilder de natuur niet zoals u denkt dat ze is, maar zoals u wilt dat ze is. (...) U moet zowel eerlijkheid als onafhankelijkheid nastreven. Uw palet kan nooit helder genoeg zijn om de buitenlucht en het leven der dingen weer te geven.'

In de reeks luministische schilders moet Henry van de Velde genoemd worden. Aanvankelijk was Van de Velde zeer onder de indruk van het werk van Jean-François Millet. In de jaren omstreeks 1886 werkte hij graag in Wechelderzande. Hij schilderde er het boerenleven in een luministische techniek; de presentatie van Seurats *Grande Jatte* bij Les Vingt in Brussel in 1887 was een openbaring. Van de Velde adopteerde razendsnel de pointillistische techniek, zoals in zijn *Strand in Blankenberge* uit 1888 (AFB. 108). In 1890 was de confrontatie met het werk van Van Gogh en Gauguin bij Les Vingt opnieuw een schokkende

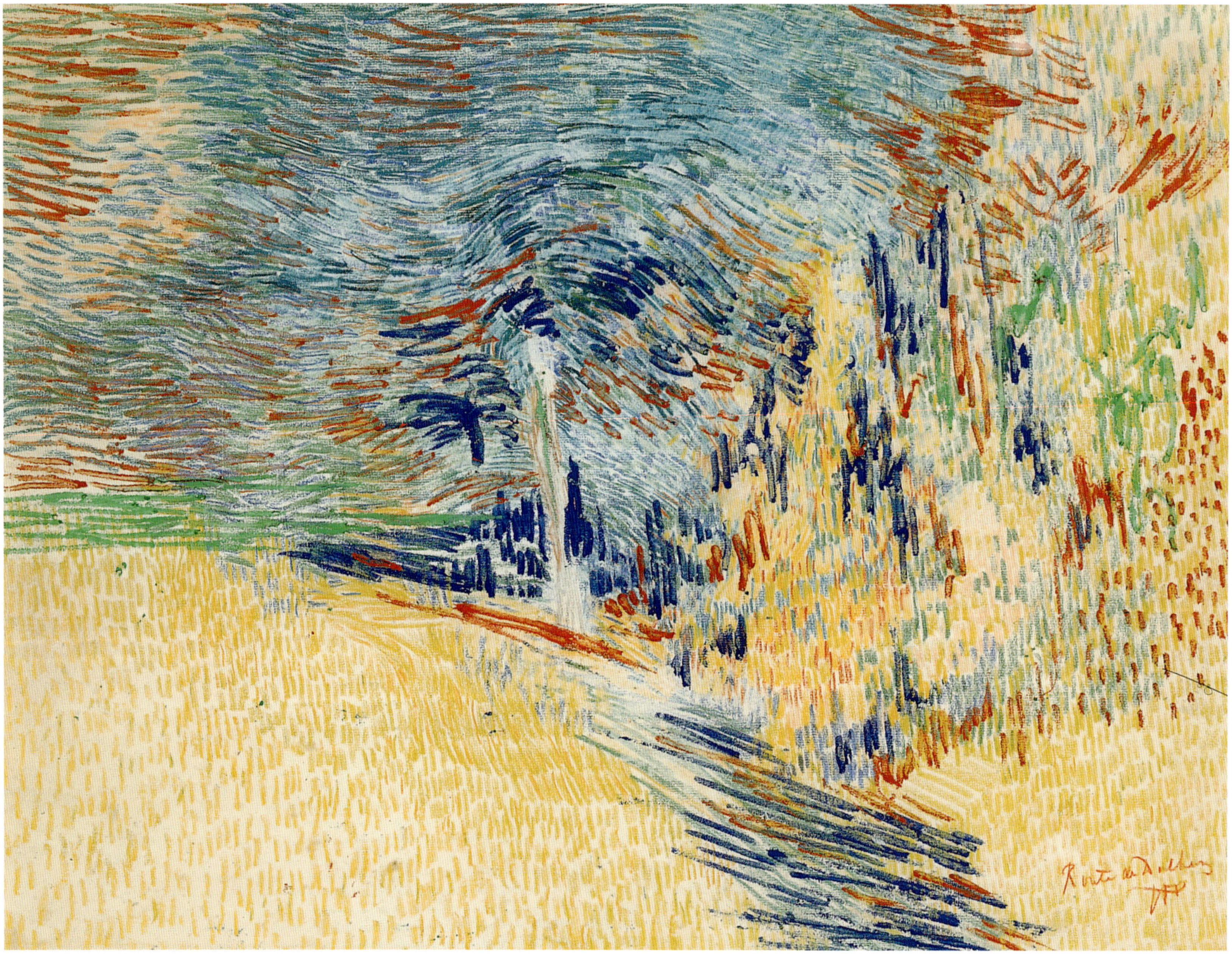

AFB. 105 [boven] – Johan Thorn Prikker, *La route de Dahlem*, ca. 1895. Pasteltekening, 45,7 x 56,5 cm. Den Haag, Gemeentemuseum.

AFB. 106 [pagina 119] – Johan Thorn Prikker, *De bruid*, 1893. Olieverf op doek, 146 x 88 cm. Otterlo, Museum Kröller-Müller.

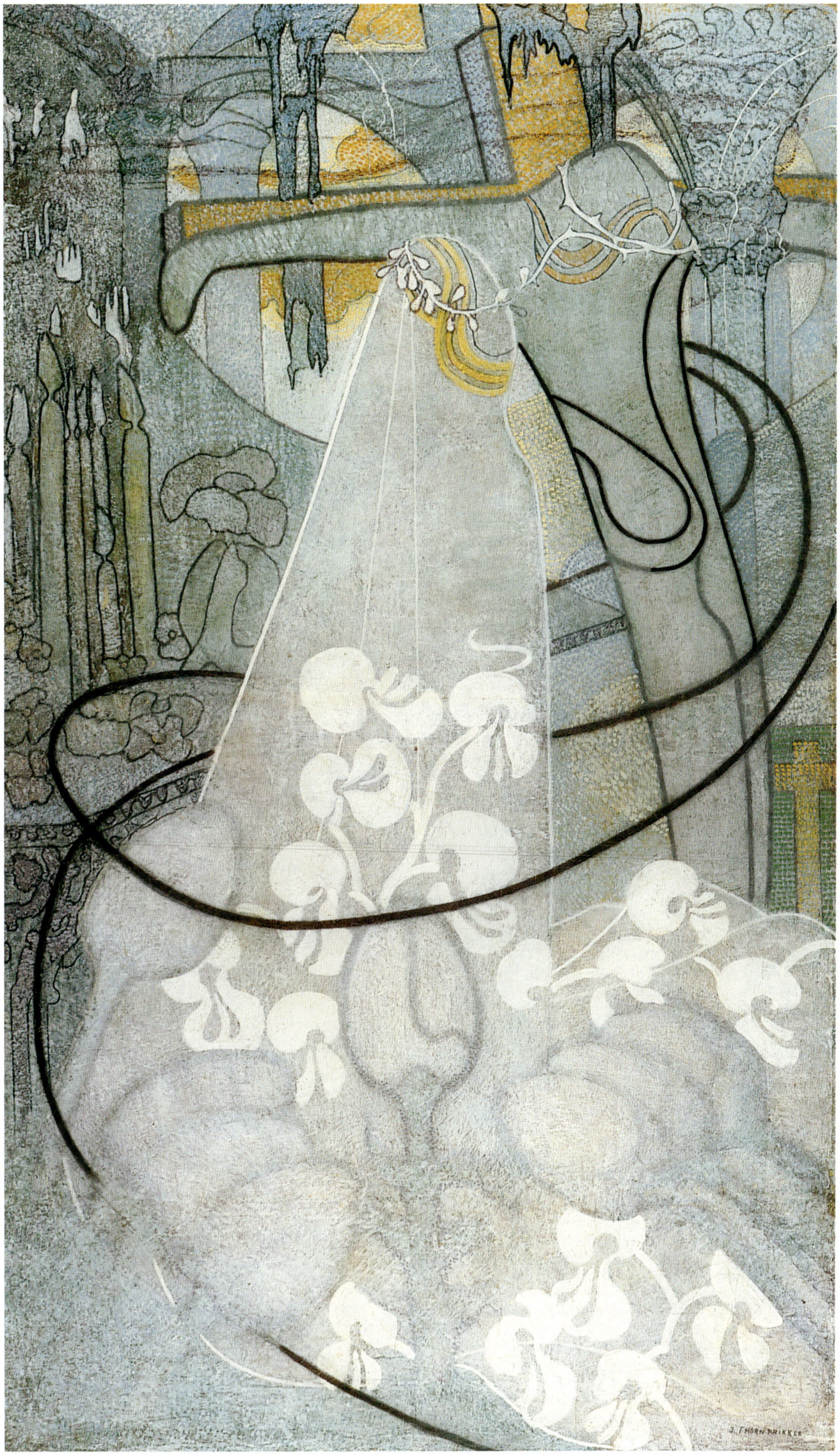
J. THORN PRIKKER

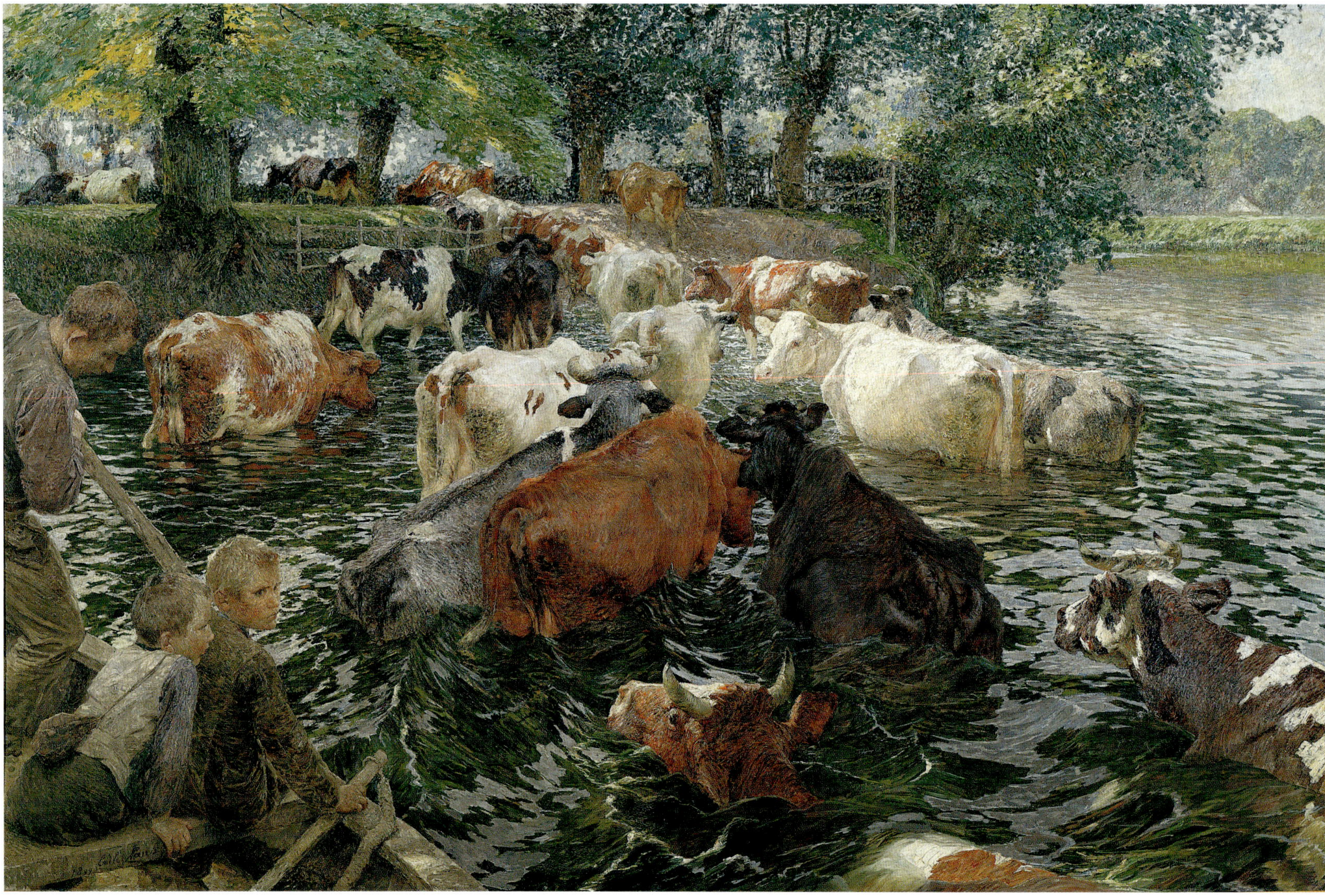

AFB. 107 – Emile Claus, *Koeien bij het oversteken van de Leie*, 1899. Olieverf op doek, 200 x 305 cm. Gent, Museum van Schone Kunsten.

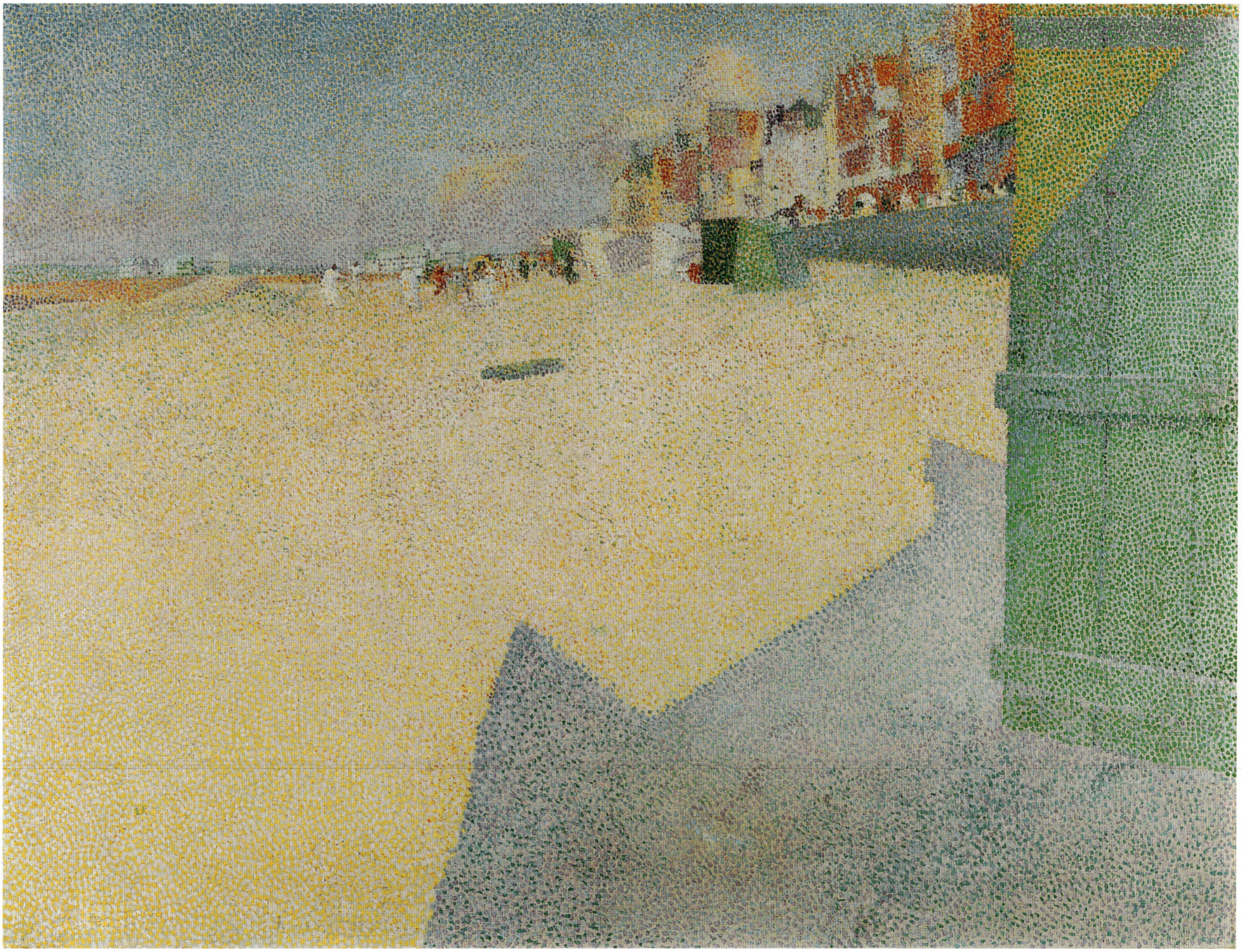

AFB. 108 – Henry van de Velde, *Strand in Blankenberge*, 1888.
Olieverf op doek, 77,5 x 100 cm. Zürich, Kunsthaus.

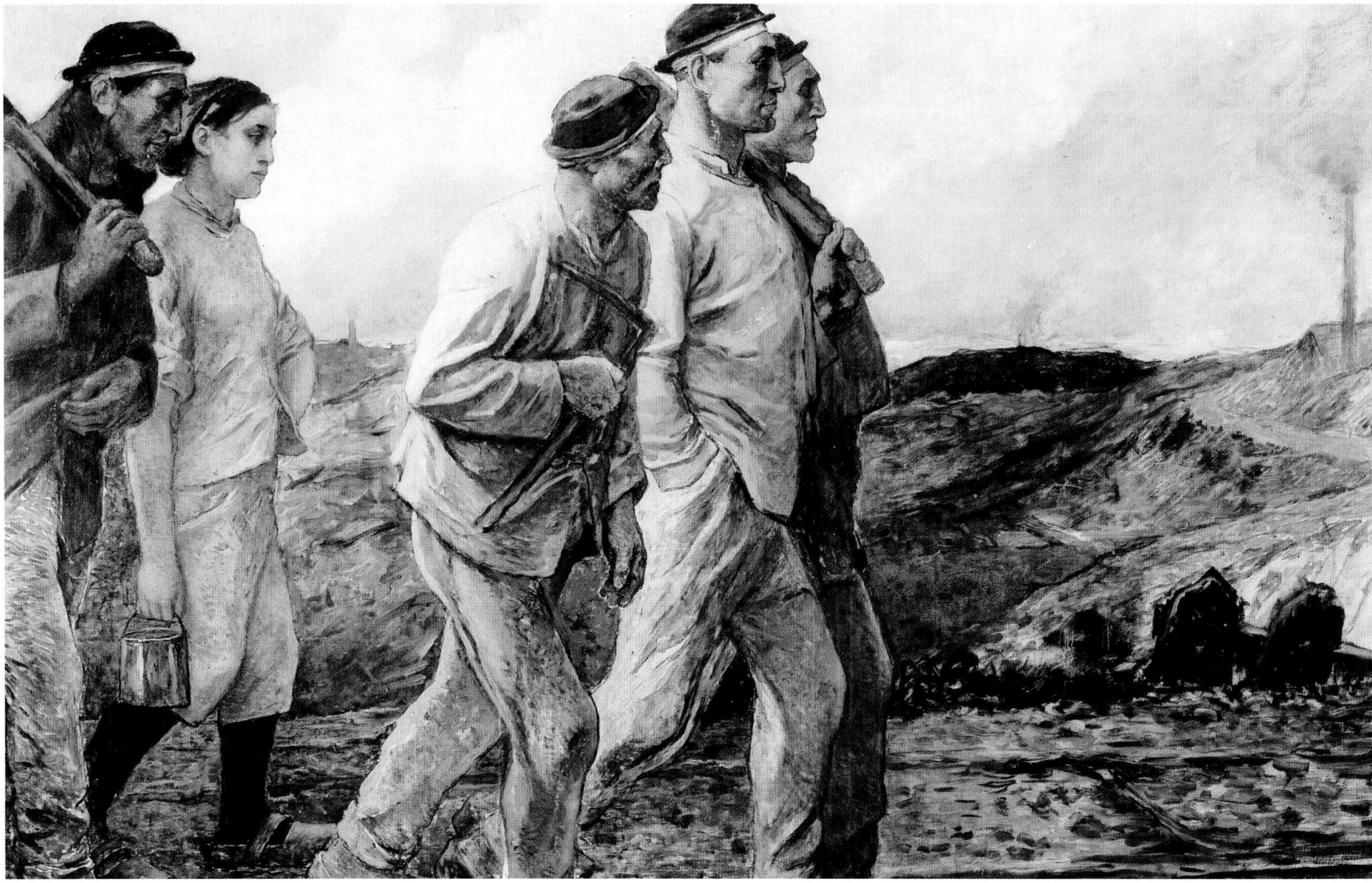

AFB. 109 – Constantin Meunier, *De terugkeer van de mijnwerkers*, ca 1885. Olieverf op doek, 151 x 233 cm. Brussel, Koninklijke Musea voor Schone Kunsten.

gebeurtenis. Vanaf dat moment veranderde de stijl van Van de Velde en koos hij voor decoratieve kleurvakken, als een *cloisonné* gevangen in een hechte contourlijn. In 1894 brak Van de Velde zijn loopbaan als schilder af en legde hij zich toe op toegepaste kunst, typografie en architectuur.

De sociale thematiek werd een steeds belangrijker element in de Belgische kunst in het laatste kwart van de negentiende eeuw. In zijn tijdschrift *L'Art Moderne* schreef Picard een artikel getiteld 'La Socialisation de l'Art', waarin hij beweerde: 'Wanneer de kunst geen gesocialiseerd doel heeft, is ze secundair, en moet ze beschouwd worden als een wel erg verachtelijke bourgeois-luxe.' Hij schreef dit artikel in 1895 naar aanleiding van een tentoonstelling van werken van Constantin Meunier, die al in 1878 begonnen was met het tekenen en schilderen van de barre arbeidsomstandigheden in de metaal- en steenkolenindustrie in de omgeving van Luik. In het oeuvre van Meunier, zowel in zijn schilderijen als in zijn sculptuur, speelt het leven van de mijnwerkers de hoofdrol (AFB. 109).

In dezelfde lijn zag Picard het werk van Eugène Laermans: 'Nooit eerder, zo lijkt me, werd het trieste gepeupel, het gepeupel van het platteland en van de stad, zo scherp voorgesteld in zijn pantheïstische ellende, in zijn brutale en beklagenswaardige vulgariteit; fysiek afgetakeld door het leefritme in de strafkolonies die men mijnen, fabrieken of akkers noemt: een fysieke aftakeling, die gepaard gaat met een nog ergere, nog dieper gewortelde morele aftakeling.' Met het werk van Laermans kwam het sociale realisme in een nieuwe fase, die een voelbare doorwerking zou krijgen in de Belgische kunst van de twintigste eeuw.

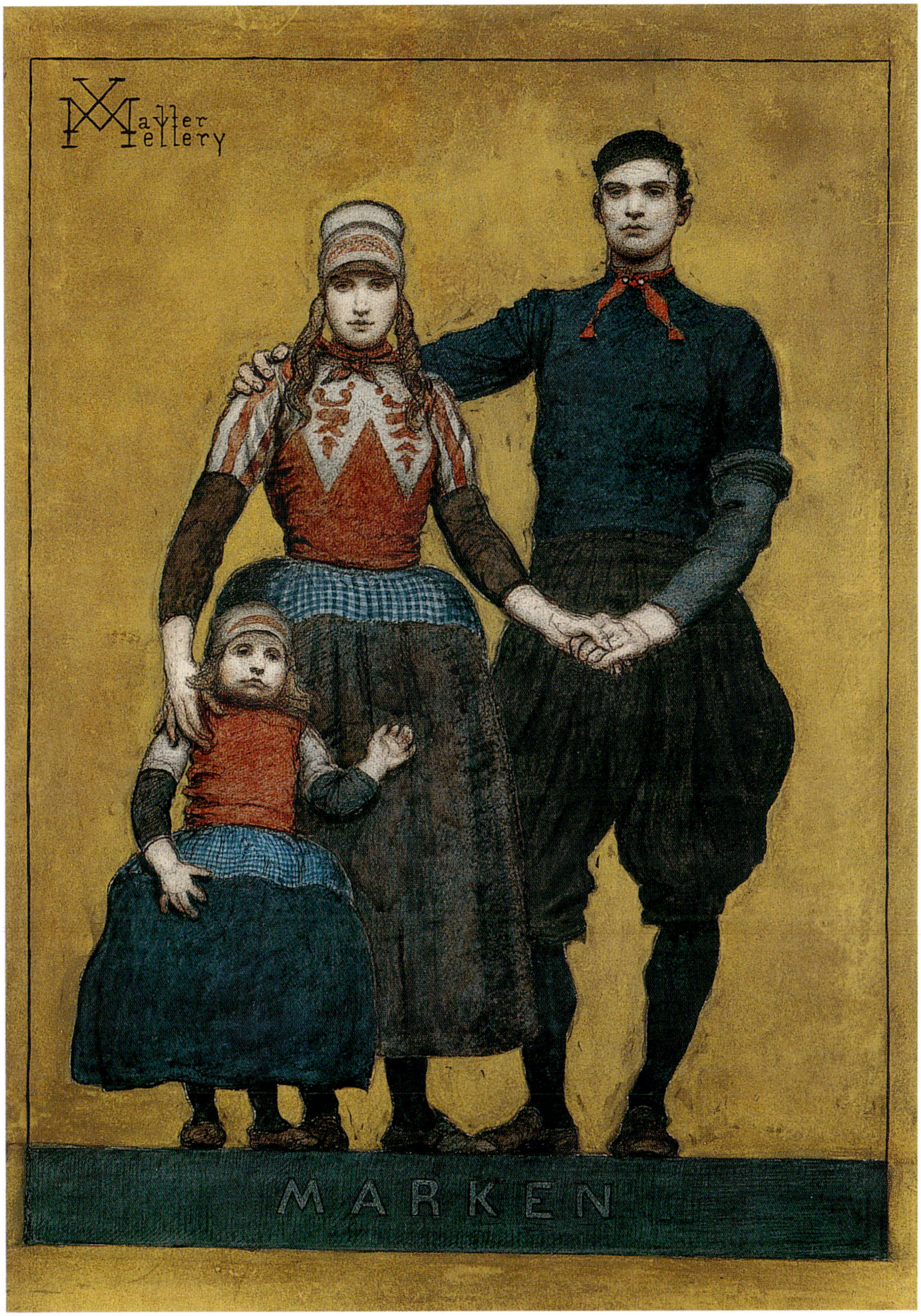

AFB. 110 – Xavier Mellery, *Marken*, 1889. Gemengde techniek op karton, 75,5 x 53 cm. Brussel,Galerie Tzwern-Aisinber.

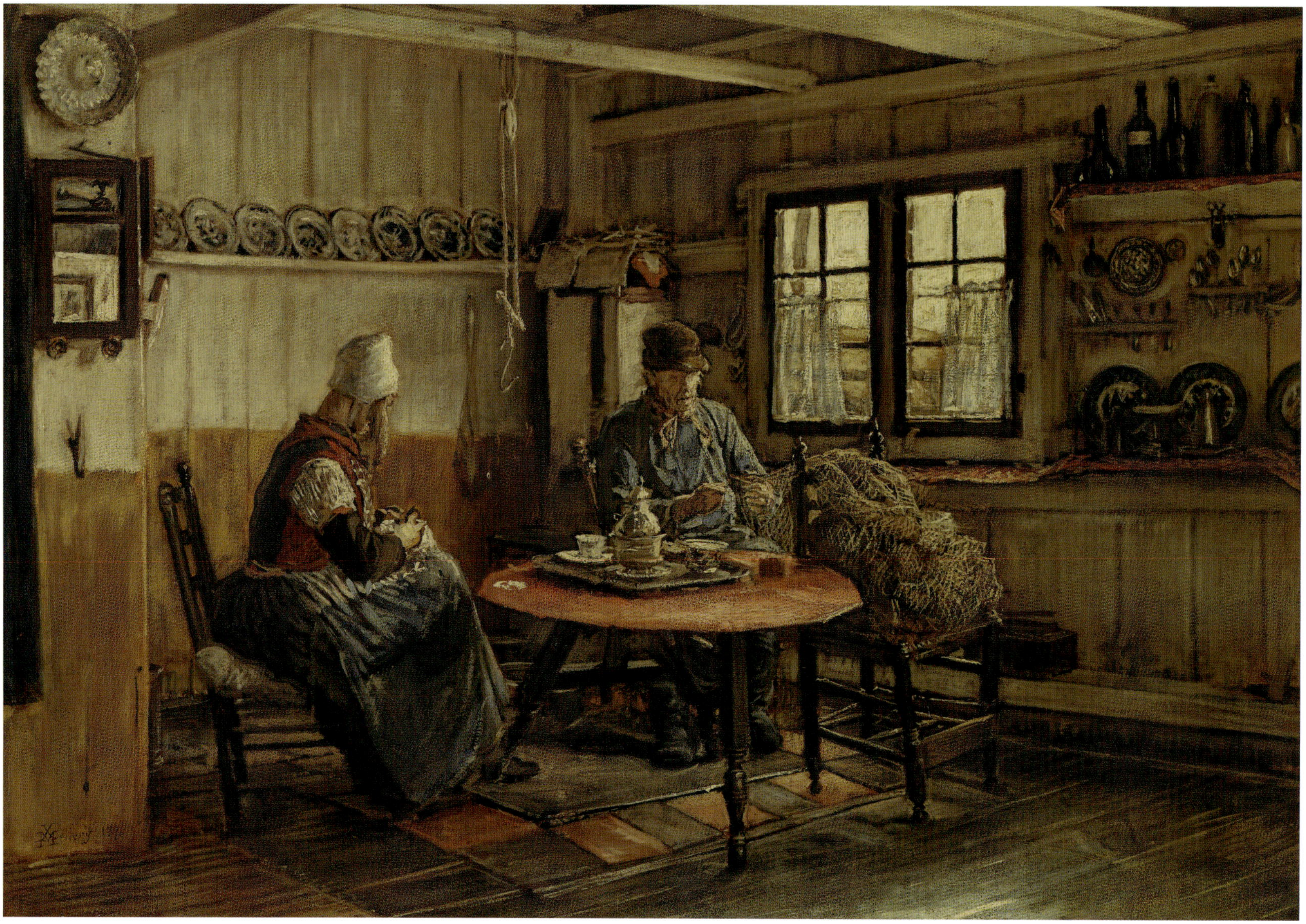

AFB. 111 – Xavier Mellery, *Binnenhuis te Marken*, 1878. Olieverf op doek, 46 x 63,5 cm. Antwerpen, Koninklijk Museum voor Schone Kunsten.

Er waren meer kunstenaars die hun onderwerpen zochten bij de werkende stand, en het harde bestaan van vissers en boeren. Xavier Mellery vond zijn eerste belangrijke inspiratie in Nederland, te midden van de vissersbevolking op het eiland Marken (AFB. 110). Zijn streven was: 'Wie de kleur en de vorm doet vergeten in ruil voor de emotie, die heeft het hoogste doel bereikt.' Het ging hem om *l'âme des choses*, om een moderne synthese van visuele poëzie en een diepere betekenis.
Zijn zwart-witte interieurstukken ademen een sfeer van mysterie en melancholie. Terwijl het uitgangspunt bij Mellery dikwijls een realistische weergave was van onderdelen van zijn eigen interieur, bleef bij de beschouwer de indruk hangen van een stil commentaar op de nachtzijde van het bestaan (AFB. 111).

Veel buitenlandse kunstenaars trokken in de periode rond 1880 naar Marken en Volendam, op zoek naar schilderachtige motieven. De klederdrachten, de kleine vissershavens en de typische architectuur van de dorpen spraken velen aan; ze vonden dikwijls een onderkomen in Hotel Spaander in Volendam, waar nog steeds een collectie schilderijen getuigt van de artistieke bezoekers die hier honderd jaar terug belandden, zoals Walter Langley, Hans von Bartels en Henry Cassiers. Pablo Picasso schilderde zelfs tijdens zijn verblijf in Nederland in 1905 een meisje met als enig kledingstuk een Noord-Hollandse kanten muts.

De geheimtaal van het symbolisme

Het symbolisme zette zich in België voort met een aantal prominente meesters, zoals Félicien Rops, James Ensor en Fernand Khnopff. Félicien Rops begon zijn artistieke loopbaan in de sfeer van het realisme. Zijn litho *Begrafenis in het Waalse land* uit 1858 was een rechtstreekse parafrase van Courbets *Begrafenis in Ornans*. Bij Rops was echter in dit vroege werk reeds een element van karikatuur te bespeuren, dat bij Courbet ontbrak. In 1856 richtte hij een satirisch weekblad op, *Uylenspiegel* genaamd, geïnspireerd op het Franse tijdschrift *Charivari* waaraan Gavarni en Daumier meewerkten. In 1862 vertrok hij naar Parijs, waar hij kennismaakte met Baudelaire. In navolging van de Franse etsclub Société des Aquafortistes, die een indrukwekkende reeks prenten uitgaf van onder anderen Manet en Jongkind, stichtte Rops in België de Société Internationale des Aquafortistes in 1870. Het samengaan van poëzie en beeldende kunst in zijn etsen maakte hem tot een van de voorlopers van het Belgische symbolisme. Zijn macabere illustraties bij gedichten van Baudelaire gaven Rops een eigen positie in het Franse en Belgische kunstleven. Bij *Les Diaboliques* van Jules Barbey d'Aurevilly maakte hij een titelpagina waarbij een skelet, gekleed in rokkostuum, het eigen hoofd onder de arm, een lijkkist opent waaruit een vrouwelijk skelet opdoemt in baljurk. Rops bracht zelf een serie etsen zonder tekst uit onder de titel *Les Sataniques*. Joris-Karl Huysmans, de schrijver van het geruchtmakende boek *A Rebours*, beschouwde Rops als een man die 'het Satanisme, dat is het spirituele van de Wellust, heeft gecelebreerd en geschilderd in bladen die niet te verbeteren zijn, de bovennatuurlijke perversie het Kwaad aan gene zijde'.

De natuur en de dagelijkse werkelijkheid waren de inspiratiebronnen geweest van het realisme; literatuur en poëzie waren de inspiratiebronnen voor het symbolisme, een kunst die alleen toegankelijk was voor ingewijden. De geheimtaal kon bedrieglijk eenvoudig zijn, met een diepere betekenis voor ingewijden, maar het symbolisme kon ook uitmonden in het *hermétisme*, zoals de dichter Mallarmé het noemde – een gesloten wereld vol onverklaarde mysteries. Schilders en dichters vulden hun werk met beelden die voor meerdere uitleg vatbaar bleken.

In het werk van James Ensor zien we deze ontwikkeling zich vanuit de weergave van de werkelijkheid voltrekken naar een eigen wereld waarin voorwerpen een betekenis krijgen die alleen aan de kunstenaar bekend is. Aan het begin van de jaren tachtig schilderde Ensor interieurstukken met een brede verftoets, dikwijls met een paletmes aangebracht, zoals *Het burgersalon* uit 1881 (AFB. 112). Deze interieurstukken vinden we in diezelfde periode terug in het werk van Jan Toorop, die in die tijd in Brussel woonde (AFB. 102) en bij Khnopff, die in 1886 *Bij het beluisteren van Schumann* exposeerde bij Les Vingt (AFB. 113). Ensor beschuldigde Khnopff zelfs van plagiaat, al is de schilderwijze van Khnopff veel gepolijster en subtieler. Verhaeren schreef over *Bij het beluisteren van Schumann* in het tijdschrift *L'Art Moderne*: 'Het schilderij maakt indruk door zijn ernst en zijn grote voornaamheid. De dame die luistert en die het kunstwerk maakt tot wat het is, die het overeind houdt en het verheft tot een studie van de ziel, getuigt van een zeldzame kracht. Zij is de geconcentreerde aandacht, de gematerialiseerde indruk, de vertaalde esthetische smart.'

Ensor voelde zich miskend en onbegrepen. Hij maakte tekeningen waarin hij zichzelf voorstelde als de gekruisigde Christus op Golgotha. Het opschrift 'INRI' is vervangen door 'Ensor', de man die zijn zijde doorboort, is de genadeloze kunstcriticus Fétis, en een toeschouwer is aangeduid met 'XX', een verwijzing naar Les Vingt. In 1887 toonde Ensor op de tentoonstelling van Les Vingt een serie van zes tekeningen, *Les auréoles du Christ ou les sensibilités de la luminière*, voor velen een schokkende inzending, omdat opnieuw de Christusfiguur in een ontheiligde context ten tonele werd gevoerd, met als symboolwerking de kwellingen die de moderne kunstenaar moet ondergaan.

Ensor sloot zich op in zijn eigen wereld. Hij schilderde in felgekleurde stillevens de maskers, schelpen en *bibelots* die zijn familie in Oostende in het toeristenseizoen verhandelde; ze werden tot vreemde attributen van een eigen fantasiewereld (AFB. 114). De melancholie van de verlaten badplaats in de winter en de ingeslapen burgerlijkheid van zijn omgeving inspireerden hem tot navrante tekeningen, prenten en schilderijen. Ensor tekende diverse angstaanjagende massataferelen, zoals *De kathedraal*, een ets uit 1886 – een afgebrokkeld gotisch bouwwerk omgeven door een immense menigte. De dood was een thema dat bij Ensor in vele gedaanten opdoemde.

Fernand Khnopff was een leerling van Mellery. Later zette hij zijn studies voort in Parijs, aan de Académie Julian. In Parijs vatte hij bewondering op voor Engelse kunstenaars als Millais en Burne-Jones, en voor zijn landgenoot Alfred Stevens. Hij debuteerde in Brussel bij L'Essor in 1881; behalve Verhaeren waren er weinig critici die iets in zijn werk zagen. Khnopff was een van de oprichters van Les Vingt; hij participeerde in alle tentoonstellingen. Al spoedig ontwikkelde hij een voorliefde voor het maken van portretten; zijn favoriete model was zijn zuster Marguerite. In 1887 schilderde hij in een tekenachtige stijl een staand portret van haar, dat sindsdien in zijn huis een ereplaats kreeg. In 1888 fotografeerde hij Marguerite in verschillende houdingen en met diverse kledingstukken, en wel steeds met een tennisracket, als een voorstudie voor zijn grote pastel *Memories* uit 1889, waarin zeven vrouwenfiguren zijn opgenomen – schijnbaar verschillende vrouwen, maar in werkelijkheid steeds ontleend aan Marguerite. Zelfs in een van de beroemdste werken van Khnopff, *Des Caresses* uit 1896, waarin een jonge man een vrouw-luipaard omhelst, herkent men de gelaatstrekken van Marguerite in het gezicht van de jonge man.

Met zijn bijdragen aan de tentoonstellingen van Les Vingt wist Khnopff zichzelf een positie te verwerven als een van de belangrijkste figuren uit het Belgische symbolisme en kende hij vele internationale successen.

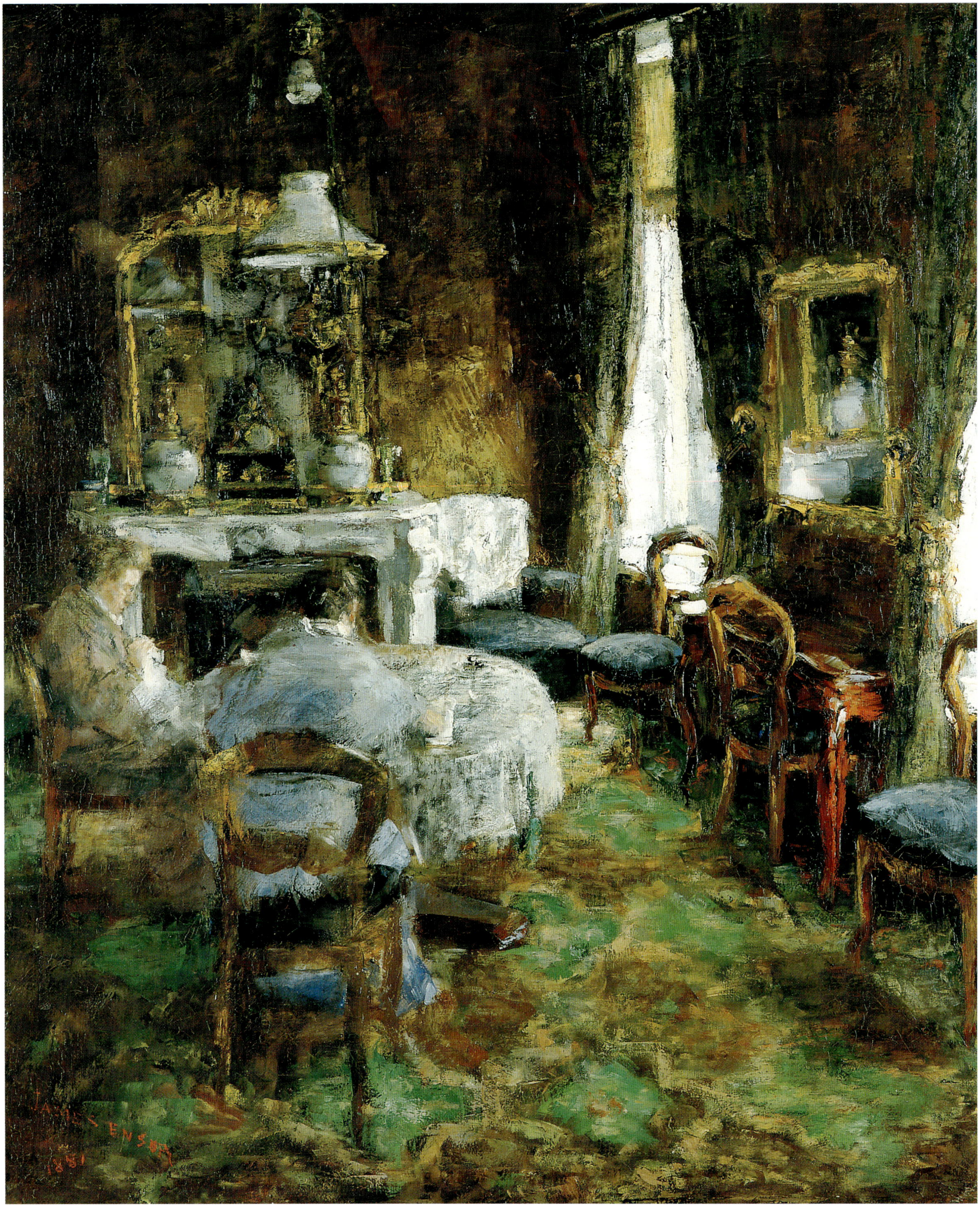

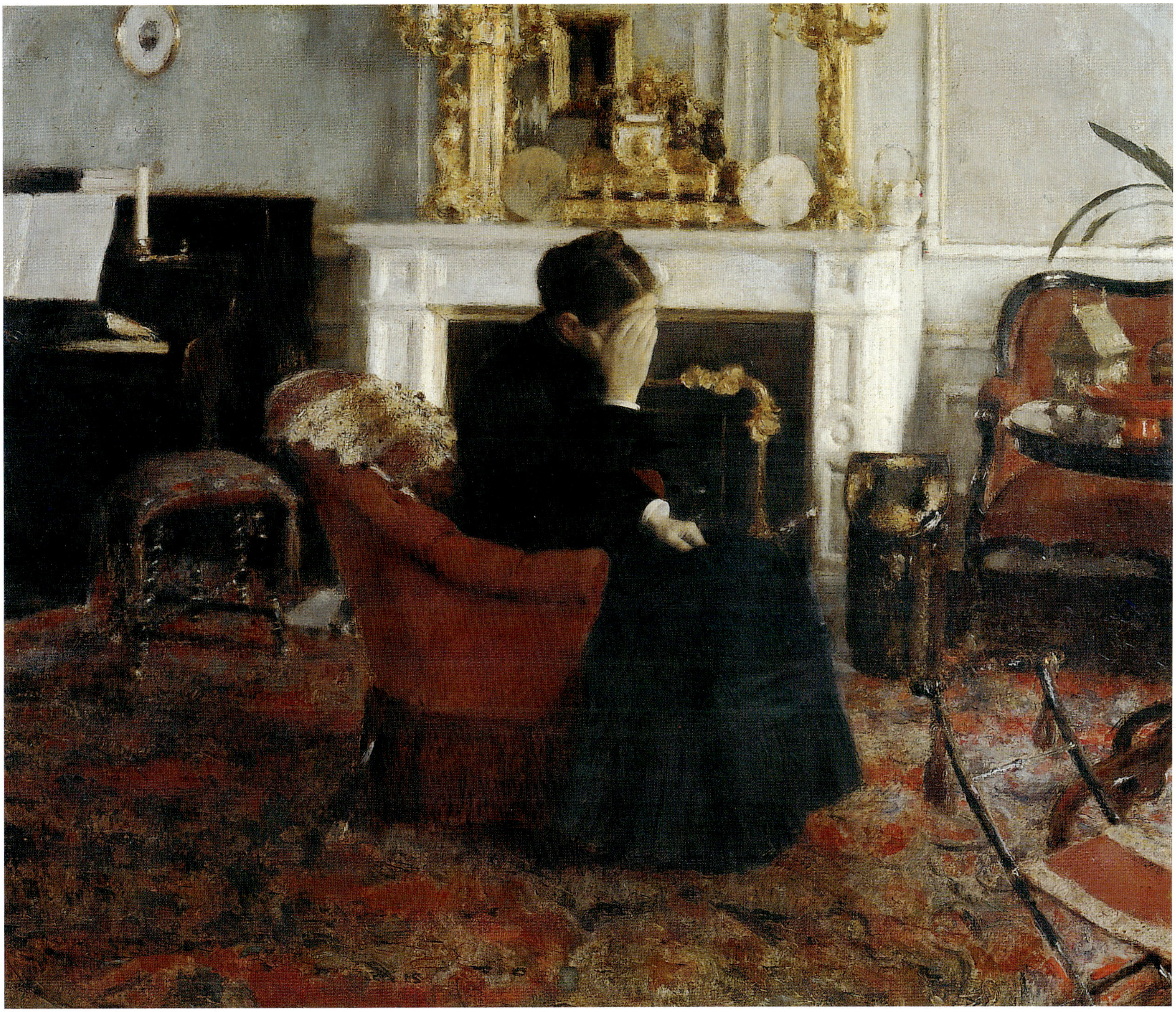

AFB. 112 [pagina 126] – James Ensor, *Het burgersalon*, 1881. Olieverf op doek, 133 x 109 cm. Antwerpen, Koninklijk Museum voor Schone Kunsten.

AFB. 113 [boven] – Fernand Khnopff, *Bij het beluisteren van Schumann*, 1883. Olieverf op doek, 101,5 x 116,5 cm. Brussel, Koninklijke Musea voor Schone Kunsten.

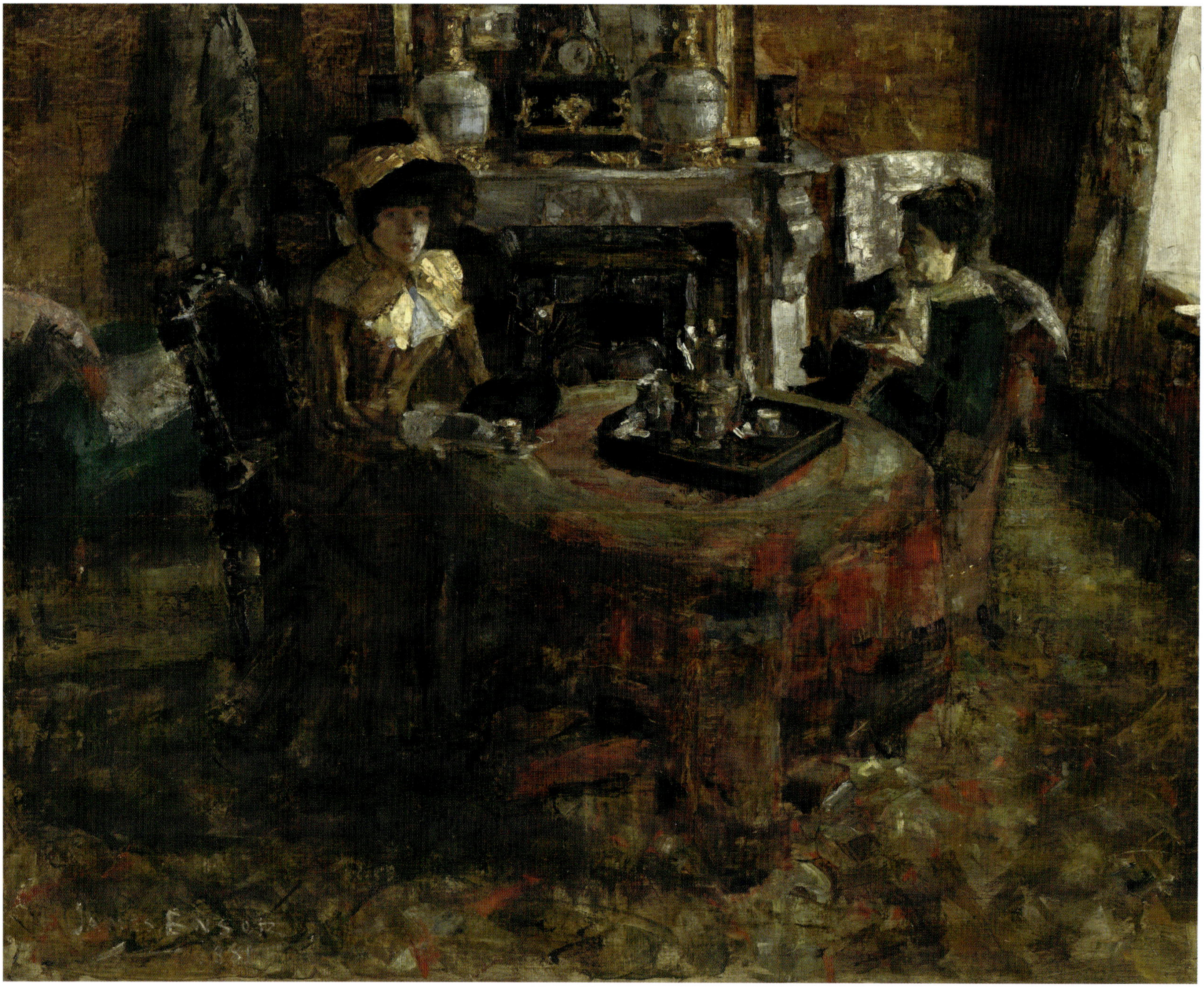

AFB. 114 – James Ensor, *Namiddag te Oostende*, 1881. Olieverf op doek, 108 x 133 cm. Antwerpen, Koninklijk Museum voor Schone Kunsten.

Evenals Rops onderhield hij contact met de beweging van de Rose + Croix en ontwierp hij illustraties voor romans van Sâr Péladan. De stijl van Khnopff was echter nooit zo expliciet erotisch als die van Rops; de wereld van Khnopff is altijd verfijnd, mysterieus, besloten, tweeslachtig en vol literaire toespelingen.

In het Weense tijdschrift *Ver Sacrum* schreef Hermann Bahr over hem: 'Fernand Khnopff wil bij het schilderen het alledaagse en het heden vergeten en roept in zijn ziel diepe gevoelens, de herinneringen aan het eeuwige op.' Met deze woorden gaf Bahr de kern van het symbolisme aan.

Het symbolisme was een beweging met een Europese uitstraling. Evenzeer Europees was de beweging van de Nieuwe Kunst, waarin een samengaan van kunstnijverheid en beeldende kunst werd nagestreefd. Heel Europa leek aan het eind van de negentiende eeuw in de ban van de eis voor een nieuwe

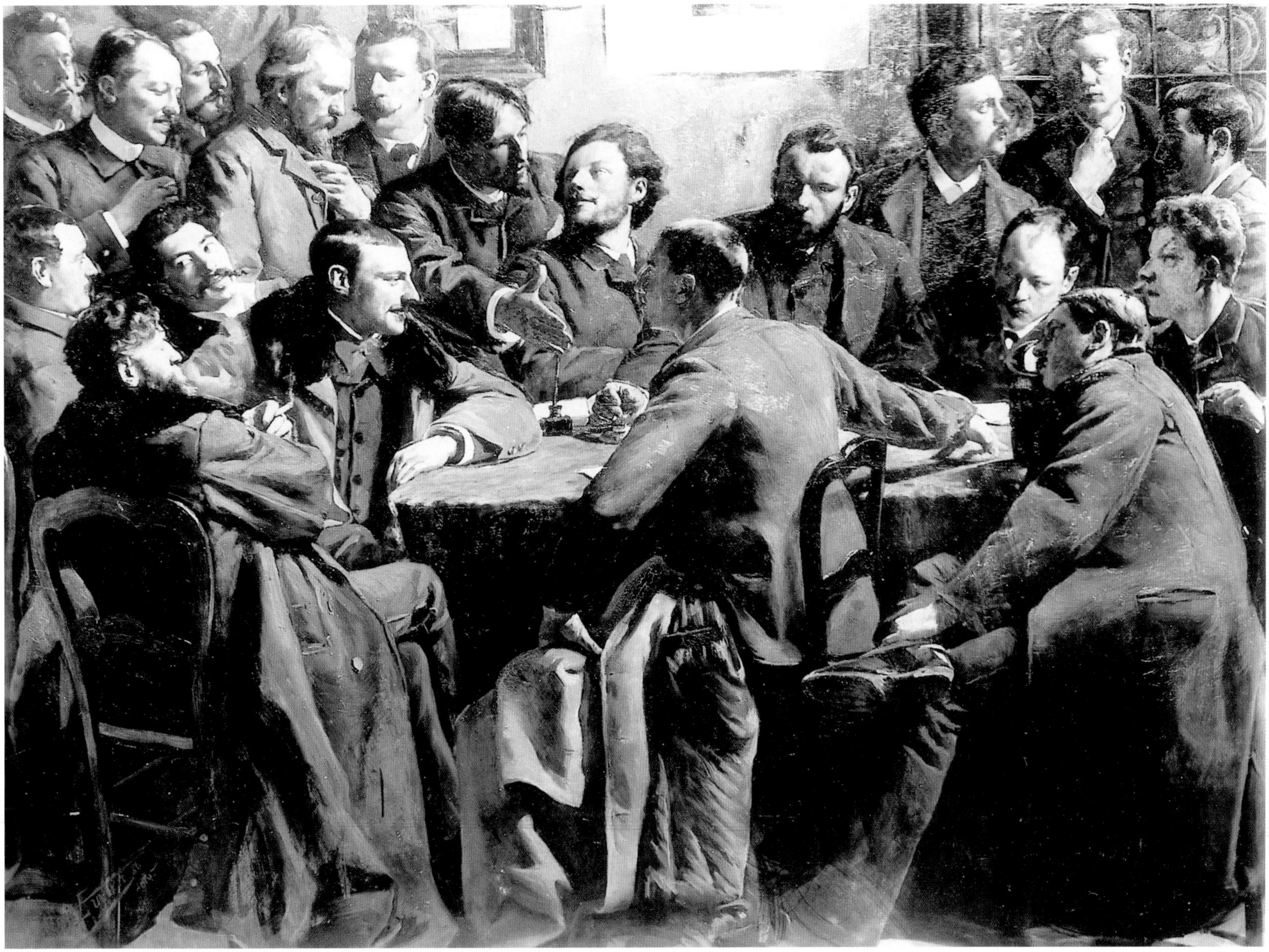

esthetiek voor de vormgeving van alledaagse gebruiksvoorwerpen. Arts and Crafts, Liberty, Art Nouveau, Jugendstil, Secession – het waren verschillende benamingen voor een verlangen om te komen tot een *Gesamtkunstwerk*, een levensstijl waarin alles met zorg en smaak was vormgegeven. Kunstnijverheid was niet een product van een handwerksman; integendeel, het was de taak van de kunstenaar na te denken over meubels, kleding, vaatwerk, tafelgerei, stoffen en behangsel, belettering en typografie, liefst in één stilistisch geheel.

Diverse kunstenaars in Nederland en België voelden zich hierdoor aangesproken. Khnopff gaf uiteenzettingen over de betekenis van de Arts and Crafts-beweging en ontwierp zijn eigen huis en interieur in Brussel geheel volgens zijn ultra-esthetische opvattingen. Van de Velde beëindigde zijn loopbaan als schilder om zich te wijden aan het ontwerpen van gebruiksvoorwerpen en de ontwikkeling van een eigen visie op bouwkunst en binnenhuisarchitectuur. Er wachtte hem een nieuwe carrière die hem in Duitsland, Nederland en België tot een gezien architect zou maken. In Nederland werkte Toorop mee met de architect Berlage aan een programmatische decoratie van de Amsterdamse Koopmansbeurs in 1898.

AFB. 115 – Hendrik Luyten, *Een zitting van de kunstkring 'Als Ik Kan'*, 1885. Olieverf op paneel, 190 x 246 cm. Antwerpen, Koninklijk Museum voor Schone Kunsten.

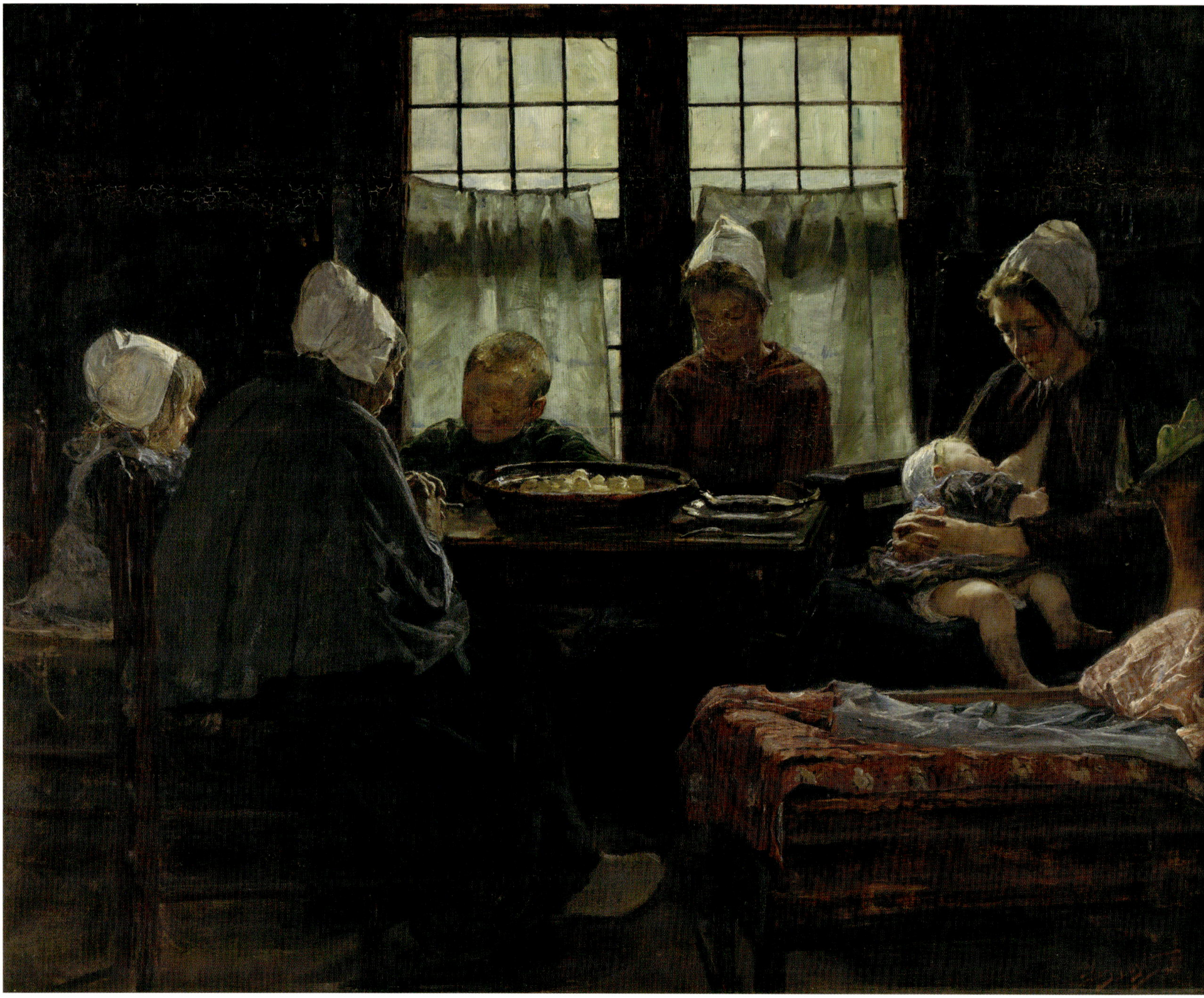

AFB. 116 – Hendrik Luyten, *Kinderen der Zee*, 1898. Olieverf op doek, 162 x 197 cm. Antwerpen, Koninklijk Museum voor Schone Kunsten.

In de betrokkenheid bij de vormgeving van de publieke gebouwen volgens dezelfde esthetische principes was ook een nieuwe, sociale rol van de kunstenaar weggelegd. Antoon Derkinderen, de directeur van de Rijksacademie te Amsterdam, was van mening dat 'kunst' en 'gemeenschap' elkaar opnieuw moesten vinden: 'Wij hebben tot schade toegelaten dat het begrip "Kunst" langzamerhand meer en meer verschrompelde en dat het alleen gezocht werd in de persoonlijke, geïsoleerde werken, die buiten het gemeenschappelijke leven stonden.' In 1893 verscheen Walter Cranes *The Claims of Decorative Art* in een Nederlandse bewerking van Jan Veth, onder de veelzeggende titel *Kunst en Samenleving* – een uitgave die ook in zijn verschijningsvorm beantwoordde aan de nieuwe idealen: de boekband was ontworpen door Gerrit Dijsselhof.

Derkinderen was eveneens ontwerper van boekbanden en glas-in-loodramen. Hij schilderde en lithografeerde voorstellingen uit de vaderlandse geschiedenis in een gestileerde vormgeving en maakte wandschilderingen voor het stadhuis van 's-Hertogenbosch en voor het gebouw van de Algemeene Maatschappij van Levensverzekering in Amsterdam en decorontwerpen voor Vondels *Gijsbrecht van Amstel*. Christiaan Lanooy, Chris Lebeau en Carel Lion Cachet behoorden tot de belangrijkste ontwerpers in die periode. Van grote betekenis in dit verband was de productie van de Haagse plateelbakkerij Rozenburg, die in 1883 werd opgericht. Deze firma produceerde aardewerk en porselein van zeer hoge kwaliteit, met decoraties in een zeer uitbundige stijl. Daarnaast werden er ook tegeltableaus vervaardigd naar schilderijen van de Haagse School, met name naar Mesdag, Bosboom en Mauve. Ook Toorop ontwierp een tegeltableau onder de titel *Jong Holland* dat werd uitgevoerd door de firma Rozenburg.

Het totaalbeeld van het artistieke leven in Nederland en België in de laatste jaren van de negentiende eeuw blijkt complexer dan ooit, als men al van een totaalbeeld wil spreken. Juist op het moment dat er sprake was van een veelheid van contacten, zowel in geïnstitutionaliseerde vorm als op persoonlijk vlak, wordt toch duidelijk dat er van een eensluidende of parallelle ontwikkeling slechts in beperkte zin sprake was. Het Nederlandse kunstleven bleef tot aan de Eerste Wereldoorlog deels gedomineerd, zeker in de presentatie naar het buitenland, door de Haagse School, terwijl het symbolisme zich met moeite manifesteerde. De oprichting van de Haagsche Kunstkring was met zijn nieuwe doelstellingen in dit opzicht symptomatisch. De Rotterdamsche Kunstkring en Arti et Amicitiae beconcurreerden elkaar hevig in hun verlangen de recente kunstontwikkelingen op de voet te volgen. De strijd om de eerste Rodin-tentoonstelling in Rotterdam, Amsterdam en Den Haag is in dit opzicht illustratief te noemen.

Jonge kunstenaars als Piet Mondriaan, die zich in zijn beginjaren zowel door de Haagse School als door het symbolisme liet inspireren, ondervonden hoe moeilijk het was om zich te onttrekken aan de zware last van deze artistieke bewegingen. Ook lokale tegenstellingen vormden een complicerende factor. De twee tegenpolen in Nederland waren in die periode vooral Den Haag en Amsterdam. Den Haag was met het schilderkundige genootschap Pulchri Studio en de sterke persoonlijkheid van de voorzitter Mesdag het bolwerk van de Haagse School, in alles wat dat met zich meebracht. In Amsterdam werd het beeld van de avant-garde bepaald door schilders als Breitner, Isaac Israëls en Willem Witsen, met hun accent op het grootsteedse van de hoofdstad, in contrast met het landelijke karakter van de Haagse omgeving.

In België was er de tegenstelling tussen Antwerpen en Brussel. Het Brusselse kunstleven maakte een fascinerende bloeiperiode door, waarbij de groep Les Vingt en daarop aansluitend La Libre Esthétique een inspirerende rol speelden. Deze ontwikkeling werd vanuit Antwerpen met argusogen gevolgd en dikwijls van zeer scherpe kritiek voorzien. Jean Buyck zegt hierover: 'Naast het schitterende artistieke en intellectuele feest dat door *Les XX* werd geboden, was in Antwerpen schraalhans koning.'

In 1883 werd de kring Als Ik Kan opgericht door een negental leerlingen van Charles Verlat, de toenmalige docent in de schilderkunst van de Antwerpse Academie. Het devies van deze kring was ontleend aan Jan van Eyck en verwees duidelijk naar de grote traditie van de Vlaamse schilderkunst. De Nederlandse schilder Hendrik Luyten portretteerde het gezelschap in 1886 *en groupe* in een stijl die deed denken aan de groepsportretten van Frans Hals (AFB. 115 en 116). Het tijdschrift *De Vlaamse School* bestreed te vuur en te zwaard alle Franse invloeden en richtte zijn polemieken ook op de tentoonstellingen van Les Vingt in Brussel. *L'Art Moderne*, het tijdschrift dat fungeerde als spreekbuis voor Les Vingt, liet zich niet onbetuigd. Henry van de Velde, die aanvankelijk lid was geweest van Als Ik Kan en zich later bij Les Vingt aansloot, schreef bij het overlijden van Verlat, de directeur van de Antwerpse Academie, dat hij was overleden aan de ziekte die hij er onderwees.

Politieke en historische tegenstellingen waren soms de diepere achtergronden voor artistieke conflicten, die niet altijd met de fraaiste wapens werden uitgevochten. Toch waren er te midden van deze complexe kunstwereld van Nederland en België aan het einde van de negentiende eeuw optimisten, die vast geloofden in de winnende kracht van de artistieke vrijheid en het samenbindende element van kunstzinnige bevlogenheid. Toorop symboliseerde dit optimisme met zijn kunstwerk *Lijnenspel. Opkomst, met tegenwerking, der moderne kunst* (AFB. 103). In deze tekening, die samen met de omlijsting één geheel vormt, wordt de nieuwe kunst voorgesteld door een wezen met vier vrouwenkoppen die triomfantelijk de loftrompet steken. Een regenboog stijgt op. De gedaante van de nieuwe kunst laat zich niet weerhouden door doornige takken, en blijft ook niet steken in de poel der onvruchtbaarheid, waar de 'oude kunst' haar doodgeboren kindje koestert. De olifant is het logge publiek, aardgebonden, met één poot geketend aan de bodem, omgeven door de kwade reuk van stokende kunstcritici. De slagtanden zijn echter afgezaagd; het logge monster kan niet winnen. Boven alles uit zet zich de triomfantelijke boodschap van de moderne kunst voort.

DEEL II

De schilderkunst in de twintigste eeuw

IRENE SMETS EN JEROEN STUMPEL

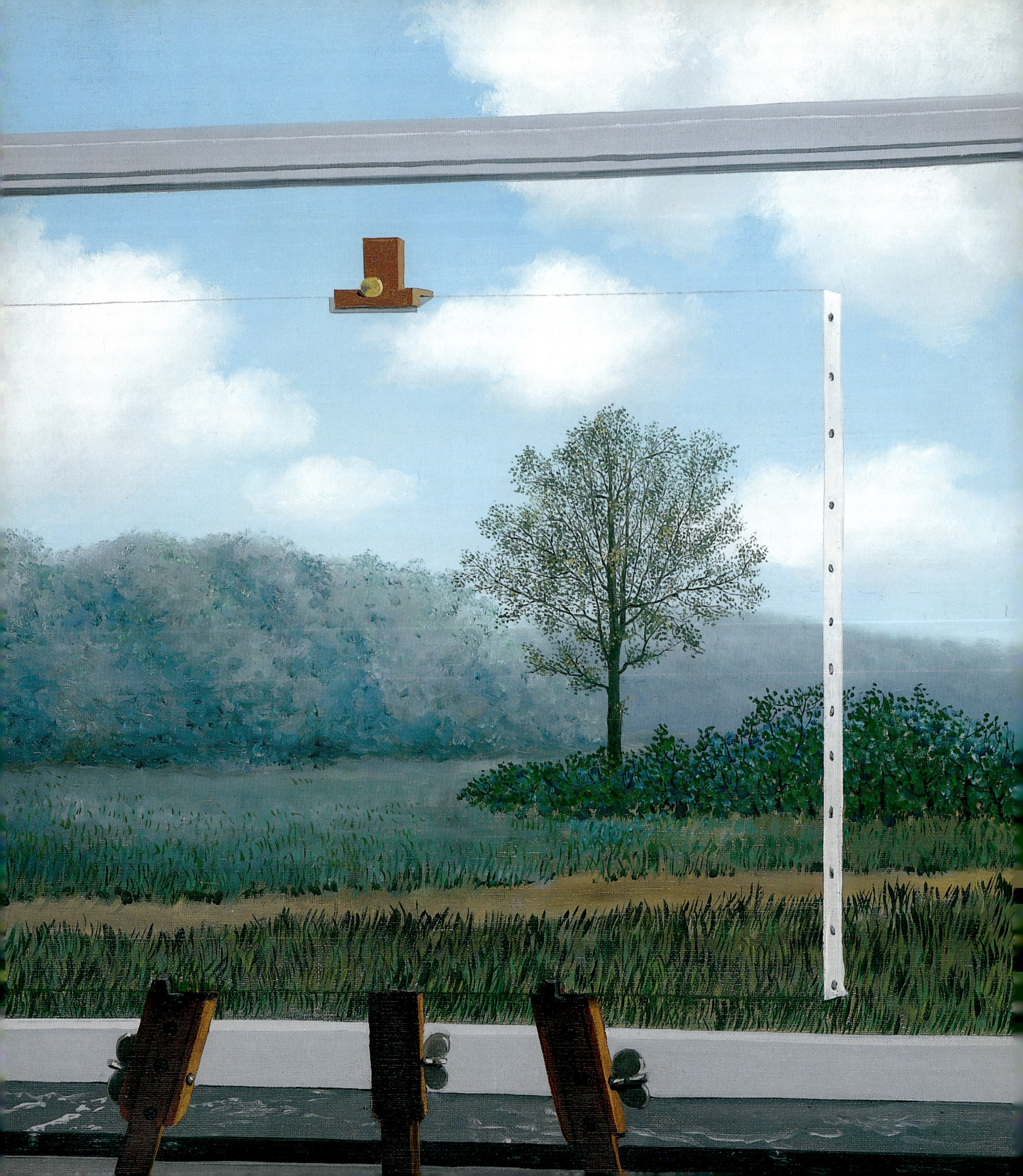

HOOFDSTUK 7

De opkomst van de avant-garde en de revolutie van de expressieve taal in Nederland

Bij de aanvang van de twintigste eeuw bevond de schilderkunst in de Lage Landen zich in een totaal andere positie dan aan het begin van de negentiende eeuw. Het isolement dat honderd jaar tevoren de situatie van de schilderkunst had gekenmerkt, was in de loop van de tijd regelmatig doorbroken en rond 1900 waren verschillende schilders werkzaam die wél een specifieke bijdrage aan de internationale ontwikkelingen leverden. Stromingen als de Haagse School, het Belgische symbolisme en de art nouveau bewezen dat in Nederland en België groepen kunstenaars goed op de hoogte waren van de moderne kunst en er bovendien een eigen accent aan konden geven.

In 1901 maakte Johannes Hendrik Weissenbruch (1824-1903), die tot de eerste generatie schilders van de Haagse School behoorde, de compositie met zeilen tegen een zomerlucht (AFB. 118). Dit kleine schilderij met zijn bescheiden onderwerp is een verfijnde en radicale uiting van de getemperde Nederlandse variant van het impressionisme die als de Haagse School bekendstaat. Het werk dankt zijn effect grotendeels aan de losse penseelvoering en de doordacht pasteuze verfopbreng, die aan de merkwaardige uitsnijding van het motief zowel lichtheid als stevigheid geeft. Deze laatste fase in de ontwikkeling van Weissenbruch – hij stierf twee jaar later – toont punten van overeenkomst met het relatief vroege werk van Piet Mondriaan (1872-1944), bijvoorbeeld *De rode wolk* uit 1907 (AFB. 119). Ook hier is het landschapsmotief schijnbaar pretentieloos gekozen – het Nederlandse vlakke land, de hoge lucht en de typische Friese koeien – en ook hier zijn de tegelijk kalligrafische en stevige aanduiding van het motief en de beheerste ruwheid van de verf de belangrijkste kwaliteiten van het schilderij. Maar de verschillen zijn evenzeer duidelijk, vooral achteraf gezien vanuit onze kennis over wat volgen zou.

Mondriaan begon zijn carrière in het idioom van de Haagse School, maar de vrijheid die uit *De rode wolk* spreekt, is slechts ten dele door het werk van Mauve, Mesdag of Weissenbruch geïnspireerd. Mondriaans hele oeuvre is een voorbeeld *par excellence* van de internationalisering van de kunstwereld rond 1900. Telkens weer brengen de nieuwe tendensen in Frankrijk, Duitsland of zelfs Scandinavië nieuwe uitdrukkingsmogelijkheden in zijn werk op gang, en telkens weer worden deze nieuwe mogelijkheden tot een eigen idioom geabsorbeerd en getransformeerd. *De rode wolk* getuigt van het binnendringen van invloeden in de geijkte voorstellingswereld van de Haagse School, vooral de kennismaking met het Franse werk van Vincent van Gogh, aan wie in 1905 een grote en succesvolle tentoonstelling was gewijd in Amsterdam, en met het fauvisme. Net zo toont het oudere *Bos bij Oele* Mondriaans verwerking van de *peinture* van Munch. Later ging hij, geïnspireerd door de Parijse kubisten, hoogst individuele schilderijen maken, waardoor hij korte tijd een van de beste kubisten was; en daarna werd hij de grootste schilder van constructief-abstracte schilderijen.

Dit patroon van invloed en innovatie vinden wij op grotere schaal terug in de geschiedenis van de moderne kunst in de Lage Landen. Telkens opnieuw blijken de interessantste ontwikkelingen het resultaat te zijn van contacten met buitenlandse ideeën en vormen, die vervolgens tot eigen varianten worden getransformeerd – al evenaarde geen enkele schilder Mondriaans vermogen om bij voortduring, in zoveel verschillende fases, zoveel kwaliteit te leveren, en zo'n langdurige ontwikkeling door te maken. In een overzicht

AFB. 117 [pagina 134] – René Magritte, *La condition humaine (Het menselijk tekort)* (detail van AFB. 177), 1933. Olieverf op doek, 100 x 81 cm. Coisel (Seine-et-Oise), Collectie Claude Spaak.

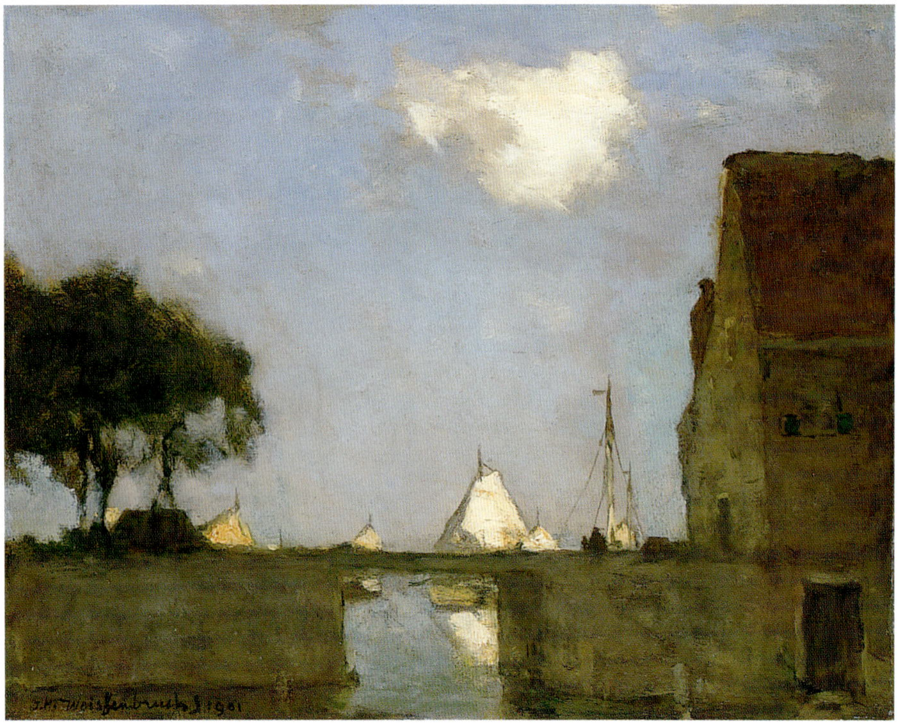

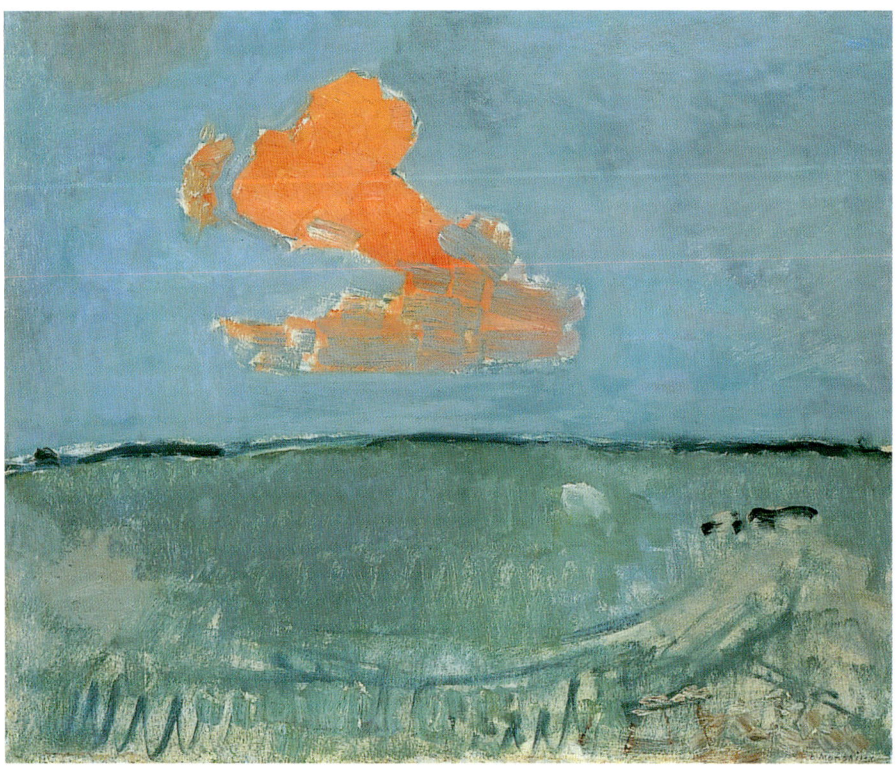

AFB. 118 [boven] – Johannes Hendrik Weissenbruch, *Te Noorden bij Nieuwkoop*, 1901. Dordrecht, Dordrechts Museum (Rijksmuseum Van Bilderbeek Lamaison, Dordrecht).

AFB. 119 [onder] – Piet Mondriaan, *De rode wolk*, 1907. Olieverf op papier, 64 x 76,5 cm. Den Haag, Gemeentemuseum.

van de schilderkunst van de twintigste eeuw in de Lage Landen zijn de momenten waarop internationale bewegingen vruchtbaar binnendrongen dan ook verplichte halteplaatsen: naoorlogse voorbeelden zijn Cobra, Fluxus, het werk van Ger van Elk en Jan Dibbets.

De geschiedenis van geslaagde assimilaties en transformaties van internationale tendensen is evenwel niet het enige verhaal van belang. Een aantal artistieke hoogtepunten in de jaren twintig en dertig hadden – op het eerste gezicht althans – weinig van doen met de internationale avant-garde en lijken veeleer aan te sluiten op lang bestaande, plaatselijke tradities, misschien als gevolg van een slingerbeweging waarbij tendensen van elders na een aanvankelijke snelle overname, vervolgens in een nieuw isolement tot iets eigens worden omgesmeed. Dit was bijvoorbeeld het geval met Mondriaan: nadat hij in 1914 noodgedwongen Parijs had verlaten, kwam hij tijdens de daaropvolgende jaren in Nederland vanuit het kubisme tot zijn uiteindelijke eigen idioom. Hetzelfde proces deed zich op grotere schaal voor in een aantal schilderskolonies op het platteland: in Bergen, Domburg, Sint-Martens-Latem, waar onder invloed van de internationale avant-garde een lokaal product tot stand kwam. Ook bij verschillende kunstenaars die zich bij internationale bewegingen aansloten, zien we deze evolutie, bij Cobra bijvoorbeeld omstreeks 1950. Na verloop van tijd maakten zij zich allen los van de kortstondige internationale uniformiteit en ontwikkelden afzonderlijk hun eigen kunstenaarspersoonlijkheid.

Zo is dus voor een overzicht van de schilderkunst in de twintigste eeuw telkens van belang welke kennis over de internationale ontwikkelingen de kunstenaars bereikte en – als kern van de zaak – hoe individuele kunstenaars zich hier juist weer van los wisten te maken. De relatie tussen kunstenaars of groepen kunstenaars en de toonaangevende internationale ontwikkelingen is een fundamenteel element in de kunst van deze periode. Die relatie is er niet per se een van volgzaamheid (wie schilderde het eerst zoals Picasso?), maar eerder een van eigen verwerking (wie deed iets eigens met Picasso?). In sommige gevallen gaat het zelfs om een afwijzen, of een zich afzijdig houden, van dominante artistieke bewegingen in het buitenland (wie deed iets waardoor hij zich met opzet van Picasso onderscheidde?). En uiteraard gebeurde het ook, zelden weliswaar, dat de schilderkunst die zich in een specifiek geografisch gebied ontwikkelde, zelf toonaangevend of richtingbepalend werd (wie overtrof of stuurde Picasso?). Wij zullen in het volgende verhaal regelmatig ingaan op de contacten met en de visies op de kunst in het buitenland, en vooral bijzondere aandacht besteden aan de schilders die zich het meest onomstreden een geheel eigen plaats in de internationale geschiedenis van de schilderkunst verwierven. Voor Nederland is dat Piet Mondriaan, voor België René Magritte.

Een vruchtbare artistieke relatie over de grenzen heen veronderstelt een bekendheid met wat elders gaande is. Deze open oriëntatie op het buitenland kenmerkte reeds de Haagse School en het symbolisme van het einde van de negentiende eeuw, en de verworvenheden hiervan gaven op hun beurt weer de aanzet tot de ontwikkeling van de moderne kunst in Nederland. In België werd gemakkelijker contact met Parijs gelegd, en voor de Nederlander Jan Toorop (1858-1928) was Brussel de brug naar het internationale toneel.

De herauten van de avant-garde in Nederland onderscheidden zich soms heel duidelijk: Toorop was één van hen. Hij sloot zich in 1885 bij Les Vingt aan en maakte in deze kring kennis met Seurat, wiens *Zondagmiddag op La Grande Jatte* het meest geruchtmakende schilderij van de tentoonstelling van 1887 was. Het divisionisme werd voor Toorop de moderne kunststijl bij uitstek. Over heel Europa was het nagenoeg regel dat pioniers van moderne kunstrichtingen een vroege fase van divisionisme hadden doorgemaakt, en zelfs tot diep in de twintigste eeuw werd vergroving en vergroting van de verftoets beschouwd als het formele gereedschap voor vernieuwing en vrijheid. Vanaf 1880 werden in veel ateliers van jonge kunstenaars de kleuren feller en de penseelstreken groter. Van Goghs werk is daar een mooi vroeg voorbeeld van. Het bewijst bovendien, net als in het geval van Mondriaan, hoe de internationale avant-garde bevruchtend kon inwerken op een kunstenaar die voldoende kracht en intelligentie bezat om met de lessen uit het buitenland zijn eigen, zeer individuele kunstenaarspersoonlijkheid te vormen.

In de beginjaren van de twintigste eeuw bracht eerst en vooral het fauvisme de Nederlandse kunstenaars een nieuw palet en een nieuwe taal bij. *De rode wolk* getuigt van deze inspiratie. Terwijl het schilderij *De witte zeilen* (of: *Te Noorden bij Nieuwkoop*) van Weissenbruch een prachtig laat voorbeeld is van het impressionisme in Nederland, vormt *De rode wolk* een schitterend vroeg voorbeeld van het postimpressionisme. Dit werk markeert zelfs het begin van een bijzondere plaatselijke variant, het luminisme, en ook dit luminisme had veel te danken aan de contacten met Parijs.

Een terugblik op de geschiedenis van de schilderkunst in de Lage Landen leert dat vitale informatie over de internationale ontwikkelingen de kunstenaars bereikte op uiteenlopende manieren en volgens verschillende patronen. Soms trok een ondernemend kunstenaar zelf naar het buitenland. Kees van Dongen (1877-1968) bijvoorbeeld emigreerde als jongeman naar Frankrijk en vestigde zich in Parijs, dat voor de Tweede Wereldoorlog veruit de belangrijkste aantrekkingspool voor kunstenaars was. Verschillende stromingen en figuren ontmoetten elkaar daar en uit die ontmoetingen werden nieuwe 'ismen' geboren. De artistieke loopbaan van Van Dongen verliep zo succesvol in zijn nieuwe vaderland dat hij vaak als een Franse kunstenaar wordt beschouwd. Een ander en nog sterker voorbeeld van een uitgeweken kunstenaar, Nederlander van geboorte, wiens carrière zich in het buitenland afspeelde, is Willem de Kooning (1904-1997). Zijn stijl werd geheel bepaald door het Amerikaanse expressionisme in het New York van de jaren veertig en vijftig en er gebeurde bij hem zelfs geen terugkoppeling naar de schilderkunst in zijn geboorteland, iets wat bij Van Dongen wel het geval was. Zelf gaf Van Dongen weinig om de contacten met kunstenaarsverenigingen en kunstcritici in Nederland, maar hij kreeg wel af en toe bezoek van kunstenaars uit de Lage Landen, voor wie hij rond 1900 in zijn Parijse milieu als gastheer of bemiddelaar kon fungeren. Van Dongen vertrok in 1897, op negentienjarige leeftijd, naar Parijs, waar hij zich mettertijd aansloot bij de groep kunstenaars op Montmartre die een centrale rol zou spelen in de avant-gardekunst en waarvan de meesten trouwens artistieke immigranten waren: de Spanjaarden Pablo Picasso en Juan Gris, en de 'halve Belg' Maurice de Vlaminck. Van Dongen droeg met bijzonder krachtig en doordringend werk in grote mate bij aan de ontwikkeling van het fauvisme. Nagenoeg al zijn schilderijen geven blijk van een geheel eigen picturaal talent, hoewel zijn grote succes als portrettist van de artistieke en mondaine elite de reputatie van zijn werk uit de periode na 1913 enigszins heeft geschaad. Zowel binnen die concessies aan de mondaine wereld als daarbuiten introduceerde hij een element dat in de vroege moderne kunst een veel grotere rol heeft gespeeld dan doorgaans wordt erkend: wij zullen het de introductie van een nieuw beeldelement noemen.

Van Dongen beschikte al vroeg over een krachtig eigen handelsmerk: de katachtige zwartomrande ogen en langoureuze houdingen van zijn modellen. Voeg daarbij de psychische zwartgalligheid die hem enigszins verwant maakt met de Zwitserse Parijzenaar Félix Vallotton – een zwartgalligheid die haar meest directe picturale expressie vond in de voorliefde voor een zwart fond. Dit in combinatie met een fauvistisch kleurgebruik verleende de portretten een soms wat stereotiepe dramatiek. Door deze verbinding van oppervlakkigheid en een onmiddellijk herkenbaar eigen idioom kan Van Dongen beschouwd worden als een noordelijke tegenhanger van Raoul Dufy – eveneens een voormalige fauvist – wiens kalligrafie ten dienste stond van een meer mediterrane en joyeuze melodie. Dat Van Dongen in zijn latere loopbaan, in weerwil van zijn maniërisme, een oorspronkelijk en begaafd schilder bleef, blijkt onder meer uit een coloristisch en compositorisch juweel als *De gele kamer* (AFB. 120). Omdat hij zich definitief in Frankrijk had gevestigd en niet meer naar Nederland terugkeerde, was hij hier geen boodschapper van de avant-garde; de invloed van zijn werk deed zich hooguit indirect gelden, al betekende hij voor kunstenaars die later wél een pioniersrol zouden vervullen, een toegang tot het Parijse artistieke milieu.

Was Toorop in de jaren tachtig van de negentiende eeuw een heraut van de Moderne Beweging, vanwege zijn eigen werk én omdat hij tentoonstellingen over nieuwe ontwikkelingen organiseerde, dan was omstreeks 1905 Jan Sluijters (1881-1957) ongetwijfeld de ambassadeur. Het begin van zijn carrière illustreert de overgang van oud naar nieuw op enigszins dramatische wijze: Sluijters won met een knap maar wel traditioneel bijbels schilderij de Prix de Rome, ontving als beloning de bijbehorende reisbeurs voor Italië en trok tegen de wil van de commissie naar Parijs. Daar trof hij Kees van Dongen en maakte kennis met de fauvistische inbreng op de verschillende Salons. De radicaal nieuwe richting van zijn eigen werk als gevolg van deze impuls wekte grote verontwaardiging bij de commissie die hem naar Rome had gestuurd. Schilderijen zoals *Bal Tabarin* uit 1906 (AFB. 121) vond zij getuigen van een 'drieste veronachtzaming der schoonheid' en een 'rauwe, met het materiaal spottende techniek'. Sluijters had zich in een paar maanden vertrouwd gemaakt met de kunst van de fauvisten, onder wie Van Dongen, die hem al was voorgegaan in een combinatie van grof en fel divisionistisch penseelwerk met voorstellingen uit het grootsteedse nachtelijke uitgaansleven.

Terwijl Van Dongen in Parijs een van de vele vernieuwers was, veroorzaakte het werk van Jan Sluijters bij zijn terugkeer in Nederland grote ophef. De musea, tentoonstellingmakers en pers reageerden buitengewoon scherp. Voor een aantal schilders en verzamelaars was echter duidelijk dat hier nieuwe mogelijkheden werden aangereikt. Het resultaat was een kortstondig maar interessant en specifiek Nederlands isme: het luminisme. De naam is misleidend, want hoewel de schilderijen over het algemeen inderdaad licht van toon zijn, was een nauwkeurige schildering van het licht eigenlijk niet het belangrijkste aandachtspunt van de luministen. Zij hadden meer belangstelling voor de breking van het licht en de effecten hiervan, zo zouden wij kunnen stellen, dan voor een naturalistische of fotografische observatie van lichteffecten.

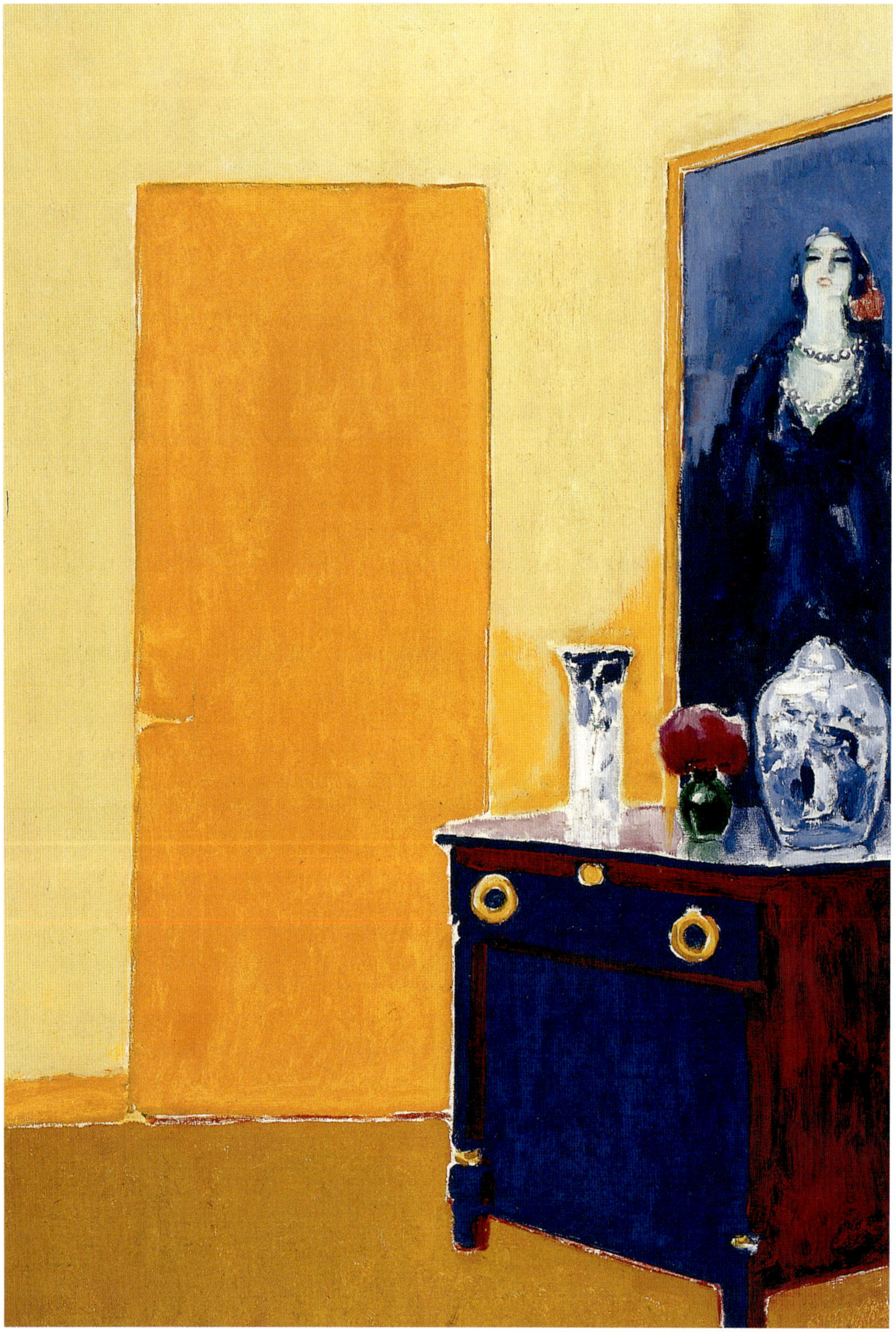

AFB. 120 [boven] – Kees van Dongen, *De gele kamer*, ca. 1910. Olieverf op doek, 172 x 98 cm. Rotterdam, Museum Boijmans Van Beuningen.

AFB. 121 [pagina 139] – Jan Sluijters, *Bal Tabarin*, 1906. Amsterdam, Stedelijk Museum.

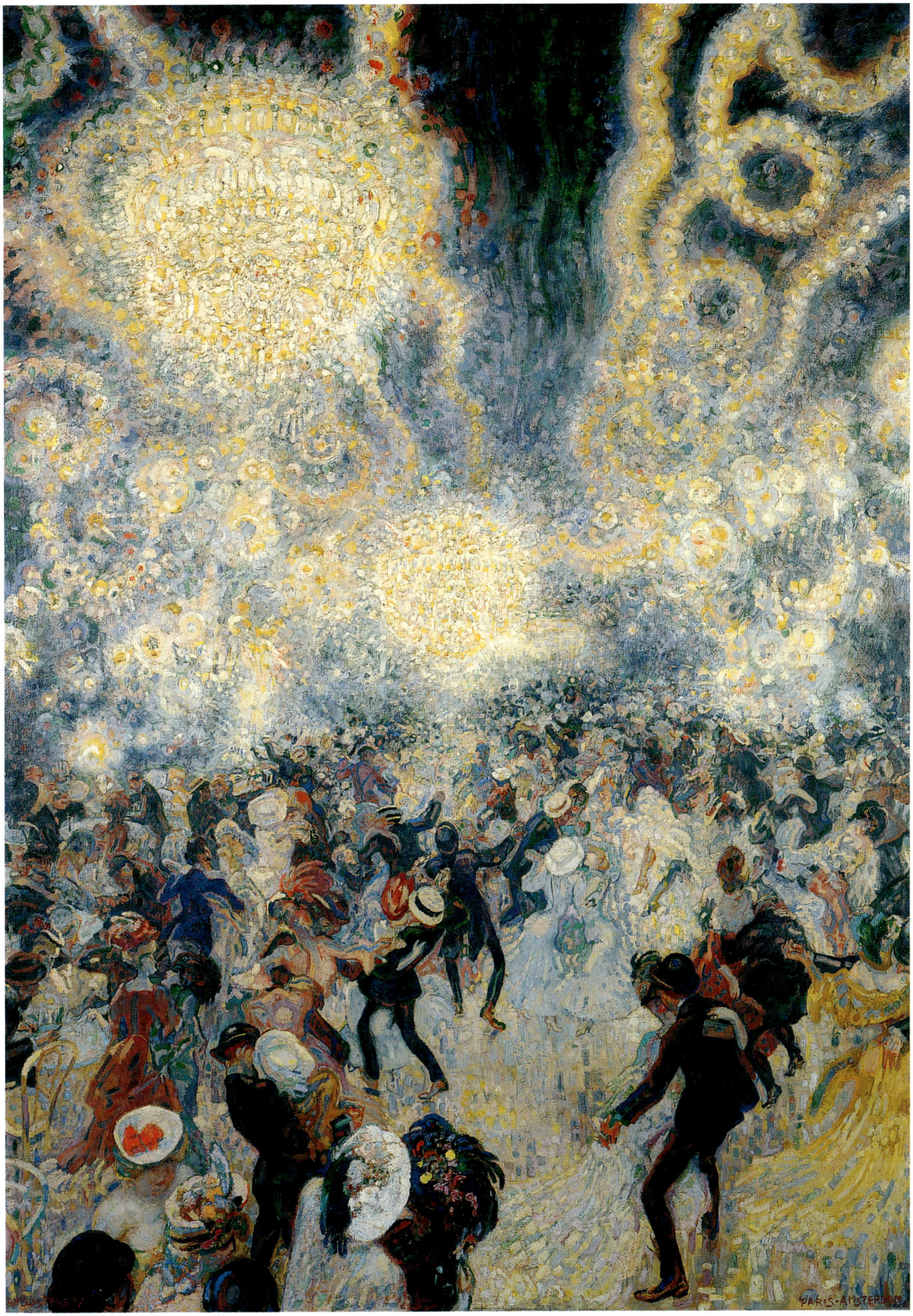

Hoewel het landschap het genre bij uitstek was van de luministen, werden de spectrale kleurvlakken die Sluijters hanteerde niet door het natuurlijke zonlicht maar door het elektrische kunstlicht bepaald. Elektrisch licht was aan het begin van de twintigste eeuw een nieuwigheid. In het uitgaansleven begon het geleidelijk de gasverlichting te vervangen. Kaarslicht was als niet-natuurlijke lichtbron al eeuwenlang in de schilderkunst bekend, en kunstenaars van de moderne wereld als Seurat, Toulouse-Lautrec en Van Gogh hadden in hun beelden van het nachtleven reeds de effecten van gaslicht weergegeven, maar vanaf 1900 werd de Lichtstad Parijs meer en meer van elektrisch licht voorzien. Zo beschrijft kunsthistorica Anita Hopmans hoe rond 1905 grote uitgaanscentra als *Bal Tabarin* en *Moulin de la Galette* elektrische verlichting hadden, wat vanwege de helderheid en vreemde kleureffecten als bijzonder modern werd beschouwd. Sluijters was een van de eersten (zo niet de eerste) die dit typische twintigste-eeuwse licht vastlegde: deze verrassende noviteit was niet minder dan het uitgaansleven zelf het thema van zijn impressie van bijvoorbeeld *Bal Tabarin*. Wij kunnen helaas niet meer achterhalen welke kleurtemperatuur deze nog jonge gloeilampen hadden, maar de extravagante kleurgolven die Sluijters schilderde, lijken op een onrustige kleurbalans te wijzen – en waarschijnlijk werkte de directie van *Bal Tabarin* ook opzettelijk met zulke nooit geziene kleureffecten. In Nederland teruggekeerd liet Sluijters het grootsteedse nachtleven varen en richtte zich op het oude Nederlandse motief van het landschap. Eigenaardig genoeg transponeerde hij de spectrale arabesken van het nieuwe kunstlicht naar de weergave van kleuren in het landschap – zeer Nederlandse landschapsmotieven werden nu verbeeld met een palet dat volstrekt tegengesteld was aan de bruingrijze erfenis van de zeventiende eeuw en de Haagse School. En Sluijters stond hierin niet alleen.

De terugkeer van Sluijters was cruciaal voor de artistieke ontwikkelingen in Nederland. Hij speelde immers een grote rol in de organisatie van een actief modern kunstleven. Zo was de Sint-Lucasvereniging, een gemengd en enigszins bedaagd genootschap van schilders te Amsterdam, een plaats waar de moderne kunst uit Frankrijk kon worden getoond en gepropageerd. Daarbij moeten we ons bepaald geen overdreven voorstelling maken van de algehele ontvankelijkheid voor moderne tendensen in bijvoorbeeld een instelling als het Stedelijk Museum, dat zich pas veel later geleidelijk ontwikkelde tot een kosmopolitisch kruispunt van moderne ontwikkelingen. Als een kunstenaar belangstelling had voor artistieke nouveautés, dan was hij grotendeels afhankelijk van occasionele tentoonstellingen en persoonlijke initiatieven. Een van die initiatiefnemers naast Sluijters was de schilder en criticus Conrad Kickert, die niet alleen het fauvisme maar ook, zoals we nog zullen zien, het kubisme in de Lage Landen propageerde. De kunstwereld in Nederland was klein en in zekere mate overzichtelijk. Dit te meer omdat Nederland in de betreffende periode minder dan acht miljoen inwoners telde, en eigenlijk geen metropool bezat. Gelijkgestemden konden elkaar dus relatief gemakkelijk vinden, en zowel in Nederland als in België deed zich regelmatig het verschijnsel voor dat kunstenaars tijdelijk als het ware kolonies vormden, zoals in het Zeeuwse Domburg gebeurde, of in het Noord-Hollandse Bergen en in het Vlaamse Sint-Martens-Latem.

Hierboven is al even aan dit patroon gerefereerd: de internationale invloed wordt door één of twee kunstenaars naar het vaderland overgedragen, waar zich vervolgens een kleine groep van verwante geesten vormt, die een eigen richting ontwikkelt. Dit proces onderging een des te krachtiger impuls tijdens de Eerste Wereldoorlog, toen Nederland en een groep Belgische kunstenaars in ballingschap in een tijdelijk isolement geraakten en daarin soms een eigen formeel idioom ontwikkelden. Het duidelijkste resultaat daarvan was de oprichting en evolutie van De Stijl, die later nog aan bod komt. Rond 1907, toen Sluijters uit Parijs terugkwam, was van het typische Stijlidioom uiteraard nog geen sprake. Wel ontwikkelde zich een zekere gelijkgezindheid onder een groep kunstenaars die door Conrad Kickert als 'luministen' werden getypeerd: Jan Sluijters zelf, Leo Gestel (1881-1941), Lodewijk Schelfhout (1881-1943) en de vroege (hoewel niet meer jonge) Piet Mondriaan.

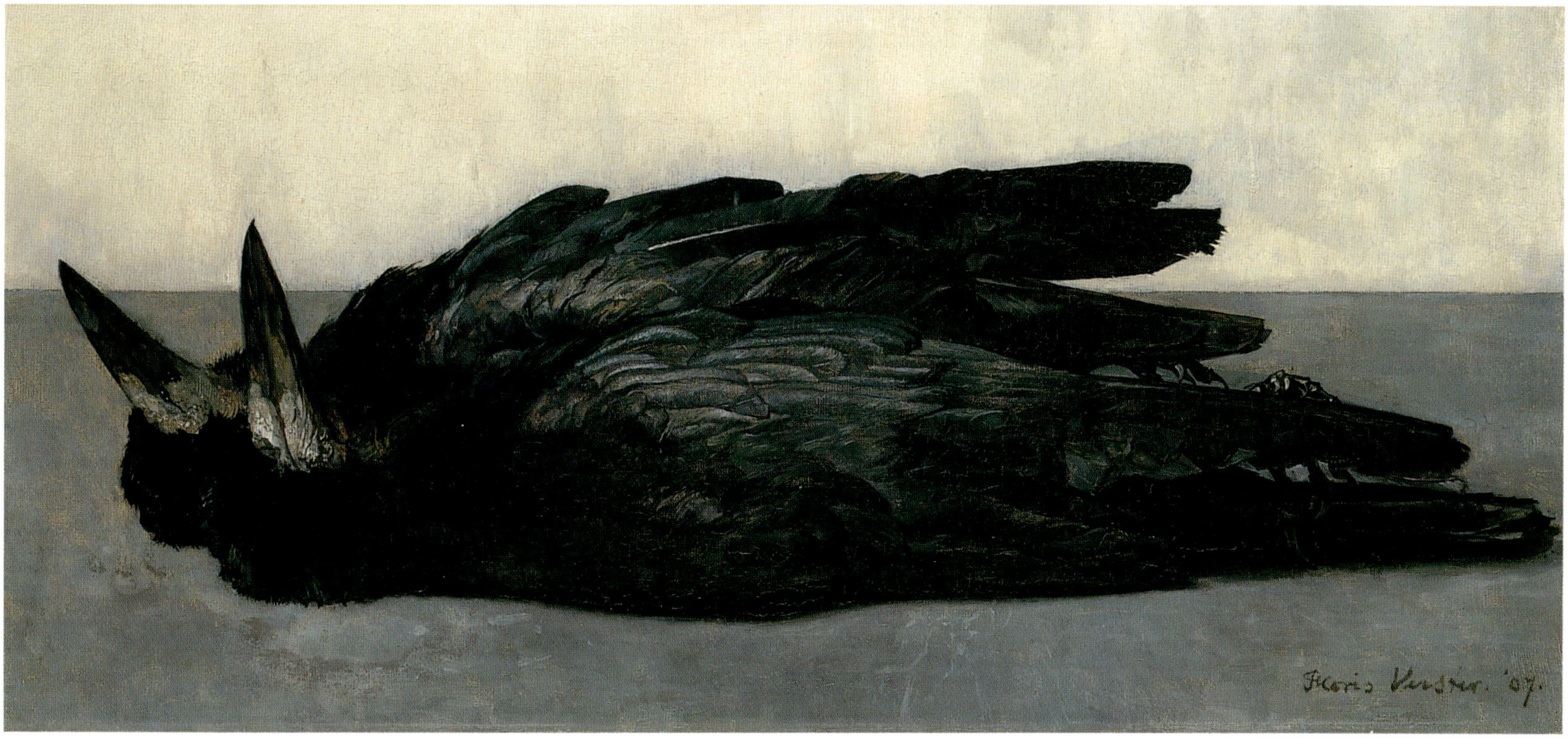

Het Nederlandse luminisme had als eigen artistieke variant van het fauvisme ook veel invloed in het buitenland; voor Duitsland was het tijdelijk de voornaamste verbindende schakel met de Parijse School. Een opmerkelijk facet van het luminisme is in feite al genoemd: de grootsteedse iconografie die bij Van Dongen, aanvankelijk ook bij Sluijters, en bij andere fauvisten en latere Parijse *immigrés* als de futuristen steeds opdook, werd hier verruild voor landschappelijke motieven. Natuurlijk sloot die keuze aan bij het weinig grootstedelijke karakter van de Lage Landen (zeker in Noord-Nederland, waar de industrialisatie in feite nog moest beginnen en zo'n 75 procent van de bevolking op de een of andere manier in de landbouw werkzaam was). Maar er is ook een verklaring voor deze ontwikkeling te vinden in de lokale artistieke tradities. De moderne kunst was in deze contreien al veel eerder doortrokken van natuurbeleving en een daarmee samenhangende esoterie: de Haagse School natuurlijk en Vincent van Gogh, maar ook het symbolistische werk van Jan Toorop en de introverte Floris Verster (1861-1927).

Vooral bij die laatste is duidelijk hoe hij, met al zijn experimenten in techniek en toets en zijn toewijding aan de moderne beweging, toch altijd eenvoudige motieven als uitgangspunt nam, waarbij het uiteindelijke schilderij een symbolistisch reservoir werd van een poëtische natuurbeschouwing. Hoewel Verster zelf zwijgzaam was over zijn onderwerpen en composities, is in de waardering van kunstenaars en critici uit zijn omgeving een zekere exaltatie te bespeuren, waarbij veel sprake is van natuurbeleving, het kunstenaarschap en een spiritualiteit die juist onder het oppervlak van het meest bescheiden onderwerp schuil zou gaan. *Twee dode roeken* is een voorbeeld van de prachtig gedetailleerd geschilderde stillevens die Verster in het eerste decennium van deze eeuw maakte (AFB. 122). Een traditionele kunst die toch wel degelijk tot de moderne beweging werd gerekend, ongetwijfeld onder meer vanwege het onmiskenbare stempel van de persoonlijkheid van de kunstenaar dat uit zijn werken sprak. Het is trouwens opvallend dat het moderne, ietwat kale realisme waar Verster een exponent van is, de hele twintigste eeuw door telkens opnieuw met succes werd beoefend in de Lage Landen, naast formeel avant-gardistische experimenten.

AFB. 122 – Floris Verster, *Twee dode roeken*, 1907. Olieverf op doek, 25 x 53 cm. Den Haag, Gemeentemuseum.

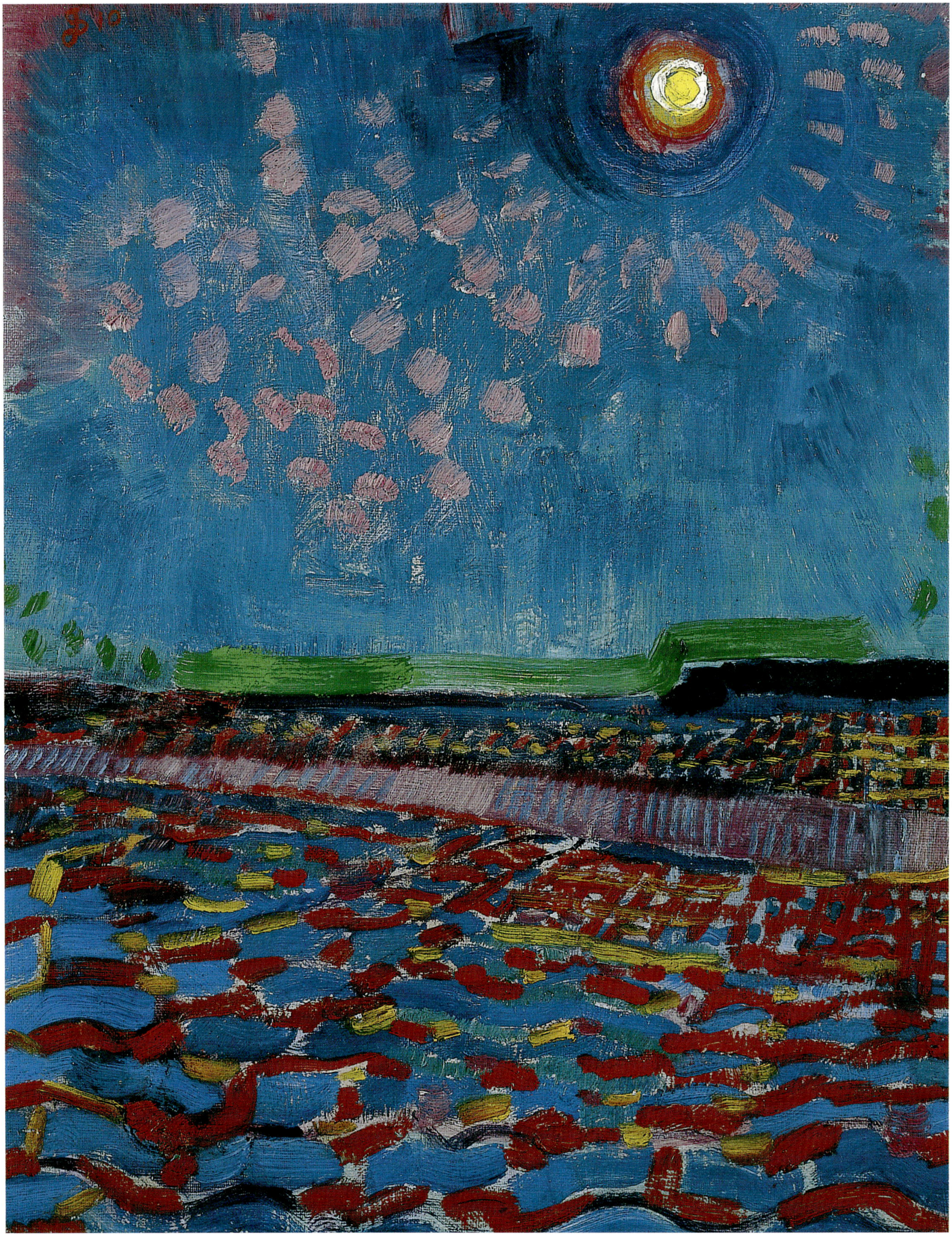

Voorts is het opvallend dat de kersverse avantgardisten zich na hun Parijse periode al snel aangetrokken voelden tot de eenvoud van natuurmotieven. In Nederland worden de coloristische extravaganties van het fauvisme gericht op uitbeeldingen van het landleven, waarbij soms dezelfde aandacht voor en poëtische beleving van organische vormen in een nieuw jargon tot uitdrukking worden gebracht. In dit opzicht bevestigt deze vroegmoderne kunst in Nederland een opvatting die binnen onze kunsthistorische cultuur lange tijd weinig aan bod is gekomen: namelijk dat het landschap ter plekke van invloed zou zijn op de kunst. Dat werd uiteraard ook moeilijker aantoonbaar vanaf het moment dat de kunst de zichtbare werkelijkheid begon te verlaten. Toch valt in die vroege jaren de directe relatie tussen land en kunst moeilijk te ontkennen, en waarschijnlijk is zij ook bewust nagestreefd. Dat laatste is sterk voelbaar in de manier waarop kunstenaars de etherische sfeer van land-lucht-en-water in de Zeeuwse gewesten cultiveerden en in artistieke zin uitbuitten. Een bijkomstig maar niet onwelkom voordeel van die onderwerpkeuze was dat deze ambiance zich buitengewoon goed leende voor een abstraherende schilderwijze.

Het blijft opmerkelijk hoe in korte tijd een eensgezinde aanpak tot stand kwam binnen het groepje moderne schilders. Het Parijse fauvisme, en vóór 1900 ook het Nederlandse en Belgische divisionisme van Jan Toorop en Henry van de Velde, en de zeer persoonlijke late variant van het Franse impressionisme die Emile Claus in de jaren 1890 in Astene bij de Leie ontwikkelde, brachten een schildertrant voort die al betrekkelijk snel werd ondergebracht onder de term 'luminisme'. De moderne voortzettingen ervan in Nederland dateren van 1907 maar de bloeiperiode ligt rond 1910. De overeenkomsten liggen in de samenstelling van het palet, het werken met grote directe toetsen, en een nadruk op, of overdrijving van lichteffecten, op betrekkelijk pretentieloze motieven.

Het werk van Sluijters, Gestel en Mondriaan laat overigens bij al die overeenkomsten ook karakteristieke verschillen zien – naargelang de kunstenaarspersoonlijkheden, hun kunstopvattingen en de keuzes die zij in hun latere carrières nog zouden gaan maken. Soms kwamen hun resultaten elkaar zeer nader, maar tegelijk zien we dan, juist in verwante voorstellingen, de verschillen fraai gedemonstreerd: de uitbundige lyriek van Sluijters (AFB. 123), het wat ruigere expressionisme van Gestel (AFB. 124), de constructieve en coloristische verfijning van Mondriaan (AFB. 125). Over het algemeen heeft het werk van Sluijters iets vaags en onvasts in de opbouw, wat in zijn betere werken wordt gecompenseerd door een overtuigende lyriek en een aantrekkelijke vrijheid in het gebruik van verschillende kleurtonen en verftechnieken in dezelfde compositie. Deze eigenschappen komen des te sterker naar voren naast de kunst van Gestel, wiens experimenten soms iets priegeligs hebben en op zijn beste momenten een decoratieve originaliteit bezitten. Bij Mondriaan daarentegen lijkt de verkenning van de mogelijkheden van de verftoets het constructieve karakter van het geheel juist te verstevigen in plaats van aan te tasten, wat onderstreept wordt door uitspraken in zijn correspondentie zoals: 'Me dunkt dat klaarheid van gedachten ook samen moet gaan met klaarheid van techniek.' De kenmerken van het werk van Sluijters, Gestel en Mondriaan in deze periode blijven gelden voor de rest van hun carrière. Bij Sluijters en Gestel nam de artistieke productie op den duur een veel bedaagder karakter aan dan hun opvallende beginjaren deden vermoeden. Bij Mondriaan was dit in feite andersom: zijn werk werd voortdurend radicaler, terwijl zijn productie als beginnend kunstenaar dat bepaald niet aankondigde. Mondriaan is in vele opzichten een merkwaardig geval. Hij is wel getypeerd als een laatbloeier, maar toen die bloei zich eenmaal manifesteerde, duurde hij zijn hele leven lang. Aanvankelijk oriënteerde hij zich op de erkende Nederlandse meesters. In zijn vroege werk herkennen we het voorbeeld van schilders als Mauve, Maris en Isaac Israëls, en vinden we weinig blijken van belangstelling voor de moderne bewegingen.

Pas in 1907 nam Mondriaan via Sluijters kennis van de nieuwe Franse kunst. Ook toen pas kreeg hij aandacht voor modern werk uit andere delen van Europa. Zijn *Bos bij Oele* suggereert dat hij bekend moet zijn geweest

AFB. 123 [pagina 142] – Jan Sluijters, *Maannacht*, 1910. Olieverf op doek, 41 x 33,5 cm. Collectie W.F. van Meegen (Nederland).

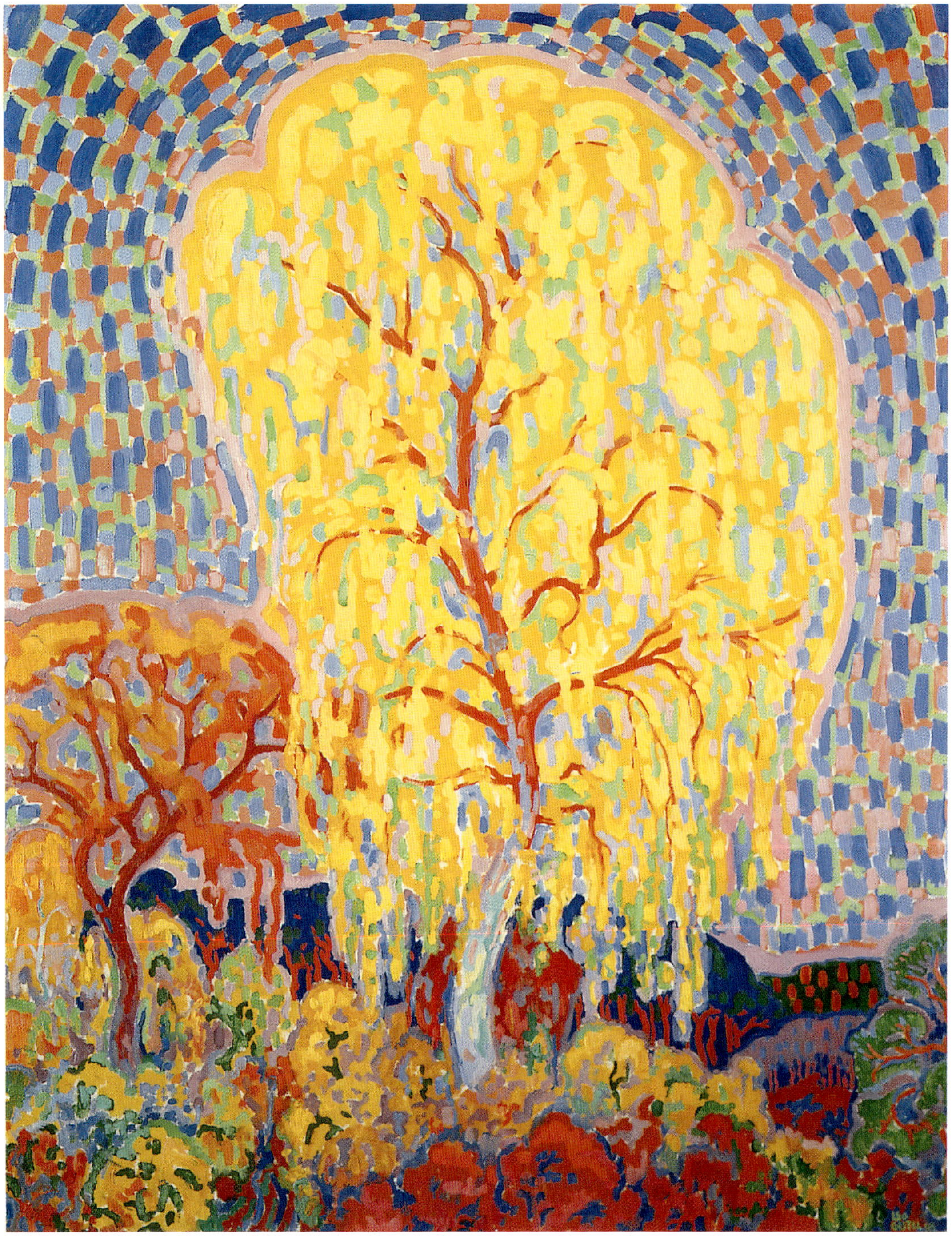

met het werk van de Noor Edvard Munch. Belangrijker is het feit dat hij in 1907 een vrij uitgebreide selectie van werk van de Zwitser Ferdinand Hodler heeft kunnen zien in de zalen van de Lucasvereniging, waarvan hij zelf lid was. Hodlers heldere, bijna stijf gecomponeerde landschapsschilderijen van klein formaat kwamen kennelijk tegemoet aan Mondriaans talent voor organisatie van verf en oppervlak, en zo kwam hij tot een bijzonder mengsel van Franse vrijheid in kleur en constructieve helderheid à la Hodler. Mondriaan was blijkbaar niet alleen aangesproken door de hoekigheid van Hodlers verfopbreng, maar ook door diens onderwerpen – het meer van Genève dat Hodler veelvuldig in beeld bracht, laat zich vergelijken met de watervlakte van de Noordzee, en de Zwitserse bergen met de duinen waarvan Mondriaan nieuwe, betoverend ruimtelijke werelden wist te maken. Het zou interessant zijn om landschappen van Mondriaan en Hodler samen te brengen op een tentoonstelling, om de parallellen in benadering nauwkeurig te kunnen onderzoeken. In het geval van Mondriaan zou dan blijken dat de ontdekking van de Franse kunst zijn werk kleurrijker en vrijer had gemaakt ten opzichte van het natuurmotief, terwijl hij tegelijk een prachtige, bestudeerde vlotheid van kalligrafie ontwikkelde. Bij Mondriaan was de nieuwe vorm van schilderkunst echter geen doel op zichzelf; zijn picturale ontwikkeling hing nauw samen met zijn oriëntatie op wereldbeschouwelijk vlak. Hij was geboren en getogen in een calvinistisch milieu, maar moet rond 1900 zoiets als een geloofscrisis hebben doorgemaakt, en sindsdien tendeerde hij naar moderne esoterische stromingen, zoals veel kunstenaars in deze periode in de Nederlanden. In 1908 trad hij toe tot de Theosofische Vereniging.

Wij zouden zelfs kunnen zeggen dat in die jaren in de Lage Landen een ontvankelijkheid voor het modernistische picturale idioom gepaard ging met een belangstelling voor esoterie en spiritualiteit, een combinatie die overigens ook in de vooruitstrevende politiek van die tijd voorkwam. Een aantal voormannen en -vrouwen van het socialisme zagen de dageraad van de nieuwe maatschappij eveneens gloren in een etherisch licht. Deze combinatie

AFB. 124 [boven] – Leo Gestel, *Herfstboom*, 1910-1911. Olieverf op doek, 113,5 x 87,5 cm. Den Haag, Gemeentemuseum.

AFB. 125 [pagina 145] – Piet Mondriaan, *Molen bij zonlicht*, 1908. Olieverf op doek, 114 x 87 cm. Den Haag, Gemeentemuseum.

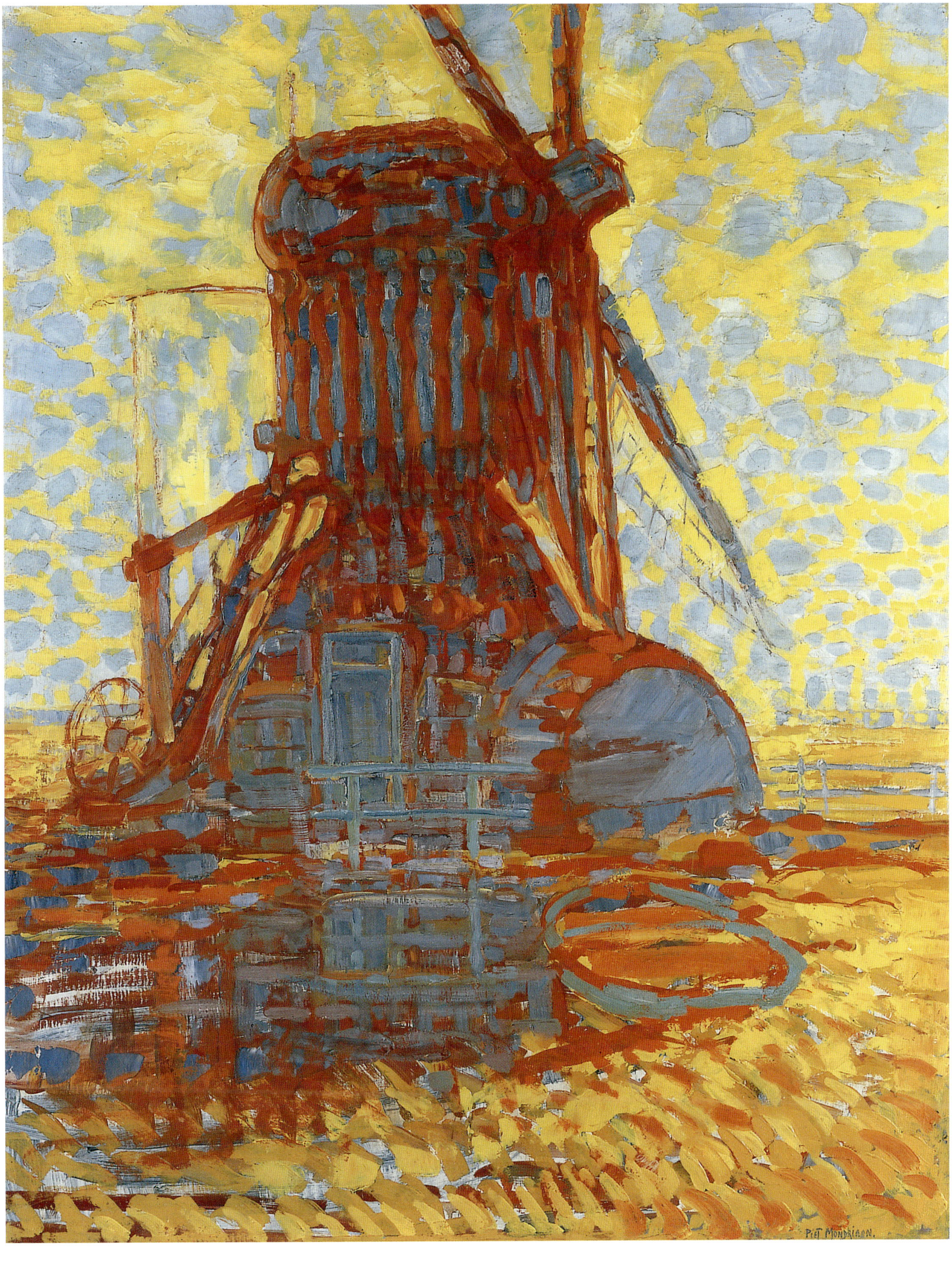
PIET MONDRIAAN.

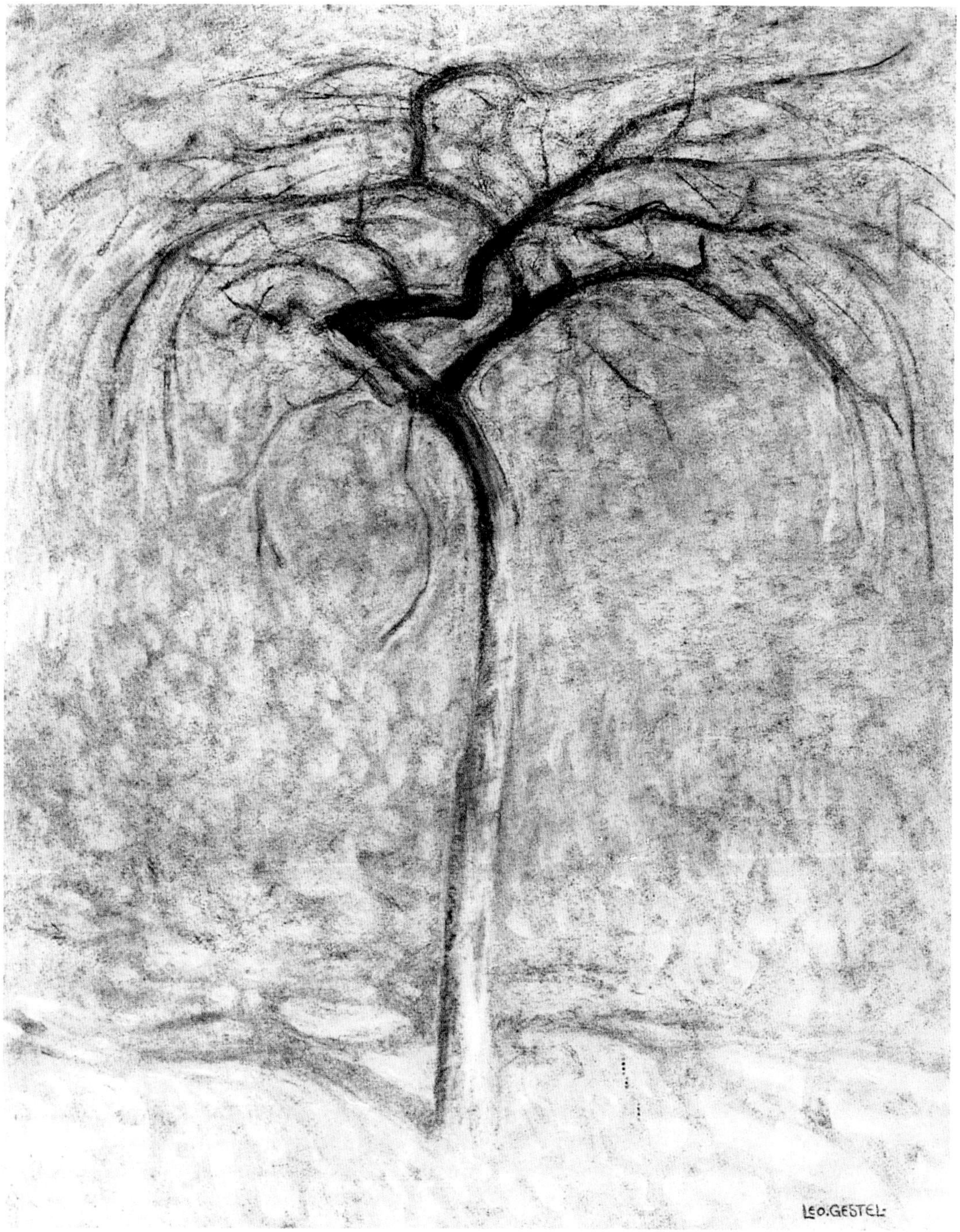

AFB. 126 – Leo Gestel, *De witte boom*. Houtskool op papier, 45,3 x 51,5 cm. Middelburg, Zeeuws Museum.

is voor ons nog slechts met moeite navoelbaar, maar indertijd behoorde ze tot de vanzelfsprekendheden van een culturele elite. Dit fenomeen verklaart voor een deel waarom Gestel en Sluijters de grootsteedse motieven van Van Dongen verruilden voor intiemer en onschuldiger motieven. Het moge blijken uit een studie van een fruitboompje door Gestel (AFB. 126), die trouwens grote verwantschap vertoont met experimenten die Mondriaan naar aanleiding van hetzelfde motief uitvoerde. Anders dan bij Gestel zijn Mondriaans appelbomen beroemd geworden, omdat de reeks van uitbeeldingen van ditzelfde motief zo'n prachtige illustratie vormt van een ontwikkeling in de richting van picturale abstractie. De bomen verdwenen op den duur in een dynamisch netwerk van patronen (AFB. 127). Ze zijn in de Nederlandse kunstgeschiedschrijving exemplarisch geworden voor het verlaten van het onderwerp ten gunste van de abstractie. Het is opmerkelijk hoe verwant die omschrijving is aan een zinsnede die Mondriaan gebruikte in een brief van 1909 aan de schrijver Israël Querido. Deze had in kritieken aandacht besteed aan het werk van Sluijters en Mondriaan. Mondriaan sprak in zijn brief over het verband dat er in zijn ogen bestond tussen filosofie en kunst. Hij beweerde 'occulte kennis' voor zichzelf te willen verwerven 'om zoo dingen beter te begrijpen. Zodoende zie ik ook meer bewustheid in mijn werk komen en al wat vaag is weggaan.' Hij betoogde dat 'kunst een overgang reeds kan vormen tot fijnere regionen'. En hij typeerde dit ten slotte als 'de omhoog gaande weg, van de stof af'.

Vooral in die laatste woorden wordt de analogie, om niet te zeggen gelijkschakeling, duidelijk van zijn kunstopvatting met zijn levensbeschouwing. Dit bleef karakteristiek voor Mondriaans geschriften. De evolutie van de mens en de menselijke samenleving wordt weerspiegeld in de evolutie die de kunst of de kunstenaar moet doormaken. Het is een evolutie naar vergeestelijking, die in de kunst onder meer inhoudt: een weg 'van de stof af'. Carel Blotkamp heeft er in zijn voortreffelijke monografie *Mondriaan, destructie als kunst* met nadruk op gewezen dat die evolutie voor Mondriaan, in het verlengde van de theosofische opvattingen, niet alleen een voortschrijden over een aangegeven pad betekende. Wat hem voor ogen stond was een dialectisch proces waarin elk volgend stadium uit een destructie van het vorige zou voortkomen. Deze opvatting gaf telkens een nieuwe dynamiek aan zijn oeuvre. Er is geen kunstenaar van wie het werk zo'n evidente opeenvolging van fases laat zien, die tegelijkertijd een samenhang vertonen, een logica zelfs, althans achteraf gezien. Zijn levenswerk heeft als het ware een plot en weerspiegelt een zich dramatisch ontwikkelend verhaal. Misschien is deze eigenschap van zijn oeuvre wel de grootste artistieke prestatie van Mondriaan.

Ten tijde van zijn brief aan Querido moest dit alles uiteraard nog blijken. Met geen mogelijkheid kon worden voorspeld tot welke radicale vormen en oplossingen de kunstenaar nog zou komen. Hij was in deze periode vooral zoekende en probeerde verschillende artistieke mogelijkheden naast of door elkaar uit.
Zo bracht hij zijn persoonlijke opvatting van evolutie, die hij later op een directe manier gestalte zou geven, nu nog langs iconografische weg tot uitdrukking. Een voorbeeld daarvan is zijn drieluik *Evolutie* uit 1911.
Het kleurgebruik is ontleend aan de innovaties van het luminisme, maar de zeshoeken, driehoeksvormen en gestileerde Egyptische koppen met gesloten ogen of een starende blik zonder pupil zijn direct afkomstig uit het theosofische arsenaal. Het werd zijn laatste werk waarin de voorstelling als hiëroglief voor het hogere moest fungeren. Mondriaan maakte dit werk dan ook op een moment dat hij in zijn kunst eigenlijk al een andere weg was ingeslagen, aan de vooravond van de kennismaking met een gloednieuw Frans fenomeen.

Vanaf 1907 ontwikkelde Mondriaan zich van een achterhoedefiguur tot een kunstenaar die zich midden in de moderne beweging bevond en weldra een van de brandpunten daarvan zou worden. In Domburg – een vakantieoord, tevens kunstenaarskolonie in Zeeland – leerde hij onder anderen Jan Toorop goed kennen. Toorop was de spil van een groep geestverwante kunstenaars die daar tijdens de zomermaanden verbleef. Net als Mondriaan waren velen van hen de theosofie als levensvisie toegedaan. In deze periode

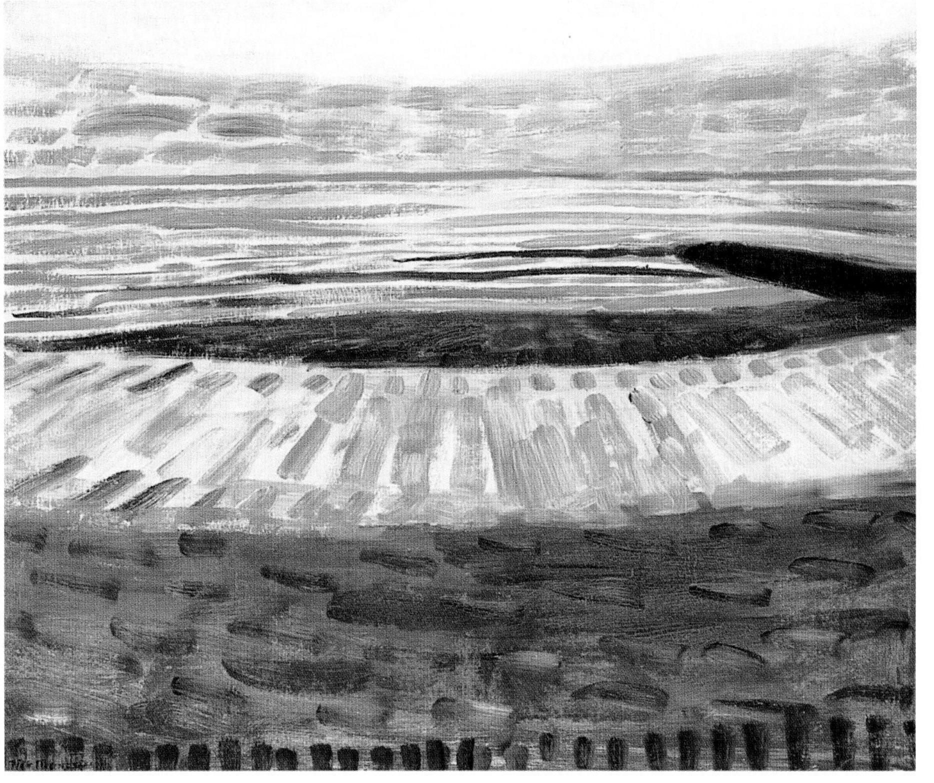

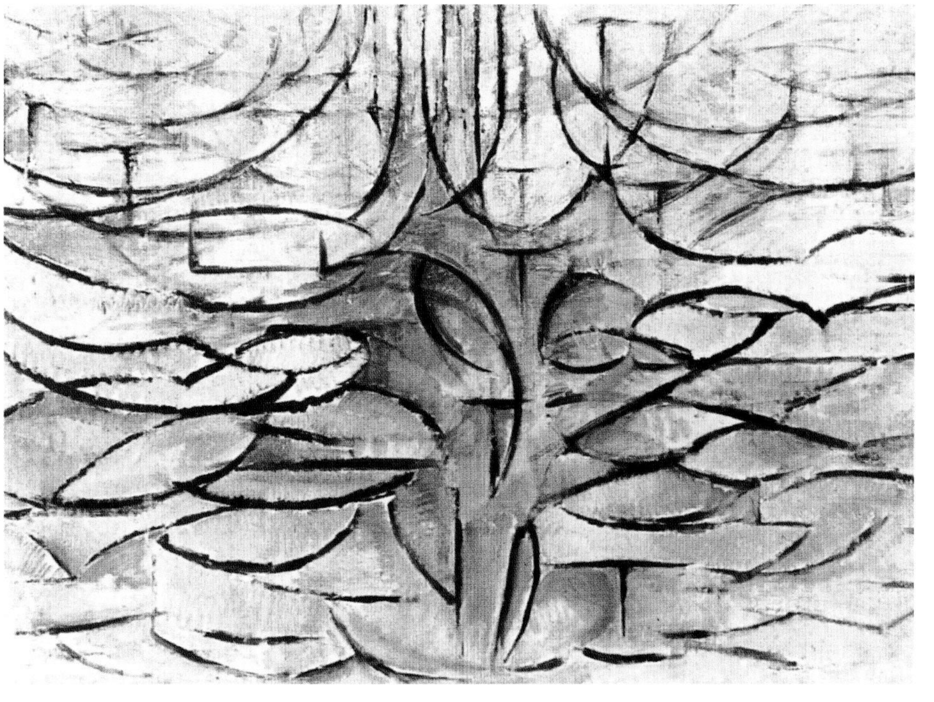

AFB. 127 [boven] – Piet Mondriaan, *Bloeiende appelboom*, 1912. Olieverf op doek, 78,5 x 107,5 cm. Den Haag, Gemeentemuseum.

AFB. 128 [onder] – Piet Mondriaan, *Zee na zonsondergang*, 1909. Olieverf op papier, 62,5 x 74,5 cm. Den Haag, Gemeentemuseum.

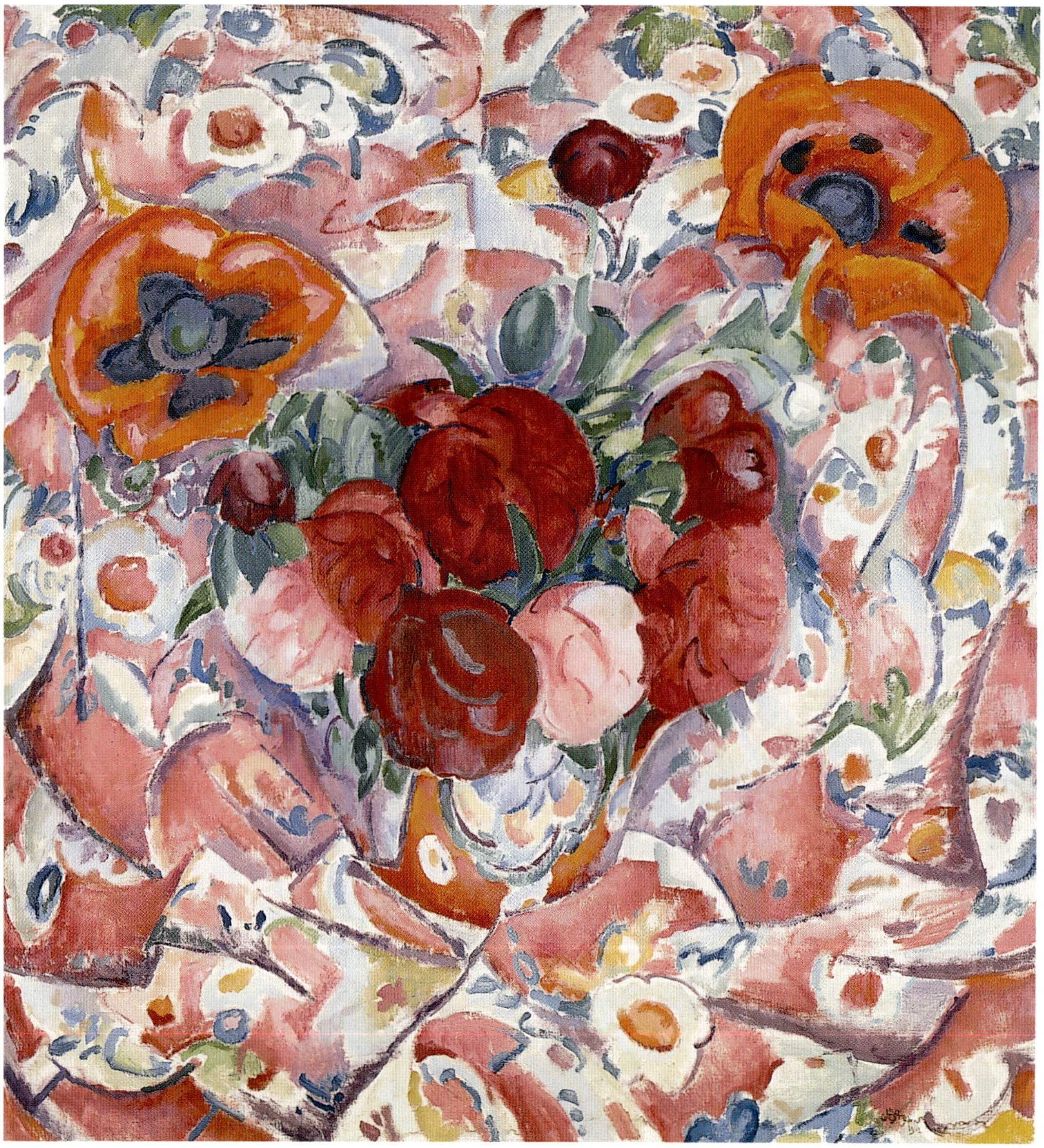

AFB. 129 – Leo Gestel, *Pioenrozen*, 1912. Olieverf op doek, 100,4 x 90,5 cm. Den Haag, Gemeentemuseum.

maakte Mondriaan zijn schitterende reeks duingezichten. *Zee na zonsondergang* (AFB. 128) laat zien waartoe hij in staat was: de geweldige beheersing en trefzekerheid waarmee hij de verworven technische vrijheden inzette voor de hechte verbeelding van een motief. Stralingseffecten, ritmisch geplaatste toetsen en een bijna schematische opbouw in verschillende banden die vagelijk verband houden met 'lucht', 'water' en 'zand', maken plaats voor een geïntensiveerd en bijna verzelfstandigd effect van straling en licht, al is rechts aan de beeldrand nog duidelijk de pier of golfbreker zichtbaar die in zee steekt, en al vinden de herhaalde verticale toetsen onderaan hun materiële oorsprong in palissaden die op het strand werden geplaatst om de afkalving van duin en strand tegen te gaan. Deze werken hebben een overtuigingskracht die in zijn eerdere pogingen tot een etherische thematiek ontbrak.

Mondriaans gegroeide zelfvertrouwen blijkt ook uit zijn medewerking aan de oprichting van de Moderne Kunstkring in 1910, samen met Conrad Kickert en Jan Sluijters. Voorzitter werd de erkend moderne Jan Toorop. Het was op een tentoonstelling van deze kring dat de eerste kubistische kunst in Nederland te zien was – een aantal werken van Picasso en Braque, maar vooral veel werk van Henri Le Fauconnier. Le Fauconnier was een merkwaardige figuur in de wereld van de avant-garde. In 1910 veroorzaakte hij in Parijs beroering met het grote werk *Abondances* waarin een traditioneel allegorisch tafereel was vertaald in een idioom van cézanneske hoeken en facetten. Misschien vanwege deze mix van geijkt en modern werd Le Fauconnier in Parijs beschouwd als een voorman van de moderne richting. Zelf deed hij er alles aan om zijn importantie te afficheren. Hij wist zijn werk tentoongesteld te krijgen bij de Neue Künstlerverein in München en ook in Berlijn, Praag en Boedapest. Hier hebben we een kunstenaar die vanuit Parijs als boodschapper fungeerde in verschillende Europese landen. Zijn grote invloed in Amsterdamse kringen staat evenwel niet in verhouding tot zijn belang als kunstenaar – zeker als kubist. Zijn werk, ook het befaamde *Abondance*, vertoont een hinderlijk gebrek aan vormvastheid. Niettemin had het kennelijk zoveel van het opwindend nieuwe van het kubistische idioom in zich dat hij voor veel kunstenaars buiten Parijs tijdelijk een lichtend voorbeeld kon zijn.

In Nederland bleek vooral Gestel ontvankelijk voor het Montmartre-kubisme van Le Fauconnier. Net als Mondriaan wilde hij zoals hijzelf zei 'het onderwerp als sujet opofferen om meer geestelijk te gaan schilderen'. We schreven al eerder dat deze ambitie misschien wel een typische bijdrage van de Lage Landen aan de ontwikkeling van de moderne kunst kan worden genoemd. En het is misschien typisch Nederlands dat om die reden bij Gestel – net als aanvankelijk bij

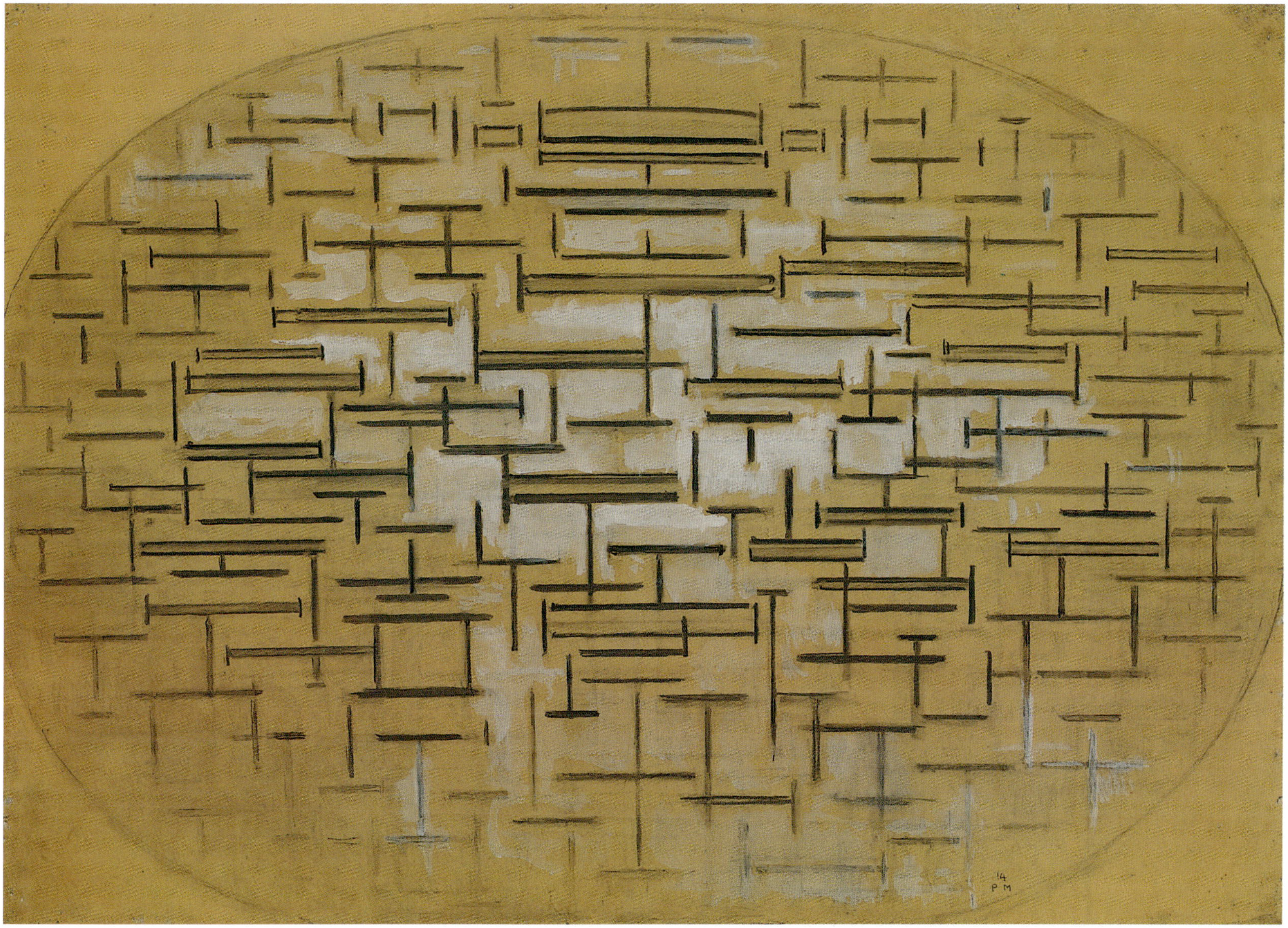

Mondriaan – Le Fauconniers versie van het kubisme in vruchtbare aarde viel. Diens doorzichtige facettering van het onderwerp liet zich makkelijk interpreteren als een strategie tot de gezochte vergeestelijking en distantie van het onderwerp. Gestels ontwikkeling ging later in een meer expressionistische richting, net als veel schilderkunst van de Lage Landen trouwens. Hij speelde vanaf 1911 een grote rol in de totstandkoming van de Bergense kunstenaarskolonie, waar ook Le Fauconnier zich bij aansloot. Diens donkere palet en geliefkoosde vergroving van het uit te beelden motief hadden inmiddels nog maar weinig met het Parijse kubisme te maken. Zijn stijl belichaamde een vorm van introvert, soms wat modderig expressionisme dat niet alleen door Gestel maar ook door veel andere schilders in België en Nederland werd verwelkomd (AFB. 129).

Het is waarschijnlijk typerend voor Mondriaan dat hij zich niet tevredenstelde met een indirecte kennismaking met de avant-garde. Nog voor de tentoonstelling van de Moderne Kunstkring had hij in de voorzomer van 1911 korte tijd in Parijs verbleven. Hij verwachtte dat deze reis 'heel leerzaam' zou zijn. In dezelfde tijd toonde hij op de Salon des Indépendants een werk dat blijk gaf van zijn weloverwogen ambitie om tot

AFB. 130 – Piet Mondriaan, *De Zee*, 1914. Houtskool en gouache op papier, op paneel, 87,6 x 123 cm. Venetië, Museum of Modern Art, Peggy Guggenheim Collection.

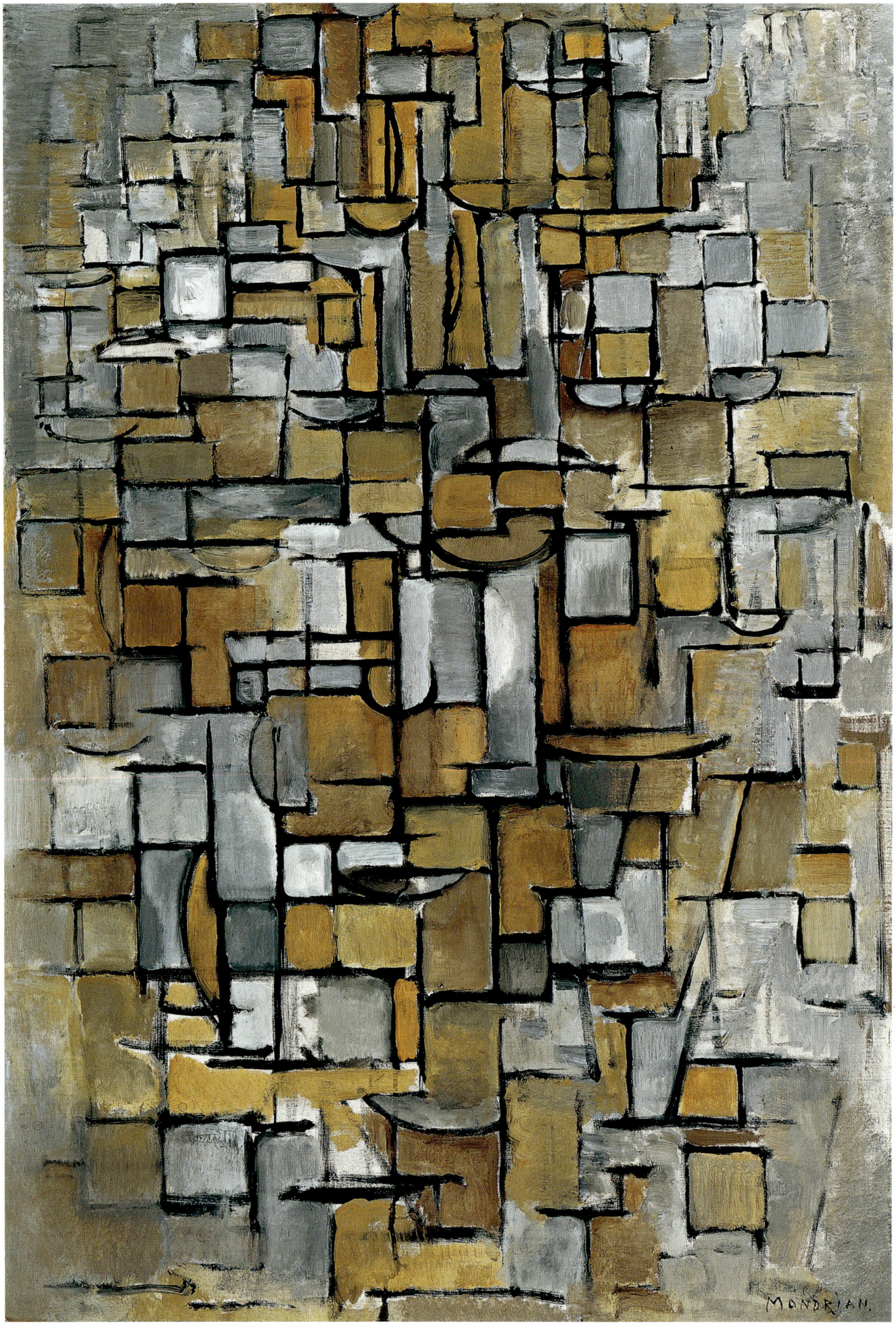
MONDRIAN.

het hart van het moderne kunstleven door te dringen. De kennismaking moet tegelijk opwindend en verwarrend zijn geweest. Bijna direct vatte hij het plan op om zich in Parijs te vestigen. Dat deed hij begin 1912 op ruim negenendertigjarige leeftijd. Zijn schilderijen uit de vroege Parijse tijd tonen dat het kubisme zijn belangrijkste impuls was. Met hetzelfde bijzondere vermogen om moderne experimenten van anderen te transformeren, dat al in zijn zeegezichten tot uiting was gekomen, begon hij zich na enige aarzeling op een heel eigen wijze in het kubistische idioom uit te drukken (AFB. 130). Zijn werk in deze trant steekt ver uit boven dat van bijvoorbeeld Le Fauconnier. Mondriaans kubistische composities zijn, na de werken van Picasso en Braque, de mooiste voorbeelden van deze nieuwe richting. Een schilderij als *Vrouw* uit 1913 (AFB. 131) laat geen twijfel bestaan over het voorbeeld: de beeldopbouw, lineariteit en speelse toets en uiteraard het coloriet roepen de befaamde experimenten van Braque en Picasso voor de geest. Maar het typeert Mondriaans smaak en kwaliteitsbesef dat hij zich bij zijn inhaalmanoeuvre niet door de Parijse situatie in de war liet brengen en zich snel tot de ware pioniers wendde; bovendien bewaarde hij zijn talent om de stijlmiddelen weloverwogen te hanteren. Guillaume Apollinaire schreef al meteen een lovende kritiek toen dit schilderij op de Salon des Indépendants te zien was: 'Het zeer abstracte werk van Mondriaan – Nederlander – (...) voortgekomen uit de kubisten, imiteert hen geenszins. Hij lijkt vooral invloed van Picasso te hebben ondergaan, maar imiteert hem niet. Zijn vrouwenportret getuigt van een gevoelige cerebraliteit. Dit kubisme volgt een andere weg dan Braque en Picasso blijken te gaan.'

Als hij voorgoed in Parijs was gebleven, had Mondriaan zich misschien ontwikkeld tot een geheel of ten dele Franse kunstenaar zoals Van Gogh en Van Dongen. Maar dit gebeurde niet door omstandigheden die ver buiten hemzelf lagen. Het uitbreken van de Eerste Wereldoorlog had voor hem en de Nederlanden grote gevolgen. Nederland hield zich neutraal in dit Europese conflict, en werd, anders dan België, ongemoeid gelaten. Voor een aantal Belgische kunstenaars betekende het, zoals we nog zullen zien, dat zij tijdelijk bannelingen werden in Nederland en met het lokale kunstleven aldaar kennismaakten; voor Mondriaan en een aantal andere *immigrés* leidde het uitbreken van de oorlog tot een ongeplande terugkeer naar een betrekkelijk geïsoleerd vaderland. Mondriaans Parijse informatie leidde er tot een nieuwe fase, die uiteindelijk een bij uitstek Nederlandse bijdrage aan de avant-garde werd: die van De Stijl.

De Eerste Wereldoorlog had een ingrijpend effect op het leven en werk van schilders in België en Nederland. Voor de Nederlandse schilders betekende de neutraliteitspolitiek in de praktijk een cultureel isolement, waarin het kunstleven overigens wel bloeide. Belgische schilders daarentegen geraakten als vluchtelingen in Engeland en Nederland in een tijdelijke diaspora.

AFB. 131 [pagina 150] – Piet Mondriaan, *Tableau no. 1*, 1913. Olieverf op doek, 96 x 64 cm. Otterlo, Collectie Kröller-Müller Museum. ©2007 Mondrian/Holtzman Trust c/o HCR International, Virginia, USA.

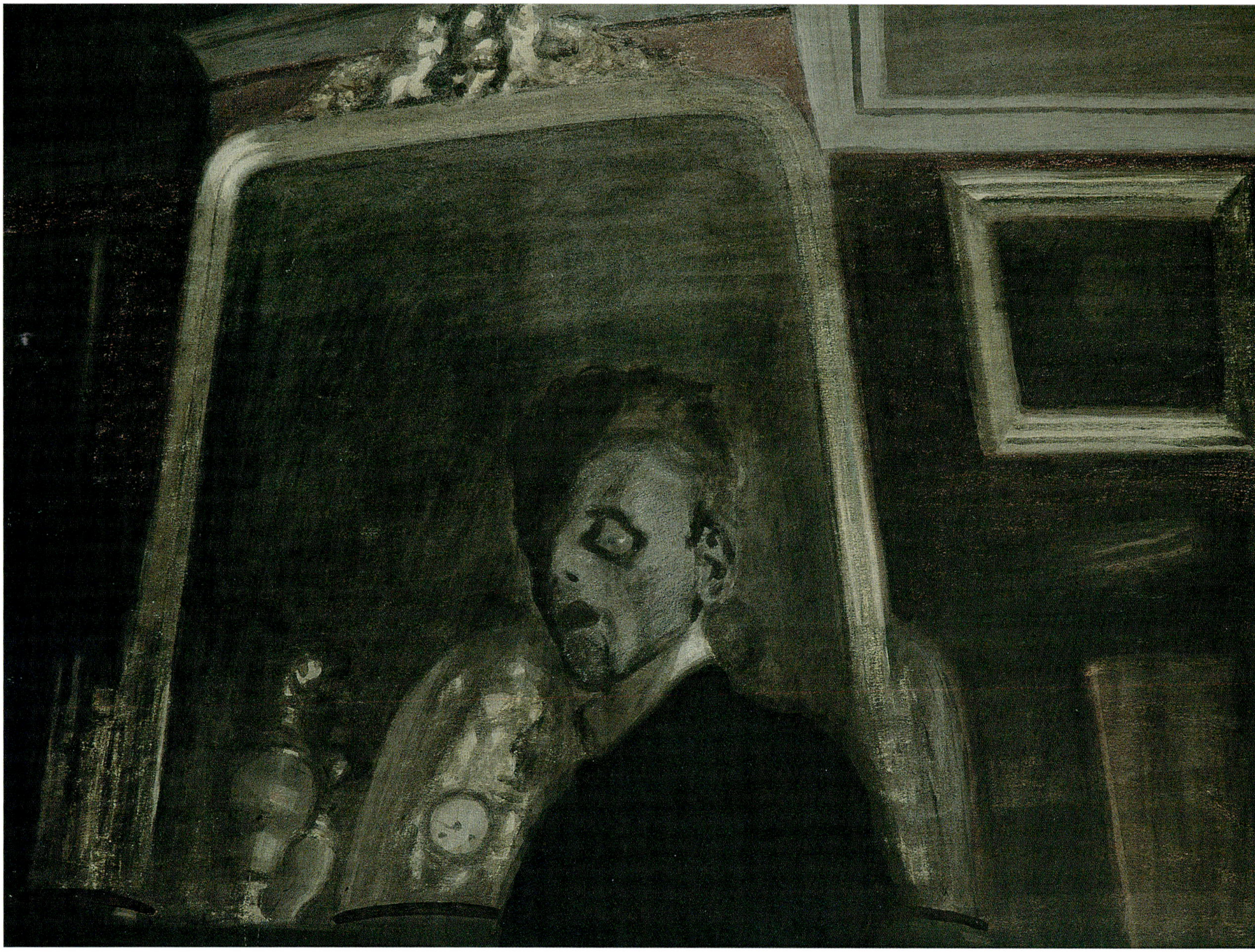

AFB. 132 – Léon Spilliaert, *Zelfportret*, 1908. Gewassen Oost-Indische inkt, gouache, aquarel en pastel op papier, 69 x 85 cm. Oostende, Museum voor Schone Kunsten.

HOOFDSTUK 8

Nieuwe visies in België, de Eerste Wereldoorlog als katalysator

De ontwikkeling van de moderne kunst in België lijkt in sommige opzichten op die in Nederland, en in andere opzichten dan weer helemaal niet. De symbolistische stroming, die aan het einde van de negentiende eeuw overheersend was in de Belgische kunst, met schilders als een Fernand Khnopff en een Jean Delville, ontwikkelde zich verder na de eeuwwisseling. In België werden net als in Nederland de internationale tendensen, vooral die in Parijs, aandachtig gevolgd en in de eigen inspiratie verwerkt. Enkele grote figuren tekenen zich scherp af op de horizon van de twintigste eeuw en markeren de overgang naar de moderne kunst. James Ensor oefende met zijn gedurfd kleurenonderzoek, zijn poëtische visie en zijn persoonlijke expressionistische stijl een diepgaande invloed op de Belgische schilderkunst uit, tot ver in de twintigste eeuw, ook al begon na 1900 de buitengewone inspiratie en vernieuwende kracht van zijn werk enigszins te verzwakken.

Ensor werd in 1860 in Oostende geboren als zoon van een Engelse vader en een Vlaamse moeder. Eerst volgde hij les aan de academie van Oostende, nadien aan de academie in Brussel. In 1880 keerde hij terug naar het kleinsteedse milieu waarin hij was opgegroeid. Hij vestigde zich definitief in Oostende, en woonde en werkte in de benauwende atmosfeer van het ouderlijk huis, waar zijn moeder een souvenir- en rariteitenwinkeltje had. De schilderijen uit zijn eerste periode zijn veelal portretten, stillevens en rustige burgerlijke interieurs in een vrij donker coloriet. Het uiterst expressieve en gevoelige verfgebruik met kleuren die versmelten en vibreren, en de vrije penseelvoering waren revolutionair in de toenmalige Belgische kunst.

Vrij vlug, onder invloed van de impressionisten en vooral van William Turner, ging Ensor echter een lichter palet hanteren en een modernere invalshoek kiezen, te modern voor heel wat tijdgenoten. Het schilderij *De oestereetster* werd in 1882 geweigerd op de Salon van Antwerpen. Dat was de start van een reeks afwijzingen vanwege toonaangevende kunstkringen en officiële instanties. Toch beseften sommigen weldra dat Ensor een van de belangrijkste vertegenwoordigers van het Belgische impressionisme was. Toen *De oestereetster* in 1886 voor het eerst geëxposeerd werd, op de Salon van de progressieve kunstkring Les Vingt, schreef de dichter Emile Verhaeren: 'Wat een vreugde, wat een feest, wat een jubelende kleuren gespreid over de tafel waaraan de oestereetster plaats heeft genomen! Flessen, glazen, borden, citroenen, wijn, likeur beïnvloeden elkaar, vullen zich met glans, dringen als het ware in elkaar door, maar behouden toch triomfantelijk hun stevige, strenge vormen.'

Rond dezelfde tijd verdween de – schijnbare – rust uit Ensors werk. Dreigende maskers en geraamten, karikaturale figuren en lelijke tronies maakten zich meester van zijn doeken. Deze bizarre en soms macabere beelden, groteske metamorfoses van de werkelijkheid, werden deels geïnspireerd door het populaire Oostendse carnaval en de schelpen, maskers en chinoiserieën in de winkel van zijn moeder, maar ze zijn toch vooral de belichaming van de psychische kwellingen, angsten en frustraties van de kunstenaar. Met zijn parodieën op religieuze thema's, zijn anarchisme en maatschappijkritiek daagde Ensor in zijn werk voortdurend het establishment en de gehate kunstcritici uit. Hij liet zijn verbeelding de vrije loop in een hoogst expressieve stijl van felle kleuren en harde contrasten. Om zijn thematiek en zijn vrije schilderwijze en kleurgebruik wordt hij beschouwd als een voorloper van het expressionisme.

Omstreeks 1900 kwam eindelijk de grote erkenning. Ensor werd gevierd als een baanbreker. Na 1900 veranderde zijn schilderstijl;

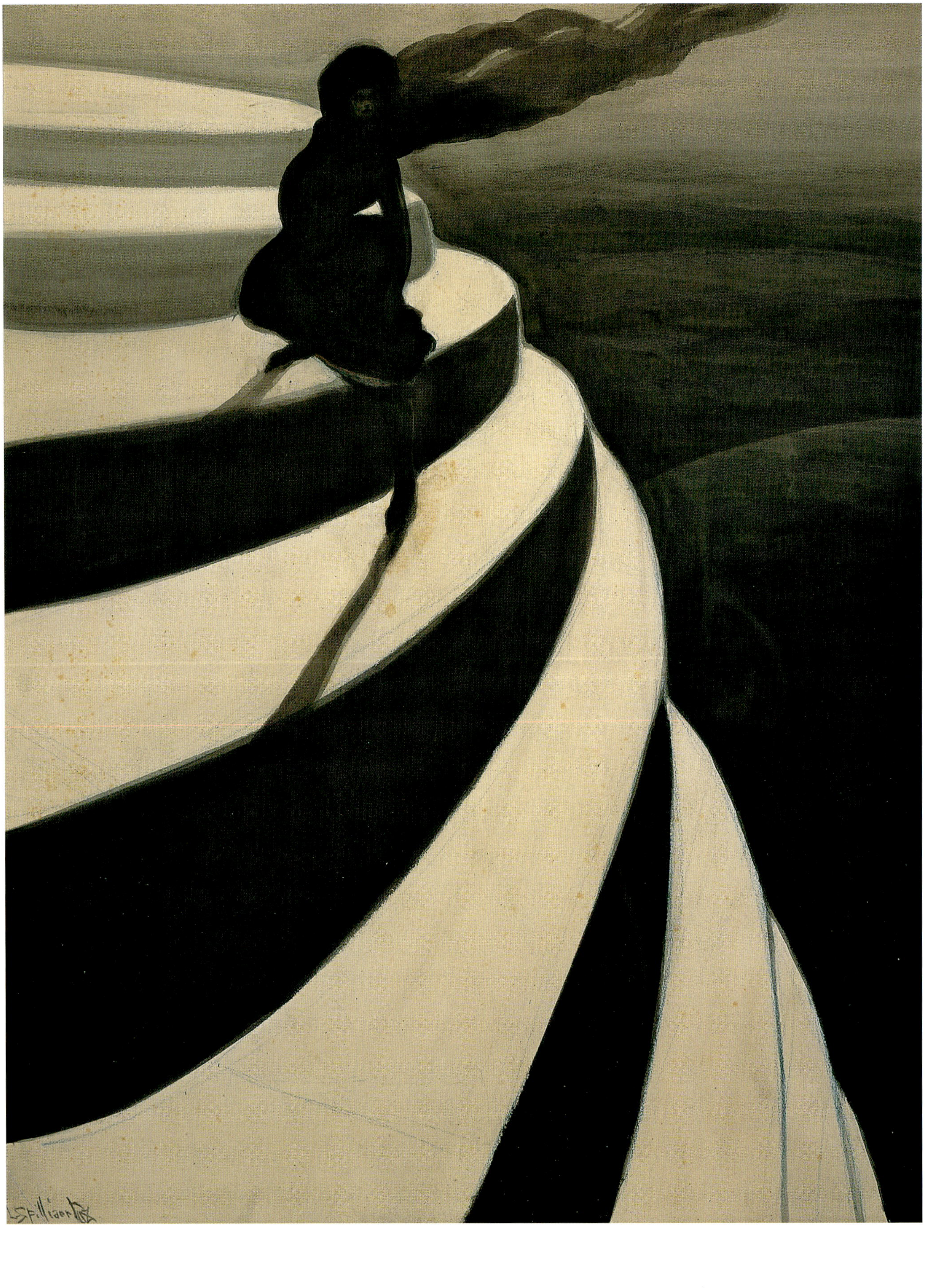
L Spilliaert

die werd luchtiger en speelser. Hij maakte toen onder meer rozige fantasiebeelden en een aantal verfijnde, poëtische stillevens. De geniale kunstenaar overleed op 19 september 1949 in zijn geboortestad.

Een andere alleenstaande vernieuwer was Léon Spilliaert (1881-1946), Oostendenaar net als James Ensor. Zijn oeuvre omvat slechts weinig olieverfschilderijen. Hij werkte bij voorkeur met potlood en kleurpotlood, houtskool, Oost-Indische inkt, pastel, aquarel en gouache op papier, en was dus, wat het belangrijkste deel van zijn productie betreft, geen echte 'schilder'. Niettemin begon hij, misschien onder invloed van Ensor en vrienden-kunstenaars zoals Constant Permeke en Oscar Jespers, rond 1920 toch met olieverf en met caseïne gebonden pigmenten te experimenteren. Hij wordt algemeen niet als een tekenaar beschouwd maar als een schilder die bewust voor 'sobere' expressiemiddelen koos. In haar recente publicaties over Spilliaert geeft Anne Adriaens-Pannier een aantal fundamentele kenmerken van zijn kunstenaarschap aan. Zijn hele loopbaan als kunstenaar werd gekenmerkt door een drang tot experimenteren, als autodidact, wars van de traditionele academische voorbeelden. Hij had voeling met de tijdgeest aan het begin van de eeuw, volgde met interesse de artistieke tendensen in binnen- en buitenland, kwam in Brussel en Parijs in contact met een netwerk van Franse en Belgische symbolisten, maar ontweek niettemin de obligate iconografie van het symbolisme dat toen de schilderkunst beheerste, en ontwikkelde vanuit een eigen mythisering van het bestaan een beperkte beeldentaal. Raakpunten en affiniteiten met kunststromingen, theorieën en het werk van contemporaine kunstenaars verwerkte hij op een onafhankelijke manier in kortstondige experimenten, met eigenzinnige creaties als resultaat. Hij is niet in een bepaalde kunststroming onder te brengen, zijn oeuvre vertoont verwantschap met het symbolisme, het expressionisme en het surrealisme. Steeds op zoek naar het universele achter het incidentele kwam de kunstenaar zelfs tot een abstraherende vereenvoudiging en een dematerialisatie van de realiteit in een nu eens recht dan weer slingerend lijnenspel dat met de abstracte kunst flirt. Het originele en innoverende van de scheppingen uit zijn creatiefste jaren, de periode tussen 1899 en 1912, ligt, aldus Adriaens-Pannier, in hun gebalde visuele beeldvoorstelling, hun expressieve uitwerking met sobere middelen, hun vormvereenvoudiging en hun streven naar de weergave van de essentie van het bestaan.

De kunst van Spilliaert was, net als de man zelf, vooral gericht op één plek: Oostende en de kust. Hij bracht zijn jeugd door in Oostende en bleef er wonen tot in 1917. Nadien vestigde hij zich in Brussel, vervolgens weer in Oostende en ten slotte opnieuw in het Brusselse. De vertrouwde omgeving was al die tijd zijn belangrijkste inspiratiebron: vooral de zee, het strand, de promenade van Oostende, figuren uit zijn omgeving, het eigen interieur en de dagelijkse voorwerpen, de confrontatie met zichzelf in doordringende, soms hallucinaire zelfportretten waarin de spiegel een bevreemdende rol speelt (AFB. 132 en 133). In zijn werken voor de Eerste Wereldoorlog is een ambiguïteit voelbaar. Enerzijds was de kunstenaar van de beeldtaal van het fin de siècle doordrongen, anderzijds wilde hij, op zoek naar eenvoud, die last van zich afschudden en wenkten de modernistische experimenten van het futurisme, Les Nabis en het expressionisme.

Eenzelfde drang naar herbronning en authenticiteit dreef omstreeks 1900 verscheidene kunstenaars ertoe het stadsleven met zijn traditionele burgerlijke orde en sociale spanningen de rug toe te keren en naar het platteland te trekken. Zij verlangden naar een breuk, naar een nieuwe en inhoudsrijke kunst, tegen het naturalisme en het wat oppervlakkige fin de siècle luminisme in, maar zij droegen de symbolistische cultuur met zich mee. George Minne (1866-1941), Valerius de Saedeleer (1867-1941), Gustave van de Woestyne (1881-1947), samen met zijn broer Karel die schrijver en dichter was, en enkele anderen vestigden zich in het dorp Sint-Martens-Latem, in de omgeving van Gent, waar ze zich toelegden op de uitbeelding van het landschap en het landleven, in een gemeenschappelijke geest van mystieke bezinning, evenwel zonder een school te vormen of een doctrine te verdedigen. In het contact met het dorp, de natuur en de plattelandsbewoners ontwikkelde deze

AFB. 133 [pagina 154] – Léon Spilliaert, *Duizeling*, 1908. Gewassen Oost-Indische inkt, aquarel en kleurkrijt op papier, 64 x 48 cm. Oostende, Museum voor Schone Kunsten.

eerste Latemse groep een kunst waarin de droom, het mysterie en de religie zeer sterk aanwezig zijn. De beroemde en hoogstbelangrijke tentoonstelling van de Vlaamse Primitieven in Brugge in 1902 had een niet te onderschatten invloed op het ontstaan van dit mystiek-religieuze symbolisme (AFB. 134). In deze kunstenaarskolonie van schilders, dichters en beeldhouwers genoot George Minne een bijzonder prestige en stond hij model voor de anderen. Zijn positie als bezielend voorbeeld was zeer verwant met die van Jan Toorop in het Noorden.

Verdieping en herbronning was ook de reden waarom de Nederlander Jacob Smits (1855-1928) zich in een dorp in de Limburgse Kempen, een verlaten uithoek van België, terugtrok, waar hij ongeveer dezelfde thematische keuzes maakte als zijn Latemse collega's: het leven van de boeren, het landschap, portretten, religieuze thema's. In de Ardennen schilderde en tekende Georges Le Brun (1873-1914) in dezelfde geest het eenvoudige landschap en de sobere interieurs van de bewoners.

Tussen 1905 en 1910 ontstond de tweede Latemse groep, bestaande uit de schilders Frits van den Berghe (1883-1939), Albert Servaes (1883-1966), Leon (1881-1966) en Gustave de Smet (1877-1943), Constant Permeke (1886-1952) en de dichter Paul-Gustave van Hecke. Servaes, die evenals Minne blijvend in Sint-Martens-Latem gevestigd was, vormde samen met Minne de schakel tussen de vertegenwoordigers van de eerste en de tweede groep. De nieuwkomers hadden met de eerste Latemse groep een diepe natuurbewondering en een anti-academische visie gemeen, maar er zijn grondige stijlverschillen, die bovendien onderling sterk gevarieerd zijn door de individualiteit van de kunstenaars. De meeste kunstenaars van de tweede groep werkten aanvankelijk in een gematigde neo-impressionistische stijl, in navolging van de landschapskunst van de luminist Emile Claus, eveneens een 'Leieschilder', en van Théo van Rysselberghe. Hun doel was de weergave van het veranderende schouwspel van de landstreek onder voortdurend wisselende belichting, een uit de negentiende eeuw bekend recept. Misschien verklaart hun optimistische kunst- en levensopvatting en de geest van vriendschap en zorgeloosheid binnen de groep het gebrek aan diepgang en aan interesse voor gedurfde vernieuwing in een eerste periode, zo merkt Piet Boyens terecht op. Zij kenden Ensor, Van Gogh, Cézanne, Munch, de fauvisten en kubisten, maar van deze nieuwe ontwikkelingen zijn slechts sporadisch echo's in hun toenmalige werk terug te vinden.

Na enige tijd echter deed zich een kentering in hun werk voor. De geruchtmakende omwentelingen die in binnen- en buitenland in de plastische kunsten gaande waren, drongen zelfs tot het stille dorp Sint-Martens-Latem door. Na hun aanvankelijke bewondering voor de schilderkunst van Claus en Van Rysselberghe kwamen de vertegenwoordigers van de tweede groep in hun kunst tot meer stevigheid, vereenvoudiging en verdieping. Het waren de vroege symptomen van een naderend expressionisme, dat evenwel pas na de Eerste Wereldoorlog in de Vlaamse kunst zou doorbreken, maar dan wel met grote kracht. De lokroep van een verfrissende nieuwe kunst bracht na enkele jaren een exodus op gang en in 1913 was de kunstenaarskolonie in feite ontbonden door het vertrek van haar meest toonaangevende vertegenwoordigers. Het begin van de oorlog in 1914 maakte definitief een einde aan het Latemse verhaal.

In Brussel en Antwerpen, en zoals gezegd zelfs in Latem, werd voorzichtig geëxperimenteerd met de nieuwe visies die in Parijs tot stand waren gekomen. De kleurenuitbarsting op de Parijse Salon d'Automne van 1905, die de deelnemers de naam *fauves* (wilde dieren) had bezorgd, bleef in Belgische kunstkringen niet onopgemerkt en leidde tot een eigen, wat gedempte variant van het fauvisme – het zogeheten Brabantse fauvisme. Een van de Parijse *fauves*, naast Henri Matisse, André Derain, Georges Rouault en anderen, was Maurice de Vlaminck (1876-1958), een Belg, weliswaar niet van geboorte maar wel van afkomst. De Vlaminck woonde echter in Parijs en zijn exuberante werk had nog minder rechtstreekse invloed in België dan het werk van Van Dongen in Nederland.

Uit het relatief rustige Brabantse fauvisme trad een heel bijzondere kunstenaar naar voren: Rik Wouters (1882-1916).

AFB. 134 [pagina 157] – Gustave van de Woestyne, *De vrouw van de kunstenaar*, 1910. Olieverf op papier op doek, 99 x 68 cm. Gent, Museum voor Schone Kunsten.

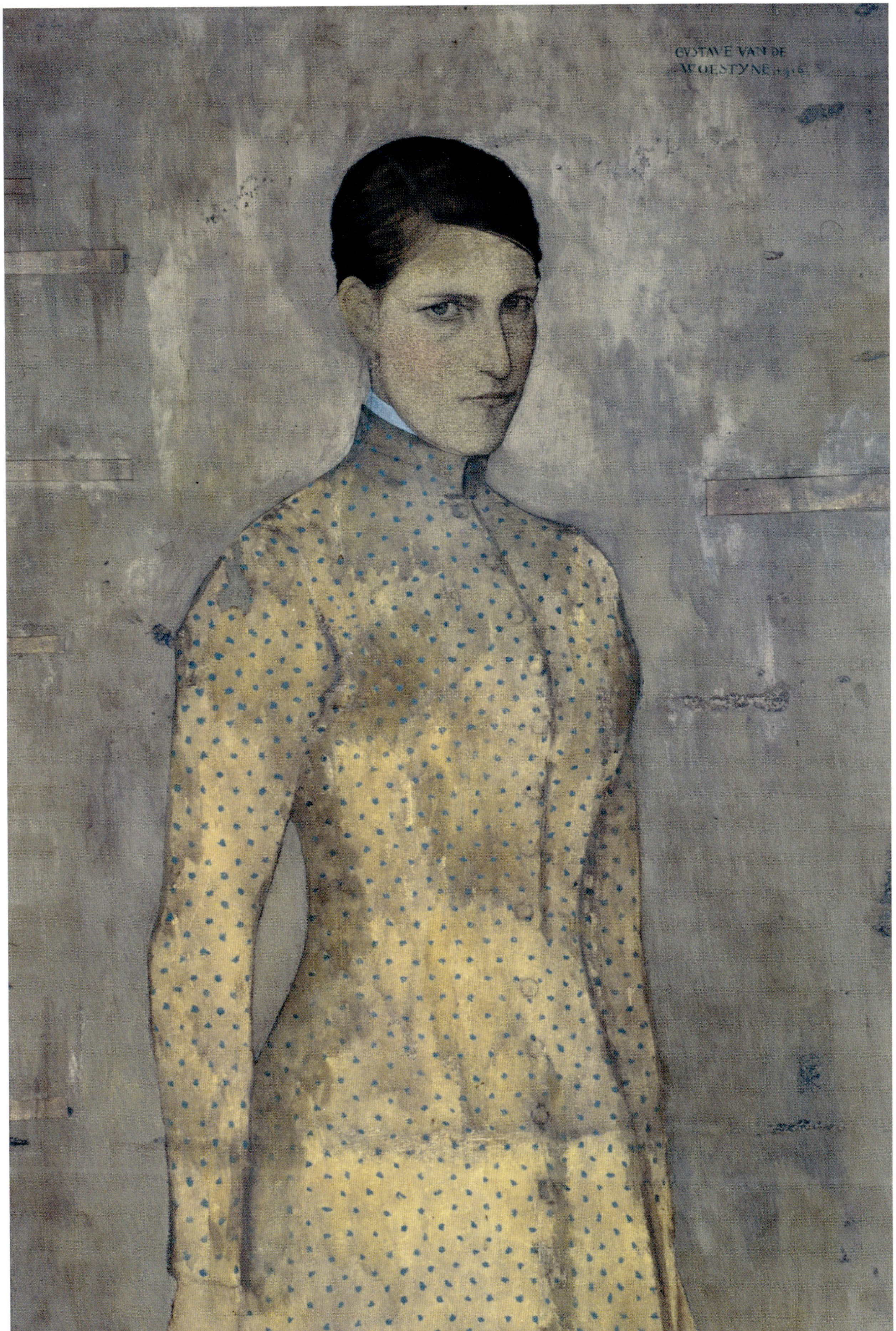
GVSTAVE VAN DE
WOESTYNE 1916

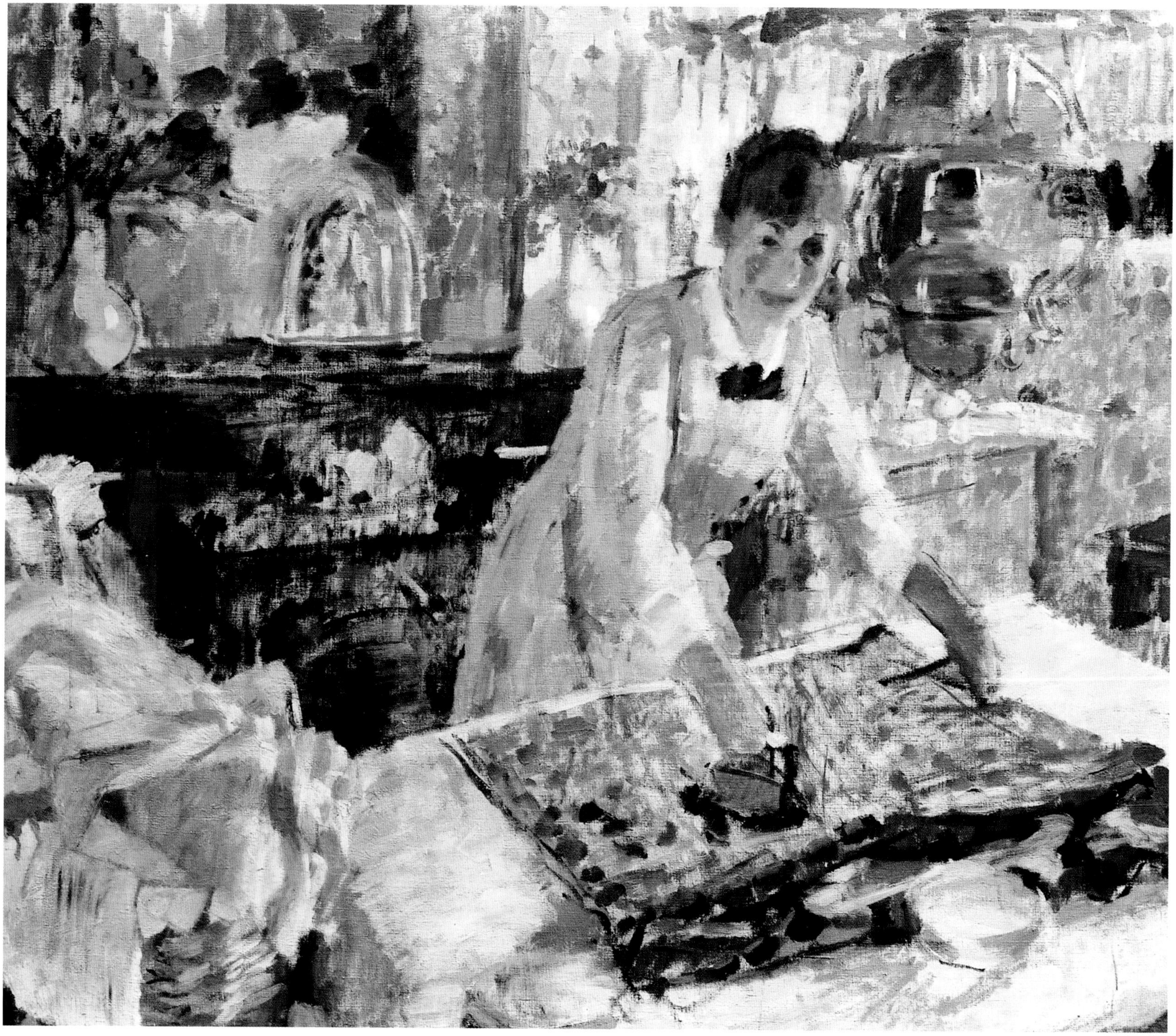

AFB. 135 – Rik Wouters, *De strijkster*, 1912. Olieverf op doek, 107 x 123 cm. Antwerpen, Museum voor Schone Kunsten.

Hij was zoon van een houtsnijder en meubelmaker, die hem ook zijn eerste lessen gaf in het houtsteken. Daarna ging hij in de leer bij beeldhouwer Theo Blickx en zette zijn ontwikkeling als beeldhouwer voort aan verschillende academies in België. Hoewel zijn sculptuur zeer aantrekkelijk is, wordt het leeuwendeel van zijn oeuvre gevormd door zijn werk als schilder. Zoals voor zovele anderen, was ook voor Wouters een trip naar Parijs zeer belangrijk. Hij zag er niet alleen het werk van Rodin, maar vooral dat van de impressionisten en Cézanne. Zijn kleurkeuze en thematiek zijn enigszins vergelijkbaar met het werk van Sluijters, maar zijn toepassing van het principe van vervorming is minder extreem, en zijn gebruik van compositorische en picturale middelen veel zekerder en gevoeliger. In zijn kleurgebruik en gevoel voor decoratieve patronen binnen het schilderij wordt ook de invloed van Matisse zichtbaar.

Het gemak en de elegantie waarmee Wouters schilderde, is verbazend. Er is geen Europees kunstenaar die met een in feite impressionistische behandeling van het onderwerp, zo overtuigend en vanzelfsprekend de nieuwe mogelijkheden van het fauvisme en kubisme wist te verwerken (AFB. 135). Hij gebruikte een brede toets zonder divisionistisch te zijn, en facetteerde zonder in een geforceerd, tweedehands kubisme te vervallen. Er is in zijn olieverfschilderijen een lichtheid die herinnert aan de aquarel. De sfeer van lichtheid en hedonisme die zijn werk uitdraagt, correspondeert bepaald niet met zijn levensloop. In België vond zijn werk nog niet veel weerklank op het moment dat de Eerste Wereldoorlog het land verraste. Rik Wouters werd als soldaat geïnterneerd in Zeist, maar werd reeds in 1915 in vrijheid gesteld vanwege zijn ongeneeslijke ziekte, een vorm van kanker. Hij vestigde zich in Amsterdam, waar hij ook kennismaakte met de plaatselijke kring van kunstenaars. Daar leidde hij nog korte tijd een teruggetrokken leven waarin hij een aantal belangrijke schilderijen maakte van zijn vaste model – zijn vrouw Nel – in huiselijk interieur. In Amsterdam wekten zijn schilderijen zeer snel grote waardering; nog kort voor zijn tragische dood toonde het Stedelijk Museum te Amsterdam een grote retrospectief van zijn werk. Deze waardering heeft veel voor hem betekend, al is het de vraag hoe goed hij zelf het effect van zijn eigen werk heeft kunnen zien – voor zijn overlijden in 1916 was hij volledig blind geworden.

Wouters was in veel opzichten een eenling, en de richting die hij insloeg is absoluut niet van toepassing op de Belgische avantgarde. In België was – eigenaardig genoeg – de kennismaking met de nieuwe Parijse tendensen stroever verlopen dan in Nederland, al had ook in België de Brusselse moderne kunstkring Les Indépendants in 1910 het kubisme van Albert Gleizes en Le Fauconnier binnengehaald. Op de schilders van Sint-Martens-Latem had dit slechts een matig effect. Zij bleven voorlopig schilderen in een wat zware en donkere vorm van grof impressionisme, waarbij de verbeelding van landelijkheid vaak is doortrokken van een religieus sentiment. Het waren in het bijzonder de schilders Eugène Laermans en Jacob Smits die als voorlopers gelden van het expressionisme van Constant Permeke, Albert Servaes en Frits van den Berghe.

De enige Belgische kunstenaar die het futurisme ten volle heeft beleefd en in zijn werk opgenomen, is de in Antwerpen geboren Jules Schmalzigaug (1886-1917). Het futurisme ontstond aan het begin van de twintigste eeuw als een reactie tegen intellectuele kunst en ‘tegen het maanlicht’. De grondlegger ervan was de Italiaan Marinetti. Hij verheerlijkte de snelheid, de agressie, de techniek, de grootstad, kortom de roes van de moderne tijd. Vooral in Italië en Rusland kregen zijn denkbeelden weerklank. Schmalzigaug ontdekte het werk van de Italiaanse futuristen in 1912 op een tentoonstelling in Parijs. Hij reisde daarna naar Venetië en stortte zich volop in het futuristische avontuur. Zijn eerste futuristische werk dateert van 1913 en reeds in 1914 nam hij in Rome deel aan de eerste grote internationale tentoonstelling van het futurisme (AFB. 136). Hij keerde in dat jaar naar Antwerpen terug, maar het uitbreken van de oorlog dreef hem naar Nederland. Schmalzigaug, die zijn leven grotendeels in Italië en Nederland doorbracht, maakte in 1917 tijdens een persoonlijke crisis een einde aan zijn leven.

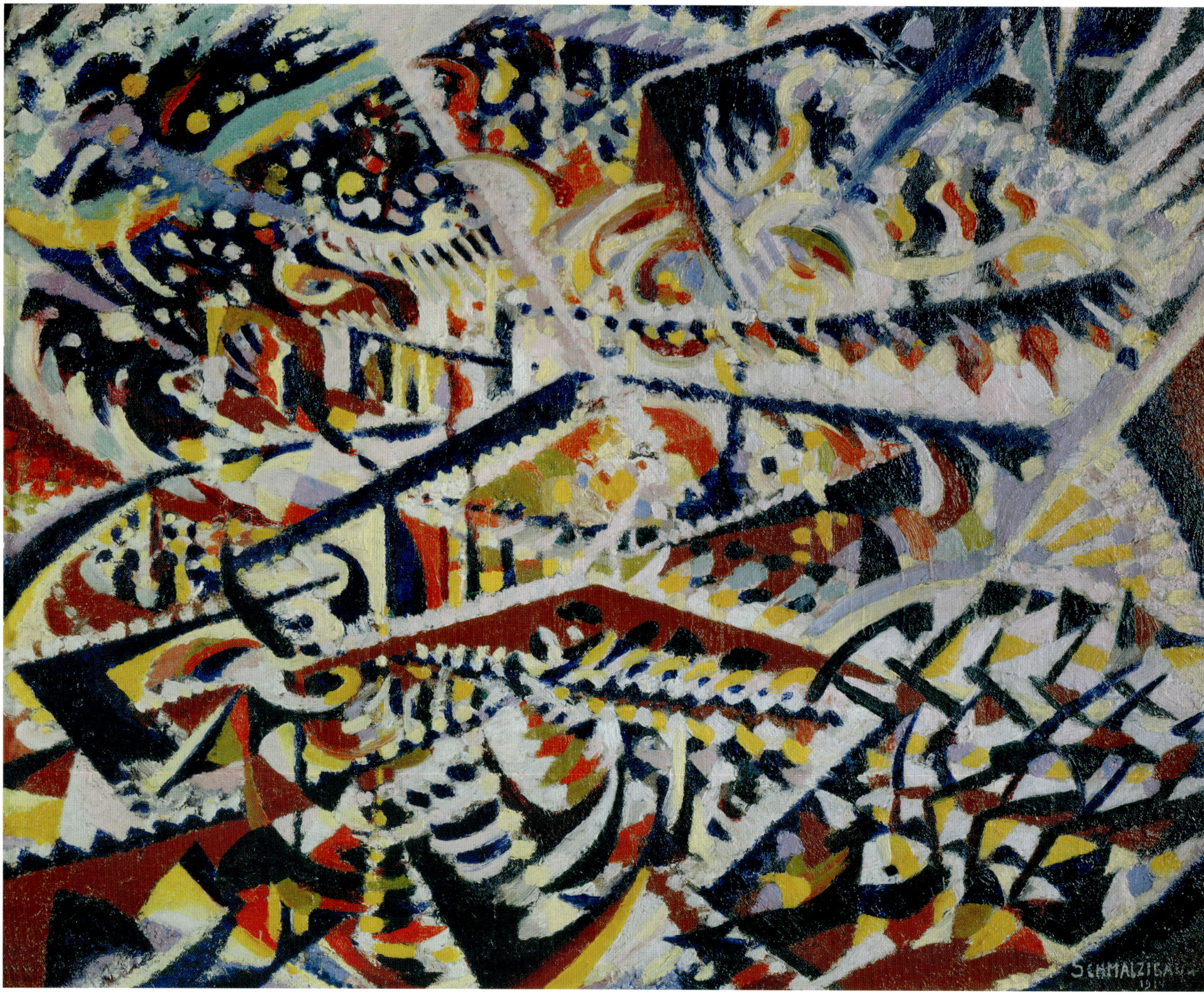

AFB. 136 – Jules Schmalzigaug, *Indruk van een danszaal*, 1914. Olieverf op doek, 53 x 65 cm. Antwerpen, Koninklijk Museum voor Schone Kunsten.

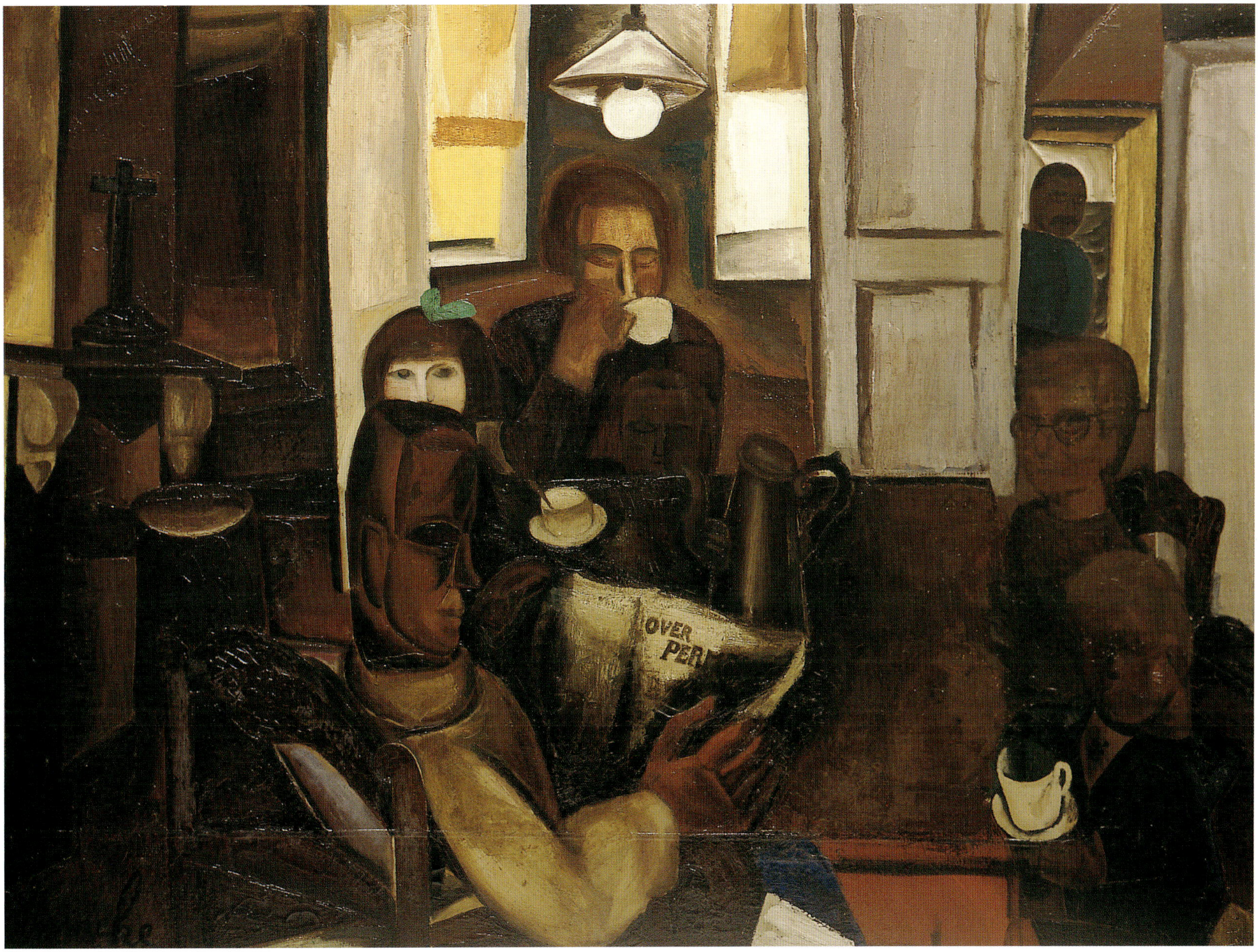

AFB. 137 – Constant Permeke, *Over Permeke*, 1922.
Olieverf op doek, 147,5 x 191 cm. Jabbeke (België),
Museum Constant Permeke.

In zijn gezaghebbende studies in verband met het Vlaamse expressionisme wijst Piet Boyens erop dat geen enkel tijdvak in de geschiedenis van de moderne kunst in België zo weinig op zijn waarde is geschat als de periode van de Eerste Wereldoorlog. Meestal wordt de oorlogstijd als een intermezzo afgehandeld en toch blijken deze jaren voor een aantal prominente Vlaamse kunstenaars van cruciaal belang te zijn geweest. Toen kregen zij immers de kans om de recente ontwikkelingen in de moderne kunst, zoals kubisme, futurisme en Duits expressionisme, van nabij te leren kennen. Zo zij voordien naar nieuwe uitdrukkingsvormen zochten, dan bracht het uitbreken van de oorlog dit proces van vernieuwing in een onvermoede stroomversnelling.

Bij het begin van de Eerste Wereldoorlog vluchtten talloze Belgen naar het buitenland. De stroom vluchtelingen splitste zich in twee richtingen: sommigen trokken naar het noorden, anderen naar Engeland. Zo kwamen Gustave de Smet en Frits van den Berghe na veel omzwervingen in Nederland terecht en Constant Permeke in Engeland. De verspreiding over kampen en gastverblijven in verschillende landen leidde voor de kunstenaars tot een intellectueel isolement, maar niettemin bleven zowel in Nederland als in Groot-Brittannië, maar toch vooral in Nederland, onderlinge contacten bestaan en werden banden gesmeed met het plaatselijke kunstenaarsmilieu. Permeke woonde als oorlogsgewonde eerst in Londen en Wiltshire en vestigde zich nadien in Devon, waar hij vrij geïsoleerd en haast zonder stimulansen een eigen schilderstijl begon te ontwikkelen.
Het nog jonge en broze moderne kunstleven in Engeland was in de oorlogsjaren nagenoeg geheel verdwenen. Diep in het Engelse platteland, zonder de impulsen van het modernisme, puurde Permeke inspiratie en kracht uit de traditie. Misschien onder invloed van het nationalisme van die jaren oriënteerde hij zich op de Vlaamse meester van het boerengenre uit de zestiende eeuw: Jan Bruegel. Het kwam erop neer dat Permeke aan de soms toch al karikaturale weergave van de grove landman bij Bruegel, nog enkele scheppen expressionisme toevoegde – nu bedoeld als een hommage aan de vitale kracht van de van burgerlijkheid gespeende boer (AFB. 137). Deze natuurvisie en aandacht voor de boer was ook wel te zien in Nederland, in het werk van bijvoorbeeld Jan Sluijters en Herman Kruyder, of in de expressionistische groep De Ploeg uit Groningen. Toch werd de thematiek vooral door de Belgische kunstenaars intens uitgediept.

Permeke sloeg in Devon nog betrekkelijk aarzelend de weg van het expressionisme in, vergeleken bij wat hij na zijn terugkeer in België in 1919 zou gaan schilderen, toen hij het gezelschap van andere uit vrijwillige ballingschap teruggekeerde kunstenaars kreeg. De duidelijkste stem daarin vormde een groep die naar Nederland was gevlucht, op dat moment een gunstiger plaats voor een schilder met vooruitstrevende ambitie. Gustave de Smet en Frits van den Berghe vonden onderdak in Amsterdam, waar ze al snel ervoeren hoezeer de situatie van de moderne kunst daar was verbeterd. De Moderne Kunstkring, het kunstgenootschap De Onafhankelijken in Amsterdam en de Rotterdamsche Kunstkring hadden belangrijke eenmanstentoonstellingen georganiseerd van Duitse en Franse kunstenaars, en er was zelfs een klimaat ontstaan waarin een beperkte groep verzamelaars zich richtte op moderne kunst uit binnen- en buitenland. Onder de industriële elite was hier en daar oprechte belangstelling ontstaan voor de moderne beweging, wat leidde tot een daadwerkelijke financiële ondersteuning van een aantal kunstenaars.

Een belangrijk aandeel daarin als tolk en bemiddelaar had de schilder-criticus H.P. Bremmer (H.P. van Hendricus Petrus, 1871-1956). Deze bevlogen figuur en interessante persoonlijkheid was zijn carrière begonnen als een voorzichtig divisionistische schilder, maar zag al gauw een grotere taak voor zich weggelegd als opvoeder in de kunst. Niet van kunstenaars, maar van mensen die hun welstand graag vertaalden in een actieve ondersteuning van de kunsten. Zijn instructies aan kleine groepen belangstellenden waren al snel vermaard en zeer succesvol. Van Gogh vormde de grote bron van inspiratie waaruit Bremmer de kern van zijn visie op kunst putte. Verder had zijn hartstocht voor de kunst, naar een inmiddels beproefd Nederlands model, religieuze trekken. In Bremmers esthetica telde

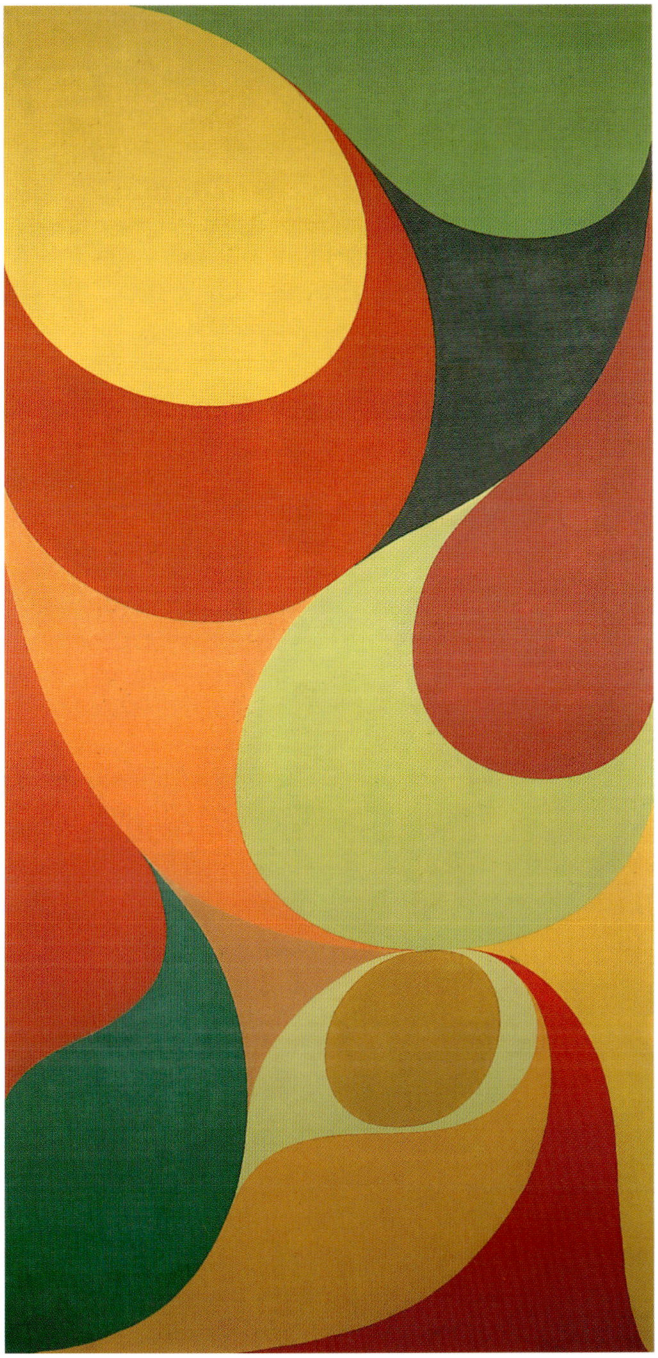

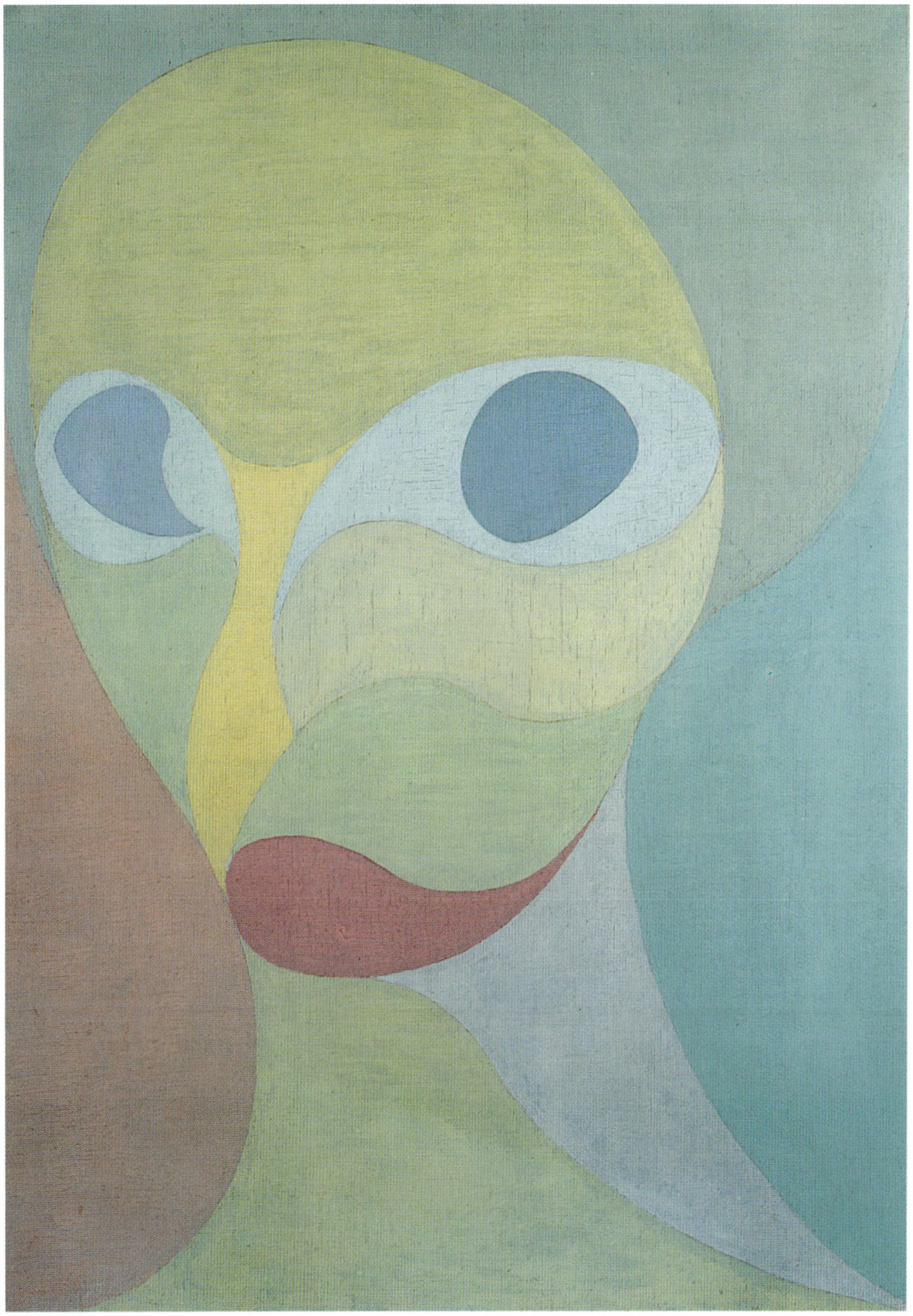

vooral de persoonlijke visie van de kunstenaar, die het naturalisme moest overstijgen; tegelijk zag hij in de kunst een middel om door een veralgemening van het motief, 'bevrijd' van individuele karakteristieken, een spiritueel niveau te bereiken.

Uiteraard had Bremmer ook zijn uitgesproken voorkeuren, die dit dubbelzijdige ideaal voor hem op een of andere manier verwezenlijkten: Jan Toorop, diens dochter Charley, Floris Verster maar ook de radicalere Mondriaan en Bart van der Leck (1876-1958). Deze voorkeuren vonden hun weg in zijn klassen, waar ze werden overgenomen door leden van de sociale bovenlaag. Aangezien Bremmer ook bemiddelde bij de verkoop van kunstwerken, ontstonden op veel plaatsen in den lande sterk bremmeriaans gekleurde collecties. De bekendste was de collectie van mevrouw Kröller-Müller. Haar kunstbezit

AFB. 138 [links] – Jacob Bendien, *Compositie*, ca. 1912-1913. Amsterdam, Stedelijk Museum (in bruikleen).

AFB. 139 [rechts] – Jacob Bendien, *Peinture II*, 1912. Olieverf op doek, 65 x 48 cm. Utrecht, Centraal Museum.

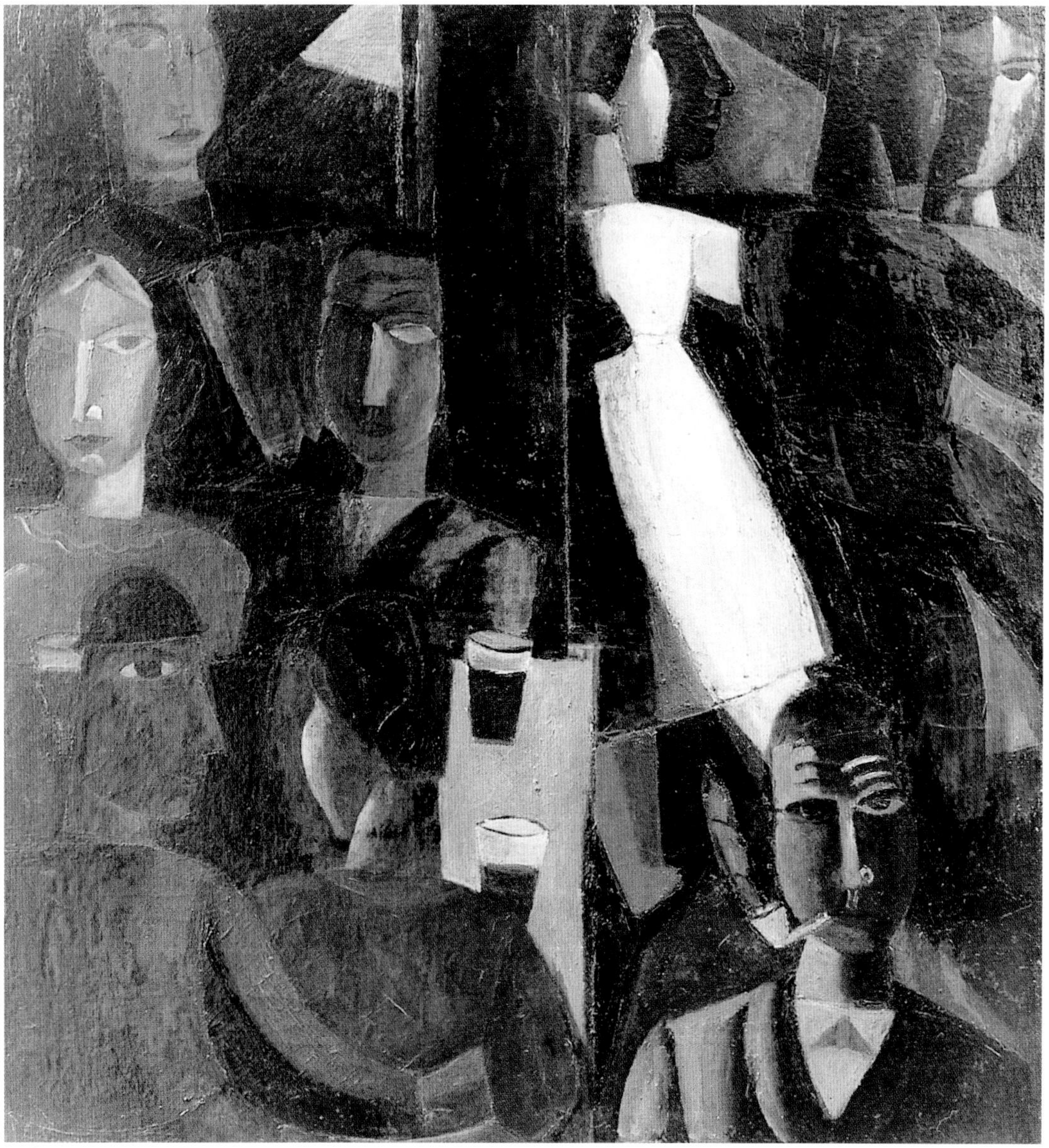

AFB. 140 – Gustave de Smet, *De balzaal*, 1921. Olieverf op doek, 120 x 110,5 cm. Eindhoven, Van Abbemuseum.

vormt de hechte kern van het huidige Kröller-Müller Museum dat zij aan de staat schonk. In ditzelfde klimaat, waarin via de kunst werd gezocht naar een nieuwe, spirituele cultuur, ontwikkelde een kleine groep kunstenaars in een provinciaal isolement een geheel eigen benadering van de schilderkunst, als een verbeelding van 'geestelijke manifestaties': zowel Janus de Winter (1882-1951) als Jacob Bendien (1890-1933) kwamen, in de jaren vlak voor de Eerste Wereldoorlog, tot een zeer abstracte kunst – en behoorden daarmee tot de eersten in Europa (AFB. 138 en 139). Dat klimaat verschilde zeer van de situatie in België. Voor Gustave de Smet en Frits van den Berghe betekende het een grote stimulans.

Al snel leerden ze Sluijters en Gestel kennen, en De Smet exposeerde al in januari 1915, een halfjaar na het begin van de oorlog, tekeningen in de vermaarde Galerie Regnault in Amsterdam. In 1916 verhuisden Van den Berghe en De Smet naar Blaricum, waar zij zich opnieuw op de innerlijke beleving van het landschap richtten. Mede onder invloed van het kubistisch-expressionisme van Gestel en Le Fauconnier evolueerden zij naar een bijzondere vorm van expressionisme. In België was de ontwikkeling van de in Nederland verblijvende kunstenaars aanvankelijk nauwelijks bekend.

Na de oorlog werd het Vlaamse expressionisme een van de dominerende stijlen in België. Bij het brede publiek botste die nieuwe kunst op tegenstand, maar in het artistieke milieu werd zij als een authentieke Vlaamse kunstuiting toegejuicht, en zij werd gesteund door enkele progressieve Brusselse galeries, vooral Le Centaure en Sélection, die ook een tijdschrift publiceerden. Het Vlaamse expressionisme was geen homogene stroming. Elke kunstenaar verbeeldde de werkelijkheid vanuit een eigen invalshoek. Gemeenschappelijke kenmerken zijn: de figuratieve, door het kubisme beïnvloede stijl, het meestal gematigde expressionisme zonder te brutale deformaties, al vormt Permeke daarop toch een uitzondering, en zonder al te felle kleuren. Uit hun oeuvre spreekt ook een humaan gevoel en een stevige band met de natuur.

In vergelijking met Van den Berghe en Permeke bleef het werk van De Smet betrekkelijk lichtvoetig, de verwerking van Cézanne en het kubisme was in zijn schilderijen het meest voelbaar. Wat zijn werk vooral kenmerkt is een voortdurende botsing tussen twee grootheden die zich maar niet tot een eenheid lieten smeden: de vormvastheid en ordening van de Franse voorbeelden en het in België zozeer gecultiveerde primitivisme en expressionisme (AFB. 140). Zijn schilderkunst heeft een sereen, gemoedelijk karakter waarin het leven van alledag, meestal in zijn gelukkige momenten, op een synthetische manier wordt uitgedrukt. De strenge, expressieve en door het kubisme beïnvloede vormen, de strakke aflijning en vereenvoudigde kleuren verlenen veel van zijn werken een monumentaal en ook heel decoratief karakter.

In de groep van de Vlaamse expressionisten is de Gentenaar Frits van den Berghe ontegenzeglijk de meest complexe persoonlijkheid. Zijn oeuvre is daardoor ook het veelzijdigst, in die zin dat het belangrijke stijlevoluties en uiteenlopende thema's vertoont: behalve landelijke en dorpse scènes omvat zijn werk ook beelden van het nachtleven in de stad, soms met een beangstigende sfeer; naast zacht gekleurde gouaches en aquarellen zijn er schilderijen in een broeierig coloriet; en een stijl die het midden houdt tussen impressionisme en symbolisme gaat over in een kubistisch-expressionistische vormentaal, die na enkele jaren door een dromerig surrealisme wordt vervangen, waarin de energie van het onderbewuste doorbreekt. In de jaren twintig, in de periode voor zijn surrealistische avontuur, evolueerde Van den Berghe van een extreem en donker expressionisme naar een beheerste en harmonieuze kunst waarin stevige volumes, warme kleuren en een serene sfeer overheersen, al is bij deze schilder het gevoel van onrust nooit ver weg. Hier en daar herinnert zijn werk aan de experimenten van Max Ernst (AFB. 141).

Permeke ontdekte na zijn terugkeer uit Engeland het nieuwe werk van zijn vroegere Latemse vrienden en was vooral onder de indruk van de schilderkunst van De Smet, die in 1920 in Brussel een zeer succesvolle individuele tentoonstelling kreeg. Het gevolg voor Permeke was een grotere vrijheid in vormentaal en uiteindelijk een donker, monochroom palet. Hij werd de leidende figuur van de beweging en is ontegenzeglijk de monumentaalste onder de Vlaamse expressionisten. In een somber, bijna monochroom kleurengamma van blauwzwarte en bruine tonen schiep hij zeegezichten en landschappen, imposante vissers en vissersvrouwen, boerenmensen en naakten. Zijn visie was groots en elementair, en berustte op een kosmisch levensgevoel. Hij vond een krachtige expressie in het onvoltooide, het vervormde, het karikaturale soms. In 1925 vestigde hij zich te Jabbeke, bij Brugge; zijn grote ateliers daar zijn als een permanent museum van zijn werk ingericht.

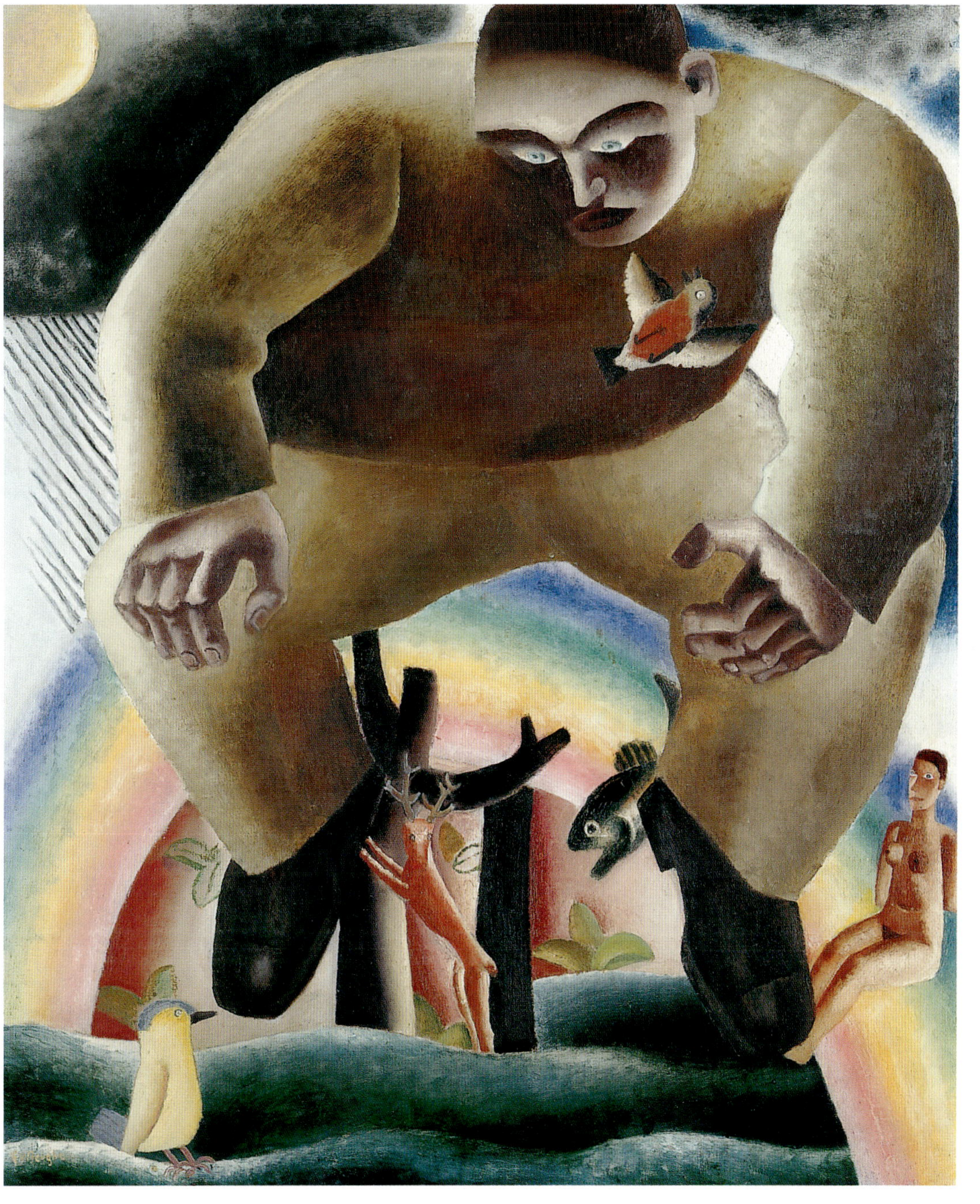

AFB. 141 – Frits van den Berghe, *Geboorte*, 1926-1927. Olieverf op doek, 138,5 x 111 cm. Basel, Emanuel Hoffmann-Stiftung, Kunstmuseum.

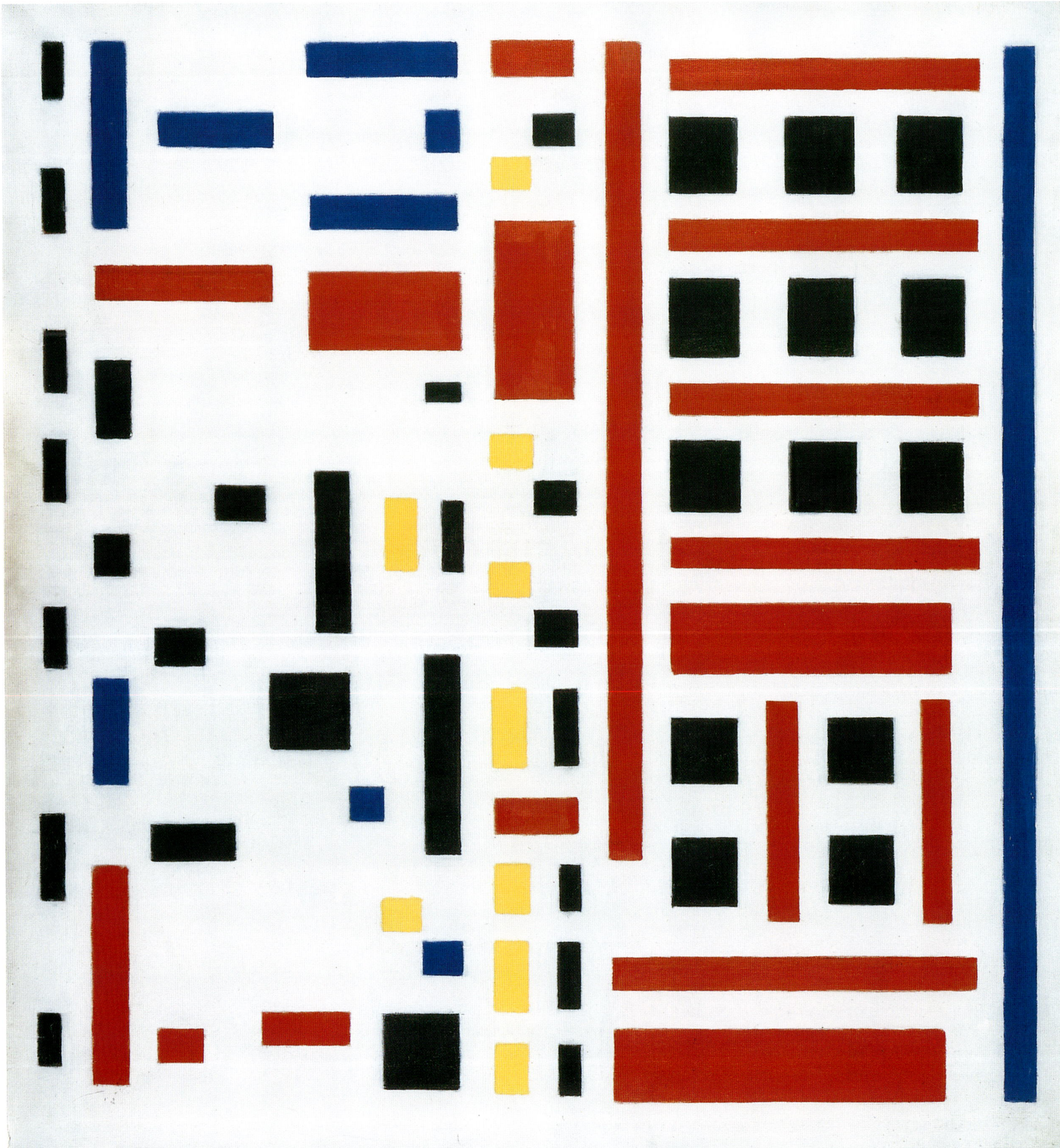

HOOFDSTUK 9

De experimenten van Mondriaan in Nederland, de 'zuivere beelding' in België

Nederland

De uitwerking van de Eerste Wereldoorlog op de Nederlandse kunst was volstrekt anders dan die in België. Ook Mondriaan kwam in 1914 terug naar Nederland, al was de oorlog daar niet de aanleiding toe geweest. Zijn bedoeling was een tijdelijk bezoek, maar hij werd ingehaald door de oorlog en bleef, onderwijl zijn atelier in Parijs aanhoudend. Een jaar na de oorlog keerde hij er terug. Nadien heeft hij Nederland nooit meer bezocht. De situatie die voor de Belgische vluchtelingen zo inspirerend was, had ook voor Mondriaan grote gevolgen. Door zijn band met de avant-garde bleek hij in zijn vaderland merkbaar aan prestige te hebben gewonnen; hij kon makkelijk tentoonstellen en in het eerste oorlogsjaar verkocht hij vijf schilderijen. Al in het begin van 1914 had hij contact met Bremmer gelegd, wat het voor hem gunstige gevolg had dat Bremmer werk van hem aankocht. Bovendien leidde het tot een overeenkomst volgens welke Mondriaan jaarlijks vier schilderijen zou leveren tegen het vaste bedrag van vijftig gulden. En niet in de laatste plaats vormde dit contact de aanleiding tot zijn kennismaking met tenminste één gelijkgestemde, Bart van der Leck, die al behoorde tot de uitverkorenen van Bremmer.

Daarnaast werd Mondriaan getroffen door een kritiek op zijn werk van de hem onbekende Theo van Doesburg (1883-1931); volgens hemzelf getuigde deze kritiek van een diep en juist inzicht in zijn werk. Waar het op neerkwam was dat Mondriaans werk de criticus een 'reingeestelijk gevoel' had gegeven. Verder maakte het 'een indruk van Rust'. Die eerste opmerking is misschien niet zo opzienbarend gezien de voortdurende rol van het 'geestelijke' en 'reine' in het toenmalige jargon van de moderne groep. De typering van 'Rust' is misschien treffender, omdat hiermee werd geraakt aan een nog steeds geldig en exclusief grondprincipe van Mondriaans kunst. Reden genoeg dus voor Mondriaan om contact te zoeken. Van Doesburg had op dat moment als schilder nog niet veel bijzonders verricht, hoogstens enkele kleurrijke auraschilderijen in de trant van Janus de Winter.

Een andere kunstenaar uit deze periode die Mondriaan aansprak was de vijf jaar jongere Van der Leck, die toen reeds een bescheiden roem had verworven. Voor een begrip van zijn werk, en uiteindelijk ook voor de ontwikkeling van De Stijl, is het van belang dat Van der Leck was opgeleid in een glazenierswerkplaats, en onderwijs had genoten aan de Rijksschool voor Kunstnijverheid in Amsterdam. Stilering is het kernprincipe in het werk van Van der Leck, naast regelmatig terugkerende sociale thema's als 'Fabrieksstaking' of 'Havenarbeid' (AFB. 143).
Die stilering sluit nauw aan bij toenmalige opvattingen over de rol van de werkelijkheidsweergave in de decoratieve of toegepaste

AFB. 142 [pagina 166] – Bart van der Leck, *Compositie nr. 4 (Mijntriptiek)*, 1916. Middenpaneel, 113 x 110,5 cm. Den Haag, Gemeentemuseum.

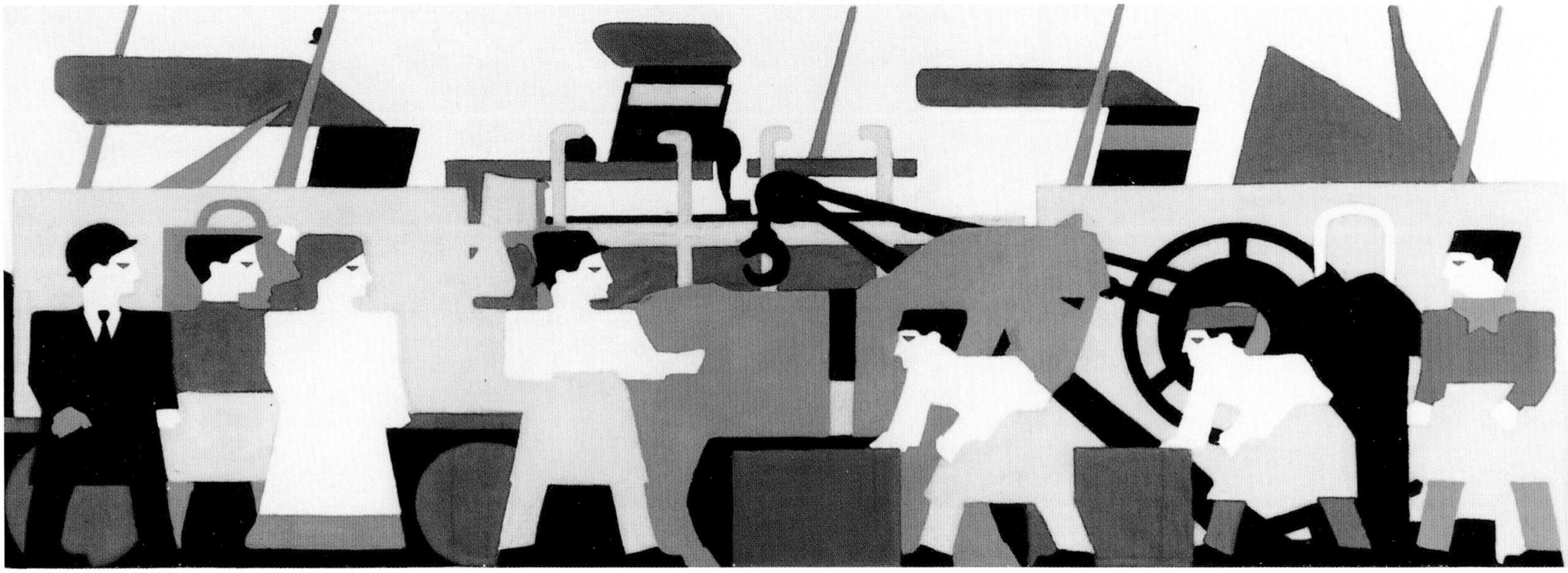

AFB. 143 – Bart van der Leck, *Havenarbeid*, 1916. Olieverf op doek, 89 x 240 cm. Kröller-Müller Museum.

kunsten: illusionisme, perspectief en de dynamiek van het schilderachtige dienden te worden opgeofferd aan een vereenvoudiging van beeldmiddelen. Artistieke monumentaliteit werd bij uitstek strijdig geacht met impressionisme, en eigenlijk elke vorm van illusionisme; toegepaste kunst moest vlak zijn. Van der Leck bracht deze tendens tot schematiseren uit de decoratieve kunst over op het olieverfschilderij, al moet worden gezegd dat bij veel van zijn composities de gedachte aan een uitvoering als muurschildering of glas-in-loodraam niet ver weg was. In die schematisering ging hij zeer ver, niet alleen door het zoeken van nadrukkelijk Egyptische contouren, maar ook door een zeer gereduceerd palet van zwart, wit en de primaire kleuren rood, geel en blauw. Wat Mondriaan aansprak bij Van der Leck was kennelijk precies die strengheid in de reductie van picturale middelen. Van der Leck was op zijn beurt onder de indruk van Mondriaans kubistische abstractie.

In het werk van Mondriaan werden de medaillonvormige en etherische composities, die hij had ontwikkeld in het voetspoor van Braque en Picasso, nu vervangen door een versteviging van de gebruikte vormen, patronen van rechthoeken, vierkanten en ruiten, die het gehele beeldvlak gaan vullen. Zijn kleurgebruik wordt minder schilderachtig en vrij – een schilderij als *Compositie in grijs en oker* van 1918 doet denken aan een abstract patroon voor een glas-in-loodpartij. Van der Leck zou op zijn beurt na het contact met Mondriaan de abstrahering nog veel verder voeren, tot op het punt van onherkenbaarheid. In zijn triptiek *Compositie nr. 4 (Mijntriptiek)* uit 1916 (AFB. 142) is zonder voorkennis bepaald niet duidelijk dat op het middenluik een bergachtig landschap met de ingang van een mijn is uitgebeeld, of dat ritmisch gerangschikte zijluiken arbeiders verbeelden die werkzaam zijn in de duistere schachten van een mijn. Typerend genoeg gaan de voorstellingen terug op tekeningen die hij in Spanje had gemaakt ter voorbereiding van de uitvoering van een glas-in-loodraam voor een van de gebouwen van de firma van mevrouw Kröller-Müller en haar man. Het vruchtbare contact tussen Van der Leck en Mondriaan hield overigens niet heel lang stand; daarvoor waren de onderlinge verschillen in opvatting uiteindelijk toch te groot.

Met Van Doesburg bewaarde Mondriaan een langer contact, minder als gevolg van het bijzondere karakter van Van Doesburgs schilderijen als wel door diens talenten als organisator-stimulator. Waarschijnlijk wekte de lezing van Kandinsky's *Über das Geistige in der Kunst* in Van Doesburg een ontvankelijkheid voor de radicale schilderkunst, maar zelf begon hij pas in 1915, na zijn ontmoeting met Mondriaan, 'modern' werk te maken.

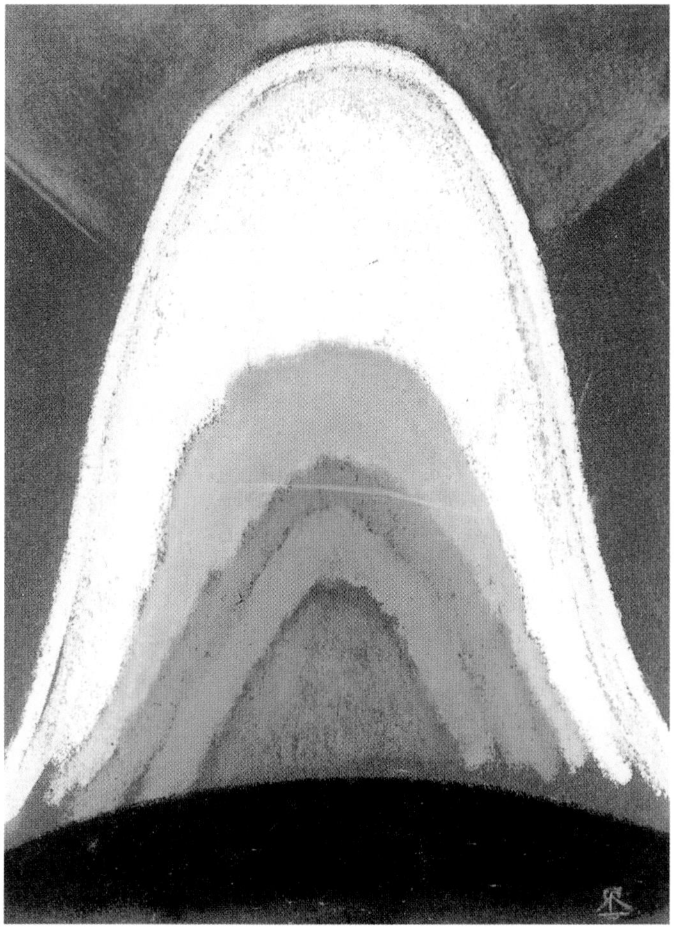

Hij was een energiek en hartstochtelijk schrijver van beginselverklaringen en manifestachtige kritieken. Vanaf 1915 liep hij al rond met plannen tot de oprichting van een tijdschrift dat geheel gewijd zou zijn aan nieuwe bewegingen in de schilderkunst. Het tijdschrift werd uiteindelijk in 1917 opgericht onder de naam *De Stijl*. Van Doesburgs activiteit leidde niet alleen tot een belangrijk tijdschrift, maar ook tot vele contacten en briefwisselingen met andere avant-gardekunstenaars in Europa. Van zijn eigen schilderwerk moet worden gezegd dat het doorgaans niet bijzonder oorspronkelijk is. Zijn ritmische composities van diagonalen en rechthoeken vertonen vaak een bepaalde grofheid, die zich ook doorzet in zijn kleurkeuze en toets (AFB. 144 en 145). Misschien geeft de titel van zijn tijdschrift, *De Stijl*, al aan dat hij, meer dan Van der Leck of Mondriaan, de bouwstijl en bouwdecoratie van de nieuwe tijd in gedachten had bij zijn droom van een algehele vernieuwing van de vormentaal. Zijn door de diagonaal dynamisch gemaakte vierkanten pasten bij de taal van blok en kubus waarin het Nieuwe Bouwen zich uitdrukte. De architecten van het Nieuwe Bouwen kregen dan ook ruimschoots het woord in de uitingen van de groep rond De Stijl, en maakten er prominent deel van uit.

Ook in Van Doesburgs esthetische beschouwingen klinkt een zekere vergroving door; in het aplomb waarmee hij de zaak van de abstractie verdedigde, kon hij soms lelijk doordraven. Het kwam er ongeveer op neer dat eigenlijk elk element dat geen directe boodschap heeft aan de reductie tot een kleur of vlak, zo goed als anathema was. Daarmee werd de hele nieuwere schilderkunst veroordeeld, al 'treffen we in de schilderkunst van het verleden werken aan waarin een figuur of groep van figuren ondergeschikt is gemaakt aan het beeldend beginsel der compositie. (...) Het spreekt vanzelf dat het onderwerp of de

AFB. 144 [links] – Theo van Doesburg, *Symbolische compositie*, ca. 1915. Pastel op papier, 32 x 24 cm. Utrecht, Centraal Museum.

AFB. 145 [rechts] – Theo van Doesburg, *Kompositie XVII in drie delen*, 1919. Den Haag, Rijksdienst Beeldende Kunst.

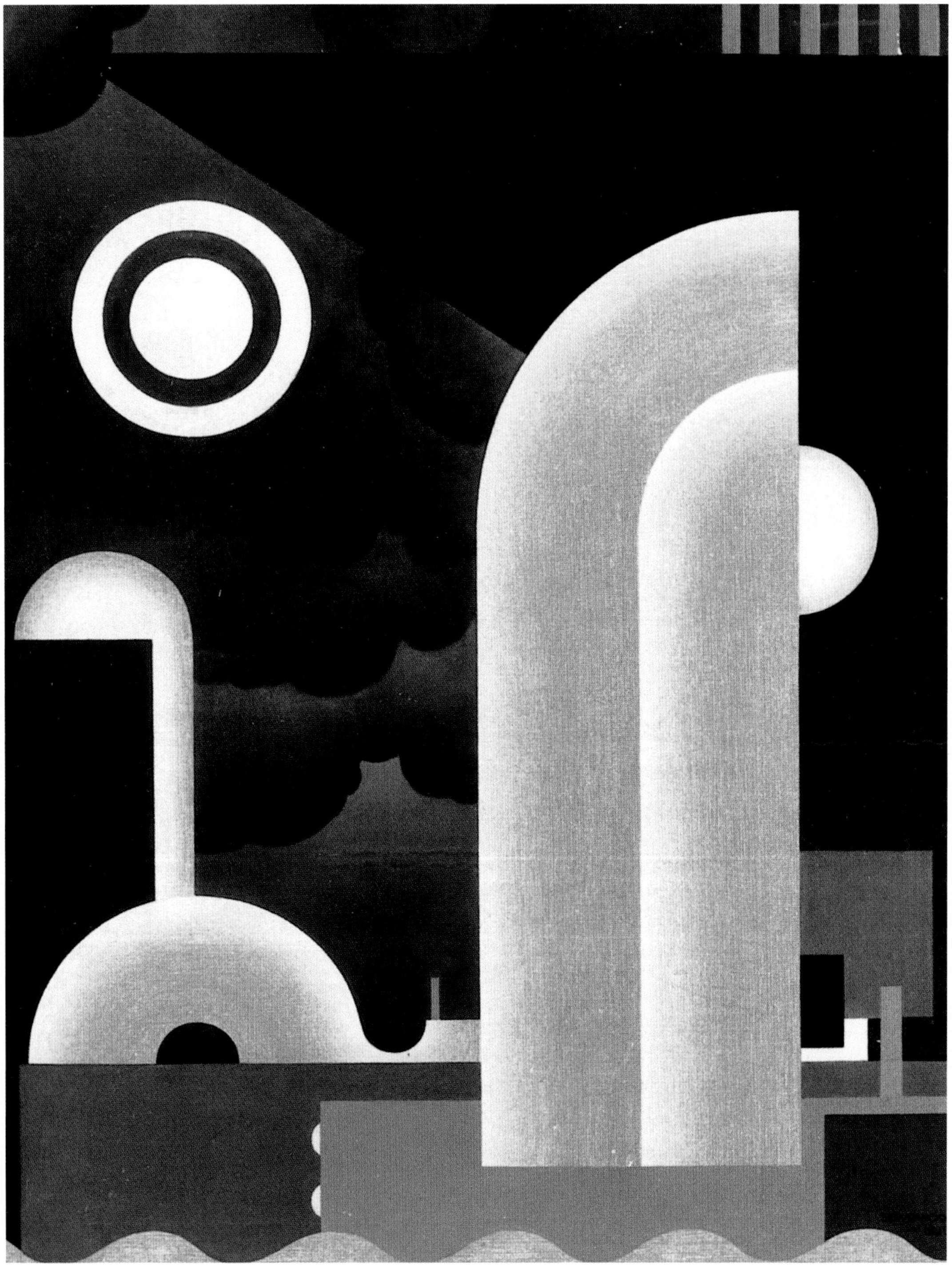

AFB. 146 – Victor Servranckx, *Opus* 2 ('de haven'), 1926. Olieverf op doek, 67 x 92,5 cm. Gent, Museum voor Hedendaagse Kunst.

natuur slechts dient als vulsel voor de beeldende vorm.' Op grond van deze redenering kunnen we, volgens Van Doesburg, in de kunst alleen 'van een *schijnonderwerp* spreken. Bij gebrek aan een zuiver esthetische vorm voor de idee, bleef dit schijnonderwerp nog lang gehandhaafd.' Nog lang, dat wil zeggen tot de komst van Mondriaan en in zijn kielzog Van Doesburg zelf.

Het is niet waarschijnlijk dat Mondriaan alle kreten van Van Doesburg klakkeloos heeft onderschreven, zoals de opmerking dat 'elk kunstwerk waarin wij andere dan beeldende elementen aantreffen, als: naturalistische, religieuze, esoterische, enzovoorts, onzuiver, dat is *karakterloos*' zouden zijn. Zulke uitspraken zijn voor iemand als Mondriaan te ongenuanceerd, terwijl Van Doesburg tegelijkertijd uitdrukking gaf aan meer geijkte algemeenheden, die Mondriaan nu juist betwijfelde. Een voorbeeld is zijn opvatting over de verhouding tussen abstractie en decoratie: 'Met de vernietiging der perspectief door de kubisten en expressionisten veroverde de schilder zich weer zijn rechtmatig eigendom: het vlak. De herovering aan het vlak heeft de behoefte doen ontstaan naar het monumentale vlak op vlak schilderen: de frescoschildering in haar diepste betekenis.' Interessant genoeg vervolgt Van Doesburg dan: 'Verder ontstond de oplossing van het glas-in-lood probleem (...) dat in deze tijd zijn ontwikkeling vindt in de moderne glas-en-lichtkunst. Zo vindt tenslotte de absolute schilderkunst haar volmaakte uitdrukking in de kleurige en vormelijke verwerking in het interieur.' Bij het lezen van deze teksten ontstaat het gevoel dat hun logheid strijdig is met de subtiliteit van Mondriaans – of Van der Lecks – beeldende problemen. Feit is ook dat Van Doesburg voor zowel Mondriaan als Van der Leck te simpelweg een gelijkschakeling zocht tussen 'De Nieuwe Beelding' en een moderne vorm van esthetische decoratie. Hier ligt dan ook de aanleiding tot de breuk van Mondriaan en Van der Leck met het Stijlideaal van Van Doesburg: in de relatie tussen zuivere schilderkunst en de toepassing van schilderkunst in de architectuur. Evenmin verwonderlijk is dat Van Doesburgs meest succesvolle werk bestaat uit de aankleding en vormgeving van de danszaal L'Aubette in Straatsburg.

De gedachte dat de nieuwe kunst eigenlijk een soort verzelfstandigde kunstbeschouwing was, vinden we ook terug bij de Belgische kunstenaar Georges Vantongerloo (1886-1965). Die gedachte behoeft enige uitleg. Al in de negentiende eeuw was een kunstbeschouwing ontstaan die probeerde de esthetische waarde van kunstwerken uit het verleden te analyseren en te begrijpen in termen van geometrische patronen. Het is het soort analyse dat nog steeds wordt beoefend wanneer een meesterwerk uit bijvoorbeeld de Renaissance met een netwerk van snijdende lijnen of cirkels wordt overdekt teneinde het raffinement en de diepere orde in de compositie te verduidelijken. Zulke analyses kunnen allicht het idee versterken dat de concrete voorstelling in een 'driehoekscompositie' van bijvoorbeeld Rafaël er eigenlijk niet toe doet: schijnonderwerp en vulsel, om met Van Doesburg te spreken. Net als Van Doesburg wilde ook Vantongerloo de koe bij de horens vatten en schilderijen maken waarin alleen nog maar een geraffineerd staketsel van vlakken en vormen overbleef. Zo maakte hij in de vormentaal van De Stijl een beroemd geworden triptiekje dat eigenlijk een esthetische analyse is van een beroemde compositie van Rogier van der Weyden – ontdaan van het 'vulsel' van de Bewening en teruggebracht tot zijn esthetisch werkzame bestanddelen. Vantongerloo zocht in zijn werk (en in zijn geschriften) naar de verborgen wiskunde van esthetisch succesvolle patronen. Dit leidde tot een soms wild mengsel van algebra en geometrie, een beetje vergelijkbaar met de denkbeelden van de veel traditioneler ingestelde Willem van Konijnenburg, of de Poolse estheticus Matila Ghyka.

Hoewel dit alles verwant lijkt met Mondriaans overbekende wereld van blokken en lijnen, is Mondriaan nooit op zo'n manier een constructivist geweest. Er is iets schrijnends en oneigenlijks aan de gewoonte van musea van moderne kunst om schilderijen van Mondriaan vrijwel steevast in de zaal met constructivistisch werk onder te brengen. Evenmin heeft zijn werk veel gemeen met Section d'Or-modernisme (de Parijse tentoonstellingskring La Section d'Or groepeerde kunstenaars die vooral in kubistische stijl werkten), zoals dat van Victor Servranckx, nog een belangrijke voorman van de abstractie in België (AFB. 146). En zelfs Michel Seuphor, die een grote betekenis had voor de ontwikkeling van de abstracte kunst vanaf de jaren twintig, en die lange tijd het belangrijkste boek over Mondriaan op zijn naam had staan, huldigde een veel constructivistischer opvatting van abstractie dan Mondriaan zelf. Maar over de plastische vernieuwing in België zullen we het verderop uitgebreider hebben.

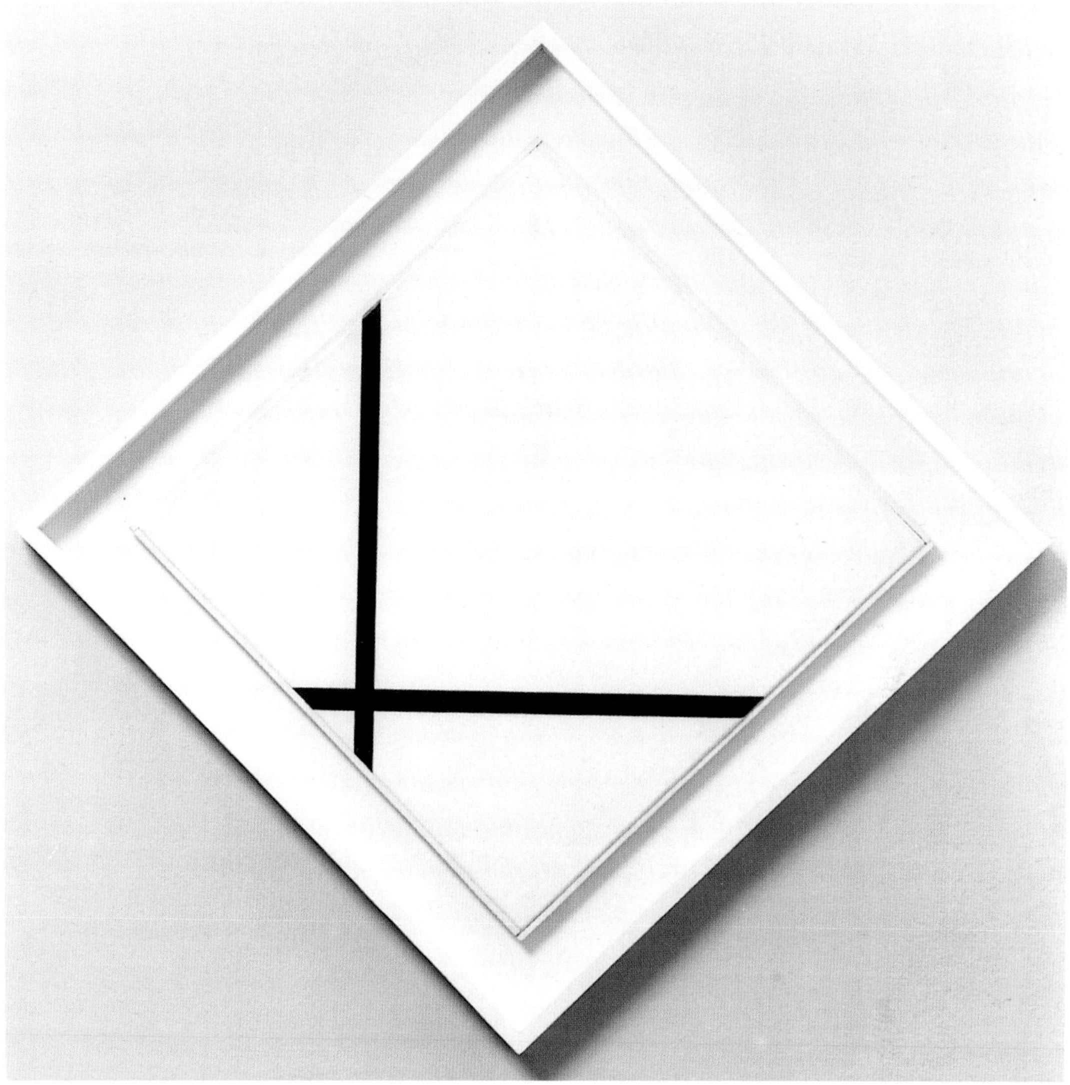

AFB. 147 – Piet Mondriaan, *Compositie met twee lijnen*, 1931. Olieverf op doek, 112 x 112 cm. Amsterdam, Stedelijk Museum.

Het oeuvre van Mondriaan kan in wezen worden samengevat met een enkele stelregel: géén hiërarchie. Hij zocht steeds opnieuw naar combinaties van elementen waarin een mogelijke overheersing van een onderdeel van het schilderij werd gecompenseerd door het toekennen van een speciale positie of gewicht aan andere onderdelen. Voor de evidente strengheid van Mondriaans werken mag deze stelregel misschien te klassiek of zelfs te classicistisch klinken, maar in zijn geschriften stuiten we voortdurend op variaties binnen dit ene thema, en telkens wanneer hij een nieuwe fase begon in zijn geschilderde oeuvre valt de gedeeltelijke afbraak van het idioom te verklaren uit de wens hiërarchische

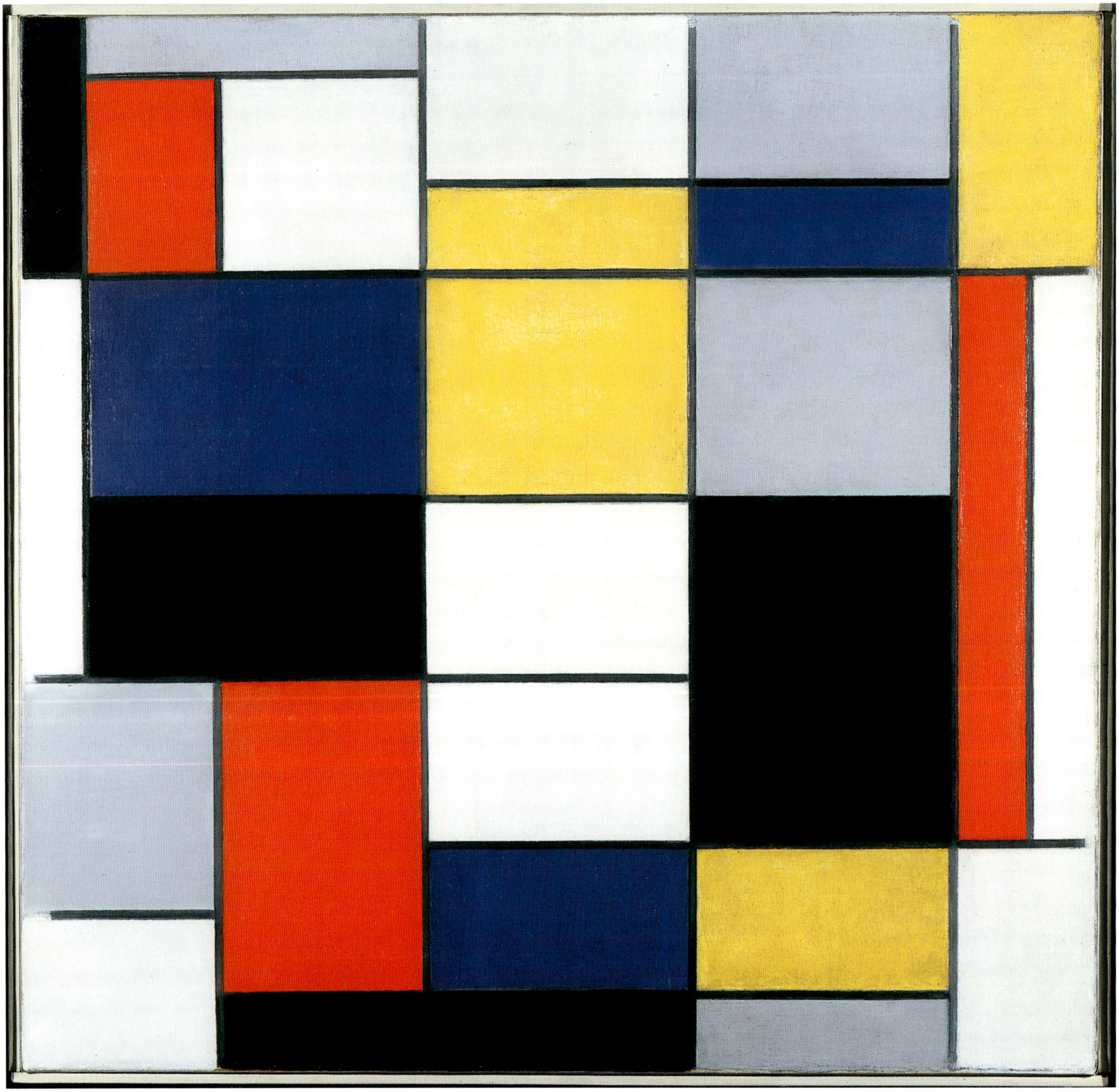

AFB. 148 – Piet Mondriaan, *Compositie met rood, geel en blauw*, 1919. Olieverf op doek, 91 x 92 cm. Rome, Galleria Nazionale d'Arte Moderna.

verhoudingen binnen het beeldoppervlak teniet te doen. In een brief aan de eerdergenoemde Bremmer bijvoorbeeld schreef hij dat 'men door *niets bepaalds* te willen zeggen, juist het meest bepaalde, de waarheid (die van grote omvatting is) zegt'. Dat 'niets bepaalds' willen zeggen had niet slechts betrekking op zijn abstinentie van de voorstelling. Binnen zijn werk met horizontalen en verticalen speelde nog op een andere manier die merkwaardige beweegreden '*niets bepaalds* te willen zeggen' een rol: 'En verder lijkt het mij nodig een horizontale of verticale lijn gedurig af te breken: want worden deze richtingen niet tegengesteld door anderen, dan zouden ze ook weer iets "bepaalds", dus iets menschelijks gaan zeggen. Door niets menschelijks te willen vertellen of zeggen, door volkomen negering van zichzelf, komt juist 't kunstwerk te voorschijn dat een monument van Schoonheid is.'

De afwezigheid van zo'n overheersend of bepalend element werd door Mondriaan ook wel aangeduid met 'evenwicht' of 'eenheid'. Zo'n evenwicht mag niet worden gezocht in spiegelsymmetrie, want dat zou een te bepalende, hiërarchische schikking opleveren, waarin de middellijn of het centrum zou worden geaccentueerd. 'Er is een compositie vereist,' schreef hij in *De Stijl*, 'die niet symmetrisch is, om te komen tot de zuivere beelding van evenwichtige verhoudingen.' Dat zijn nog algemeenheden, maar jaren later legt hij in een brief aan zijn vriend Albert van den Briel ook op een visuele manier helder uit hoe dat idee van 'evenwicht' in een compositie kan worden gerealiseerd, of eigenlijk, hoe een initieel gebrek aan evenwicht enigszins kan worden hersteld. Het is een mooi voorbeeld van visuele didactiek. Mondriaan schetst losjes een staande rechthoek waarin verschillende lijnen parallel aan de randen zijn getrokken (AFB. 147). Het verticale lijnstuk a-b is duidelijk langer dan de horizontale lijn a-b. Mondriaan noemt de eerste in verhouding tot de tweede 'te lang, dus tragisch (tragisch als het lijden door het domineren van het een over het andere)'. Eén element is hier dus te bepalend en creëert een hiërarchie. Dit manco kan 'enigszins opgeheven' worden door de toevoeging van een lijnstuk c-d, een toevoeging die inderdaad de gezamenlijke kracht van de horizontalen tegenover de verticaal doet toenemen en zo de overheersing van a-b aantast. Nog te prefereren was, volgens Mondriaan, de indeling van figuur 3, waarin de horizontaal e-f en de verticaal h-g 'meer in evenwicht zijn tegenover elkaar, en dus minder tragisch'.

We zullen straks nog terugkomen op dit componeren zonder hiërarchie naar aanleiding van Mondriaans geschilderde werk, maar het zal misschien hier al duidelijk zijn dat het vermijden van overheersing Mondriaan ook deed aarzelen bij zulke strategische kwesties als de toepassing van schilderkunst in de architectuur. Het gevaar dat het geschilderde werk ondergeschikt zou worden aan het gebouw was groot. Op dezelfde manier was het introduceren van een figuur tegen een achtergrond onevenwichtig; de figuur zou in een hiërarchische relatie tot zijn achtergrond komen te

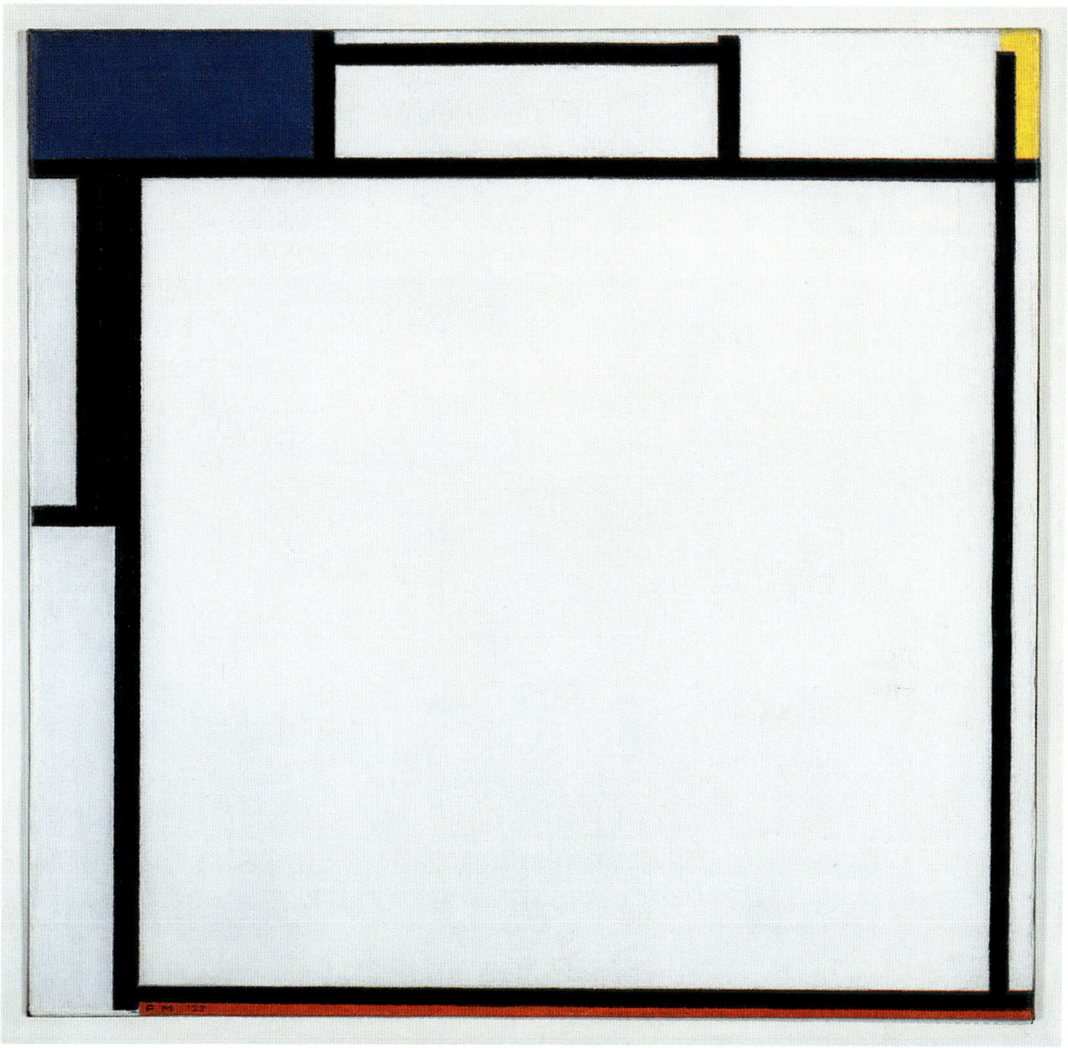

AFB. 149 – Piet Mondriaan, *Compositie met rood, geel en blauw (Compositie in vierkant)*, 1922. Olieverf op doek, 53 x 54 cm. Stuttgart, Staatsgalerie.

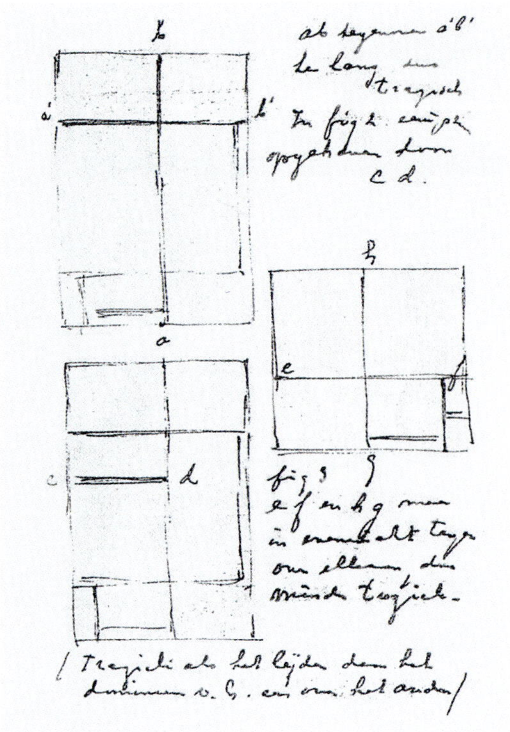

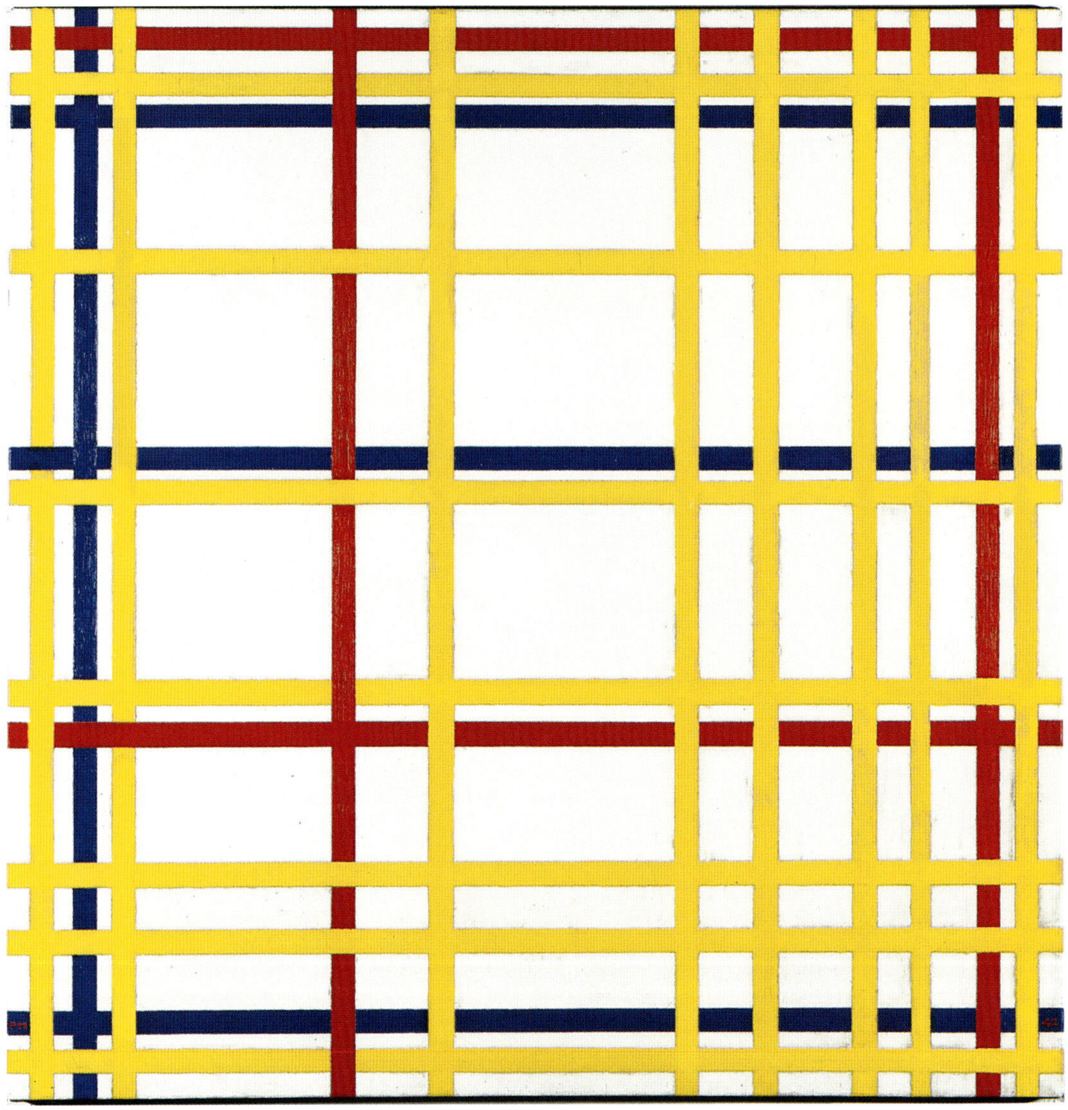

AFB. 150 [links] – Piet Mondriaan, *Schets in een brief aan Albert van den Briel*, 1931. Privécollectie.

AFB. 151 [rechts] – Piet Mondriaan, *Compositie met rood, geel en blauw*, 1941-1942. Olieverf op doek, 79,3 x 73,9 cm. Washington, Philips Collection.

AFB. 152 [pagina 175] – Piet Mondriaan, *New York City I*, 1942. Olieverf op doek, 119 x 114 cm. Parijs, Centre Pompidou.

staan. Zo'n redeneertrant verklaart bovendien gedeeltelijk de keuze voor een palet van primaire kleuren, want op deze manier kon er geen hiërarchie van verzadigde tegenover aangelengde kleuren worden geschapen.

Het is fascinerend om te zien hoe Mondriaan niet alleen in elk individueel schilderij de zuiverheid van het niet-bepalende zocht (altijd intuïtief overigens, nooit door calculatie of het afzetten van de gulden snede), maar tevens in de ontwikkeling van zijn oeuvre nieuwe mogelijkheden vond door gebruikte formules aan verscherpte kritiek te onderwerpen. De overgang bijvoorbeeld van composities die een duidelijk centrum hebben (vooral naar het voorbeeld van Picasso's kubistische werken) naar een beeldopbouw met gelijkwaardiger verdelingen van rand tot rand, heeft uiteindelijk dezelfde grondslag. Zijn *Compositie met rood, geel en blauw* uit 1919 is een goed voorbeeld van die laatste soort beeldopbouw (AFB. 148). Hij zocht het evenwicht niet alleen in de plaatsing der lijnen, maar ook in de relatieve waarde van de gekleurde vlakken. De vier zwarte rechthoeken, de drie rode, de drie blauwe: elke kleur vindt een gelijkwaardige tegenhanger door formaat of positie in een van de andere. Als we bewust proberen te zoeken naar een dominant element, worden we telkens verlokt om van de ene mogelijke kandidaat naar de volgende te gaan, terwijl tegelijkertijd het schilderij daar niet onrustiger van wordt. In zijn *Compositie met rood, geel en*

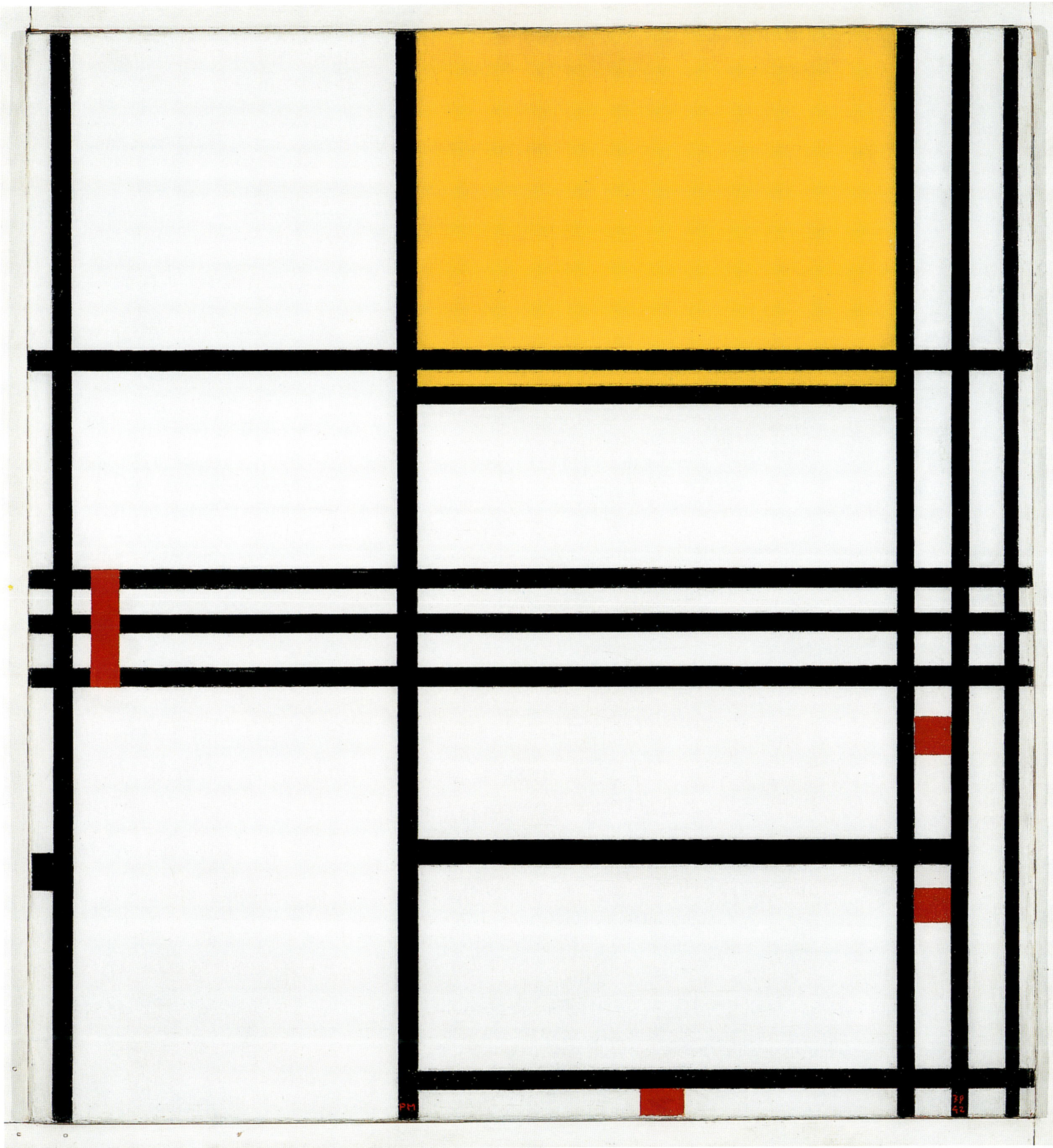

blauw uit 1922 is de regelmaat van het rasterpatroon doorbroken en een buitengewoon groot vlak in het midden ontstaan (AFB. 149). Maar door de kleurvlakken tezamen en door de suggestie van voortzetting van het patroon buiten het beeldvlak, is toch een eigen waardigheid voor het randgebied bereikt. Zijn *Compositie met twee lijnen* uit 1931 is bijna een diagram geworden van de gelijkwaardigheid van de horizontaal en de verticaal, juist omdat de lijnen niet even dik zijn en de gelijkvormige witte vlakken die onder en links zijn ontstaan daardoor net niet hetzelfde formaat hebben. Al deze werken kwamen tot stand in Parijs en geven slechts voorbeelden van de rijke variatie die Mondriaan binnen de door hemzelf bepaalde regels bereikte (AFB. 150).

In 1939 overviel hem voor de tweede maal een wereldoorlog, wat hem naar Londen en vervolgens naar New York deed verhuizen. Hoewel Mondriaan toen reeds een gevestigd en internationaal beroemd kunstenaar was, nam de dynamiek van zijn ontwikkeling eerder toe dan af. Zijn *Compositie met rood, geel en blauw* uit 1941-1942 laat kleurvlakken zien die niet meer door lijnen afgebakend zijn, en ook deze beslissing kwam voort uit het vermijden van hiërarchische relaties (AFB. 151). De zelfstandige rode blokjes moeten nu een dynamisch tegenwicht vormen tegen het lijnraster en de gecombineerde gele vlakken. In de laatste fase van zijn werk hief Mondriaan de begrenzing van kleur door lijnen geheel op, en vielen lijn en kleurvlak simpelweg samen. Dit schiep opnieuw een probleem van onder- en bovenschikking: waar twee kleurlijnen elkaar overlappen moet immers een keuze worden gemaakt voor op of onder. Mondriaan probeerde dit op te lossen door een weefpatroon waarin blauw soms geel overlapt, en geel soms blauw, zoals in *New York City I* (AFB. 152). De suggestie van ruimtelijkheid moet hij vervolgens als een nieuw probleem hebben ervaren, want de witte vlakken dreigden nu tot fond te worden gereduceerd. In zijn befaamde *Broadway Boogie-Woogie* zijn de overlappingen zelf weer aparte kleurvlakken geworden, die zich vrijelijk hebben kunnen vermenigvuldigen en die vaak zijn ontsnapt aan de kruispunten waaruit ze waren ontstaan.

Mondriaans oeuvre is een verrassend monument van constructieve zelfkritiek op basis van een grondprincipe; een principe dat voor hem niet alleen esthetische maar ook ethische geldigheid had. Zijn bekendheid, leeftijd of oeuvre waren geen reden om zijn voortdurend onderzoek stop te zetten. Als vermaard schilder van 71 jaar kon hij het volgende aan een criticus schrijven: 'Nu pas word ik me ervan bewust dat mijn werk in zwart, wit en kleine kleurvlakken alleen maar tekenen in olieverf is geweest. Bij tekenen zijn lijnen de voornaamste uitdrukkingsmiddelen.' Om die hiërarchische relatie te doorbreken had hij de deur geopend naar alweer een nieuwe fase in zijn werk, die van de Boogie-Woogie schilderijen. Wat achter die deur lag, zullen we nooit weten. Door zijn dood in 1944 is het hierbij gebleven.

België

De abstracte kunst kende in België een andere geschiedenis dan in Nederland. In 1917 schreef de jonge dichter Paul van Ostaijen naar aanleiding van een tentoonstelling van Paul Joostens (1889-1960) in Brussel: 'Zoo zien wij hoe stroomingen die reeds enkele jaren in den vreemde minstens gedeeltelijk burgerrecht verkregen hebben, hier nog onbarmhartig voor zwans gehouden worden.' Tijdens de oorlog richtten vooral in Antwerpen jonge kunstenaars zich naar het Europese modernisme. Zij assimileerden gelijktijdig en vaak oppervlakkig de invloeden van het Franse kubisme, het Italiaanse futurisme en het Duitse expressionisme. Met veel zin voor experiment onderzochten ze de mogelijkheden van plastische vernieuwing. Van Ostaijen speelde in die beweging een belangrijke rol als theoreticus en pleitbezorger. In 1918 publiceerde hij het essay *Ekspressionisme in Vlaanderen*. Daarin gebruikte hij de benaming expressionisme als gemeenschappelijke noemer voor het Duitse expressionisme, het kubisme en het futurisme, kortom voor een kunst die het impressionisme afwees en het materiële, louter zintuiglijke en wisselvallige transcendeerde in een visie, een geestelijk streven. Het expressionisme was volgens hem een overgangsfase tussen impressionisme en abstractie: 'In de eerstkomende tijden van het ekspressionisme zal niet de louter lyriese uitdrukking van een zieledrang overwegen, doch wel de synthetiserende drang, en de verhouding tussen uiterlikheid en innerlikheid. Niet de lyrische Improvisationen van Kandinsky of de komposities van Mondriaan zullen vooreerst de norma van het ekspressionisme vormen, wel de rationele "verdichting" van de verhouding tussen impressie en ekspressie, tussen objekt en subjekt, geest en materie, uiterlikheid en innerlikheid zoals dit het geval zijn moet in het tijdperk van overgangskunst, dat ligt tussen het materiële van het impressionisme en het abstrakt lyrisme van een mogelijke toekomstkunst. Deze overgangskunst vindt men het best in Metzinger, Gleizes, Léger, in de opperste vereenvoudiging van Klee's uiterst synthetiserende arbeid, van Severini's dynamisme om voorbeelden uit de verscheidene groepen te halen.' De abstracte stroming uit die periode kreeg in België de naam 'zuivere beelding', in het Frans 'la plastique pure' (AFB. 153). Het nieuwe artistieke concept neigde naar een antiburgerlijke gemeenschapskunst, naar een 'zuivere kunst', en was meer nog een levenshouding dan een stijl.

Een belangrijke vertegenwoordiger van deze artistieke visie was de schilder, beeldhouwer en kunsttheoreticus Georges Vantongerloo. Tijdens de Eerste Wereldoorlog werd hij als gewonde soldaat naar Nederland overgebracht, waar hij vanaf 1917 betrokken was bij de activiteiten van het tijdschrift *De Stijl*, samen met onder anderen Van Doesburg, Mondriaan en Van der Leck. In 1927 vestigde hij zich in Parijs. Twintig jaar lang liet hij zich in zijn werk leiden door strikte geometrische principes. Daarna veranderden zijn picturale en plastische opvattingen. Hij introduceerde de gebogen lijn in zijn composities en schilderde witte fonds waarop hij gekleurde krachtlijnen zette die aan wiskundige of natuurkundige wetten beantwoordden (AFB. 154). Zijn artistieke onderzoek was erop gericht een universele spiritualiteit uit te drukken. Al in 1919 verwoordde hij zijn kunstopvatting: 'Om de spiritualiteit te verwezenlijken is een spirituele vorm noodzakelijk. Dus een abstracte vorm.'

Na een aantal experimenten op het terrein van het symbolisme, nadien van het futurisme, werd de Antwerpenaar Jozef Peeters (1895-1960) omstreeks 1920 een van de pioniers van de abstracte kunst in België. Hij ressorteert onder de constructivistische tendens, waarbij het schilderij alleen bepaald wordt door vorm, geometrie en structuur. Hij stichtte in 1918 in Antwerpen de kring Moderne Kunst en was in de jaren twintig een groot promotor van de avant-garde in België, als medewerker aan tijdschriften zoals *Het Overzicht* en organisator van congressen en tentoonstellingen, tot hij zich in 1927 terugtrok. In Brussel groepeerden Victor Servranckx (1897-1965) en Pierre-Louis Flouquet (1900-1967) zich samen met de broers Victor en Pierre Bourgeois rondom het tijdschrift *7 Arts*. Servranckx ontwikkelde een geometrische abstractie die het mechanische universum van Fernand Léger voor de geest roept. In zijn composities zijn componenten van de realiteit verwerkt, als detail, wolken bijvoorbeeld, of als abstract teken, zoals bootvormen, een zonneschijf, golven, raderen en andere mechanische elementen. Servranckx voelde zich niet aangetrokken tot de koele abstractie van velen van zijn tijdgenoten, maar hield ervan om in zijn composities ruimte, materie, atmosfeer te suggereren en een (meestal melancholische) stemming op te roepen.

Michel Seuphor (1901-1999), pseudoniem van Fernand Louis Berckelaers, richtte in 1921 het invloedrijke tijdschrift *Het Overzicht* op. Tijdens reizen naar het buitenland kwam hij met de internationale avant-garde in contact. Na het verdwijnen van *Het Overzicht* in 1925 vestigde hij zich in Parijs. Daar ontmoette hij vooraanstaande figuren uit het avant-gardistische kunstmilieu, onder wie Vantongerloo, en sloot vriendschap met Mondriaan en Hans Arp. In 1930 organiseerde hij in Parijs samen met Torres García de eerste internationale tentoonstelling van abstracte kunst. Hij was medewerker aan talrijke kunstmanifestaties en tijdschriften, en auteur van belangrijke publicaties als *L'art abstrait, ses origines, ses premiers maîtres* en *De abstrakte kunst in Vlaanderen*. Seuphor was niet alleen de chroniqueur van de abstracte kunst, maar zelf ook beeldend kunstenaar.

De avant-garde was in België een boeiend maar kortstondig fenomeen. Rond 1925 verloren de meeste abstracte kunstenaars hun experimentele elan. Bovendien werden zij al snel in de schaduw gesteld door de Vlaamse expressionisten, of zoals Paul Joostens later in zijn dagboek schreef: 'Na de wapenstilstand kwamen de gevluchte pieten uit Holland terug. De Brusselaar Gust Van Hecke blies toen de reuzenzeppelin op die heette Permeke-De Smet-Van den Berghe.' De enige die consequent voort bleef zoeken was Vantongerloo, maar hij was vanaf 1920 opvallend afwezig in het Belgische kunstleven en kreeg pas laat erkenning.

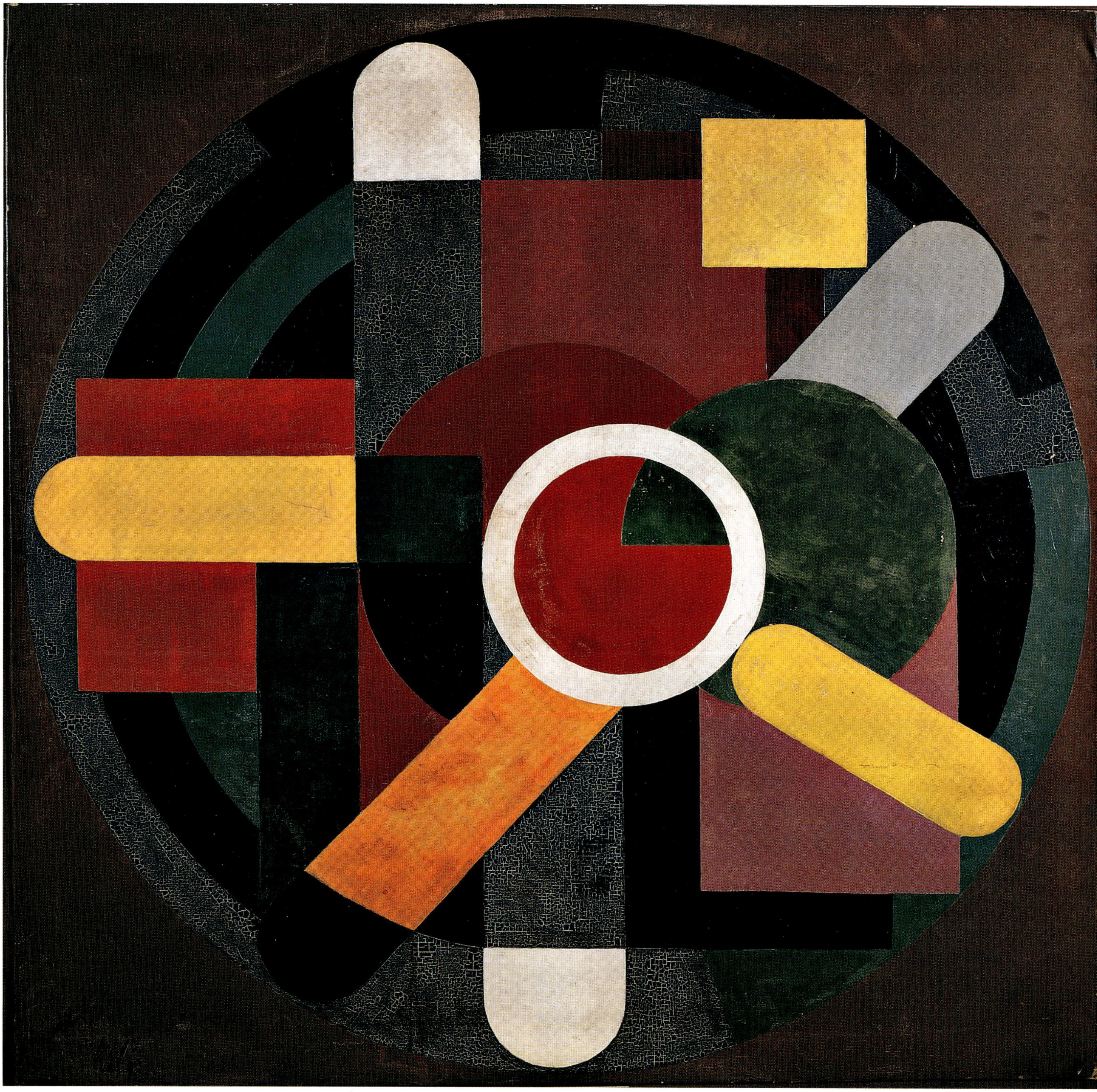

AFB. 153 [boven] – Jozef Peeters, *Compositie*, 1921. Olieverf op doek, 150 x 150 cm. Antwerpen, Koninklijk Museum voor Schone Kunsten.

AFB. 154 [pagina 179] – Georges Vantongerloo, *Compositie*, 1917-1918. Olieverf op doek, 36 x 54 cm. Parijs, Centre Pompidou.

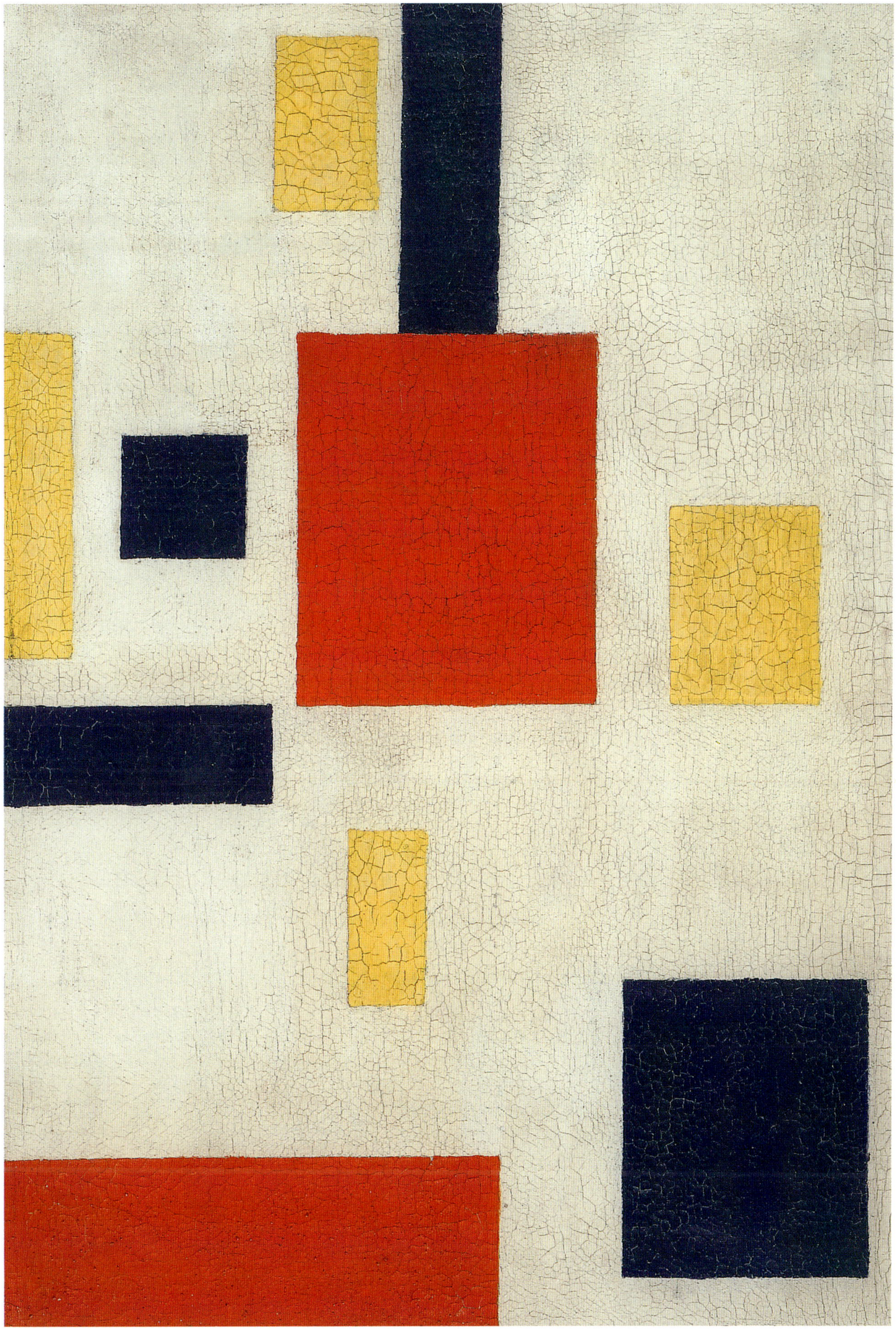

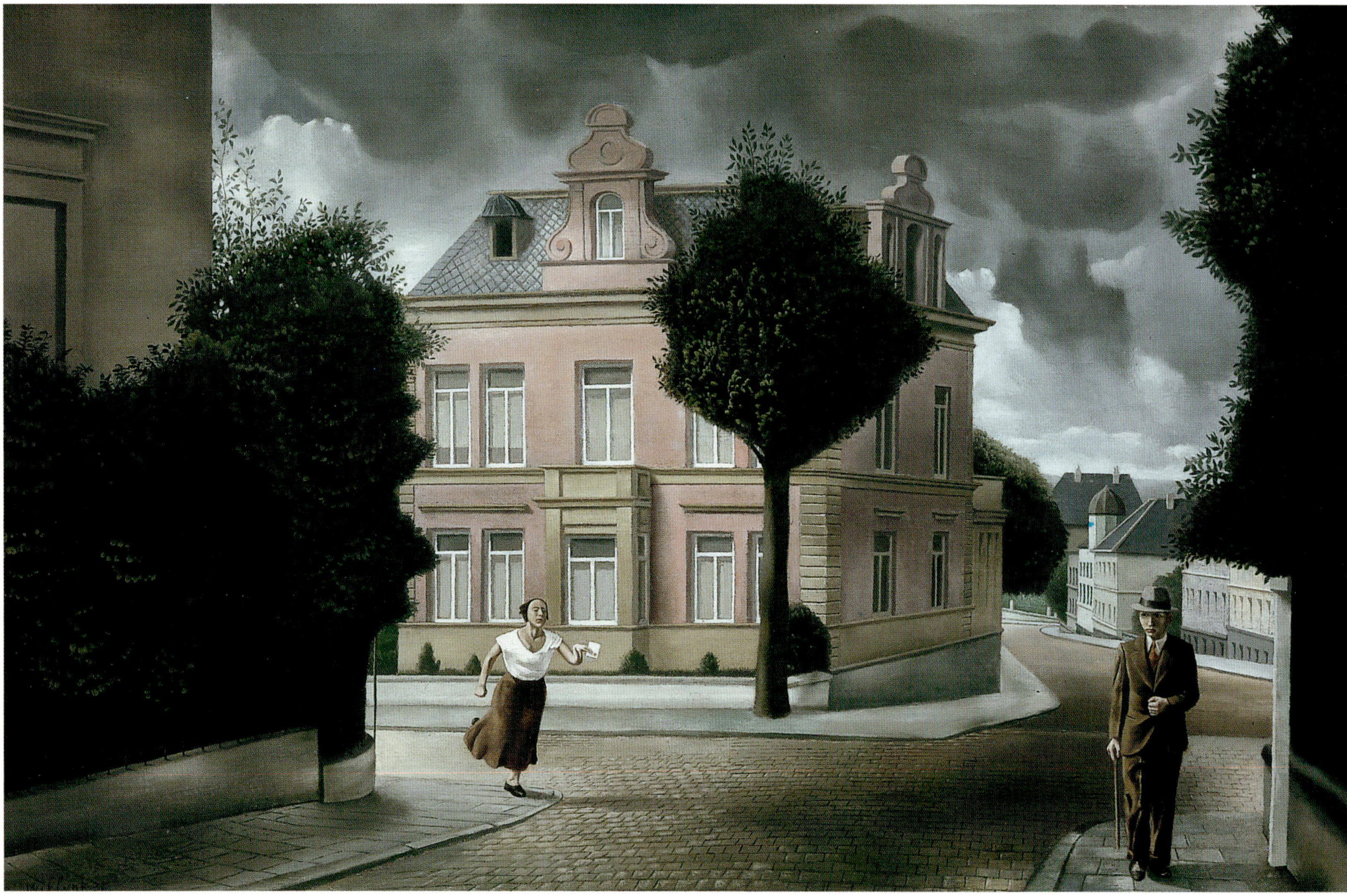

AFB. 155 – Carel Willink, *De jobstijding*, 1932. Olieverf op doek, 61,5 x 92,5 cm. Amsterdam, Stedelijk Museum.

HOOFDSTUK 10

Uiteenlopende evoluties in het interbellum

In het kunsthistorisch bedrijf van de twintigste eeuw hadden reizen van kunstenaars soms grote betekenis, zoals we hebben gezien. Net zo goed konden verplaatsingen van schilderijen, of reproducties van schilderijen, een onverwachte uitwerking hebben. Van dit effect-op-afstand is geen opmerkelijker voorbeeld denkbaar dan het werk van de Italiaan Giorgio de Chirico. Zijn schilderijen en reproducties hebben in heel Europa hun sporen in het werk van anderen achtergelaten. Voor ettelijke schilders waren De Chirico's schilderijen zelfs het voorbeeld bij uitstek, ook al hadden ze hem nooit in persoon ontmoet. Schilders in de Lage Landen vormen wat dat aangaat geen uitzondering. De grote bloei van verschillende vormen van realisme zou er zonder hem niet zijn geweest, en deze stromingen zouden in ieder geval een andere gedaante hebben aangenomen. Overigens was De Chirico zelf wel degelijk een reiziger. Hij had zich, zoals velen, als artistieke *immigré* nog voor de Eerste Wereldoorlog in Parijs gevestigd en daar de kringen van de avant-garde weten te vinden. Zijn schilderkunstige bijdragen lagen niet op het puur formele vlak. Zijn technische bekwaamheid was niet groot, en is dat ook nooit geworden, maar merkwaardigerwijs nam hij juist een voorbeeld aan vormen van salonkunst die uitblonken door hun geacheveerde schildertechniek, zoals het werk van Arnold Böcklin. In zekere zin leek hij op Henri Rousseau le Douanier, die een tweede Gérôme wilde zijn, daarin volledig faalde op het technische vlak, maar juist vanwege die beperkte naïeve techniek door de avant-garde werd bejubeld als een poëtisch schilder met esprit. De Chirico was nu niet bepaald naïef, maar hij wist op een vergelijkbare manier van de nood een deugd te maken. De doorbraak van het fauvisme en kubisme maakte het hem makkelijker om zijn tekenachtige, dunne, in feite wat onbeholpen verfopbreng te accepteren.

Veel belangrijker dan de werkwijze en de vorm was zijn iconografie. De Chirico gebruikte zelf de term *enigma*, raadsel, met betrekking tot zijn voorstellingen, en juist door zijn uitvinding van een speciaal soort nadrukkelijk iconografisch mysterie had zijn werk zo'n grote invloed op veel schilders van het interbellum. Tussen 1813 en 1920 schilderde hij een reeks werken waarin zijn bruuske, houterige manier van uitbeelden een gelukkige combinatie vormde met zijn uiterst persoonlijke beeldwereld. Na 1920 werd hij vervuld van het ideaal van een terugkeer tot het metier (*ritorno al mestiere*). Hij wilde meer zwier en meesterschap in zijn techniek leggen. Maar het resultaat van dat streven was dat de kloof met het meesterschap van vroegere kunstenaars in plaats van interessant eerder pijnlijk werd. Door – vruchteloos – een bepaald soort raffinement van oudere voorbeelden na te streven raakte De Chirico dat van hemzelf kwijt. Het waren anderen die het potentieel van zijn ontdekkingen in verschillende richtingen cultiveerden.

Dat wij in een overzicht van de schilderkunst der Lage Landen aandacht aan De Chirico besteden, heeft een eenvoudige reden: De Chirico is na Picasso de invloedrijkste kunstenaar van de twintigste eeuw. Die positie dankt hij niet aan een persoonlijk charisma, noch aan een profetische visie, een bijzonder organisatietalent of een positie als leraar aan een academie, maar hij vond een figuratieve kunst uit die de formele verworvenheden van het modernisme vrijwel negeerde en toch zonder voorbehoud modern of nieuw mocht heten. Deze mogelijkheid werd door legio kunstenaars in vele varianten verwelkomd, ook in België en Nederland.

Ondanks de successen van De Stijl was het bepaald niet zo dat de figuratieve kunst in de Lage Landen op het tweede plan was geraakt. Zowel in België als in Nederland schilderde het gros der kunstenaars figuratieve voorstellingen. De grootste groep onder hen maakte gebruik van impressionistische, fauvistische en kubistische technieken, ieder naar eigen aard en persoonlijkheid, om zo tot varianten van veelal geijkte genres te komen: het interieur, het stilleven en het landschap. Nog in de jaren twintig maakten schilders zoals de Nederlander Jan Voerman (1857-1941) en de Belg Albert Saverys (1886-1964) prachtig werk in het 'ouderwetse' impressionistische idioom. Zij schilderden klassieke landschappen in een inmiddels traditionele vorm, maar deden dit met groot meesterschap en een zeer persoonlijke gevoeligheid. Zo ook werden de vernieuwingen die op het impressionisme volgden door een aantal schilders succesvol op een heel persoonlijke manier verwerkt. Voor Nederland kunnen we Kees Verwey (1900-1995) vermelden. Hij begon als impressionist en bouwde een indrukwekkend oeuvre op in een heel eigen stijl die het product was van uiteenlopende invloeden en waarin een enkele maal de vrije *peinture* tot abstractie leidde, terwijl het merendeel van zijn joyeuze coloristische werken meer klassieke thema's als het portret, interieur en landschap behandelt.

De Brusselaar Edgard Tytgat (1879-1957) (AFB. 156) schilderde voor de Eerste Wereldoorlog in een impressionistische stijl met een losse toets en in tere kleuren. Hij hield van volkse onderwerpen zoals kermissen. Nadien, in de jaren twintig, evolueerde hij naar een heel eigen naïef en spontaan, met de volkskunst verwant expressionisme met een lineaire en vlakke vormgeving. De monumentale visie en de dramatische vormveranderingen die het werk van sommige andere Vlaamse expressionisten kenmerken, zijn bij hem niet aanwezig. Bij zijn beelden passen vooral omschrijvingen als: fantasierijk, humoristisch, ironisch, speels erotisch, charmant, teder. Tytgat was een geboren verteller. Zijn sterke zin voor het verhalende is een essentieel aspect van zijn oeuvre. Ook het feit dat hij een stadsmens was, die het grootste deel van zijn leven in de randgemeenten van Brussel woonde, beïnvloedde zijn thematiek. Het landschap is bij hem altijd 'bevolkt'. Zijn schilderijen vertellen over kleine gebeurtenissen, het amusementsleven, de kermis en het circus, maar hij vond ook inspiratie in barbaarse en erotische oosterse sprookjes die hij met zijn eigen bizarre fantasieën vermengde.

Het vermelden waard is zeker ook Jean Brusselmans (1884-1953). Hij werd beïnvloed door de Franse impressionisten, door Cézanne en Van Gogh, door de Brabantse fauvisten en de Latemse expressionisten. Zijn geliefkoosde thema's waren het alledaagse leven in zijn dorp Dilbeek in de omgeving van Brussel en vooral het heuvelachtige landschap van Vlaams-Brabant, het Pajottenland. Hij schilderde het ontelbare malen, in alle seizoenen, maar met een voorkeur voor zomerse momenten, wanneer het koren goudgeel gerijpt was, en voor winterse sneeuweffecten die elke indruk van perspectief uitwisten. Deze menigvuldige herschepping is karakteristiek voor zijn werk. Wat zijn kunst zo aantrekkelijk maakt, is zijn voeling met de realiteit. Ligt het aan de manier waarop hij zon en schaduw laat inwerken of komt het door zijn aandacht voor karakteristieke, soms triviale details dat zijn voorstellingen de toeschouwer treffen als een uit het leven gegrepen scène of een momentopname van een landschap? En toch is de compositie aan een strenge geometrie onderworpen. Natuurindrukken zijn vertaald in mooi geordende geometrische vlakken, die speels aandoen door hun levendige coloriet en beweeglijke ritme. Silhouetten van mensen, dieren, bomen, voorwerpen en huizen zijn als afgelijnde kleurvlakken in een structurerend vormenpatroon bij elkaar geplaatst. Alles is vereenvoudigd tot strakke lijnen, bestudeerde vormen en kleuren. Brusselmans was een eenzaat aan de rand van het Vlaamse expressionisme (AFB. 157).

Gustave van de Woestyne kwam reeds ter sprake in de context van de kunstenaarskolonie van Sint-Martens-Latem. Toen schilderde hij zachte symbolistische werken, met een mystieke inslag en geïnspireerd door de Vlaamse Primitieven en de vroege renaissancekunst. Na de Eerste Wereldoorlog evolueerde hij, door het contact met de moderne kunst, naar een gecompliceerde, soms wrange expressionistische stijl. Tegelijk beoefende hij een neorealistische schilderkunst waarin hij de moderne tendensen integreerde, met onder meer prachtige stillevens als resultaat. Voor hem bestond er geen conflict tussen de diverse artistieke tradities en de moderne experimenten. Over de oude Vlaamse meesters schreef hij: 'Ik houd in hun werken van de formidabele tegenstellingen, tegenstellingen die ik terugvind bij de zeer mooie moderne schilders, bij Picasso onder anderen.' De volgende fragmenten uit een brief van 1920, met raadgevingen aan een jonge schilder, geven een goed idee van zijn opvattingen:

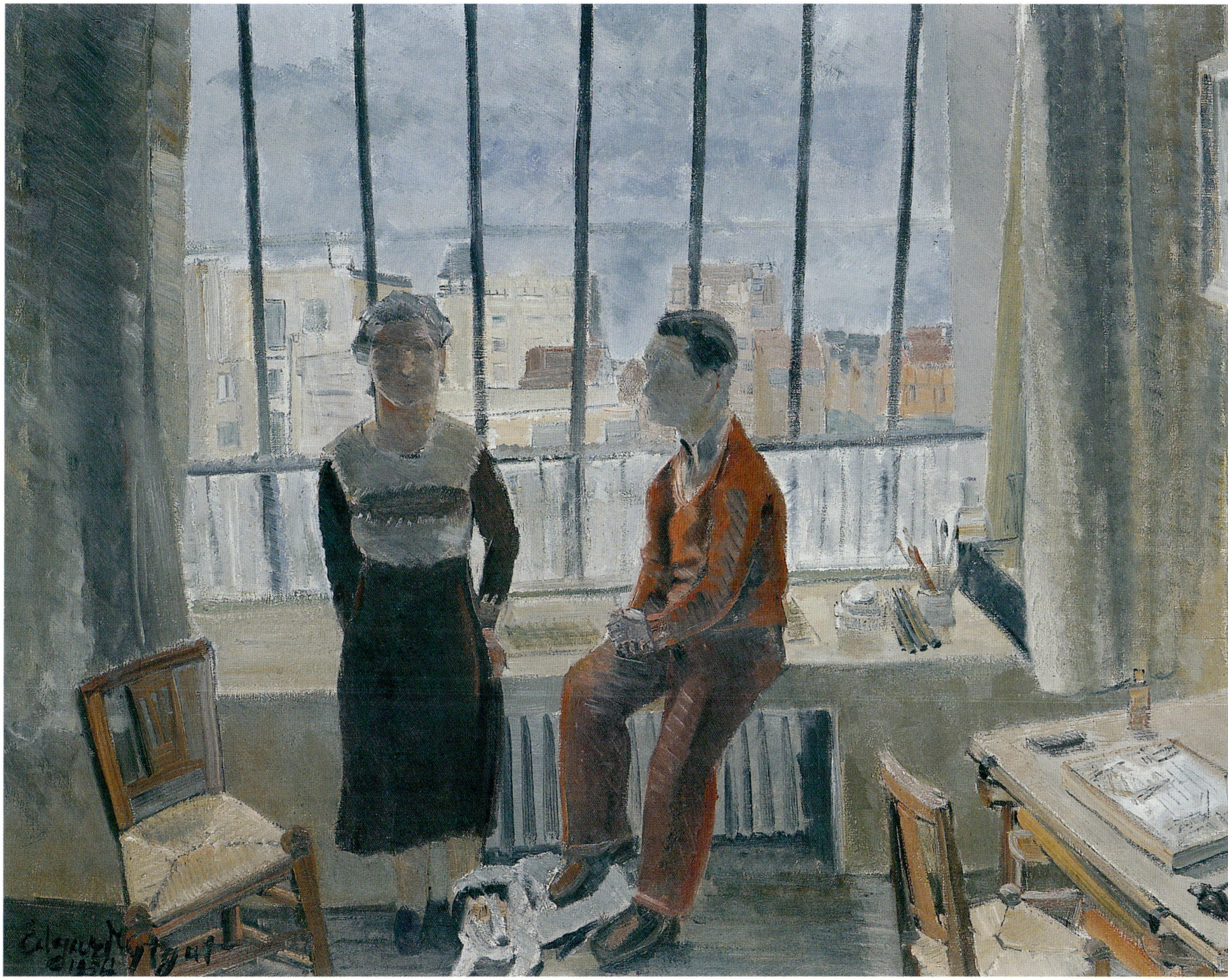

AFB. 156 – Edgard Tytgat, *Tegenlicht in het atelier*, 1934. Olieverf op doek, 80,4 x 100,2 cm. Gent, Museum voor Schone Kunsten.

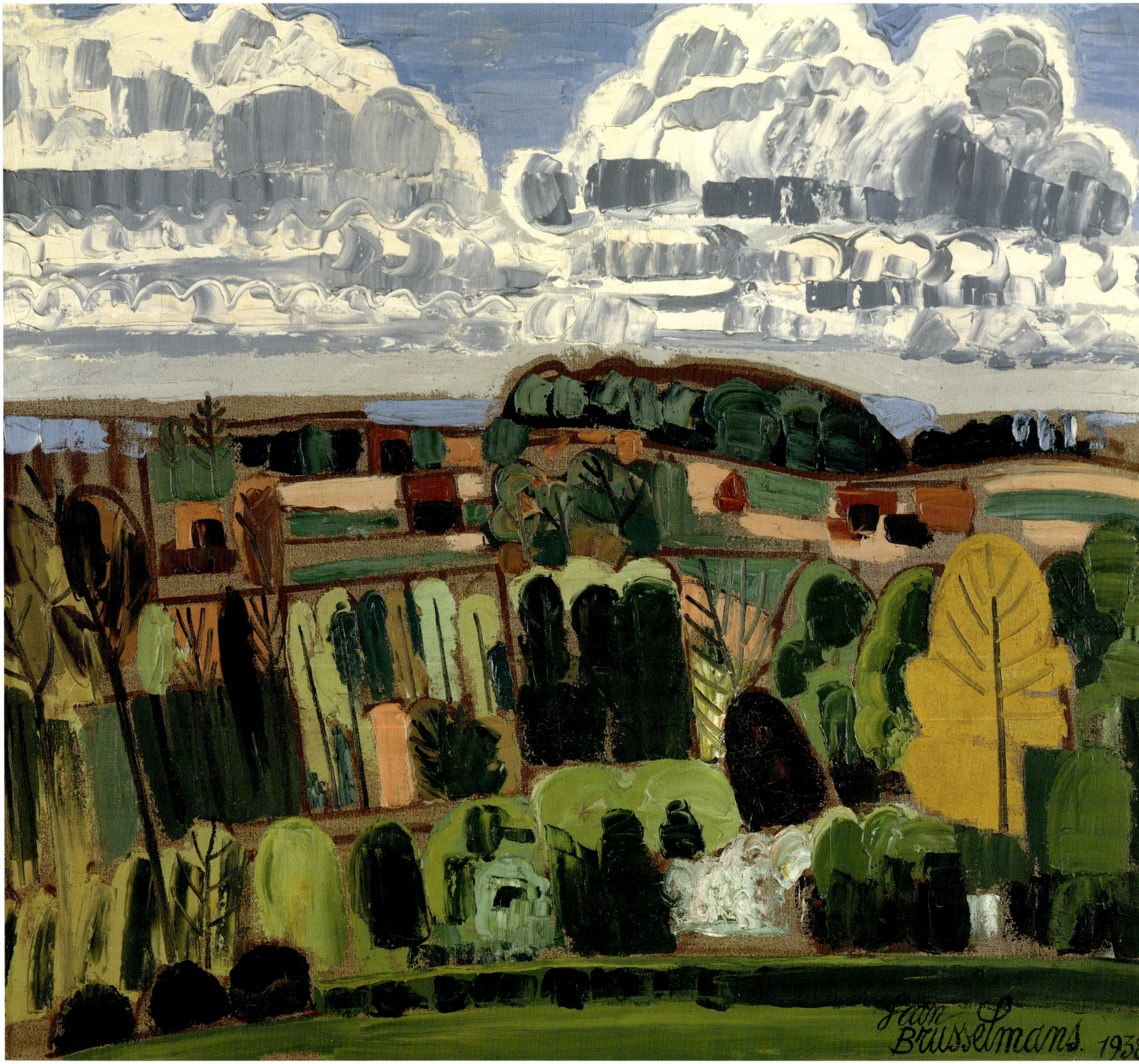

AFB. 157 – Jean Brusselmans, *Pajottenland*, 1938.
Olieverf op doek, 110 x 117,5 cm. Antwerpen,
Koninklijk Museum voor Schone Kunsten.

'De kunstenaar moet de natuur niet willen nabootsen. – Hij zal aan het beeld noch de proporties, noch de houdingen geven die wij gewoon zijn te zien, maar integendeel datgene wat de gedachte en het gevoel uitdrukt, liever dan een materiële realiteit. – De kubisten gaan zelfs verder: zij willen hun gevoel uitdrukken door vormen die nog nooit gezien zijn, zij willen dus *echte nieuwe* vormen en voorwerpen *scheppen*. – Ik ben er vast van overtuigd dat men vanuit zo'n principe heel nieuwe en even mooie werken kan maken als de kunstenaars van ieder vroeger tijdvak.'

Daarnaast was er nog een groep figuratieve kunstenaars, van wie het werk op een heel andere manier typisch twintigste-eeuws is en voor wie het voorbeeld van De Chirico beslissend was. In de wijze waarop die invloed zich deed gelden, speelde de Eerste Wereldoorlog wederom zijn grillige rol. Zoals Mondriaan in 1914 Parijs verliet om er pas veel later weer terug te keren, ging ook De Chirico naar zijn vaderland terug. In 1916 was hij gelegerd in Ferrara, waar hij Carlo Carrà ontmoette, die zich daar in dezelfde positie als De Chirico bevond. Carrà had eerder in Parijs als futurist al naam gemaakt, maar voelde over het modernisme intussen een onvrede, zoals nog vele kunstenaars in de volgende decennia zou overkomen. Carrà was de eerste volgeling van De Chirico, en waarschijnlijk de enige die ook langdurig persoonlijk contact met hem had. Zij richtten samen de Scuola Metafisica op, waarmee de eenling De Chirico korte tijd lid was van een heuse kunstenaarsgroep. Voor de geschiedenis van de schilderkunst in de Lage Landen is dit van groot belang, omdat vooral die groepsactiviteit bij zou dragen tot de Europese verspreiding van De Chirico's iconografische innovaties.

Doorslaggevend was vooral een map met reproducties die in 1919 verscheen als bijlage van een aflevering van het tijdschrift *Valori Plastici* waarin het essay *Il ritorno al mestiere* van De Chirico was opgenomen. Deze map kwam bijvoorbeeld in München de Duitse schilder Max Ernst onder ogen, toen hij modernistische varianten van het expressionisme uitprobeerde, en de kennismaking was voor hem een revelatie. Later beschreef hij hoe de beelden hem het gevoel gaven iets te ontdekken dat bijna van hemzelf was, een mogelijkheid waarnaar hij al lang op zoek was. Hij begon onmiddellijk met het schilderen van zeer De Chirico-achtige voorstellingen. Na enige tijd wist hij daaruit een geheel eigen beeldtaal te puren en ontwikkelde hij zich van een beginnend metafysicus tot een vooraanstaand surrealist. Deze stap van leerling-op-afstand van De Chirico naar een eigen vorm van (sur)realisme is toen in vele ateliers gezet.

Later zag bijvoorbeeld de Spanjaard Salvador Dalí, op dat moment schilder van zeer cézanneske landschappen, deze zelfde map. Ook hij begon bijna meteen De Chirico's te maken, al gooide hij diens iconografie om zo te zeggen in de derde versnelling. Elk element van de Italiaan – de grote ruimte, de lange schaduwen, de vreemde combinatie van voorwerpen, de ontmoeting van groot en klein op het beeldvlak – keerde bij Dalí dubbel versterkt terug. In het Europa van de jaren twintig maakte de kennismaking met een paar reproducties of één enkel origineel werk van De Chirico in een oogwenk van menig modernist een volgeling van de Italiaan. Breton zag ooit vanuit een Parijse omnibus *Canto d'amore* (*Liefdeslied*) in de etalage van een galerie en stapte meteen uit. Het werd zijn eerste les in de beeldtaal van het surrealisme. Yves Tanguy vertelde, naar verluidt onafhankelijk van Bretons ervaring, een nagenoeg identiek verhaal: hij stapte niet alleen uit de omnibus, maar besloot ter plekke om schilder te worden. Anders dan Dalí overdreef hij maar één enkel aspect van De Chirico, namelijk de combinatie van een grote lege ruimte met onbestemde voorwerpen op de voorgrond.

Ook in Nederland en België deden zich zulke dramatische bekeringen voor, onder meer bij Carel Willink in het Noorden: 'De Chirico's werk maakte een diepe indruk op mij – ik was wat je noemt een adept van De Chirico.' In België kwamen René Magritte (1898-1967) en Paul Delvaux (1897-1994) in de ban van de Italiaan. Net als anderen die de schok van De Chirico ondergingen, had Magritte reeds niet oninteressante schilderijen gemaakt in een kubistisch-futuristische stijl. Hij had als tweeëntwintigjarige die werken zelfs al geëxposeerd in galerie Centre d'Art in Brussel. Een jaar of wat daarna, omstreeks 1923, kreeg hij de map van *Valori Plastici* te zien. Magritte is er in zijn herinneringen ondubbelzinnig en openhartig over: bij het bekijken van de reproductie van (alweer) *Liefdeslied* sprongen de tranen hem in de ogen en werd hij overrompeld door het besef dat 'poëzie de schilderkunst kan overstijgen'. Omstreeks 1925 begon hij surrealistisch te schilderen. Magritte stond in contact met een uitgebreide groep van surrealistische dichters en denkers in België: Camille Goemans, Paul Colinet, Marcel Lecomte, André Bosmans en E.L.T. Mesens, een uitermate veelzijdige persoonlijkheid en onvermoeibare promotor van het surrealisme. Via deze groep maakte hij rond 1926 kennis met de Franse surrealisten en hun hoofdman André Breton, wat leidde tot een verblijf in Parijs van 1927 tot 1930.

In België bestond er voor het surrealisme bepaald een gunstiger klimaat dan in Nederland. De surrealistische beweging was in de jaren twintig in Frankrijk ontstaan om 'de voorheen strijdige omstandigheden van droom en werkelijkheid op te heffen'. De 'metafysische schilderkunst' van De Chirico speelde er zoals gezegd een primordiale rol in. De beweging ontwikkelde zich vanaf 1926 in België, iets later dus dan het Vlaamse expressionisme, en kwam vooral in het Franstalige landsgedeelte tot bloei. Een eersterangsfiguur, naast Magritte, was Paul Delvaux (AFB. 158). Na een korte postimpressionistische en expressionistische fase ontdekte Delvaux de kunst van De Chirico en Magritte en die revelatie leidde hem binnen in de wereld van het surrealisme. Rond 1926 had het werk van De Chirico al 'een geweldige indruk' op hem gemaakt, 'omdat hij dat gedicht van stilte en afwezigheid suggereerde', maar de overdonderende openbaring was een grote tentoonstelling van het surrealisme die in 1934 in het Paleis voor Schone Kunsten in Brussel plaatsvond op initiatief van het Parijse tijdschrift *Minotaure* en onder impuls van E.L.T. Mesens. Delvaux zei erover: 'Het zien van het werk van Magritte en De Chirico was een openbaring voor mij. Ik begreep een mysterie dat ik tevoren alleen in de verte had opgevangen.' De gelijkenis met uitspraken van Max Ernst, Yves Tanguy en René Magritte zelf is treffend. Spoedig begon Delvaux surrealistisch te schilderen. Hij schiep in zijn schilderijen een mysterieuze wereld waarin een aantal karakteristieke ingrediënten telkens terugkeren: toneelmatig opgestelde klassieke gebouwen in een onwerkelijk landschap, naakte vrouwen die als slaapwandelaarsters met apathisch starende ogen ronddwalen, skeletten, een onwezenlijke sfeer, of ook verlaten stations, vrouwen in belle-époquejurken, mannen in nette pakken. Anders dan de meeste surrealisten, Magritte bijvoorbeeld en in Frankrijk André Breton, had Delvaux een afkeer van intellectualisme en theorieën. Hij construeerde een eigen wereld van droom en poëzie. We komen hier later nog op terug.

Dat een evenement als de *Minotaure*-tentoonstelling in Brussel werd georganiseerd was geen toeval. In België heerste het geschikte klimaat. In Nederland heeft een dergelijke expositie nimmer plaatsgevonden. Dat heeft misschien vooral met een taalbarrière te maken – het Belgische surrealisme was vooral een Franstalige aangelegenheid, terwijl de schaarse dada-activiteiten die in Nederland wel vroeg waren ontplooid, sterk op het Duitstalige gebied waren georiënteerd. Eigenlijk bestond er alleen via de Utrechtse boekhandel van Wagenaar een contact met het surrealisme, en speciaal in Utrecht is dan ook sprake van een aantal kunstenaars dat op niveau het surrealisme beoefende, of een andere variant van figuratie die in De Chirico haar uiteindelijke oorsprong vond. Vooral via Duitsland en België dus sijpelde het mystero-realisme door. Zo zei de Utrechtse schilder Johannes Hendrikus Moesman (1909-1988) in een interview over de invloeden die hij had ondergaan: 'Het manifest van Breton, ja, maar dat kon ik niet lezen – toen op een keer zag ik een nummer van *Variétés* (een Belgisch tijdschrift, dat hij kon vinden bij de boekhandel van Wagenaar) met een plaatje van Magritte en ja, ik dacht: dit is de manier om schilderijen te maken.' Het De Chirico-effect in de tweede trap. Moesman heeft dat als betrekkelijke *outsider* – hij verdiende zijn brood als eenvoudig werknemer bij de Nederlandse Spoorwegen – op voortreffelijke wijze gedaan. Zijn werk vertoont verwantschap met Dalí, al glijdt hij minder uit in sensatiezucht, en zijn beste werk heeft een beklemming die een zeer persoonlijke toewijding suggereert. Vanuit zijn isolement was het moeilijk om op het Europese toneel te belanden, maar toch kreeg hij van de internationale surrealistische beweging wel degelijk erkenning. Ontroerend is zijn uitspraak over een zeer lovende brief die hij van Breton ontving: 'Ik koester deze brief als een ridderorde.' Moesman bleef grotendeels alleen staan met zijn zuivere vorm van surrealisme.

Typerender voor Nederland was wellicht de manier waarop De Chirico's beeldtaal samen met een dosis Duitse Nieuwe Zakelijkheid uiteindelijk in verschillende ateliers terechtkwam. De reproducties van *Valori Plastici* hadden niet alleen op Max Ernst indruk gemaakt. De figuratie van Carrà en De Chirico leidde ook in het werk van bijvoorbeeld Otto Dix en George Grosz tot een specifieke vorm van figuratie waarin het mysterie van De Chirico werd gecombineerd met het nadrukkelijker op het Quattrocento geënte realisme van Carrà. Het is deze Nieuwe Zakelijkheid die als het 'magisch realisme' in de jaren dertig in Nederland grotere invloed had dan de Franse surrealistische variant.

Het is opvallend dat de invloed van De Chirico's inventies zo vaak als een weg, een mogelijkheid, als het ondergaan van een vruchtbare en suggestieve ontdekking wordt aangeduid. De Chirico legitimeerde een specifieke vorm van figuratie en de realistische schilders die zich hierop baseerden, of zij nu neorealist, magisch realist of surrealist werden, hebben vaak typerende eigenschappen gemeen. Kenmerkend voor de realisten van het interbellum is dat zij de erfenis van de modernistische bewegingen als het ware wilden overslaan, om enerzijds een brug te vinden naar veel oudere vormen van schilderkunst en anderzijds naar de moderne beeldtaal van film en fotografie. Willink, Magritte, Delvaux, Hynckes, om een aantal te noemen, hebben niet alleen hun fauvistische, kubistische of abstracte werk vaarwel gezegd maar ook daadwerkelijk schilderijen vernietigd toen zij eenmaal dat eigen pad van het realisme hadden gevonden. Over het algemeen treffen we in hun werk waardering voor de nauwgezette, fijne schilderkunst van de vijftiende en zestiende eeuw, gecombineerd met een belangstelling voor obsolete vormen van de voorbije negentiende eeuw – zoals de monumentale standbeelden, de wetenschappelijke illustratie of de neobarokke of neoclassicistische architectuur. Van de eigen eeuw dienden, naast de film en de fotografie, soms ook reclamemateriaal en banale voorstellingen (uit de toeristenindustrie bijvoorbeeld) als inspiratiebron. De meeste van deze kenmerken waren al in het werk van De Chirico aanwezig. In veel gevallen moesten de kunstenaars de realistische schildertechnieken op autodidactische wijze verwerven. En tot slot hadden ze nogal eens een uitgesproken literaire belangstelling, en schreven soms zelf ook goed en gemakkelijk: Magritte, Koch, Hynckes en ook de wat afwijkende Dick Ket bijvoorbeeld.

Van de bedoelde kenmerken is de Nederlander Carel Willink (1900-1983) een sprekend voorbeeld. Hij schreef verscheidene essays (die onder meer door de literator W.F. Hermans om hun stijl en opzet uitbundig werden geprezen), waaronder een autobiografische schets, die begint met de herinnering aan de tentoonstelling van Les Indépendants in 1914 in het Stedelijk Museum te Amsterdam. Op deze belangrijke expositie was werk te zien van onder anderen Van Dongen, Picabia, Kandinsky, Rivera en Archipenko. Willink was toen nog maar net veertien jaar oud en schreef later: 'De schok die ik bij de aanblik van deze wonderlijke doeken kreeg, werd beslissend.' Hij begon in Delft een opleiding als bouwkundig ingenieur, maar zocht al spoedig nader contact met de wereld van de moderne kunst, onder meer in Duitsland, waar hij zich bij verschillende instellingen en leraren tot modern kunstenaar trachtte te vormen. Hij keerde terug als een gedreven avant-gardist, die verschillende richtingen had uitgeprobeerd.

'Het idee afstand te hebben gedaan van alle traditionele kunstmiddelen,' schreef hij later, 'deze bevrijding en deze ascese in het schilderen, bedwelmden mij.' Willink had met zijn werk een zeker succes, en hij legde contacten met verschillende avant-gardisten, zoals de Belgen Peeters en Seuphor, redacteuren van de tijdschriften *De Driehoek* en later *Het Overzicht*. 'Het is merkwaardig hoe snel met het wachtwoord "avant-garde" een

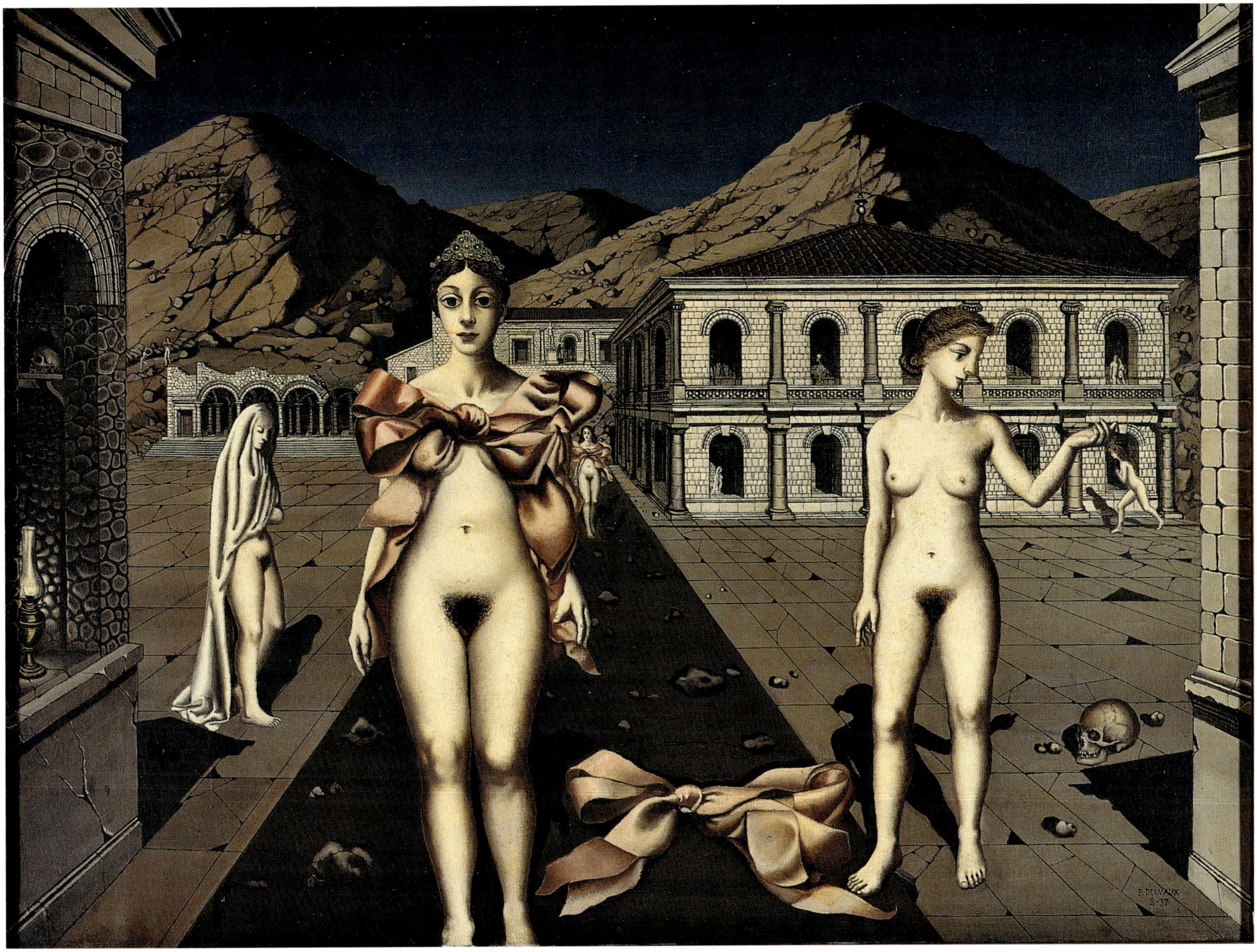

AFB. 158 – Paul Delvaux, *De roze strikken*, 1937. Olieverf op doek, 121,5 x 160 cm. Antwerpen, Koninklijk Museum voor Schone Kunsten.

internationaal contact tot stand komt.'
Hij leerde de invloedrijke essayist en schrijver E. du Perron kennen, en waarschijnlijk bracht vooral deze hem aan het twijfelen over het alleenrecht van de constructief-abstracte visie. In een aanvankelijk geleidelijk, maar al spoedig hoog tempo introduceerde Willink figuratie en realisme in zijn schilderijen.

Typerend voor Willink is onder meer dat hij de iconografie van De Chirico niet langer schematisch, zoals De Chirico zelf, maar juist zeer gedetailleerd en op den duur zelfs fotografisch in zijn schilderijen begon te verwerken. Willink noemde de weg tot zijn eigen, kenmerkende stijl 'een omgekeerde ontwikkeling'. Was zijn artistieke ambitie ontstaan met het zien van moderne kunst in het museum, dan zocht hij nu de zalen met oude meesters op. Zijn 'terugkeer tot het metier' (dezelfde woorden die De Chirico eerder had gebruikt) dwong hem om als het ware opnieuw in de leer te gaan, wat eigenlijk alleen mogelijk was door de studie van oude receptenboeken en modernere analyses van de technieken van oude meesters. Net als voor bijvoorbeeld Pyke Koch en Dick Ket, werd ook voor Willink het boek van Max Dörner over historische schildertechnieken, *Malmaterial und seine Verwendung im Bilde* uit 1925, een naslagwerk. Het effect van deze studie was overigens bij elk van deze schilders verschillend. In het geval van Willink is goed te zien dat zijn techniek in de loop der jaren groeide. Ondanks het verschil tussen werken uit zijn constructivistische en zijn realistische periode bleef er een zekere drooggheid in zijn penseelvoering. In zijn wijze van schilderen zat eigenlijk altijd iets mechanisch. In zijn betere werken voegt dit schijnbare manco echter iets essentieels aan de iconografie toe, aan de *Stimmung* die voor het artistieke welslagen van dit type realisme zo belangrijk is.

Willink heeft verschillende malen geprobeerd om het specifieke karakter van het magisch realisme onder woorden te brengen, wat in zijn geval altijd met een zekere dosis pathetiek gepaard ging: 'Ons "zien" is niet meer de negentiende-eeuwse kopieerlust van de dingen in het dagelijks leven. Het is de confrontatie met de nooit geruststellende, nooit geheel kenbare verschijningswereld, waarin het kleinste en het meest vertrouwde voorwerp plotseling een vreesaanjagend onbegrijpbaar "ding" kan worden, een wereld, vreemd en afschuwelijker in haar hooghartige geslotenheid dan de benauwendste angstdroom. Een zonnig landschap, eertijds een symbool voor pastorale vredigheid, kan een onverdraaglijke dreiging vormen.' Het is het soort uitspraak dat het twintigste-eeuwse realisme vaker begeleidde. Breton beschreef bijvoorbeeld De Chirico's schilderkunst als uitbeeldingen van de 'onherstelbare menselijke angst', terwijl De Chirico zelf het had over 'de eenzaamheid der dingen', en 'de eenzaamheid van lijnen en tekens'. Het lijken varianten van hetzelfde gevoel dat voorwerpen en situaties, mits op een bepaalde manier gearrangeerd en uitgebeeld, raadselachtig, ongenaakbaar, angstaanjagend en geheimzinnig kunnen zijn. Hoewel direct te zien is wat met zulke zware woorden wordt aangeduid, is het moeilijk om er precies de juiste beschrijving voor te vinden. Evenmin is het eenvoudig om aan te geven waarom nu juist bepaalde beeldelementen en zelfs bepaalde clichés er zo geschikt voor zijn.

In het dagelijkse taalgebruik heeft zich al enige tijd het woord 'surreëel' genesteld, voor een situatie, in beeld of in werkelijkheid, die kennelijk aan de bedoelde condities voldoet. Het is een beetje als met de term 'romantisch': afgeleid van een cultuurstroming, werd het een algemene benaming voor gebeurtenissen en landschappen waarin een bepaalde stoffage is verwerkt, zoals maanlicht of rotsen of ruig geboomte. Surreëel zijn situaties waarin een weids perspectief aanwezig is, standbeelden misschien, gesloten architectuur en scherp licht met schaduwen, waarbij onze aandacht gevestigd wordt op een onalledaags samengaan van verschillende voorwerpen. De nazaten van De Chirico maakten zich deze nieuwe clichés eerst eigen, varieerden er naar believen op en probeerden ze vervolgens van zich af te schudden toen er nieuwe, meer persoonlijke iconografische varianten in zicht kwamen.

Pycke Koch sprak bijvoorbeeld over 'de spanning van het geheimzinnige en het werkelijke-onwerkelijke' die hij in zijn werk 'zocht en soms vond'. Het kwam nogal eens voor dat surreële iconografie werd aangevuld en omgetoverd met elementen uit de tijd voor de '19e-eeuwse kopieerlust' waarover Willink zo denigrerend sprak. De voorkeur ging dan uit naar vormen van sacraal of monumentaal realisme uit de Renaissance en Barok. Wellicht het duidelijkst gebeurde dat in het werk van de Belg Raoul Hynckes, maar het doet zich net zo goed bij Willink, Ket of Koch voor. Bij de laatste leidde het bijvoorbeeld tot een traditioneel thema als de vier seizoenen. Hij schilderde ze in een monumentale stijl die sterk doet denken aan de Ferrarese school van het Quattrocento (Francesco Cossa met het intussen verloren gegane *De herfst* uit Berlijn bijvoorbeeld). Het is dan ook typerend dat hij na de zojuist geciteerde uitspraak vervolgde met te zeggen dat hij de laatste tien jaar 'hoe langer hoe meer had begrepen welk een onverhoeds wapen de gemeenplaats is'. Zo leidde de bij De Chirico ingezette jacht op het beeldmysterie ook menig ander schilder via een omweg terug naar geijkte motieven uit de geschiedenis van het Europese realisme.

Uiteraard hing het van de persoonlijkheid van de schilder af welke draai hieraan werd gegeven en welke richting het meest intensief werd verkend. Vaak blijkt uit hun woordkeuze al welke koers zij in hun werk wilden varen. Globaal gaat het om dezelfde atmosfeer, toch maakt het wel degelijk verschil of iemand spreekt over de poëzie der objecten of hun *raadsel*, hun *eenzaamheid* of hun *ongenaakbaarheid*. Zo is het niet voor niets dat Willink nu juist de term 'dreiging' herhaaldelijk gebruikte en die term in het boven gegeven citaat vergezeld liet gaan van omschrijvingen als 'vreesaanjagend' en 'benauwend'. Veel Willinks zijn inderdaad eng. Hij heeft in de jaren dertig nogal wat schilderijen gemaakt die beroemd zijn geworden als profetische uitbeeldingen van de Tweede Wereldoorlog. *Simeon de pilaarheilige* (AFB. 159) is zo'n schilderij dat zich met zijn sombere coloriet, koude techniek en verontrustende voorstelling makkelijk laat opvatten als een tijdsbeeld, een visueel betoog van cultuurpessimisme, in toekomstverwachting verwant aan Huizinga's in 1935 verschenen essay *In de schaduwen van morgen*. 'We leven in een bezeten wereld. En wij weten het.'
Zo luiden de beroemde beginzinnen van dit betoog. 'Het zou voor niemand onverwacht komen, als de waan eensklaps uitbreekt in een razernij, waaruit deze arme Europesche

menschheid achterbleef in verstomping, en verdwazing, de motoren nog draaiende en de vlaggen nog wapperende, maar de geest geweken.' Het valt natuurlijk niet te ontkennen dat zulke uitspraken een bepaald pathos delen dat specifiek voor de jaren dertig lijkt te zijn. Dat is ook af te zien aan bijvoorbeeld Willinks geschilderde werk uit die tijd, waarin hijzelf nogal eens optreedt als boeteprediker of als profeet, zoals ook zijn pilaarheilige wat weg heeft van hemzelf. Toch kan een dergelijke atmosfeer niet zonder meer worden teruggebracht tot een aan het decennium gebonden cultuurpessimisme. Willink heeft zich tegen zo'n interpretatie ook altijd verzet, en dat is begrijpelijk als we beseffen dat 'dreiging' een continu thema in zijn werk is, onafhankelijk van politieke stromingen, zoals in het schilderij waar met kennelijke haast een bericht naar een nietsvermoedende wandelaar wordt gebracht. Aan deze compositie hechtte zich al gauw de titel *De jobstijding*, omdat de beeldopbouw, het gezicht van de boodschapster en het coloriet bepaald niet suggereren dat de man een blijde verrassing wacht (AFB. 155).

Willink heeft zich met een aantal terugkerende beeldelementen spreekwoordelijk gemaakt: zijn Willink-huizen en zijn Willinkluchten. Een paar schilderijen bestaan zelfs uit niets anders dan die droog geschilderde, grauwgele huizen met hun toentertijd nog niet antieke, maar ouderwetse ornamenten, wachtend onder de grijsblauwe luchten. Het zijn soms zijn beste werken. Zodra de iconografie ambitieuzer werd, ontstond het risico van effectbejag en lag het er nu en dan te dik bovenop. Het grote *Landschap met twee vechtende mannen* is op een minder nadrukkelijke manier gecomponeerd dan *Simeon de pilaarheilige*, maar is er niet minder sterk door (AFB. 160). Het werd in 1945 door een tegenstander van Willink als volgt beschreven: 'Hij maakt ook wel eens schilderijen die uit louter verveling schijnen te zijn ontstaan. Alsof hij niet wist, wat hij schilderen moest, en dan een of andere foto of prentbriefkaart of afbeelding uit de een of andere encyclopedie of krant ter hand nam en dan daarvan "iets" maakte.' Willink ging inderdaad wel eens op deze manier te werk. 'En zoo,' vervolgde de auteur, 'ontstaan dan van die helemaal

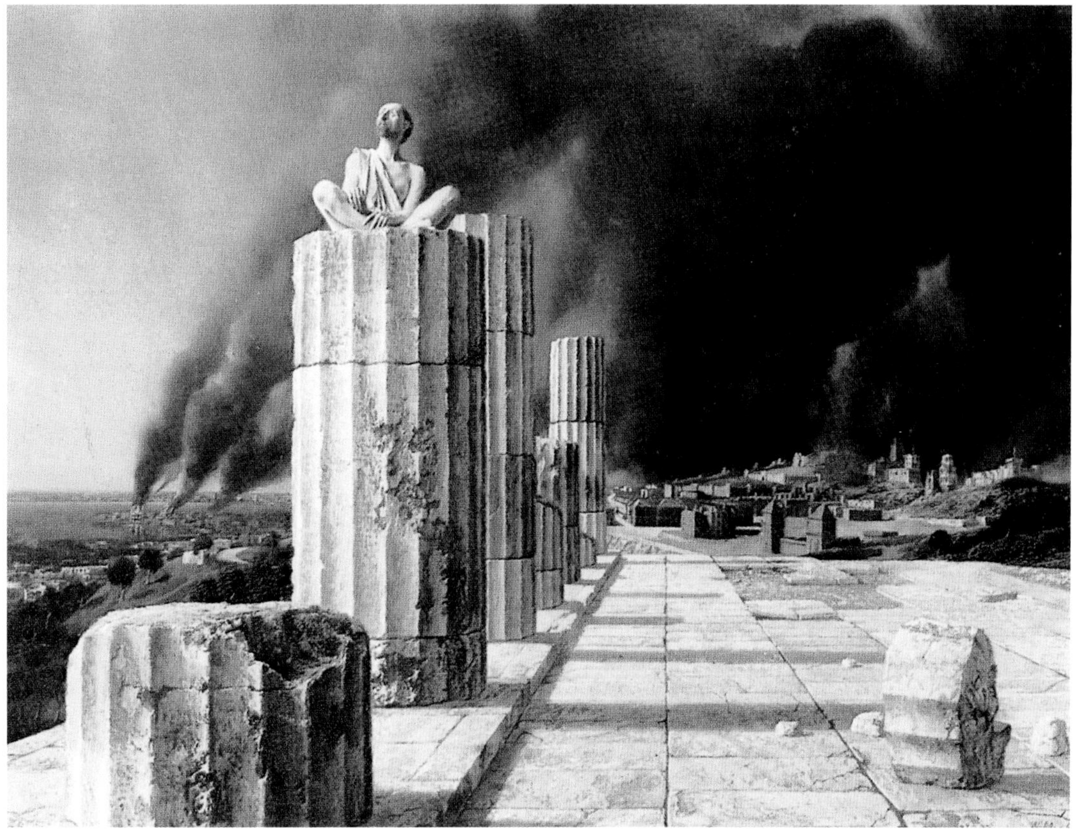

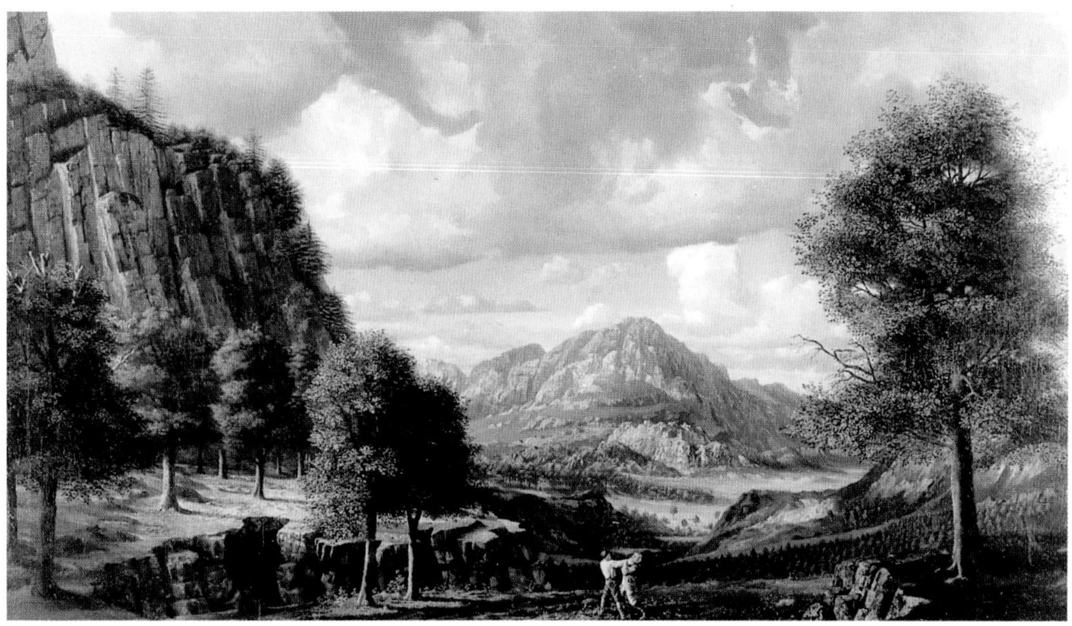

AFB. 159 [boven] – Carel Willink, *Simeon de pilaarheilige*, 1939. Olieverf op doek, 57 x 75 cm. Den Haag, Gemeentemuseum.

AFB. 160 [onder] – Carel Willink, *Landschap met twee vechtende mannen*. Olieverf op doek. Privécollectie.

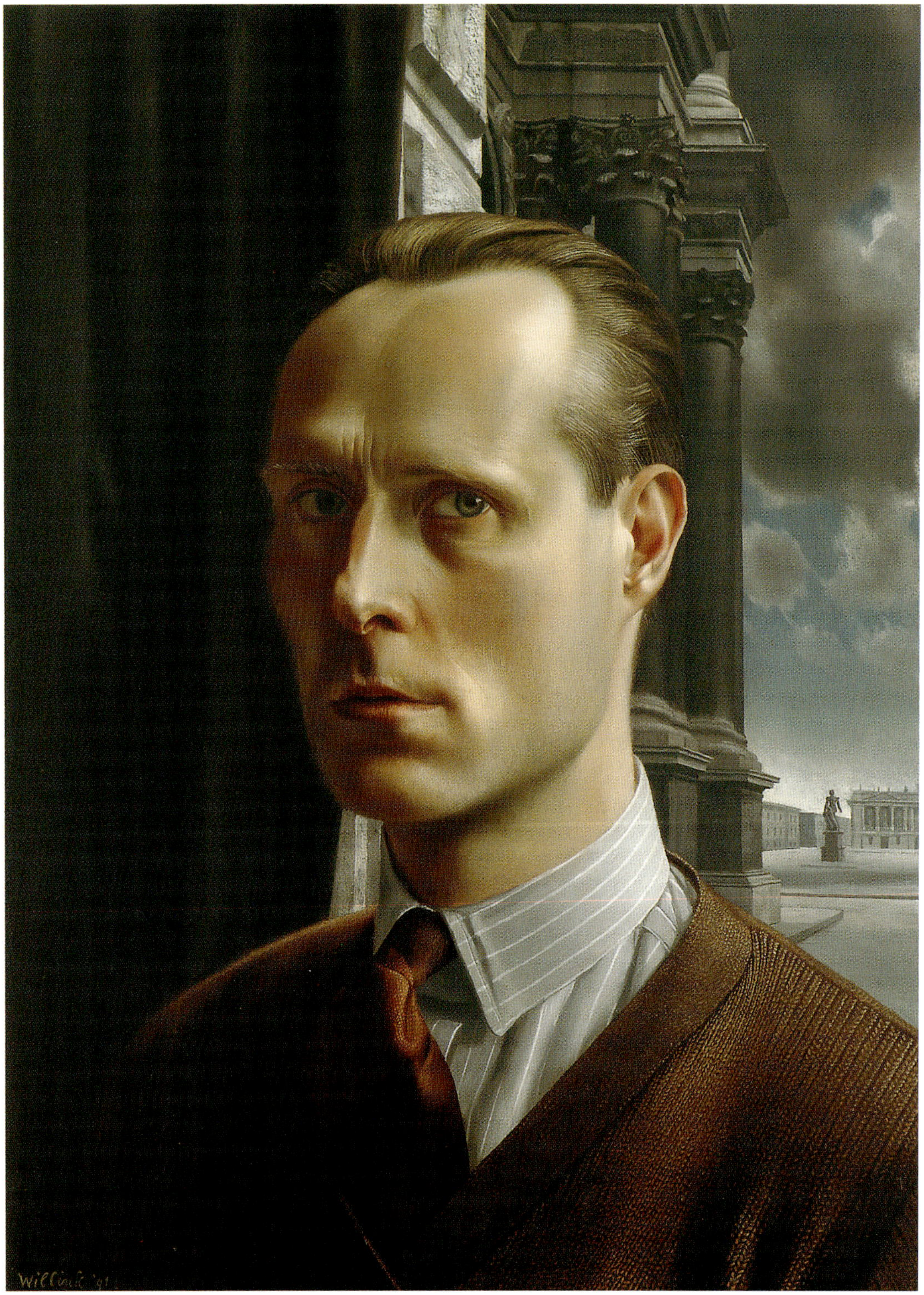

AFB. 161 – Carel Willink, *Zelfportret*, 1941. Olieverf op doek, 55 x 40 cm. Arnhem, Museum voor Moderne Kunst.

nonsensachtige dingen, bv. een berglandschap à la Poussin, groots (zijn composities hebben meestal een zekere grootheid en voornaamheid) met machtige wolken en op de voorgrond twee vechtende jongetjes – en niemand weet wat het betekent. Willink zelf ook niet.' Maar die 'wezenloosheid' en 'onzin' (beide termen komen van dezelfde criticus) maken nu juist het succes uit van dit doek, dat door die kunstgrepen een enge pastorale is, een pessimistische Lorrain. De compositie van *Landschap met twee vechtende mannen* is typisch schilderkunstig en alleen in een schilderij denkbaar. Hoe fotografisch het landschap ook in elkaar is gezet, de twee mannen die in het grote doek bijna willekeurig een plaats hebben gekregen, leveren een effect op dat inderdaad wat museaal en archaïsch aandoet.

Willink maakte ook schilderijen die veel dichter bij de foto kwamen, en er zelfs uitzagen als nageschilderde kleurenfoto's. Net als het motief van de dreiging is ook deze techniek van fotorealisme een kunstgreep waarvan de toepassing nauw luistert. Beide zijn prachtig gebruikt in een schilderij als *Landschap met zeven beelden* uit 1941. Maar iets te veel foto en het mysterie neemt af in plaats van toe, zoals gebeurde in ettelijke schilderijen naar de jaren 1960 toe, bijvoorbeeld in *Hoek van het Termenmuseum* uit 1960. De kracht van Willinks werk nam na de jaren vijftig over de hele linie af, vooral omdat het dreigingsmotief een te geprononceerde, te gewilde uitwerking kreeg. Zijn beste werken houden zich goed staande tussen de top van het Europese realisme, iets waar zijn portretten in belangrijke mate toe bijdragen. Een voorbeeld is zijn *Zelfportret* uit 1941, met zwart gordijn en pijnlijk nauwkeurig geschilderde pullover, het ene oog rustig, het andere verontrust, en in het verschiet een leeg plein à la De Chirico maar nu als het ware fotografisch geschilderd, onder een typische Willink-lucht (AFB. 161).

Nogal wat elementen uit het verhaal van Willink vinden wij, zoals gezegd, ook bij andere realisten terug: een stevige dosis De Chirico, een bekering tot realisme, literaire belangstelling, letterkundige vrienden, een autodidactische weg terug naar het metier, en de problematiek van het vinden van een aanvaardbaar compromis tussen effectbejag en mysterie.

Deze eigenschappen duiken telkens op in wisselende combinaties, ongeacht waar het oeuvre van iemand nu precies gesitueerd moet worden op een schaal die loopt van surrealisme over magisch realisme tot neorealisme.

Delvaux bijvoorbeeld is soms als surrealist, vaker als magisch realist en dan weer als fantastisch realist opgetreden, maar ook bij hem was De Chirico de eerste katalysator. Hierboven kwam al ter sprake hoe hij zijn ontdekking onder woorden bracht en De Chirico typeerde als 'de dichter van de leegheid', of als de kunstenaar die 'een gedicht van stilte en afwezigheid suggereerde'. De woordkeuze is niet toevallig. De wereld van Delvaux is vooral dichterlijk. Het is ook een gesloten wereld, waarin steeds dezelfde elementen opduiken en waaruit de De Chirico-clichés eigenlijk nooit verdwenen zijn. Voor zijn bekering schilderde Delvaux in een expressionistische trant die een beetje herinnert aan Permeke en tegelijkertijd aan Modigliani. Iets van de tekenachtigheid van de laatste en het pathetische van de eerste blijft ook nog bewaard in de werken die gelden als 'typisch Delvaux'. Anders dan veel andere realisten schilderde hij snel en veel, en zit er in zijn iconografie weinig beweging. De Delvaux-wereld was bijna meteen compleet en verdween ook niet meer.

Voor Delvaux geldt dan ook nog veel meer dan bijvoorbeeld voor Willink dat hij op den duur een cliché van zijn eigen handelsmerk werd. Dat handelsmerk is in zijn geval de uitbeelding van steeds dezelfde jonge vrouw, vaak in veelvoud, zonder kleren en met grote ogen, in het gezelschap van heren in vol tenue. Al voor zijn ontdekking van De Chirico schilderde hij trouwens voornamelijk naakte vrouwelijke modellen. In zijn latere werk wordt door toevoeging van parken, stations en laboratoria niet alleen meer de vrouw en haar onbereikbaarheid, maar vooral een zekere weemoed bezongen, die met ouderwetse wetenschap en techniek kan worden geassocieerd. Er is geen realist die zo duidelijk het motief van melancholie uit De Chirico's oeuvre distilleerde. Delvaux zelf noemde naast De Chirico de ontdekking van het Musée Spitzner een doorslaggevende gebeurtenis in zijn ontwikkeling als kunstenaar. Dit 'museum' was een vervallen negentiende-eeuwse uitstalling van anatomische wetenswaardigheden, waarvan de eigenaardige atmosfeer de kunstenaar kennelijk buitengewoon trof. In zijn werk leidde dat tot veel uitbeeldingen van ouderwetse geleerden en ook van geraamtes. Van die geraamtes heeft hij meermalen zeer goede tekeningen gemaakt, maar de reeks werken waarin hij christelijke thema's als de Graflegging of de Kruisiging laat vertolken door skeletten, zijn eerder curieus dan krachtig. Delvaux kreeg nog tijdens zijn leven veel erkenning en gold al snel, samen met Magritte, als de belangrijkste surrealistische schilder in België – terecht, want zijn beste werken hebben door hun onverklaarbare magie een pakkend effect. Veel van zijn broze dromerijen bezitten echter te weinig iconografisch en schilderkunstig raffinement voor een duurzame reputatie. Misschien ligt in die werken het raadsel ook te veel aan de oppervlakte en is het met te veel nadruk gepresenteerd.

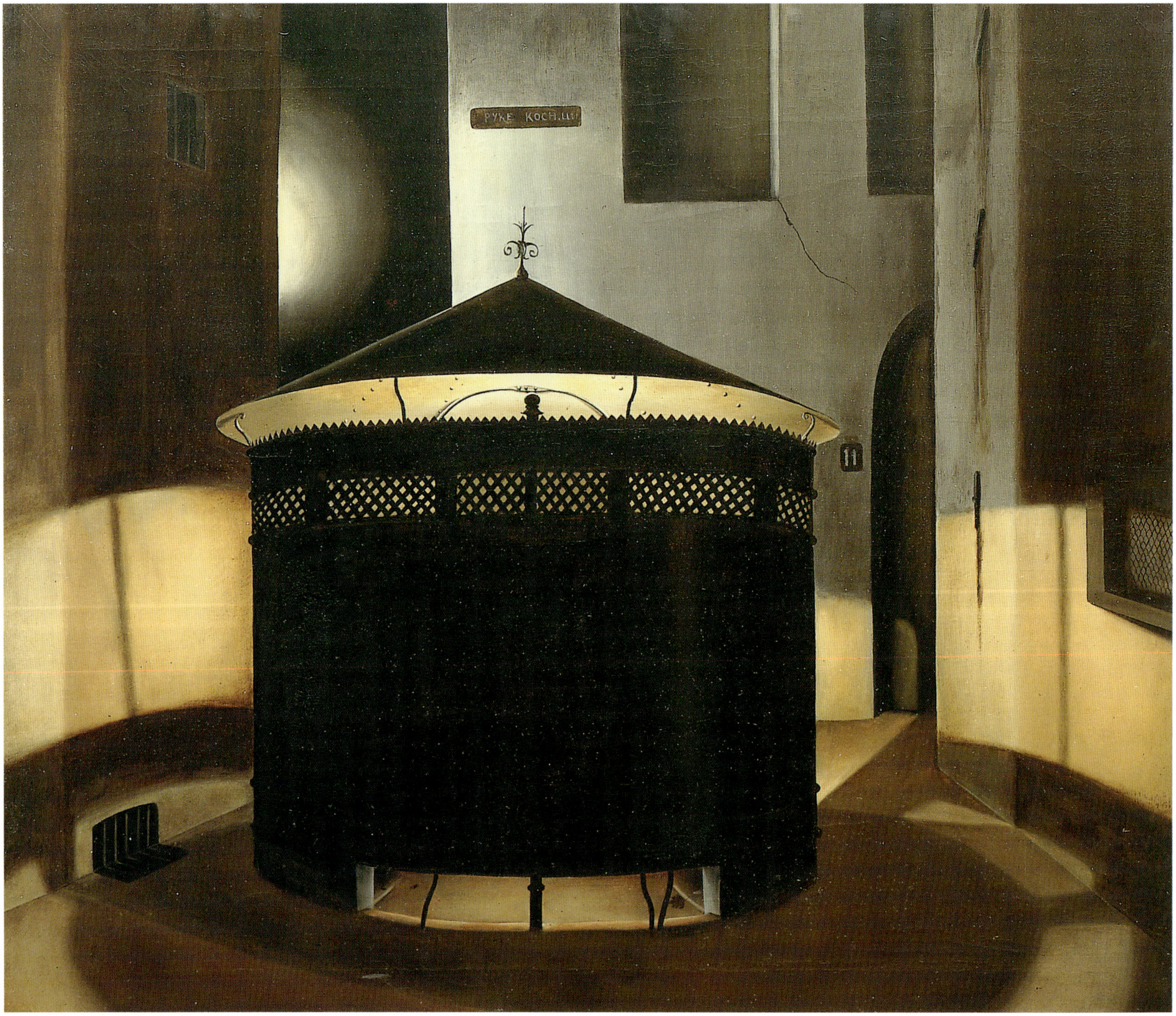

AFB. 162 – Pyke Koch, *Poésie de la Nuit*. Olieverf op doek, 71 x 81 cm. Arnhem, Arnhems Gemeentemuseum.

HOOFDSTUK 11

Het nieuwe realisme

De Nederlandse schilder Pyke Koch (1901-1991) schilderde langzaam, met een bijzondere, ja verbeten toewijding aan de schildertechniek. De finesse en het raffinement van zijn toets werden geëvenaard door de grote zorg waarmee hij zijn beelden koos. Ze laten ondanks een betrekkelijk klein oeuvre een grote variatie aan thema's zien. Zijn voorstellingen zijn om geheel andere redenen suggestief dan bij Delvaux, en lijken steeds met zijn eigen persoonlijkheid en bepaalde levensfases verbonden. Zijn iconografie heeft dan ook nogal wat interpretaties uitgelokt, vaak gebaseerd op de hypothese dat de kunstenaar het mechanisme van *disguised symbolism* toepaste. Of Koch dat inderdaad systematisch deed is overigens de vraag. Het is eerder zo dat hij de zeggingskracht van zijn voorstellingen voortdurend toetste, en daarbij snel bevreesd was om al te expliciet te zijn.

Koch werd vrij plotseling, op wat latere leeftijd, schilder. Een opleiding daarvoor had hij niet genoten: hij was aanvankelijk rechtenstudent, die zich met overgave in het studentikoze bestaan had gestort, inclusief een lidmaatschap van het corps. Hij brak zijn rechtenstudie echter af, in de eindfase nog wel, en begon te werken aan figuratieve schilderijen. In die beginperiode schilderde hij onder meer wat naïef aandoende, absurdistische composities, maar ook hij had, net als Moesman, bij Wagenaar in Utrecht kennisgemaakt met het tijdschrift *Variétés*, en ook op hem hadden de reproducties naar De Chirico en Magritte grote indruk gemaakt. Het vroege werk laat er meteen de symptomen van zien, zoals bijvoorbeeld in een voorstelling van een interieur waarin een leeuw rondloopt. Het vreemde thema, de afsnijdingen, en het nadrukkelijke perspectiefvloertje zijn de onmiskenbare aanwijzingen dat het De Chirico-jargon ook hier weer een bewonderaar had weten te vinden. Daarnaast had Koch van meet af aan belangstelling voor het filmbeeld. Hij ontleende aan de bioscoop van die dagen niet alleen bepaalde vrouwentypen, een liefde voor het moderne straatleven en de romantiek van de zelfkant, maar ook camera-instellingen en compositievormen.

Zijn keuze voor beelden werd daarnaast ook door de psychoanalyse bepaald, met zijn eigenaardige fascinatie voor symbolische representaties van verschillende vormen van seksualiteit. Koch maakte deel uit van een interessante kring van kunstenaars en intellectuelen in het toenmalige Utrecht, een kring die wel is aangeduid als een 'klein Bloomsbury tussen Drift en Oude Gracht', twee vermaarde straten in het centrum van Utrecht. Tot deze kring behoorde onder meer Martinus Nijhoff (die Koch omstreeks 1932 ontmoette), de grootste Nederlandse dichter van die periode. Kochs kennissen en vrienden behoorden niet alleen op artistiek gebied tot een elite: hij kende verschillende leden van de adel en trouwde in 1934 met de aristocrate Heddy de Geer, wier vader aan het eind van de jaren dertig minister-president werd. Zijn eigen afkomst was zo deftig niet, maar hij bewoog zich met kennelijk gemak in dit milieu, en ambieerde dat ook. Zijn houding was niet zozeer antiburgerlijk, als wel bovenburgerlijk. In artistiek én politiek opzicht beschouwde hij zichzelf als een aristocraat.

Hij was een van die vele intellectuelen die in de loop van de jaren dertig in de ongelukkige greep van Spenglers *Der Untergang des Abendlandes* kwamen. Hij zou dit boek zelfs 'maniakaal' gelezen hebben. Het versterkte zijn elitaire en antidemocratische gezindheid, en verleidde hem tot bewondering voor de 'grote mannen' die de Europese civilisatie alsnog van ontbinding zouden redden: Mussolini en Hitler. Hij werd zelfs korte tijd nationaal-socialist op grond van het idee dat deze beweging het egalitarisme bestreed en de cultuur tot adeldom zou kunnen brengen. Over het algemeen is het lastig om verbanden te leggen tussen schilderkunstige stijl en politiek, maar in het geval van Koch is er alle aanleiding toe. In het nationaal-socialistische orgaan *De Waag* (let wel, toen Nederland al door Duitsland was bezet) betoogde hij dat de kunst van de toenmalige realisten 'volks', 'nationaal' en 'antiparlementair' was. Zo noemde hij bijvoorbeeld het werk van mannen als Willink en Hynckes (in een andere passage voegde hij daar Charley Toorop en Charles Roelofsz aan toe) 'naar den geest door en door ondemocratisch, antiparlementair! Het ademt spanning, discipline, grondige vakkennis. Hier staan menschen, die uit den chaos, welken het Fransche impressionisme ons in technisch opzicht naliet, met ijzeren wil, eindeloos geduld, en doorzettingsvermogen zich de technische wapenen vervaardigd hebben, die hen in staat stellen hun geestelijke, hun artistieke idealen met een stijgende meesterschap te verwezenlijken.' Koch sloeg hier politiek gezien de plank in meer dan één opzicht mis: Willink, Toorop, Roelofsz noch Hynckes waren een vergelijkbare overtuiging toegedaan; allen waren juist links georiënteerd en hielden zich tijdens de bezetting dan ook verre van het nationaal-socialisme.

Aantrekkelijk klinkt dit allemaal niet, toch heeft Koch, met zijn gevaarlijke exaltatie, zijn metalen woordkeuze en zijn geleende aristocratie, een aantal prachtige schilderijen gemaakt. Eigenaardig is ook dat zijn politieke houding tijdens de beginjaren van de bezetting hem door het artistieke establishment betrekkelijk snel is vergeven. Al in 1956 organiseerde het Stedelijk Museum in Amsterdam, dat onder leiding stond van de roemruchte en linkse Willem Sandberg, een overzichtstentoonstelling van zijn werk. Ook in latere studies is hij met groot respect bejegend, wat een beetje ongewoon is voor iemand die een schilderij als *Marschgezang* had gemaakt, met alle militante trekken en symboliek van de NSB (hij heeft dat werk overigens zelf vernietigd). Er zijn ten minste twee redenen voor dit alles: ten eerste had zijn politieke stellingname geen directe gevolgen. Koch was 'fout', maar hij is niet betrapt op foute daden. Hij trad niet politiek actief op. Het was ook duidelijk dat zijn instelling verschilde van die van de doorsnee nationaal-socialist. De andere reden was belangrijker: het respect dat hij als schilder wist te verwerven. Een derde reden kan zijn persoonlijke charme zijn geweest, waarvan ook verschillende van zijn artistieke en politieke tegenstanders getuigden.

De fascinatie die zijn werk oproept, heeft te maken met de zorgvuldig geselecteerde en geconstrueerde intrige van zijn beelden. Koch broedde op voorstellingen, op ideeën en vormen die zouden kunnen leiden tot een krachtig beeld. De criteria waaraan de kracht van voorstellingen gemeten kon worden, leerde Koch niet alleen van de film, maar ook van de meesters van de Italiaanse Renaissance, vooral de vroege Renaissance, met hun statige precisie en een zekere majesteitelijkheid in de uitbeelding van figuren. De keuze voor deze voorbeelden bracht echter ook een probleem met zich mee, namelijk de keuze van een iconografie. Dit probleem heeft een nagenoeg volledige analogie in het werk van de dichter Nijhoff. Hij beschikte over een prachtige verstechniek en hij beheerste bovendien een scala aan klassieke, vaak complexe dichtvormen. Een van zijn belangrijkste bundels heette ook eenvoudig *Vormen*. Maar het vers is uiteraard niet louter vorm, het moet ook ergens over gaan. 'Waarover wil je dat ik schrijf' luidt een van de beroemde dichtregels van Nijhoff, waarin onbedoeld een kernprobleem van zijn poëtica is verwoord. De eigen tijd heeft geen gereedliggende klassieke thema's en een daarbij behorende religie of mythologie. De sonnetten van Shakespeare bevatten vaak prachtige variaties op petrarciaanse gemeenplaatsen en geijkte referenties aan de klassieke godenwereld, maar zo'n gehoorzaamheid aan een gegeven idioom werd als strijdig ervaren met het moderne kunstenaarschap. In Nijhoffs poëzie betekende dit dat hij, vanuit een grote belezenheid, eigentijds materiaal kon verheffen door een plotselinge ernst van dictie en een geraffineerd gebruik van archaïsche versvormen. Hij zocht een combinatie van modern leven en monumentaliteit, van 'menigte en abstractie', zoals hij het zelf verwoordde. Het leidde er ook toe dat Nijhoff werken in opdracht verwelkomde, en als een vakman bijvoorbeeld 'lekenspelen' maakte zonder dat nu speciaal zijn eigen religieuze overtuiging hem dat ingaf.

Bij Koch gebeurde in feite hetzelfde. Hij beweerde eens in een brief: 'Eerst in een kooi van opgaaf zingt de merel zijn mooiste lied.' Koch werkte dan ook graag in opdracht. Niet alleen portretten of decorontwerpen, maar ook postzegels, bankbiljetten, ex-librissen en zelfs het ontwerp van een lantarenpaal voor de gemeente Utrecht. Dit werk is verdienstelijk, maar zijn kracht lag in zijn schilderijen. Daar hanteerde hij globaal twee strategieën om aan iconografisch materiaal te komen. De eerste was die van het gebruik van de freudiaanse mythologie om zijn beelden intrige en diepgang te verlenen; de andere was om banale onderwerpen, door kadrering en vormontleningen aan het Quattrocento, tot een specifieke monumentaliteit te verheffen,

AFB. 163 [pagina 195] – Pyke Koch, *Schoorsteenveger*, 1944. Olieverf op doek, 78,2 x 45,5 cm. Den Haag, Gemeentemuseum.

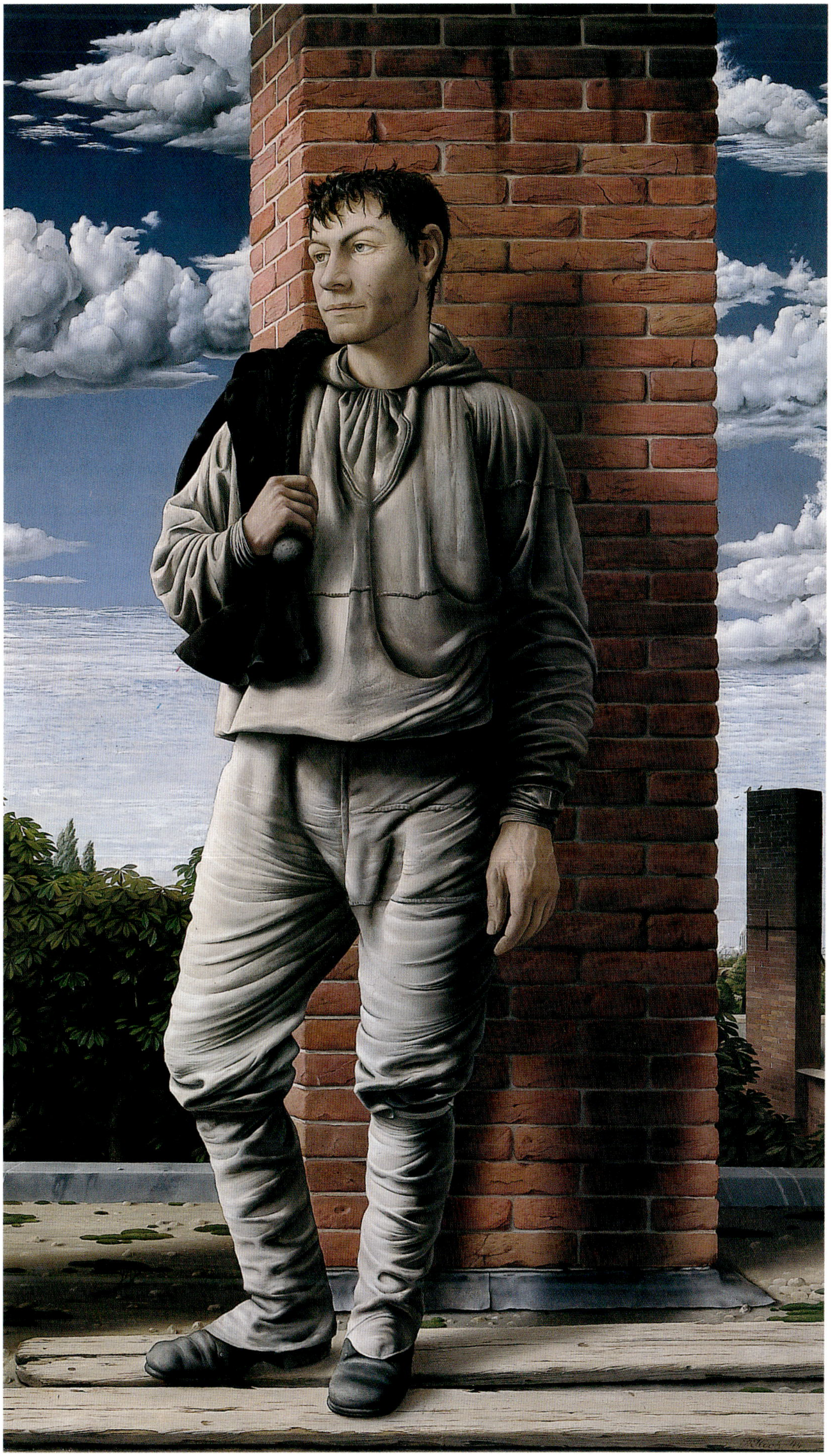

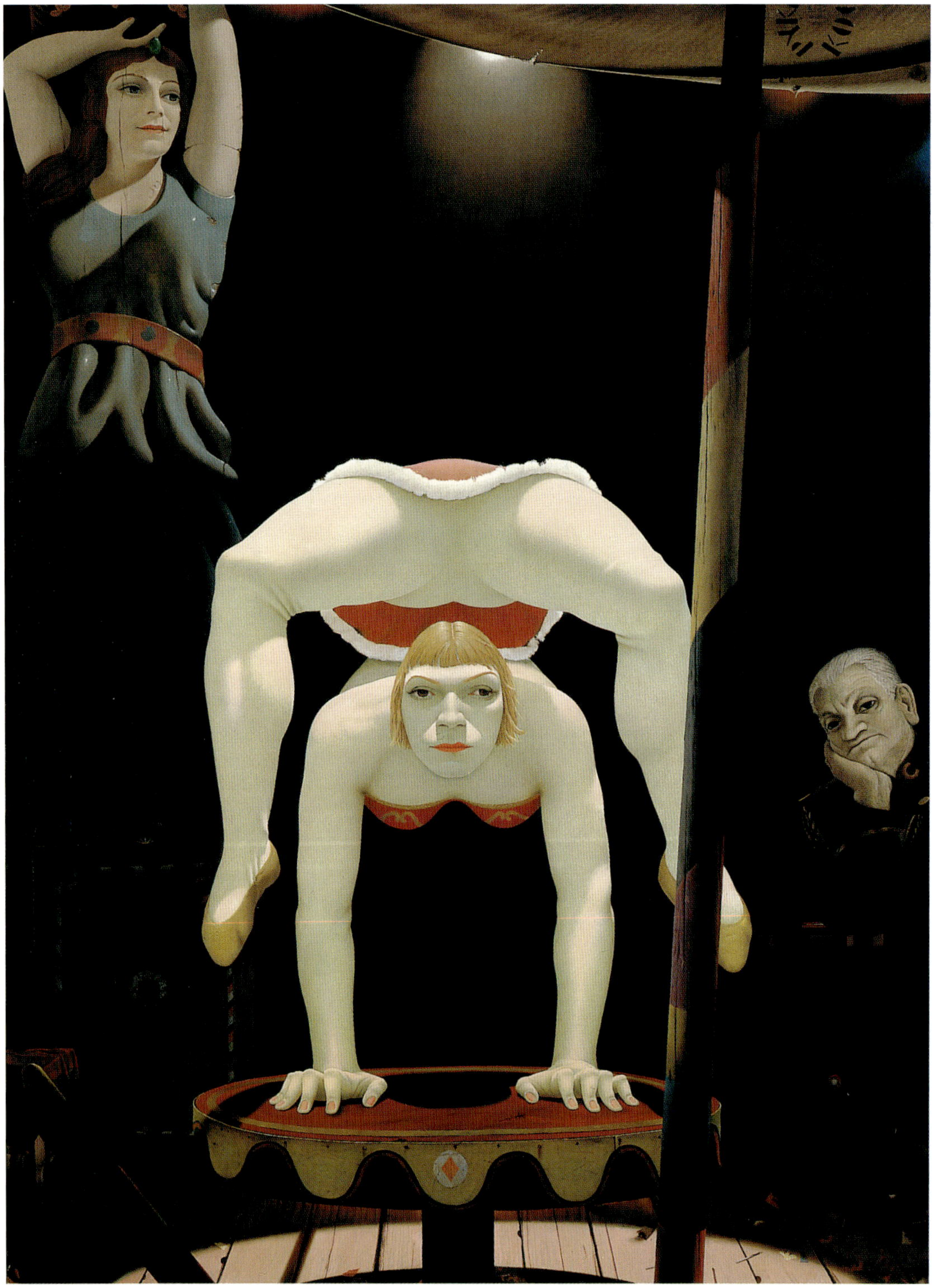

AFB. 164 – Pyke Koch, *De grote contorsioniste*, 1957. Olieverf op doek, 125 x 93,5 cm. Amsterdam, Stedelijk Museum.

en dat was eigenlijk precies wat Nijhoff in zijn gedichten ook deed.

Kochs kennismaking met Freud zal vooral hebben gelopen via zijn zwager August Stärcke, een vroege voorvechter van de psychoanalyse in Nederland. Een duidelijk voorbeeld van de verwerking van zulke thema's is zijn *Rustende slaapwandelaarster*, waar een niet ontstoken kaars, een grote hoeveelheid afgebrande lucifers, een ter zijde gelegde naaimachine, spelden op een kussen en overvloedig groeiend pijlkruid nadrukkelijk fallische symbolen zijn. Daarmee wordt het thema van de droom beeldend verweven met het concept impotentie. Het is een duidelijk voorbeeld, maar juist om die reden ook minder geslaagd. Bij andere schilderijen, zoals *De grote contorsioniste*, resoneren ook psychoanalytische opvattingen mee, maar de kracht van deze composities is niet zo evident afhankelijk van het freudiaanse geloof in seksuele symboliek.

Mooi zijn ook de voorbeelden waarin het moderne straatleven op een poëtische manier wordt verbeeld in combinatie met bedekte toespelingen op seksualiteit: zoals zijn schilderijtje van een urinoir, *Poésie de la Nuit* geheten (AFB. 162). Waarschijnlijk werd Koch bij de keuze van dit motief geleid door het gegeven dat zulke urinoirs ontmoetingsplaatsen voor homoseksuelen konden zijn. Homoseksualiteit, biseksualiteit, incest en travestie – op elk van deze seksuologische categorieën wordt in zijn schilderijen gezinspeeld. Zo zijn er de schilderijen die op een ontroerende manier een hoek van een tuin weergeven, een tuin die is te identificeren als die van La Pietra, de villa van Harold Acton bij Florence. Koch kwam geregeld in Florence, en dat verklaart de titel *Souvenir*; tegelijkertijd was nu juist die villa van Acton een erkende vrijplaats voor homoseksuelen van de Britse elite. Homoseksualiteit speelt ook een rol in zijn *Schoorsteenveger*, maar in artistiek opzicht is het misschien van wezenlijker belang dat hier een op zichzelf niet heroïsche figuur overtuigend wordt opgesteld in een wereld die aan Mantegna herinnert, met een pose die van de *David* van Michelangelo is afgeleid (AFB. 163). Hier dringen herinneringen aan de Renaissance zich op, maar elders zijn ze subtieler aanwezig, zodat veeleer het gevoel van een gecreëerde verwantschap ontstaat dan een spel van ontleningen. In *De grote contorsioniste* (AFB. 164) herinnert de prachtige dame links (een houten kermisbeeld) aan een personificatie in een verheven allegorie, terwijl de circusknecht op zijn stoel bij een tent doet denken aan *De droom van Constantijn* van Piero della Francesca.

Hierboven is al een uitspraak van Koch geciteerd over de ontwikkeling van de iconografie in zijn werk en 'de spanning van het geheimzinnige en het werkelijke-onwerkelijke die ik in mijn werk zocht en soms vond'. Maar 'de laatste tien jaar heb ik hoe langer hoe meer begrepen welk een onverhoeds wapen de gemeenplaats is'. Koch heeft in de bedoelde periode een aantal schitterende schilderijen gemaakt die onomwonden en zonder excuses aloude thema's behandelen. Prachtig is een reeks van decoratieve schilderijen voor de eetkamer van een particulier (die ook als mecenas optrad) met voorstellingen van de seizoenen en *De oogst*. Dat laatste werk is het grootste schilderij dat Koch ooit maakte, maar hij lijkt hier met het formaat geen enkele moeite te hebben: het is een klassiek en oorspronkelijk, krachtig en elegant schilderij (AFB. 165 en 166). De atmosfeer van De Chirico schijnt hier ver weg, maar helemaal vergeten deed Koch hem zeker niet. In zijn grote portret van Heddy de Geer zijn op de achtergrond bijvoorbeeld arcaden te zien die rechtstreeks uit de voorraad van De Chirico komen. Ook een prachtige reeks stillevens uit de jaren veertig had het niet zonder De Chirico kunnen stellen. De iconografie is simpel, simpeler kan eigenlijk niet, en er zijn dan ook geen ingenieuze interpretaties van bekend. Maar ze zijn meesterlijk geschilderd, meesterlijk van drama en meesterlijk van compositie, zoals het *Stilleven met appels en peren* (AFB. 167). De vruchten, zo eigenwijs en ongemotiveerd op de voorgrond tegen een weidse ruimte, is dat niet een les van De Chirico?

De bloei van de realistische schilderkunst is een opmerkelijk fenomeen in Nederland, op zijn minst even opmerkelijk als de kracht van het constructivisme van De Stijl. Hoewel er een duidelijk gevoel van verwantschap tussen de verschillende schilders bestaat, en ook de circuits van galeries, genootschappen en verzamelaars nogal wat overlappingen vertonen, is het toch moeilijk een gemeenschappelijke benaming te geven. Een term die er het dichtste bij komt is die van 'magisch realisme' ter aanduiding van die specifieke, nauwgezet figuratieve kunst die vanaf het einde van de jaren twintig in Nederland zo'n belangrijke positie innam. Magisch realisme is zo'n beetje de vertaling van het Duitse begrip Neue Sachlichkeit, maar heeft een iets andere gevoelswaarde en toepassing. Koch zelf heeft er, laat in zijn carrière, een omschrijving van gegeven die veel bijval vond: deze kunst zou zich bedienen van 'voorstellingen die wel mogelijk, maar niet waarschijnlijk zijn', in tegenstelling tot het surrealisme, dat uitbeeldingen maakt van 'onmogelijke, onbestaande, of onbestaanbare situaties'. Sluitend is de omschrijving niet, maar zij geeft wel een wezenlijke trek van een bepaalde groep schilderijen weer. Koch was eigenlijk de enige realist van het interbellum die het toevoegsel 'magisch' van harte adopteerde. Willink bijvoorbeeld liet het zich eerder aanleunen: 'De naam "magisch realisten" heeft alle bezwaren van een etiket. En toch, hoe weinigen weten een wijn te onderscheiden die uit een etiketloze fles wordt geschonken?'

Op soortgelijke manier aanvaardde ook de Belgisch-Nederlandse kunstenaar Raoul Hynckes (1893-1973) schoorvoetend dat hij tot de magisch realisten werd gerekend. Voor het publiek is hij misschien de meest 'magische' van de realisten, omdat zijn stillevens met hun schedels, kaarsen en roestige instrumenten vaag herinneren aan toverij of de werkplaats van een alchemist. Het werk van Hynckes zou net zo goed anders getypeerd kunnen worden: als kubistisch-realisme bijvoorbeeld, een aanduiding die hem in één categorie zou brengen met het werk van Dick Ket, die niét als magisch realist wordt beschouwd. Bij Hynckes noch Ket is de invloed van De Chirico van hetzelfde belang als bij de tot nu toe besproken realisten, terwijl de erfenis van het kubisme bij hen beiden veel sterker van invloed was dan bij de overigen.

Hynckes behoorde tot de belangrijke groep Belgische bannelingen die door de Eerste Wereldoorlog naar Nederland werd gedreven. Hij had voor 1914 al enige naam gemaakt als een modern impressionist die zeer kleurige en vlotte landschappen maakte in een vrije toets met divisionistische trekjes. Hij was voor de oorlog trouwens al twee keer naar Nederland gereisd, om in de omgeving van Dordrecht en de Zuiderzee te werken. Het lag dan ook voor de hand dat hij na de nederlaag van het Belgische leger Nederland als zijn wijkplaats koos. Hij is er zijn hele verdere leven gebleven. Aanvankelijk had hij niet alleen succes als schilder maar ook als affiche- en decorontwerper. De grote ommekeer in zijn carrière deed zich voor toen hij het formele kubisme van onder meer Gleizes, Metzinger en Severini en, uiteraard, Picasso en Braque leerde kennen. Hij vernietigde een groot aantal van zijn vroegere fauvistisch-impressionistische werken en schakelde over op een stijl waarin de nadruk lag op precisie van componeren en van vormaanduiding. Deze stijl ontwikkelde hij in de loop van een aantal jaren steeds sterker.

Kubisme is een vreemde term, die van alles en nog wat kan betekenen. Bij het begin van de jaren tien werd het soms, net als het futurisme, een allesomvattend synoniem van modernisme. Tegenwoordig is men veel zuiniger in het gebruik, en over het algemeen zelfs geneigd om alleen nog Picasso en Braque als de ware kubisten te beschouwen. Dit ten koste van Gleizes en Metzinger, die al vroeg de term en de eer voor zich op probeerden te eisen, en de eersten waren die er echt programmatisch over schreven. Dat programma leek eigenlijk niet zo op dat van Picasso of Braque – er zat een neiging tot formalisme en meetkunde in die in de speelse werken van de beide pioniers volledig ontbrak. Picasso en Braque waren, zeker aanvankelijk, antidecoratief, terwijl de anderen met hun vlakverdeling en kleurkeuze wel degelijk decoratie en wandschildering voor de geest wilden roepen. De hoekige stilering in combinatie met de hang naar compositionele ordening maakte deze variant van het kubisme ook bij uitstek interessant toen in de jaren twintig de hang naar classicisme en het *rappel à l'ordre* het modernisme binnendrongen.

Het is misschien niet verbazend dat Hynckes, de ontwerper en decorschilder, in 1924 in deze variant van het kubisme inspiratie vond. Hij begon stillevens te maken,

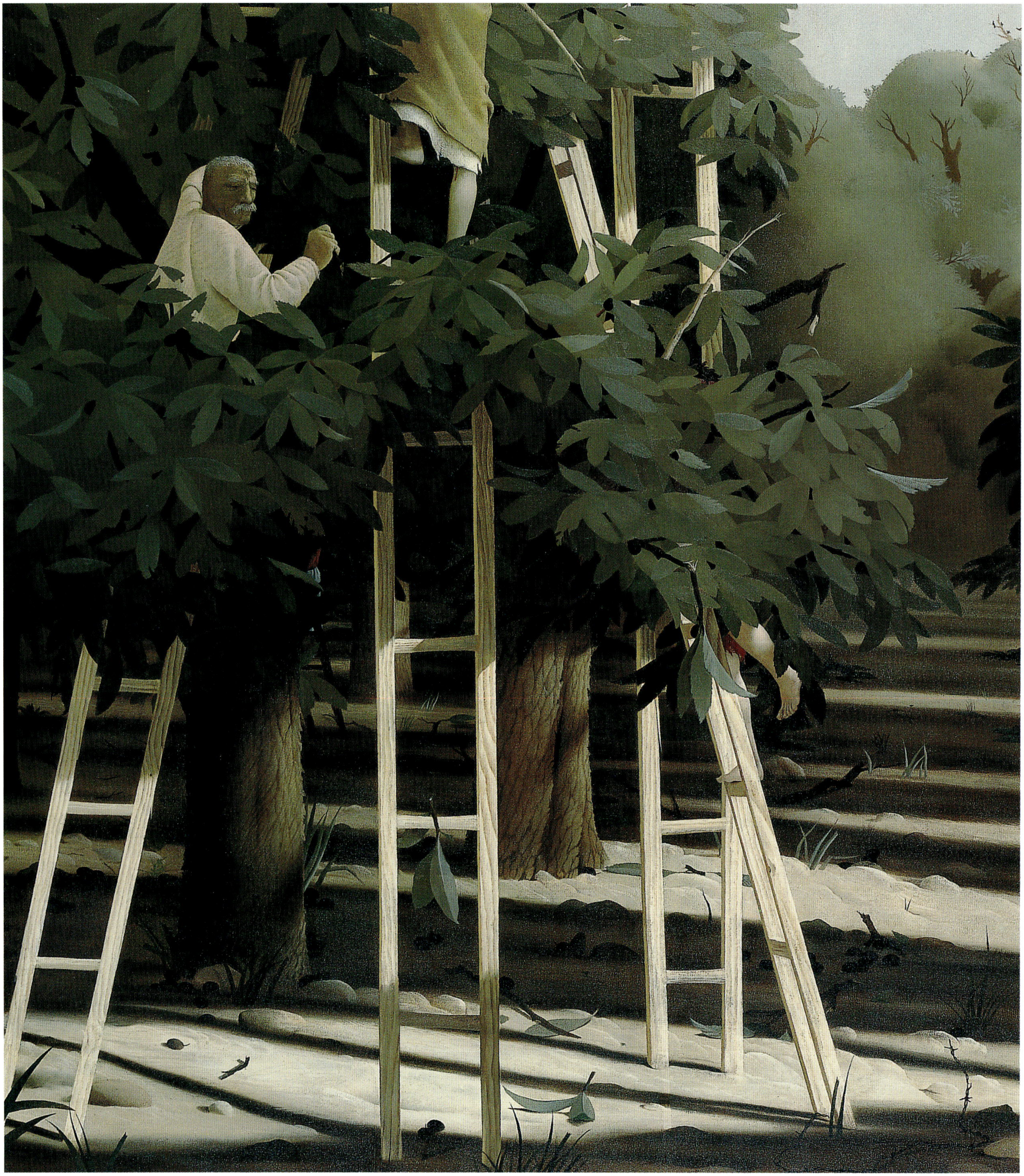

met de elementen die sinds Picasso onderdeel uitmaakten van het kubistische repertoire: papieren, rookgerei, karaffen. Maar in plaats van ze in stukken te breken, gaf hij ze juist een grotere stevigheid, een 'synthetische' hechting aan het beeldvlak. Dit nadrukkelijke aanbrengen van vorm, het doen vermoeden van een meetkundig staketsel of geraamte onder het verfoppervlak, werd in de twintigste eeuw vaker toegepast. Invloedrijk was het wijdverspreide idee dat de klassieke meesters zoiets ook hadden gedaan en over compositiegeheimen beschikten die de opbouw van hun werken bepaalden. Dit denkbeeld was niet per se van modernistische oorsprong. Kunstpedagogen en kunsthistorici deelden in allerlei varianten hetzelfde idee. In het monumentale boek *Die Handzeichnung* van Joseph Meder bijvoorbeeld, het klassieke overzicht van de geschiedenis van de tekenkunst dat in 1919 verscheen, wordt als vanzelfsprekend aangenomen dat schilders in de zestiende en zeventiende eeuw geometrische lijnverdelingen gebruikten voor het rangschikken van hun stillevens. Als voorbeeld geeft hij een analyse van een schilderij van de vroegachttiende-eeuwse Nederlander Jan van Huysum vol driehoeken, ruiten en een raster. Het eigenaardige is dat zulke hulpmiddelen waarschijnlijk nooit in de geschiedenis van de Europese schilderkunst zijn gebruikt, en pas in de twintigste eeuw gemeengoed werden in de kunstbeschouwing. In de jaren twintig en dertig waren ze beslist *en vogue*: Willem van Konijnenburg, een kunstenaar die veel belangrijke, monumentale opdrachten kreeg, tekende in zijn beschouwing *De Esthetische Idee* precies zulke schema's als Meder had geprojecteerd op Van Huysum. Met Picasso hadden zulke oefeningen weinig te maken, maar wel met Gleizes en Metzinger, of met het kubisme van de Section d'Or-groep.

Van zulk geloof in een zekere kubistische stilering bestonden vele varianten. Hynckes beoefende er een van, al zijn de door hem gebruikte schemata niet zo doorzichtig en ging hij vooral intuïtief te werk. Een voorbeeld is *Cello* uit 1924 (AFB. 168). Het perspectief is in rechtlijnigheid geneutraliseerd, waardoor een reeks parallelle achtergrondlijnen ontstaat waartegen de krommingen van de cello en het

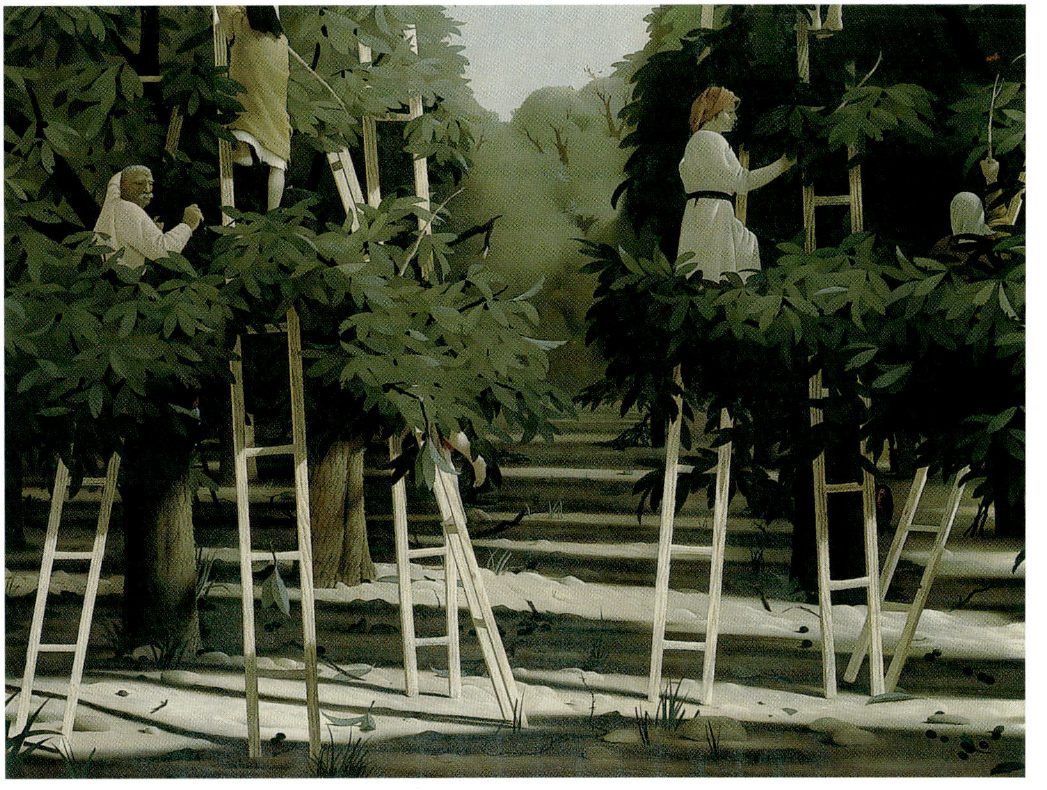

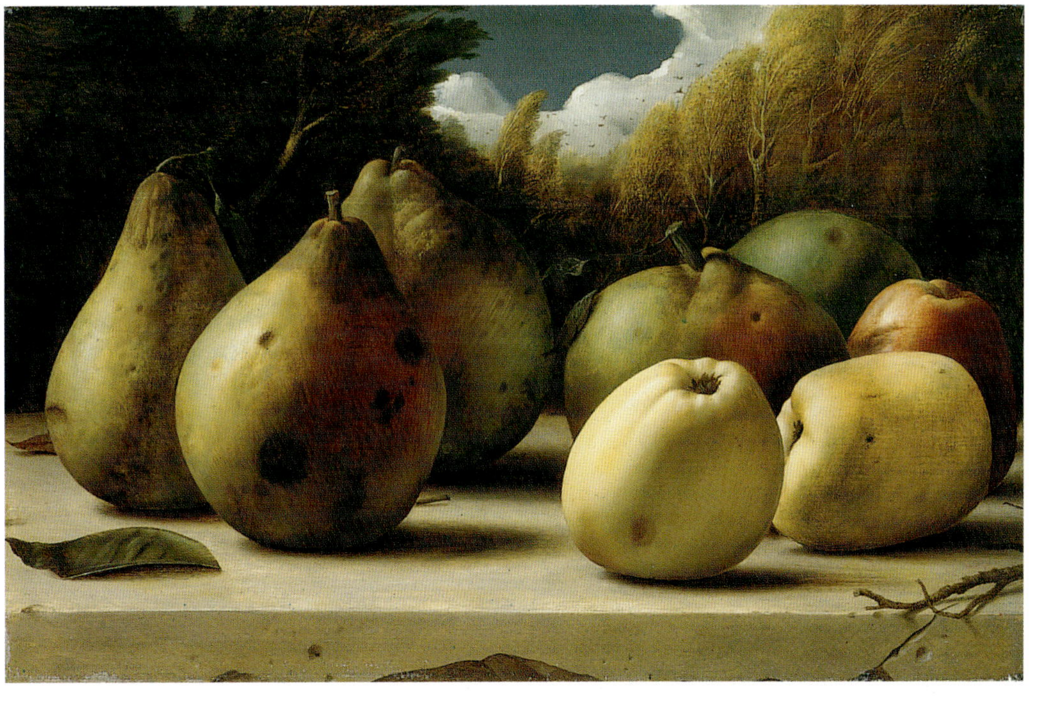

AFB. 165 [boven] – Pyke Koch, *De oogst*, 1953. Olieverf op doek, 200 x 259 cm. Amsterdam, Collectie ING.

AFB. 166 [pagina 198] – Pyke Koch, *De oogst* (detail van AFB. 165), 1953. Olieverf op doek, 200 x 259 cm. Amsterdam, Collectie ING.

AFB. 167 [onder] – Pyke Koch, *Stilleven met appels en peren*, ca. 1944-1946. 19,8 x 30 cm. Dordrecht, Dordrechts Museum.

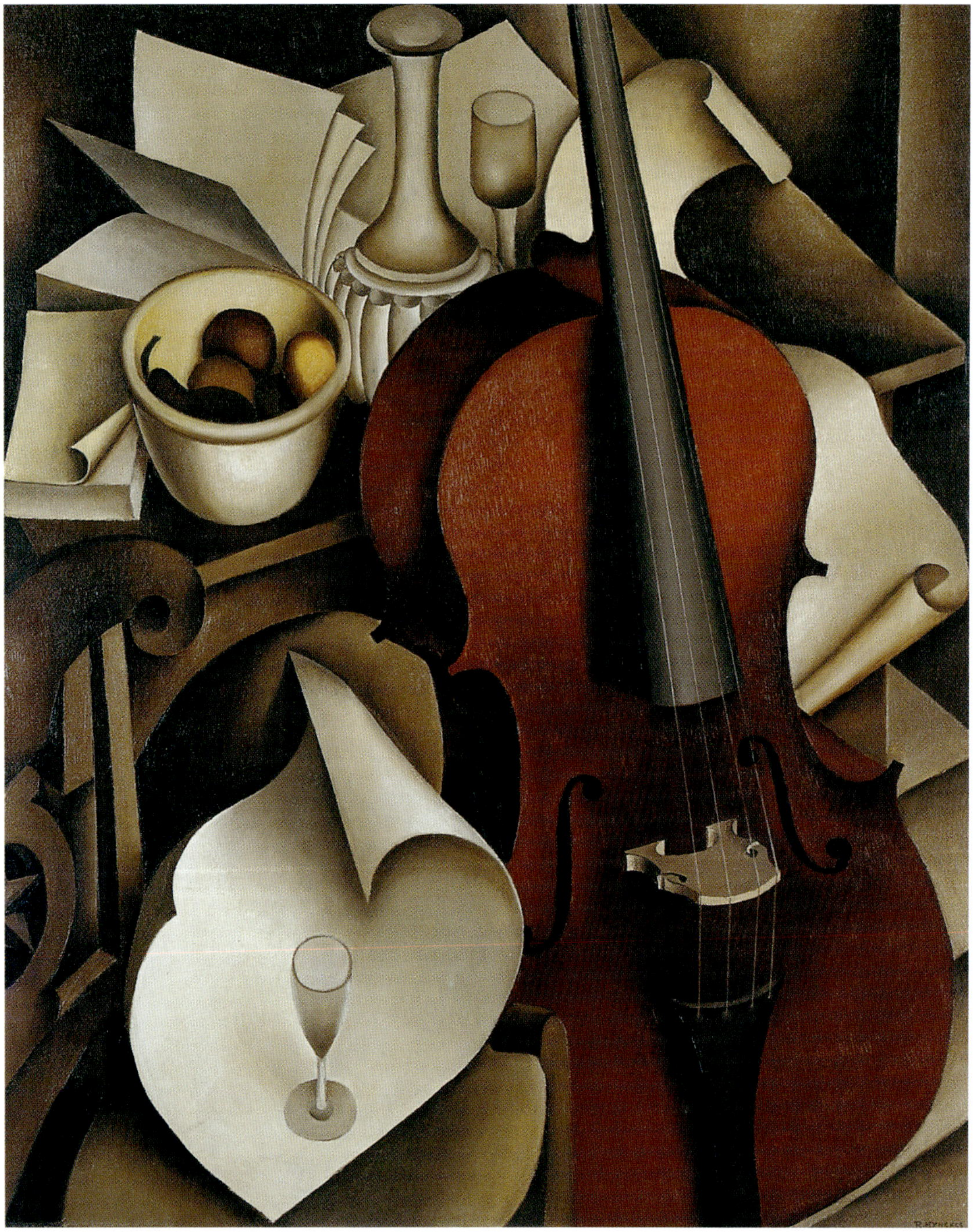

AFB. 168 – Raoul Hynckes, *Cello*, 1924. Arnhem, Museum voor Moderne Kunst.

papier een beweeglijk contrast moeten vormen. Net als de cello een samenstel is van strakke rechten en elegante curven, is het schilderij dat ook. Daardoor ontstaat een voortdurend beeldrijm: de peer en de buik van het instrument, de hals van de cello en het tafelblad, het vel papier over de tafelrand en de zijkant van de klankkast, en het boek links dat in het klein net zo'n combinatie van krul en blok vormt als het muziekinstrument dat in het groot doet. De hals van het instrument is afgesneden, waardoor we het uiteinde ervan niet zien, maar de stoelleuning neemt die rol over. Schaduwen geven soms diepte aan maar leiden, net als de lichtvlekken, vaker een zelfstandig bestaan op het vlak. Alles is geschilderd in een bruinige gamma, daar gelaten een iets krachtiger geel accent in de fruitschaal en natuurlijk het wat rodere bruin van de cello zelf. Het geheel is vaak meer getekend dan geschilderd, alsof Hynckes niet alleen in de compositie maar ook in de verfbehandeling elke impressionistische losheid wilde vermijden. Daardoor krijgt het hele oppervlak iets doods. Opmerkelijk is hoe, bij alle vervormingen van de ruimtelijke situatie, één element met een grote driedimensionale precisie is weergegeven: de kam die vanuit de buik van de cello tegen de snaren naar voren drukt. In dat realistische detail schuilt als het ware het latere werk van Hynckes.

Dit gestileerde kubisme leverde een stijl op die ook in de affiches van de jaren twintig bijzonder populair werd, vooral door het werk van de Franse ontwerper Cassandre. Het succes van Cassandre droeg natuurlijk bij tot de verspreiding van deze formele aanpak, maar stelde schilders ook voor een probleem. Waarin onderscheidde de vrije schilderkunst zich van deze moderne reclametoepassing? Hoe kon het typisch schilderachtige worden gerealiseerd en gerechtvaardigd? Zowel Hynckes als Ket vond er een oplossing voor. Ket bouwde in zijn zeer overwogen composities soms flarden van Cassandre in. Dat waren hommages natuurlijk, maar hij liet er tegelijk het grote verschil mee zien tussen zijn *peinture* en het *design* van Cassandre. Net als Hynckes trouwens had ook Ket als grafisch ontwerper een aantal geslaagde affiches gemaakt.

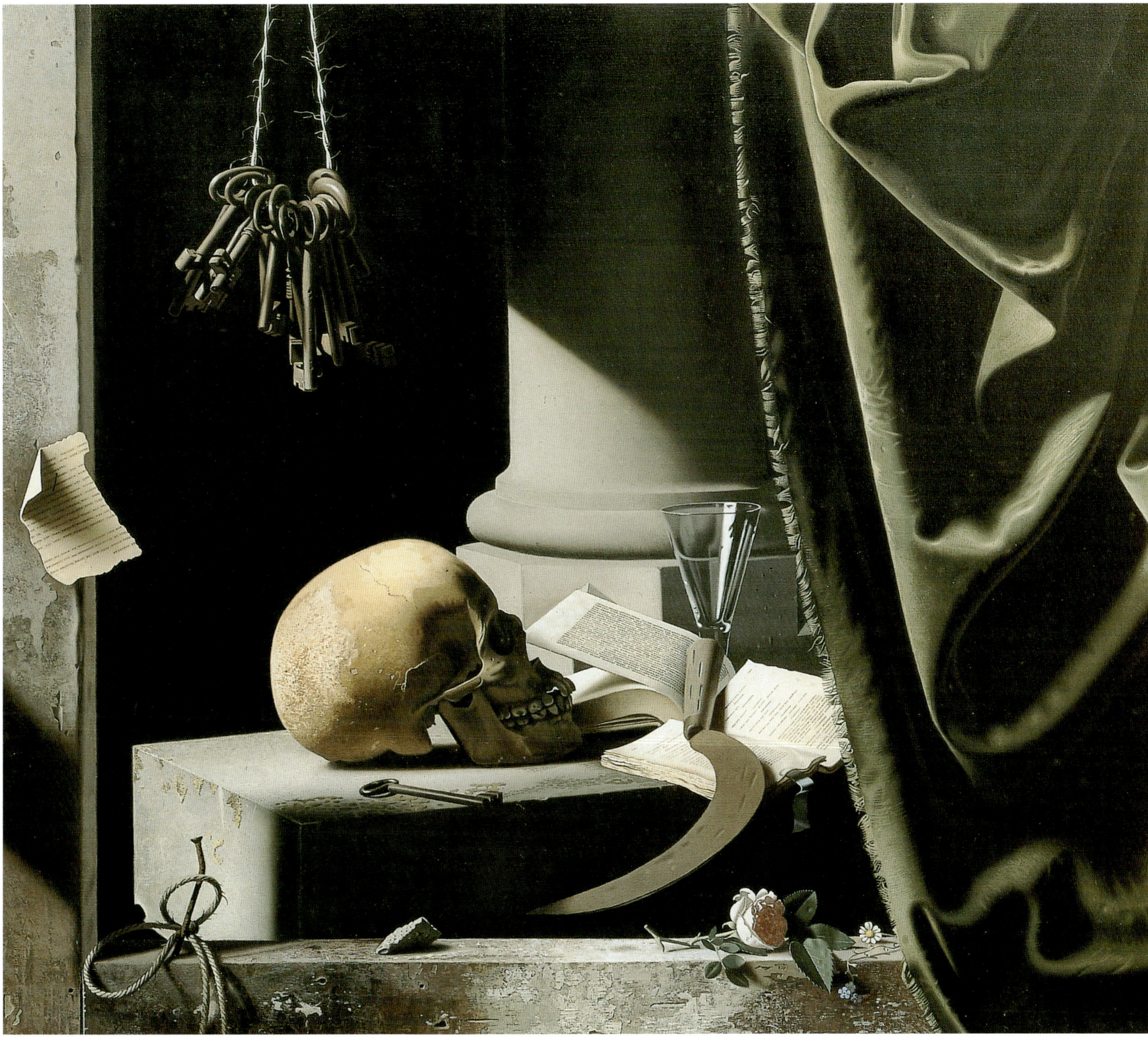

AFB. 169 – Raoul Hynckes, *De sleutels van de anachoreet,* 1942-1943. Olieverf op doek, 78 x 97,5 cm. Utrecht, Centraal Museum.

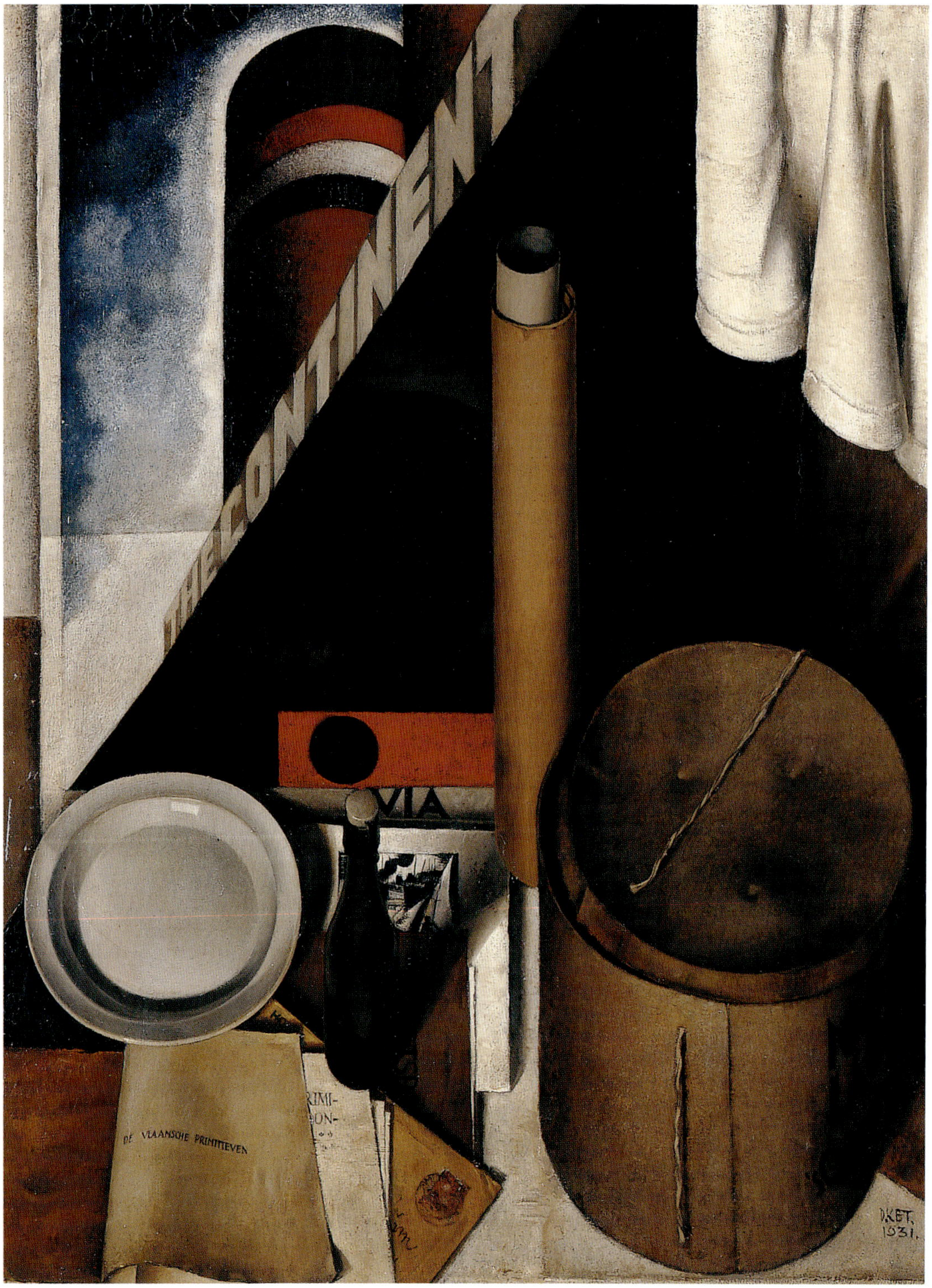

AFB. 170 – Dick Ket, *Stilleven met Stoombootplaat*. Privécollectie.

Hynckes verwierf zijn grote faam echter noch door zijn grafische ontwerpen, noch door zijn evident kubistische productie. Zijn belangrijkste werk bestaat uit een reeks zeer realistische stillevens, waarvan de hoogtepunten omstreeks 1940 werden gemaakt. Opmerkelijk is dat de strenge, als het ware kubistische ordening bleef, maar deze werd nu aan een veel nadrukkelijker illusionisme opgelegd. Bruine schaduwen bleven het handelsmerk van Hynckes, maar de schaduwen regisseerden nu een zeer overtuigende lichtval en stofuitdrukking. Op reproducties zien ze er zelfs uit als stillevens uit de zeventiende eeuw, bijna als pastiches, al zou het moeilijk zijn een specifieke meester, school of zelfs regio te noemen waar ze thuis zouden zijn. Bij inspectie van een origineel wordt het verschil met de Gouden Eeuw nog veel duidelijker. Het zwarte fond – een steeds terugkerend element – is veel te monochroom voor welke zeventiende-eeuwer dan ook, veel te plat eigenlijk, en de schildertechniek is uiterst vlak. Maar bij een deel van de stillevens die hij maakte in de jaren dertig en veertig, is de beheersing van de overdreven iconografie, de spookachtige lichtval en de compositie zó meesterlijk dat die onvolkomenheden uiteindelijk irrelevant worden (AFB. 169).

Uit zijn memoires komt Hynckes naar voren als een man met het temperament van een schilder, een artiest die zweeft tussen de aristocraat en de bohémien, die soms een knokpartij niet uit de weg gaat en graag grove taal uitslaat. Het staat allemaal in schril contrast met de persoon en het leven van Dick Ket (1902-1940). Ket had een zwak gestel, vergroeide vingers en een aangeboren hartafwijking, bovendien zat zijn hart aan de rechter- in plaats van aan de gebruikelijke linkerzijde van het lichaam. Ook ontwikkelde hij nog een vorm van pleinvrees of een soort sociofobie. Hij leefde op den duur een teruggetrokken bestaan bij zijn ouders, kwam na 1930 het huis nauwelijks meer uit en stierf al op achtendertigjarige leeftijd. Als dit het beeld schetst van een depressieve hypochonder, is dat onjuist: met zijn beperkte vriendenkring had hij intensief contact, dat vaak per brief verliep. Uit deze correspondentie spreekt een levendige geest, die graag grappen en woordspelingen maakt, al zijn die niet vrij van galgenhumor.

De epistolaire nalatenschap van Ket vertegenwoordigt zoiets als een droom voor een onderzoeker. De kunstenaar was volledig aan huis gebonden, juist in de periode waarin hij het belangrijkste deel van zijn oeuvre verwezenlijkte. Hij communiceerde veelal per brief over zijn werk en van deze correspondentie is een groot deel bewaard gebleven (1045 brieven, een ontzagwekkend aantal). Daardoor is de informatie die hem bereikte op artistiek en levensbeschouwelijk gebied, voor ons achteraf vaak nog goed traceerbaar. De reproducties van kunstwerken, de krantenberichten, de boeken die hem interesseerden en de rekwisieten die hij voor zijn composities nodig had. Zo kan de onderzoeker achteraf voortdurend bespieden wat in het atelier binnenkwam, wat Ket erover dacht en wat er vervolgens weer uitkwam.

Aan het begin van zijn korte carrière blijkt hij een bekwaam schilder met een uitgesproken talent. Hij maakt onder meer expressieve zelfportretten in een zwierige, bijna impressionistische schildertrant. Zijn eigen vorm vindt hij als hij zich, geïnspireerd op de Nieuwe Zakelijkheid en het voorbeeld van de vijftiende eeuw, gaat toeleggen op een zeer fijne schildertechniek. Daarin weet hij gaandeweg verbluffende resultaten te bereiken. Opmerkelijk is dat bij Ket, anders dan bij Willink of Koch, de onderlaag, de eerste opzet van de schilderijen, in een losse stevige toets werd neergezet. Een enkel onaf schilderij laat een prachtige onderschildering zien, die bij een andere schilder als zelfstandig werk had kunnen volstaan. Op deze stevige basis werkte hij dan toe naar het verfijnde oppervlak dat zijn kunst kenmerkt.

Zijn beste werken maakte hij in de laatste tien jaar van zijn leven, de periode waarin ook zijn isolement zich begon af te tekenen. In 1931 had hij bij een van zijn schaars geworden reisjes buiten de deur, ergens in Arnhem op het station (vlakbij zijn woonplaats Bennekom), een affiche gezien van Cassandre, die voor een aantal opdrachtgevers in Nederland werkte en hier zeer werd bewonderd. Het affiche dat Ket zag, maakte reclame voor de treinbootverbinding van Nederland naar Engeland. Het is niet het allerbeste ontwerp van Cassandre, maar de reclameplaat maakte

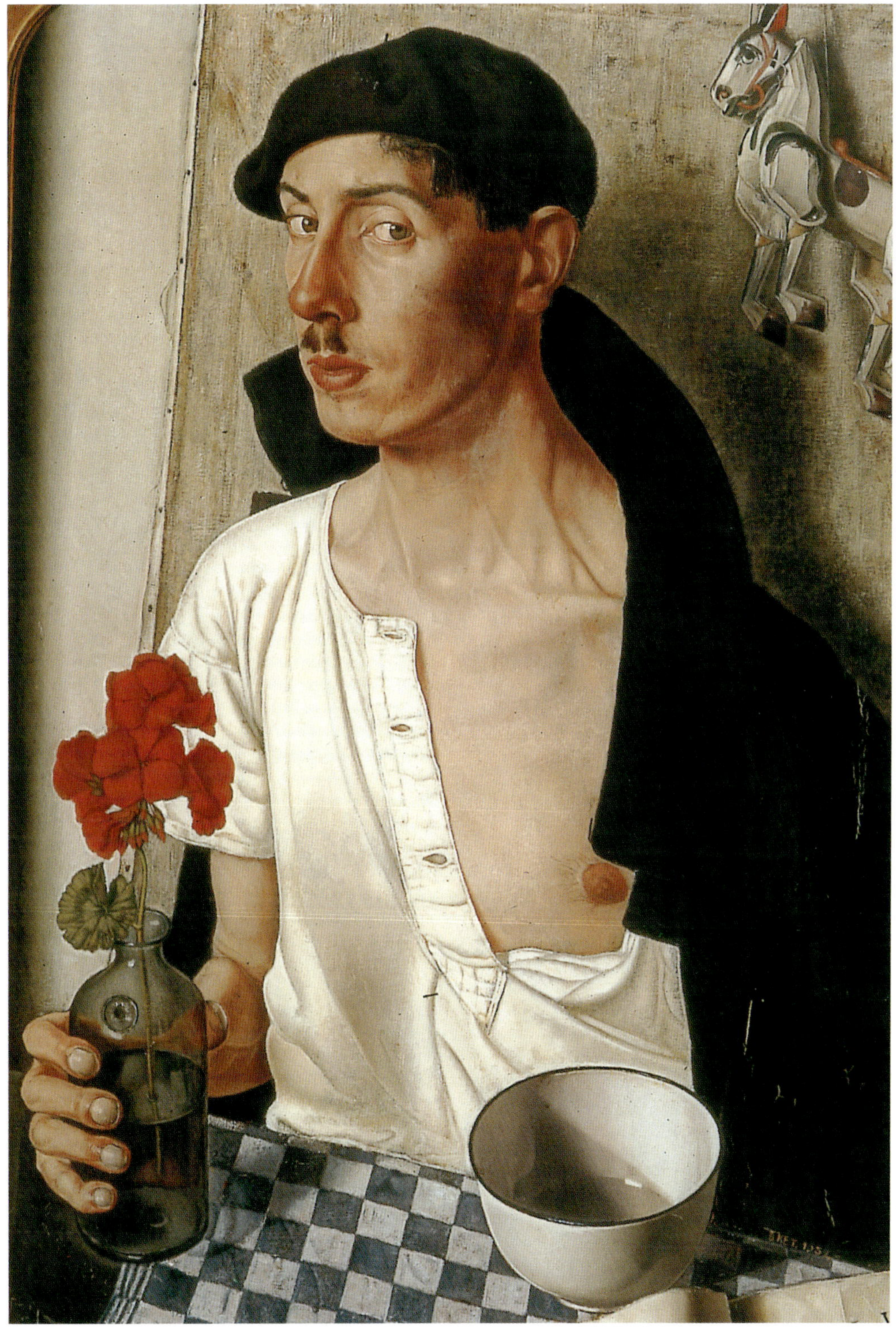

AFB. 171 – Dick Ket, *Zelfportret met geranium*, 1932. Olieverf op doek, 80,5 x 54 cm. Rotterdam, Museum Boijmans Van Beuningen.

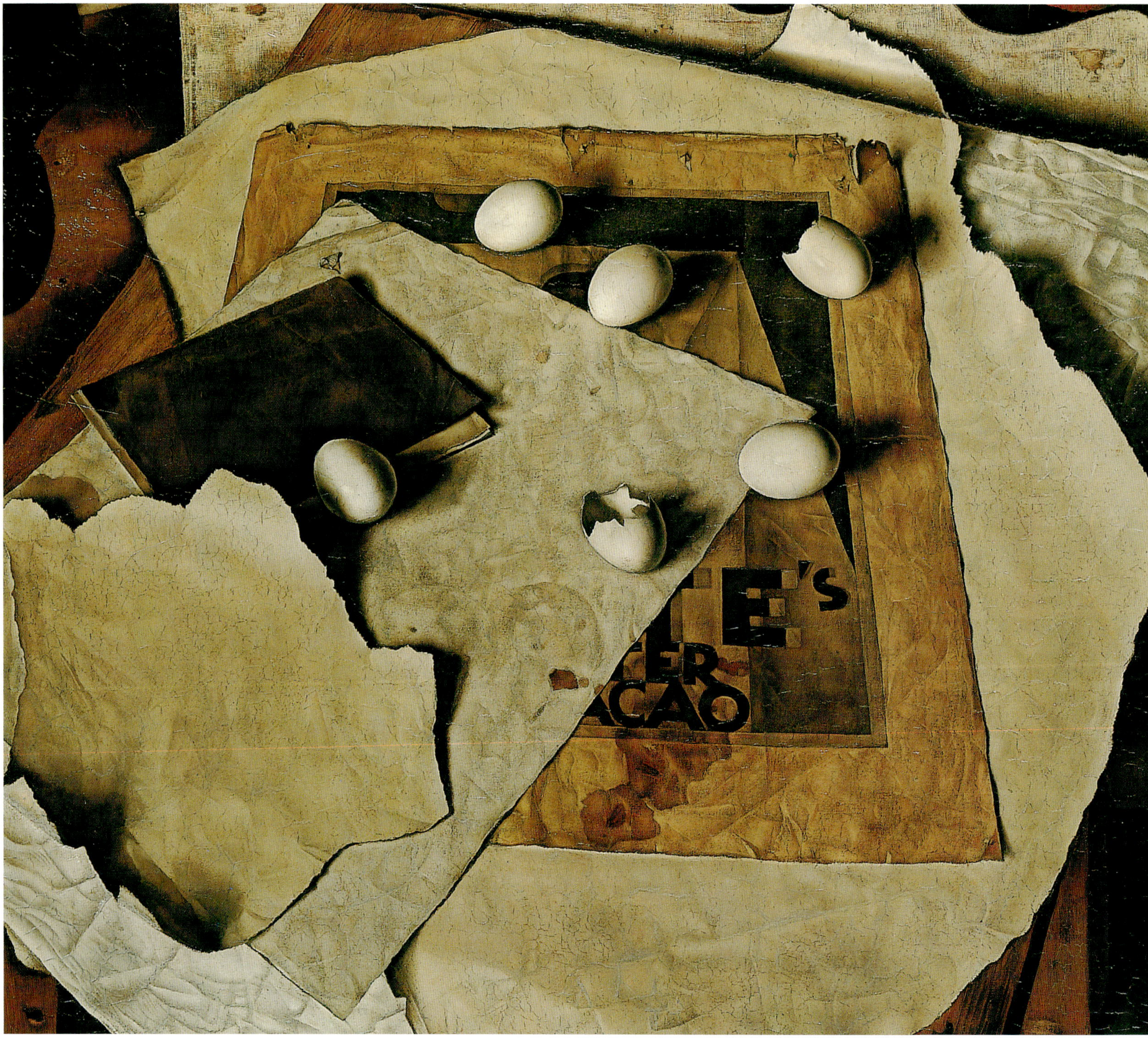

AFB. 172 – Dick Ket, *Stilleven met eieren*, 1935.
Dordrecht, Dordrechts Museum.

grote indruk op Ket: 'Ik verlang onmenselijk sterk naar die reclameplaat,' schreef hij aan een vriendin. Inderdaad kreeg hij het affiche na enige tijd in zijn bezit en gaf het meteen een plaats in een schilderij: *Stilleven met Stoombootplaat* (AFB. 170).

Dit stilleven laat de elementen zien waaruit Ket zijn beste werken opbouwde, al zijn die hier nog wat nadrukkelijk en bruusk gepresenteerd. Zo is overduidelijk dat het componeren in grote lijnen, zoals Cassandre dat kon met de moderne wereld van stoom en staal, in dit stilleven wordt opgelegd aan de verzameling nederige voorwerpen die met grote overgave in al hun sloffige en stoffige details zijn weergegeven. Nog meer dan in het stilleven *Cello* van Hynckes is hier een netwerk van beeldrijm geconstrueerd: de verwantschap tussen de kokers van de hoedendoos, de schoorsteenpijp, het opgerolde affiche en de hals van het bierflesje en zelfs de ronde plooien van het witte gordijn dat in de bovenhoek hangt, is in de keten betrokken. De cirkels van het doosdeksel, de dop van de fles, het bord op de tafel corresponderen alle weer met de ronde voorzijde van de locomotief die in het affiche op ons afkomt. Het is een uitwerking van het centrale motief bij Cassandre: een koker van opzij (de schoorsteen van de boot) en een koker van voren (de romp van de trein), in één beeld samengevoegd. Onder dit motief ligt in het schilderij een zichtbaar raster van driehoeken, wat ervoor zorgt dat Cassandres diagonaal bij Ket, via een scheef liggende brief en een touwtje bovenop de doos, tot een nadrukkelijke ruitvorm wordt aangevuld. Maar de onderpartij is geen herhaling van Cassandre, zeker niet in iconografisch opzicht. De eenvoudige elementen op de voorgrond vormen juist een contrast met de dynamiek van het affiche. Op tafel ligt de kleine wereld van Ket, waarin zulke reizen niet meer voorkwamen. Een brief, een fles, een bord, en een boek over de Vlaamse Primitieven. Het is niet overdreven om hierin een uitbeelding van verstilling tegenover expansie te lezen, een zittend tegenover een actief leven.

Voor Alied Ottevanger, die Kets brieven uitgebreid analyseerde, werd de visie van Ket op het bestaan bepaald door een besef van een tweedeling: 'Naast het alledaagse actieve leven bestond voor hem een slechts voor uitverkorenen zichtbaar "geestelijk" leven. Dit geestelijk leven openbaarde zich vooral in levenloze dingen, dat wil zeggen, in dingen die niet langer bruikbaar waren en door de tijd getekend. In zijn brieven kenschetst hij de twee kanten van het bestaan wel als het rijk van het "zijn" en het "niet-zijn", of, zoals hij het vaak uitdrukte, als de wereld van het *to be* naast die van het *not to be*.'

Het is niet zo dat Ket het actieve leven verachtte, maar hij wist dat het noodlot hem daarin een rol had ontzegd. Het gaf aan zijn liefde voor de vijftiende-eeuwse kunst een aparte, eigenlijk autobiografische lading. We vinden dat uitgewerkt in een zelfportret van 1932 (AFB. 171). Het is gecomponeerd naar het voorbeeld van een allegorisch portret van Bartolomeo Veneto van omstreeks 1505. In de ruimtelijke opbouw is Ket geraffineerder en interessanter, bovendien voegt hij elementen toe die met zijn eigen persoon en levensomstandigheden verband houden. Deze staan in scherp contrast met de idyllische wereld van Veneto. In de linkerbovenhoek wordt aangegeven dat we naar een spiegelbeeld kijken, het houten paardje rechts is een rebus op zijn naam (ket = jong paard). De hand laat niet alleen de bloem zien, maar ook de eigenaardige vergroeiing van de vingers; het hemd ontbloot het rechtergedeelte van de borstkas waarachter het zieke hart schuilgaat. Het boek rechtsonder laat ons in spiegelschrift 'FIN' lezen, waardoor we ook in de geplukte geranium een toespeling mogen zien op Kets korte levensverwachting. Tussen boek en bloem staat een simpel kommetje, een voorwerp waaromheen hij in zijn brieven vele associaties had geweven. ''K ben 'n kom' (ik ben een kom) schrijft hij in zijn brieven als woordspeling op zijn woonplaats Bennekom. Het is een grapje met diepere connotaties: zo'n kom, nederig, gebutst en door zijn oorspronkelijke gebruiker verlaten, vertegenwoordigde die wereld van spiritualiteit en van het niet-zijn waarin Ket ook zichzelf plaatste. In zijn latere werk zou dit exemplaar van email worden vervangen door een geschiktere kom van aardewerk, die hem werd geschonken door een bevriende boswachter (die deze kom in het bos had gevonden). We kunnen de lotgevallen van dit kommetje in zijn werk volgen, tot en met het ogenblik dat het in scherven valt. Deze scherven komen we weer tegen in de laatste twee stillevens, waaraan hij werkte in het jaar van zijn dood.

In de tussenliggende jaren bouwde Ket een oeuvre op dat eigenlijk geen zwakke plekken kent, en dat een voortdurend proces van vernieuwing in het door hem ontwikkelde idioom laat zien. De kwaliteit schuilt niet alleen in het kleurgebruik, het raffinement van de stofuitdrukking en het oorspronkelijke beeldmateriaal, maar is bovenal buitengewoon goed van compositie. In een van zijn brieven verwoordde hij het doel om primitief en modern te zijn, een doelstelling die in grote trekken lijkt op die van bijvoorbeeld Koch. Waar Koch vooral naar de Italianen keek en monumentaliteit zocht, bestudeerde Ket juist de Vlaamse en Nederlandse Primitieven en ging zijn aandacht uit naar de nederige wereld van het stilleven. Ket heeft aan die oude traditie van het stilleven niet alleen iets persoonlijks, maar ook iets werkelijk nieuws willen toevoegen, en daarbij hoorde zeker een oorspronkelijke manier van componeren. Cassandre reikte hem een nieuwe oplossing aan voor een probleem dat al zo oud is als het stilleven zelf. Eigenlijk is de stillevenschilder een etaleur. Hij kan veel of weinig uitstallen, maar uitstallen zal hij: een groepje voorwerpen op een of ander plateau geplaatst, afstekend tegen een achterwand of fond. Er bestaan zeer intieme stillevens waarop een handjevol objecten in suggestieve karigheid bijeen is gezet, maar vaak neemt de schilder van stillevens wat meer armslag, wat kan leiden tot ware uitstalkasten, zoals de pronkstillevens van de zeventiende en achttiende eeuw. Zulke stillevens hebben het oog veel te bieden, maar zien er tegelijkertijd ook altijd wat kunstmatig uit.

Het eigenaardige van Kets stillevens is dat ze wel degelijk vol zijn, terwijl er soms maar weinig echte dingen op staan – voorwerpen die ruimte in beslag nemen. Men kan hier een vergelijking trekken met het leven van Ket zelf. Ook dat was bepaald niet rijk aan grote gebeurtenissen en speelde zich op den duur geheel binnenskamers af. Toch werd het door een biograaf beschreven 'als van een haast onvoorstelbare volheid'. Die eigenaardige rijkdom van het weinige vind je op zijn

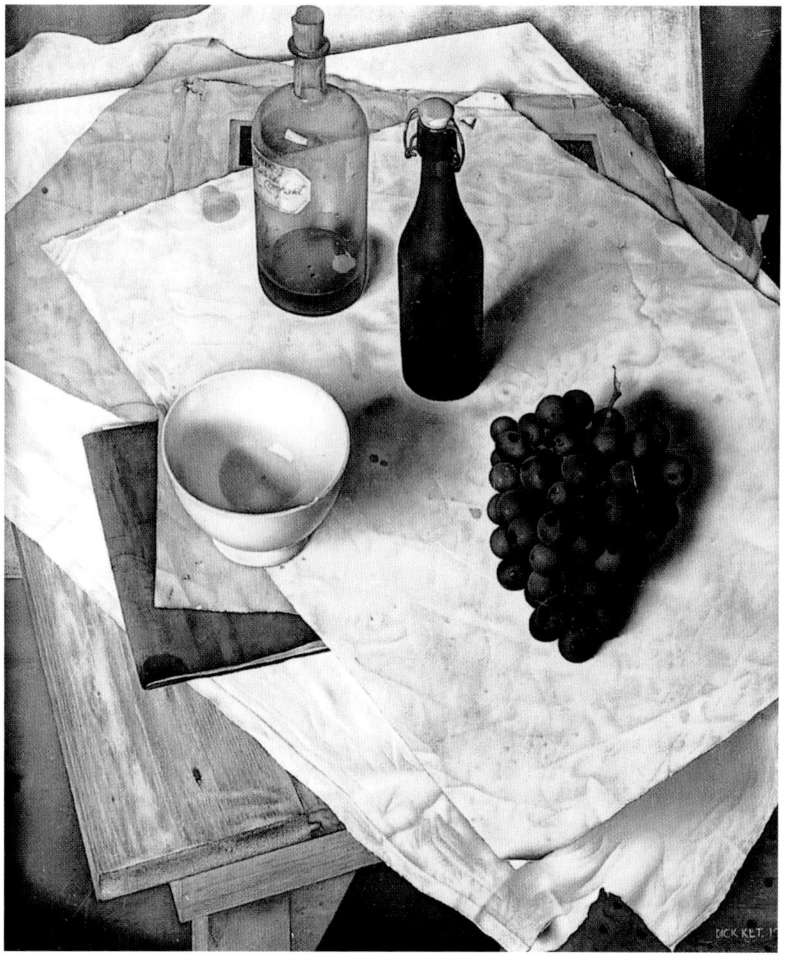

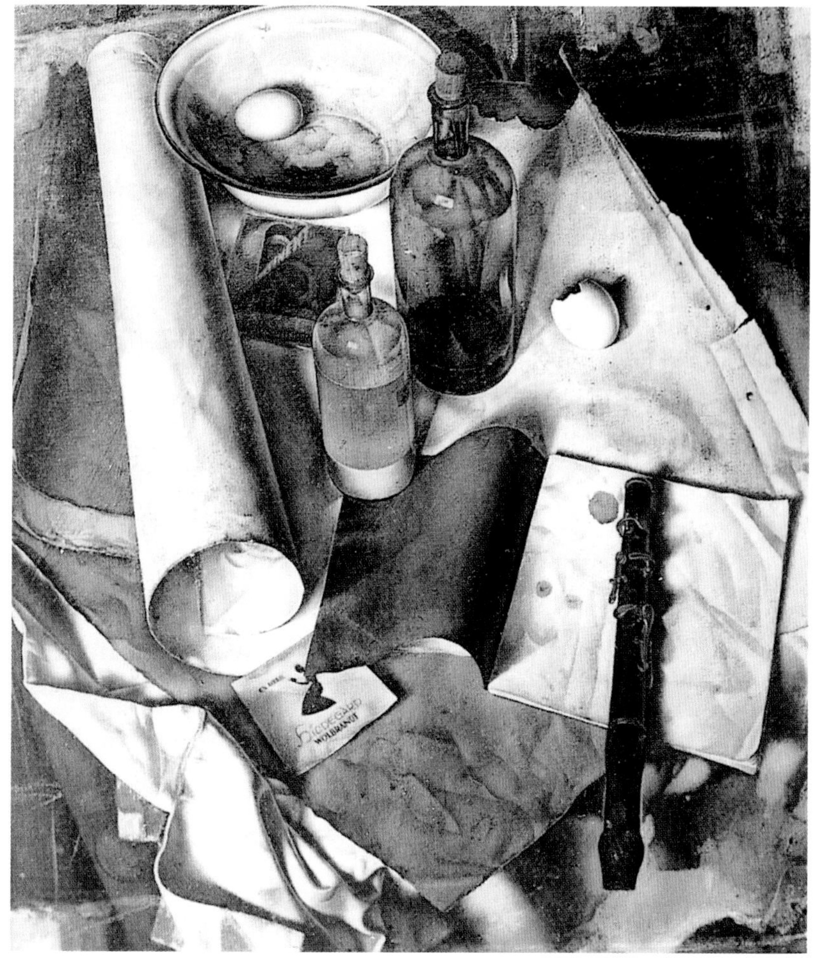

AFB. 173 [links] – Dick Ket, *Stilleven met druiven*, 1937. Olieverf op doek, 15 x 57 cm. Arnhem, Arnhems Gemeentemuseum.

AFB. 174 [rechts] – Dick Ket, *Stilleven met fluit en flessen*, 1937-1940. Olieverf op doek 66 x 56,5 cm. Arnhem, Arnhems Gemeentemuseum.

stillevens terug, zoals in zijn *Stilleven met eieren* uit 1935 (AFB. 172). Zes eieren, dat is eigenlijk alles aan objecten met enig volume. Ket had er een intiem stilleven van kunnen maken, zoals Floris Verster een generatie eerder had gedaan. Maar Kets eieren lijken niet op die van Verster, en hoewel je met die paar dingen nooit een echt pronkstilleven zou kunnen maken, is er toch geen gevoel van leegte of schaarste. Dat Ket zijn staande formaat wist te vullen heeft natuurlijk allereerst te maken met de hoge horizon die hij meer en meer ging hanteren, maar díe kunstgreep werd ook wel door anderen toegepast.

Misschien heeft Ket zich behalve door Cassandre ook laten inspireren door de moderne fotografie. In bepaalde stillevens van André Kertész bijvoorbeeld ontbreekt ook het gevoel dat dingen opzettelijk op een schap zijn gezet, en heeft het beeld iets willekeurigs, zonder een duidelijk hoofdobject. Door zo'n camera-instelling, half van boven op een tafel gericht, loopt het beeld ook taps toe; een tafel laat tussen de wijkende randen van het tafelblad en de rechte lijst van het schilderij aan beide kanten loze driehoeken ontstaan. Ket heeft in het voorbeeld met de eieren de tafel schuin gezet, waardoor hij een ruit vormt, wat een beetje wordt verdoezeld door de lappen en stukken papier die over de rand uitsteken en in andere richtingen dwarsliggen. De driehoeken die overblijven tussen tafelrand en lijst zijn nu onregelmatiger en interessanter van vorm. Dat Ket met zulke zaken bewust in de weer was, weten we uit zijn brieven, waaruit onder meer blijkt dat hij lang problemen heeft gehad met de linkerbovenhoek van dit schilderij.

Hoewel er dus een fotografisch aspect aan zijn werk zit, is er tegelijk dat andere element van die strenge ordening, dat optreedt in combinatie met nog een derde eigenaardigheid. Nadrukkelijker dan op een foto wordt het beeldvlak bij hem gevuld met stofuitdrukking:

met de rimpels van een lap, de krullen en scheurtjes van gevouwen papier, en het beduimelde van een kaft, waar de paar voorwerpen op en tussen staan. Zo wordt het schilderij een 'besloten geheel', om woorden te lenen die Ket zelf eens heeft gebruikt, 'waarbinnen veranderingen mogelijk en bezig (...) zijn'. Die vouwen en scheuren belichamen precies datgene wat in de zeventiende-eeuwse Nederlandse kunsttheorie al 'schilderachtig' kon worden genoemd. Zo blijkt uit een tekst van Cornelis de Bisschop uit 1669 (die Ket overigens niet kende) dat sommige schilders het in de Gouden Eeuw meer 'schilderachtig' vonden om een 'verscheurd en gelapt kleed te schilderen in plaats van een dat gaaf en goed is'. In Kets brieven staan ettelijke passages die aangeven hoe sterk hij juist in deze vorm van schilderachtigheid geïnteresseerd was. Hij maakte er zelfs een levensbeschouwing van. 'Er is zoveel in een stukje beleefd papier,' schreef hij bijvoorbeeld in 1939, 'in een stuk porselein (...), noem alles op, want het is in alles.' Met dat 'alles' wist hij volgeladen schilderijen te maken, die toch geen uitstalkasten werden. Hij had een moderne methode gevonden om te pronken met het onaanzienlijke en kapotte. Dat was echt nieuw, echt van hem, en echt conform een Nederlandse schildertraditie (AFB. 173).

In de laatste jaren van zijn leven sloeg Ket een iets andere weg in. Het nadrukkelijke gebruik van verschoven vierkanten en diagonalen verdween en de schilderijen werden rustiger en tegelijk voller (AFB. 174). Het is om allerlei redenen te betreuren dat zijn ziekte en dood hem belet hebben om in de richting van die nieuwe verworvenheden verder te werken. Wellicht is het aan de oorlog en het daaruit voortkomende isolement te wijten dat Ket geen grotere roem heeft verworven buiten Nederland. Vrijwel al zijn werken zijn in Nederland gebleven, ook de literatuur over hem is voor negenennegentig procent Nederlandstalig. Op de grote tentoonstelling van 1980 in Parijs, 'Les Réalismes 1919-1939', was Ket te zien te midden van een grote selectie van Europese realisten. In dat gezelschap behoorde hij tot de allerbesten.

Nederland was rijk aan goede realisten. Behalve de besproken schilders is er nog het werk van bijvoorbeeld Edgar Fernhout

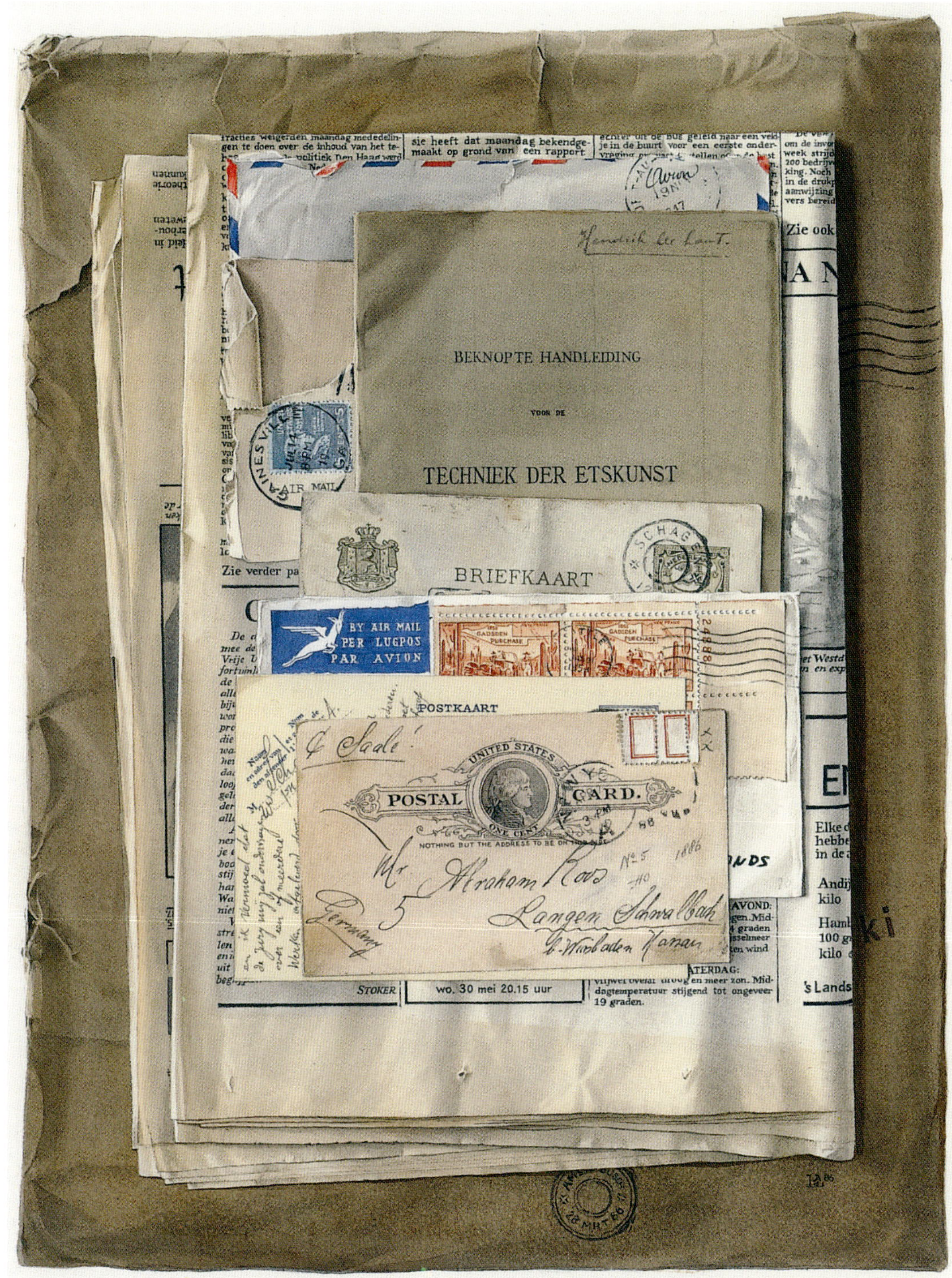

AFB. 175 – Ton de Laat, *Pakketpost*, 1986. Amsterdam, Collectie ING.

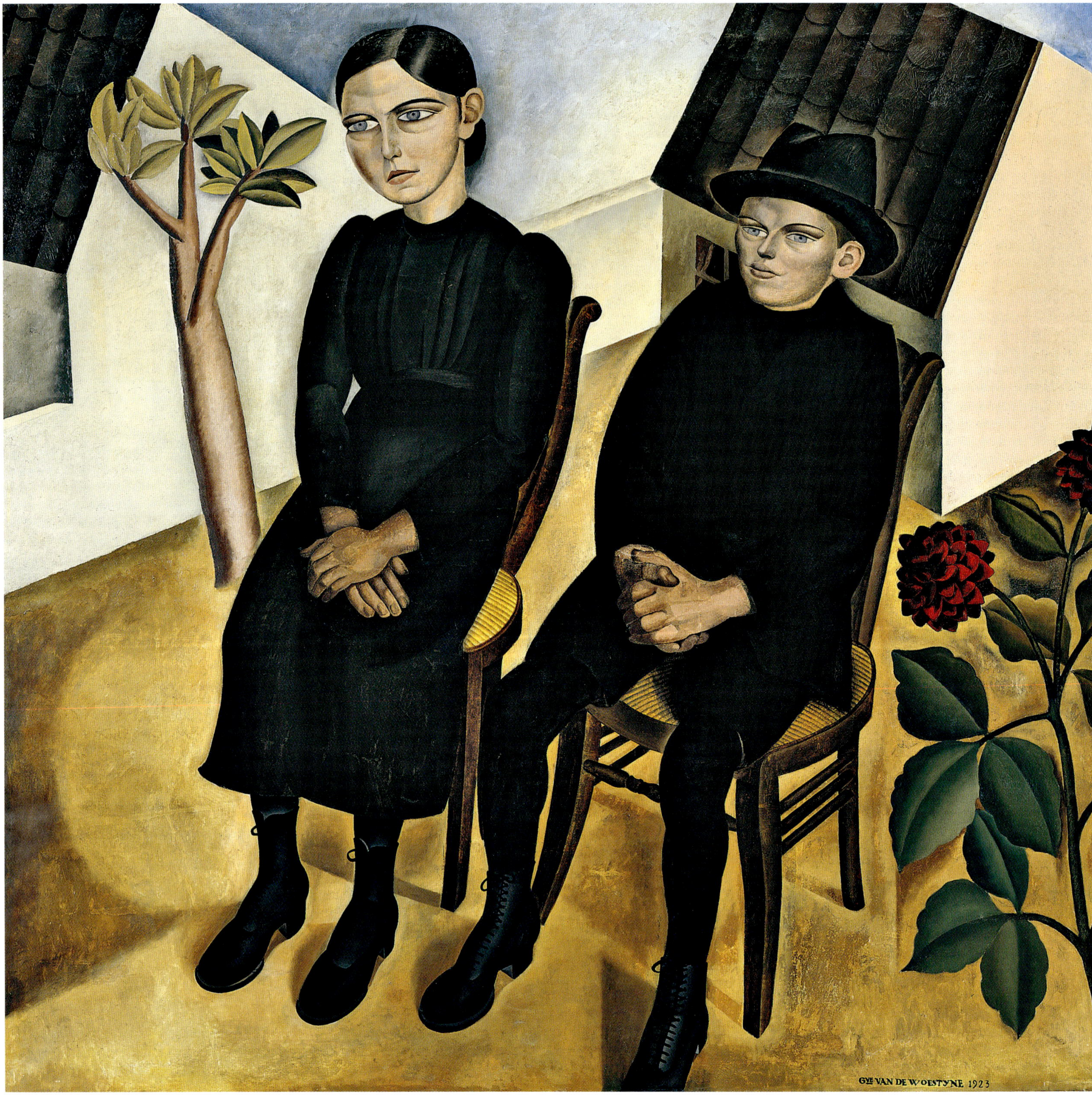

AFB. 176 – Gustave van de Woestyne, *Gaston en zijn zuster*, 1923. Olieverf op doek, 204 x 204 cm. Antwerpen, Koninklijk Museum voor Schone Kunsten.

(1912-1974) en Wim Schumacher (1894-1986), dat soms grote hoogten bereikte. Na de Tweede Wereldoorlog werd deze traditie voortgezet, onder meer in het werk van Co Westerik (1924), maar ook onbekender schilders hebben soms verbazend knap werk gemaakt. Een aquarel van Ton de Laat, *Pakketpost* uit 1986, laat zien dat de uitdaging van het technische meesterschap gedurende de naoorlogse tijd in Nederland niet vergeten werd (AFB. 175).

Ook in België ontstond tussen de twee wereldoorlogen, naast het pas ontwikkelde expressionisme, de kortstondige bloei van de abstracte kunst en het ontkiemende surrealisme, een realistische richting. Sommige kunstenaars – Jos Albert (1886-1981), Anto Carte (1886-1954), Louis Buisseret (1888-1956) – kozen voor een realistische stijl die bij een ver of minder ver verleden aanknoopte. Zij behoorden tot de zogenaamde arrière-garde, wat niet belette dat zij vanuit die retrospectieve visie tot een persoonlijke, bijwijlen originele en af en toe krachtige picturale expressie kwamen. Anderen integreerden de vernieuwingen van de moderne kunst in een min of meer neorealistische schilderwijze. Gustave van de Woestyne is van deze laatste groep de meest interessante en meest authentieke kunstenaar.

Het neorealisme wortelde, net als het surrealisme, in de Pittura Metafisica van Giorgio de Chirico. In België werd de Italiaanse schilder vooral bekend door het tijdschrift *Sélection*, maar zijn invloed deed zich hier meestal indirect gelden, via de Duitse en Franse kunst. De Duitse realistische kunst, dat is de Neue Sachlichkeit en het magisch realisme, vond in België minder weerklank. De enige schilder die verwantschap met de kunstenaars van de Neue Sachlichkeit vertoont is Van de Woestyne. Hij alleen slaagde erin verschillende aspecten van het modernisme en het realisme te verenigen en vanuit een diepgaande persoonlijke verwerking van al deze elementen een buitengewoon boeiend en veelzijdig oeuvre te scheppen (AFB. 176).

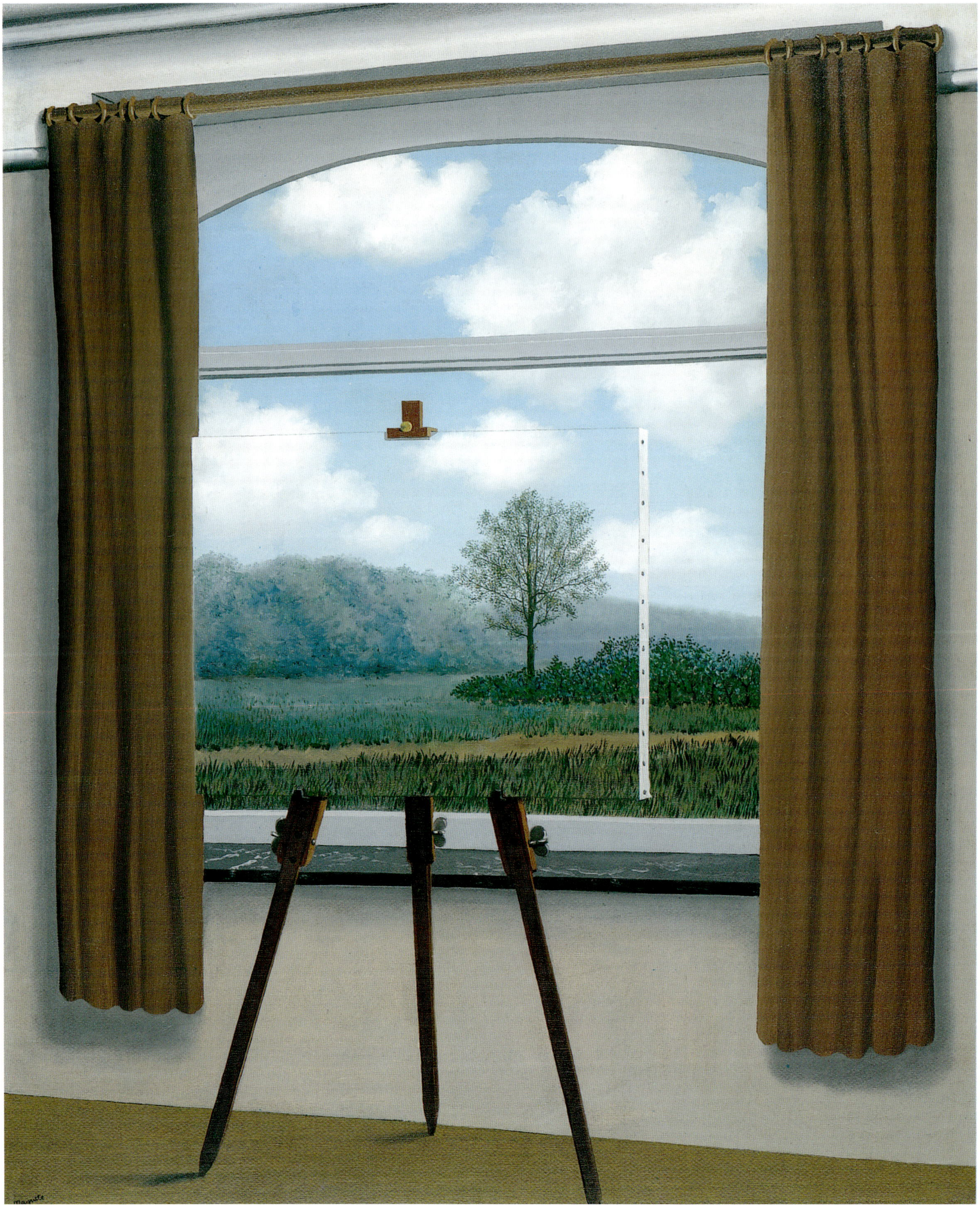

HOOFDSTUK 12

René Magritte, boegbeeld van het Belgische surrealisme

Toen de Belgische surrealistische beweging in 1926, twee jaar na Parijs, in Brussel het licht zag, waren er al ontmoetingen, experimenten en publicaties aan voorafgegaan die tot 1920 opklommen. In januari 1920 had de jonge kunstenaar René Magritte zijn eerste tentoonstelling in Brussel. Hij maakte toen kennis met de nóg jongere, toen zestienjarige E.L.T. (Eduard Léon Theodoor) Mesens. De twee mannen, jongelui eigenlijk, konden het dadelijk goed met elkaar vinden. Mesens trok in 1921 naar Parijs en knoopte er contacten aan met het avant-gardemilieu van dadaïstische schrijvers en kunstenaars. In 1924 werkten Mesens en Magritte mee aan de laatste aflevering van *391*, het dada-tijdschrift van Francis Picabia. In hetzelfde jaar publiceerde André Breton zijn eerste surrealistisch manifest, waarin hij het programma van de nieuwe beweging als volgt formuleerde: 'Ik geloof in de toekomstige oplossing van deze beide uiterlijk zo tegenstrijdig schijnende toestanden – droom en werkelijkheid – in een soort van absolute werkelijkheid: van surrealiteit.' In 1925 organiseerden de surrealisten in Parijs hun eerste tentoonstelling. In het kielzog van die groep vormden zich al snel, halverwege de jaren twintig, in Brussel een tweetal surrealistisch geïnspireerde kringen die elkaar in 1926 vonden rond gemeenschappelijke tijdschrift- en pamfletinitiatieven. De auteur José Vovelle omschreef deze belangrijke ontwikkeling als 'de kristallisering van een voldoende gestoffeerde groep die de Belgische surrealistische groep aankondigt en na het dadaïstische avontuur al duidelijk zijn sympathie voor het surrealisme heeft getoond'. Mesens en Magritte sloegen de handen in elkaar met onder anderen de dichters en schrijvers Paul Nougé, Camille Goemans (die enkele jaren later in Parijs een galerie opende), Louis Scutenaire, Marcel Lecomte, en de musicus André Souris, om actie te voeren en de surrealistische ideeën te verspreiden, via tijdschriften, manifesten, vlugschriften en evenementen. In de marge van deze groep kwamen, in Brussel en daarbuiten, andere surrealistische kernen en initiatieven tot stand, in Henegouwen bijvoorbeeld de groep Rupture in de jaren dertig, met het tijdschrift *Mauvais Temps*, en de Groupe Surréaliste du Hainaut.

De beroemdste van alle figuratieve schilders uit de Lage Landen wier oeuvre in de jaren dertig tot ontplooiing kwam, is ontegenzeglijk René Magritte. Hij is een van de duidelijkste gevallen van de invloed van De Chirico, en tegelijk de meest oorspronkelijke verwerker van die invloed. Er is geen schilder die meer werd gegrepen door het enigma van De Chirico, en in de vele essays en brieven die hij schreef, is er geen woord dat vaker voorkomt dan 'mysterie'. Aanvankelijk gebruikte hij de geijkte procedés om een mysterie te scheppen: de nadrukkelijke toneelvloer, de schaduwen, de onwaarschijnlijke combinaties van voorwerpen. Maar binnen een jaar begon hij schilderijen te maken waarin een geheel ander, eigen karakter naar voren trad (AFB. 178).

Magritte wordt beschouwd als een surrealist, maar zijn verhouding tot het surrealisme in Parijs was eigenlijk stroef, en tot de magisch realisten kan hij al helemaal niet worden gerekend. De Pittura Metafisica bracht hem weliswaar tot een gedetailleerde figuratie, maar een terugkeer tot het metier heeft hem nooit geïnteresseerd. Zijn ervaring als reclametekenaar en ontwerper van motieven voor behangselpapier had hem voldoende techniek bijgebracht voor wat hij in zijn kunst wilde bereiken. Hij heeft zich nooit bekommerd om een geraffineerde *peinture*.

Bij Magritte is (net als bij de andere kunstenaars die dankzij De Chirico hun weg vonden) de woordkeuze waarmee hij later zijn moment van ommekeer beschreef veelzeggend. Vermeld is al dat hij tot tranen toe bewogen werd bij het zien van een reproductie van *Canto d'amore* (*Liefdeslied*) en dat hij zich toen realiseerde 'hoe de poëzie de schilderkunst kon overstijgen'. Het is een merkwaardige formule, niet zomaar een willekeurige variant op de herkenning van mysterie of een

AFB. 177 [pagina 210] – René Magritte, *La condition humaine* (*Het menselijk tekort*), 1933. Olieverf op doek, 100 x 81 cm. Coisel (Seine-et-Oise), Collectie Claude Spaak.

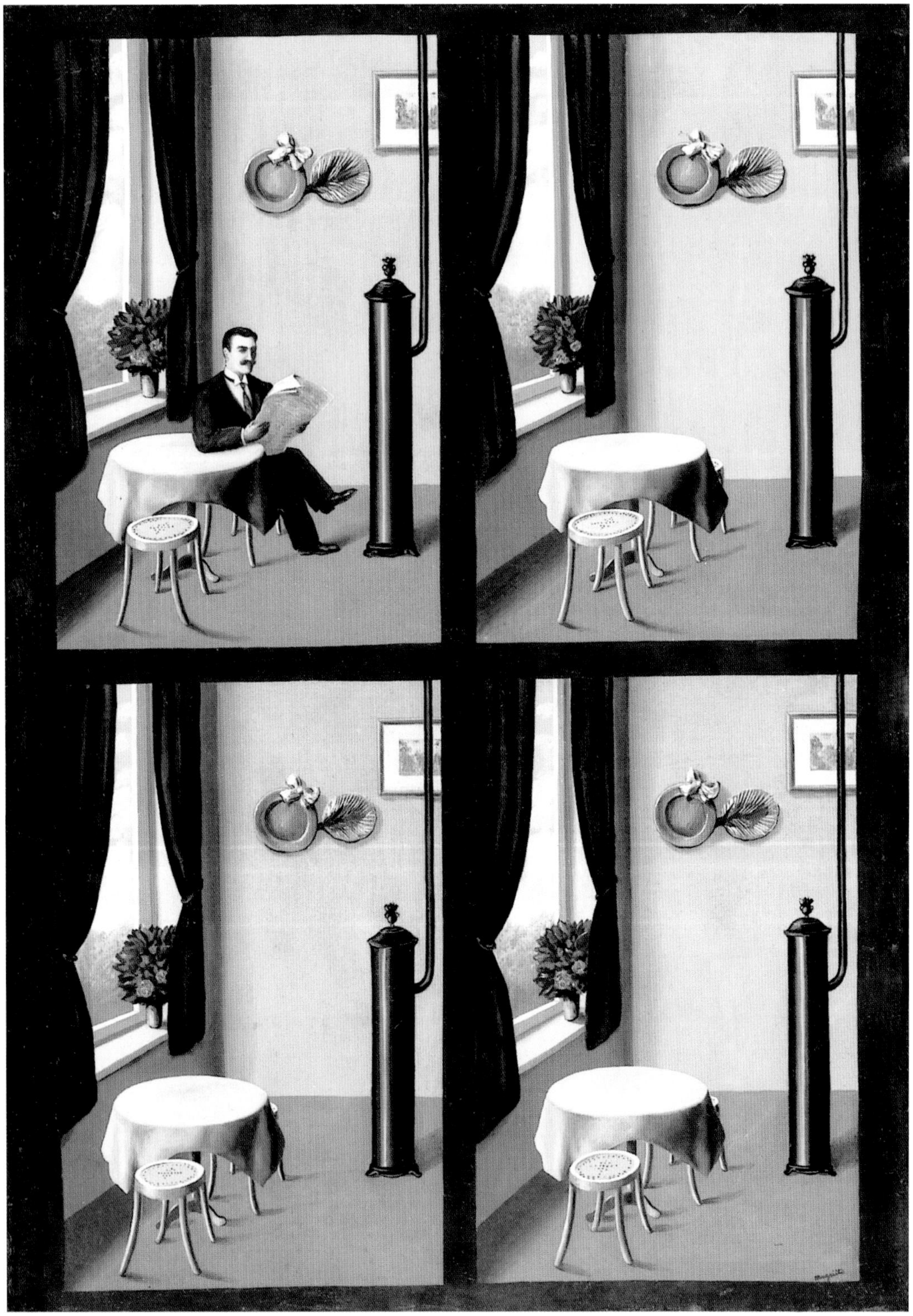

AFB. 178 – René Magritte, *L'homme au journal (De man met de krant)*, 1927-1928. Olieverf op doek, 116 x 81 cm. Londen, Tate Gallery.

poëtische stilte. Er schuilt meer in: een zeker dédain of wantrouwen jegens de schilderkunst, de suggestie zelfs dat hij er op een of andere manier *last* van had. Dit vermoeden wordt bevestigd door talloze uitspraken in latere essays en interviews. Al is het volgende citaat niet geheel vrij van koketterie, het blijft indicatief: 'Het schilderen *verveelt* me.' Deze uitspraak sloeg niet alleen op een afkeer van het fysieke werk, ze verraadde ook een bepaald artistiek uitgangspunt. De Chirico, zo zei Magritte, bevrijdde hem 'van mentale gewoontes waaraan ook moderne kunstenaars gebonden bleven – talent, virtuositeit, esthetische eigenaardigheden'. In dezelfde geest beweerde hij elders: 'Mijn schilderijen *lijken* schilderijen, zonder te voldoen aan de eisen die de handboeken van de esthetica daaraan stellen.' En ook: 'lk heb nooit de hemel als excuus gebruikt, zoals kunstenaars doen, om een van mijn favoriete blauwen naast een van mijn grijzen te zetten.' Hij onderstreepte zijn antipicturale attitude overduidelijk toen hij schreef: 'lk geloof stellig dat een mooi idee verprutst wordt door een interessante expressie.'

Dankzij De Chirico *bevrijdde* Magritte zich dus juist van het schildermetier – precies het tegenovergestelde van wat andere schilders in de Lage Landen deden. Hij heeft ook nooit erg nadrukkelijk als schilder geposeerd, en zijn atelier, of liever de plek waar hij werkte, was verre van artistiek: foto's geven het beeld van een salon in een Brussels bovenhuis, waarin het lijkt of hij, tussen de pluche stoelen en de canapé, in pak zat te werken, meer als een dichter dan als een artiest. Zijn contact met dichters was trouwens intenser dan dat met schilders, en hij nodigde soms een kring van literaire vrienden uit om zich te bemoeien met de schilderijen zelf, en in ieder geval met de titels van individuele composities. Magritte exposeerde nooit onder de benaming 'compositie nummer 3' of iets dergelijks neutraals. Elk werk werd voorzien van een uitgesproken titel, die deel uitmaakt van het werk als geheel (AFB. 179).

Voor de liefhebbers van meesterschap en schilderkunstige rijkdom is aan Magrittes werk bitter weinig te beleven (en dat wilde hij dus zeer bewust zo), aan zijn ideeënrijkdom des te meer. Het is niet overdreven om hem een voorvader van de conceptuele kunst te noemen, en het is bepaald geen toeval dat zijn ster pas werkelijk internationaal begon te schitteren in het laatste decennium van zijn leven, in het klimaat van popart, neodada en conceptualisme waarin zijn werk goed leek te passen – beter in ieder geval dan dat van enige andere surrealist. Zijn toegenomen faam in de internationale kunstwereld had nog een ander effect: de enorme verspreiding van zijn beeldtaal in de wereld van de publiciteit en de reclame. Op hoezen van grammofoonplaten, affiches, boekomslagen en illustraties voor tijdschriften werd telkens opnieuw gevarieerd op ideeën die Magritte had ontwikkeld, en vaak was de variatie ten opzichte van het origineel minimaal. Dit overweldigende reproductieve succes van Magritte (vooral in de jaren zeventig) maakt het tegenwoordig soms moeilijk om de oorspronkelijkheid en de kracht van de originele werken nog op de juiste waarde te schatten.

Er schuilt een soort logica in het feit dat dit nu juist Magritte is overkomen. Niet alleen omdat hijzelf in de jaren voor de oorlog nogal veel voor de Belgische reclamewereld had gewerkt, maar ook omdat het concept 'reproductie' wellicht een van zijn belangrijkste thema's was. Zijn schilderijen zijn bovendien gemaakt in een mechanische techniek, die zich bij uitstek leent voor mechanische reproductie, en Magritte wist dat. Niet alleen in hoé hij schilderde zit een afstandelijkheid, maar ook in wát hij schilderde: zijn composities zijn uitdrukkingen van een gecultiveerde onpersoonlijkheid (daar sloot zijn interesse in de rol van de detective voortreffelijk bij aan). Al blijft het natuurlijk mogelijk dat de motiefkeuze door zijn persoonlijk gevoelsleven werd bepaald, toch lijkt in zijn geval, anders dan bij Koch, Ket of Willink, een autobiografisch verband eigenlijk irrelevant. De oorsprong en betekenis van zijn beeldwereld liggen op een ander, meer conceptueel niveau.

Een belangrijk iconografisch motief, zo niet hét belangrijkste, dat Magritte uit het voorbeeld van De Chirico haalde, was het motief van het 'schilderij in het schilderij', dat wat De Chirico zelf 'de eenzaamheid van tekens en lijnen' noemde. Magritte sprak en schreef vaak over bijvoorbeeld *la présence* als een absoluut raadsel. Maar hij zocht de uitdrukking van dat raadsel niet zozeer in de werkelijkheid om hem heen, als wel in het mysterie van het afbeelden en de reproduceerbaarheid. Magritte schilderde dan ook raadsels van het beeld, in plaats van beelden van raadsels.

Van sommige schilderijen is redelijk goed bekend op welke wijze ze tot stand zijn gekomen. Als een vreemde ontmoeting of een

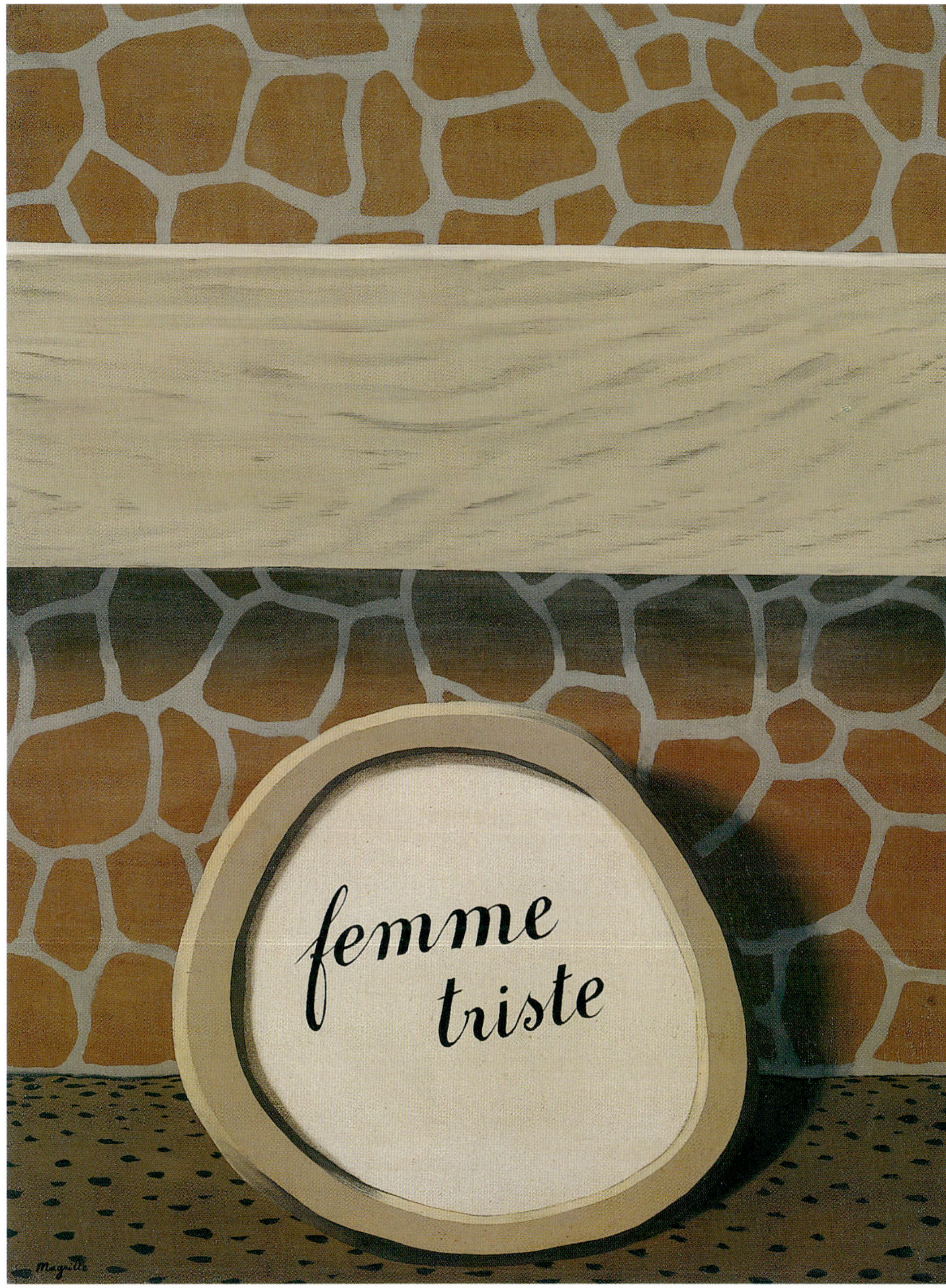

AFB. 179 – René Magritte, *Le sens propre IV (De letterlijke betekenis)*, 1928-1929. Olieverf op doek, 73,3 x 54,6 cm. New York, Collectie (wijlen) Robert Rauschenberg.

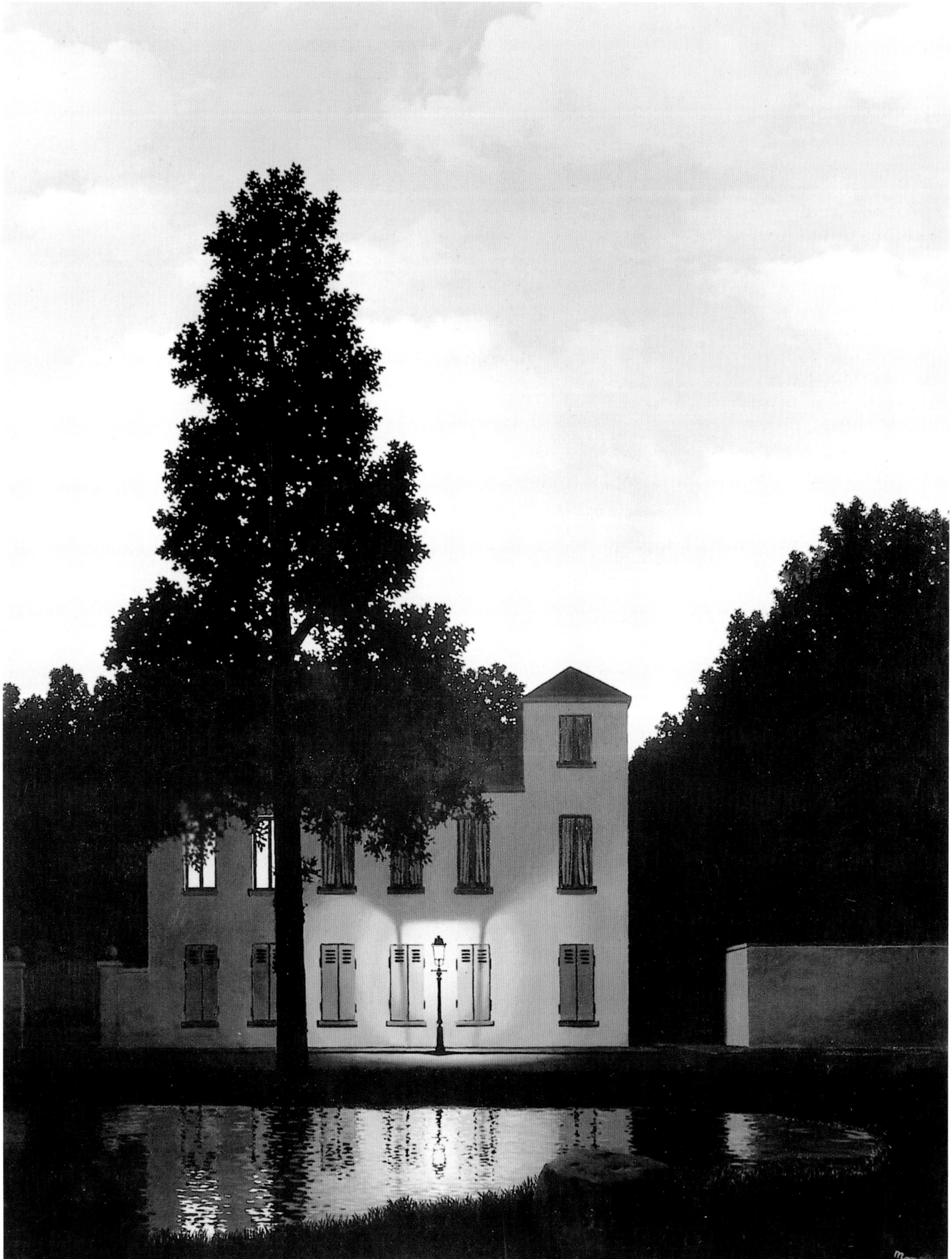

combinatie van voorwerpen er een rol in speelde, was dat eigenlijk maar zelden de toevallige ontmoeting van incongruente zaken, zoals in het beroemde voorbeeld van De Lautréamont, waar sprake is van een toevalstreffen van paraplu en naaimachine op een operatietafel. Ook gaat het niet om een *Stimmung* of atmosfeer. Het potentieel van voorwerpen wordt door Magritte vrij systematisch geëxploreerd. Zo schreef hij na de oorlog in een brief: 'Mijn huidige probleem wordt gevormd door de vraag hoe ik (bij wijze van voorbeeld) in een schilderij een stoel kan laten zien. Het antwoord op mijn vraag is een voorwerp dat onder andere is voorbestemd om met een stoel te worden samengevoegd (voor de kooi is dat een ei, voor een paraplu een glas, voor de deur is dat een opening waar men doorheen kan).' Op het ogenblik dat hij dit schreef, werkte hij inderdaad aan een schilderij over het object 'stoel', en de andere voorbeelden die hij noemde (kooi, paraplu) had hij reeds in schilderijen verwerkt. Uit het citaat blijkt dat het in zulke gevallen ging om verbanden van conceptuele aard, hoewel die conceptuele relatie niet hoeft in te houden dat zulke voorwerpen ook in het dagelijkse leven regelmatig in elkaars buurt worden aangetroffen – eerder juist niet. Kooi en ei verbinden zich kennelijk via het concept 'vogel', paraplu en glas via 'water'. In het geval van de stoel zal het verbindende concept 'billen' of 'zitvlak' zijn geweest, en zo schilderde hij een stoel met een staart. Het eigenaardige is dat Magritte – na enig gepuzzel, bijvoorbeeld hoe glas en paraplu op het beeldvlak moeten worden verbonden, of waar die staart aan het meubel bevestigd zit – dan vaak een beeld weet te creëren dat inderdaad treffend en mysterieus is, al is het dat op een totaal andere manier dan waarop Willink of De Chirico dat wilden zijn.

Was eenmaal vastgesteld welke beeldcombinatie en -structuur het meest treffend is (daartoe maakte hij reeksen varianten in tekening, ongeveer als een *artdirector*), dan was het schilderen zelf bijna een kwestie van noteren. 'De enige en exclusieve trant die mij werkelijk nodig lijkt, is om zonder fantasie of originaliteit ideeën die al voortreffelijk genoeg zijn om te schilderen, zó te schilderen dat zij niets anders nodig hebben dan de nauwkeurige beschrijving.' Beschrijving is hier een typerend

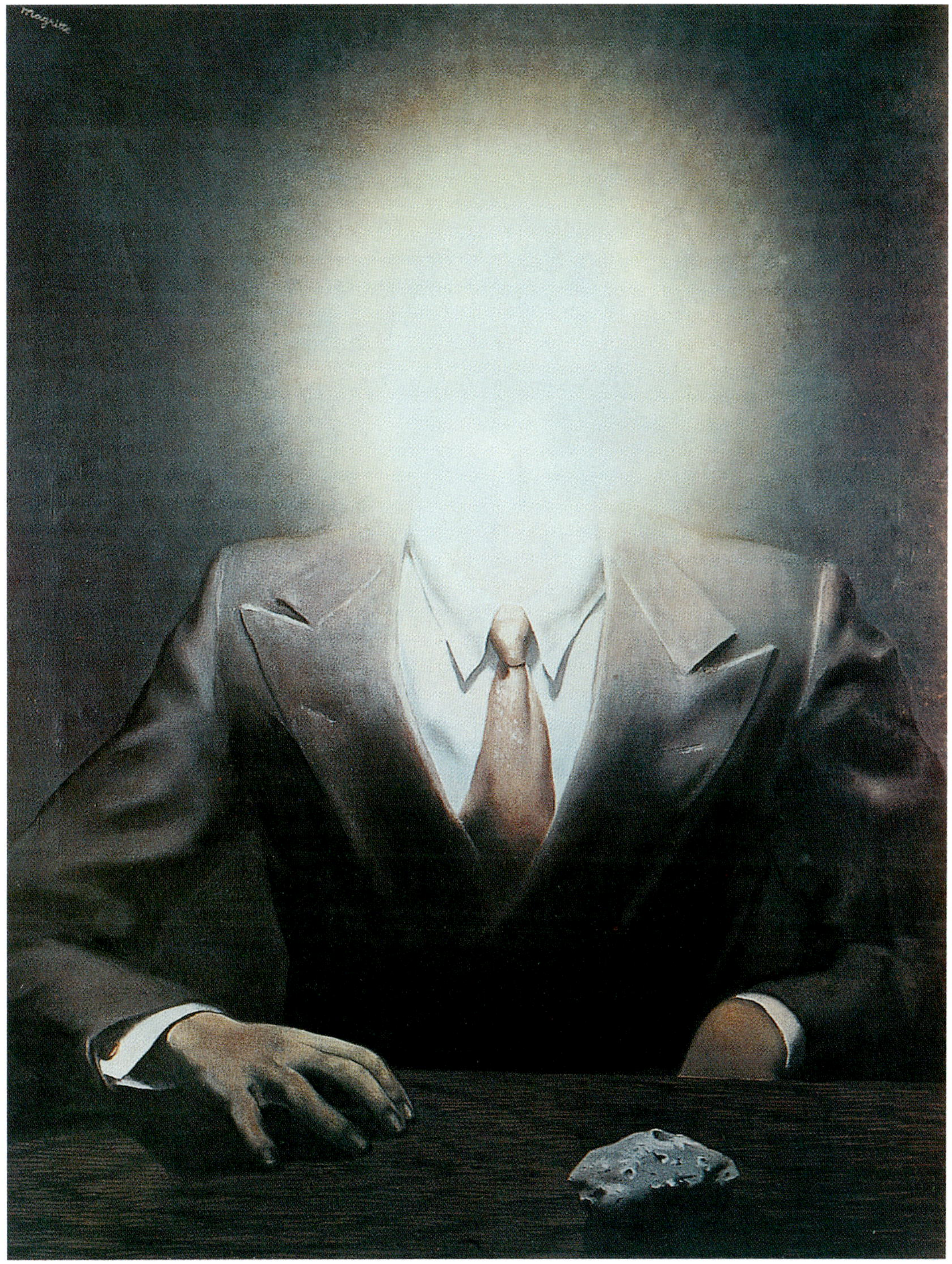

AFB. 180 [boven] – René Magritte, *Le Principe de plaisir (Het wellustbeginsel)*, 1937. Olieverf op doek, 79 x 63,5 cm. Chicester, Edward James Foundation.

AFB. 181 [pagina 214] – René Magritte, *L'empire des lumières (Het rijk der lichten)*, 1954. Olieverf op doek, 146 x 114 cm. Brussel, Koninklijke Musea voor Schone Kunsten.

woord; we zagen al hoe Magritte negatief kon zijn over de esthetica van het picturale. Toch zou het fout zijn als dit citaat suggereert dat het beeld ook zou kunnen worden weggelaten, alsof beschrijving en verbeelding eender zouden zijn. Het beste werk van Magritte berust juist op dat verschil tussen beschrijving en in beeld brengen. Er is een groep schilderijen waarin dat verschil zelf rechtstreeks aan de orde wordt gesteld: composities met een figuur bijvoorbeeld, die dwaalt in een landschap waarin woorden zijn neergezet alsof het objecten zijn, of waar objecten, heel duidelijk en tergend, zijn voorzien van de verkeerde naam. Het beroemdste product van deze reeks is het schilderij *Woordbreuk der beelden,* waarop een voorwerp is te zien, samen met de mededeling dat het er niet is: *Ceci n'est pas une pipe*. En inderdaad, de afbeelding van een pijp is geen pijp, maar tegelijkertijd zijn afbeeldingen natuurlijk wel datgene wat zij afbeelden.

Magritte formuleerde over de verhouding tussen taal en afbeelding een aantal lucide opmerkingen in een kort betoog getiteld *Les mots et les images*. De tekeningen die hij als illustratie toevoegde, sluiten nauw aan bij de iconografie van zijn werk in die periode. De relatie tussen beeldregels en taalregels speelt echter ook op een fundamenteler niveau een rol in zijn oeuvre: een groot aantal van zijn schilderijen is voortgekomen uit verkenningen van beeldregels zelf, in plaats van uit de loutere rangschikking en selectie van de voorwerpen die zijn verbeeld. Het ging bij hem vaak vooral om inversies en transformaties van zulke regels, vergelijkbaar met de vreemde effecten die in zinsbouw en semantiek kunnen optreden door transformaties en perversies van de grammatica. In verbale taal is het mogelijk om door grammaticale transformaties van gewone zinnen nieuwe zinnen te genereren die eigenaardig of mysterieus zijn. 'Het regent' is een simpele actieve zin, maar wat gebeurt er als hij passief wordt gemaakt? 'Het wordt geregend' is een uitspraak die in zekere zin ongrammaticaal is, maar toch een beeld kan oproepen, en een vage nieuwe wereld creëert. Sommige van Magrittes schilderijen zijn als het ware op zo'n manier gemaakt. Een voorbeeld: in een beeld hoeft datgene wat op een plat vlak een ander beeldonderdeel raakt, niet per se in de buurt te zijn, maar die suggestie kan wel ontstaan (AFB. 180). Denk aan de talloze foto's van de scheve toren van Pisa, waar toeristen vlak voor de camera een steunende houding aannemen en op het beeldvlak de suggestie doen ontstaan dat zij reuzen zijn die de toren (in werkelijkheid ver weg maar op het beeldvlak vlakbij) voor omvallen behoeden. Het is met zulke eigenschappen van de wereld van het platte vlak dat Magritte zijn beelden voortbracht. (Hij heeft trouwens een toren van Pisa geschilderd waar een vogelveer tegen aanleunt, niet zijn beste schilderij, maar wel illustratief voor de aard van zijn beeldverkenningen.)

Een ander voorbeeld: in een beeld duidt de overlapping van het ene object door het andere op een ruimtelijke relatie, het ene ding bevindt zich voor het andere. De tekenaar die een figuur tussen een groep bomen wil weergeven, zal soms de tekening van de figuur onderbreken en een boomstam afbeelden die het zicht beneemt. Wat gebeurt er als deze regel verkeerd wordt toegepast of tijdelijk genegeerd? In een schilderij als *Carte blanche* heeft Magritte precies dat effect uitgeprobeerd: per vergissing, als het ware, zijn stukken van een amazone die door een park rijdt soms over de bomen heen geschilderd die haar zouden moeten overlappen, terwijl zij elders wordt overlapt door stukken landschap die *achter* haar liggen.

Nog interessanter wordt het als een ingreep in de beeldopbouw een nieuwe wereld doet ontstaan. Aanleiding daartoe kan bijvoorbeeld de schaal van voorwerpen zijn: het formaat van het beeldvlak gaat in een perspectivisch beeld een relatie aan met het formaat van voorwerpen in het beeldvlak, een relatie die door afstand wordt bepaald. Zeer treffend in dat verband is het schilderij *Persoonlijke waarden,* dat een kamer voorstelt waarin allerlei banale voorwerpen zoals een scheerkwast, een kam, een stuk zeep, schijnbaar naar willekeur in een bepaald formaat zijn weergegeven. Het resultaat is een weliswaar coherente maar ook onthutsende scène, die ontstaan is door een manipulatie in de standaardinstructie voor het maken van een perspectivische afbeelding. Vergelijkbare ingrepen pleegde Magritte ook met een element als stofuitdrukking. Het effect van de instructiefout wordt poëtisch en zelfs domweg mooi in *Het rijk der lichten,* waar de onderkant van het schilderij een huis afbeeldt bij avond, met het bijbehorende effect van schaduw en het lichtschijnsel van een lantarenpaal (AFB. 181). Eigenaardig genoeg is de bovenkant van het schilderij geschilderd volgens een afwijkende instructie: 'maak hemel bij daglicht'. Nog eigenaardiger is dat het resultaat juist harmonisch is en tot een poëtische uitbeelding van het schemeruur leidt.

Al deze voorbeelden laten zien hoe Magritte van de 'reproductie' (of eigenlijk reproductiestoornis) een geheel eigen en vruchtbaar thema wist te maken. Een van zijn beste werken, *Reproduction Interdite (Verboden af te beelden)*, is het portret van de excentrieke Edward James, een mecenas van het surrealisme (AFB. 182). Het laat een man voor een spiegel zien. Spiegels herhalen gewoonlijk een beeld, en zo ook hier. Alleen herhaalt de spiegel dit keer het beeld dat wij, vanuit óns standpunt, van de man zien en dat is zijn achterkant in plaats van een aangezicht. De spiegel gaat bij deze afwijkende vorm van reflectie overigens wel selectief te werk: andere voorwerpen, zoals het boek op de schoorsteenmantel (een editie van *Gordon Pym* van Edgar A. Poe, favoriete lectuur van Magritte), worden op de normale wijze in spiegelbeeld gezet. Dat zulke schilderijen een vreemde schoonheid kunnen hebben, is misschien juist een gevolg van de spaarzame middelen waarmee ze zijn samengesteld. Ze zijn droog als huishoudelijke mededelingen, maar het zijn berichten uit een universum waarin weinig zeker is. Ze attenderen ons op de vanzelfsprekendheid waarmee wij onze wereld als betrouwbaar en kloppend ervaren. Hoewel Magritte net als andere adepten van De Chirico vooral het mysterie van eigenaardige combinaties van voorwerpen in een suggestieve ruimtelijke setting scheen na te streven, opende zijn werk in feite een heel andere deur. Meer dan enige andere surrealist was hij gevoelig voor het geheim van het schilderij in het schilderij, het beeld van het beeld.

Een echt klassiek schilderij in al zijn eenvoud en raffinement is het werk met de pretentieuze titel *La condition humaine (Het menselijk tekort)*, een titel die suggereert dat het wonder van de afbeelding door Magritte als een essentieel onderdeel van het menselijk bestaan werd gezien (AFB. 177). Zoals vaker lijkt het beeld gemakkelijk te beschrijven, maar mist een weergave in woorden precies de frappe die het schilderij met zoveel schijnbaar gemak bewerkstelligt. In een kamer, voor een raam, staat een ezel, en op die ezel staat een schilderij. De voorstelling op het weergegeven schilderij loopt volkomen plausibel over in de wereld die erachter (op het beeldvlak: eromheen) ligt. We kijken kennelijk precies op het projectiepunt. Eén stapje opzij en het landschap verschuift ten opzichte van de achtergrond – de randen sluiten niet meer aan. Er zal iets in beeld komen náást het schilderij wat nu nog alleen óp het afgebeelde doek is te zien: een struik, een wolk of een boom. Dat element zullen we dan twee keer zien. Of niet? Zou blijken dat de wereld achter die schildersezel juist verschílt van het schilderij dat erop staat? Staat er wellicht een huis, een bulldozer of een giraf die nu precies door het doek wordt afgedekt? Het werk kan worden beschouwd als een spiritueel commentaar op Alberti's (of Da Vinci's) visie op de perspectief, op de idee dat een schildering een venster kan zijn op een wereld daarachter. Maar voor hetzelfde geld is *Het menselijk tekort* een diepzinnig commentaar op de filosofie van de waarneming, en de gedachte dat het waargenomene altijd een projectie is, een constructie van de waarnemer op het *Ding an sich* dat onkenbaar is en aan de waarnemer ontsnapt. Het bijzondere is dat Magrittes filosofische verkenning van beeld, reproductie en verdubbeling nu juist niet nadrukkelijk of uitgesproken is. Hij becommentarieert niet, maar presenteert. De consequenties en conclusies laat hij door anderen formuleren, door een filosoof als Michel Foucault bijvoorbeeld, die over *Woordbreuk der beelden* ('Ceci n'est pas une pipe') een uitgebreid en ingewikkeld commentaar schreef. In vergelijking daarmee zijn de beeldbetogen van Magritte juist zo helder en simpel.

Het menselijk tekort is de meest geslaagde variant uit een reeks werken waarvan sommige iets geforceerder zijn. In dit werk valt op met welke geringe ingrepen een situatie wordt geschetst die bij analyse uiterst ingewikkeld is. Een poging bijvoorbeeld om de situatie driedimensionaal na te bouwen zou rekening moeten houden met het feit van het schilderij op de ezel, omdat deze afbeelding zich niet volledig parallel bevindt aan het beeldvlak van het uiteindelijke schilderij. Om deze situatie te *schilderen* is echter weinig nodig: het aangeven van een strook linnen en de spijkers op het spieraam, en een kleine inspringing in de rand van het gordijn; bovenaan een stukje van de ezel en eronder drie poten. Het resultaat is een prachtig beheerst, onpersoonlijk, klassiek schilderij dat niemand anders had kunnen maken dan René Magritte.

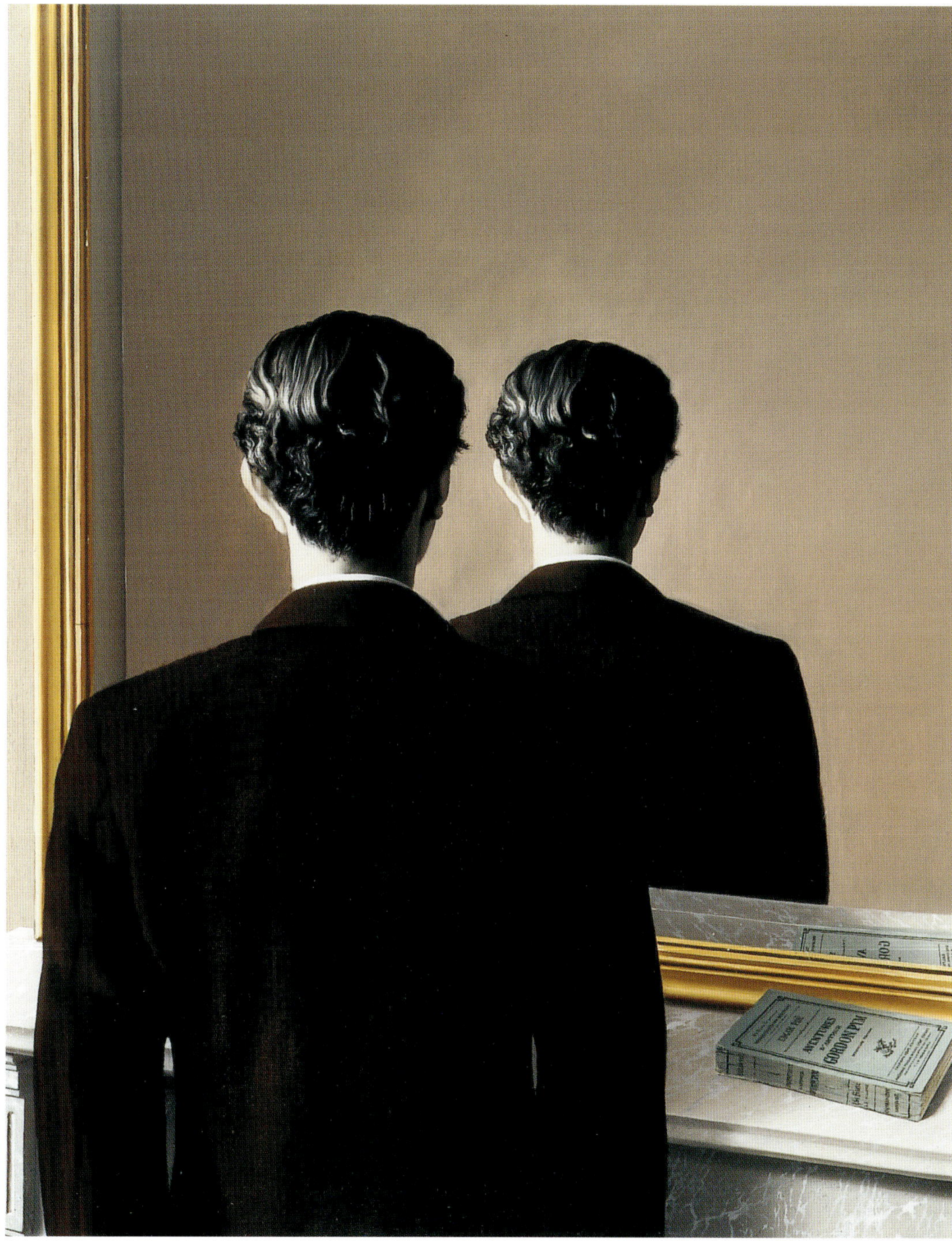

AFB. 182 – René Magritte, *Réproduction interdite (Verboden af te beelden)*, 1937. Olieverf op doek, 81,3 x 65 cm. Rotterdam, Museum Boijmans Van Beuningen.

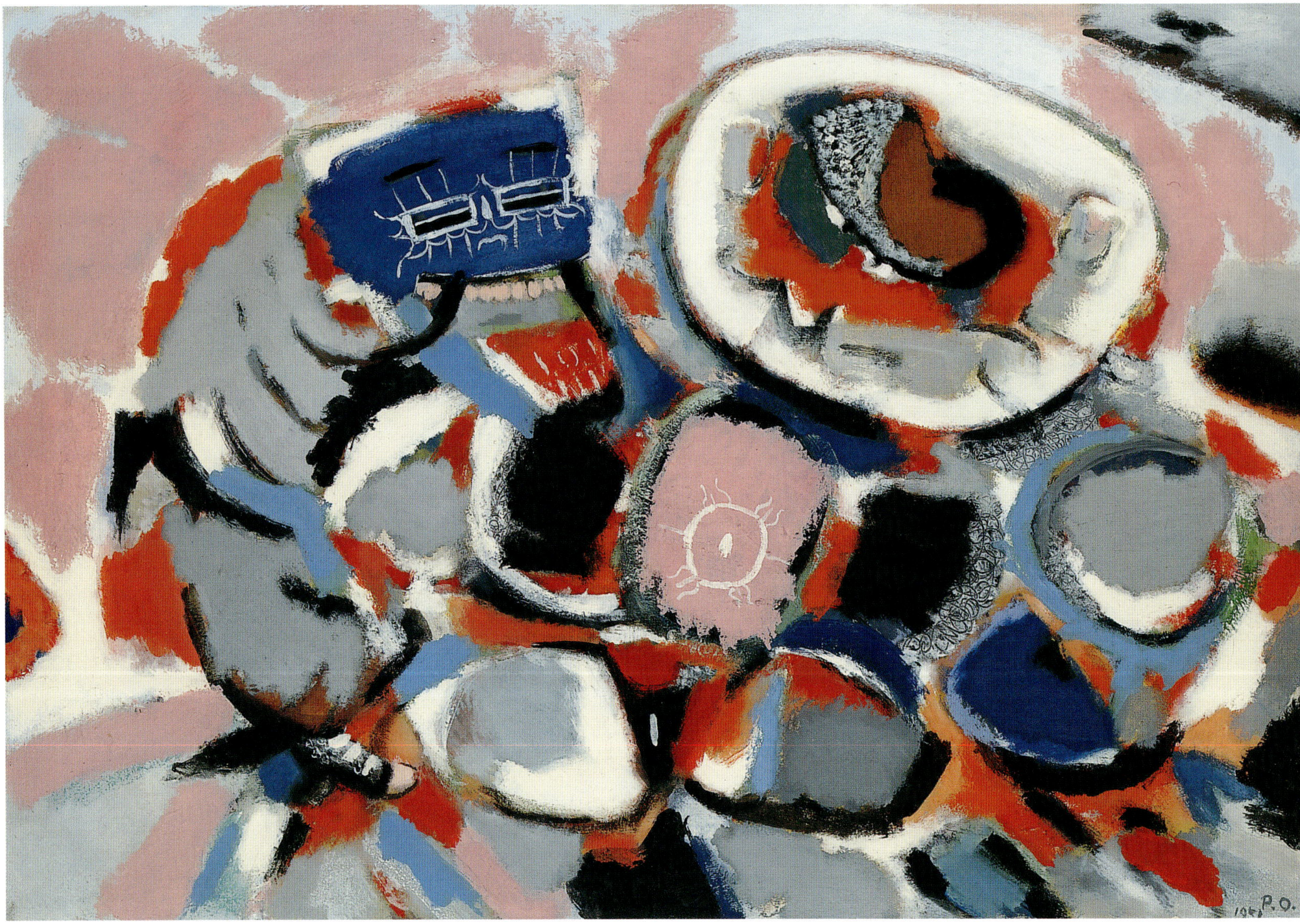

AFB. 183 – Piet Ouborg, *Intertwined Figures*,
Amsterdam, Stedelijk Museum.

HOOFDSTUK 13

De avant-garde na de Tweede Wereldoorlog en Cobra

Terugblikkend op de twintigste eeuw kunnen wij zeggen dat dit tijdvak een grotere variatie van kunststijlen en -opvattingen laat zien dan enige andere periode daarvoor. Uitvindingen, wetenschappelijke ontdekkingen, politieke omwentelingen en twee wereldoorlogen volgden elkaar in snel tempo op; dat bracht ook radicale veranderingen in de kunstwereld teweeg. De gangbare waarden en normen werden in twijfel getrokken. Na de Tweede Wereldoorlog leidde de enorme ontwikkeling van productie- en communicatietechnieken tot een hyperdynamische en geïnternationaliseerde maatschappij. Nooit evolueerde de samenleving zo snel als in de tweede helft van de twintigste eeuw, nooit was de kunst zo woelig. Het artistieke landschap na 1945 is een caleidoscoop van figuratie, abstractie, object en readymade, popart, hyperrealisme, constructivisme, minimalisme, conceptuele kunst, en veel meer. Het principe van de voorstelling in de kunst, de esthetische beschouwing van een kunstwerk, het wezen zelf van de kunst werd onderzocht en vaak nadrukkelijk verworpen. Het artistieke proces in de Lage Landen staat niet los van de internationale ontwikkelingen. Europa, en zelfs de hele wereld, is één klankbord geworden. In dat geheel geeft de Oude Wereld niet langer de toon aan. Vooral Amerika is een laboratorium geworden waar geëxperimenteerd wordt en waar nieuwe stromingen ontstaan. Niettemin zijn in de tweede helft van de twintigste eeuw in Europa, en ook in Nederland en België, veel creatieve en originele kunstenaars aan het werk geweest. Verscheidene onder hen hebben wereldwijde erkenning gekregen.

Na de Tweede Wereldoorlog trad in België een nieuwe generatie kunstenaars aan, die de levende kunst aan bod wilde laten komen tegen het hinderlijke overwicht van de grote tradities in. Geïnspireerd door de Franse kunst van dat moment wilden zij de kleur bevrijden. Zij voelden de noodzaak om zich te groeperen, zonder voorkeur voor stijl of strekking, gewoon om hun stem met meer kracht te laten horen. In 1944 vond in Brussel een tentoonstelling van deze jonge kunstenaars plaats, onder de titel 'La jeune peinture belge'. Een jaar later werd de Association de la Jeune Peinture Belge, de Vereniging van de Jonge Belgische Schilderkunst, opgericht, zonder gemeenschappelijke gedragslijn of stijl, zonder grote theoretici of pleitbezorgers met bekende namen. Wel werd James Ensor veelbetekenend tot erelid verkozen. De doelstelling was door de organisatie van tentoonstellingen in binnen- en buitenland de jonge kunstenaars voor het voetlicht te brengen. Tot de medestichters behoorden Gaston Bertrand (1910-1994), Louis van Lint (1909-1986), Anne Bonnet (1908-1960), Jan Cox (1919-1980) en Marc Mendelson (1915). In de loop van de achtereenvolgende exposities traden voortdurend nieuwe leden toe, onder anderen Antoine Mortier (1908-1999), Luc Peire (1916-1994), Jo Delahaut (1911-1992), Pierre Alechinsky (1927) en Pol Bury (1922-2005). De vereniging kende maar een kort bestaan en werd al in 1948 ontbonden. In het kader van die efemere verbintenis ontstond niettemin een nieuw abstract elan. Elkeen ging nadien zijn eigen weg, in de richting van een lyrische abstractie – *Herfstverwildering* van Van Lint en *Spaans landschap* van Mendelson – of van een constructieve abstractie waarin de lijn overheerste – *De gouden stad* van Bonnet en *Portret van Alla Goldschmidt* van Gaston Bertrand (AFB. 184). Mortier schilderde grote, krachtig uitgevoerde expressionistische doeken en gouaches.
In 1952 kreeg de abstracte kunst nog een impuls van Art Abstrait, een door Jo Delahaut, Jan Burssens (1925-2002), Jean Milo (1906-1993) en Pol Bury opgerichte kunstenaarsbeweging. Vanaf 1948 manifesteerden Pierre Alechinsky en Christian Dotremont (1922-1979) zich als de belangrijkste Belgische vertegenwoordigers van Cobra, een invloedrijke avant-gardegroep van Belgische, Deense en Nederlandse kunstenaars die een nieuwe gevoeligheid en nieuwe artistieke ideeën cultiveerden; zij verzetten zich tegen de geijkte opvattingen en de strenge regels in de kunst en wilden de spontane uitdrukkingsmiddelen opnieuw in eer herstellen. Maar over dat alles meer hierna.

AFB. 184 [pagina 221] – Gaston Bertrand, *Portret van Alla Goldschmidt*, 1951. Olieverf op doek, 54 x 45 cm. Brussel, Koninklijke Musea voor Schone Kunsten.

Soms staan bruikbare mededelingen op vreemde plaatsen. Neem nu de Bergense *Badbode* – een wel zeer lokaal orgaan van het badplaatsje Bergen. In 1948 besteedde het blad aandacht aan de jonge kunstenaar Constant Nieuwenhuis (1920-2005). De naam zal op dat moment voor weinig mensen bekend hebben geklonken, maar daar zou gauw verandering in komen: een dik jaar later veroorzaakte een door hem geïnitieerde manifestatie in het Stedelijk Museum van Amsterdam nationale opschudding. Constant (hij koos zijn voornaam als artiestennaam) was een van de voormannen van de Nederlandse Experimentele Groep, en later van de Cobra-beweging. Uit het artikel waarin Constant aan het woord komt, blijkt onmiddellijk dat we met een jonge kunstenaar te maken hebben, te oordelen naar gechargeerde boutades als 'Onze cultuur is in wezen reeds gestorven' en 'De nog overeindstaande façades kunnen morgen door de atoombom omvergeblazen worden, maar vermogen ook zonder dat niet te bedriegen.' Alle zekerheden waren volgens de jonge kunstenaar weggevallen, en er restte geen enkel geloof meer, behalve dan dit éne: 'dat wij leven en dat tot het wezen van dit leven behoort zich te manifesteren. Deze vitale manifestatie stel ik tegenover de holle mooidoenerij van hen voor wie kunst iets is dat los staat van hun instinct of het nu "stijl" of "uitbeelding" is.'

Het is in de twintigste eeuw gebruikelijk dat kunstenaars veel lawaai gebruiken om voor hun kunst aandacht te vragen en deze manifesttoon is niet het sympathiekste deel van de moderne kunst. Constant hield in ieder geval van manifesten, en hij was er ook goed in: als hij 'stijl' en 'uitbeelding' hekelt, spreekt hij precies over de twee terreinen waarop de kunst in zijn land zich tot dan toe had onderscheiden. Het zouden de titels kunnen zijn van het eerste deel van dit verhaal over de nieuwe kunst tot en met Mondriaan (stijl) en van het tweede deel dat over de neorealisten ging (uitbeelding). Natuurlijk hadden in België zowel als in Nederland expressionistische schilders in grote groepen gewerkt, waarvan sommigen opmerkelijke resultaten hadden weten te bereiken, zoals de al genoemde Groningse groep van De Ploeg en de Vlaamse expressionisten onder leiding van Permeke. Maar deze expressionistische richtingen hadden niet echt een grote rol gespeeld in internationaal verband, en andersom had het radicalere expressionisme van de internationale avant-garde voor deze kunstenaars weinig betekend. Pierre Alechinsky, Constant, Karel Appel (1921-2006), Christian Dotremont, Corneille (1922) en andere leden van Cobra sloegen echter met een nieuwe vorm van expressie een weg in die zich van 'stijl' en 'uitbeelding' onderscheidde, en die van internationale betekenis was (AFB. 185 en 187).

Dat Constant in 1948 zo'n heftige toon aansloeg, is wel te begrijpen als we terugblikken op het kunstklimaat in de jaren dertig en veertig. Daar had een ware bloei van figuratieve kunst plaatsgevonden, zoals we zagen, maar tegelijk kon bezwaarlijk van een sprankelend kunstleven worden gesproken, alleszins niet waar het de schilderkunst betrof (voor architectuur, vormgeving en fotografie lag het wat anders). In de uitspraken van de jongere generatie, en dat geldt voor België net zozeer als voor Nederland, keert steeds de klacht terug over hoe gesloten het kunstklimaat was. Corneille beweert in een herinnering aan de jaren tijdens en vlak na de oorlog bijvoorbeeld dat in de academie in Amsterdam alles wat naar recente kunst neigde werd geboycot: 'Als we op de academie naar literatuur daarover vroegen was die plotseling onvindbaar in de bibliotheek. Vooral de Haagse School werd daar gepropageerd. Boeken over Van Gogh waren volkomen stuk gebladerd, en bijvoorbeeld een klein boekje over Matisse was helemaal kapot.' Het klinkt een beetje onwaarschijnlijk dat zelfs Van Gogh in het Amsterdam van de jaren veertig artistieke contrabande zou zijn geweest, maar dat het aanbod van materiaal over de Parijse avant-garde gering was, zal ongetwijfeld kloppen.

Vlak na de oorlog bereikte een Parijse uitgave uit 1943, *Cinq peintres d'aujourdhui*, Amsterdam. Het was een boek, eigenlijk meer een map, vol kleurrijke reproducties van het werk van jonge schilders van de Ecole de Paris. Het effect van deze verzameling afbeeldingen moet zeer groot zijn geweest, als we afgaan op de herinneringen van opnieuw Corneille: 'Een Gischia, Estève, Pignon waren bij ons niet

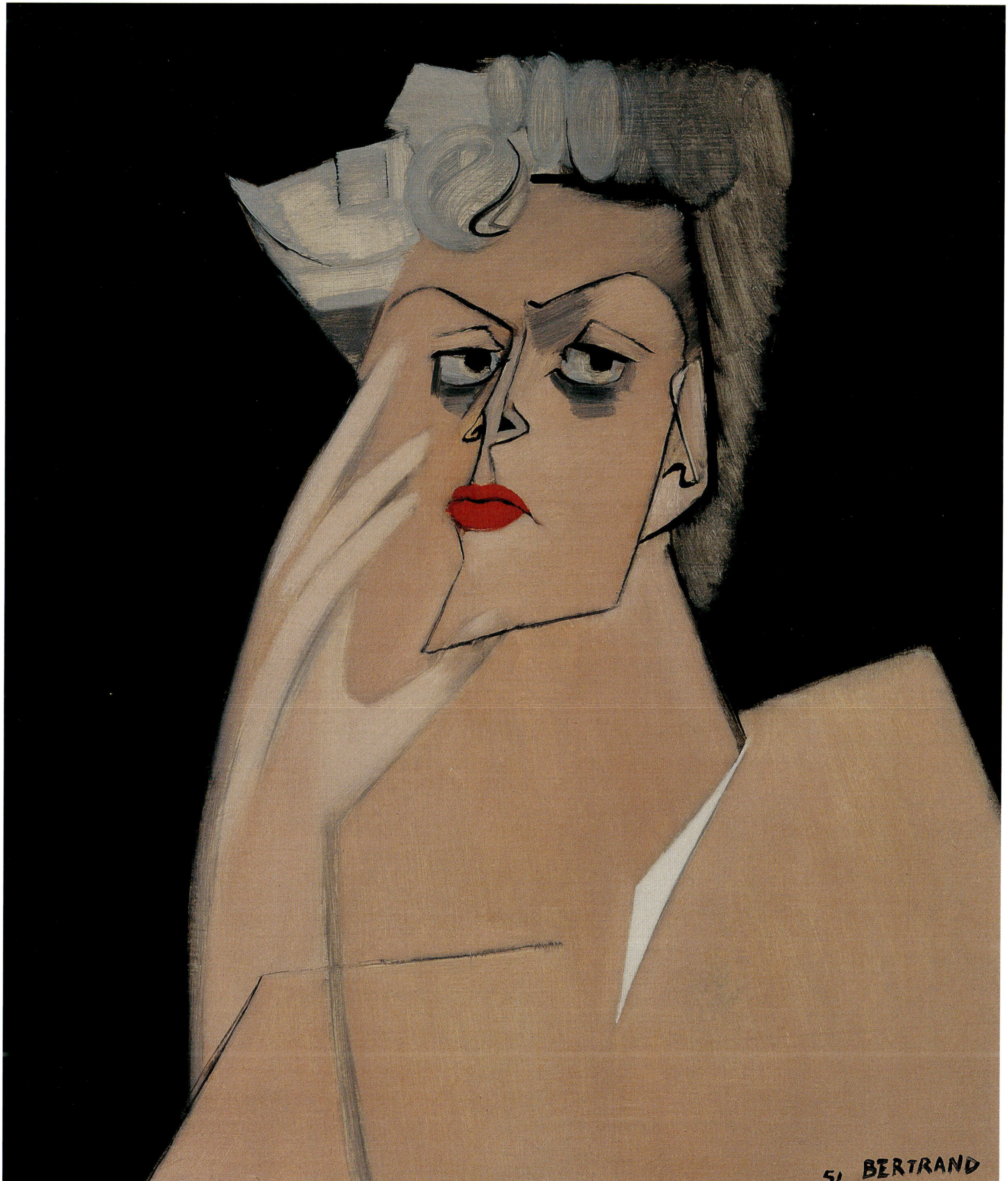
51 BERTRAND

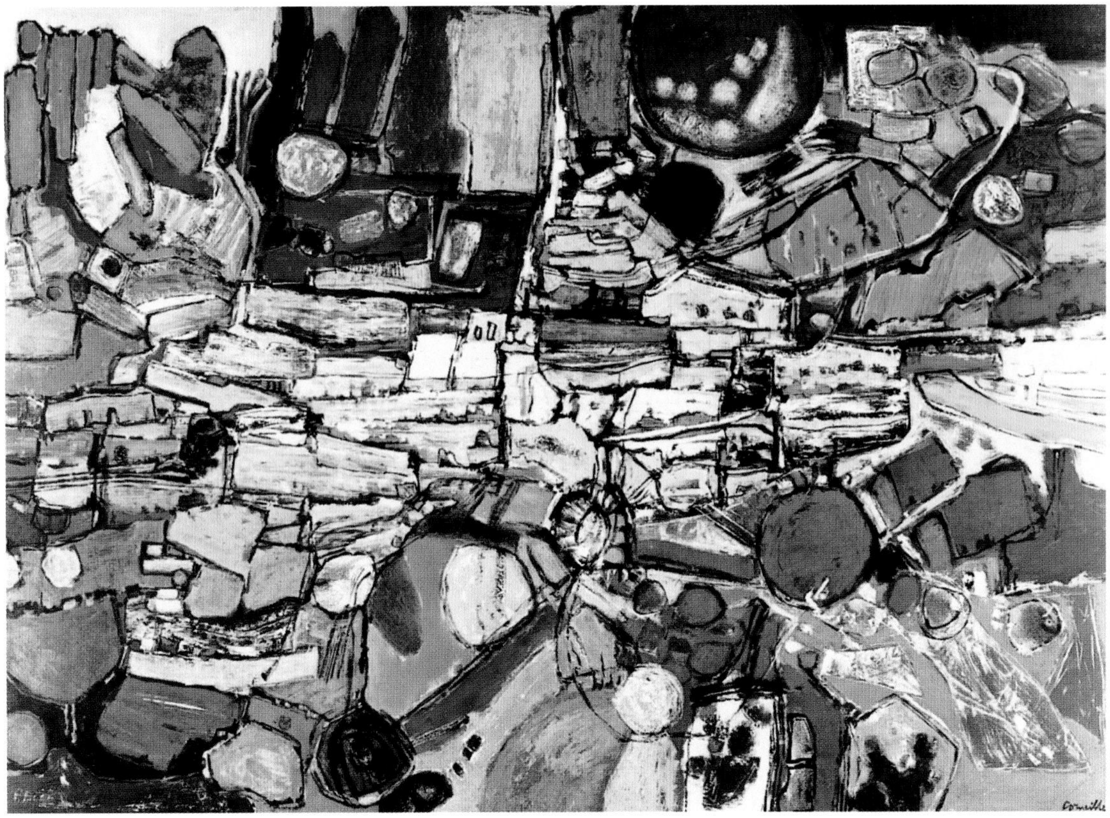

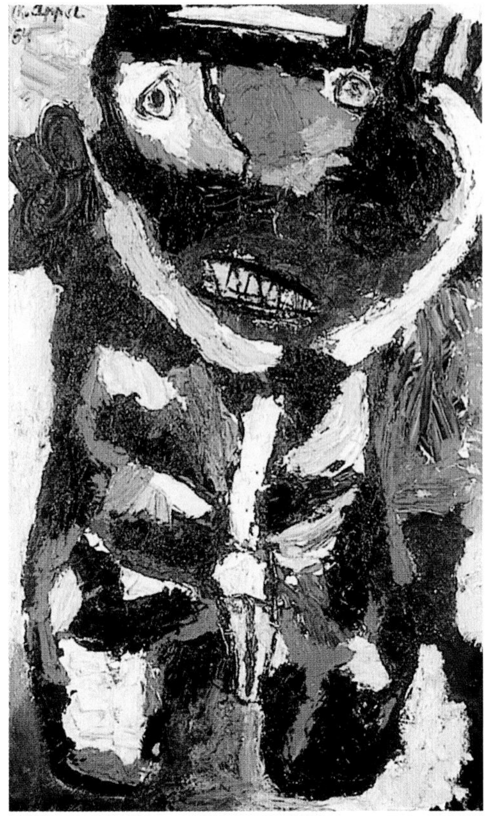

AFB. 185 [links] – Corneille, *De grote aarde*, 1958. Olieverf op doek, 135 x 181 cm. Amsterdam, Stedelijk Museum.

AFB. 186 [rechts] – Karel Appel, *Blik*, 1954. Schiedam, Stedelijk Museum.

mogelijk' (de drie kunstenaars behoren tot de vijf van de map uit 1943). In België was het kennelijk ongeveer ook zo gesteld, wat des te gekker is als men werken van bijvoorbeeld Pignon of Estève ziet: ze zijn inderdaad heel mediterraan van kleur, een palet dat in de jaren dertig noch in België noch in Nederland werd gesignaleerd, maar voorts zijn het naar hedendaagse normen nogal flauwe uitwerkingen van Matisse met een beeldwereld in traditionelere vorm. Dat de reproducties desondanks grote indruk maakten op Karel Appel zegt iets over de informatieachterstand van dat moment. De schilderijen van Appel in Pignon-trant zijn achteraf nauwelijks als Appels te herkennen, laat staan als voorstadium van Cobra. Binnen twee, drie jaar zouden Appel en Corneille werk maken dat veel radicaler was, en trouwens veel meer bij Picasso dan bij Matisse aanleunde.

Picasso was natuurlijk bij uitstek de kunstenaar die lang voor de oorlog al zocht naar wegen buiten 'stijl' of 'uitbeelding'. Hij had in hoge mate bijgedragen aan de ontwikkeling van een gebied dat zowel het expressionisme als het surrealisme gedeeltelijk overlapte. Het gebruik van een vrije (of vrij ogende) improvisatie in organische en ovale vormen, die wel objecten of figuren verbeelden, maar toch ook bij tijd en wijle (of op onderdelen) in het abstracte verglijden. Het leidt tot schilderijen waarin grote vormen gecombineerd kunnen worden met dunne lijnen, en waar de contouren soms speels zijn, en soms bijten. In dit gebied opereerde bijvoorbeeld Joan Miró, maar ook de beeldhouwkunst van de Italiaan Alberto Giacometti; we zien het later in de beginfase van Jackson Pollock, of van de Engelsman Francis Bacon. In de Nederlanden bestonden zulke kunstenaars voor de oorlog niet, behalve de éne merkwaardige uitzondering, de Nederlander Piet Ouborg (1893-1956).

Het is eigenlijk vreemd dat de uitzondering nu juist uit Noord-Nederland kwam, want het was vooral in België, zoals we al zagen in het verhaal over Magritte, dat een grote groep surrealistische schrijvers actief was, die voor zulk werk wel degelijk belangstelling had. Maar onder de schilderbroeders vonden zij voor deze variant van het surrealisme geen medestanders. Het enthousiasme van de (vooral Waalse) surrealisten voor de

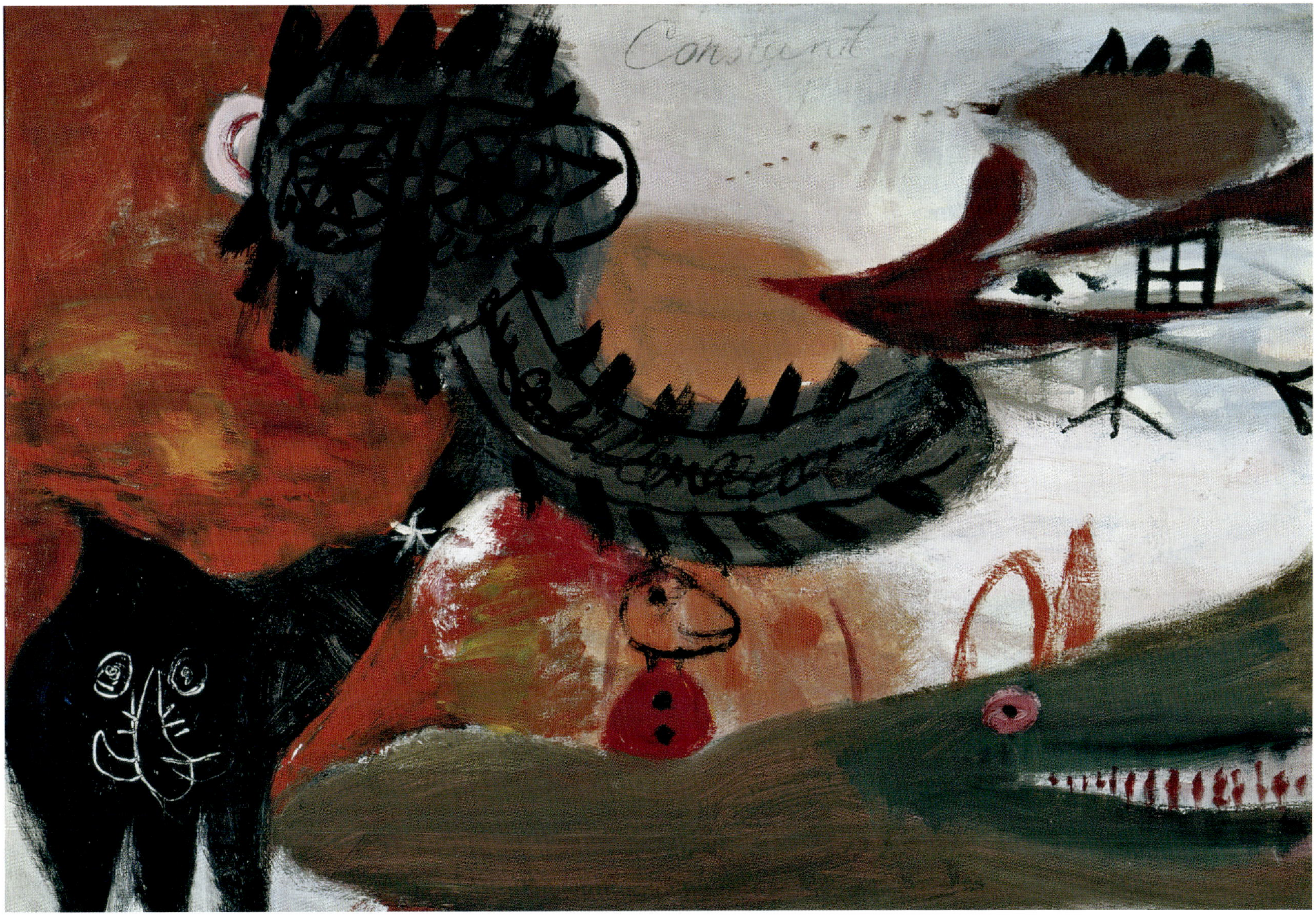

ontwikkelingen in Parijs had wel tot gevolg gehad dat in 1931 in Brussel een grote tentoonstelling plaatsvond, waarop ook veel werk van Picasso, Miró en Giacometti werd getoond. Ouborg heeft deze expositie bezocht. Het bezoek had voor hem zeer grote betekenis vanwege de diepe verwantschap die hij met dit werk voelde. Het was niet zo dat er voor Ouborg een nieuwe richting werd geopenbaard – hij had zelf reeds voortreffelijk werk gemaakt in een vergelijkbaar idioom. In datzelfde jaar bijvoorbeeld, nog voor hij Brussel had gezien, toonde Ouborg in de kunstgalerie Dubois in Haarlem een grote hoeveelheid werk van een soort dat voor de Nederlanden zeer bijzonder was (AFB. 183).

Het vreemde is dat zijn werk nauwelijks weerklank vond. Het lijkt een noodlot van Ouborg te zijn geweest. Hij was van begin af aan een *outsider*, die in Nederlands-Indië woonde en werkte en zich vanuit die positie via de internationale kunstbladen op de hoogte had gesteld van de ontwikkelingen in het buitenland. Vanuit diezelfde positie slaagde hij er nauwelijks in om medestanders te vinden. Een verklaring zou kunnen zijn dat 'de tijd er niet rijp voor was', maar het had ook met zijn aard te maken: Ouborg had een Doesburg naast zich moeten hebben, of een Constant Nieuwenhuis. Dat hij precies die weg had bewandeld die Constant in de *Badbode* bedoelde (in 1948 was de tijd kennelijk wél rijp) blijkt

AFB. 187 – Constant, *Feest van de droefenis*, 1949. Olieverf op doek, 85 x 110 cm. Rotterdam, Museum Boijmans Van Beuningen. Dienst Verspreide Rijkscollecties, Den Haag.

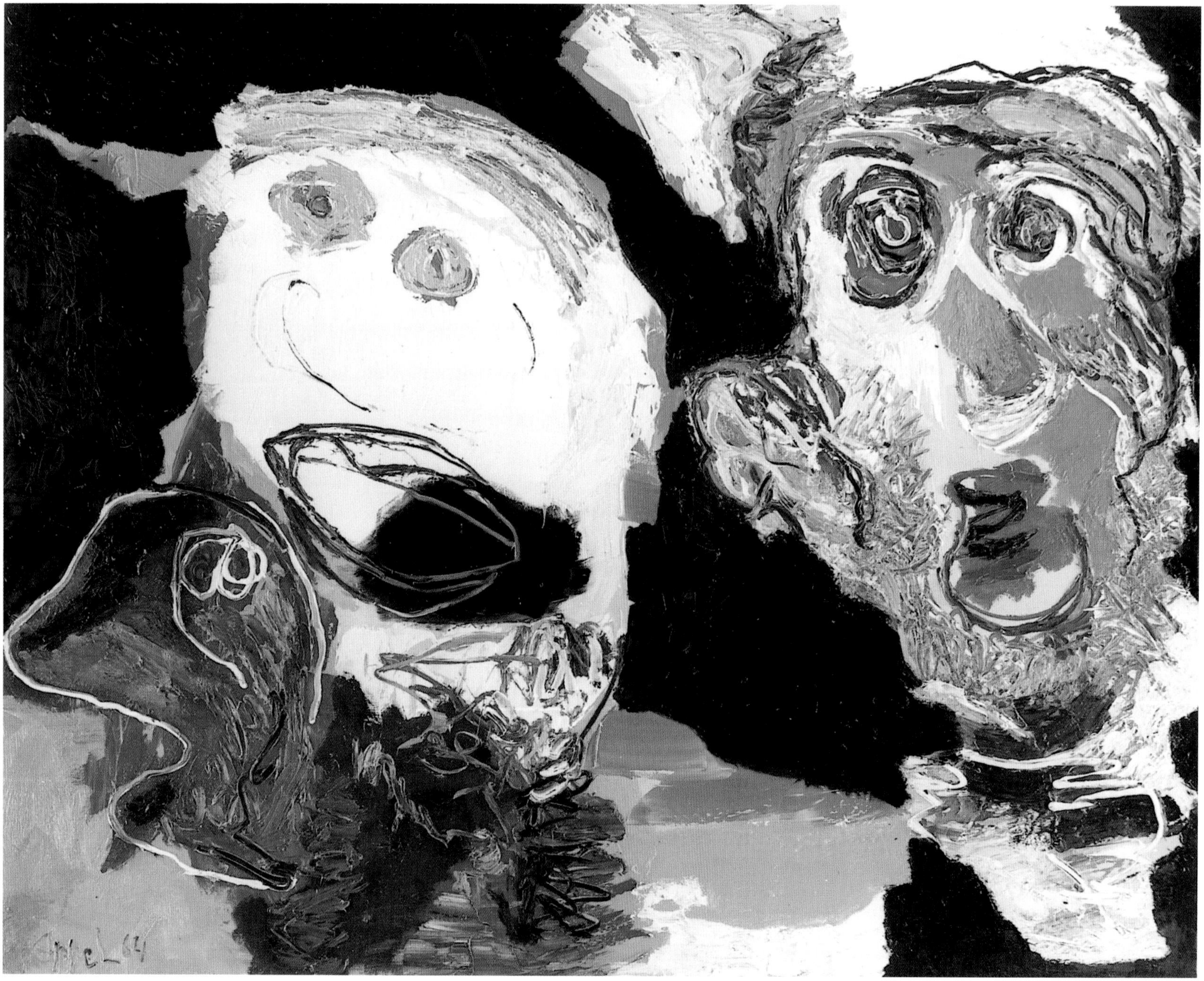

AFB. 188 – Karel Appel, *Drie hoofden*, 1964. Olieverf op doek. Amsterdam, Stedelijk Museum.

ook uit het feit dat hij na de oorlog, toen hij bijna zestig was, door de enige twee avant-gardebewegingen van dat moment, zowel Cobra als de Liga Vrij Beelden, werd gevraagd om lid te worden. Dat zijn isolement van eigen makelij was, bewijst het feit dat hij zich beide keren afzijdig hield, voornamelijk omdat hij geen lid van een groep wenste te zijn. Ouborg had dus een pioniersrol kunnen spelen, maar gedroeg zich niet zo en werd te laat als zodanig erkend. Tragisch is in zekere zin het moment waarop hem uiteindelijk echte erkenning ten deel viel: in 1950 ontving hij, ook omdat Cobra de weg daartoe geëffend had, de Jacob Marisprijs voor beeldende kunst, op grond van een pastel uit 1949, getiteld *Vader en Zoon*. Daarmee werd hij het doelwit van kritiek die zich tegen deze ontwikkeling in de moderne kunst keerde. De controverse waar Cobra juist in gedijde, was voor Ouborg op den duur een kwelling. Hij stierf als de eenling die hij steeds was geweest, en het duurde tot 1990 voordat over hem een behoorlijk boek werd geschreven.

Geheel anders verging het de jonge leden van Cobra. Het is een bekende geschiedenis: Cobra werd in het naoorlogse klimaat een werkelijk internationale beweging, waaraan talloze dichters en kunstenaars op de een of andere manier verbonden waren. De belangrijkste impuls kwam ditmaal niet uit Parijs, maar uit Denemarken. Daar vormde zich al voor de oorlog een groep kunstenaars die zich in opmerkelijke eensgezindheid de vormentaal van Picasso en Klee eigen maakte en daarin een vorm van mythische en tegelijk vrije expressie beoefende. Tijdens de oorlog gaven de Denen een tijdschrift uit, *Helhesten* (Hellepaard), waarin deze nieuwe uitingen werden getoond en van een theoretisch fundament voorzien. De internationale aansluiting kwam pas later, en daarmee werd Cobra geboren, het samenwerkingsverband genoemd naar de steden Copenhagen, Brussel en Amsterdam. Dat Brussel hierin voorkwam, was voor een groot gedeelte te danken aan de jonge Belg Christian Dotremont. Hij was tijdens de oorlog in contact gekomen met de al eerdergenoemde groep van Belgische surrealisten en daarmee ook met de verschillende varianten van de Surrealistische Internationale in Parijs. Het is een opzettelijk marxistisch klinkende aanduiding; binnen de surrealistische beweging werd nogal aangeleund tegen communistisch revolutionair jargon en dito organisatievormen. Dotremont was er ook niet afkerig van, en hij ondernam verschillende initiatieven om internationale samenwerking en discussie tot stand te brengen. Amsterdam speelde een rol omdat Constant in het Parijs van 1946 eigenlijk toevallig contact had gelegd met Asger Jorn, die naar de Franse hoofdstad was gekomen om medestanders te vinden. Dotremont kwam met beiden in contact, omdat hij net als Jorn een conferentie bijwoonde van het Surréalisme Révolutionnaire. Constant had in Nederland inmiddels met Appel en Corneille de Experimentele Groep opgericht, een initiatief dat alleen al in de naamgeving het voorbeeld van de Denen verraadde, want zij noemden zich ook wel 'experimentelen'.

Het is eigenlijk merkwaardig dat Cobra in Parijs werd opgericht (november 1948), terwijl het om een samenwerkingsverband ging tussen kunstenaars uit de noordelijke landen. Frankrijk speelde geen noemenswaardige rol, wat symptomatisch is voor het verlies van de betekenis van Parijs als kunstmetropool. Het was de plaats waar de avant-garde had gebloeid, en eigenlijk opnieuw had moeten bloeien, maar in feite verminderde de betekenis van de Franse hoofdstad in de jaren na de oorlog. Juist vanwege het isolement waar de bezette landen in de oorlog toe veroordeeld waren, werden de schotten tussen de verschillende landen met veel enthousiasme en werkdrift weggehaald. Voorbeeld voor de Cobra-organisatie en het Cobra-tijdschrift was natuurlijk *Helhesten*, het orgaan dat Asger Jorn met succes onder de aandacht had gebracht.

Achteraf lijkt de vereniging van kunstenaars betrekkelijk vanzelfsprekend of zelfs onvermijdelijk, maar dat was zij natuurlijk niet. Net als voor de oorlog was er ook nu een gevoel van verbondenheid uit naam van de avant-garde. Het spreekt uit de gretigheid waarmee contacten werden gezocht, maar ook uit de brieven en verslagen van kunstenaars uit deze periode. Toen Corneille en Constant in het najaar van 1948 in Kopenhagen op bezoek kwamen, schreef Corneille bijvoorbeeld met groot enthousiasme: 'Over de hele wereld waar je ook komt vormen de schilders een grote familie,' terwijl hij in nagenoeg elk werk van de experimentele Denen het bewijs zag 'van de vitaliteit van hun kunst. Hier worden horizonnen geopend op een betere toekomst.' Toch kwam deze succesvolle beweging wel onder moeilijke omstandigheden van de grond. Vijftien jaar later schreef Dotremont: 'De armoede! En dan de ziekte! Bedenk dat Cobra een twintigtal tijdschriften of boeken heeft gepubliceerd, en de *bibliothèque de Cobra*, in drie jaar. Dat is een eenvoudig voorbeeld. Maar het is vreemd dat niemand zich afvraagt hoe dit immense Cobrawerk mogelijk is geweest, – niemand heeft me dat gevraagd!... Welnu de vitaliteit, de durf, de hardnekkigheid, de *honger* die om zo te zeggen Cobra geschapen hebben, dat is belangrijk!'

Cobra presenteerde zich, na een aantal vingeroefeningen, in één klap als een brede internationale beweging. Dat was op de grote tentoonstelling van november 1949 in het Stedelijk Museum van Amsterdam. Een bijzondere omstandigheid was de rol van de jonge museumdirecteur Willem Sandberg, die onder meer dankzij goede contacten die hij in het verzet had opgebouwd met leden van het Amsterdamse college van wethouders, grote manoeuvreermogelijkheden had. Hij was in staat om vlak na de oorlog een beleid te voeren dat het Stedelijk Museum een Europees centrum van de actuele kunst zou maken. Later beschreef Sandberg hoe hij in deze periode op de uitkijk zat om de eerste tekenen te vinden van kunst die een nieuwe tijd zou inluiden en uit de periode 1940-1945 nieuwe conclusies zou trekken. Of hij meteen besefte dat Cobra daarvoor de beste Europese kandidaat was, is onduidelijk, maar Cobra werd in ieder geval de eerste grote test voor het museum. In het licht van de huidige professionalisering in de wereld van de moderne kunst is het opmerkelijk hoe informeel en gemakkelijk toen tot een manifestatie van deze omvang werd besloten. Constant kwam eind 1948 met een voorstel voor een internationale tentoonstelling, Sandberg kreeg toestemming van de wethouders, reserveerde de grote zalen van het museum voor een jaar later, en de vitaliteit van de beweging deed de rest.

Op de expositie kwamen zeer uiteenlopende kunstuitingen aan bod, terwijl ook verschillende evenementen plaatsvonden. De Denen waren er natuurlijk, met als belangrijkste Carl-H. Pedersen, en als beste Jorn, en de Nederlanders uiteraard in groten getale. Hoewel het Belgische aandeel in de organisatie en theoretische ondersteuning van Cobra groot was, was er maar één Belgische schilder: Pierre Alechinsky. Voorts waren er Britten, Duitsers, Fransen, Tsjechen, Zweden, een Amerikaanse Japanner en twee vluchtelingen uit Transsylvanië, die in Zwitserland werkten. De tentoonstelling was op sommige onderdelen vooral een manifest. De jonge architect Aldo van Eyck verzorgde de bijzondere inrichting, experimentele dichters waren prominent aanwezig met geschilderde teksten en een soort installatie waarin zij met nadruk afscheid namen van de oude poëzie. De opening zelf werd een soort rel, onder meer omdat Dotremont in zijn Franstalige speech, die werd begeleid door de weergave van tromgeroffel uit Nieuw-Guinea, met regelmaat naar de Sovjet-Unie verwees, wat de dichter Martinus Nijhoff, onder het publiek aanwezig, luidkeels de vraag deed stellen of men nu in Parijs al Russisch sprak. De opwinding leidde tot geduw en getrek en een handgemeen dat zich op straat voortzette.

Al dit rumoer was nog niets vergeleken bij de heibel die Cobra in de kritieken veroorzaakte. Verontwaardigd, badinerend, ongelovig – er was geen krant die de zijde van de jonge schilders koos. Alleen de communistische krant *De Waarheid* wilde in tweede instantie (aanvankelijk was het een 'trotskistische rel') het antiburgerlijke elan wel zuinigjes prijzen, al waren de kunstenaars natuurlijk 'jeugdige heethoofden, die wel de rotheid van de kapitalistische samenleving lieten zien, maar niet die enige positieve kracht die aan al de maatschappelijke kwalen een einde zal maken en er een gezonde maatschappij voor in de plaats zal brengen: de arbeidersklasse'.

Er was kennelijk weinig dat verder af kon staan van de officiële communistische cultuurpolitiek, maar toch bevatte Cobra, zowel in de geschriften van Jorn als van Constant, en van Dotremont, wel degelijk een dosis marxisme. Een van de merkwaardigste gevolgen daarvan

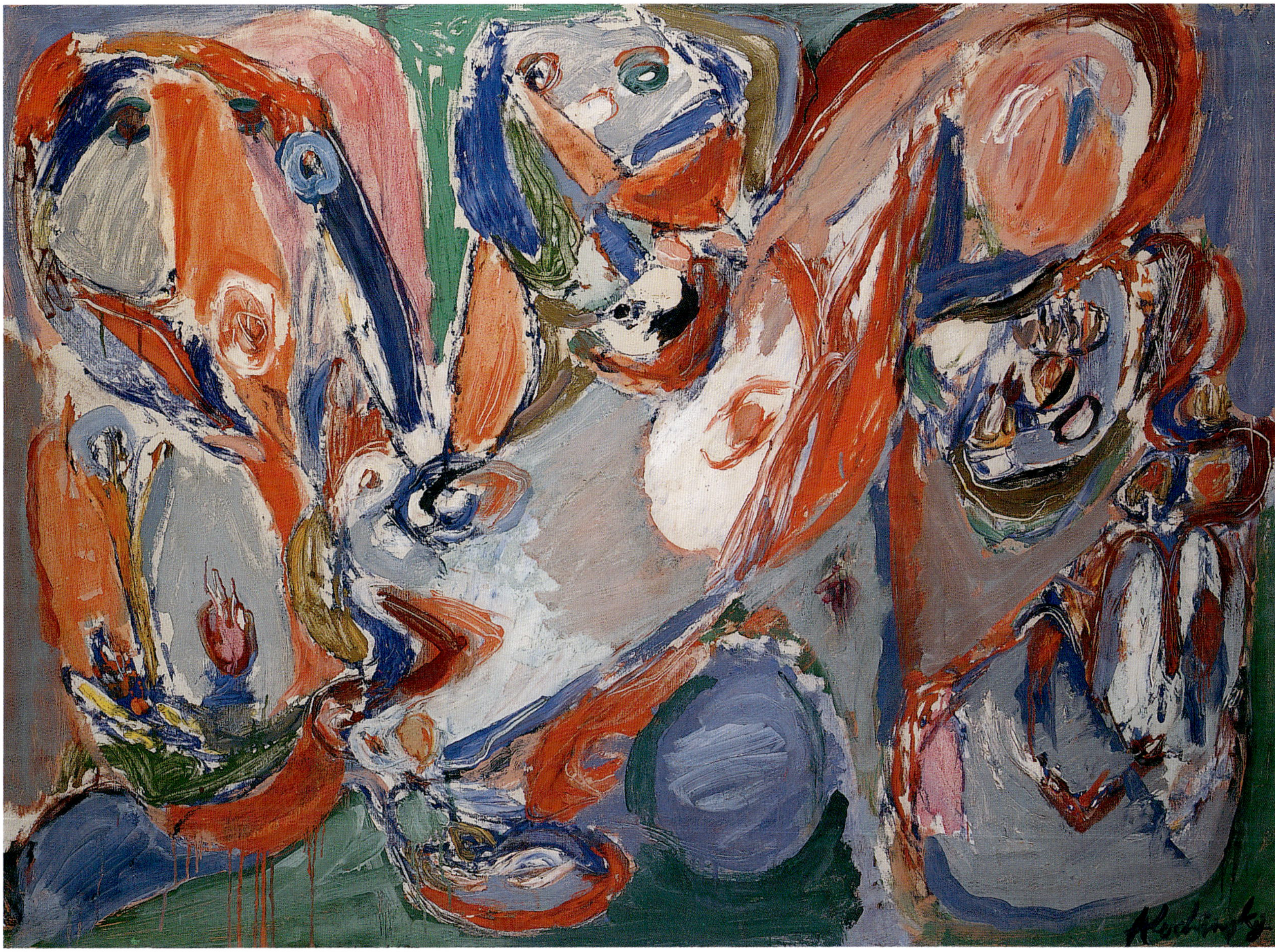

AFB. 189 – Pierre Alechinsky, *Het woord aan de kinderen*, 1961.
Olieverf op doek, 97 x 130 cm. Olsom Henie Onstad Kunstsenter.

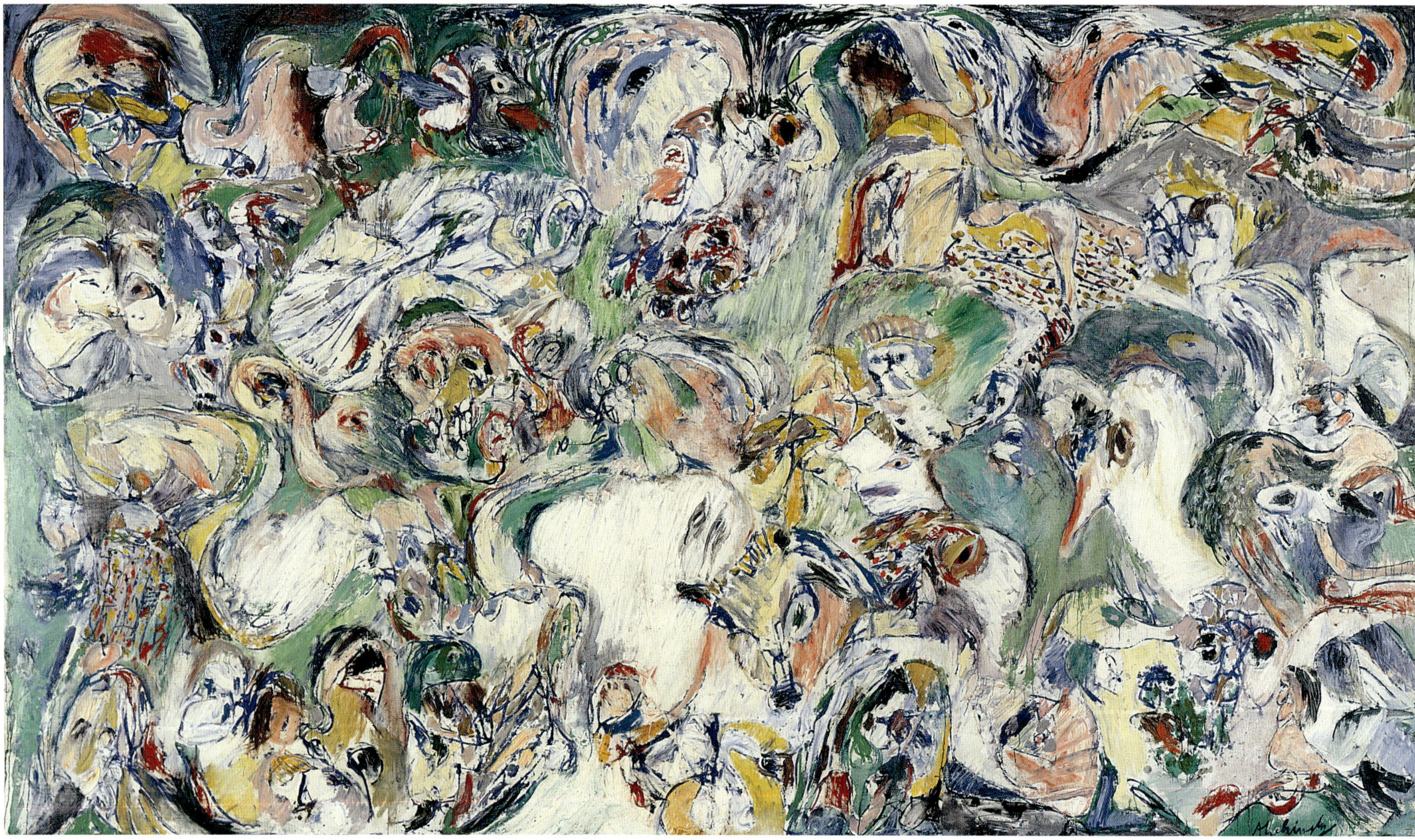

AFB. 190 – Pierre Alechinsky, *De laatste dag,* 1964. Olieverf op doek, 330 x 500 cm. Antwerpen, Koninklijk Museum voor Schone Kunsten.

was het gebruik van de filosofische term 'materialisme', een centraal begrip in de marxistische leerstellingen. De term veranderde in het spraakgebruik van Cobra in een begrip dat ver van het politieke 'dialectisch materialisme' kwam te liggen, maar wel in direct verband stond met het kunstenaarsatelier. Voor alle Cobra-kunst is het ritme van de penseelstreek en het materiaal van de verf van groot belang. 'Het is pas in de huidige tijd,' schreef Jorn bijvoorbeeld in 1944, 'dat men zich van de geweldige betekenis van de verf bewust is geworden.' Bij de Cobra-kunstenaar werd de 'dialectiek' een dialoog tussen de kunstenaar en suggesties die de doeken, penselen en verf zelf deden; het 'materialisme' slaat op de wens om de schildermaterialen als uitgangspunt te nemen. Poëtischer zegt Dotremont het in een tekst die hij toevoegde op een doek van Asger Jorn, 'in de aarde van het schilderij zijn er meer dingen dan in de hemel van de esthetische theorie' of: de materie van het schilderij is belangrijker dan het idealisme van een vooropgezette theorie.

Het is geen toeval dat deze uitgangspunten met zoveel heftigheid werden beleden, want in feite gebeurde aan de andere kant van de oceaan hetzelfde. Ook daar was het een radicalisering van Picasso (en ook wel van Klee). Het 'abstract expressionisme' was net zo goed ontstaan op een ondergrond van Picasso en surrealisme: sommige Pollocks zijn letterlijk over zo'n ondergrond heen geschilderd. Ook in Amerika leidde het tot een emancipatie van het schildermateriaal, waarmee de kunstenaar nu een dialoog aanging in plaats van een volledige beheersing ervan na te streven. Het resultaat was in Amerika uiteindelijk wel anders: de Amerikaanse kunstenaars begonnen de ruimte (het grote doek) te verkennen, de Europeanen daarentegen de diepte – het materiaal van de verflagen en hun drager. Als het expressionisme in Cobra al abstract werd én op groot formaat werkte – hoewel, bijna altijd duikt wel een beeldvoorstelling op – bleef het thema van het schilderij toch het lokale avontuur van de verf, laag over laag. Om die reden ging in de jaren zestig, toen de Amerikanen in bijvoorbeeld Amsterdam vaste voet aan de grond kregen, de Cobra-kunst er plotseling wat klein uitzien, een beetje introvert zelfs.

De materialisering van het schilderij is vooral bij Karel Appel goed te zien: zijn ontwikkeling vanaf Cobra leidde tot steeds dikkere verflagen en grover middelen om de verf op te brengen, met steeds meer rudimentaire beeldelementen (AFB. 186 en 188). Hiermee heeft zijn uitspraak te maken die in Nederland spreekwoordelijk werd: 'Ik rotzooi maar wat an.' De periode tussen ongeveer 1950 en 1960 is in feite de klassieke periode van Appel. Zodra hij – zoals hij deed in de wandschildering voor het stadhuis in Amsterdam – de materie begon op te offeren aan grote vormen en daarmee aan een soort tekening die herinnert aan de tijd dat hij Pignon bewonderde, kwam er ook iets slaps in het werk. Dat ontbreekt in een schilderij als *Ruiter*, waar zich een verheviging voordoet van verf op verf (misschien symptoom van verworven welstand: hij hoefde niet langer op een tube meer of minder te kijken).

In Nederland was Appel in die jaren een beroemdheid, de verpersoonlijking van de nieuwe schilderkunst. Daaraan had ook een film bijgedragen die Jan Vrijman over hem en zijn manier van werken had gemaakt. In de film wordt ook de dynamiek van het schilderen, de hoeveelheid verf en de voortdurende verandering van het doek benadrukt. Beroemd werden onder meer de opnamen door een gaatje aan de achterkant van het doek, waardoor we Appel bespieden die laag over laag, klodder over klodder op de voorkant van het doek aanbrengt. Het zijn de filmische tegenhangers van de beroemde foto's van Pollock door Rudolph Burckhardt, waarin we de schilder de hele vloer van zijn werkplaats zien gebruiken voor de uitstalling van zijn blikjes met verf en penselen, en waarin de choreografie van het schilderen over het doek op de grond is vastgelegd. Hoe Pollock zijn oeuvre zou hebben voortgezet, zullen we nooit weten, maar in het geval van Appel kunnen we wel zeggen dat zijn succes een probleem werd. Bij het begin van de jaren zestig liet hij zich, onder invloed van de Amerikaanse successen, verleiden tot *action painting* in de grote ruimte. Zo liet hij bijvoorbeeld vanuit een helikopter zijn verven neerdalen over een groot oppervlak. Maar dat werd eigenlijk niks, en het intense van zijn klassieke periode ging verloren.

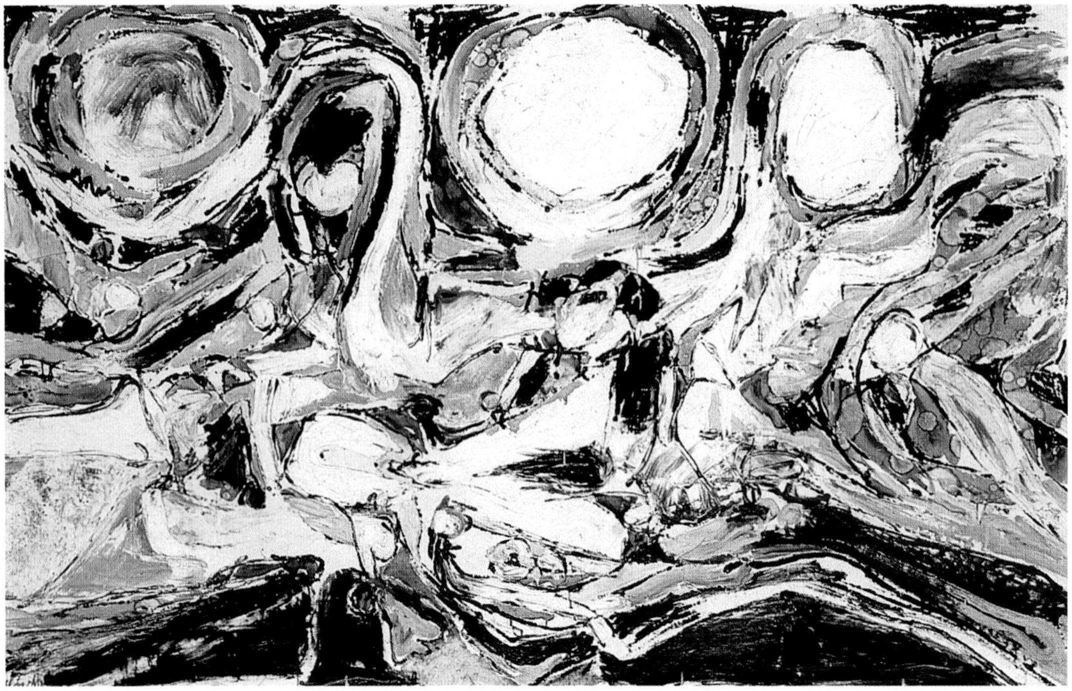

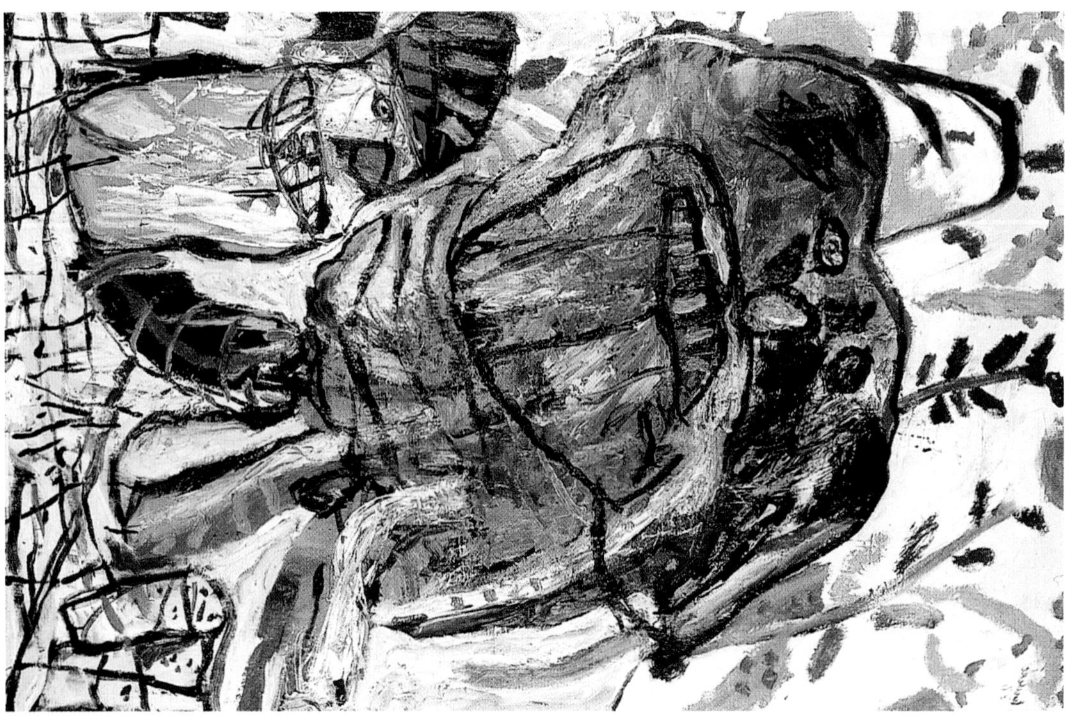

AFB. 191 [onder] – Pierre Alechinsky, *De drie dagen*, 1958. Olieverf op doek, 136 x 205 cm. Brugge Groeningemuseum.

AFB. 192 [boven] – Lucebert, *Bacchus*, 1961. Dordrecht, Dordrechts Museum.

De materieschilderkunst verdween daarmee overigens niet uit de Lage Landen: we zullen straks nog terugkomen op een groep kunstenaars die met andere intenties en in een ander type expressie de materiële kant van het schilderen benutte. Ook het oeuvre van Appel stierf geen langzame dood. Zo stortte hij zich met grote energie op een vorm van gelaagde schilderkunst die eigenlijk sculptuur werd. Het is soms verdienstelijk en attractief werk, dat echter niet de kracht heeft van de periode waarin hij zich als 'schilderbeest' tot een internationale figuur wist te ontwikkelen.

De bloeiperiode van Constant als schilder ligt wat eerder dan die van Appel, ongeveer rond 1950. Constant was de politiek best geïnformeerde, en ook de meest intellectueel georiënteerde deelnemer aan de Cobra-beweging in de Lage Landen. Theorie was voor hem geen verbaal aanhangsel van het schilderkunstige avontuur; de richting van zijn werk werd meermalen door de theorie gestuurd, en het picturale werk reflecteert het zoekende en onzekere dat uit zijn theoretische omzwervingen blijkt. Hij hanteerde in de Cobra-tijd een losse schilderstijl met veel tekenachtige trekken en zijn beelden beantwoordden aan de mythische en sprookjesachtige motieven van Cobra. In deze trant maakte hij sterke schilderijen, zoals *Het laddertje* uit 1949. De Cobra-voorstellingswereld van wilde beesten, zonnen, vlinders en planten zinde hem echter al snel niet meer. Er is ook iets merkwaardigs aan deze beeldelementen. Met alle agressie en vrijheidsdrang, met alle nadruk op 'een nieuwe wereld' en 'avant-garde' had de doorsneevoorstelling van Cobra juist iets naïefs en archaïsch.

Corneille heeft die vrolijkheid van vrouwen en vogels, panters en planten, bij voortduring geëxploiteerd, al maakte hij in een periode ook een aantal mooie, nagenoeg abstracte composities, die aan organische plattegronden van steden of landstreken doen denken. Constant wilde kennelijk niet in zo'n broze wereld blijven steken en begon vanaf 1950 aan een reeks van schilderijen waarin catastrofes in een snelle en expressieve schildering werden uitgebeeld: huizen in brand, bombardementen als verre echo's van Picasso's *Guernica*. Uit dit werk spreekt een maatschappelijke betrokkenheid die bij de andere Cobra-leden in deze landen (behalve Lucebert) niet zo duidelijk in beelden tot uiting kwam.

Het werk van de Belgen Christian Dotremont en Pierre Alechinsky, die samen de kern van de Belgische Cobra-tak vormden, is veel minder problematisch, en ook veel minder geëngageerd. Dotremont was in de eerste plaats schrijver en benaderde de beeldende kunst via het 'logogram', een soort schrijf-schilderkunst waarbij de fysieke inspiratie van het gebaar, gekoppeld aan de gedachte, het letterteken deed ontstaan. Dit zeer opmerkelijke en radicale procedé, waarin hij poëtische kracht wist te leggen, was de basis van zijn uitgebreide oeuvre. Tot aan zijn dood incarneerde Dotremont de geest van Cobra in zijn werk.

Ook Alechinsky bleef later de geest van Cobra verder ontwikkelen. Hij zette zich in de beginjaren van Cobra met veel energie en enthousiasme in bij de organisatorische activiteiten. Zo zorgde hij nagenoeg in zijn eentje (Dotremont was ziek) voor de opzet en organisatie van de manifestatie van Cobra in Luik in 1951 (het zou de laatste zijn, in datzelfde jaar werd Cobra ontbonden). Hij reisde ook, als enige van de Belgische schilders, naar zowel Denemarken als Nederland, om de verschillende groepen beter te leren kennen. De kern van Alechinsky's kunst is het handschrift, en deze les had hij al snel uit Cobra getrokken. 'Het belangrijkste is,' schreef hij in 1951, 'om in onszelf, terwijl wij deel uitmaken van de realiteit – op minstens precies dezelfde wijze als welk subjectobject dan ook – een innerlijk schrift te ontdekken waarmee we op organische wijze op weg zijn ook onszelf te ontdekken.' Fraai geformuleerd is het niet, en uit de filosofische woordkeuze blijkt hoe dicht Alechinsky in deze periode bij Dotremont stond, maar het waren geen loze woorden. Door zijn natuurlijke aanleg voor de verfhandeling, en zijn sterk coloristische talent wist Alechinsky aan de clichés van het Cobrabeeldenrepertoire te ontsnappen. Hij heeft een aantal grote schilderijen van een bijzondere, lyrische kwaliteit gemaakt: de mooiste zijn wellicht die uit de jaren tussen 1960 en 1965 (AFB. 189 en 190). Zijn belangstelling voor het vloeiende vrije schrift deed hem contact zoeken met oosterse kalligrafen. Onder invloed van een reis naar Japan in 1955 kwam hij tot zijn karakteristieke intuïtieve en kleurige stijl met kronkelende vormen. Hij leerde daar ook de techniek van het werken op een horizontaal neergelegde drager, in plaats van op een verticaal geplaatst doek zoals gebruikelijk. Met grote beheersing wist hij schijnbaar tegengestelde categorieën als abstractie en figuratie, spontane schildering en grafische omlijning, kalligrafie en expressionisme tot een verbazend evenwicht te brengen (AFB. 191).

Het is moeilijk recht te doen aan de complexe en rijke geschiedenis van Cobra, zeker wanneer een overzicht als dit zich beperkt tot één tak van de beeldende kunst: Cobra was zoveel meer dan schilderkunst. Lucebert (1924-1994) bijvoorbeeld was behalve schilder een dichter van formaat, en kon bovendien bijzonder treffend en oorspronkelijk tekenen, daarnaast maakte hij ook nog foto's (en toonde bovendien een politiek engagement dat niet zo ver verwijderd was van Constant). Eigenlijk was zijn schilderkunst de minst succesvolle van zijn vele ondernemingen, maar ook hij heeft aan het begin van de jaren zestig een aantal sterke schilderijen gemaakt zoals *Bacchus* (AFB. 192). In België behoorde ook de romancier, dichter en toneelschrijver Hugo Claus (1929) tot de Cobra-beweging, en ook hij heeft verdienstelijke beeldende kunst gemaakt.

Het grote aantal mensen dat op de een of andere manier in en rond Cobra werkte, de rijkdom aan experimenten en de verscheidenheid aan kunstvormen geven op zich al aan hoe belangrijk de Cobra-beweging is geweest – één voorbeeld: de 'peinture partagée', een poëtisch-schilderkunstig experiment van Jean Dypréau, Englebert van Anderlecht (1918-1961) en Serge Vandercam (1924-2005), dat in 1959 in het Paleis voor Schone Kunsten in Brussel tot een tentoonstelling met bijbehorende gemeenschappelijke verklaring leidde ('[...] een tegenover elkaar stellen van twee tekens, een conflict [...]. Is een overeenstemming tussen een bepaald teken van het geschrift en een onbepaald teken van de schilder mogelijk?'). Cobra heeft nog lang op de kunstbeschouwing en het kunstonderwijs invloed gehad. Dotremont typeerde de beweging later als een uniek fenomeen: 'Het is alleen in Cobra dat er een bende vagebonden was die uitgehongerd was, maar tegelijk ook efficiënt. Zeker, er was "Helhesten" geweest, ons grootste voorbeeld. Maar Cobra was een internationale beweging, wat alles – gelukkig maar – gecompliceerd maakte; Cobra is de eerste werkelijk internationale beweging in de kunst geweest.' Dat laatste is wat sterk aangezet: Der Blaue Reiter of De Stijl waren zeker geen puur nationale bewegingen. Maar het internationale succes van Cobra was ontegenzeglijk groot.

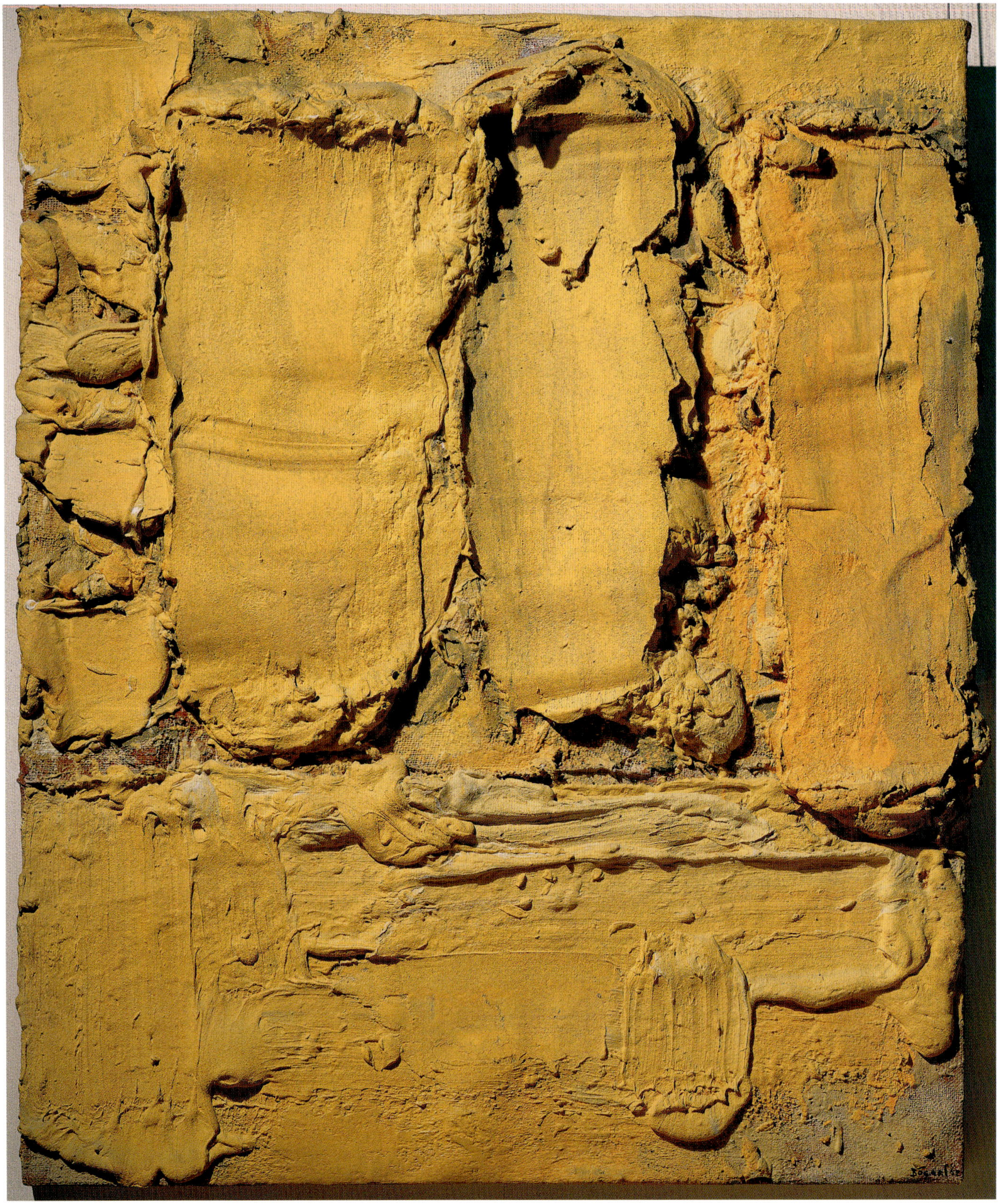

AFB. 193 – Bram Bogart, *De gelen*, 1962.
Gemengde technieken op doek op paneel, 153 x 127 cm.
Brussel, Koninklijke Musea voor Schone Kunsten.

HOOFDSTUK 14

Naar abstract expressionisme en de nieuwe figuratie

De Europese liefde voor materiële schilderkunst was bij Cobra nog niet volledig tot uitdrukking gekomen. Overduidelijk manifesteerde zij zich bij een groep schilders die eigenlijk voortkwam uit de sterke expressionistische traditie van voor de oorlog in Nederland en België. Voor de naoorlogse impulsen was opnieuw het contact met het internationale toneel van groot belang. Een belangrijke vertegenwoordiger van de materieschilderkunst was bijvoorbeeld de Nederlander Bram Bogart (1921), die van 1951 tot 1961 in Parijs woonde en zich nadien definitief in België vestigde. Na een korte figuratieve periode (onder invloed van zijn contacten met Appel en Corneille) evolueerde hij naar een abstracte vormentaal. Nadat hij in 1953 de Japanse kalligrafie had leren kennen, ging hij het teken als het ware tot onderwerp van zijn schilderkunst maken. Hij creëerde reliëfachtige composities van direct uit de tube geknepen verf en begon mettertijd een nog dikkere materie te gebruiken, bestaande uit een compact mengsel van cementachtige specie en pigment, die hij in verticale of horizontale banen en vlakken op met jute bespannen panelen uitsmeerde, meestal met een breed paletmes. Die dikke en grove verflaag maakte van het schilderij niet meer de drager maar de torser van de verflaag. Aanvankelijk werkte Bogart doorgaans in één kleur, nadien gebruikte hij steeds meer primaire kleurcontrasten (AFB. 193).

Voortkomend uit dezelfde expressionistische achtergrond als Bogart, begon ook de schilder Jaap Wagemaker (1906-1972) vanaf 1955 zijn schilderijen te voorzien van een steeds ruwere laag, waarin hij bijvoorbeeld zand mengde. Wagemakers werk heeft altijd iets elegants, het doet veel minder stoer aan dan dat van Bogart. Vanaf 1956 maakte hij de werken die als 'typisch Wagemaker' gelden: reliëfs op doek of paneel met daarin stukken metaal (pijpen, buisjes, motoronderdelen) in een organisch of landschappelijk patroon verwerkt (AFB. 194 en 195). Zowel bij Bogart als bij Wagemaker is te zien hoe het schilderij nagenoeg sculptuur wordt. Alleen door de wijze van presentatie, aan de wand in plaats van op de grond, doen hun werken zich duidelijk als schilderkunst voor. Het is een zwelgen in het schilderen, dat tegelijk de schilderkunst opheft.

Tussen de materieschilders en de zogenaamde 'informelen' bestond een duidelijke relatie. Bogart, bijvoorbeeld, heeft een aantal malen met de Informele Groep (of Nulgroep) geëxposeerd. De opmerkelijkste figuur in deze groep was ongetwijfeld Armando (1929), een pseudoniem zoals er ook in Cobra nogal wat waren. Armando behoort tot een aparte subklasse van kunstenaars, van wie een aantal ook naam heeft gemaakt: kunstenaars die enige tijd kunstgeschiedenis hebben gestudeerd, en in technisch opzicht soms autodidact zijn. Ook Reinier Lucassen en Ger van Elk (die we nog tegen zullen komen) studeerden voor kortere of langere tijd kunstgeschiedenis. Daarnaast behoort Armando tot een tweede afzonderlijke categorie: die van de schilders die ook schrijver zijn. Zelfs als er van Armando geen beeldend werk was, zou hij met zijn letterkundig werk in de geschiedenis van de naoorlogse kunst een zelfstandige plaats hebben, en zelfs in die van het theater, want hij heeft meermalen met succes op het toneel gestaan.

Armando heeft in al zijn werk een vast thema. Hij is zeer belezen in de Duitse romantische literatuur en kunsttheorie, en daarmee ook goed op de hoogte van de filosofie van Friedrich Nietzsche. Een van de kernideeën van die laatste is dat het universum (de natuur) geen moraal kent en aan de mens geen boodschap heeft – het is *jenseits von Gut und Böse*, en de mens kent dan ook geen ultieme autoriteit waarop het goede en het ware – noch het schone – gefundeerd zouden kunnen worden. Deze visie was eigenlijk niet door Nietzsche maar door Arthur Schopenhauer geïntroduceerd, die er de opvatting aan koppelde dat de meest consequente attitude er een van resignatie was. Nietzsche vond daarentegen dat de mens de opdracht had deze *außermoralische* wereld tegemoet te treden. Al in zijn eerste geschrift over de Griekse tragedie is het de kunst die het noodzakelijke middel moet vormen om zich tegen deze wrede kosmos

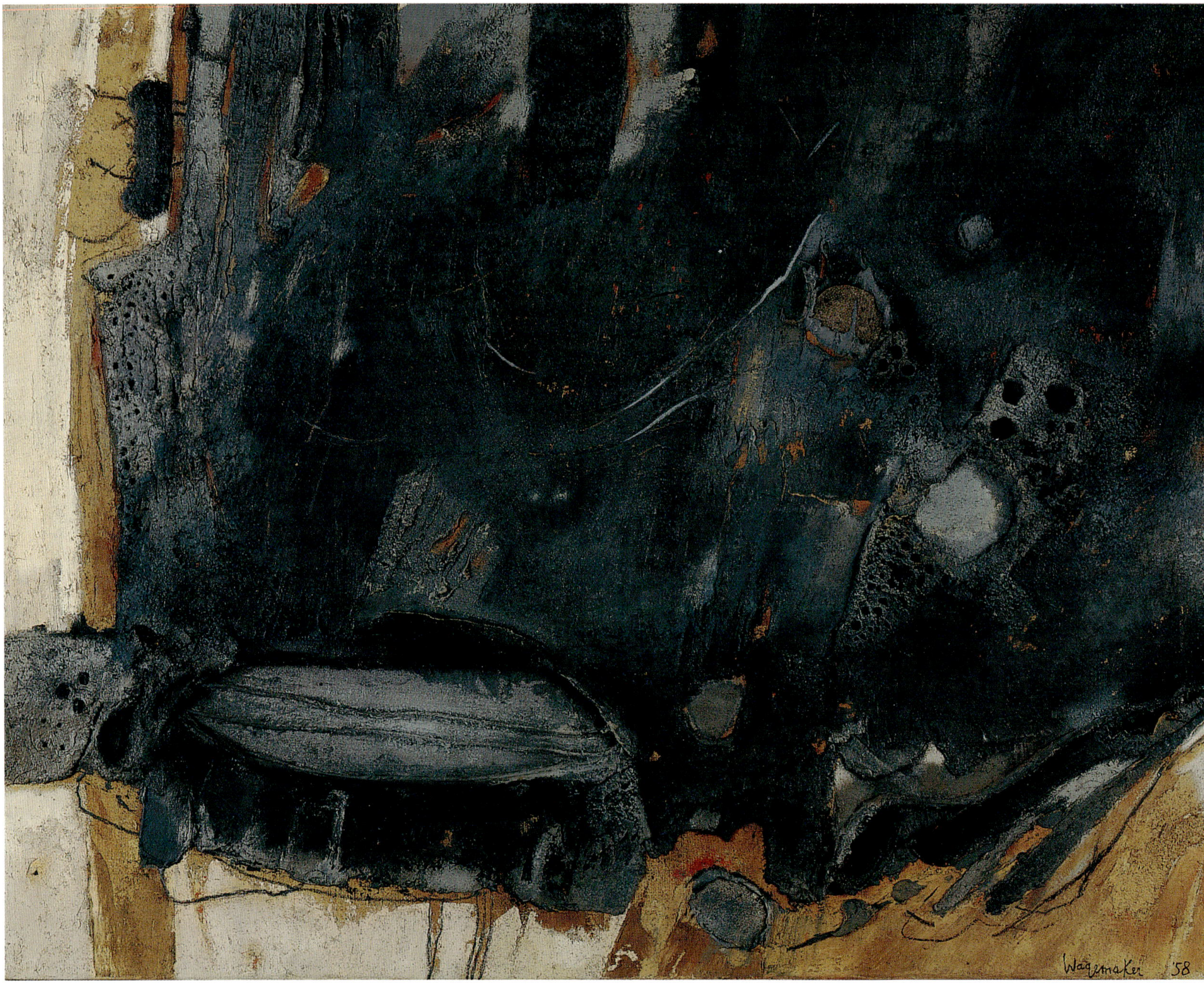

AFB. 194 – Jaap Wagemaker, *Leikleur*, 1958. 103 x 129,5 cm.
Amsterdam, Stedelijk Museum.

teweer te stellen. Het is een filosofische uitwerking van het romantische concept van het 'sublieme': de confrontatie met het mateloze en het *außermoralische* kan niet via de schijnconstructies van idealisme en theologie worden bereikt, maar wel in de kunst.

Het lijkt allemaal weinig van doen te hebben met een schilderij als *Paysage Criminelle* dat Armando in 1957 maakte (AFB. 196). Stilistisch behoort het schilderij met zijn vele verflagen, zijn gebrek aan compositie, en zijn verbeten, ja gesloten verfopbreng tot de kunst die in de Informele Groep werd gepropageerd. Uit de woordkeuze en verklaringen van deelnemers aan deze groep blijkt een element van reactie op Cobra en op het lyrisch expressionisme in het algemeen. In deze groep zou Armando een belangrijke en strijdbare rol gaan spelen. Vermoedelijk was hij ook verantwoordelijk voor zinnen in het manifestachtige *Credo I* als de volgende: 'Er moet een nieuwe kunst komen en alles wijst erop dat die komt. Niet "mooi" en "lelijk" meer, niet "goed" en "kwaad" (ze bestaan nog steeds) maar een kunst die een gegeven feit is (als onze schilderijen).' Het is opvallend hoe hier het *jenseits von Gut und Böse* een kunsttheoretische draai krijgt: *jenseits von Schön und Häßlich*. Voor Armando betekenden zulke opvattingen veel meer dan manifesterige opsnijderij: de confrontatie met het kwaad, en vooral de betekenis van de kunst als een middel om dit kwaad onder ogen te zien, typeert zijn gehele oeuvre. Voor hem wordt dat kwaad belichaamd in de peilloosheid der gruwelen van de nazitijd. Het feit dat hij als jongen de bezetting had meegemaakt, gaf aan het uitgangspunt een autobiografisch element. Het was ook geen toeval dat de schilderijen *paysages* heetten – het ging ook om die natuur, die van geen moraal bewust haar gang gaat, en het onverschillige en grootse toneel is van menselijk lijden. Het opmerkelijke van Armando is dat hij dit thema trouw bleef, in welk medium, of gedurende welke periode dan ook.

Een van zijn belangrijkste boeken bestaat bijvoorbeeld uit een reeks nauwgezette interviews met Nederlanders die tijdens de oorlog, om welke reden dan ook, lid werden van de SS. Het boek, dat hij samen met de auteur Bert Vaandrager maakte, veroorzaakte een schok in Nederland. Allereerst was dat vanwege het onderwerp zelf. Aandacht voor de landverrader paste slecht bij de nadruk op verzet die de officiële herdenkingen van de oorlog nog altijd beheerste. Maar bovendien kwamen de schrijvers niet voortdurend met een moreel commentaar tussenbeide; geheel volgens de beginselen van Nul (of Zero) werd het materiaal laconiek en koel gepresenteerd. Deze droge registratie maakte het tegelijk een belangrijk literair, journalistiek en historisch boek.

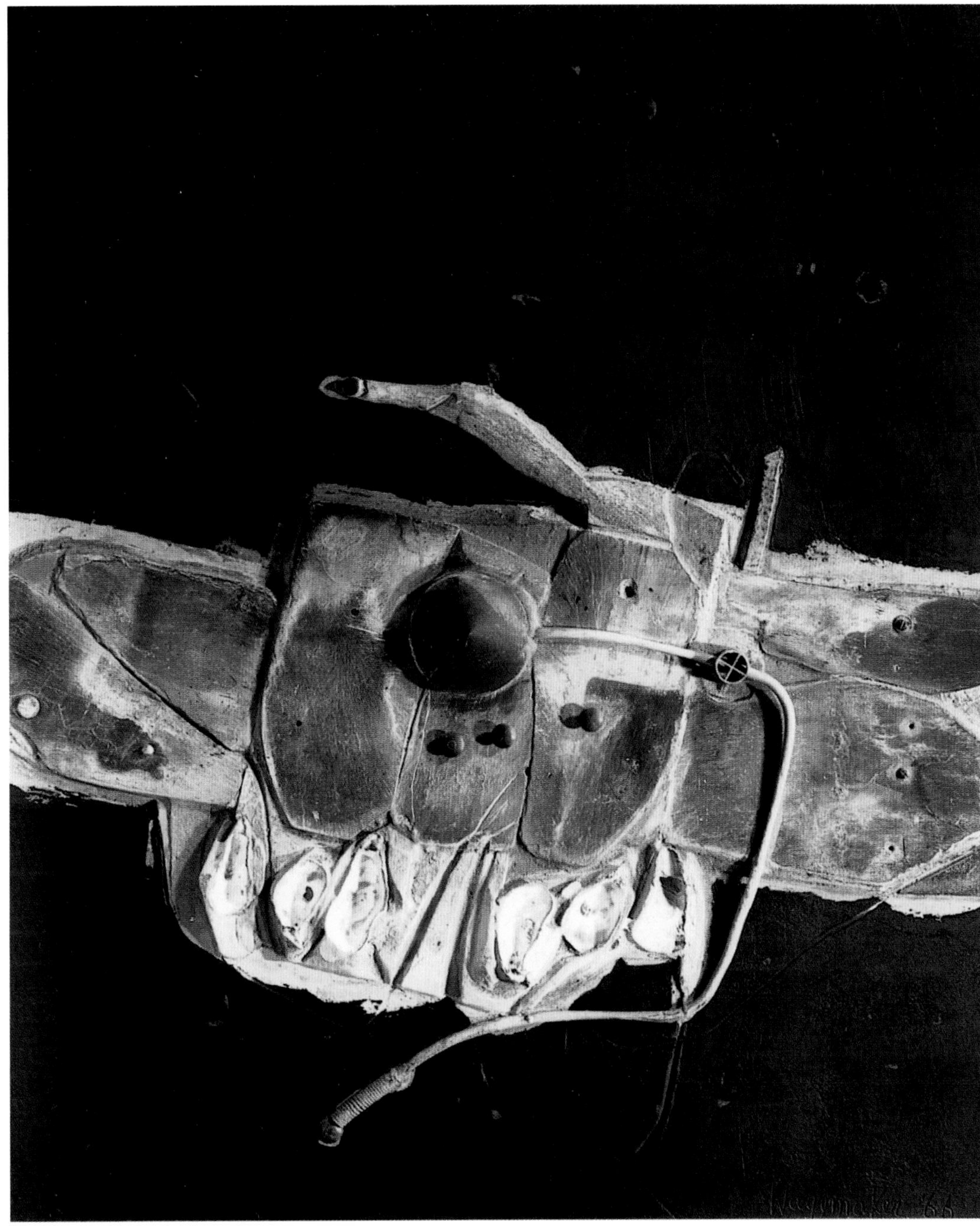

AFB. 195 – Jaap Wagemaker, *Leien en schelpen*, 1966. Olieverf op spaanplaat, 115 x 94 cm. Amsterdam, Stedelijk Museum.

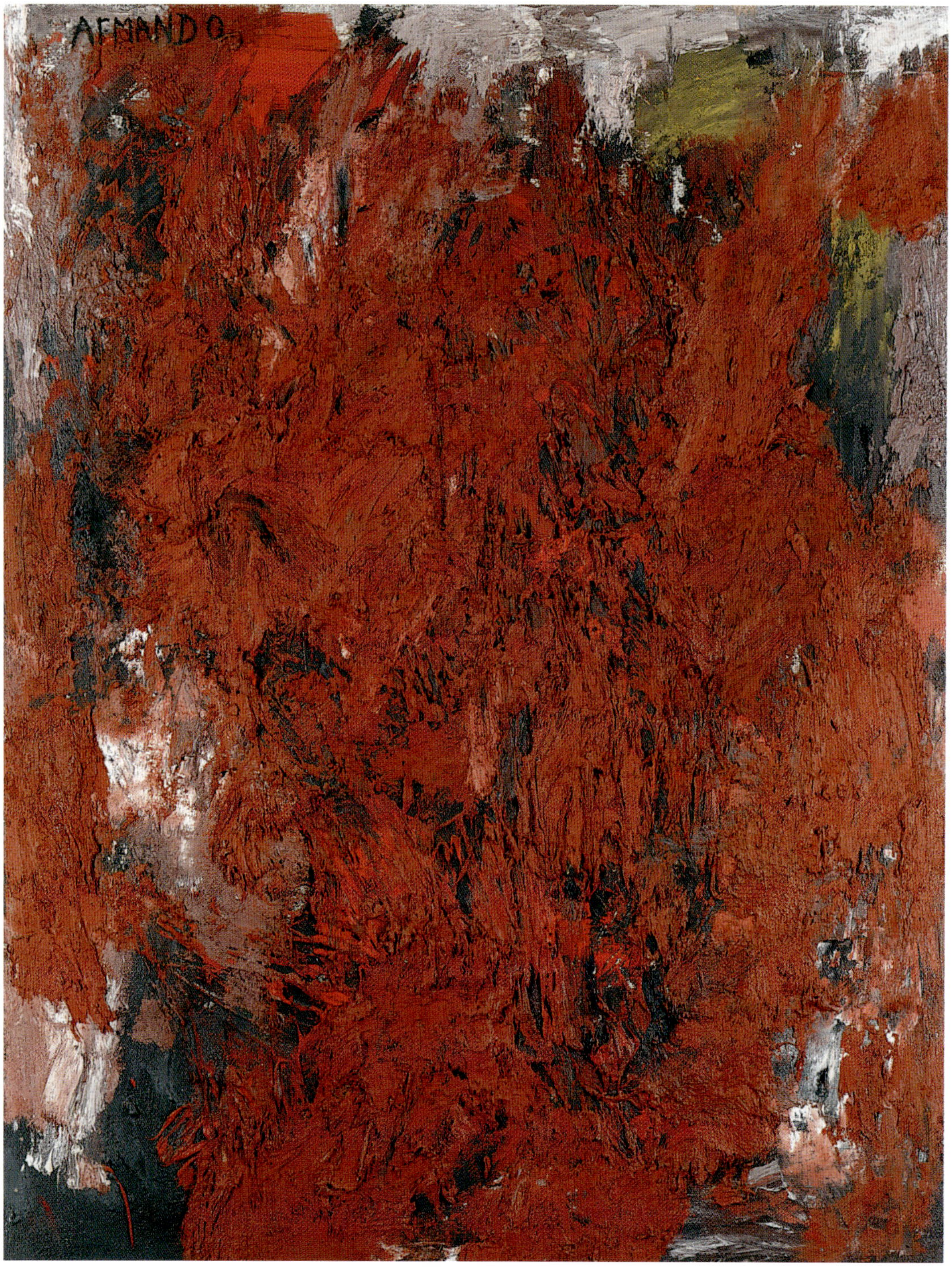

AFB. 196 – Armando, *Paysage Criminelle*, 1957.
Paneel, 121,5 x 91,5 cm. Dordrecht, Dordrechts Museum.

Armando's beeldend werk begon zo'n beetje met tekeningen, bijna hulpeloos gemaakt, als een vorm van grafisch gestamel. Ze doen zeer sterk denken aan het soort werk waarvoor Ouborg de Jacob Marisprijs had ontvangen. Een belangrijk verschil was dat Armando landschappen uitbeeldde die al 'vijandig' moeten zijn geweest. De stap naar de latere *paysages* was groot, maar de thematiek bleef eender. In het vervolg van zijn carrière treedt wisseling van een beeldidioom vaker op; zijn werk reflecteert in feite de belangrijkste ontwikkelingen in de naoorlogse Nederlandse kunst. Waren die vroege tekeningen aan Ouborg (en ook wel Cobra) verwant, zijn schilderijen lieten een verwerking zien van wat als materieschilderkunst begonnen was en zich tot 'informele' kunst zou ontwikkelen; de periode daarna werkte hij volgens beeldende principes van Zero. Glad geschilderde 'koele' metalen platen als schilderij gepresenteerd; of platen waarop een aantal ongenaakbare bouten waren aangebracht; of, wat de thematiek van *das Böse* nog duidelijker maakt, objecten met prikkeldraad (AFB. 197). Uiterlijk leek het allemaal erg op Zero, maar de inherente dramatiek was daar eigenlijk vreemd aan, en juist typisch Armando. Dit is trouwens een heel wat pessimistischer pseudoniem dan de Cobra-namen; de klank heeft een zigeunerachtige romantiek, maar intussen bevat het woord een variant op het Latijnse *armare*, 'om zich te wapenen' – het typeert zijn werk in een notendop.

Toen in de periode na Zero de internationale kunst conceptueler werd, en dit leidde tot minder nadrukkelijke presentaties, waarin de registrerende fotografie een erkend middel werd om een concept of actie vast te leggen, introduceerde ook Armando foto's in zijn werk. Hier en daar, bijna schuchter lijkt het, voegde hij er tekensporen aan toe, of combineerde hij de foto's met vellen waarop sporen van antivirtuoze tekenhandelingen waren aangebracht. Maar ook dit waren landschappen, 'schuldige landschappen' zoals hij ze nu noemde, gefotografeerde boompartijen zoals er stonden bij het kamp Westerbork, waar Armando vlakbij zijn jeugd doorbracht. Er is niet alleen een formeel verschil tussen de 'schuldige' en de eerdere 'criminele' landschappen. In de beginjaren was er nog het halve spel met de eigenschappen van de vijand: een van de eerste aankondigingen van de Informele Groep was bijvoorbeeld gegoten in de vorm van een 'bekendmaking' – een zinspeling op de geduchte *Bekanntmachungen*. Deze houding maakte plaats voor een afstandelijker observatie.

Toen in de jaren tachtig het expressie-figuratieve schilderen een soort renaissance onderging in de internationale kunstwereld, begon Armando in grove streken zwart-witte pictogrammen van het Duitsland van de oorlog te schilderen. Zulke aanpassingen aan het heersende kunstklimaat hebben natuurlijk iets kameleonachtigs, maar bij alle wisselingen bleef Armando wel degelijk hetzelfde dier. In elk van zijn manifestaties realiseerde hij een eigen kwaliteit (AFB. 198).

In België leefden in de jaren zestig, net als elders maar dan wel op een veel kleinere oppervlakte, allerlei schilderkunstige richtingen in co-existentie met elkaar. De abstracte kunst was niet meer weg te denken, maar sommigen verdedigden onvoorwaardelijk het beeld. En sommige kunstenaars bewogen zich tussen beide werelden in, of beter gezegd in een heel eigen wereld, zoals de Gentenaar Octave Landuyt (1922). Hij werkte in de jaren vijftig in een figuratieve stijl die als fantastisch-realistisch gekarakteriseerd kan worden. Omstreeks 1960 begon hij abstract-expressionistische werken te maken die hijzelf typeerde als 'essentieel-organisch'. In zijn latere werk kreeg het verworden wezen of het mensmonster een steeds grotere plaats. Zijn vormentaal en thematiek zijn doordrongen van het mythische, het fantasma en een magische met de natuur verbonden wereld, waarin een existentiële angst voelbaar is.

De belangrijkste persoonlijkheid van de nieuwe figuratie was Roger Raveel (1921), die in de jaren vijftig, in nagenoeg volledig isolement, een hoogsteigen vorm van expressie had gevonden, op een hoogst individueel gekozen voorbeeld. In Cobra was de kindertekening uiteraard een belangrijke bron van inspiratie geweest, wat niet alleen uit de vormen maar ook uit het beeldenrepertoire bleek. Het is een gangbare opinie dat kinderen, als ze negen, tien jaar worden, eigenlijk geen kindertekeningen meer maken. Door menig kunstpedagoog is de overgang naar stijf realisme op deze leeftijd betreurd. Blijkbaar nam Raveel nu juist aan deze andere, veel curieuzere en minder charmante tekenstijl een voorbeeld. Na het midden van de jaren vijftig maakte hij al hulpeloos ogende tekeningen en schilderijen, soms bruusk en dan weer aarzelend, van het leven in zijn zeer nabije omgeving (AFB. 199).

Raveel woonde in een kleine, dorpse gemeenschap, waarvan hij de eenvoudige gebeurtenissen en alledaagse voorwerpen in zijn kunst verwerkte. Een tuinman, een kar, schuttingen en schuren. Als zodanig is hij een erfgenaam van het Vlaamse en Brabantse expressionisme. Zijn werk heeft alleen weinig van de volheid en zwaarte van deze stijl: het is juist eerder aan de lichte kant, met hele gedeelten van het tekenblad of het doek die

AFB. 197 – Armando, *Zes keer rood*, ca. 1963. Blik op karton, 121,5 x 121,5 cm. Amsterdam, Stedelijk Museum.

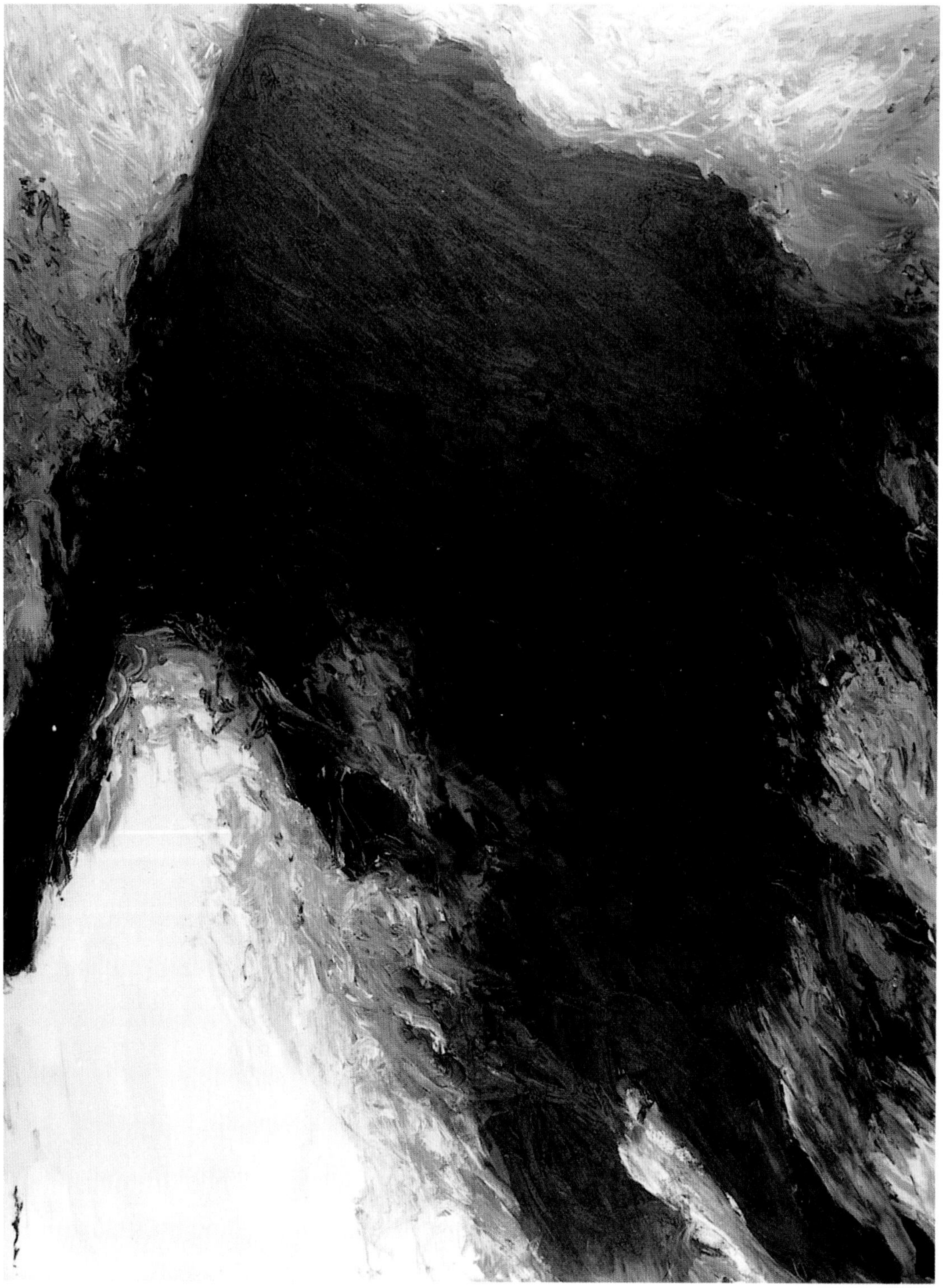

AFB. 198 - Armando, *De Vlag*, 1980. Olieverf op doek, 240 x 175 cm. Amsterdam, Stedelijk Museum.

onbewerkt of wit blijven, terwijl elders opeens met grote nadrukkelijkheid contouren en kleurvlakken worden aangebracht. Zijn schilderkunst is niet alleen een weerspiegeling van dat leven om hem heen, maar ook een reflectie op de schilderkunst. In letterlijke zin, als Raveel af en toe een stuk spiegelend materiaal in zijn schilderijen aanbrengt; figuurlijk, als zijn representaties gaan over representeren, iets waarin een zekere verwantschap met Magritte te herkennen is. Hij stelt in zijn werk het verschil tussen werkelijkheid en illusie centraal. De hele geschiedenis door hebben kunstenaars zich met die twee begrippen beziggehouden en ze telkens op een andere manier ter sprake gebracht. Raveel gebruikt de beeldtaal van zijn eigen tijd, hij accepteert figuratieve vormen in zijn schilderkunst, maar vermengt contradictorische stijlen en drijft de spot met traditionele compositieschema's. Hij combineert figuratieve elementen met abstracte tekens en vormstileringen die het beeld doorkruisen, en introduceert in zijn schilderijen echte voorwerpen - een vogelkooi bijvoorbeeld - en spiegels waardoor de toeschouwer in het werk wordt opgenomen.

Ondanks het aanvankelijke isolement bleek het werk van Raveel aan het begin van de jaren zestig aan te sluiten bij een schildermentaliteit die ook in Noord-Nederland haar vertegenwoordigers begon te krijgen (AFB. 200). Voor deze losse groep kunstenaars werd de aanduiding 'nieuwe figuratie' na enige tijd gemeengoed. Deze naamgeving werd voorbereid door een aantal initiatieven van musea die aan het begin van de jaren zestig onder de noemer Nouveaux Réalismes (Parijs), New Realists (New York) en Nieuwe Realisten (Den Haag) sculptuur en schilderkunst lieten zien, waarin vaak (maar niet eens altijd) figuratie was verwerkt. Het waren ook podia die, met wisselende nadruk, de nieuwe stroming van popart uit de Verenigde Staten en Europa toonden. Hoewel vooral de tentoonstelling in Den Haag zeer uiteenlopende vormen van schilderkunst presenteerde, maakte dit evenement grote indruk op Raveel. Niet eens zozeer als een onthullende kennismaking met nieuwe mogelijkheden, maar veel meer doordat hij zijn eigen visies in het werk van anderen meende te herkennen. Kennelijk was hij niet meer de eenling die hij zich tot dan toe had gevoeld. Vrij snel na de tentoonstelling in Den Haag kwam het contact tot stand met een groep Nederlandse kunstenaars: Reinier Lucassen (1939), Pieter Holstein (1934) en Alphons Freymuth (1940). Geen van allen waren op de Haagse tentoonstelling vertegenwoordigd (zij waren jong, jonger nog dan Raveel), maar ook zij waren enthousiast over dit nieuwe accent na Cobra, abstract expressionisme en materieschilderkunst. Het is in het bijzonder voor deze kunstenaars dat de term 'nieuwe figuratie' in zwang kwam. In 1966 werkte Raveel samen met Lucassen en de Belgen Elias (1936-2007) en Raoul De Keyser aan muurschilderingen in de kelders van het kasteel van Beervelde in België.

Kenmerkend voor allen is een onbeholpen realisme dat soms een ironisch of relativerend karakter heeft. Wellicht het duidelijkst was die ironie te zien in het werk van Lucassen, die schilderijen van Van Gogh of Mondriaan een nieuwe, opzettelijk naïeve gedaante gaf. Lucassen was in de groep ook het meest een kunsthistorische schilder: nagenoeg al zijn werk bevat toespelingen op de geschiedenis van de schilderkunst (AFB. 201). In de loop der tijd werden deze verwerkingen steeds subtieler en introverter. In de jaren tachtig en negentig schilderde hij gesloten, fijnzinnige doeken, die ook als hommages zijn op te vatten aan door hem bewonderde schilders van de vroege avant-garde, vooral als zij in stilistisch en formeel opzicht libertijns waren, zoals Francis Picabia.

Het karakter van de Amerikaanse popart is altijd anders geweest dan dat van de Europese variant: in grote trekken herhaalde zich hier het verschil tussen Cobra en Abstract Expressionism. Niet alleen is het oppervlak van het gemiddelde popartschilderij uit de Verenigde Staten groter dan dat van zijn Europese tegenhanger, maar de Europese popart is over het algemeen ook minder direct, en meer gelaagd. In België en Nederland is weinig popart gemaakt, al bevond zich bijvoorbeeld in Rotterdam een groep kunstenaars die over contacten met de Verenigde Staten beschikte en op een levendige manier popachtige kunst maakte. Ook in het werk van Wim T. Schippers (1942) bijvoorbeeld zou men van een Europese, of zelfs typisch Nederlandse popmentaliteit kunnen spreken, maar het overgrote deel van zijn belangrijke oeuvre valt buiten het bestek van deze geschiedenis van de schilderkunst. De onbetwiste 'vader van de Nederlandse popart' is evenwel Woody van Amen (1936). Hij trok in 1961 voor twee jaar naar New York, waar hij in contact kwam met de Amerikaanse avant-garde en de overgang van het abstracte expressionisme naar de popart beleefde, met vernieuwers zoals Robert Rauschenberg en Andy Warhol. Geboeid door deze stroming, begon Van Amen in een aantal schilderijen gebruik te maken van symbolen uit de populaire beeldcultuur van de consumptie-

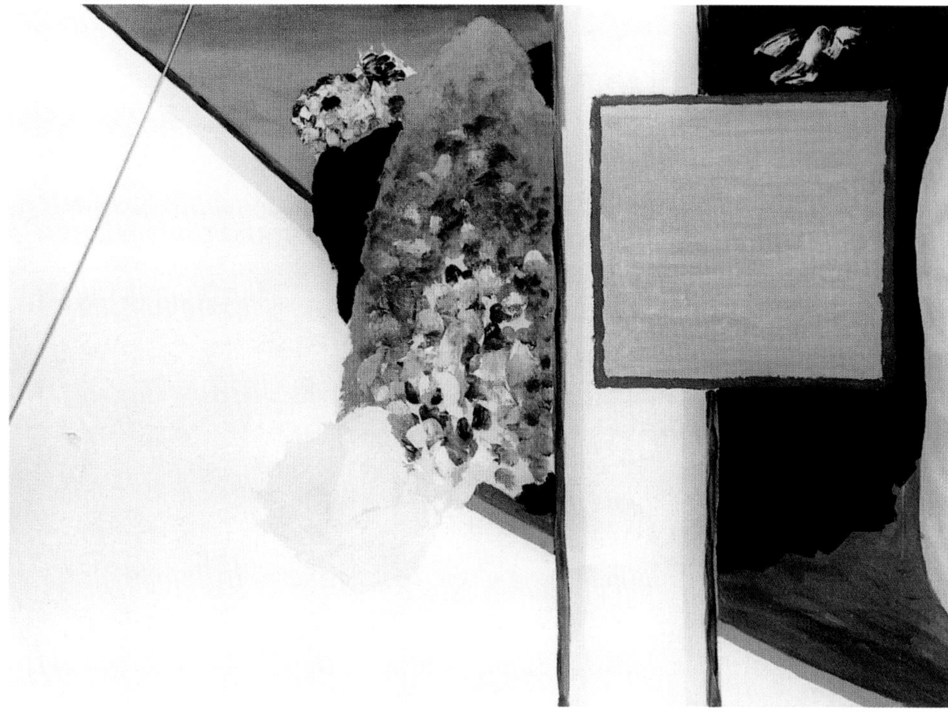

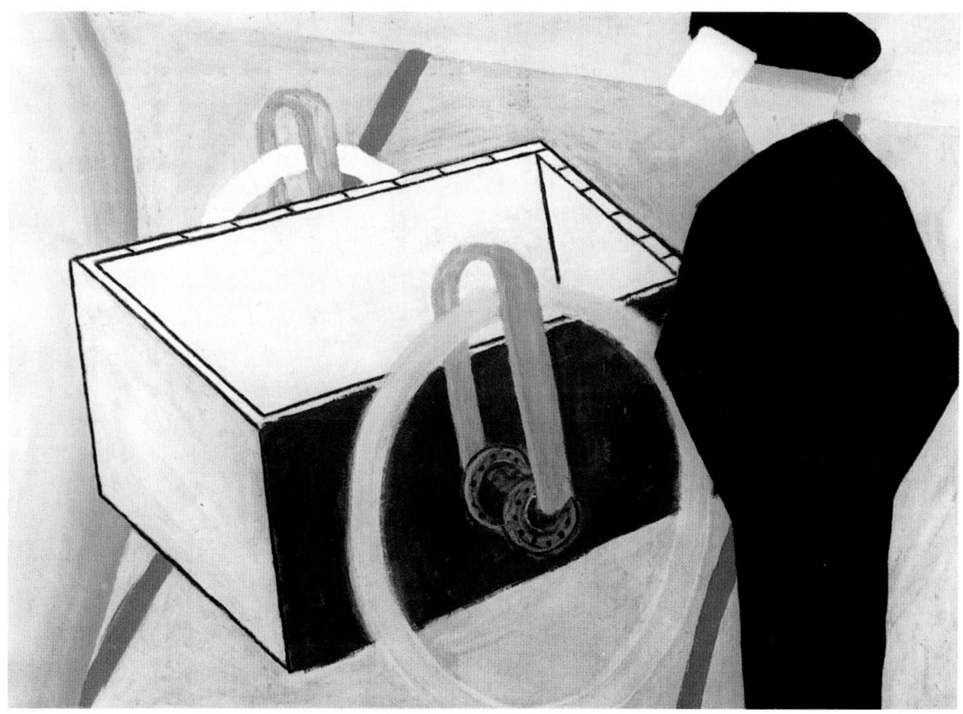

AFB. 199 [boven] – Roger Raveel, *Neon lente*, 1966. Doek, 150 x 204 cm. Dordrecht, Dordrechts Museum.

AFB. 200 [onder] – Roger Raveel, *Man met handkar*, 1953. Olieverf op spaanplaat, 95 x 120 cm. Amsterdam, Stedelijk Museum.

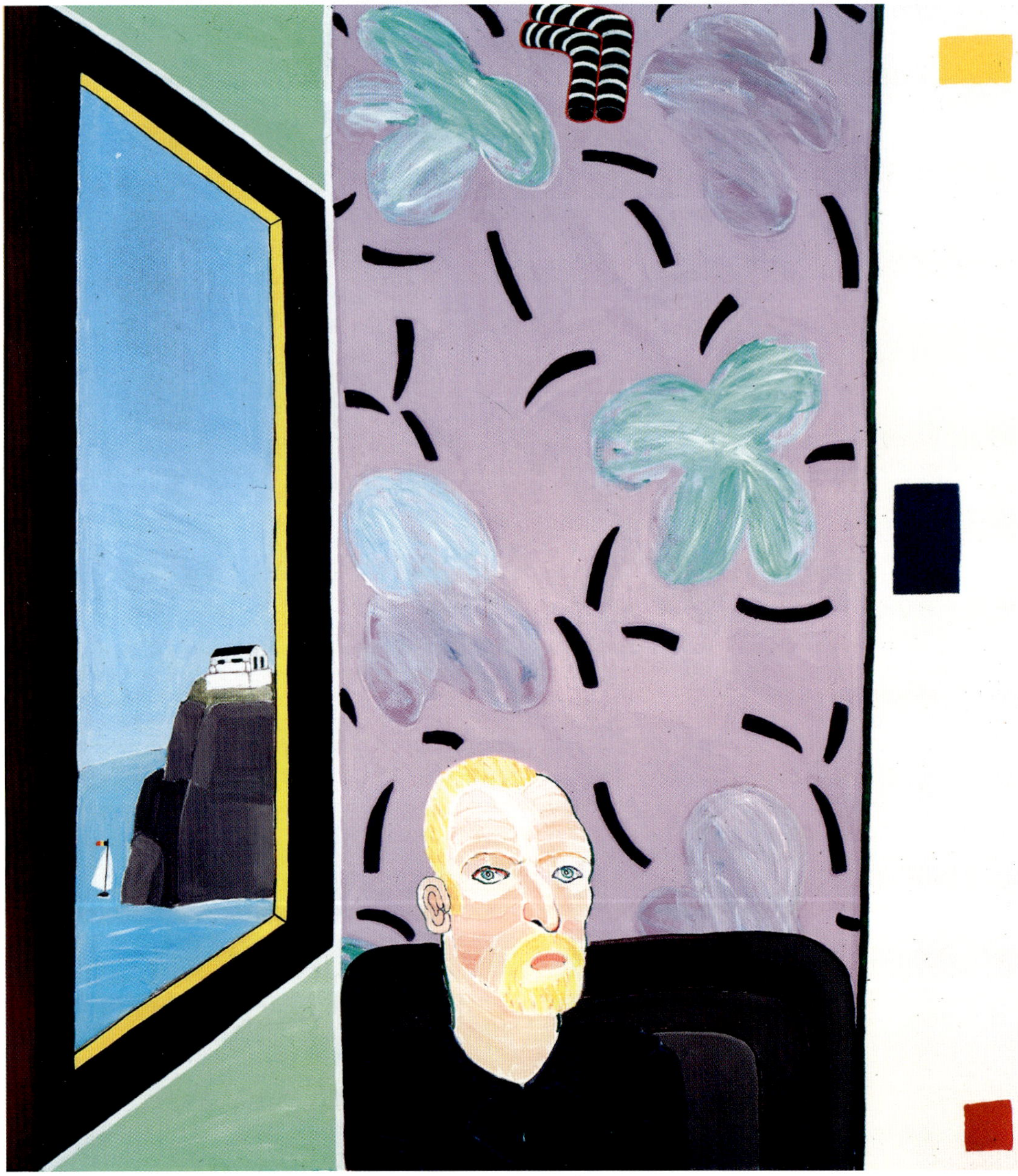

AFB. 201 [boven] – Reinier Lucassen, *Vincent, P.M. en Lucassen*, 1975. Acrylverf op doek, 161 x 141,5 cm. Eindhoven, Van Abbemuseum.

AFB. 202 [pagina 241] – Dan Van Severen, *Vierkante compositie*, 1964-1965. Olieverf op doek, 180 x 180 cm. Brugge, Groeningemuseum.

maatschappij – merknamen zoals Wrigley-kauwgum en Felix-kattenbrokjes. Na zijn terugkeer in Nederland in 1963 schudde hij met zijn kunst het Nederlandse publiek wakker. Hij verwerkte zijn Amerikaanse indrukken in assemblages met een eigen beeldtaal, die van alledaagse voorstellingen uitging en niet gespeend was van humor. Aanvankelijk maakte Van Amen alleen schilderijen, later experimenteerde hij met andere technieken en assemblages, bijvoorbeeld met neon en leds, plastic, foto's, collages en allerlei 'rommel'. Zijn werk geeft op een heel eigen en fantasierijke wijze vorm aan de veranderende tijd. Behalve door het *objet trouvé* is hij gefascineerd door symbolen met een oeroude religieuze of spirituele betekenis. Hij assimileert beelden uit andere culturen, die hij tijdens zijn vele reizen heeft ontdekt. In recente schilderijen staat de 'taxat', een driedimensionaal dubbelkruis, centraal. Met dit teken heeft de kunstenaar een eigen symbool gecreëerd, een vorm die losstaat van de werkelijkheid en vrij van waarden is.

In België was Evelyne Axell (1935-1972) tussen 1965 en 1972 een van de weinige popartkunstenaars, naast Pol Mara (1920-1998). Axell werd door 'het ruisen van het leven' gestimuleerd en ging er helemaal in op, schreef Pierre Restany. Haar 'mentor' Magritte introduceerde haar in de geheimen van het schilderen met olieverf, maar na verloop van tijd liet zij dit medium varen en ging experimenteren met plastische harsen, die zij met email kleurde. Nadien ontdekte zij het opaliserende plexiglas en gaf daaraan de voorkeur als expressiemiddel.

Om summier aan te geven hoe divers de kunst in de jaren zestig in België was geworden, kan een schilder als Dan Van Severen (1927) als voorbeeld worden vermeld. Zijn kunst zouden we ascetisch kunnen noemen. Ascese om tot geestelijke bevrijding te komen, dat is de essentie van zijn werk. Hij beperkt zich tot elementaire geometrische figuren, zoals vierkant, ruit, rechthoek, kruis, cirkel, ellips. Die elementen plaatst hij niet geïsoleerd of zelfstandig tegenover elkaar, maar laat hij op elkaar inwerken. Het coloriet blijft beperkt tot grijswaarden in tempera en Oost-Indische inkt. Door de eenvoud van de compositie ontstaat een soort meditatieve kunst die niet steunt op bewerkelijke picturale procedés, maar op concentratie. De ervaring van de kunstenaar is samengevat in een universeel teken dat aanspoort tot bezinning.
Van Severen streeft naar een eenheid tussen materie en geest (AFB. 202). Eenzelfde essentieel en meditatief karakter als in de geometrisch-abstracte kunst van Van Severen is terug te vinden in de verfijnde, zeer doordachte 'minimalistische' composities die Marthe Wéry (1930-2005) omstreeks 1970 begon te maken, maar dan in strenge seriële structuren en van meet af aan in een bewuste interactie met de omgevende ruimte.

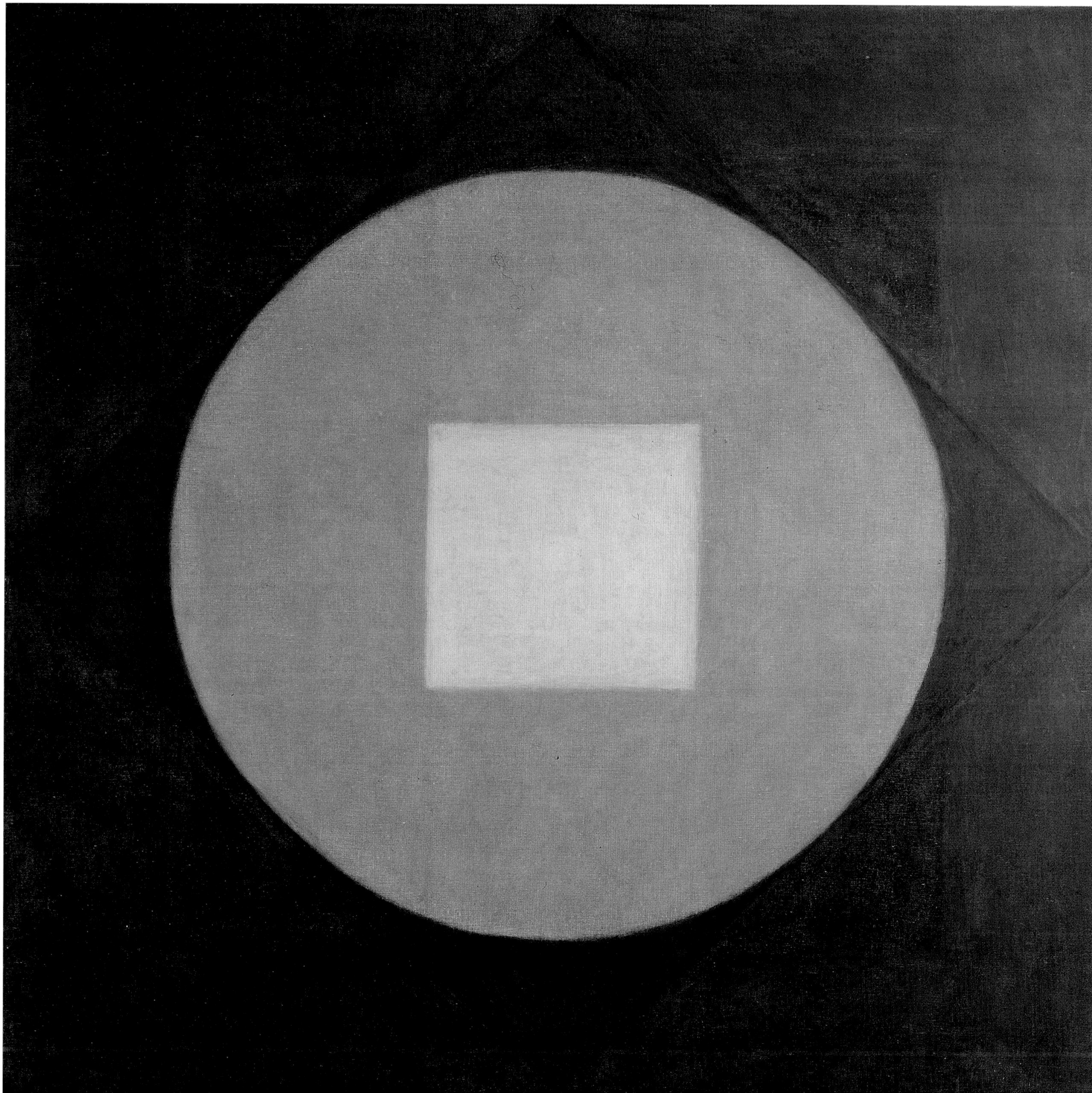

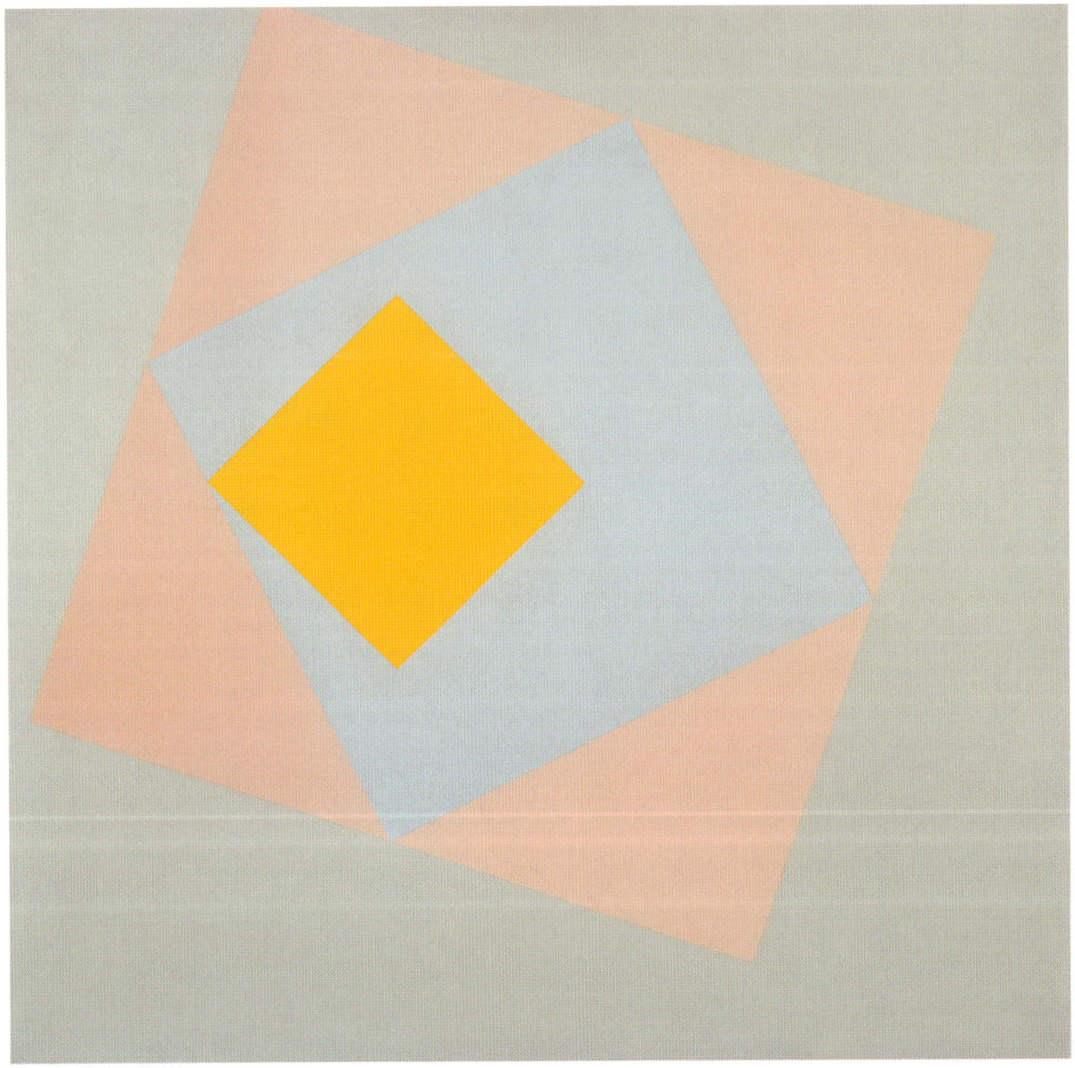

AFB. 203 – Peter Struycken, *Gereguleerde beweging*.
Amsterdam, Stedelijk Museum.

HOOFDSTUK 15

Open wegen voor de schilderkunst

De jaren zestig en de daaropvolgende decennia zijn problematisch vanuit het perspectief van de schilderkunst. Bij vele kunstenaars tekende zich een crisis in het schilderen af, en er werden op grote schaal nieuwe kunstvormen uitgeprobeerd: installaties, constructies, film, en later video, performances en happenings. In deze nieuwe vormen werd soms de beste kunst van de periode gemaakt, wat de lijst van interessante kunstenaars die hier onbesproken blijven jammer genoeg groot maakt: in België bijvoorbeeld zulke verschillende figuren als Panamarenko (pseudoniem van Henri van Herwegen, 1940), Jan Fabre (1958), Wim Delvoye (1965), en in Nederland het merendeel van de kunstenaars die opereerden in Nul of Fluxus. Tegen het einde van de jaren zestig is het bovendien onmogelijk geworden om nog over internationale stromingen en stijlen te spreken. Het stijlpluralisme en de verregaande individualisering van de kunstproductie maken dat men de ontwikkelingen in de hedendaagse kunst niet meer chronologisch kan benaderen. Het is dan ook ondoenlijk om in een publicatie die een groot overzicht biedt van de geschiedenis van de schilderkunst in de Lage Landen, de hedendaagse kunst de hele ruimte te geven die haar toekomt. Immers, het zou een reusachtige en, als ze niet zo lang zou zijn, ook wel buitengewoon boeiende opsomming van uiteenlopende stromingen en visies en experimenten worden, van enkelingen en kleine groepen, van tentoonstellingen en evenementen – waaruit niemand nu al kan distilleren wie of wat uiteindelijk, na verloop van jaren, als 'teken des tijds' boven al het andere zal uitsteken. Wij kunnen hoogstens hier en daar op een signaal of een invloedrijke figuur wijzen.

Zo'n figuur was de Belg Marcel Broodthaers (1924-1976). Via de poëzie en de journalistiek kwam Broodthaers in 1964 tot de beeldende kunst. Onmiddellijk sloot hij aan bij de beweging van de antikunst, die ageerde tegen de traditionele, steriele context waarin kunstwerken getoond worden en tegen de valse waarde die gegeven wordt aan het 'unieke' kunstwerk als bezit en symbool van prestige. Zijn carrière ontwikkelde zich vanaf dat moment parallel met internationale bewegingen als popart, nouveau réalisme en conceptuele kunst. In zijn objecten, schilderijen, gedrukte uitgaven, prenten, fotografische werk en installaties stelde Broodthaers de zin en de aard van de kunst, de kunstenaar, de kunsttheorie, de taal, het museum en de samenleving zelf aan de orde. Zijn offensief voerde hij overwegend met literaire wapens: het geschreven of gedrukte woord, associaties van beelden en teksten, absurde woordspelingen. Daarnaast had hij een voorkeur voor de reproductie en voor alledaagse activiteiten en objecten (het *objet trouvé*). Zijn werk was opzienbarend in zijn tijd en van cruciaal belang voor de hedendaagse kunst en kunsttheorie. Broodthaers staat aan de rand of zelfs buiten de schilderkunst, en dus in feite buiten het bestek van dit boek, maar hij kan hier niet onvermeld blijven, omdat zijn kritiek bepalend is geweest voor de toekomst en de plaats van de schilderkunst in het grote landschap van de plastische kunsten.

Van de Nulgroep is Armando reeds besproken, maar tenminste één andere kunstenaar moet hier nog worden genoemd: Jan Schoonhoven (1914-1994). Hij maakte fijnzinnig werk, dat als sculptuur zou kunnen worden beschouwd, maar zich juist met opzet als schilderkunst presenteert. Hij schilderde en construeerde reliëfs op armelijk materiaal als ribbelkarton. Dit materiaal heeft zelf al de eigenschappen die Schoonhoven in zijn werk vergrootte: een zeer eenvoudige, in slordige, weinig precieze vorm uitgevoerde structuur. De afgewogen combinatie van regelmaat en schilderachtige uitvoering in zijn werk doet in de verte aan Mondriaan denken, net als de compositie zonder hiërarchie, al is er bij Schoonhoven nu juist wel, en met nadruk, sprake van spiegelsymmetrie en herhaling van elementen. Eender zijn de elementen echter nooit: de verfopbreng is nooit mechanisch of glad en de schakering verschilt per onderdeel altijd in minieme nuances, die juist door de monotonie van de opbouw belangrijk worden. Daarbij zorgen ook lichtval en reflectie voor

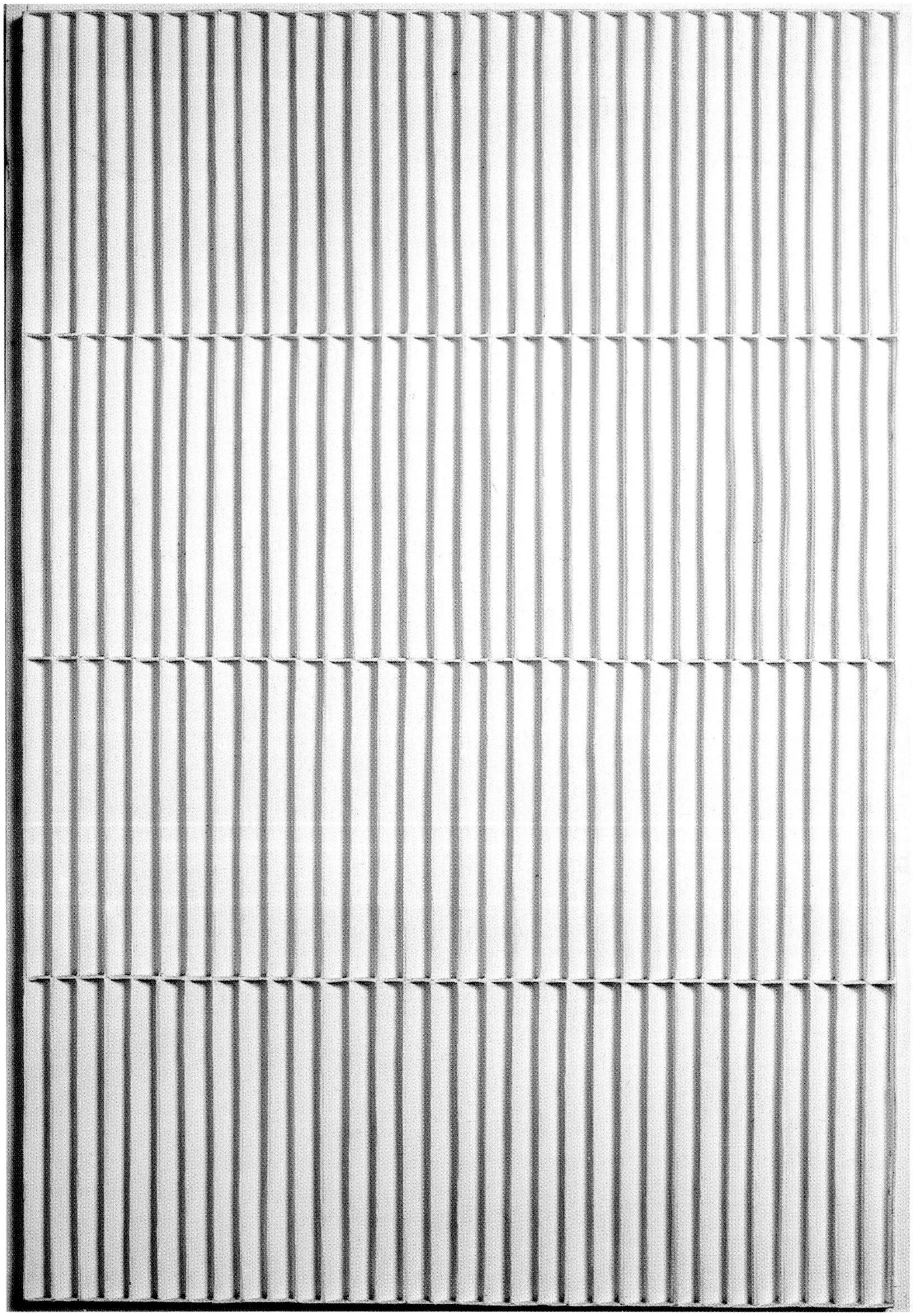

AFB. 204 – Jan Schoonhoven, *R. 70-95*, 1970. Beschilderd karton en latex op hardboard, 122 x 84 cm, diepte 4,5 cm. Amsterdam, Stedelijk Museum.

een voortdurend toonverschil en een levendigheid in het oppervlak. In hun zorgvuldige bescheidenheid zijn het zeer aantrekkelijke werken, met de charme van ernstig geknutsel (AFB. 204 en 205).

Het spel met structuren wordt op een geheel andere manier gespeeld in het werk van Peter Struycken (1939), de belangrijkste van de schilders die de traditie van formalisme en abstractie na de oorlog verder voerden (al moet hier bijvoorbeeld weer Edgar Fernhout genoemd worden, die op een geheel andere manier de erfenis van Mondriaan in de vorm van een abstracte natuurbeschouwing voortzette). Struycken maakte naam met schilderingen op verschillende materialen, onder andere plexiglas, waarop hij fragmenten van structuren liet zien. Deze structuren, vaak complex, zouden zich buiten de randen van het schilderwerk oneindig kunnen voortzetten. Bij de bepaling van zijn kleurnuances en de aard van de patronen begon hij in de loop der jaren de computer te gebruiken, waarbij hij ook toevalselementen een bepalende rol liet vervullen in zijn kunst. Hij is lange tijd de enige kunstenaar geweest in Nederland die de computer succesvol voor zijn werk wist in te schakelen. Ook in dit werk tekende zich overigens de distantie tot de schilderkunst af, die in deze jaren zo algemeen werd. Zelfs in de zogenaamde fundamentele schilderkunst bestond die distantie – als er al geschilderd werd, werd dat schilderen geproblematiseerd en ingeperkt (AFB. 203).

In een andere vorm gebeurde dat ook bij de schilder J.C.J. van der Heyden (1928). Hij begon zijn carrière met een vorm van figuratief expressionisme met een katholiek-christelijke iconografie, maar verloor halfweg de jaren zestig het vertrouwen in de schilderkunst. Na meer dan twee jaar niet te hebben geschilderd maakte hij schilderijen met een sterk conceptueel karakter, die thematisch aansloten bij zijn niet-picturale werken als installaties en foto's. Zijn thema werd hem waarschijnlijk aangereikt door zijn eerdere studie van de fenomenologische kunstbeschouwing à la Maurice Merleau-Ponty, want zijn werk gaat voortdurend over de waarneming. Misschien was bij hem het christelijke idee van de zondeval gesecula-

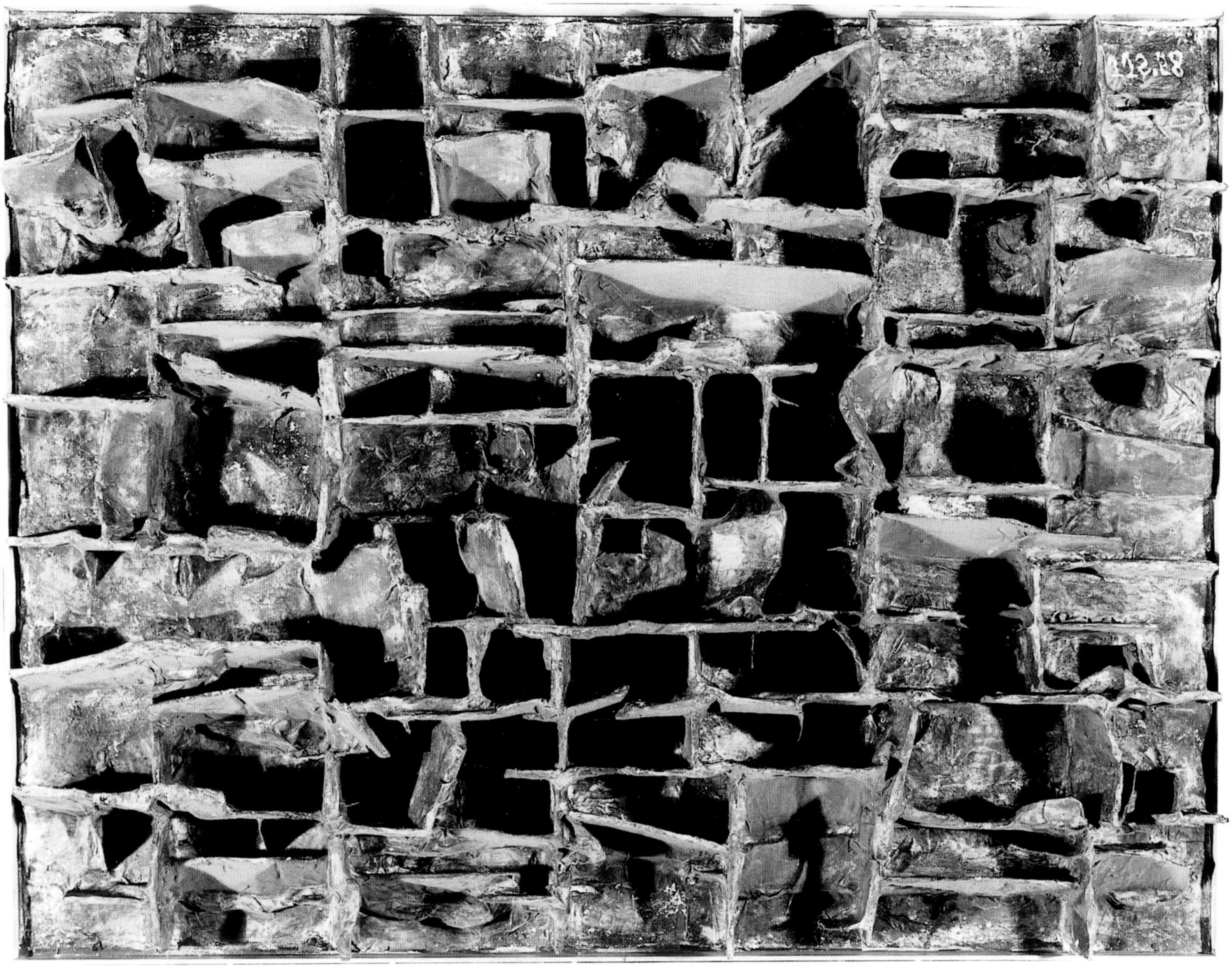

riseerd tot meditaties over de onoverbrugbare kloof tussen subject en object; in ieder geval bouwde hij nogal wat ruimtelijke constructies die als afbeeldingen van een waarnemer kunnen worden opgevat. Een waarnemer die gescheiden is van de wereld die hij ziet: een levensgrote camera obscura bijvoorbeeld, of installaties die het atelier van de kunstenaar verbeelden als een ruimte met beperkt uitzicht. Ook in zijn schilderijen gaat het om de 'bemiddelde waarnemer', wiens bewustzijn alleen via een kijkgat contact maakt met de buitenwereld, een onvolledig contact, waaruit vervolgens in de binnenwereld van het brein een voorstelling wordt getoverd. Zo schildert hij schilderijen die voornamelijk uit een kader bestaan: het lijken abstracties, maar in feite zijn ze verwant aan Van der Heydens foto's vanuit een vliegtuigraam, waar de rand van het venster mee is gefotografeerd; of aan zijn zeer schematische landschappen op *shaped canvasses*, die een gekromde horizon hebben, en zowel aan de holle vorm van het netvlies als de kromming van de globe lijken te refereren.

Het raadsel van afbeelding, waarneming en kunst is vanaf het midden van de jaren

AFB. 205 – Jan Schoonhoven, *Vernielde constructie*, 1958. Reliëf van papier-maché, zwart geschilderd. Utrecht, Centraal Museum.

AFB. 206 – Jan Dibbets, *Halve kubus*, 1966. Doek. Amsterdam, Stedelijk Museum.

zestig met groot internationaal succes door twee andere kunstenaars uit Nederland verkend: Jan Dibbets (1941) en Ger van Elk (1941). Terwijl Van der Heyden regelmatig het traditionele middel van penseel en doek ter hand nam, is het werk van deze jongere kunstenaars nog ternauwernood schilderkunst: beiden hanteerden als beeldend middel de registrerende foto (en film).

Dibbets is opnieuw een voorbeeld van het belang van informatie uit de internationale kunstwereld. Na een betrekkelijk traditionele opleiding tot tekenleraar aan de academie in Tilburg volgde hij lessen bij Jan Gregoor in Eindhoven en woonde achtereenvolgens in Antwerpen en Enschede. Daar deed hij al wel op lokaal niveau van zich spreken, voldoende althans om een beurs te verwerven voor een studieverblijf aan de St. Martin School of Arts in Londen. Vanaf dat moment begon zijn oeuvre zich te vormen. Hij maakte kennis met de grote vrijheid van de conceptuele kunst en leerde kunstenaars kennen als Barry Flanagan en Richard Long. Het leidde tot voor die tijd bijzonder werk, dat volledig paste in de opkomende belangstelling voor conceptuele kunst. In Londen maakte hij bijvoorbeeld een sculptuur met het territorium van een roodborstje, een broze onderneming die eigenlijk bestond uit het verslag van de verschillende ruimten die een roodborstje afbakende, daarbij geholpen door de kunstenaar, die in deze ruimte palen had geplaatst.

Teruggekeerd in Nederland zette Dibbets zijn werk voort met sculpturen in de materialen van *arte povera* en *land art*. Het geval met het roodborstje had hij een 'sculptuur' genoemd, en in het werk van Dibbets is één thema duidelijk: ruimte. Zo maakte hij ook een *shaped canvass*, dat er op het eerste gezicht als een geijkt constructivistisch werk uitzag: een blauw vierkant met aan weerszijden twee gele driehoeken. Maar eigenaardig genoeg heette de constructie *Halve kubus* – het werk moest kennelijk worden gezien als een tweedimensionale *afbeelding* van drie vlakken die in hoeken van negentig graden ten opzichte van elkaar waren geplaatst (AFB. 206). Het was tegelijk een grap over de avant-garde en een uitbeelding van het motief dat hem blijvend zou bezighouden: de verhouding tussen plat en ruimtelijk. *Halve kubus* was eigenlijk het omgekeerde van zijn werk *Stapelingen*. Daar waren platte schilderijen laconiek op elkaar gelegd, om zo sculptuur te worden.

Het klassieke werk waarin Dibbets ruimte, het platte vlak en de traditie van het moderne schilderij aan de orde stelde, was zijn *Correctie op het perspectief – mijn atelier II* (AFB. 207). Het is een van zijn vele perspectiefcorrecties, maar de serie in het atelier waartoe dit werk behoort, bevat de meest heldere varianten. In het latere werk van Dibbets keert steeds dat verlangen terug om dat wat ruimtelijk is vlak te maken, en telkens gebeurt dat door manipulaties van fotografische beelden. In *Correctie op het perspectief – mijn atelier II* is het principe simpel: op de vloer is met witte lijnen

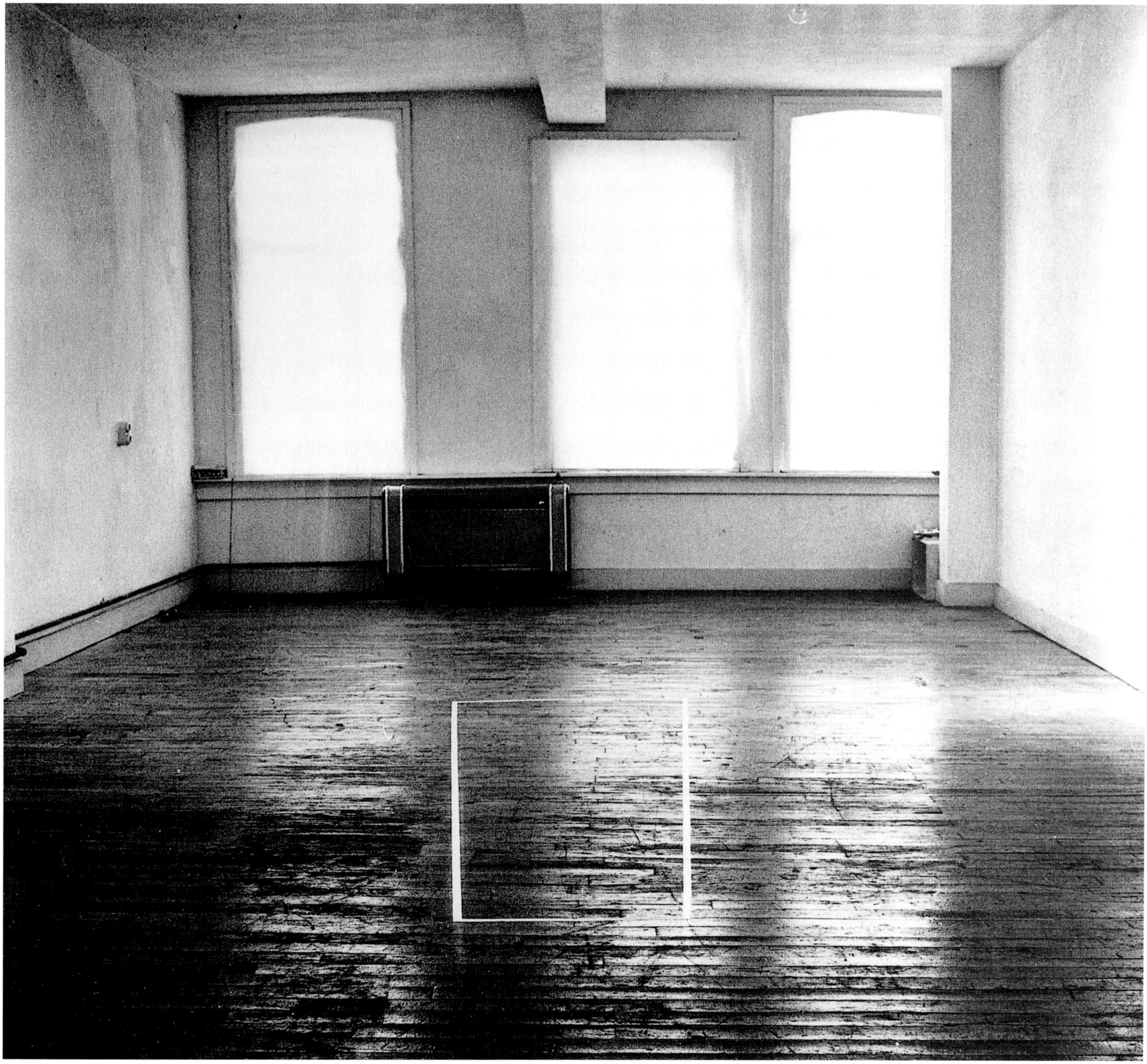

AFB. 207 – Jan Dibbets, *Correctie op het perspectief – mijn atelier II*, 1968. Foto op doek, 115 x 115 cm. Amsterdam, Stedelijk Museum.

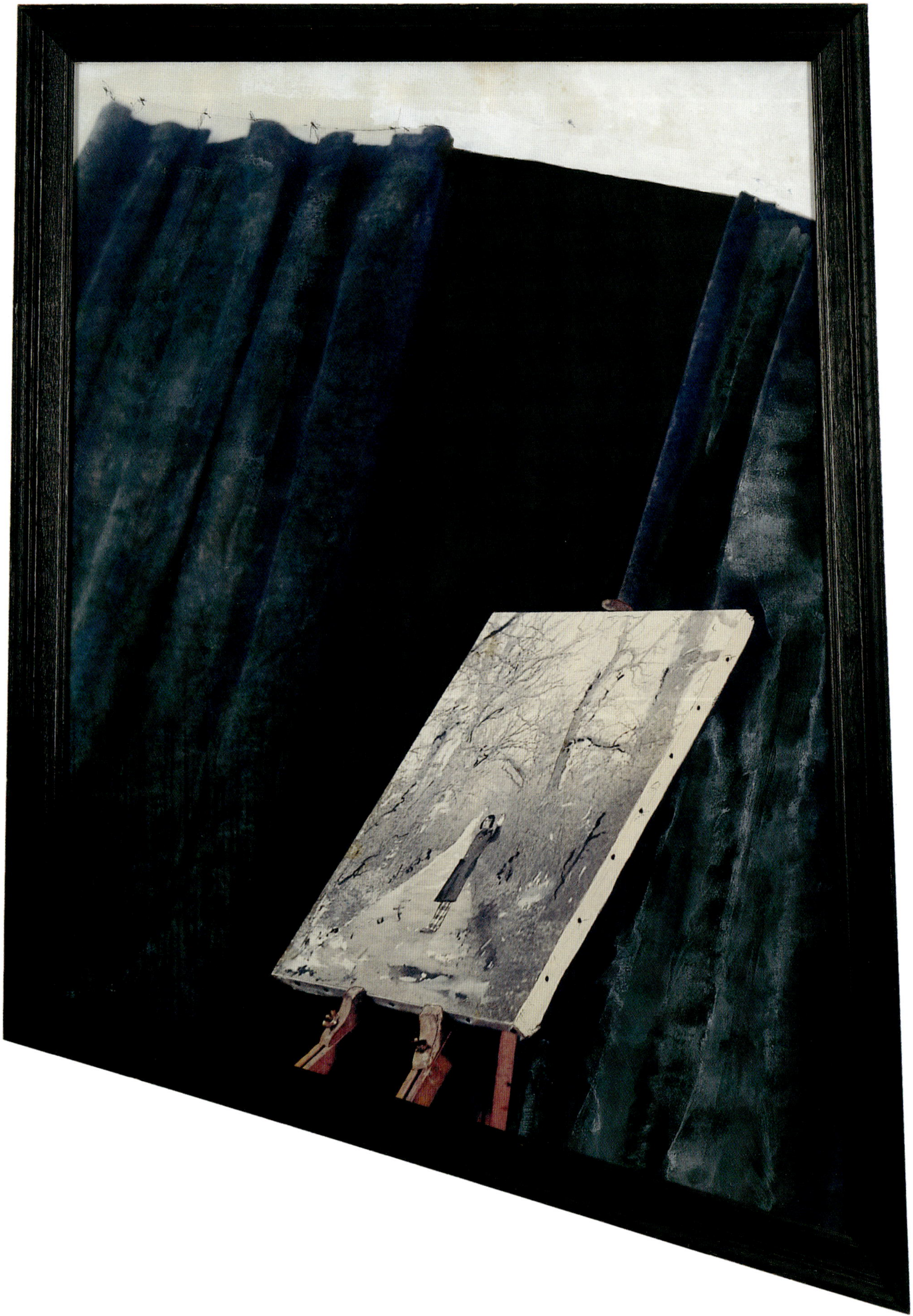

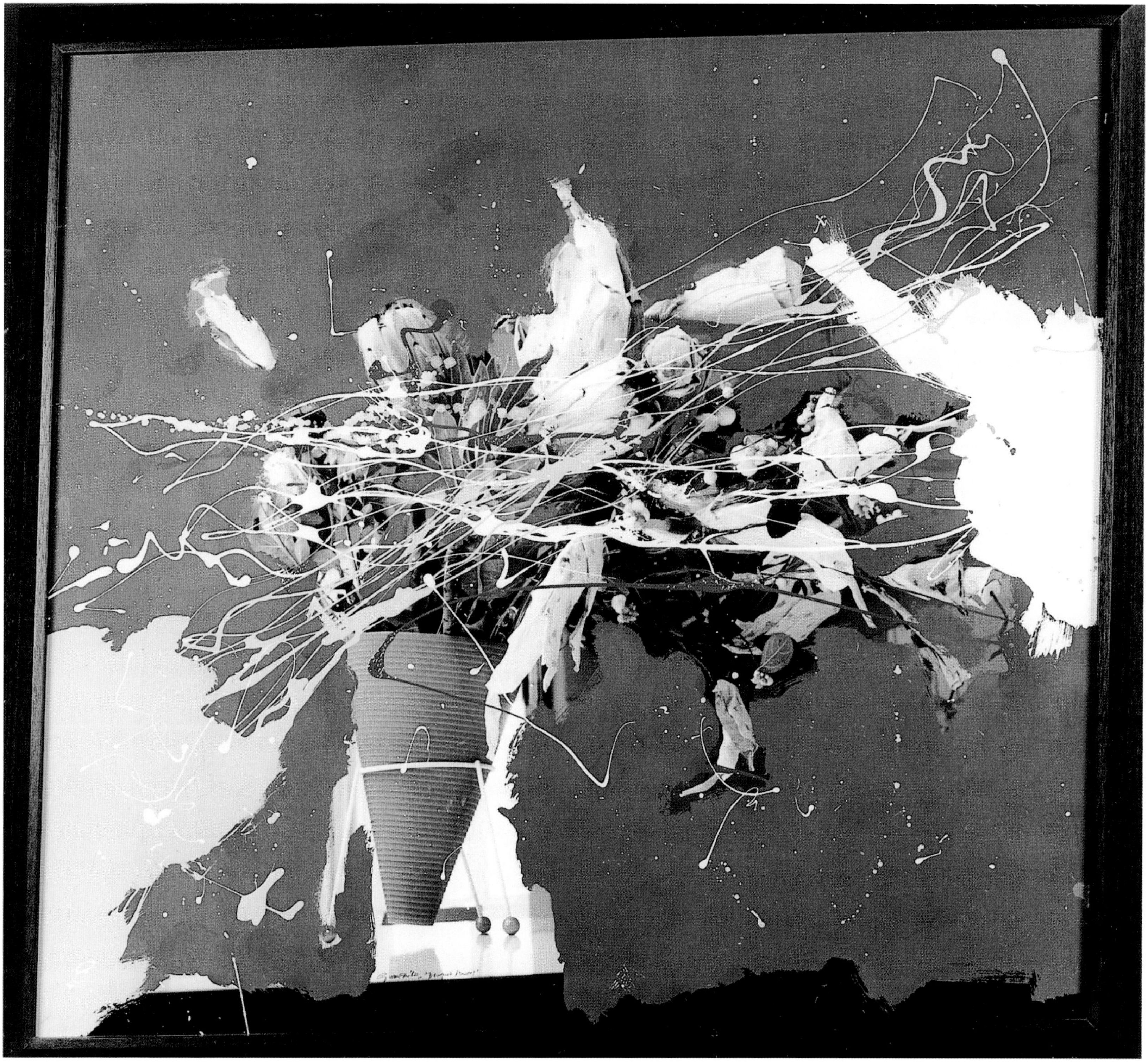

AFB. 208 [pagina 248] – Ger van Elk, *Het vaarwel I*, 1974. Kleurenfoto met vernis, 132 x 84 cm. Amsterdam, Stedelijk Museum.

AFB. 209 [boven] – Ger van Elk, *Boeket uit Antwerpen*, 1982. 111,5 x 115 cm. Amsterdam, Stedelijk Museum.

AFB. 210 – Daan van Golden, *White painting*. Amsterdam, Stedelijk Museum.

een trapezium gevormd, van afmetingen en in zo'n vorm dat de randen van de vierhoek op de achterwand van de camera evenwijdig lopen aan de rand van het beeldvlak. Het levert een vierkant op dat op de foto lijkt te zijn geschilderd, in plaats van aangebracht op een vloer in de ruimte van het atelier. Daarmee krijgt het een spookachtig bestaan, ergens hangend tussen wereld en afbeelding. Het werk heeft een andere achtergrond en een ander temperament dan *Het menselijk tekort* van Magritte, maar het is door zijn beheerste eenvoud op een vergelijkbare manier een klassieke verbeelding van de eigenaardigheid van perspectivische projectie, en daarmee van de waarneming en de schilderkunst. Beide werken complementeren elkaar: terwijl de situatie van Magritte juist heel makkelijk in een schilderij is te realiseren, is het werk van Dibbets in pure schilderkunst niet goed denkbaar. Het vierkant zou altijd op het oppervlak van het schilderij blijven kleven, en zich niet hechten aan de vloer; juist het feit dat Dibbets een foto heeft gemaakt, maakt het vierkant treffend. Bij inspectie van de grote foto is goed te zien dat de lijnen over de planken van de vloer zijn aangebracht, terwijl het tegelijkertijd onmogelijk is om het te zien als het trapezium dat het is.

Van Elk werd lange tijd in één adem genoemd met Dibbets, omdat beiden in dezelfde periode met behulp van fotografische middelen semiconceptueel werk maakten. In 1967 was Van Elk samen met Dibbets en Lucassen medeoprichter van het Internationaal Instituut voor Herscholing van Kunstenaars, dat een aantal manifesten en projecten het licht deed zien. In het werk van Van Elk is het onderwerp gevarieerder. Het bevat bijvoorbeeld autobiografische elementen; en anders dan Dibbets kwam Van Elk zelf geregeld in zijn eigen werk voor. Er is ook een verschil in hun verhouding tot de beeldhouwkunst. Bij Dibbets gaat het eigenlijk om het platmaken van driedimensionale situaties, of: hoe maak ik van sculptuur schilderkunst? Bij Van Elk lijkt het wel andersom te zijn geweest: hoe geef ik wat plat is dimensies terug? Of nog anders: wat is het sculpturale karakter van het tweedimensionale beeld (AFB. 208)?

Ook in het vroege werk van Van Elk bevindt zich nogal wat commentaar op de kunstgeschiedenis. Hij behoort tot de categorie van kunstenaars die enige tijd kunstgeschiedenis studeerden; Armando en Lucassen zijn al genoemd – Lucassen schreef in 1969 overigens een *Hommage aan het eind van de schilderkunst*. Van Elks kunsthistorische oriëntatie blijkt in zijn beginperiode bijvoorbeeld uit manipulaties met de schilderkunst van Klee, Morandi en Bonnard. In zulke gevallen redeneerde Van Elk als het ware terug van schilderijen naar driedimensionale situaties: de verfstreken van Morandi werden weer potjes, *Um den Fisch herum* van Klee werd in een reeks dia's als een uitstalling van objecten in drie dimensies uitgebeeld; en voor een reproductie van een landschap van Bonnard bevestigde hij een spiegel zodanig dat het verschil tussen een plat schilderij en de diepte van het spiegelbeeld in één constructie werd geconfronteerd. Zo maakte Van Elk ook sculpturen van foto's: een afbeelding van een touw – een foto in lintvorm – hing daadwerkelijk slap als een koord, een soortgelijke afbeelding van een stuk hout niet.

In al deze werken was er iets antimonumentaals, iets knutselachtigs, dat zowel met het idee als met de wat nonchalante uitvoering te maken had. Met de toename van zijn internationale succes veranderde dit wat terloopse karakter van zijn presentaties: hij toonde bijvoorbeeld sculpturen van groot formaat en van een glad, bijna ongenaakbaar karakter: zijn *Pressure sandwich sculptures*. Het zijn stapels afbeeldingen die, naar het lijkt met groot geweld, tussen grote balken worden geklemd. De constructies hebben iets agressiefs, alsof hier persoonlijke rekeningen worden vereffend. Tegelijkertijd wordt, getrouw aan zijn thematiek van vroeger, aan fotografische beelden een neiging tot driedimensionaliteit toegedicht. Waartoe anders zouden klemmen ze met zulke dwang plat moeten houden?

Schilderkunst is dit allemaal niet, en daarom horen zulke sculpturen eigenlijk in dit verhaal niet thuis. Het meest duidelijke schilderachtige werk is Van Elks reeks van bloemstillevens. Het zijn foto's van boeketten in een vaas, die op verschillende manieren met verf zijn bewerkt. Zo krijgen de gearrangeerde bloemen bijvoorbeeld een fond en ondergrond als in de klassieke bloemstillevens van de noordelijke traditie. Aan deze manipulatie voegt Van Elk dan wilde *drippings* toe, die aan Pollock doen denken. Het resultaat is een vreemde confrontatie tussen de esthetiek van de moderne kunst en het klassieke stilleven. Iets moois wordt tegelijk door onstuimige agressie tenietgedaan. Het vreemde is, en dat is typerend voor Van Elk, dat het gekunstelde geheel toch attractief is, 'mooi' zou je bijna zeggen (AFB. 209).

Schoonheid wordt in de moderne kunst met wantrouwen bejegend. Het is omgeven met taboes. Toch is er een kunstenaar die vanaf de jaren zestig zeer oorspronkelijke schilderijen heeft gemaakt die niet alleen echt schilderkunst zijn, maar ook echt mooi. Daan van Golden (1936) werkte aanvankelijk in Rotterdam en behoort tot de kring van Rotterdammers die zich in grote vrijheid door Amerikaanse voorbeelden liet inspireren. Aanvankelijk schilderde hij in een abstract-expressionistisch idioom, maar aan deze schildertrant kwam abrupt een einde, toen hij begin 1963 naar Japan vertrok, waar hij twee jaar verbleef. Als bij toverslag werden zijn schilderijen precies, terughoudend en non-expressief: 'Het expressionistisch schilderen sprak me niet meer aan. Ik was min of meer radeloos. Op de vloer van mijn werkruimte [in Japan] vond ik een stukje papier met een rood-wit motief. Om rust te vinden besloot ik het motief minutieus op linnen over te brengen. Ik wilde niet zoeken tijdens het schilderen, maar slechts een creatieve beslissing in alle rust uitvoeren. Dat was een openbaring. In zekere zin was het een voortzetting van mijn voorkeur voor tegenstellingen, zwart-wit, horizontaal-verticaal, yin en yang, beschilderd en onbeschilderd doek.'

Het resultaat waren nauwkeurige schilderijen van patronen: weefsels, pakpapier. De keuze van het onderwerp – fragmenten van de consumptie-industrie – en het laconieke realisme zorgden ervoor dat Van Golden werd gerubriceerd als een popartkunstenaar, of als een 'relativerend realist', of zelfs als iemand die 'de schilderkunst veroordeelde', zo beweerde criticus Jan Donia in 1965, die als volgt verderging: 'Waarom zou men immers nog iets

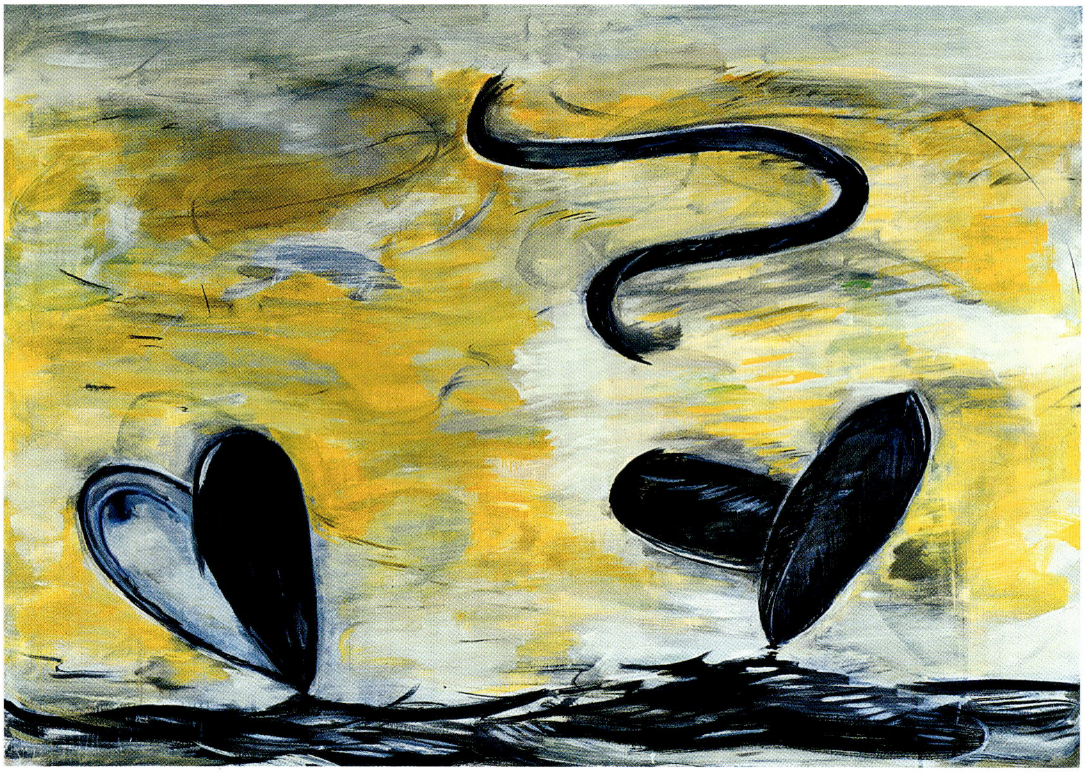

AFB. 211 – René Daniëls, *La muse vénale*, 1979. Olieverf op doek, 152 x 212 cm (met lijst). Eindhoven, Van Abbemuseum.

uitbeelden? De beeldende kunst die al tientallen jaren aan zichzelf kapot aan het gaan is, vindt in deze kunstenaar geen verdediger. Maar ondanks zijn afkeer van welk verhaal ook, komt Van Golden toch tot een verhaal. Het Verhaal van de zinloosheid van ons bestaan.' Uit alles blijkt dat Van Golden zijn critici in de war bracht, terwijl zijn kunst toch bewondering wekte. Van Goldens onderwerpkeuze is dan ook vreemd: patronen, behangselpapier, een fragment van Matisse, een afbeelding van Mick Jagger in een tijdschrift, zijn dochtertje, de afbeelding van een leeg, wit schilderij (AFB. 210), Brigitte Bardot, de Boeddha.

Er lijkt weinig verband te zijn, terwijl de zorgvuldige uitvoering suggereert dat het afgebeelde van groot belang is. Donia had het dan ook waarschijnlijk mis: Van Golden doet iets wat in de naoorlogse schilderkunst een grote zeldzaamheid is, hij schildert wat hij mooi vindt, en wil dat mooi doen. Zijn minutieuze werkwijze heeft juist géén dubbele bodem: het is een uiting van respect voor het motief dat hij uitbeeldt. Een voortzetting van een voorkeur, zoals hij in het citaat hierboven zei: voor tegenstellingen, voor patronen, voor het geschilderde naast het ongeschilderde doek, en ook voor de mensen die hij afbeeldt. Het zijn hommages, prachtig gemaakte, eerbiedige hommages aan wat hij schildert, en aan de schilderkunst.

In dat opzicht verschilt hij sterk van de man wiens werk in de jaren tachtig en negentig als de belichaming van het postmodernisme werd beschouwd: de kunstenaar Rob Scholte (1958). Ook Scholte schilderde reclamemateriaal – naar aanleiding van een verblijf in Japan – maar zijn intenties konden nauwelijks méér verschillen: waar Van Golden stil is, is Scholte luidruchtig. Hij werd internationaal bekend met ontleende beelden, waaraan hij soms manipulaties toevoegde. Vaak zijn het beeldgrappen, of commentaren op het kunstenaarschap, zoals bijvoorbeeld het levensgrote geschilderde mechanische clowntje dat als een automaat het schilderij *De Schreeuw* van Munch reproduceert. Beeldreproductie is Scholtes grote thema: de enorme hoeveelheid aan plaatjes die ons omgeeft, is voor hem als een cultuurlandschap, een tweede natuur van beelden, waaruit hij motieven kiest en combineert. Schilderkunstige stijl en persoonlijke expressie zijn daaraan ondergeschikt, hij laat werk door assistenten uitvoeren. Het maakt ook een toevallige indruk dat Scholte voor zijn iconische manipulaties het medium van verf en doek hanteert, als een atavisme dat zich tegen de waarschijnlijkheid in heeft gehandhaafd in het digitale tijdperk.

Zijn grootste werk bestaat uit een wandschildering in Japan: het bevindt zich op de wanden van een replica van Huis ten Bosch in het aan Nederland gewijde themapark in Nagasaki. Aan de compositie werd door Scholte en assistenten gewerkt van 1991 tot 1995. In 1994 raakte Scholte zwaargewond door een nog niet opgehelderde bomaanslag op zijn auto; ondanks zijn invaliditeit wist hij het grote project in Nagasaki toch te voltooien. De wandschilderingen bevatten half gemeende, half absurde verwijzingen naar de Nederlandse geschiedenis. Op het eerste gezicht heeft het beeldmateriaal surrealistische trekken, maar het is een surrealisme zonder onderbewustzijn.

Aan het einde van de jaren zeventig, toen de Nederlandse kunst nog in de ban was van de 'voorstellingsloze' conceptuele kunst en

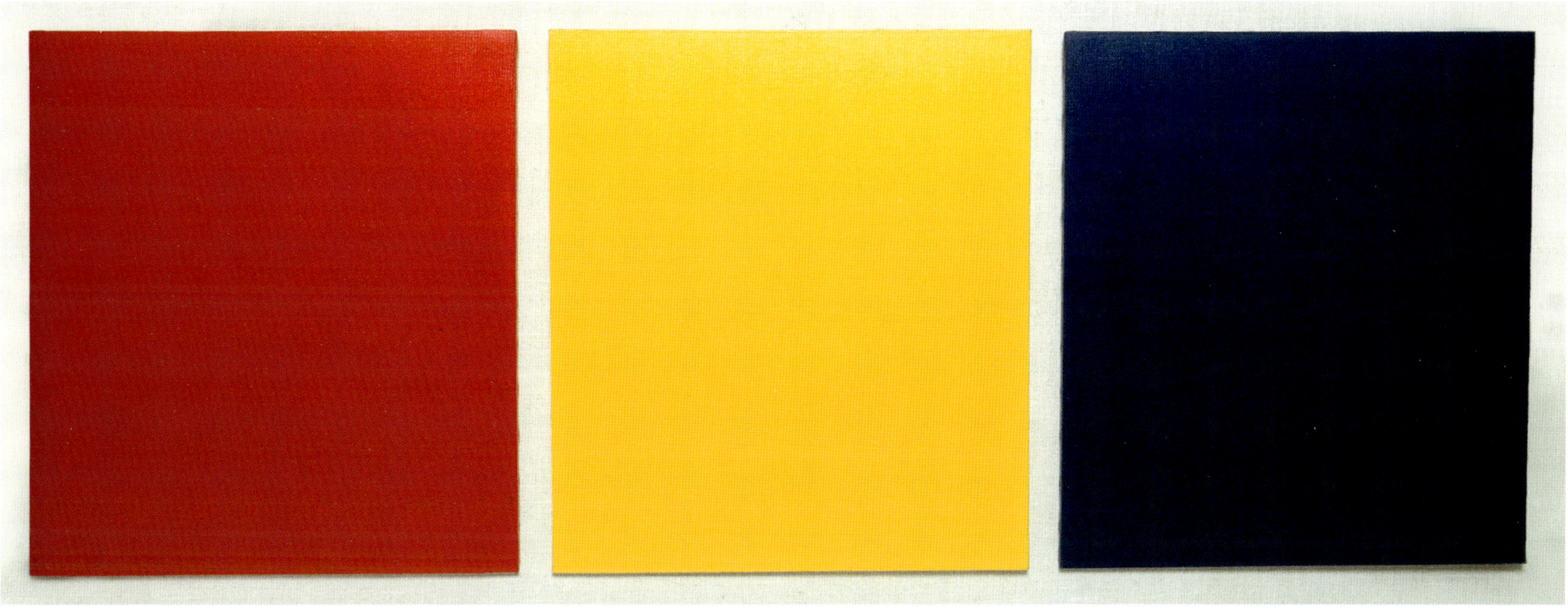

minimal art, verwekte het neo-expressionisme van René Daniëls (1950) opschudding. In die jaren schilderde hij op een expressieve, losse en kleurrijke manier herkenbare objecten. Mettertijd werd zijn werk complexer, met dubbelzinnigheden en verwijzingen naar kunstenaars en dichters uit het verleden. Taal speelt er een belangrijke rol in. Soms zijn woorden of flarden tekst in een schilderij verwerkt, en bijna altijd hebben de werken een speelse of raadselachtige titel, die soms een andere wending aan het beeld geeft. Zelf noemde Daniëls zijn poëtische maar ook scherpzinnige en humoristische werken ooit 'Beeldende dichten' (AFB. 211).

De uit Zuid-Afrika afkomstige Marlene Dumas (1953) vestigde zich in 1976 als beginnend kunstenares in Nederland. Aanvankelijk maakte zij uitsluitend werken op papier – tekeningen en collages, waarin zowel abstracte als figuratieve elementen voorkomen – en pas omstreeks 1985 begon zij op doek te schilderen: portretten van vrienden en bekenden, schilderijen met als thema de lichamelijkheid en kwetsbaarheid van de vrouw, de exploitatie van het vrouwenlichaam, maar ook de positie van de kunstenaar, en haar eigen verhouding tot de kunst. Bij het begin van de jaren negentig gebruikte zij dikwijls donkerder kleuren: grijs, zwart, oker, donkerblauw. Haar werken zijn soms bijna monochroom en abstract. Dumas baseert haar schilderijen vaak op krantenfoto's of zelfgemaakte polaroids en werkt meestal in series. In sommige werken klinkt haar Zuid-Afrikaanse achtergrond door. De vrouw, het kind, de kunstenaar, rolpatronen en maatschappelijke verhoudingen, kijken en bekeken worden, waren ook in de jaren negentig nog altijd de onderwerpen die haar het meeste boeiden (AFB. 213).

Erik Andriesse (1957-1993), die op zesendertigjarige leeftijd stierf, liet zich in zijn werk vooral leiden door de natuur. Bloemen en dieren waren zijn belangrijkste onderwerpen, Picasso, Dürer en Verster enkele van zijn favoriete kunstenaars. Hij schilderde, met een energiek gebaar en in uitbundige kleuren, zonnebloemen, amaryllissen, lelies, orchideeën en zo meer. Bij hem vormen de stadia van bloei en verval geen vanitassymboliek en tonen zelfs schedels en skeletten geen macabere doodsgrijns maar getuigen ze veel meer van een vrolijke relativering van onze vergankelijkheid.

In het laatste decennium van de twintigste eeuw traden in Nederland verscheidene kunstschilders voor het voetlicht met uitermate boeiend werk. We noemen er enkele: de heel veelzijdige, uitdagende Rob Birza (1962); Koen Vermeule (1965), die fotografisch-realistische beelden van landschappen en figuren zowel coloristisch als compositorisch tot de

AFB. 212 – Amédée Cortier, *Triptiek: rood-geel-blauw*, 1972. Olieverf op doek, 3 delen, elk 80 x 70 cm. Brugge, Groeningemuseum.

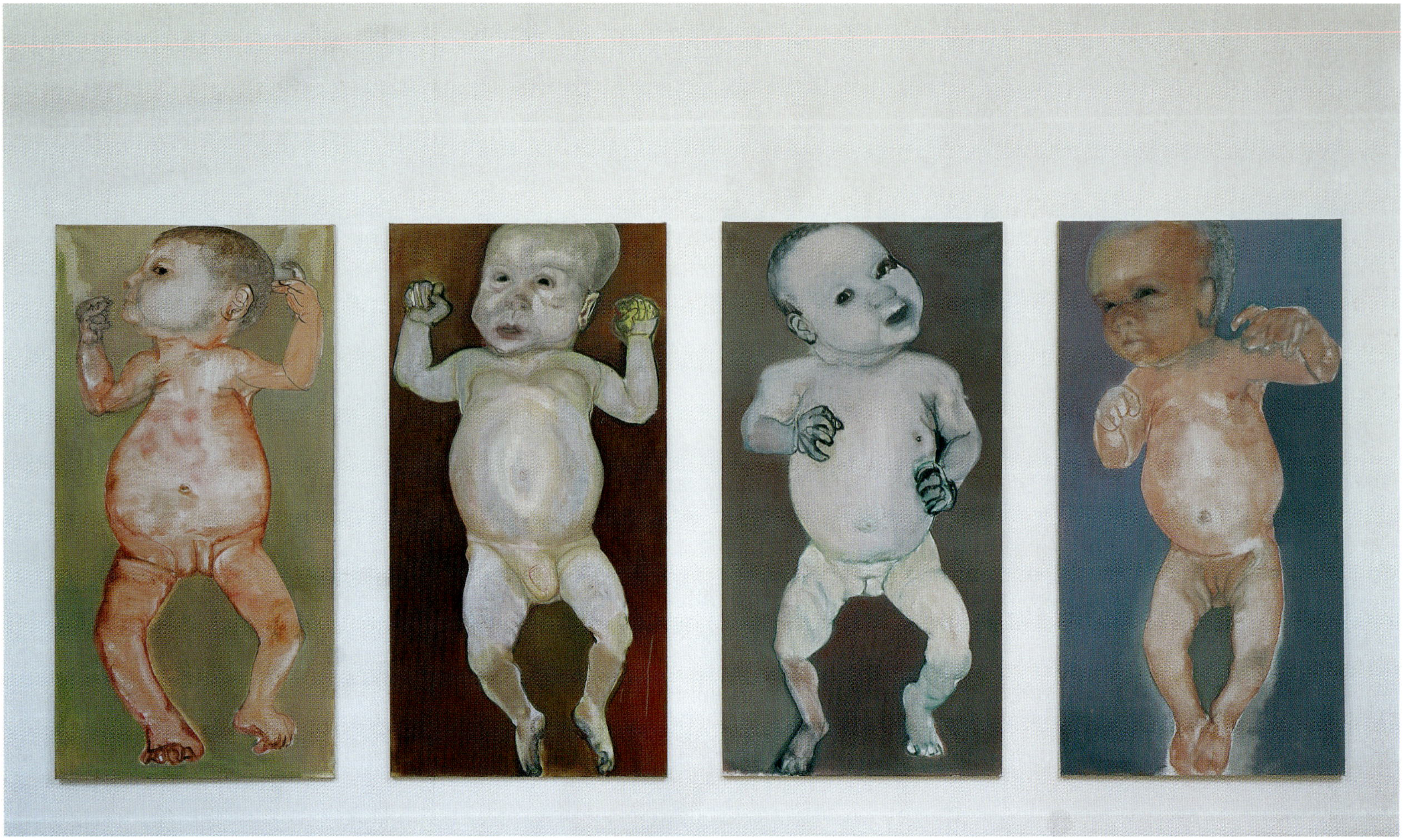

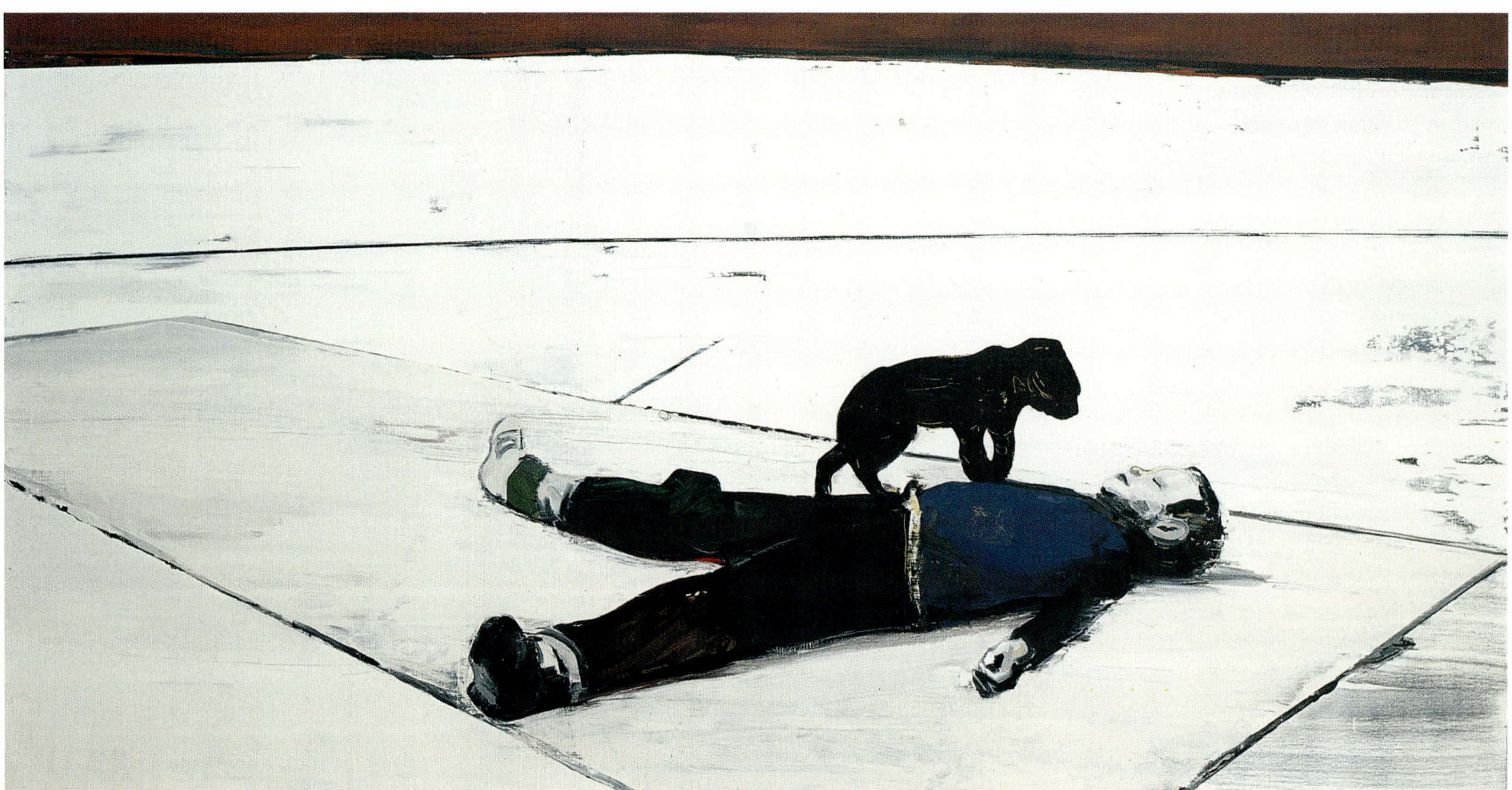

essentie terugbrengt (AFB. 214); Carla Klein (1970), met haar fascinatie voor *non-places* – identiteitsloze overgangsgebieden waar een groot deel van het hedendaagse stadsleven zich afspeelt – waarin diepe perspectieven de blik opslorpen, en haar suggestieve weergave van turkooizen watervlakken en onderwaterbeelden; Robert Zandvliet (1970), die het kijken tot onderwerp heeft gekozen, het kijken door vliegtuigraampjes en treinvensters, het observeren van de directe omgeving en het landschap met een blik die alleen het essentiële registreert.

In België werd de schilderkunst van de jaren zeventig vooral gekenmerkt door een minimale en sobere behandeling van vorm, lijn, kleur en materie. Amédée Cortier (1921-1976) ontwikkelde vanaf de jaren zestig een heel bijzondere vorm van minimale geometrische abstractie waarin de kleur een eigen emotionele en ruimtelijke stralingskracht bezit. Sommige schilderijen zijn zelfs helemaal monochroom (eenkleurig). Cortier was er zich echter van bewust dat de ruimte binnen een kunstwerk altijd een band heeft met de ruimte erbuiten, de plaats waar het werk getoond wordt. Echt monochroom is een schilderij dus nooit, want het hangt in een context. Over zijn *Triptiek: rood-geel-blauw* schreef een criticus: 'Cortier brengt met behulp van zuivere kleurvlakken de ruimte tot het bewustzijn van de kijker, maar vult ook het menselijk bewustzijn met intense kleur.' Net als bij Dan Van Severen en Marthe Wéry was bij Amédée Cortier de vereenvoudiging een weg om tot de essentie te komen (AFB. 212).

Dit type analytische fundamentele schilderkunst vinden we ook terug bij Raoul De Keyser (1930). Nadat hij in een eerste periode sterk door Raveel was beïnvloed, kwam hij via een vereenvoudigingsproces tot een vorm van figuratieve *minimal art*, waarin niets anekdotisch meer te bespeuren valt. In de loop van de jaren zeventig verdwenen de herkenbare motieven, hoewel er soms een echo van overblijft. Zijn abstracte werken uit die periode karakteriseren zich door introspectie en studie van vorm en structuur. Rond 1980 sloot hij de 'minimale' periode in zijn artistieke zoektocht af om weer andere wegen te exploreren. De Keyser is een belangrijke hedendaagse kunstenaar die niet in formules is vastgelopen, maar geregeld nieuwe uitgangspunten durft te kiezen, wat zich in zijn werk als een zeer boeiende en samenhangende ontwikkeling manifesteert.

Naast het minimalisme manifesteerde ook het hyperrealisme zich in de Belgische kunst van de jaren zeventig. Een van de belangrijkste Belgische vertegenwoordigers van deze stijl was Antoon De Clerck (1923-2001). Hij transformeerde vanuit een optimistische levensvisie het leven van alledag tot een droomwereld. Door zijn werk loopt als een rode draad een streven naar het zichtbaar maken van dat wat het bewustzijn overstijgt, het mysterie, de kosmische dimensie. Dit bereikte hij door juist de simpele details uit zijn leefwereld haarscherp op doek te zetten.

Naarmate de jaren zeventig vorderden, vierde het pluralisme meer en meer hoogtij. De kunstenaars formuleerden hun visie eigenzinnig op een individuele manier. Vanaf de jaren tachtig kon de Belgische actuele kunst zich eindelijk met een eigen identiteit op de internationale kunstmarkt profileren, mede dankzij een nieuw museumbeleid en een betere infrastructuur door de oprichting van verscheidene nieuwe musea van moderne en hedendaagse kunst. De schilderkunst, waar veel hedendaagse kunstenaars lange tijd afkerig van waren, heroverde stilaan terrein, maar bleek vaak gevoed te zijn door twijfels en vragen over de weergave van de werkelijkheid en de aard van de werkelijkheidservaring zelf. Het figuratieve was opnieuw ten volle aanwezig, weliswaar met het relativerende besef dat een beeld van een bepaald onderwerp slechts een van vele mogelijke gezichtspunten biedt, en soms met ironie en zelfrelativering. Die laatste eigenschappen zijn tekenend voor het werk van de Luikenaar Jacques Charlier (1939). Behalve schilder is Charlier ook tekenaar, beeldhouwer, fotograaf, cineast, gitarist, maker van performances en installaties, en conferencier. Volgens eigen zeggen grossiert hij 'in alle soorten Belgische humor', en zelfspot is zijn handelsmerk. Met zijn satirische kijk op de kunstwereld beoogt hij de demystificatie van kunstenaars, galeriehouders en publiek. In zijn kunst van taal en beeld, maatschappijkritiek, humor en dubbele bodems zijn Magritte en Broodthaers nooit ver weg.

AFB. 213 [pagina 254 boven] – Marlene Dumas, *The First People (I-IV)*, 1990. Olieverf op doek, 4 delen, elk 180 x 90 cm. Tilburg, De Pont museum voor hedendaagse kunst.

AFB. 214 [pagina 254 onder] – Koen Vermeule, *'z.t.'*, 1993. Olieverf op doek, 170 x 340 cm. Heerlen, Stadsgalerij (verworven met steun van de Mondriaan Stichting).

De Leuvenaar Sam Dillemans (1965) wil terug naar de bron, naar de échte schilderkunst, en die schilderkunst vernieuwen. Het schilderen zelf – hoe iets geschilderd is – is primordiaal voor hem. Alles wat hij wil zeggen, zit vervat in de wijze waarop hij zich picturaal uitdrukt. Kenmerkend zijn de dikke lagen verf, een materieschilderkunst waarbij vorm en lijn echter nauwgezet onder controle worden gehouden, en de enorme vervorming van de realiteit en van een gezicht, waarin 'de pijn van het lijden' voelbaar is. Deze kunst komt door de zware en heftige penseelvoering agressief over. En toch bevat ze veel poëzie en droefheid. Dillemans is ook bokser. Hij vecht, in de ring en in het atelier, met de bokshandschoen en met het penseel.

Onder de figuratieve stijlen van de jaren negentig is ook het symbolisme opnieuw verschenen, in een hedendaagse gedaante. Als schilder is Hans Vandekerckhove (1957) autodidact, maar hij is kunsthistoricus van opleiding en die intellectuele bagage is in zijn werk voelbaar. Hij schept door zijn transformerende beschouwing van de dagelijkse werkelijkheid een poëtische wereld van roerloze schoonheid. Daarbij vormen de kunstgeschiedenis en de tuinen en parken van Europa belangrijke inspiratiebronnen. Omstreeks 1990 bracht hij verscheidene zomers door in Toscane en Umbrië. De schilderkunst van de late Middeleeuwen en Renaissance, en vooral de fresco's van Giotto en Fra Angelico, beïnvloedden zijn visie op de schilderkunst. In de periode 1997-2004 werd hij gefascineerd door het Engelse en Schotse landschap. Ook deze ervaringen waren cruciaal voor zijn artistieke ontwikkeling. In een reeks werken met de collectieve titel *Stalking Hiëronymus* creëerde Vandekerckhove weidse 'virtuele' landschappen met centraal de schaduw van een mens of dier. De figuren bevinden zich in een ogenschijnlijk paradijselijke omgeving. Zij zijn aan zichzelf overgelaten of hebben die eenzaamheid opgezocht, en zij lijken niet te weten waarheen verder te reizen. Hun aanwezigheid verbreekt de vreemde, kunstmatige harmonie van het landschap, dat meestal paars en oranje gekleurd is en dat uitnodigt om in weg te dromen. Door hun ingetogen karakter hebben deze voorstellingen een grote contemplatieve kracht.

De hedendaagse kunst in België roept vragen op: over de maatschappij, de mens, de kunst zelf. En daarin verschilt zij niet van de actuele kunstenaars elders op de wereld. Zij ontnuchtert of ontluistert, of confronteert ons met onszelf. Zij sluit dicht bij onze leefwereld aan, wat niet betekent dat zij toegankelijk is – integendeel. Vaak blijft zij hermetisch, of ontsluit zij zich alleen in de dialoog die ontstaat tussen het kunstwerk en de beschouwer of de criticus. Het discours over het kunstwerk is niet zelden een essentieel onderdeel van het kunstwerk zelf. Dit alles weerspiegelt zich bij uitstek in het werk van Luc Tuymans (1958). Hij laat zich, met foto's en film-stills als uitgangspunt, inspireren door de recente geschiedenis en de actualiteit, en zijn kijk daarop is bepaald niet rooskleurig. Karakteristiek voor zijn werkwijze zijn de doorgaans kleine formaten, het bleke, monotone kleurgebruik, de filmische visie en de op het eerste gezicht onschuldige, bijna poëtische onderwerpen. Achter het afgebeelde schuilt echter meestal een verwijzing naar erg geladen gebeurtenissen, zoals kindermishandeling, ziekte, nationalisme, oorlog, nazisme en de holocaust. De beelden lijken onvolledig, ze doen denken aan een herinnering. Het zijn fragmenten van een niet direct te vatten geheel – als vage sporen van een misdrijf, symptomen van een ziekte.

Tuymans reduceert zijn beelden tot een minimale verschijningsvorm, alsof hij de werkelijkheid slechts minimaal wil oproepen, omdat een beeld toch nooit klopt met het wezen van de werkelijkheid. Vanuit dat besef schildert hij. Zijn voorstellingen hebben bewust niets virtuoos. Zij zijn bijna achteloos op het doek gezet, schraal en monotoon. De kunstenaar roept nietsontziend een perverse realiteit op, en de vreselijke gevolgen daarvan, maar hij doet dat op een sobere manier, niet verfijnd, niet theatraal, niet omvattend. Zelf trekt hij een parallel met 'nabeelden' die zich korte tijd helder aftekenen op het netvlies, maar daarna onherroepelijk vervagen en verdwijnen. Wat hij schildert is precies dat beangstigende moment waarop het evidente zich oplost in iets onzekers en onzichtbaars. In zijn schilderijen ervaren we veeleer een mentaal beeld dan een afbeelding (AFB. 215).

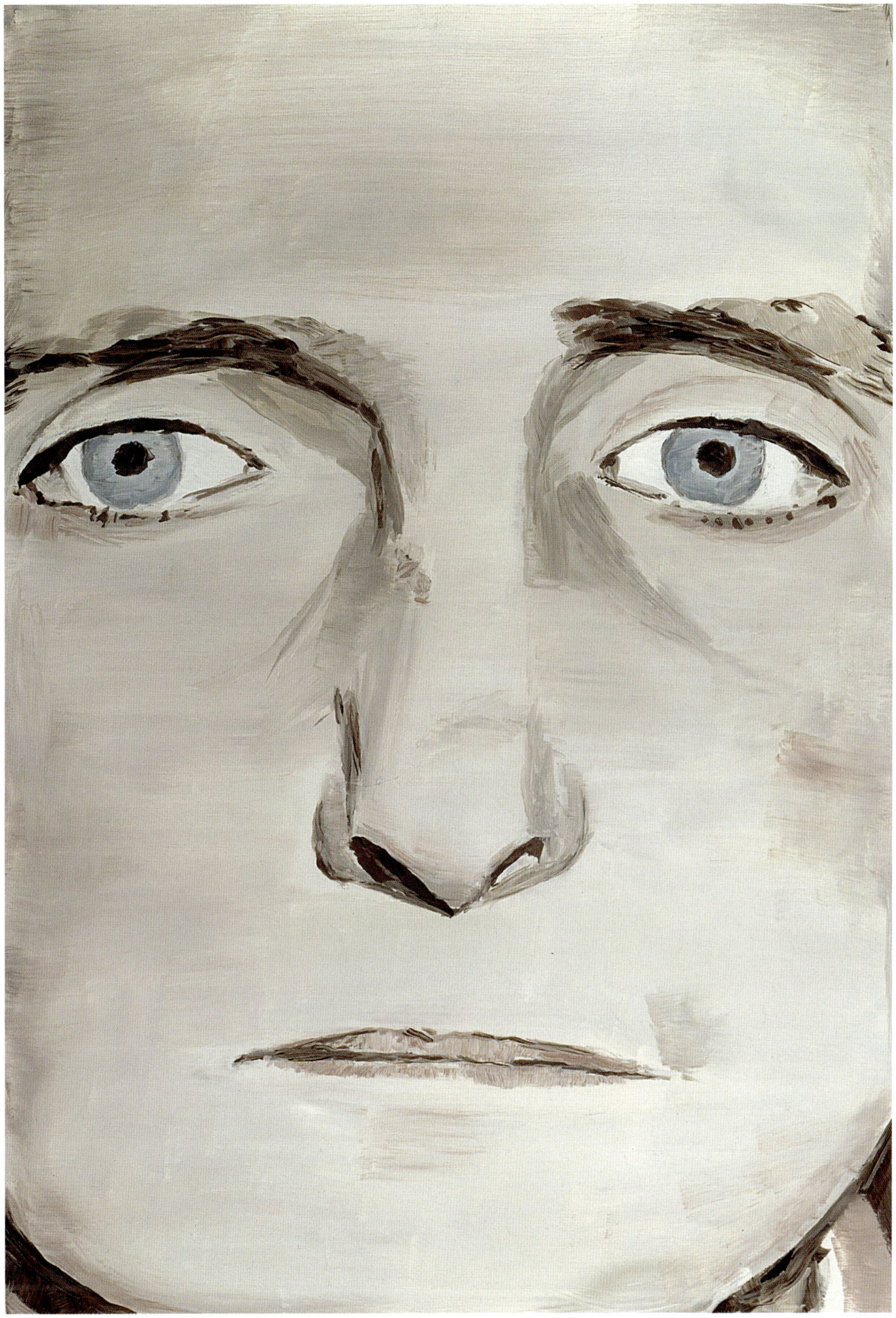

AFB. 215 – Luc Tuymans, *Der diagnostische Blick IV*, 1992. Olieverf op doek, 57 x 38 cm. Tilburg, De Pont museum voor hedendaagse kunst. Fotograaf: Felix Tirry. Courtesy Zeno X Gallery.

Dit al te beknopte en onvolledige overzicht van de Belgische schilderkunst in het laatste kwart van de twintigste eeuw kunnen we symbolisch afsluiten met een jonge kunstenaar, wiens loopbaan rond het jaar 2000 begon: Pieter Vermeersch (1973). In zijn schilderijen staat de kleur centraal, maar altijd in relatie met de concepten ruimte en tijd. In ieder werk komen deze elementen op een andere manier samen. De kunstenaar vertrekt vanuit de specifieke ruimtelijke context van de tentoonstellingsplek.

Het gebruik van kleur wordt gekoppeld aan een ruimtelijk bewustzijn. Beide aspecten – kleur en ruimte – werken interactief op elkaar in. Door de visualisering van de transparante kwaliteit van kleur en de verhouding ervan tot het licht, ontstaat de indruk dat kleur spreekt of leeft. Het oog van de toeschouwer is daarbij cruciaal: zijn blik verbindt de verschillende elementen met elkaar. De toeschouwer stapt geleidelijk binnen in het schilderij als in een onbekende en te ontdekken ruimte (AFB. 216).

Er is vanaf het begin van de jaren 1980 veel geschreven over een wederopstanding van de schilderkunst, zowel in de Verenigde Staten als in Duitsland, Italië en de Lage Landen. Het laatste decennium van de twintigste eeuw en het begin van de eenentwintigste eeuw laten onmiskenbaar een revival van de schilderkunst zien. Toch is het een aarzelende renaissance, waarin een zekere verlegenheid met het medium niet is verdwenen. Of het nu Luc Tuymans is of René Daniëls, Marlene Dumas of Sam Dillemans, telkens wordt door een bestudeerde onafheid of nadrukkelijke nonchalance, door een gewild vlakke of non-virtuoze verfopbreng, of juist door een vrijmoedig gevecht met de materie, een suggestie gewekt van zelfbewustheid, aarzeling zelfs, of uitdaging ten opzichte van het medium. De schilderkunst zal zich ongetwijfeld handhaven in de eenentwintigste eeuw – de intrigerende vraag is hóe.

AFB. 216 [pagina 258] – Pieter Vermeersch, *Zonder titel*, 2001. Olieverf op doek, 240 x 170 cm. Collectie Dexia Bank België.

Literatuurlijst

"Academie", 275 jaar onderwijs aan de Koninklijke Academie voor Schone Kunsten van Brussel, cat. tent., Brussel 1987.

A. Adriaens-Panier, N. Hostyn, *Spilliaert*, Oostende/ Den Haag 1996.

A. Adriaens-Pannier e.a., *Léon Spilliaert, een vrije geest*, tent. cat. Koninklijke Musea voor Schone Kunsten van België, Brussel 2006.

A. Adriaens-Pannier, *Spilliaert, de bezielde blik*, Gent 2006.

W. Arondeus, *Matthijs Maris, de tragiek van den droom*, Amsterdam 1939.

M. Bailey, *Van Gogh in England*, Londen 1992.

R.S. Bakels, *W.B. Tholen*, Den Haag 1930.

Belgian Art, 1880-1914, Brooklyn Museum, New York 1980.

E. Bergvelt, *J.A. Knip, 1777-1847*, cat. tent., 's-Hertogenbosch 1995.

E. Bergvelt, 'Nationale, levende en 19de eeuwse meesters, Rijksmusea en eigentijdse kunst (1800-1848)', in: *Nederlands Kunsthistorisch Jaarboek*, 35, Weesp 1985, p. 77-149.

P. Berko, V. Berko, *Dictionnaire des peintres belges nés entre 1750 et 1875*, Brussel/Knokke 1984.

O. Bertrand, *Théo van Rysselberghe*, cat. tent., Brussel/ Den Haag 2005/2006.

F. Bex e.a., *Kunst in België na 1975*, Antwerpen 2001.

R. Bionda, *Willem de Zwart 1862-1931*, cat. tent., Den Haag 1984.

R. Bionda, C. Blotkamp, *De schilders van Tachtig 1880-1895*, cat. tent., Amsterdam/Glasgow 1991.

M.Bisanz-Prakken, H. Janssen, G. van Wezel, *Toorop/Klimt*, Den Haag 2006.

J. Block, *Les XX and Belgian Avant-Gardism 1868-1894*, Ann-Arbor 1984.

S. de Bodt, *Brussel, kunstenaarskolonie, Nederlandse schilders 1850-1890*, Rotterdam/Brussel 1995.

S. de Bodt, *Halverwege Parijs, Willem Roelofs en de Nederlandse Schilderskolonie in Brussel, 1840-1890*, Gent 1995.

F.J. van den Branden, *De geschiedenis der Antwerpse Academie*, Antwerpen 1867.

F.J. van den Branden, *Geschiedenis der Antwerpse Schilderschool*, Antwerpen 1883.

G. Brom, *Holandsche schilders en schrijvers van de vorige eeuw*, Rotterdam 1927.

J.F. Buyck, *Antwerpen 1900, schilderijen en tekeningen, 1880-1914*, Antwerpen 1985-1986.

J.F. Buyck, S.M. Canning, *Henry van de Velde (1863-1957)*, Antwerpen/Otterlo 1988.

P. Colin, *La peinture belge depuis 1830*, Brussel 1930.

A. Dasnoy, *Les beaux jours du Romantisme belge*, Brussel 1948.

De brieven van Vincent van Gogh, 4 delen, Den Haag 1991.

D. Dekkers, *Jozef Israëls, een succesvol schilder van het vissersgenre*, (diss.), Leiden 1994.

D. Dekkers, *Jozef Israëls 1824-1911*, cat. tent., Groningen/ Amsterdam 1999.

R.L. Delevoy, *Ensor*, Antwerpen 1981.

R. Dorn, K. Albrecht, J.J.Th. Sillevis (red.), *Van Gogh und die Haager Schule*, Wenen 1996.

R. Dorn, *Décoration, Vincent van Goghs Werkreihe für das Gelbe Haus in Arles*, Hildesheim/Zürich 1990.

M. Draguet, *Het symbolisme in België*, Antwerpen 2004.

M. Draguet, *Voici Magritte*, tent. cat. Museum Boijmans Van Beuningen, Rotterdam 2006.

M. Draguet, S. Goyens de Heusch, Ph. Roberts-Jones, *De jonge Belgische schilderkunst 1945-1948*, cat. tent. Brussel 1992.

C. Dumas, R. de Leeuw, J.J.Th. Sillevis, *De Haagse School, Hollandse meesters van de 19de eeuw*, cat. tent., Parijs/Londen/ Den Haag 1983.

J.-M. Duvosquel, J. De Geest e.a., *Avant-garde in België 1917-1929*, cat. tent. Brussel 1992.

Y. van Ekelen, F. Leeman, *Magisch Panorama*, Zwolle 1996.

J.B. de la Faille, *The works of Vincent van Gogh*, Amsterdam 1970.

W.G. Flippo, *Lexicon of the Belgian Romantic painters*, Antwerpen 1981.

J. De Geest e.a., *Gustave van de Woestyne*, cat. tent. Deinze 1997.

K.J. Geirlandt e.a., *Kunst in België na 45*, Antwerpen 1983 (heruitgegeven 2001).

S.H. Goddard, *Les Vingt en de avant-garde in België*, Gent 1992.

H. Goedegebuure, J.W.L. Hilkhuijsen, *Geeft Acht! Het militaire genre in de negentiende eeuw*, cat. tent., Den Haag 2006.

S. Goyens de Heusch, *Het impressionisme en het fauvisme in België*, Antwerpen 1988.

E.B. Greenshields, *Landscape painting and modern Dutch artists*, New York 1906.

J. de Gruyter, *De Haagse School*, 2 delen, Rotterdam 1968.

H. van Haaren e.a., *Woody van Amen, Crossing Worlds*, ??????

M. Haverman, *Het feest achter de gordijnen*, Amsterdam 1996.

V. Hefting, *Jongkind, sa vie, son oeuvre, son époque*, Parijs 1975.

Het Symbolisme in Europa, cat. tent., Rotterdam 1975.

Het Vaderlandsch gevoel, Vergeten negentiende eeuwse schilderijen over onze geschiedenis, cat. tent., Amsterdam 1978.

M. van Heteren, Y. van Ekelen, *Jacob Maris*, cat. tent., Haarlem 2003.

J. F. Heybroek, F.L. Wouthuysen, *Kunst, kennis en commercie*, Amsterdam 1993.

150 jaar Belgische kunst, cat. tent., Brussel 1980/1981.

A. Hoogenboom, *De stand des kunstenaars*, (diss.), Leiden 1993.

R. Hoozee, *Het landschap in de Belgische kunst, 1830-1914*, cat. tent., Gent 1980.

R. Hoozee e.a., *Moderne kunst in België 1900-1945*, Antwerpen 1992.

R. Hoozee, M.A. Stevens, *Van Realisme tot Symbolisme, De Belgische Avant-garde 1880-1900*, cat. tent., Brugge 1995.

R. Hoozee, J. Tollebeek en T. Verschaffel, *Mise-en-scène, keizer Karel en de verbeelding van de negentiende eeuw*, cat. tent. Gent 2000.

J. Hulsker, *Van Gogh en zijn weg*, Amsterdam 1977.

E. Jacobs, H. Janssen, M. van Heteren, *J.H. Weissenbruch 1824-1903*, cat. tent., Oss/Den Haag 1999/2000.

M. Josephus Jitta, *Licht door kleur, Nederlandse luministen*, cat. tent., Den Haag 1976/1977.

J.M. Joosten en R.P. Welsh, *Piet Mondriaan, catalogue raisonné*, Antwerpen 1998.

M. Van Kalck, Ingrid Goddeeris, Virginie Devillez e.a., *De Koninklijke Musea voor Schone Kunsten van België, twee eeuwen geschiedenis*, 2 delen, Brussel 2003.

Fernand Khnopff et des rapports avec la Sécession viennoise, cat. tent., Brussel 1987.

J. Knoef, *Tusschen Rococo en Romantiek*, Den Haag 1943.

J. Knoef, *Van Romantiek tot Realisme*, Den Haag 1947.

B.C. Koekkoek, *Herinneringen en mededeelingen van eenen landschapschilder*, Amsterdam 1841; herdruk Schiedam 1982.

G. Komrij, H. Klarenbeek, *Félicien Rops, de schone en het beest*, cat. tent., Rotterdam 2005.

E.H. Kossmann, *De Lage Landen 1780-1980, Twee eeuwen Nederland en België*, 2 delen, Amsterdam 2001.

J.H. Kraan, 'Nederland en Barbizon', in: *De School van Barbizon. Franse meesters van de 19de eeuw*, cat. tent., Gent/Den Haag/Parijs 1985/1986.

J.H. Kraan, J.J.Th. Sillevis, *Een feest van kleur, Impressionisten uit particulier bezit*, cat. tent., 's-Hertogenbosch 1990.

J.H. Kraan, *Dromen van Holland, Buitenlandse kunstenaars schilderen Holland, 1800-1914*, Den Haag 2002.

Kunstenaren der idee. Symbolistische tendenzen in Nederland 1880-1930, cat. tent., Den Haag 1978.

J.-C. Lambert, *Cobra, kunst in vrijheid*, Antwerpen 1983.

E. Langui, *Frits van den Berghe*, Antwerpen 1968.

F. Leeman, H. Pennock, *Museum Mesdag*, Zwolle 1996.

F. Leeman, J.J.Th. Sillevis, *De Haagse School en de jonge Van Gogh*, cat. tent., Den Haag 2005.

F. Leen, *De romantiek in België, tussen werkelijkheid, herinnering en verlangen*, Brussel 2005.

F. Leen, *Fernand Khnopff*, cat. tent., Brussel/Salzburg/Boston.

R. de Leeuw, J. Reynaerts, B. Tempel, *Meesters van de Romantiek, Nederlandse Kunstenaars 1800-1850*, Rotterdam 2005.

R. van Leeuwen, *Kopiëren in Florence, Kunstenaars uit de Lage Landen in Toscane en de 19e eeuwse kunstreis naar Italië*, Florence 1985.

C. Lefebvre, *Alfred Stevens*, Parijs 2006.

Les XX, catalogue des dix expositions annuelles, Brussel 1981.

Levende meesters, de schilderijenverzameling van C.J. Fodor (1801-1860), cat. tent., Amsterdam 1995.

W. Loos, R.J. te Rijdt, M. van Heteren, *Langs velden en wegen*, cat. tent., Amsterdam 1997.

G.H. Marius, *De Hollandsche schilderkunst in de negentiende eeuw*, Den Haag 1903.

M. Mathijsen, *De gemaskerde eeuw*, Amsterdam 2002.

M.O. Maus, *Trente années de lutte pour l'art. Les XX*, la Libre Esthéthique, *1884-1914*, Brussel 1980.

A.A. Moerman, *De School van Tervueren*, cat. tent., Tervueren 1967.

A.A. Moerman, *Vrij en realistisch*, cat. tent., Brussel 1968/1969.

P. de Mont, *De schilderkunst in België van 1830-1921*, Den Haag 1921.

F. Novotny, *Painting and Sculpture in Europe 1780-1880*, Harmondsworth 1980.

Ontmoetingen met Italië, 1770-1840, cat. tent., Amsterdam 1971/1972.

H. te Nijenhuis, I. Meij, *Isaac Israëls, Mannequins en mode*, cat. tent., Den Haag 2002.

A. Pingeot, R. Hoozee e.a., *Parijs-Brussel, Brussel-Parijs, de artistieke dialoog tussen Frankrijk en België, 1848-1914*, cat. tent. Gent 1997.

G. Platteau e.a., *De romantiek in België: tussen werkelijkheid, herinnering en verlangen*, cat. tent. Brussel 2005.

G. Pollock, *Vincent van Gogh in zijn Hollandse jaren*, cat. tent., Amsterdam 1980/1981.

J. Poort, *Hendrik Willem Mesdag 1831-1915, oeuvrecatalogus*, Wassenaar z.j.

J. Poort, *Hendrik Willem Mesdag 1831-1915, oeuvrecatalogus, de schetsen*, Wassenaar 1995.

Reizen naar Rome, Italië als leerschool voor Nederlandse kunstenaars omstreeks 1800, cat. tent., Haarlem/Rome 1984.

M. Praz, *The Romantic Agony*, Londen 1933.

Ph. Roberts-Jones, *Du Réalisme au Surréalisme, Peinture en Belgique de Joseph Stevens à Paul Delvaux*, Brussel 1969.

M. Rooses, *Les peintres belges en Belgique du XIXe siècle*, Parijs 1900.

Rops en la modernité, cat. tent., Brussel 1991.

R. Rosenblum, H.W. Janson, *Art of the Nineteenth Century, Painting and Sculpture*, Londen 1984.

P.A. Scheen, *Lexicon Nederlandse Beeldende kunstenaars 1750-1880*, Den Haag 1981.

J.J.Th. Sillevis, N. Jonker, *Wijnand Nuyen, romantische werken*, cat. tent., Den Haag 1974.

J.J.Th. Sillevis, 'Vincent van Gogh and the Hague School', in: *Vincent van Gogh International Symposium*, The Tokyo Shimbun (1985), Tokyo 1988, p. 177-196.

J.J.Th. Sillevis, 'Das Dilemma der Haager Schule', in: *Landschaft im Licht, Impressionistische Malerei in Europa und Nordamerika 1860-1910*, cat. tent., Keulen/Zürich 1990.

J.J.Th. Sillevis, S. Smoorenburg, *Licht, lucht en water, de verloren idylle van het riviergezicht*, cat. tent., 's-Hertogenbosch, 1993/1994.

J.J.Th. Sillevis, *Dutch Drawings from the Age of Van Gogh*, cat. tent., Cincinnati 1992.

J.J.Th. Sillevis, A. Tabak, *Het Haagse School Boek*, Zwolle 2001.

J.J.Th. Sillevis, J. Foucart, S. Patin e.a., *Johan Barthold Jongkind*, cat. tent., Den Haag/Keulen/Parijs 2003.

B. Spaanstra-Polak, *Het fin-de-siècle in de Nederlandse schilderkunst, de symbolistische beweging 1890-1900*, Den Haag 1955.

B. Spaanstra-Polak, *Het Symbolisme*, Amsterdam 1967.

Léon Spilliaert, Symbol and Expression in 20th century Belgian Art, cat. tent., Washington/New York 1980.

T. Streng, *'Realisme' in de kunst- en literatuurbeschouwing in Nederland tot 1875*, (diss.), Amsterdam 1995.

V. de Stuers, 'Holland op zijn smalst', in: *De Gids*, 37, Amsterdam (1873), p. 320-403. (heruitgave, Bussum 1975).

D. Sylvester, *Magritte*, Houston-Antwerpen 1992.

The Hague School and its American legacy, cat. tent., Washington 1982.

L. van Tilborgh, 'Dutch Romanticism, a provincial affair', in: *Simiolus*, 14, Amsterdam 1984, p. 179-188.

L. van Tilborgh, G. Hansen, *Op zoek naar de Gouden Eeuw, Nederlandse schilderkunst 1800-1850*, cat. tent., Zwolle 1985.

H. Todts e.a., *Het volk ten voeten uit. Naturalisme in België en Europa 1875-1915*, cat. tent. Antwerpen 1996-1997.

M.E. Tralbout, *Van Gogh, eine Bildbiographie*, München 1958.

S. Tschudi Madsen, *Sources of art nouveau*, Oslo 1959.

M. Vaes, *Les belges à Rome au cours des siècles*, Brussel 1950.

Van Gogh en Belgique, cat. tent., Mons 1980.

Van Gogh in Brabant, cat. tent., 's-Hertogenbosch 1987.

Vincent van Gogh à Paris, cat. tent., Parijs 1988.

W. Vanbeselaere, *De Vlaamse schilderkunst van 1850 tot 1950, van Leys tot Permeke*, Brussel 1960.

Henry Van de Velde, een Europees kunstenaar in zijn tijd, cat. tent., Hagen/Weimar/Berlijn/Gent/Zürich/Neurenberg/Keulen 1992/1994.

V. Vanhamme, *Xavier Mellery, De ziel der dingen*, cat. tent., Amsterdam/Brussel 2000.

A. Wagner, *Matthijs Maris*, cat. tent., Den Haag 1974.

A. Wagner, *Isaäc Israëls*, Venlo 1985.

G. Weisberg, *The European Realist Tradition*, Bloomington 1982.

G. Weisberg, *Beyond Impressionism. The naturalist impulse in European art 1860-1905*, Londen 1992.

R. van der Wiel, *Ewijkshoeve, tuin van Tachtig*, Amsterdam 1988.

R. Zeitler, *Die Kunst des 19. Jahrhunderts*, Berlijn 1966.

Register

abstract expressionisme 233, 239, 251
abstractie 164, 168, 171, 177, 186, 209, 219, 231, 233, 237, 238, 244
Académie des Beaux-Arts 20, 22
Académie Julian 125
Academie van Antwerpen 36, 52, 53
Academie voor Schoone Kunsten (Brussel) 15, 26, 36
Acton, Harold 196
Adriaens-Pannier, Anne 155
Agneesens, Edouard 26, 27
Slapende Jongeling 26, 27
Albert, Jos 209
Alberti, Jean Eugène 21
Krijgsman met lans en schild 21
Alberti, Leon Battista 217
Alechinsky, Pierre 219, 220, 226-228, 231
De laatste dag 228, 231
De drie dagen 230
Het woord aan de kinderen 227
Als Ik Kan 113, 131
Amen, Woody van 239
Amsterdam 15, 16, 20-22, 24, 29, 45, 89-91, 97, 98, 104, 105, 131, 135, 138, 140, 148, 159, 162-164, 167, 171, 180, 186, 194, 199, 207, 218, 220, 222, 224, 234, 235, 237, 238, 239, 242, 246, 247, 249, 250
Amsterdamse Academie 45
analytische fundamentele schilderkunst 255
Anderlecht, Englebert van 231
Andriesse, Erik 253
Andriessen, Cristiaan 15, 18
De derde dag der Expositie op het Paleis, 17 september 1808 15, 18
Angelico, Fra 256
antikunst 243
Antwerpen 26, 29, 36, 51, 52, 65, 80, 84, 85, 91, 93, 105, 113, 124, 129-131, 153, 156, 157, 159, 160, 177, 178, 184, 187, 208, 227, 246
Antwerpse Academie 52, 105, 131
Apol, Louis 90
Apollinaire, Guillaume 151
Appel, Karel 220, 222, 224, 225, 229, 230, 233
Drie hoofden 224, 229
Archipenko, Alexander 186
Arles 107, 108
Armando 236-238, 235-237, 243, 251
De Vlag 237, 238
Paysage Criminelle 235, 236
Zes keer rood 236, 237
Arnhem 190, 192, 200, 203, 206
Arnhems Gemeentemuseum 206
Arp, Hans 177
arrière-garde 209
Art Abstrait 219
Art idéaliste, L' 113
Art Libre, L' 75, 113
Art Moderne, L' 109
Art Universel, L' 113
Artan, Louis 75, 78, 95
Na de visvangst 75, 78
Arti et Amicitae 45, 52, 131
Art Institute of Chicago 71
art nouveau 129, 135
Arts and Crafts 129
Artz, Constant 90, 100
Asselbergs, Alphonse 64, 66
Veen in de Kempen 66
Association de la Jeune Peinture Belge 219
Astene bij de Leie 143
Aubette, l' (Straatsburg) 170
Aurevilly, Jules Barbey d' 125
Les Diaboliques 125
avant-garde 109, 131, 136, 137, 141, 143, 148, 149, 151, 159, 167, 169, 177, 181, 186, 211, 217, 219, 220, 225, 239, 246
Axell, Evelyne 240

Bacon, Francis 222
Badbode 220, 223
Bahr, Hermann 128
Bakker Korff, Alexander Hugo 87
Banier, De 89
Barbiers, Pieter 16
Tentoonstellingsbezoek 16
Barbizon 61, 64, 66, 73
Bardot, Brigitte 252
Barok 188
Baron, Théodore 64
Bartels, Hans von 124
Basel 165
Baudelaire, Charles 85, 117, 125
Bauffe, Victor 61
Beeldende Kunsten 41
Beets, Nicolaas 39
Bendien, Jacob 163, 164
Compositie 163
Peinture II 163
Bénézit 8
Dictionnaire 8
Bennekom 203, 205
Berckelaers, Fernand Louis *zie* Michel Seuphor
Bergen 136, 140, 149, 220
Berghe, Frits van den 156, 159, 162, 164, 165, 177
Geboorte 165
Berlage, Hendrik Petrus 131
Berlijn 31, 148, 188
Bernard, Emile 105
Bernhardt, Sarah 85
Bertin, Jean-Victor 22
Bertrand, Gaston 219-221
Portret van Alla Goldschmidt 219-221
Beurs van Berlage 131
Bilders, Gerard 59, 63, 66, 90
Bilders, Johannes Warnardus 59
Bosgezicht met vijver 59
Bruyère, vue prise près de Wolfheze en Gueldre 59
De geitenhoedster 59-61
Birza, Rob 253
Bisschop, Cornelis de 207
Blaricum 164
Blaue Reiter, der 231
Bles, David 87
Blickx, Theo 159
Blommers, Bernardus Johannes 95, 100, 104
Blotkamp, Carel 146
Mondriaan, destructie als kunst 146
Boch, Anna 108, 113
Boch, Eugène 107, 109
Percy in Frameries 107
Usine de Chrachet 107
Bock, Théophile de 90, 105, 108
Böcklin, Arnold 188
Boedapest 148
Boeddha 252
Bogart, Bram 232, 233
De gelen 232
Boks, Martinus 90
Bonaparte, Charlotte 34
Bonaparte, Napoleon 14, 30
Bonaparte, Zenaïde 34
Bonnard, Pierre 251
Bonnet, Anne 219
De gouden stad 219
Bosboom, Johannes 40, 41, 45, 56, 90, 91, 95, 100, 131
Gezicht op Rouen 41, 45
Bosmans, André 185
Bossuet, François 82
Processie van de twee beschermengelen 82
Boudin, Eugene Louis 70
Boulenger, Hippolyte 66, 68, 69, 95
De Josephatwetering te Schaerbeek 66, 69
De Sint Hubertusmis 66, 69
Landschap met regenboog 95
Bourgeois, Pierre 177
Bourgeois, Victor 177
Boyens, Piet 156, 162
Braekeleer, Ferdinand 26
Tobias zijnen vader van de blindheid genezende 26
Braekeleer, Henri de 80, 82-84
De schilderijenhertoetser 82-84
Lezende vrouw 82, 83
Brandens, Jos van den 29
Geschiedenis der Academie van Antwerpen 29
Braque, Georges 148, 151, 168, 197
Bree, Matthias Ignatius van 29, 36, 52
De dood van Rubens 30
De intrede van Bonaparte, Eerste Consul, in Antwerpen 29
Rubens met zijn leerlingen 30
Rubens schildert Maria de Medici 30
Zelfopoffering van Burgemeester van der Werff te Leiden 29, 30
Bree, Philip van 26, 28, 29
De jeugd van Sixtus-Quintus 28, 29

Breitner, G.H. 104, 109, 110, 131
Bremmer, Hendricus Petrus 162, 163, 167, 173
Breton, André 185, 186, 188, 211
Briel, Albert van den 173, 174
Broodthaers, Marcel 243
Bruegel, Jan 162
Brugge 156, 165, 240, 253
Brun, Georges Le 156
Brussel 24, 26, 28, 30, 31, 34, 36, 51, 52, 54, 64, 66, 67, 75, 85, 87, 89, 91, 93, 95, 97, 102, 108, 113, 120, 122, 123, 125, 127, 129, 131, 137, 153, 155, 156, 159, 164, 165, 177, 182, 185, 186, 212, 215, 219, 220, 223, 225, 231, 232
Brusselmans, Jean 182, 184
Pajottenland 184
Buisseret, Louis 209
Burckhardt, Rudolph 229
Burne-Jones, Edward 125
Burssens, Jan 219
Bury, Pol 219
Buyck, Jean 131
Buysse, Cyriel 113

Cachet, Carel Lion 131
Camp, Camille van 64, 67, 75
Woud van Fontainebleau, de rots van Cabat 67
Camuccini 53
Canini, Bartolomeo 26
Canini, Maes 26, 28, 29
Het vertrek van de jonge Tobias 29
Carbentus, Ariëtte 104
Carrà, Carlo 185, 186
Carte, Anto 209
Cassandre 200, 203, 205, 206
Cassiers, Henry 124
Célèstin, François 24
De klas van Joseph François, de Brusselse Akademie 24
Centraal Museum (Utrecht) 163, 169, 201, 245
Centre Pompidou (Parijs) 174, 178
Cézanne, Paul 108, 156, 159, 164, 182
Champfleury, Jules 73
Charivari (tijdschrift) 125
Charlier, Jacques 255
Chicago 71
Chicester 215
Chirico, Giorgio de 181, 185, 186, 188, 190, 191, 193, 197, 209, 211-213, 215, 216
Canto d'amore 185, 211
Il ritorno al mestiere 185
Pittura Metafisica 209, 211
Chopin, Frédéric 48
Chrysalide, La 113
Cinq peintres d'aujourdhui 220
classicisme 197
Claus, Emile 117, 120, 143, 156
Koeien bij het oversteken van de Leie 120
Claus, Hugo 231
Clays, Paul-Jean 91, 95
Kalmte voor onweer bij Dordrecht 91
Clerck, Antoon De 255
Cobra 136, 219, 220, 222, 225, 226, 229-231, 233, 235, 236, 237, 239

Coisel (Seine-et-Oise) 211
Colinet, Paul 185
Collectie Claude Spaak (Coisel, Seine-et-Oise) 211
Collectie Dexia Bank België 259
Collectie ING (Amsterdam) 199, 207
Collectie Robert Rauschenberg (New York) 213
Compiègne 87
conceptualisme 212, 213, 219, 243, 246, 252
Constable, John 50
constructivisme 177, 197, 219, 246
Coosemans, Joseph Théodore 64, 66
De kunstenaarsweg te Barbizon 64, 66
Cormon, Fernand 105, 107
Corneille 220, 222, 225, 230, 233
De grote aarde 220, 222
Corot, Camille 59, 75
Cortier, Amédée 255
Triptiek: rood-geel-blauw 255
Cossa, Francesco 188
De herfst 188
Couperus, Louis 117
Courbet, Gustave 52, 63, 73, 75, 85, 117, 125
Begrafenis in Ornans 73, 125
Pavillon du Réalisme 73
Steenkloppers 73
Courtens, Franz 66, 95-97
Bij het melken, Zeeland 95
Terugkeer van de plicht 96, 97
Crabeels, Florent 66
Cramer, Tiarko 21
Cranach, Lukas 75
Cranes, Walter 131
The Claims of Decorative Art 131

Dada 186, 211
Dalí, Salvador 185, 186
Daniëls, René 252, 253
La muse vénale 252, 253
Dante 48
Paolo e Francesca da Rimini 48
Daubigny, Charles 75
Daumier, Honoré 75, 125
David, Jacques-Louis 30, 31, 34, 36, 51
Amor en Psyche 31
De woede van Achilles 30
Mars ontwapend door Venus en de drie Gratiën 34
Portret van Zenaïde en Charlotte Bonaparte 34
Degroux, Charles 75, 79, 117
L'ivrogne 75, 79
Degroux, Henry 108, 117
Delacroix, Eugène 36, 39, 51, 52
La Liberté guidant le peuple 36
Delahaut, Jo 219
Delaroche, Paul 36
Delft 186
Delvaux, Paul 185-187, 191, 193
De roze strikken 185, 187
Delville, Jean 153
Delvoye, Wim 243
Den Bosch 131
Dendermonde 66

Den Haag 14, 16, 20, 39, 40, 41, 42, 45, 48, 50, 59, 61, 63, 70, 88, 89, 91, 97, 100, 101, 104, 105, 108, 110, 111, 115, 118, 131, 136, 141, 147, 148, 167, 169, 189, 238
Deperthes, Jean-Baptiste 24
Théorie de Paysage 24
De Pont museum voor hedendaagse kunst (Tilburg) 255, 257
Derain, André 156
Derkinderen, Antoon 131
Detroit 75
Detroit Institute of Arts 75
Deventer, Jan Frederik van 45
Deventer, Willem Anthonie van 45
Devon 162
Diaz de la Peña, Narcise 59, 63, 66, 70
Dibbets, Jan 136, 246, 247, 250
Correctie op het perspectief – mijn atelier II 246, 247
Halve kubus 246
Dijsselhof, Gerrit 131
Dilbeek (België) 182
Dillemans, Sam 256
divisionisme 137, 143
Dix, Otto 186
Doesburg, Theo van 167-171, 177
Kompositie XVII in drie delen 169
Symbolische compositie 169
Domburg 136, 140, 147
Dongen, Kees van 137, 138, 141, 146, 151, 155, 186
De gele kamer 137, 138
Donia, Jan 251, 251
Dörner, Max 188
Malmaterial und seine Verwendung im Bilde 188
Doornik 52, 54
Dordrecht 99, 103, 136, 197, 199, 204, 230, 236, 239
Dordrechts Museum 99, 103, 113, 136, 204, 230, 236, 239
Dotremont, Christian 219, 220, 225, 226, 229, 231
Dresden 117
Driehoek, De 186
Dubois, kunstgalerie 223
Dufy, Raoul 137
Duits expressionisme 177
Dubois, Louis 75
Dujardin, Karel 22
Dumas, Marlene 253, 255
The First People (I-IV) 255
Dupré, Daniël 18, 19, 21, 59, 66
Gezicht op het Colosseum, Rome 18, 19, 21
Düsseldorfer Schule 73, 90
Dypréau, Jean 231

Ecole nationale supérieure des beaux-arts (Parijs) 31
Edward James Foundation (Chicester) 215
Eerste Wereldoorlog 131, 140, 151, 153, 155, 156, 159, 162, 167, 177, 181, 182, 185, 197
Eindhoven 164, 240, 246, 252
Elk, Ger van 136, 246, 249, 251
Boeket uit Antwerpen 249, 251
Het vaarwel I 249, 250
Enschede 246
Ensor, James 109, 113, 125-127, 129, 153, 155, 156, 219
De kathedraal 125
De oestereetster 153

Het burgersalon 125-127
Les auréoles du Christ ou les sensibilités de la lumière 125
Namiddag te Oostende 125, 128
Ernst, Max 165, 185,186g
Essor, L' 125
Estève, Maurice 220, 222
Evenepoel, Henri 117
Experimentele Groep 220, 225
expressionisme 137, 149, 153, 155, 156, 159, 162, 164, 165, 170, 177, 182, 185, 191, 209, 220, 231, 233, 237, 239, 244
Eyck, Aldo van 226

Fabre, Jan 243
fantastisch-realistische kunst 237
Fantin-Latour, Henri 85
Fargue, Paulus Constantijn la 15, 16
Huis ten Bosch 15, 16
Fauconnier, Henri Le 148, 149, 151, 159, 164
Abondance 148
fauvisme 135, 137, 138, 140, 141, 143, 156, 159, 181, 182, 186, 197
Fénéon, Félix 113
Fernhout, Edgar 209, 244
Ferrara (Italië) 185
Ferrarese School 188
figuratie 181, 186, 188, 197, 211, 219, 220, 231, 233, 237, 238
Fildes, Luke 104
Finch, Willy 109
Flanagan, Barry 246
Florence 36, 196
Flouquet, Pierre-Louis 177
Fluxus 136, 243
Fontainebleau 59, 63
Fontvieille 107
formalisme 244
Fort Worth 30
Foucault, Michel 217
Fourmois, Théodore 64
Gezicht in de Kempen 64
Francesca, Piero della 197
De droom van Constantijn 197
Frémiet, Sophie 36
Freud, Sigmund 196
Freymuth, Alphons 238
Friedländer, Max J. 9
Die Altniederländische Malerei 9
Friedrich, Caspar David 39
Fries Museum (Leeuwarden)
fundamentele schilderkunst 244
futurisme 141, 155, 159, 162, 177, 185, 197

Gabriël, Paul 90, 91, 95, 100, 103
Watermolen bij Leidschendam 103
Gallait, Louis 52-54
De laatste eer bewezen aan de graven van Egmont en Hoorne 53
De pest in Doornik 52
Kunst en Vrijheid 53
Portret van kolonel Hallart 54
Galerie Centre d'Art 185
Galerie Le Centaure 164
Galerie Regnault 164
Galerie Sélection 164
Galerie Tzwern-Aisinber (Brussel) 123
Galleria Nazionale d'Arte Moderna (Rome) 172
García, Torres 177
Gauguin, Paul 105, 107, 117
Gautier, Theophile 51
Geer, Heddy de 193, 197
Gelder, H.E. van 9
Kunstgeschiedenis der Nederlanden 9
Gemeentemuseum (Den Haag) 40-42, 45, 48, 50, 59, 61-63, 88, 97, 100, 101, 104, 110, 111, 115, 118, 136, 141, 147, 148, 167, 189
Genève 144
Gent 66, 117, 155, 156, 165, 170, 182
geometrische abstractie 177, 240, 255
Gérard, General 31
Géricault, Théodore 39, 48
Gesamtkunstwerk 129
Gestel, Leo 140, 143-145, 148, 149, 164
De witte boom 145
Herfstboom 143, 144
Pioenrozen 148, 149
Ghyka, Matila 171
Giacometti, Alberto 222, 223
Giotto 256
Gischia, Leon 220
Gleizes, Albert 177, 197, 199
Goemans, Camille 185, 211
Goethe, Johann Wolfgang 48
Faust 48
Gogel, Isaak Jan Alexander 16
Gogh, Theo van 61, 104, 105, 107, 108
Gogh, Vincent van 61, 85, 91, 101, 104-108, 113, 117, 135, 137, 140, 141, 151, 156, 162, 182, 220, 239
Boeket met irissen 108
Cabane dans les Alpilles 107
De aardappeleters 105-107
Havenkade, Antwerpen 105, 107
La vigne rouge, Montmajour 108
Vrouw aan tafel in café du Tambourin, Parijs 107
Gogh sr., Vincent van 101, 105
Gogh-Bonger, Jo van 108
Golden, Daan van 250-252
White painting 250
Gombrich, Ernst 8
The Story of Art 8
Goncourt, Edmond de 84
Gouden Eeuw 13, 207, 202
Graphic, The 105
Gregoor, Jan 246
Grips, Carel Jozeph 87
Gris, Juan 137
Groeningemuseum (Brugge) 230, 240, 253
Groningen 162, 220
Groupe Surréaliste du Hainaut 211
Gudin, Théodore 90, 91

Haagsche Kunstkring 108, 110, 117, 131
Haagse Academie 14, 29, 40
Haagse School 66, 89, 90, 91, 95, 100, 101, 105, 109, 110, 131, 135, 137, 140, 141, 220
Haak, Bob 8
The Golden Age: Dutch Painters of the Seventeenth Century 8
Haarlem 14, 16, 21, 95, 223
Hals, Frans 89, 131
Hardenberg, Lambertus 45
Hecke, Paul-Gustave van 156, 177
Heerlen 255
Hermans, Adrien-Joseph 64
Hermans, Charles 95, 117
Hermans, Willem Frederik 186
Heyden, Jacques van der 22, 244-246
Heymans, Adrien-Joseph 92, 93
Hoekje op de heide 92, 93
Hildebrand 87
Camera Obscura 87
Historisch Museum 16
Hitler, Adolf 193
Hobbema, Meindert 48, 89
Hodler, Ferdinand 144
Hollandse School 89
Hollandse Teeken-Maatschappij 104
Holstein, Pieter 238
Hooch, Pieter de 80
Hoornik, Sien 104
Hopmans, Anita 140
Hove, Bart ten 40, 45
Gezicht op het Oude Vrouwen- en Kindertehuis 'Aan het Zieken', Den Haag 40
Huberti, Edouard 64, 75, 78, 95
Landschap in de Kempen 75, 78, 95
Huis ten Bosch 18, 20, 252
Huizinga, Johan 188
In de schaduwen van morgen 188
Humbert, Charles 59
Huymans, Joris-Karl 125
A Rebours 125
Huysum, Jan van 199
Hynckes, Raoul 186, 188, 193, 194, 197, 199-202, 205
Cello 199, 200, 205
De sleutels van de anachoreet 201, 202
hyperrealisme 219, 255

Illustration, L' 105
impressionisme 109, 113, 135, 137, 143, 153, 159, 156, 159, 177, 182, 193, 197
Indépendants, Les 159, 186
Informele Groep 233, 235-237
Institut National 14
Isabey, Eugène 41, 70
Plage à marée basse 70
Six marines dessinées sur pierre 41
Israëls, Isaäc 109, 110, 131, 143
Het transport van de kolonialen 109, 110
Israëls, Jozef 59, 61, 66, 72, 73, 74, 89-91, 104, 108-110
Als men oud wordt 73
Arbeidersgezin aan de maaltijd 105
De dag voor het scheiden 73
Kinderen van de zee 73

Langs moeders graf 73, 74
Smart 73
The Cottage Madonna 73, 75-77
The drowned fisherman 72, 73

Jabbeke (België) 161, 165
Jacob Marisprijs 225, 236
Jagger, Mick 252
James, Edward 216
Jan Cunen Centrum (Oss) 38
Janson, Horst 8
History of Art 8
Jespers, Oscar 155
Jeune Belgique, La 113, 219
Jongkind, Johan Barthold 40, 70, 71, 95, 125
Entrée du port de Honfieur 70, 71
Joostens, Paul 177
Jordan, Rudolf 73
Alle Boote kehrten zurück, nur eine fehlte 73
Das Begräbnis des alten Seemanns 73
Tod des Lotsen 73
Unverhofftes Wiedersehen 73
Jorn, Asger 225, 226, 229
Jugendstil 129

Kaemmerer, Frederik Hendrik 87
Kalmthout 66
Kandinsky, Vassily 168, 177, 186
Uber das Geistige in der Kunst 168
Katwijk 73
Kertész, André 206
Ket, Dick 186, 188, 197, 200, 202-207, 213
Stilleven met druiven 206
Stilleven met eieren 204, 206, 207
Stilleven met fluit en flessen 206, 207
Stilleven met Stoombootplaat 202, 205
Zelfportret met geranium 203, 205
Keyser, Raoul De 255
Keyzer, Nicaise de 41, 42, 51, 52
De slag bij Woeringen 51
Slag der Gulden Sporen 52
Khnopff, Fernand 109, 125-129, 153
Bij het beluisteren van Schumann 125-127
Kickert, Conrad 140, 148
Kimbell Art Museum (Fort Worth) 30
Klee, Paul 177, 225, 229, 251
Kleef 48, 50
Klein, Carla 255
Kleyn, Pieter Rudolph 21-23, 26
De ingang van het Park van St. Cloud bij Parijs 21-23
Kneppelhout, Johannes 59
Knip, Josephus Augustinus 21, 22
De Golf van Napels met op de achtergrond het eiland Ischia 21, 22
Landschap bij Subiaco, en gebouwen te Rome 21, 24
Knuttel, Gherardus 9
De Nederlandsse Schilderkunst van Van Eyck tot Van Gogh 9
Knyff, Alfred de 66, 95
Kobell, Jan 18
Koch, Pyke 186, 188, 192-199, 203, 205, 213
De grote contorsioniste 196, 197
De oogst 197-99
Marschgezang 194
Poésie de la Nuit 192, 196
Rustende slaapwandelaarster 196
Schoorsteenveger 194-196
Souvenir 196
Stilleven met appels en peren 197, 199
Koekkoek, Barend Cornelis 40, 48, 49, 56
Herinneringen en mededelingen van een landschapschilder 48-50
Oude eik aan bosrand 48
Konijnenburg, Willem van 171, 199
De Esthetische Idee 199
Koninklijke Academie der Beeldende Kunsten 24, 28, 29
Koninklijk Instituut van Wetenschappen, Letterkunde en Schoone Kunsten 15, 18
Koninklijke Maatschappij ter Aanmoediging der Schone Kunsten 29
Koninklijk Museum *zie* Huis ten Bosch
Koninklijk Museum voor Schone Kunsten (Antwerpen) 29, 65, 66, 69, 78, 80, 82, 84, 91, 93, 124, 128-130, 158, 160, 184, 187, 208, 228, 278
Koninklijke Musea voor Schone Kunsten van België (Brussel) 26, 28, 30, 31, 34, 36, 51-54, 64, 66, 67, 69, 78, 79, 82, 85, 87, 93, 95, 97, 102, 108, 120, 122, 127, 185, 215, 220, 231, 232
Kooi, Wilem Bartel van der 18, 20
De minnebrief 18, 20
Kooning, Willem de 137
Kopenhagen 31, 117, 225
Kröller-Müller, mevrouw 163, 164, 168
Kruseman, Cornelis 26, 28, 29, 39, 44, 45
Albano 4
De gevangen vlinder 44, 45
De Prediking van Johannes in de woestijn 45
Kruseman, Jan Adam 45
Kruyder, Herman 162
kubisme 135, 136, 140, 148, 149, 151, 156, 159, 162, 164, 168, 170, 171, 174, 177, 181, 185, 186, 197, 199, 200, 202
Kuile, E.H. ter 8
Dutch Art and Architecture 1600-1800 8
kunstenaarskolonie Bergen 149
Kunstmuseum Emanuel Hoffmann-Stiftung (Basel) 165
Kunsthaus (Zürich) 121
Kunstkronijk 40, 50

Laat, Ton de 207, 209
Pakketpost 207, 209
Laermans, Eugène 122, 159
La Libre Esthétique 131
Lamme, Ary 39
Lamorinière, François 64, 65
Het sparrenbos 64, 65
Landuyt, Octave 237
Langley, Walter 124
Lanooy, Christiaan 131
L'Art Moderne 113, 122, 125, 131
Latemse groep 155, 156, 182
Lautréamont, Comte de 215
Lebeau, Chris 131
Lecarpentier, C.J.F. 22
Essai sur le paysage 22
Leck, Bart van der 163, 166-170, 177
Havenarbeid 167, 168
Mijntriptiek (compositie nr. 4) 166-168
Lecomte, Marcel 185, 211
Leeuwarden 18
Léger, Fernand 177
Leickert, Charles 40, 50
Leiden 20, 51
Lelie, Adriaan de 16, 18
De beeldhouwzaal van het genootschap Felix Meritis te Amsterdam 16, 18
Lemonnier, Camille 117
Leopold van Saksen-Coburg 13
Leroi, Paul 89
Les Réalismes 1919-1939 207
Lethière, Guillaume Guillon 24, 26
Leys, Henri 75, 80, 82, 83, 105
Bezoek van Dürer aan Antwerpen 80, 83
Philips de Schone 80, 82, 83
Liberty 129
Libre Esthétique, La 113
Liga Vrij Beelden 239
Lint, Louis van 219
Herfstverwildering 219
Liszt, Franz 48
Lodewijk XVIII 30
logogram 231
Londen 13, 46, 72, 100, 162, 176, 212, 246
Long, Richard 246
Lorrain, Claude 22, 190
Lucassen, Reinier 233, 238-240, 250, 252
Hommage aan het eind van de schilderkunst 251
Vincent, P.M. en Lucassen 239, 240
Lucebert 230, 231
Bacchus 230, 231
luminisme 137, 138, 140, 141, 143, 147, 155, 156
Luyten, Henry 129-131
Een zitting van de kunstkring 'Als Ik Kan' 129
Kinderen der Zee 130
lyrische abstractie 219

Maarel, Marius van der 109
Maaten, Jacob Jan van der 45
Madou, Adolphe 80
Fête au château 80
Madou, Jean-Baptiste 85, 87, 95
De liefhebbers 85
Maes, Lodewijk *zie* Maes Canini
magisch-realisme 186, 188, 191, 197, 209, 211
Magritte, René 135, 137, 185, 186, 191, 193, 211-217, 222, 238, 240, 250, 255
Carte blanche 216
Het wellustbeginsel 215, 216
De letterlijke betekenis 212, 213
De man met de krant 211, 212
Het menselijk tekort 135, 211, 216, 217, 250
Het rijk der lichten 214-216
Les mots et les images 216
Persoonlijke waarden 216

Verboden af te beelden 216, 217
Woordbreuk der beelden 216, 217
Mander, Karel van 8
Schilderboeck 8
Manet, Edouard 85, 125
Mara, Pol 240
Marinetti 159
Maris, Jacob 61, 62, 89, 90, 91, 95, 97, 100, 101, 109, 143
Breistertje op balcon, Montmartre 97, 100
De afgeknotte molen 96, 97, 100
Doopgang in Lausanne 95
Schilder aan het werk 61-63
Maris, Matthijs 61, 63, 66, 90, 95, 100, 109
De Oorsprong 61
Steengroeve bij Montmartre 100
Maris, Willem 63, 66, 90, 91, 95, 100, 109
Kalveren aan een poel 63
Marius, G.H. 9
De Hollandsche schilderkunst uit de negentiende eeuw 9
Marken 124
Marseille 75
materieschilderkunst 230, 233, 236, 239
Matisse, Henri 156, 159, 220, 222, 252
Maupassant, Guy de 84
Maus, Octave 109, 113
Mauvais Temps 211
Mauve, Anton 63, 64, 66, 90, 91, 95, 98-101, 104, 109, 131, 135, 143
Bomschuit op het strand te Scheveningen 99, 100
Visverkoping 98, 100
Meder, Joseph 199
Die Handzeichnung 199
Meissonier, Ernest 80
Mellery, Xavier 123-125
Binnenhuis te Marken 124
Marken 123
Menard, René 89
Mendelson, Marc 219
Spaans landschap 219
Merleau-Ponty, Maurice 244
Mesdag, Hendrik Willem 89-91, 95, 100, 109, 131, 135
Les brisants de la mer du Nord 90
Mesens, E.L.T. 185, 211
Metropolitan Museum (New York) 31
Metzinger, Jean 177, 197, 199
Meulen, Francois Pieter ter 90
Meulen, Adam Frans van der 22
Meunier, Constantin 75, 122
De terugkeer van de mijnwerker 122
Meyer, Louis 39
Meyers, Isidore 66
Michaël, Hendrik 45
Michelangelo 8, 36, 196
David 196
Michallon, Achille 21
Middelburg 146
Middeleeuwen 256
Millet, Jean-François 59, 66, 73, 75, 104
Le bouillie 73, 75
Milo, Jean 219
minimal art 253, 255
minimalisme 219, 240
Minne, George 155, 156
Minotaure-tentoonstelling 186
Miró, Joan 222, 223
Moderne Beweging 138, 147
Moderne Kunstkring 148, 149, 159, 162, 177
modernisme 155, 162, 171, 177, 181, 185, 186, 197, 209, 251
Modigliani, Amedeo 191
Moerman, André 56
Moesman, Johannes Hendrikus 186, 193
Mol, Woutherus 21
Mondriaan, Piet 131, 135, 136, 137, 140, 143-151, 163, 167-177, 185, 220, 239, 243, 244
Bloeiende appelboom 146, 147
Bos bij Oele 135, 143
Broadway Boogie-Woogie 176
Compositie in grijs en oker 168
Compositie met rood, geel en blauw 174, 176
Compositie met rood, geel, blauw en zwart 172, 174
Compositie met twee lijnen 171, 173, 176
De rode wolk 135-137
De Zee 149, 151
Evolutie 147
Molen bij zonlicht 143-145
New York City I 174, 175, 176
Schets in een brief aan Albert van den Briel 174, 176
Vrouw 150, 151
Zee na zonsondergang 147, 148
Monet, Claude 70, 109
Montmartre 137, 148
Morandi, Giorgio 251
Moreau, Gustave 117
Mortier, Antoine 219
München 117, 148, 185
Munch, Edvard 135, 144, 156, 252
De schreeuw 252
Musée des Beaux-Arts (Marseille) 75
Musée du Louvre (Parijs) 15, 53, 70, 108
Musée Napoléon 15
Musée National du Château de Compiègne 87
Musée Spitzner 191
Museo Correr (Venetië) 26
Museum Boijmans Van Beuningen (Rotterdam) 18, 138, 203, 217, 223
Museum Constant Permeke (Jabbeke, België) 161
Museum Kröller-Müller (Otterlo) 109, 114, 116, 118, 151, 164, 168
Museum of Fine Arts (Springfield, Massachusetts) 112
Museum of Modern Art (Venetië) 149
Museum van Schone Kunsten (Doornik) 54
Museum voor Hedendaagse Kunst (Gent) 117, 170, 182
Museum voor moderne kunst (Arnhem) 190, 192, 200
Museum voor Schone Kunsten (Gent) 156
Museum voor Schone Kunsten (Oostende) 152, 155
Mussolini, Benito 193
mystero-realisme 186

Nabis, Les 155
Nagasaki 252
Napels 26, 29
Napoleon III 85
Napoleon, Lodewijk 15, 18, 20, 21, 24, 29
Nationale Konst Galerij 16, 18
National Gallery (Londen) 72
nationalisme 162
nationaal-socialisme 193, 194
naturalisme 155
Navez, François-Joseph 31, 34, 36, 51
Athalie 36
Hagar en haar zoon 31, 32, 36
Portret van de familie de Hemptinne 31, 33, 36
neobarokke architectuur 186
neoclassicisme 30, 186
neodada 213
neo-expressionisme 253
neo-impressionisme 107, 113, 156
neorealisme 182, 186, 209, 220
NSB 194
Neue Künstlerverein (München) 148
Neuhuys, Jozef 89, 90
New York 31, 137, 176, 213, 238, 239
Nietzsche, Friedrich 233
nieuw realisme 238
Nieuwe Algemeene Konst- en Letterbode 16, 39
Nieuwe Beelding 170
Nieuwe Bouwen 169
nieuwe figuratie 233, 238, 239
Nieuwe Kunst 128
Nieuwe Zakelijkheid 186, 197, 203, 209
Nieuwenhuis, Constant 220, 223, 225, 226, 230, 231
Feest van de droefenis 223
Het laddertje 230
Nieuwerkerke, Graaf van 85
Nijhoff, Martinus 193, 194, 196, 226
Vormen 194
Noordzee 144
Nougé, Paul 211
Nulgroep 233, 235, 236, 243
Nuyen, Wijnand 39, 40, 41, 42, 45, 50
De wal bij Duinkerken 41, 42
Een Romaanse kerk in Bretagne 41
Schip op Normandische kust 41
Schipbreuk op een rotsachtige kust 41
Ny Carlsberg Glyptothek (Kopenhagen) 31

objet trouvé 240, 243
Odevaere, Joseph-Denis 31, 34, 36
De dood van Phocion 31
Olsom Henie Onstad Kunstsenter 227
Onafhankelijken 162, 186
Oostende 125, 152, 153, 155
Oosterbeek 66
Ordre du Temple de la Rose + Croix 113, 117, 128
Orléans, Hertog van 48
Os, Pieter Gerardus van 18
Oss 38
Ostaijen, Paul van 177
Ekspressionisme in Vlaanderen 177
Osten, Gert von der 8
Painting and Sculpture in Germany and The Netherlands 8

Otterlo 109, 114, 116, 118, 151, 168
Ottevanger, Alied 205
Ouborg, Piet 218, 222, 223, 225, 236
  Intertwined Figures 218, 223
Overzicht, Het (tijdschrift) 177, 186

Paelinck, Joseph 31, 36
Paleis op de Dam 18
Panamarenko 243
Panofsky, Erwin 9
  Early Netherlandish Painting 9
Papeleu, Victor 66
Parijs 15, 20, 21, 31, 36, 39, 41, 45, 51, 52, 53, 56, 59, 70, 73, 85, 91, 107, 113, 136-138, 140, 141, 143, 148, 149, 151, 153, 155, 156, 159, 167, 171, 174, 176-178, 181, 185, 207, 211, 220, 223, 225, 226, 236
Parijse Salon 48, 70, 89
Pedersen, Carl-H. 226
Peeters, Jozef 177, 178, 186
  Compositie 178
Peggy Guggenheim Collection (Museum of Modern Art, Venetië) 149
peinture, partagée 231
Peire, Luc 219
Péladan, Sâr 113, 117, 128
Peretti, Felice *zie* Sixtus Quintus
Permeke, Constant 155, 156, 159, 161, 162, 164, 165, 177, 191, 220
  Over Permeke 161, 162
Perron, E. du 188
Philips Collection (Washington) 174
Picasso, Pablo 124, 136, 137, 148, 151, 168, 174, 181, 182, 197, 199, 222, 223, 225, 229, 230, 253
  Guernica 230
Pichegru, generaal 13
Picabia, Francis 186, 211, 239
Picard, Edmond 109, 113, 122
  La Socialisation de l'Art 122
Pieneman, Jan Willem 18, 39, 45
Pignon, Edouard 220, 222
Pinelli, Bartolomeo 29
Pisa 216
Pissarro, Edouard 105, 108
Pitloo, Antonie Sminck 21, 24, 29
plastique pure, la *zie* zuivere beelding
Ploeg, De 162, 220
Poe, Edgar A. 216
  The narrative of Arthur Gordon Pym of Nantucket 216
pointillisme 117
Pollock, Jackson 222, 229, 251
popart 213, 219, 238, 239, 240, 243, 251
Portaels, Jean-Francois 113
postimpressionisme 137, 185
Potter, Paulus 22
Poussin, Nicolas 190
Praag 148
Prentenkabinet der Rijksuniversiteit (Leiden) 20
Prikker, Johan Thorn 117-119
  De bruid 117-119
  La route de Dahlem 117, 118
primitivisme 164

Prix de Rome 20, 21, 24, 26, 29, 53, 138
Propyläen Kunstgeschichte 8
Pulchri Studio 45, 91, 95, 101, 104, 108, 131

Quattrocento 186, 188, 194
Querido, Israël 146, 147
Quincy, Quatremère de 21, 22
Quintus, paus Sixtus 29

Raphaël 36, 45, 171
Rappard, Anton van 104, 105
  Oude vrouwentehuis in Westerschelling 104
Rauschenberg, Robert 239
Raveel, Roger 237-239, 255
  Man met handkar 239
  Neon lente 239
readymade 219
realisme 73, 75, 141, 185, 186, 188, 190, 191, 193, 197, 202, 207, 209, 237
Redgrave, Richard 73
Regoyos, Dario 109
Renaissance 171, 182, 188, 194, 196, 256
Reni, Guido 45
Renoir, Pierre-Auguste 108, 109
Restany, Pierre 240
Rethel, Alfred 100
Richter, Ludwig 100
Rijksacademie te Amsterdam 131
Rijksdienst beeldende Kunst (Den Haag) 169
Rijksmuseum (Amsterdam) 15, 21, 22, 24, 97
Rijksprentenkabinet (Amsterdam) 15
Rijksschool voor Kunstnijverheid 167
Rijn, Rembrandt van 89
Rivera, Diego 186
Rochussen, Charles 70
Rodin, Auguste 131, 159
Roelofs, Willem 45, 61, 66, 75, 88, 90, 91, 95, 100
  De regenboog 88, 95
  Landweg met knotwilgen, tussen Oosterbeek en Renkum 61
Roelofsz, Charles 193, 194
Romantiek 39, 40, 53, 75
Rome 15, 21, 26, 34, 53, 56, 138, 159, 172
Ronner-Knip, Henriëtte 95
Rood, Ogden 117
Rops, Félicien 113, 125, 128
  Begrafenis in het Waalse land 125
  Les Sataniques 125
Rosenberg, Jacob 8
  Dutch Art and Architecture 1600-1800 8
Rossum du Chattel, Fredericus van 90
Rotterdam 131, 138, 203, 217, 223, 251
Rotterdamsche Kunstkring 131, 162
Rouault, Georges 156
Rousseau, Theodore 48, 59, 65, 66, 70
Rousseau le Douanier, Henri 181
Rousseels, Jacques 66
Royer, Lodewijk 26, 28, 29, 45
Rubens, Peter-Paul 30, 36, 51
Rupture 211
Ruysdael, Jacob 22, 48, 56, 89

Rysselberghe, Théo van 108, 109, 112, 113, 156
  Portret van Anna Boch 112
  Portret van Octave Maus 108, 109

Sadée, Philip 90, 100
Saedeleer, Valerius de 155
Salon d'Automne 156
Salon des Indépendants 149, 151, 186
Salon van Antwerpen 89
Salon van Brussel 36, 53, 63, 66, 80, 211
Salon des refusés 70
Salon van Gent 29
Sandberg, Willem 226
Santen Kolff, Jacob van 89, 90
Saverys, Albert 181
Scheffer, Ary 12, 13, 20, 45-48, 52, 53, 59
  De vrouwen van Souli 45
  Gretchen bij de bron 48
  Paolo en Francesca 12, 13, 46-48
Scheffer, Johan Bernhard 18, 20
  De zelfopoffering van Jacob Simonsz. de Rijk 20
Schelfhout, Andreas 38-41, 70, 100
  Landschap in Normandië 38, 41
Schelfhout, Lodewijk 140
Schendel, Petrus van 87
Scheveningen 104
Schiedam 222
Schippers, Wim T. 239
Schmalzigaug, Jules 159, 160
  Indruk van een danszaal 159, 160
Scholte, Rob 9, 252
School van Barbizon 59, 63, 66
School van Dendermonde 66
School van Kalmthout 66
School van München 90
School van Parijs 220
School van Saint Siméon 70
School van Tervuren 66, 90
School van Weimar 90
Schoonhoven, Jan 243-245
  R. 70-95 244
  Vernielde constructie 244, 245
Schopenhauer, Arthur 233
Schotel, Johannes Christiaan 39, 90, 91
Schumacher, Wim 209
Schwindt, Moritz von 100
Scott, Sir Walter 40
Scuola di Posillippo 24, 29
Scuola Metafisica 185
Scutenaire, Louis 211
Secession 129
Section d'Or, La 171, 199
Sélection 209
Servaes, Albert 156, 159
Servranckx, Victor 170, 171, 177
  Opus 2 ('de haven') 170, 171
Seuphor, Michel 171, 177, 186
  De abstrakte kunst in Vlaanderen 177
  L'art abstrait, ses origines, ses premiers maîtres 177
Seurat, Georges 105, 113, 117, 137, 140
  Zondagmiddag op La Grande Jatte 117, 137

Severen, Dan Van 240, 255
Vierkante compositie 240
Severini, Gino 77, 197
Shakespeare, William 194
Signac, Paul 105, 108, 117
Sint-Lucasvereniging 140, 144
Sint-Martens-Latem 136, 140, 155, 156, 159, 182
Slive, Seymour 8, 9
Dutch Painting 1600-1800 8, 9
Sluijters, Jan 138-143, 146, 148, 159, 162, 164
Bal Tabarin 138-140
Maannacht 142, 143
Smet, Gustave de 162, 164, 165, 177
De balzaal 164
Smet, Leon de 156
Smits, Jacob 156, 159
socialisme 144
Société d'Artistes Belges 95
Société des Aquafortistes 125
Société Internationale des Aquafortistes 125
Société Libre des Beaux-Arts 75, 95, 113
Souris, André 211
Spengler, Oswald 193
Der Untergang des Abendlandes 193
Spilliaert, Léon 152, 154, 155
Duizeling 154, 155
Zelfportret 152
Springer, Cornelis 40, 50
Springfield, Massachusetts 112
Staatsgalerie (Stuttgart) 173
Stadsgalerij (Heerlen) 255
Stadsmuseum (Brussel) 24
Stapleaux, Michel 31, 34
Stärcke, August 196
Stedelijk Museum (Amsterdam) 138, 140, 159, 163, 171, 180, 186, 194, 218, 220, 222, 224, 226, 234, 235, 237, 238, 239, 242, 246, 247, 249, 250
Stedelijk Museum (Schiedam) 222
Stedelijk Van Abbemuseum (Eindhoven) 164, 240, 252
Steen, Jan 80, 89
Stevens, Alfred 66, 84, 85, 125
Ce qu'on apelle le vagabondage 84, 87
Klaar om uit te gaan 85-87
Memories 125
Souvenirs et regrets 85
The artist in his studio 85
Stijl, De 9, 140, 151, 167, 169, 170, 171, 181, 197, 231
Stijl, De (tijdschrift) 169, 173, 177
Straatsburg 170
Stroebel, Johannes 85
Struycken, Peter 242, 244
Gereguleerde beweging 242, 244
Stuttgart 173
Superville, David Humbert de 20, 21, 26
S.S. Francesco e Paolo, Roma 20
surrealisme 155, 165, 185, 186, 191, 197, 209, 211, 213, 216, 222, 225, 229, 252
symbolisme 125, 135, 137, 153, 155, 156, 165, 177, 182 256

Tachtigjarige Oorlog 51, 53
Tadema, Laurens Alma 95
Tanguy, Yves 185
Tate Gallery (Londen) 212
Taurel, André 45
taxat 240
Tavenraat, Johannes 50
Teerlink, Abram 21, 24, 29
Tentoonstellingen van de Levende Meesters 24, 89
Tersteeg 104
Tetar van Elven, Martinus 45
Teylers Genootschap 14
Teylers Museum (Haarlem) 16
theosofie 144, 147
Theosofische Vereniging 144
Tholen, Willem Bastiaan 110, 111
Schaatsenrijden in het Haagse Bos 110, 111
Thorvaldsen, Bertel 53
Tilburg 246, 255, 257
Times, The 73
Tollens, Hendrik 39
Toorop, Charley 163, 193
Toorop, Jan 108-110, 113-117, 125, 131, 137, 138, 141, 143, 147, 148, 156, 163, 194
De Brusselse familie 113, 114, 125
De drie bruiden 117
De jonge generatie 117
Fatalisme 117
Jong Holland 131
Opkomst (met tegenwerking) van de Moderne Kunst 113, 115, 131
Schelpenvisser op het strand 116, 117
Toulouse-Lautrec, Henri de 105, 108, 140
Toussaint, Truitje 40
Troyon, Constant 59, 63, 70
Tuymans, Luc 256, 257
Der diagnostische Blick IV 256, 257
Tweede Wereldoorlog 137, 164, 188, 209
Turenne, Henri-Amédée de 31
Turner, Joseph Mallord William 39, 153
Tytgat, Edgard 182, 183
Tegenlicht in het atelier 183

Utrecht 9, 163, 169, 186, 193, 194, 201, 245
Uylenspiegel (tijdschrift) 125

Vaandrager, Bert 235
Valenciennes, Pierre-Henri 22, 24
Elénts de perspective pratique à l'usage des artistes 22
Vallotton, Félix 137
Valori Plastici 185, 186
Van Gogh Museum (Amsterdam) 90, 98, 104, 105, 107
Van Nu en Straks 113
Vandekerckhove, Hans 256
Stalking Hiëronymus 256
Vandercam, Serge 231
Vantongerloo, Georges 170, 171, 177-179
Compositie 177-179
Variétés 186, 193

Vassari, Giorgio 8
Le vite de' piu eccellenti Pittori, Scultori e Architetti 8
Velder, Adriaen 22
Velde, Henry van de 113, 117, 121, 122, 129, 131, 143
Strand in Blankenberge 117, 121
Venetië 26, 149, 159
Veneto, Bartolomeo 205
Verhaeren, Emile 113, 125, 153
Verheyden, Isidore 66, 92, 93, 95
Boomgaard in de lente 92, 93, 94, 95
Portret van Anna Boch 95
Verhulst, Johannes 45
Verlat, Charles 52, 131
Godfried van Bouillon bij de bestorming van Jeruzalem 52
Vermeersch, Pieter 258, 259
Zonder titel 258, 259
Vermeylen, August 113
Vermeule, Koen 253, 255
'z.t.' 255
Vernet, Horace 48
Vernet, Joseph 22, 36
Ver Sacrum 128
Verster, Floris 141, 163, 206, 253
Twee dode roeken 141
Verstraete, Théodore 66
Vervloet, Frans 26, 28
Dagboek 26
Verwée, Alfred 75, 93, 95
Koeien in de Vlaamse weide 93, 95
Verwey, Kees 182
Veth, Jan 131
Kunst en Samenleving 131
Vey, Horst 8
Painting and Sculpture in Germany and The Netherlands 8
Vinci, Leonardo da 17
Vingt, Les 108, 109, 113, 117, 125, 131, 137, 153
Vlaams expressionisme 165, 182, 185, 220
Vlaamse Primitieven 156, 182
Vlaamse School 29
Vlaamse School, de (tijdschrift) 131
Vlaminck, Maurice de 137, 156
Vlieghe, Hans 9
Flemish Art and Architecture 8, 9
Voerman, Jan 181
Vogels, Guillaume 66, 109
De Nes 113
Landschap met rivier 113
Volendam 124
Vonden, Joost van den 131
Gijsbrecht van Amstel 131
Voogd, Hendrik 21, 26
Vovelle, José 211
Vrijman, Jan 229
Vrolijk, Jan 90

Waag, De 193
Wagemaker, Jaap 234, 235, 233
Leien en schelpen 235
Leikleur 234
Wallace Collection (Londen) 13, 46

Wappers, Gustaaf 34-36, 51, 52, 56
De zelfopoffering van de Leidse burgemeester Van der Werff 36, 51
Tafereel van de septemberdagen 1830 34-36, 51
Warhol, Andy 239
Washington 174
Watts, G.F. 73
Wauters, Emile 102
De schilder Hugo van der Goes in het Rode Klooster 102
Mannenhoofd (studie) 102
Weele, Herman van der 105
Weissenbruch, Hendrik Johannes 45, 61, 90, 91, 95, 100, 101, 104, 135-137
Gezicht op Trekvliet bij Den Haag 101
Te Noorden bij Nieuwkoop 135-137
Weissenbruch, Jan 40, 45, 50, 56, 90, 91, 95, 100, 101
De schilder in zijn atelier (zelfportret) 50
Gezicht op Haarlem 101
Wenen 13
Wéry, Marthe 240, 255
Westerbork 236
Westerik, Co 209
Weyden, Rogier van der 171
Wicar, Jean-Baptiste 26
Wiertz, Antoine 36, 53, 54, 56, 75
Carnaval in Rome 54, 56
Patrocles 53
Wiertz Museum 56
Wijngaerdt, Anthonie van 39
Willem I, koning 13, 20, 24, 26, 29, 51, 56
Willem II, koning 41, 45
Willem V van Oranje, prins 13-16, 18, 70
Willems, Florent 80, 84, 85
De opschik van de bruid 80, 85
Willems, Jan Frans 29
Williamstown (Massachusetts)
Willink, Carel 180, 185, 186, 188-191, 193, 194, 197, 203, 213, 215
Hoek van het Termenmuseum 190
Jobstijding 180, 189
Landschap met twee vechtende mannen 189, 190
Landschap met zeven beelden 190
Simeon de pilaarheilige 188, 189
Zelfportret 190
Wiltshire 162
Winckelmann, Johann Joachim 8
Geschichte der Kunst des Altertums 8
Winter, Janus de 164, 167
Witsen, Willem 110, 131
Woestyne, Gustave van de 155, 156, 182, 208, 209
De vrouw van de kunstenaar 156
Gaston en zijn zuster 208
Woestijne, Karel van de 155
Wouters, Rik 156, 158, 159
De strijkster 158
Wouwerman, Philips 22

XX, Les *zie* Vingt, Les

Zandvliet, Robert 255
Zantvoort 73
Zeeuws Museum (Middelburg) 146
Zeist 159
Zilcken, Philippe 109
Zola, Emile 70
Zuiderzee 197
zuivere beelding 167, 173, 177
Zürich 121
Zwart, Willem de 110
Liggend meisje in kimono 110

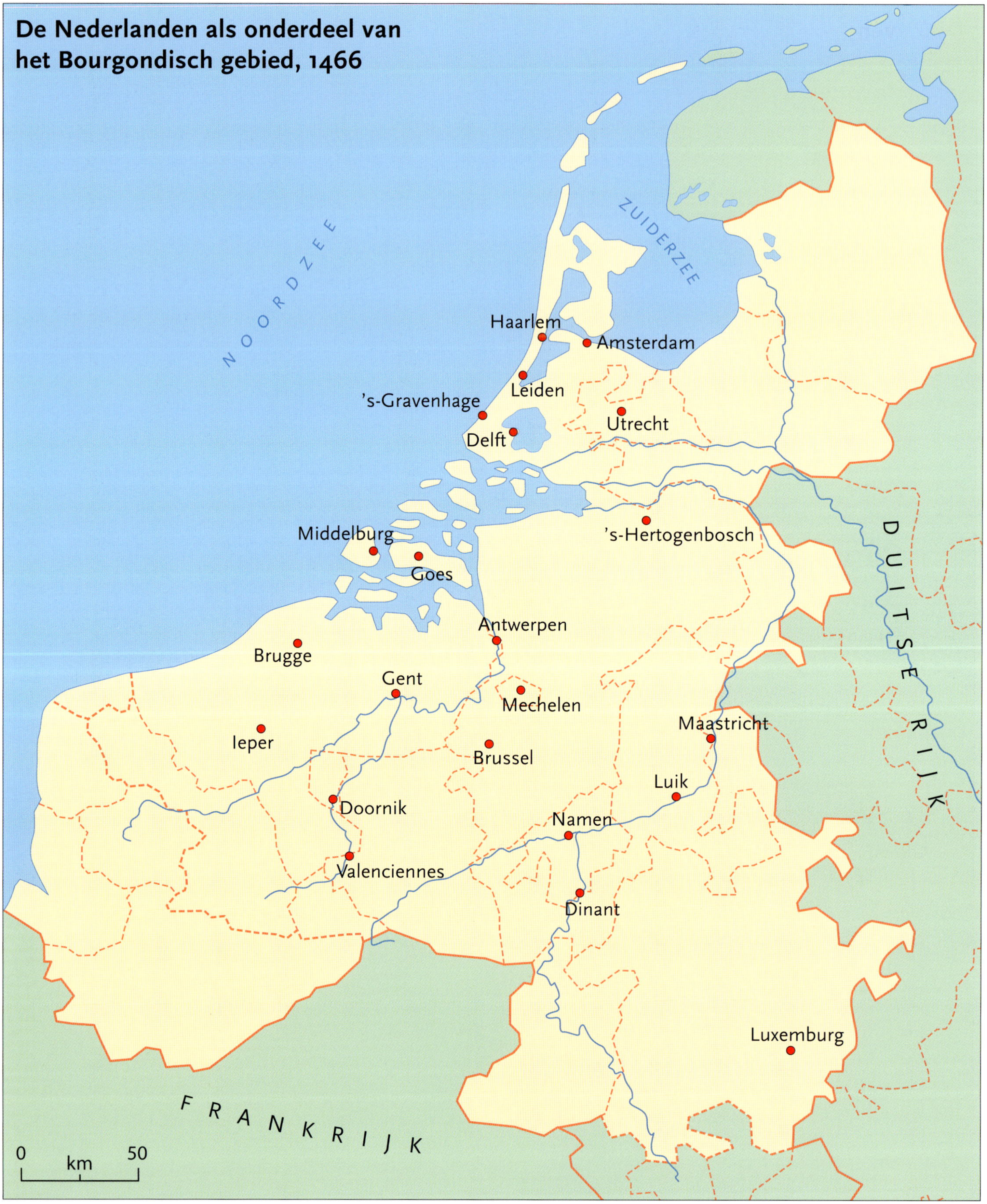
De Nederlanden als onderdeel van het Bourgondisch gebied, 1466
NOORDZEE
ZUIDERZEE
Haarlem
Amsterdam
Leiden
's-Gravenhage
Utrecht
Delft
Middelburg
Goes
'S-Hertogenbosch
Antwerpen
Brugge
Gent
Mechelen
Ieper
Brussel
Maastricht
Luik
Doornik
Namen
Valenciennes
Dinant
Luxemburg
DUITSE RIJK
FRANKRIJK
0 km 50

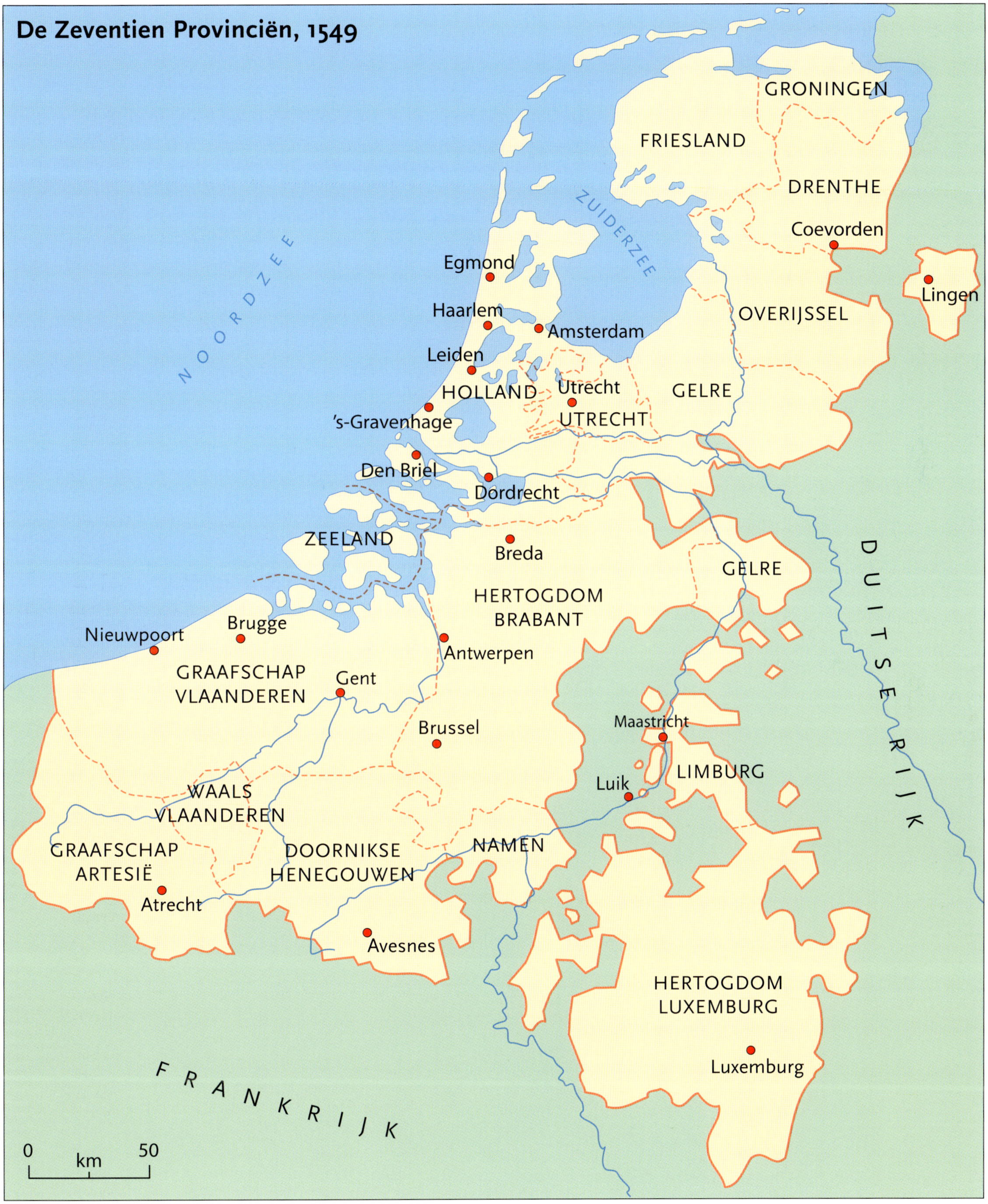

De Zeventien Provinciën, 1549
NOORDZEE
ZUIDERZEE
GRONINGEN
FRIESLAND
DRENTHE
Coevorden
Lingen
OVERIJSSEL
Egmond
Haarlem
Amsterdam
Leiden
HOLLAND
Utrecht
UTRECHT
GELRE
'S-Gravenhage
Den Briel
Dordrecht
ZEELAND
Breda
GELRE
HERTOGDOM
BRABANT
Nieuwpoort
Brugge
Antwerpen
GRAAFSCHAP
VLAANDEREN
Gent
Maastricht
Brussel
LIMBURG
Luik
WAALS
VLAANDEREN
GRAAFSCHAP
ARTESIË
DOORNIKSE
HENEGOUWEN
NAMEN
Atrecht
Avesnes
HERTOGDOM
LUXEMBURG
Luxemburg
DUITSE RIJK
FRANKRIJK
0 km 50

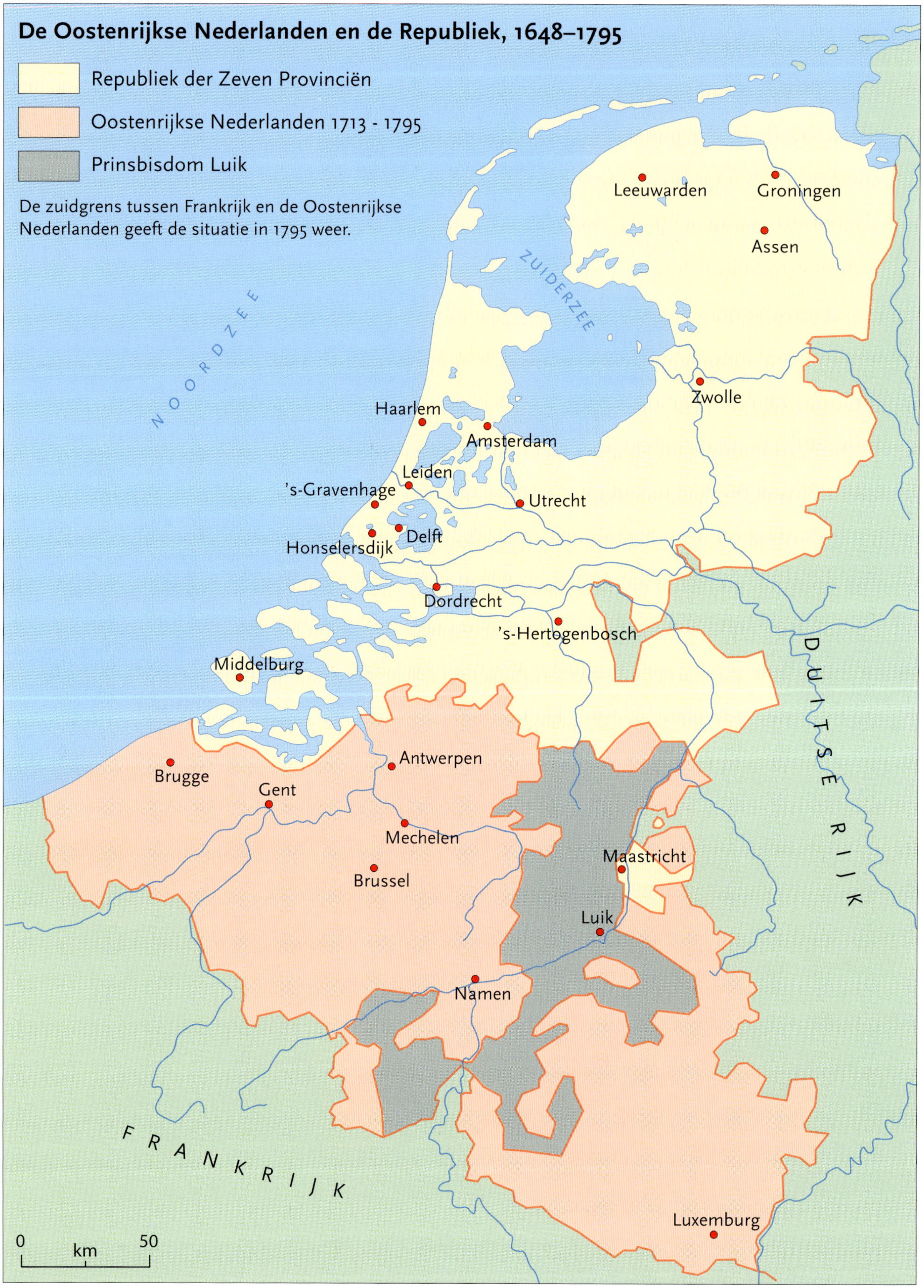
De Oostenrijkse Nederlanden en de Republiek, 1648–1795
Republiek der Zeven Provinciën
Oostenrijkse Nederlanden 1713 - 1795
Prinsbisdom Luik
De zuidgrens tussen Frankrijk en de Oostenrijkse Nederlanden geeft de situatie in 1795 weer.
NOORDZEE
ZUIDERZEE
Leeuwarden
Groningen
Assen
Zwolle
Haarlem
Amsterdam
Leiden
's-Gravenhage
Utrecht
Delft
Honselersdijk
Dordrecht
's-Hertogenbosch
Middelburg
DUITSE RIJK
Antwerpen
Brugge
Gent
Mechelen
Brussel
Maastricht
Luik
Namen
FRANKRIJK
Luxemburg
0
km
50

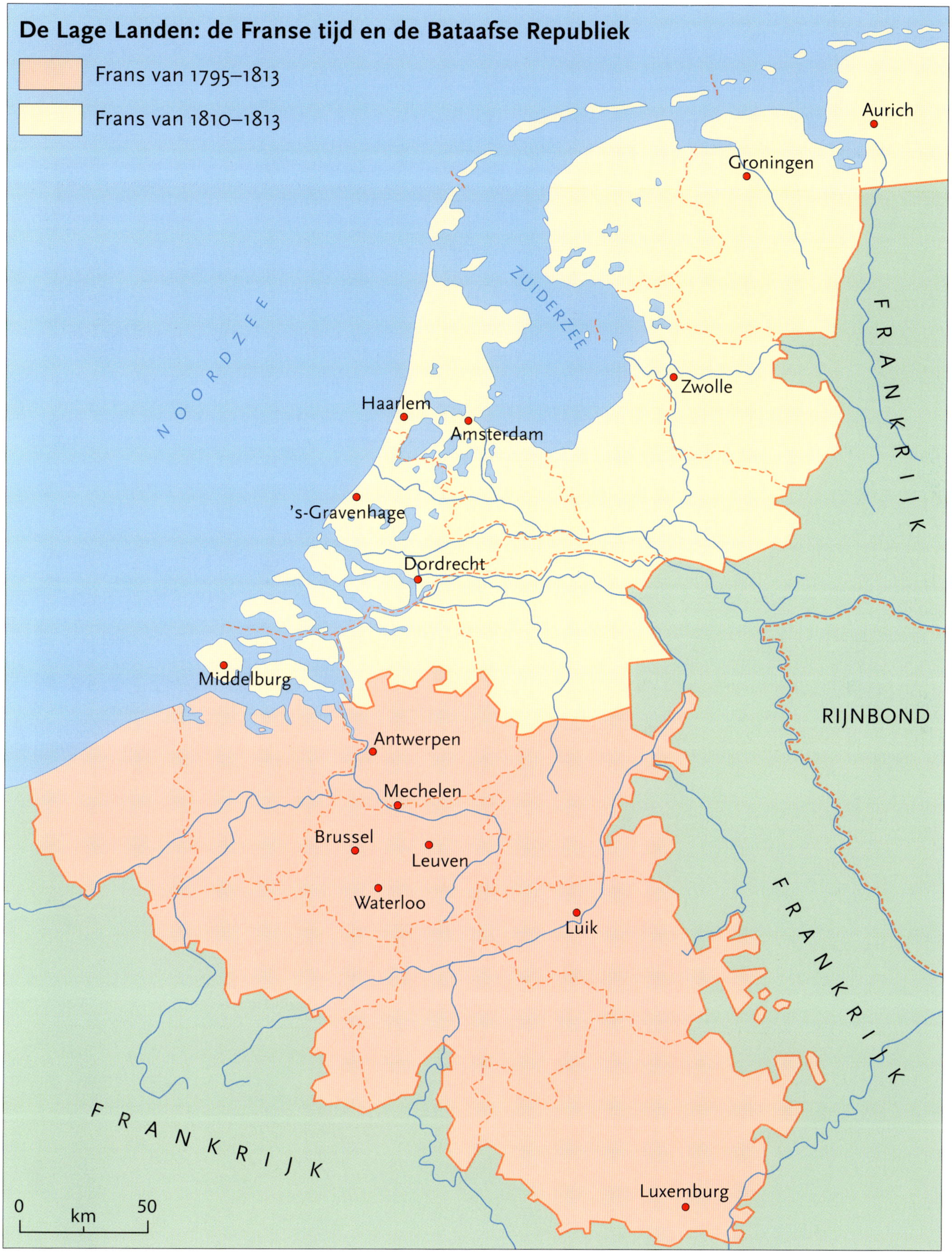
De Lage Landen: de Franse tijd en de Bataafse Republiek
Frans van 1795–1813
Frans van 1810–1813
Aurich
Groningen
ZUIDERZEE
NOORDZEE
FRANKRIJK
Zwolle
Haarlem
Amsterdam
's-Gravenhage
Dordrecht
Middelburg
RIJNBOND
Antwerpen
Mechelen
Brussel
Leuven
Waterloo
Luik
FRANKRIJK
FRANKRIJK
Luxemburg
0
km
50

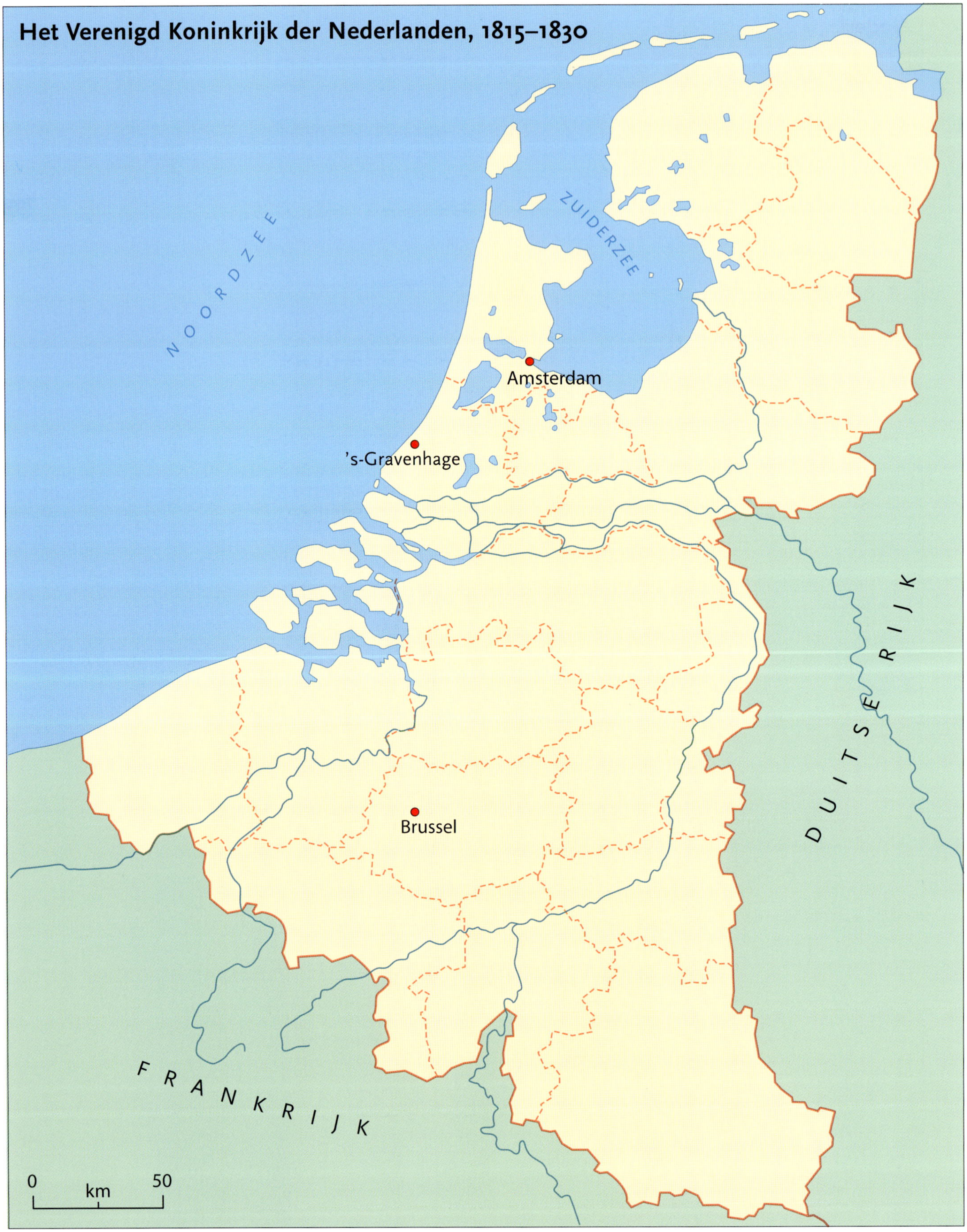
Het Verenigd Koninkrijk der Nederlanden, 1815–1830
NOORDZEE
ZUIDERZEE
Amsterdam
's-Gravenhage
Brussel
DUITSE RIJK
FRANKRIJK
0
km
50

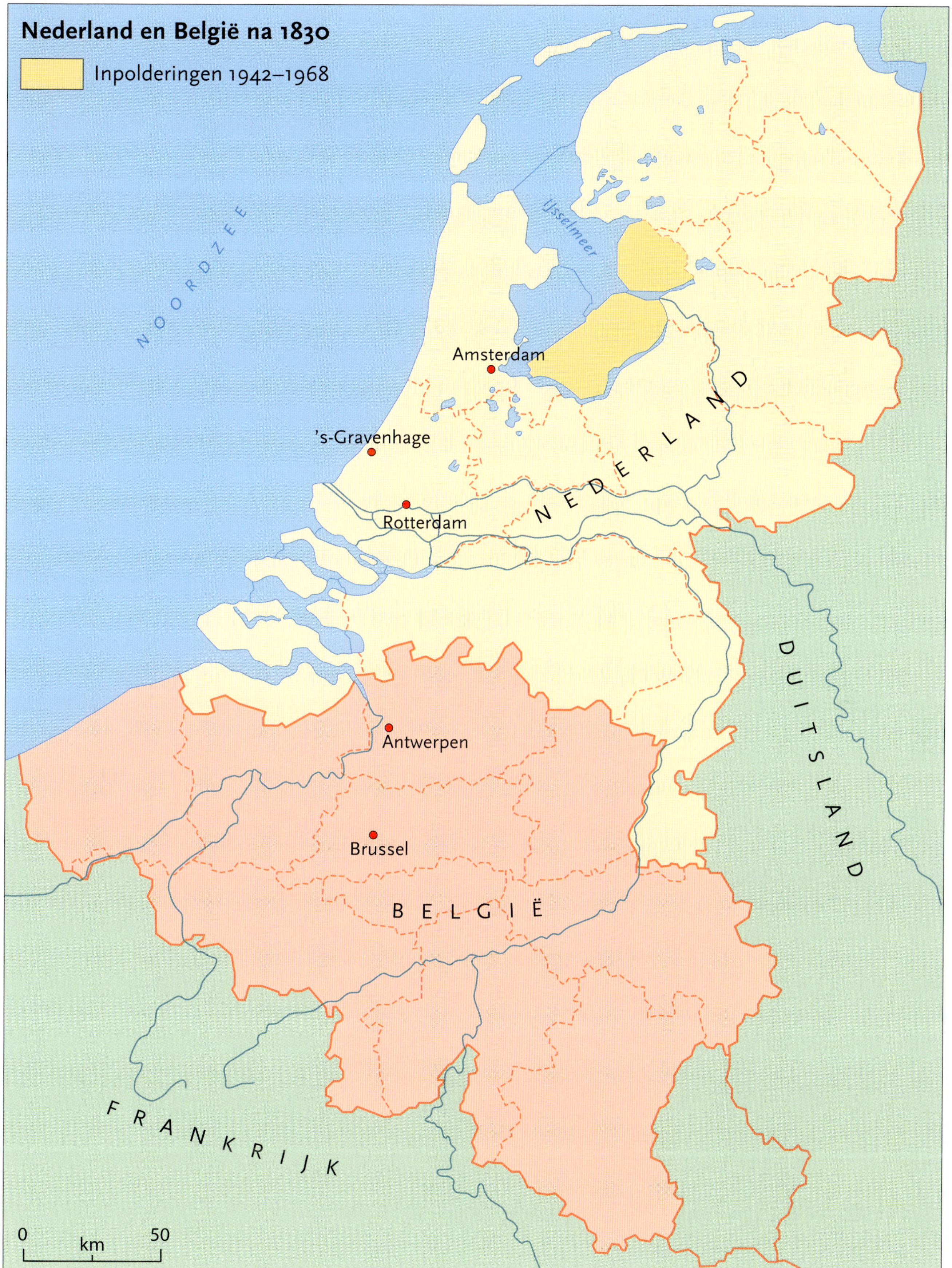

Nederland en België na 1830
Inpolderingen 1942–1968
NOORDZEE
IJsselmeer
Amsterdam
's-Gravenhage
Rotterdam
NEDERLAND
Antwerpen
Brussel
BELGIË
DUITSLAND
FRANKRIJK
0
km
50

Tijdslijn 11de-15de eeuw

SCHILDERKUNST DER LAGE LANDEN	GESCHIEDENIS DER LAGE LANDEN	EUROPESE SCHILDERKUNST
midden 11de eeuw – *Majestas Domini*, Pieterskerk, (Utrecht) **1159-1165** – *Bijbel van Sawalo* (Valenciennes) **vóór 1215** – Wolfram van Eschenbach schrijft in Parzival over Maastrichtse schilders	**1181-1192** – Graaf Willem I van Holland neemt deel aan de Derde Kruistocht **1256-1296** – Floris V Graaf van Holland	
1300-1375 – Stedelijke kunstcentra in Valenciennes, Brugge, Gent, Brussel, Limburg, Utrecht **1332** – Jacob van Maerlant, *Rijmbijbel* **ca. 1340** – Beschilderde grafkelder van kapelaan Niclais Blankard (Brugge) **1375-1425** – 'Internationale Gotiek' in de Nederlanden **1392-1399** – Melchior Broederlam, *Retabel van Champmol* (Dijon)	**1302** – Guldensporenslag bij Kortrijk **1337-1345** – De Zuidelijke Nederlanden raken betrokken bij de 100-jarige oorlog tussen Engeland en Frankrijk **1345** – Graaf Willem IV van Holland sneuvelt in Friesland. De opvolgingsstrijd leidt tot de Hoekse en Kabeljauwse twisten **1384** – Filips de Stoute van Bourgondië verkrijgt door huwelijk met Margaretha van Male het graafschap Vlaanderen	**1305-1306** – Giotto, *Arenakapel* (Padua) **1338-1340** – Ambrogio Lorenzetti, *Het goede bewind* (Siena) **ca. 1340** – Simone Martini, *De kruisdraging* (Parijs) **ca. 1395** – Franse school, *Wilton-diptiek* (Londen)
1400-1410 – Johan Maelwel, *Bewening* (Parijs) **1410-1416** – Gebroeders Van Limburg, *Très Riches Heures de Duc de Berry* (Chantilly) **1422-1424** – Jan van Eyck werkt aan het hof in Den Haag **1425-1430** – Robert Campin, *Mérode-altaar* (New York) **1432** – Hubert en Jan van Eyck, *Lam-Godsretabel* (Gent) **1434** – Jan van Eyck, *Huwelijk van Giovanni Arnolfini en Giovanna Cerami* (Londen) **1439-1440** – Rogier van der Weijden, *Kruisafneming van Christus* (Madrid) **ca. 1450** – schilderkunst op doek komt op **1474-1479** – Hans Memling, *Johannesretabel* (Brugge) **1475-1478** – Hugo van der Goes, *Portinari-altaar* (Florence)	**1406** – Bij de dood van Johanna van Brabant gaat ook Brabant over naar de hertog van Bourgondië **1417-1433** – Jacoba van Beieren gravin van Holland en Zeeland **1425** – Oprichting universiteit in Leuven **1428** – Zoen van Delft: Bourgondië, onder Filips de Goede, verwerft Holland, Zeeland en Henegouwen van Jacoba van Beieren **1430** – Hertogdommen Brabant en Limburg komen onder Bourgondisch bestuur **1463** – Oprichting Bourgondische Staten-Generaal **1467-1477** – Karel de Stoute hertog van Bourgondië **1477** – Huwelijk van Maria de Rijke met Maximiliaan van Oostenrijk. Verschillende Noord- en Zuidnederlandse gebiedsdelen verenigd in de 'Zeventien provinciën' van Bourgondië **1481** – Jan van Schaffelaar springt van de toren van Barneveld **1482** – Maximiliaan neemt het regentschap over de Nederlanden op, waarmee de Habsburgse dynastie aan de macht komt	**ca. 1427** – Masaccio, *De drieëenheid* (Florence) **1436-1445** – Fra Angelico decoreert het San-Marcoklooster (Florence) **ca. 1450** – Paolo Uccello, *De slag bij San Romano* (Londen) **ca. 1460** – Piero della Francesca, *De ontdekking van het ware kruis* (Arezzo) **1470** – Zuidfranse meester, *Pietà van Avignon* (Parijs) **ca. 1480** – Botticelli, *De geboorte van Venus* (Florence) **1495-1498** – Leonardo da Vinci, *Het laatste avondmaal* (Milaan)

Tijdslijn 16de eeuw

SCHILDERKUNST DER LAGE LANDEN

1511 – Quinten Matsijs, *Triptiek met de Nood Gods* (Antwerpen)

ca. 1516 of later – Jeroen Bosch, *Hooiwagentriptiek* (Madrid)

1516 – Jan Gossaert, *Neptunus en Amphitrite* (Berlijn)

ca. 1520 – Joachim Patinir, *De Heilige Hieronymus* (Madrid)

1526-1527 – Lucas van Leyden, *Triptiek met het Laatste Oordeel* (Leiden)

1532 – Maarten van Heemskerck, *Sint Lucas schildert de Maagd* (Haarlem)

1539 – Marinus van Reymerswaele, *De geldwisselaar en zijn vrouw* (Madrid)

1540 – Pieter Coeke van Aelst, *Triptiek met de kruisafname* (Lissabon)

1548 – Catharina van Hemessen, *Zelfportret* (Sint Petersburg)

ca. 1550-1560 – Willem Key, *De Heilige Hieronymus* (Antwerpen)

1553 – Pieter Aertsen, *Jezus in het huis van Martha en Maria* (Rotterdam)

1555-1556 – Frans Floris, *De zeven vrije kunsten* (Ponce)

ca. 1565 – Dirk Barendsz., *Drieluik met de aanbidding van de herders* (Gouda)

ca. 1568 – Pieter Bruegel de Oude, *Boerenbruiloft* (Wenen)

1570 – Joachim Beuckelaer, *De hoendermarkt* (Gent)

1575 – Maarten de Vos, *Mozes met de tafelen der wet* (Den Haag)

ca. 1580 – Anthonie Blocklandt, *De aanbidding van de herders* (Boedapest)

1588 – Cornelis Cornelisz. van Haarlem, *Titanomachia* (Kopenhagen)

1591 – Abraham Bloemaert, *De dood van de kinderen van Niobe* (Amsterdam)

1594 – Otto van Veen, *Marteling van Sint Andreas* (Antwerpen)

ca. 1595-1597 – Bartholomeus Spranger, *Venus en Adonis* (Wenen)

1600 – Joachim Antonisz. Wtewael, *Sint Sebastiaan* (1600)

GESCHIEDENIS DER LAGE LANDEN

1507-1530 – Margaretha van Oostenrijk landvoogdes over de Nederlanden

1515-1555 – Karel V Heer van de Nederlanden

1517 – Maarten Luther spijkert 95 stellingen op de kerkdeur te Wittenberg

1521 – Rijksdag te Worms: Luther wordt in de ban gedaan

1530-1555 – Maria van Hongarije landvoogdes over de Nederlanden

1545-1563 – Concilie van Trente: begin van de Contrareformatie

1549 – De Zeventien Provincieën der Nederlanden worden door Karel V verenigd in de 'Bourgondische Kreits'

1555 – Filips II volgt Karel V op als Heer van de Nederlanden

1559-1567 – Margaretha van Parma landvoogdes over de Nederlanden

1566 – Beeldenstorm. De Hertog van Alva wordt naar de Nederlanden gestuurd; Willem van Oranje wordt afgezet als stadhouder

1568 – De graven van Egmont en Hoorne worden gedood. De Tachtigjarige Oorlog breekt uit

1572 – De Watergeuzen nemen Den Briel in; Willem van Oranje wordt opnieuw stadhouder van Holland en Zeeland

1575 – Stichting van de universiteit in Leiden

1579 – Unie van Atrecht en Unie van Utrecht

1581 – Plakkaat van Verlatinge, waarin de Spaanse overheersing wordt verworpen. Vlaanderen en Brabant worden door de hertog van Parma weer onder Spaans gezag gebracht

1584 – Willem van Oranje in Delft vermoord. Tot 1625 is Prins Maurits stadhouder

1585 – Antwerpen ingenomen door de Spanjaarden

1588 – Oprichting van de Republiek der Zeven Verenigde Nederlanden. Overwinning op de Armada

1595 – Eerste Hollandse vaart naar Azië;

1596-1597 – Overwintering van Willem Barentsz op Nova Zembla

1595 – Gerard Mercators *Atlas* posthuum gepubliceerd

1598-1621 – Aartshertogen Albrecht en Isabella regeren over Zuidelijke Nederlanden

1600 – Slag bij Nieuwpoort onder leiding van Maurits

EUROPESE SCHILDERKUNST

1508-1512 – Michelangelo, *Sixtijnse kapel* (Rome)

1510-1515 – Matthias Grünewald, *Isenheimer altaar* (Colmar)

1510-1511 – Rafael, *De school van Athene* (Rome)

1518 – Titiaan, *Bacchanaal* (Londen)

1535-1540 – Parmigianino, *Madonna met de Lange Hals* (Florence)

1550 – Giorgio Vasari publiceert *Le vite dei più eccelenti pittori, scultori e architetti*

vanaf 1560 – Tintoretto werkt in de Scuola di San Rocco in Venetië

1586 – El Greco, *De begrafenis van graaf Orgaz* (Toledo)

1597-1608 – Annibale en Agostino Carracci, decoraties in Palazzo Farnese (Rome)

1599-1602 – Caravaggio, *De roeping van St. Matthaeus* (Rome)

Tijdslijn 17de eeuw

SCHILDERKUNST DER LAGE LANDEN

ca. 1600-1603 – Hendrik Goltzius, *Venus en Cupido met twee saters* (Philadelphia)
1604 – Karel van Mander publiceert *Het Schilder-Boeck*

1610-1611 – Rubens, *Triptiek met de Kruisoprichting* (Antwerpen)
ca. 1611 – Clara Peeters, *Ontbijttafel* (Madrid)

1620 – Cornelis de Vos, *Portret van Abraham Grapheus* (Antwerpen)

1627 – Jan Janssens, *De doornenkroning van Christus* (Gent)

ca. 1631 – Judith Leyster, *Zelfportret* (Washington)
ca. 1635 – Anton van Dijck, *Portret van Karel I* (Parijs)

1638 – Rubens, *Portret van Helena Fourment* ('Het Pelsken') (Wenen)
1641 – Philips Angel publiceert *Lof der Schilder-konst*
1641 – Frans Hals, *Regenten van het Sint Elisabethgasthuis* (Haarlem)
1642 – Rembrandt, *De Nachtwacht* (Amsterdam)
1642 – Jacob Jordaens, *Diogenes zoekt een mens* (Dresden)

ca. 1648-1650 – Michiel Sweerts, *Worstelaars in Rome* (Karlsruhe)

1651 – Jan Steen, *De Kiezentrekker* (Rotterdam)

GESCHIEDENIS DER LAGE LANDEN

1602 – Oprichting Verenigde Oostindische Campagne

1609-1621 – Twaalfjarig Bestand tussen de Republiek en Spanje

1618 – Synode van Dordrecht
1619 – Terechtstelling van Hollandse raadspensionaris Johan van Oldenbarnevelt
1621 – Oprichting West-Indische Compagnie. De Zuidelijke Nederlanden komen onder gezag van Filips IV
1625-1647 – Frederik Hendrik stadhouder van de Republiek

1628 – Piet Heyn verovert de Spaanse Zilvervloot
1630 – De Republiek verovert delen van Brazilië

1637 – Op last van Dordtse synode verschijnt de Statenbijbel
1638 – Toneelstuk Gijsbrecht van Amstel van Vondel wordt voor het eerst gespeeld
1641 – Nederlandse handelspost geopend in het Japanse Nagasaki

1642 – Abel Tasman ontdekt Nieuw Zeeland

1647-1650 – Willem II stadhouder van de Republiek
1648 – Vrede van Münster tussen Spanje en de Republiek
1648-1655 – Bouw van een nieuw stadhuis in Amsterdam
1650-1672 – Eerste Stadhouderloze Tijdperk in de Republiek

1652-1654 – Eerste Engelse Oorlog waarin Engeland en de Republiek elkaar de macht op zee betwisten
1653-1672 – Johan de Witt raadpensionaris van Holland
1656 – Spinoza verbannen uit Amsterdam vanwege zijn denkbeelden

EUROPESE SCHILDERKUNST

1612-1613 – Artemisia Gentileschi, *Judith onthoofdt Holofernes* (Florence)

ca. 1619 – Diego Velázquez, *De waterdrager van Sevilla* (Londen)
1621 – Guercino, *Aurora in Casino Ludovisi* (Rome)

1633-1639 – Pietro da Cortona, *Het pontificaat van Urbanus VIII* (Rome)
1636-1637 – Nicolas Poussin, *De roof van de Sabijnse maagden* (New York)
1640 – Georges de la Tour, *St. Jozef als timmerman* (Parijs)

1646 – Claude Lorrain, *De inscheping van St. Ursula* (Londen)

na 1649 – Salvator Rosa, *Mercurius en de houthakker* (Londen)

1656 – Diego Velázquez, *Las meninas* (Madrid)

Tijdslijn 17de eeuw

SCHILDERKUNST DER LAGE LANDEN

1658 – Gerrit Dou, *De jonge moeder* (Den Haag)

ca. 1658 – Johannes Vermeer, *Melkmeid* (Amsterdam)

ca. 1655-1660 – Bertholet Flémal, *Heliodorus verdreven uit de tempel van Jerusalem* (Brussel)

vanaf 1660 – Werken voor de Oranjezaal, o.a. Bol, Van Campen, Van Thulden, De Grebber, Van Diepenbeeck en Van Honthorst

1661-1662 – Rembrandt, *Claudius Civilis* (Stockholm)

1663 – Oprichting Antwerpse Academie

ca. 1665 – Jacques d'Arthois, *Woudlandschap met rivier* (Brugge)

1678 – Samuel van Hoogstraten publiceert *Inleyding tot de Hooge Schoole der Schilderkonst*

1689 – Meindert Hobbema, *Laantje van Middelharnis* (Londen)

1699 – Adriaan van der Werff, *Zelfportret* (Amsterdam)

GESCHIEDENIS DER LAGE LANDEN

1656 – Christiaan Huygens vindt het slingeruurwerk uit

1659 – Frankrijk annexeert Artesië en Kamerijk

1665-1667 – Tweede Engelse Oorlog

1666 – Admiraal Michiel de Ruyter verslaat de Engelse vloot

1667 – Vrede van Breda

1667 – Nieuw Amsterdam, het huidige New York, wordt geruild voor Suriname

1667-68 – Invasie van Spaanse Nederlanden door Lodewijk XIV

1672 – Rampjaar: Verbond van Engeland, Frankrijk, Münster en Keulen tegen de Republiek

1672 – Johan en Cornelis de Witt in Den Haag vermoord. Willem III stadhouder

1672-1674 – Derde Engelse Oorlog

1678 – Vrede van Nijmegen tussen de Republiek en Frankrijk. Frankrijk annexeert delen van Waals-Vlaanderen en Henegouwen

1685 – Na opheffing Edict van Nantes vluchten Franse protestanten naar het Noorden

1688 – Willem III, getrouwd met Mary Stuart, wordt gekroond tot koning van Engeland

1697 – Vrede van Rijswijk. Peter de Grote op werkbezoek in de Republiek

1700 – Karel II sterft kinderloos en de Spaanse Successieoorlog breekt uit

EUROPESE SCHILDERKUNST

1661-1710 – Bouw en decoratie van paleis van Lodewijk XIV te Versailles

1684-1686 – Luca Giordano, Frescodecoratie in Palazzo Medici-Riccardi (Florence)

Tijdslijn 18de eeuw

SCHILDERKUNST DER LAGE LANDEN

1707 – Gérard de Lairesse publiceert *Groot Schilderboek*

1716 – Rachel Ruysch, *Stilleven met bloemen op een marmeren tafelblad* (Amsterdam)

1718 – Arnold Houbraken publiceert *Groote Schouburg*

1720 – Jan Josef Horemans I, *Familieportret* (Onbekende collectie)

1723 – Jan van Huysum, *Stilleven met bloemen* (Amsterdam)

1724 – Cornelis Troost, *De inspecteurs van het Collegium Medicum* (Amsterdam)

1740 – Peter Andreas Rijsbrack, *Jachtbuit in een landschap* (Manchester)

1746 – Johan Maurits Quinkhard, *Conversation piece* (Privécollectie)

1748 – George van der Mijn, *Portret van Elisabeth Troost* (Den Haag)

1750-1751 – Johan van Gool publiceert *De nieuwe schouburg*

1751 – Jacob de Wit, *Allegorie op de Lente* (Kassel)

1767 – Pieter Jozef Verhaghen, *Jezus' opdracht in de tempel* (Gent)

1773 – De Antwerpse academie wordt losgekoppeld van het gilde

1776 – Andries Lens publiceert *Le Costume*

1778 – Jan Antoon Garemijn, *Het klysma* (Brugge)

1780 – Marten Jozef Geeraerts wordt hofschilder van de Prince de Condé en Lodewijk XVI

1792 – Gerard van Nijmegen, *Zwitsers landschap* (Rotterdam)

1794 – Adriaan de Lelie, *Het kabinet van Jan Gildemeester* (Amsterdam)

1799 – Wijbrand Hendriks, *Het "Teekencollegie"* (Haarlem)

GESCHIEDENIS DER LAGE LANDEN

1702-1747 – Tweede Stadhouderloze Tijdperk. Na de vrede van Utrecht in 1713 en vrede van Rastatt in 1714 gaan de Zuidelijke Nederlanden over van Spaanse in Oostenrijkse handen

1716 – Eugenius van Savoye wordt gouverneur-generaal der Zuidelijke Nederlanden

1723 – Dood van Anthonie van Leeuwenhoek, uitvinder van de microscoop

1731 – Eerste nummer *De Hollandsche Spectator* verschijnt

1740 – Dood van Karel VI; Maria Theresia wordt aartshertogin van Oostenrijk. De Oostenrijkse Successieoorlog wordt deels op het grondgebied van de Zuidelijke Nederlanden uitgevochten; Lodewijk XV bezet het gebied tot 1748

1747-1751 – Willem IV is stadhouder van de Republiek

1747 – Frankrijk valt Noord-Brabant en Zeeuws-Vlaanderen binnen

1748 – Karel Alexander van Lotharingen gouverneur-generaal over de Zuidelijke Nederlanden

1748 – Vrede tussen Republiek en Frankrijk. Opkomst democratische groeperingen. Pachtersoproer

1751 – Willem IV sterft: Anna van Hannover wordt regentes van de Republiek

1751-1772 – Diderot en d'Alembert publiceren hun Encyclopédie

1765 – Jozef II wordt keizer van het Heilige Roomse Rijk en mederegent van Maria Theresia

1766-1795 – Willem V stadhouder van de Republiek

1773 – Opheffing van de orde der jezuïeten

1777 – Oprichting van het genootschap Felix Meritis te Amsterdam

1780-1784 – Vierde Engelse Oorlog, die eindigt in vernietiging van overzeese handel van de Republiek

1785-1787 – Oproer tussen Oranjegezinden en Patriotten in de Republiek. In 1787 valt Pruisen de Republiek binnen

1789 – Brabantse Omwenteling en Luikse revolutie. In 1790 wordt de onafhankelijkheid van de 'Verenigde Belgische Staten' uitgeroepen

1792-1794 – Frankrijk valt de Noordelijke en Zuidelijke Nederlanden binnen. Willem V vertrekt naar Engeland

1795 – Inlijving Zuidelijke Nederlanden bij de Franse Republiek. Opheffing van de Republiek der Zeven Verenigde Nederlanden en oprichting van de Bataafse Republiek

1795-1801 – Vijfde Engelse Oorlog

1798 – Opheffing Verenigde Oostindische Compagnie

EUROPESE SCHILDERKUNST

1717 – Antoine Watteau, *Embarquement pour Cythère* (Parijs)

1734 – William Hogarth, *The Rake's Progress* (Londen)

1742 – François Boucher, *Badende Diana* (Parijs)

1751-1753 – Giambattista Tiepolo, plafondfresco's te Würzburg

1759 – Anton Raphael Mengs, *De Parnassus* (Rome)

1764 – Johann Joachim Winckelmann publiceert *Geschichte der Kunst des Altertums*

1772 – Joseph Wright of Derby, *The Iron Forge* (Londen)

1782 – Angelika Kaufmann, *De poëzie omarmt de schilderkunst* (Londen)

1785-1790 – John Henry Fuseli, *De nachtmerrie* (Frankfort)

Tijdslijn 19de eeuw

SCHILDERKUNST DER LAGE LANDEN

1804 – Jan Frans van Dael, *Le tombeau de Julie* (Malmaison)

1808 – Willem Bartel van der Kooi, *Liefdesbrief* (Amsterdam)

1808 – Jean Eugène Charles Alberti, *Krijger met speer en schild* (Amsterdam)

1819 – Jacques-Louis David, *De wrok van Achilles* (Fort Worth)

1831 – Martinus Schouman, *Het exploderen van Zr. Ms. "kanonneerboot No 2"* (Amsterdam)

1832 – Philip van Bree, *De jeugd van Sixtus V* (Brussel)

1835 – Ary Scheffer, *Paolo en Francesca* (Londen)

1835 – Leopold I richt in Brussel een Nationaal Museum op

1839 – Andreas Schelfhout, *Landschap in Normandië* (Oss)

1845 – Cornelis Kruseman, *De gevangen vlinder* (Den Haag)

1849 – Edouard de Bièfve, *Het eedverbond der edelen* (Berlijn)

1851 – Louis Gallait, *Laatste hulde aan de graven Egmont en Hoorne* (Antwerpen)

1854 – Charles Verlat, *Godfried van Bouillon belegert Jerusalem* (Brussel)

1855 – Henri Leys, *Het bezoek van Dürer aan Antwerpen* (Antwerpen)

1861 – Jozef Israels, *Verdronken visser* (Londen)

1864 – Johan Barthold Jongkind, *De haven van Honfleur* (Chicago)

1871 – Matthijs Maris, *Steengroeve bij Montmartre* (Den Haag)

1881 – James Ensor, *Salon in een burgerwoning* (Antwerpen)

1881 – Henry van de Velde, *Strand bij Blankenberge* (Zürich)

1883 – In Brussel worden *Les XX* en *La libre esthétique* opgericht

1885 – In Amsterdam wordt het Rijksmuseum geopend

1885 – Vincent van Gogh, *De aardappeleters* (Amsterdam)

1890 – In Antwerpen opent het Koninklijk Museum voor Schone Kunsten

1893 – Johan Thorn Prikker, *De bruid* (Otterlo)

1895 – In Amsterdam wordt het Stedelijk Museum geopend

GESCHIEDENIS DER LAGE LANDEN

1803 – Zesde Engelse Oorlog

1804-1813 – Zuidelijke Nederlanden worden ingelijfd bij Napoleons Franse Keizerrijk

1806-1810 – Bataafse Republiek wordt 'Koninkrijk Holland' onder Lodewijk Napoleon

1810-1813 – Koninkrijk Holland wordt ingelijfd bij Franse Keizerrijk, totdat Napoleon bij Leipzig wordt verslagen; Willem I komt op de troon

1815 – Slag bij Waterloo. De Noordelijke en Zuidelijke Nederlanden en Luxemburg worden samengevoegd in het 'Verenigd Koninkrijk der Nederlanden'

1830-1839 – Belgische Opstand tegen Willem I, die in 1831 leidt tot de Tiendaagse Veldtocht

1831-1865 – Leopold I koning van België

1834-1839 – Eerste spoorlijnen in België en Nederland

1839 – Nederland erkent onafhankelijk België

1840-1849 – Willem II koning van Nederland

1848 – Minister Thorbecke herziet de Nederlandse grondwet

1849-1890 – Willem III koning van Nederland

1850-1917 – Schoolstrijd in Nederland

1860 – Multatuli publiceert *Max Havelaar*

1863 – Nederland schaft de slavernij af

1865-1909 – Leopold II koning van België

1870-1900 – Opkomst van het socialisme

1873-1904 – Atjeh-oorlog waarbij dit vorstendom wordt onderworpen aan Nederlands gezag

1878-1884 – Schoolstrijd in België

1882 – Aletta Jacobs vraagt kiesbiljet aan voor de Nederlandse Tweede Kamerverkiezingen

1885 – Het eerste nummer van *De Nieuwe Gids*, tijdschrift van de Tachtigers, verschijnt

1885 – Leopold II van België wordt staatshoofd van Onafhankelijke Kongo-Vrijstaat

1890-1898 – Emma koningin-regentes van Nederland

1892 – Maurice Maeterlinck publiceert *Pelléas et Mélisande*

1893 – Het tijdschrift *Van Nu en Straks* wordt opgericht

1898-1948 – Wilhelmina koningin van Nederland

EUROPESE SCHILDERKUNST

1814 – Jean Auguste Dominique Ingres, *Odalisk* (Parijs)

1814-1815 – Francisco Goya, *De derde mei 1808* (Madrid)

1818 – Caspar David Friedrich, *Wandelaar boven nevelzee* (Hamburg)

1818-1819 – Théodore Géricault, *Het vlot van de Medusa* (Parijs)

1830 – Eugène Delacroix, *De vrijheid voert het volk aan* (Parijs)

1839 – Joseph Mallord William Turner, *Het slavenschip* (Boston)

1848 – Millais, Rosetti en Holman Hunt richten *Pre-Raphaelite Brotherhood* op

1851 – John Everett Millais, *Ophelia* (Londen)

1863 – Edouard Manet, *Le déjeuner sur l'herbe* (Parijs)

1872 – Claude Monet, *Impression: Soleil levant* (Parijs)

1875 – Gustave Moreau, *De verschijning* (Parijs)

1883-1885 – George Seurat, *De baders* (Londen)

1886 – Jean Moréas richt tijdschrift *Le Symboliste* op

1893 – Edvard Munch, *De schreeuw* (Oslo)

1897 – Paul Gauguin, *D'où venons-nous? Que sommes-nous? Où allons-nous?* (Boston)

1898-1906 – Paul Cézanne, *Mont St. Victoire* (Baltimore)

Tijdslijn 20-21ste eeuw

SCHILDERKUNST DER LAGE LANDEN

1907 – Jan Sluijters, *Bar Tabarin* (Amsterdam)

1912 – Rik Wouters, *De strijkster* (Antwerpen)

1916 – Thérèse Schwartze, *De drie dochters Boissevain* (Amsterdam)

1916 – Bart van der Leck, *De havenarbeid* (Otterlo)

1919 – Piet Mondriaan, *Compositie in rood, geel, blauw en zwart* (Rome)

1928-1929 – René Magritte, *Ceci n'est pas une pipe* (Los Angeles)

1932 – Charley Toorop, *Maaltijd der vrienden* (Rotterdam)

1935 – Dick Ket, *Stilleven met druiven* (Dordrecht)

1937 – Carel Willink, *Landschap met twee vechtende mannen* (Privécollectie)

1944 – Pyke Koch, *Staande schoorsteenveger* (Den Haag)

1948 – Cobra wordt opgericht in Parijs

1958 – Pierre Alechinksy, *De drie dagen* (Brugge)

1961 – Lucebert, *Bacchus* (Dordrecht)

1964 – Karel Appel, *Drie hoofden* (Amsterdam)

1968 – Jan Dibbets, *Perspectivische correctie* (Amsterdam)

1970 – Jan Schoonhoven, *R 70-59* (Amsterdam)

1974 – Ger van Elk, *Het afscheid I* (Amsterdam)

1980 – Armando, *Vlag* (Amsterdam)

1993 – Marlene Dumas, *Young Boys* (Londen)

1995 – Rob Scholte, *Après nous le déluge*, Huis ten Bosch (Nagasaki)

2001 – Luc Tuymans, *Mwana Kitoko – Beautiful white man* (Venetië)

GESCHIEDENIS DER LAGE LANDEN

1903 – Spoorwegstakingen in Nederland

1908 – Na souvereiniteitsoverdracht van Leopold II ontstaat de kolonie Belgisch Kongo

1909-1934 – Albert I koning van België

1914-1918 – Eerste Wereldoorlog. België vormt een strijdtoneel, Nederland blijft neutraal

1917 – Nederland voert algemeen kiesrecht voor mannen in

1919 – België voert algemeen kiesrecht voor mannen in

1919 – Nederland voert algemeen kiesrecht voor vrouwen in

1926 – Opstanden op de Nederlandse kolonies Java en Sumatra

1940 – Tweede Wereldoorlog. Duitse inval in Nederland en België. België wordt in 1944 bevrijd, Nederland in 1945

1942 – Japanse invasie van Nederlands-Indië gevolgd door capitulatie: Nederlands-Indië houdt op te bestaan

1944-1945 – Hongerwinter in Nederland

1945 – Tijd van wederopbouw en Marshall-hulp

1948 – Begin koude oorlog; oprichting NAVO. België voert algemeen kiesrecht voor vrouwen in. Juliana koningin van Nederland

1949 – Na drie jaar 'politionele acties' te hebben uitgevoerd, erkent Nederland Indonesië

1951 – Oorlog in Korea. Leopold III van België doet troonsafstand ten gunste van zijn zoon Boudewijn

1957 – Oprichting Europese Economische Gemeenschap

1958 – De Benelux wordt een economische unie

1960 – Belgisch Congo wordt onafhankelijk

1961 – De Berlijnse Muur wordt gebouwd

1962 – Belgische taalgrens wordt vastgelegd

1965-1967 – Provo-beweging in Amsterdam

1975 – Suriname onafhankelijk van Nederland

1980 – Beatrix koningin van Nederland. Belgische grondwetshervorming inzake gewestvorming

1989 – Val van de Berlijnse Muur

1993 – Albert II koning van België

1995 – Val van door Nederlandse soldaten beschermde enclave Srebrenica in Bosnië

1999 – België en Nederland verruilen hun nationale munt voor de euro

2005 – Nederlands referendum verwerpt verdrag dat moet leiden tot een Europese grondwet

EUROPESE SCHILDERKUNST

1906-1907 – Picasso, *Les demoiselles d'Avignon* (New York)

1907-1908 – Gustave Klimt, *De kus* (Wenen)

1909 – Eerste Futuristisch Manifest (Italië/Frankrijk)

1910 – Henri Rousseau, *De droom* (New York)

1915 – Kazimir Malevich, *Het zwarte vierkant* (Sint Petersburg)

1931 – Salvador Dali, *Volharding der herinnering* (New York)

1937 – Picasso, *Guernica* (Madrid)

1944 – Frida Kahlo, *De gebroken zuil* (Mexico Stad)

1950 – Jackson Pollock, *Lavender Mist* (Washington)

1953 – Francis Bacon, *Studie naar het portret van Paus Innocentius X door Velázquez* (Londen)

1962 – Andy Warhol, *200 Campbell-soepblikken* (New York)

1966 – Mark Rothko, *De Rothko-kapel* (Houston)

1967 – David Hockney, *A Bigger Splash* (Londen)

1981 – Eric Fischl, *Bad Boy* (Londen)

1983 – Anselm Kiefer, *Sulamith* (Londen)

1999-2000 – Lucian Freud, *After Cézanne* (Canberra)